Wolf-Michael Kähler

Statistische Datenanalyse

Leserstimmen

„Ein umfassendes Werk für FH Studenten, das prima aufbereitet die Materie der statistischen Datenanalyse vermittelt."

Prof. Dr. Joachim Denzler, Friedrich-Schiller-Universität Jena

---

„Bei vergleichbaren Werken gelingt die Gewichtung Statistischer Methoden und SPSS in der Regel nicht, weil starkes Gewicht auf die Bedienung von SPSS gelegt wird. In diesem Buch gelungen."

Prof. Dr. Daniel Porath, FH Mainz

„/.../starker SPSS-Praxis-Bezug; umfassende, einleuchtende Erklärungen, auch für Einsteiger in die Datenanalyse gut geeignet."

Prof. Dr. Axel Lehmann, Universität der Bundeswehr München

„Anschauliche und gut gelungene Wissensvermittlung durch anschauliche und durchgängige Beispiele." *Prof. Axel Toll, HTW Dresden*

„Ein hervorragendes Buch, das verständlich geschrieben ist und ausführlich die jeweilige Problemstellung, die hierfür einsetzbaren Methoden und die Ergebnisse erklärt. Entsprechende Beispiele ziehen sich wie ein roter Faden durch das Buch. Durch kurze, aber vollkommen ausreichende Hinweise auf die entsprechenden Programme in SPSS und die Interpretation und Erklärung der SPSS-Ergebnistabellen wird dem Leser auch die Anwendung leicht gemacht. Insgesamt ein Buch, das keine Vorkenntnisse erfordert, und sich hervorragend zum Selbststudium eignet."

Prof. Dr. Werner Erhard, Universität Jena

www.viewegteubner.de

Wolf-Michael Kähler

Statistische Datenanalyse

Verfahren verstehen und mit SPSS gekonnt einsetzen

7., aktualisierte Auflage

Mit 348 Abbildungen

STUDIUM

**VIEWEG+
TEUBNER**

Bibliografische Information der Deutschen Nationalbibliothek
Die Deutsche Nationalbibliothek verzeichnet diese Publikation in der
Deutschen Nationalbibliografie; detaillierte bibliografische Daten sind im Internet über
<http://dnb.d-nb.de> abrufbar.

Das in diesem Werk enthaltene Programm-Material ist mit keiner Verpflichtung oder Garantie irgendeiner Art verbunden. Der Autor übernimmt infolgedessen keine Verantwortung und wird keine daraus
folgende oder sonstige Haftung übernehmen, die auf irgendeine Art aus der Benutzung dieses
Programm-Materials oder Teilen davon entsteht.

Höchste inhaltliche und technische Qualität unserer Produkte ist unser Ziel. Bei der Produktion und
Auslieferung unserer Bücher wollen wir die Umwelt schonen: Dieses Buch ist auf säurefreiem und
chlorfrei gebleichtem Papier gedruckt. Die Einschweißfolie besteht aus Polyäthylen und damit aus
organischen Grundstoffen, die weder bei der Herstellung noch bei der Verbrennung Schadstoffe
freisetzen.

1. Auflage 1995
Diese Auflage erschien unter dem Titel „Einführung in die Statistische Datenanalyse"
2. Auflage 2002
3. Auflage 2004
4. Auflage 2006
5. Auflage 2008
6. Auflage 2010
7., aktualisierte Auflage 2011

Alle Rechte vorbehalten
© Vieweg+Teubner Verlag | Springer Fachmedien Wiesbaden GmbH 2011

Lektorat: Christel Roß | Walburga Himmel

Vieweg+Teubner Verlag ist eine Marke von Springer Fachmedien.
Springer Fachmedien ist Teil der Fachverlagsgruppe Springer Science+Business Media.
www.viewegteubner.de

Umschlaggestaltung: KünkelLopka Medienentwicklung, Heidelberg
Druck und buchbinderische Verarbeitung: AZ Druck und Datentechnik, Berlin
Gedruckt auf säurefreiem und chlorfrei gebleichtem Papier

ISBN 978-3-8348-1766-2

Vorwort

Dieses Buch wendet sich an Leser, die grundlegende Verfahren der statistischen Datenanalyse und deren Einsatz bei der Bearbeitung von Problemstellungen aus dem Bereich der empirischen Wissenschaften wie z.B. der Psychologie, der Soziologie, der Pädagogik, der Biologie, der Wirtschaftswissenschaften und der Politologie kennen lernen wollen.

Der Stoffumfang dieses Buches orientiert sich an den Inhalten von Vorlesungen, die der Autor bei der statistischen Ausbildung der Studierenden – über zwei Semester im Umfang von jeweils 4 Semesterwochenstunden – im Rahmen der Bachelorausbildung an der Universität Bremen durchführt.

Der Inhalt dieses Buches ist so konzipiert, dass es sowohl als Begleitlektüre für Lehrveranstaltungen als auch zum Selbststudium geeignet ist.

Der Leser darf nicht erwarten, eine rezeptartige Aneinanderreihung statistischer Verfahren vorzufinden. Die Auswahl des Stoffes ist vornehmlich bestimmt durch die Bedeutung einzelner statistischer Verfahren sowie durch die Zielsetzung, die grundlegenden Gedankengänge vorzustellen, die einem Anwender der statistischen Datenanalyse bewusst sein sollten. Dabei wird großer Wert darauf gelegt, die Angemessenheit von statistischen Schlussweisen beurteilen zu können.

Die Darstellung des Stoffes ist betont so gehalten, dass die Beschreibung auch ohne tiefergehende mathematische Vorkenntnisse lesbar ist. Formale Angaben als Hilfsmittel der Beschreibung werden nur dann benutzt, wenn deren Verwendung zum Verständnis hilfreich ist.

Der Einsatz von statistischen Verfahren wird erläutert am Beispiel der Bearbeitung von Fragestellungen innerhalb eines einzigen empirischen Forschungsprojekts, dessen erhobenes Datenmaterial als zentrale Datenbasis für die in diesem Buch vorgestellten Verfahren der statistischen Datenanalyse dient und als Inhalt der Datei "ngo.zip" von der folgenden Webseite geladen werden kann: www.viewegteubner.de/tu/statistische-datenanalyse

Im Hinblick auf den heutigen Stand professionellen statistischen Arbeitens wird die Darstellung von Rechengängen am Zahlenmaterial auf ein Mindestmaß reduziert. Im Vordergrund des Interesses steht die Motivation, den Einsatz der vorgestellten statistischen Verfahren und die daraus resultierenden Ergebnisse zu erläutern. Die unerlässliche, jedoch langweilige Tätigkeit der Ausrechnung von statistischen Kennwerten wird einem statistischen Datenanalysesystem überlassen.

Durch die Lektüre dieses Buches wird dem Leser ergänzend vermittelt, wie sich die jeweils benötigten statistischen Kennwerte über den Einsatz des Datenanalysesystems "IBM SPSS Statistics" anfordern lassen. "SPSS" stand früher abkürzend für "Statistical Package for the Social Sciences" und kennzeichnete gleichzeitig diejenige Firma, die über viele Jahre weltweiter Marktführer auf dem Gebiet der statistischen Datenanalysesysteme gewesen ist. Die Umbenennung des ursprünglichen Namens in "IBM SPSS Statistics" erfolgte 2009 im Zuge der Übernahme der Firma "SPSS" durch die Firma "IBM".

Nach einer Kurzeinführung in das Arbeiten mit dem "IBM SPSS Statistics"-System wird erläutert, wie geeignete Anforderungen zur Ermittlung der jeweils benötigten statistischen Kennwerte formuliert werden müssen. Durch die Hinweise, die zu den jeweils verwendeten Befehlen gegeben werden, wird der Leser in die Lage versetzt, eine Anpassung an veränderte Rahmenbedingungen selbständig vornehmen zu können. Die diesbezüglichen Mitteilungen werden innerhalb des Textes mit der Kennzeichnung "SPSS" eingeleitet.

Um die Darstellung der befehls-orientierten Arbeitsweise mit dem "IBM SPSS Statistics"-System abzurunden, wird im Anhang geschildert, wie sich Anforderungen an das "IBM SPSS Statistics"-System in dialog-orientierter Form stellen lassen, sodass insgesamt die Grundlagen für ein professionelles Arbeiten bei der Durchführung statistischer Verfahren mit einem Datenanalysesystem gelegt sind.

Neben den Anforderungen, die an das "IBM SPSS Statistics"-System gerichtet werden können, wird ergänzend erläutert, wie sich Poweranalysen durch den Einsatz des Programms G*POWER durchführen lassen. Dieses Programm kann der Leser unter der Webadresse "http://www.psycho.uni-duesseldorf.de/aap/projects/gpower/index.html" für den kostenlosen Einsatz aus dem Internet beziehen.

Mit dieser Neuauflage wird eine aktualisierte Fassung der 6. Auflage vorgestellt. Ergänzend zu den vorgenommenen Änderungen am Text wurden auch die Abbildungen mit den Dialogfeldern des "IBM SPSS Statistics"-Systems der aktuellen SPSS-Version angepasst.

Für Hinweise und Verbesserungsvorschläge bin ich besonders Herrn Prof. Dr. Hans-Jörg Henning, Herrn Dr. Wolfgang Kemmnitz und Herrn Dipl.-Math. Werner Wosniok zu Dank verpflichtet.

Dem Lektorat des Vieweg+Teubner Verlages danke ich für die traditionell gute Zusammenarbeit.

Ritterhude, im Juni 2011   Wolf-Michael Kähler

Inhaltsverzeichnis

KAPITEL 1

EINLEITUNG

Um Kenntnisse auf dem Gebiet der Statistik zu erwerben, gibt es unterschiedliche Motive. Vordergründig kann es z.B. darum gehen, sich Wissen anzueignen, das im Rahmen einer Prüfung abgefragt wird. Günstiger ist eine Neugier gegenüber der *Thematik*, sodass man an einem Werkzeug interessiert ist, mit dem man Fragestellungen z.B. innerhalb der Psychologie, der Soziologie, der Pädagogik, der Biologie, der Wirtschaftswissenschaften, der Politologie usw. untersuchen kann. In diesem Fall wird man von Beginn an eine aufgeschlossene Haltung einnehmen, die möglichst ohne Voraus-Urteile geprägt ist. Der günstigste Ausgangspunkt ist sicherlich das Interesse, Kenntnisse zu erwerben und Argumente kennen zu lernen, mit denen man nach der Lektüre dieses Buches die folgenden Extrempositionen zurechtrücken kann:

- "Mit Statistik kann man alles beweisen!"

- "Die Statistik lügt!"

Nach der Lektüre dieses Buches wird man letztendlich zur folgenden Auffassung gelangen müssen:

- Mit Statistik lässt sich *nichts* beweisen, sondern es lassen sich höchstens Belege finden, die die Gültigkeit einer Aussage stützen oder aber gegen die Gültigkeit einer Aussage sprechen.

- Nur der Anwender kann beim Einsatz der Statistik lügen – sei es, weil er dieses Werkzeug nicht richtig beherrscht (unwissentliche Lüge) oder es bewusst falsch einsetzt (wissentliche Lüge)!

Das Einsatzfeld statistischer Verfahren sind die *empirischen* Wissenschaften, in denen das Wissen aus Erfahrungen gewonnen wird.

Um statistische Verfahren anwenden zu können, muss eine *Datenbasis* existieren, deren Daten durch empirische Untersuchungen – z.B. mittels Beobachtungen, Befragungen oder experimenteller Messungen – ermittelt wurden. Im Hinblick auf die Sammlung derartiger Daten ist stets darauf zu achten, dass die erhobenen Daten bestimmte Gütekriterien erfüllen. In dieser Hinsicht ist zu fordern, dass die Daten *zuverlässig* diejenigen Eigenschaften messen, die Gegenstand der Untersuchung sein sollen, d.h. die Daten müssen *valide* und *reliabel* sein. Nur in diesem Fall ist der Einsatz statistischer Verfahren sinnvoll, um Aussagen über die Eigenschaften der jeweils vorliegenden Untersuchungseinheiten zu erhalten.

- Um Untersuchungseinheiten unabhängig vom jeweiligen Kontext einer empirischen Untersuchung beschreiben zu können, wird von **Merkmalsträgern** (engl.: "case") gesprochen. Entsprechend werden die jeweils untersuchten Eigenschaften als **Merkmale** (engl.: "variable") und ihre jeweils konkreten Erscheinungsformen als **Merkmalsausprägungen** (engl.: "value") bezeichnet. Sofern ein Merkmalsträger eine konkrete Merkmalsausprägung aufweist, wird von einem *Beobachtungswert* – kurz **Wert** – gesprochen.

Um z.B. Aussagen darüber zu erhalten, wodurch die Leistungsfähigkeit von Schülern beeinflusst wird, kann das *Merkmal* "Belastung" an Schülern und Schülerinnen – als *Merkmalsträgern* – untersucht werden. Dabei könnten z.B. die Kategorien "hoch", "mittel" und "gering" als *Merkmalsausprägungen* festgelegt sein, und von zwei Schülern kann z.B. der eine den Wert "mittel" und der andere den Wert "hoch" besitzen.

Gegenstand des Forschungsinteresses in einer empirischen Wissenschaft sind immer ein oder mehrere Merkmale im Hinblick auf Fragestellungen der folgenden Art:

- Bilden die Merkmalsträger in Bezug auf das Merkmal eine *homogene* Gruppe, d.h. unterscheiden sich die Merkmalsträger nur geringfügig?

- Gibt es bei einer *heterogenen* Gruppe typische Merkmalsausprägungen? Wie stark ist die Unterschiedlichkeit?

- Hat die Unterschiedlichkeit von Merkmalsträgern, die hinsichtlich eines Merkmals besteht, Auswirkungen auf die Unterschiedlichkeit dieser Merkmalsträger, die im Hinblick auf ein oder mehrere andere Merkmale vorliegt, d.h. gibt es zwischen den Merkmalen einen *Zusammenhang*?

- Lassen sich Zusammenhänge zwischen zwei Merkmalen gegebenenfalls darauf zurückführen, dass die Merkmalsträger durch ein drittes oder weitere Merkmale *beeinflusst* sind?

- Lassen sich Feststellungen, die an einer Gruppe von Merkmalsträgern getroffen sind, eventuell *generalisieren*?

Um derartige Fragestellungen zu untersuchen, ist die Datenbasis geeigneten *statistischen Datenanalysen* zu unterziehen.

- Bei der Durchführung einer **statistischen Datenanalyse** werden ein oder mehrere Merkmale – auf der Basis von ausgewählten Merkmalsträgern – im Hinblick auf ihr Erscheinungsbild und ihre Beziehungen untersucht.
  Diese Art der Analyse steht im Gegensatz zu (Einzel-)Fallstudien, bei denen es um die Beschreibung von Merkmalsausprägungen jeweils einzelner Merkmalsträger geht.

Als zentraler Aspekt einer statistischen Datenanalyse ist die folgende Tätigkeit anzusehen:

- Daten so zu sichten und zu verarbeiten, dass aus den daraus erhaltenen Resultaten eine Interpretation im Hinblick auf die jeweils vorliegenden Fragestellungen möglich ist.

Grundsätzlich hat die Durchführung von Zählvorgängen nichts mit "statistischem Handeln" zu tun. Erst wenn Daten analysiert werden, damit gestellte Fragen diskutiert und beantwortet werden können, kann von "statistischer Tätigkeit" gesprochen werden.

Hinweis: Als Geburtsstunde "statistischen Handelns" wird der Zeitpunkt angesehen, an dem der Londoner Tuchhändler John Graunt (1620 - 1674) Daten aus dem Geburtsregister und dem Sterberegister, das nach der großen Pest in London (1603) eingerichtet und wöchentlich aktualisiert wurde, zur Schätzung der Größe der Londoner Bevölkerung benutzte. Nicht die buchhalterische Führung des Sterberegisters um der Todeszahlen selbst willen wird als "statistische Arbeit" angesehen, sondern allein die Folgerung aus den erhobenen Daten.

Wie die Durchführung statistischer Datenanalysen in den empirischen Forschungsprozess einzuordnen ist, veranschaulicht die folgende Abbildung:

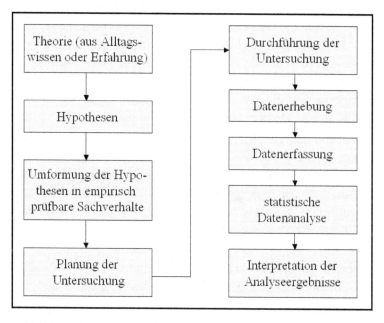

Abbildung 1.1: Ablauf eines empirischen Forschungsprozesses

Die Daten, die im Rahmen einer statistischen Datenanalyse bearbeitet werden sollen, sind das Ergebnis einer empirischen Untersuchung, die zur Beschreibung von ein oder mehreren Sachverhalten erhoben wurden.

Es kann vorkommen, dass eine empirische Untersuchung nur deswegen durchgeführt wurde, um einen Einblick in das Erscheinungbild ausgewählter Merkmale bei einer bestimmten Gruppe von Merkmalsträgern zu erhalten. Sehr oft geht es allerdings darum, bestimmte Hypothesen diskutieren zu können, die aus einer Theorie abgeleitet oder unter Verwendung des Alltagswissens bzw. der Erfahrung entwickelt worden sind.

Um mittels einer empirischen Untersuchung eine Einstellung darüber erhalten zu können, ob eine Hypothese durch die Daten gestützt wird oder nicht, müssen geeignete Vorbereitungen getroffen werden. Dabei geht es nicht nur darum, die Form und die Durchführung der Untersuchung zu planen, sondern es muss auch gewährleistet sein, dass die erhobenen Daten durch geeignete statistische Verfahren analysierbar sind. Da es heutzutage üblich ist, die Auswertung der Daten durch den Einsatz eines Computers zu unterstützen, muss der *Datenerhebung* eine *Datenerfassung* folgen, sodass die statistische Datenanalyse unmittelbar auf den gespeicherten Daten aufsetzen kann.

Aus der Sicht jeder empirischen Wissenschaft ist die Statistik eine Sammlung von statistischen Verfahren aus dem Bereich der *beschreibenden* und der *schließenden* Statistik, mit denen sich – im empirischen Forschungsprozess – Fragen aus dem jeweiligen Forschungszusammenhang diskutieren und beantworten lassen.

Grundlegende Techniken der **beschreibenden Statistik** (deskriptiven Statistik) sind dabei die Verdichtung von individuellen Merkmalsausprägungen zu Informationen, mit denen sich die Gruppe der untersuchten Merkmalsträger bezüglich des betreffenden Merkmals kennzeichnen lässt. Eine derartige Charakterisierung kann man z.B. als Gesamtpräsentation (Verteilung) in tabellarischer oder grafischer Form vornehmen. Desweiteren besteht die Möglichkeit, bestimmte Aspekte einer derartigen Präsentation sowie die Beziehung zwischen zwei oder mehreren Merkmalen durch geeignete statistische Kennzahlen zu beschreiben.

Die Ergebnisse, die man durch den Einsatz von Verfahren der **schließenden Statistik** (Inferenz-Statistik) erlangen kann, sind stets als *akzeptable* Einschätzungen eines bestimmten Sachverhalts zu verstehen. Das Werkzeug "Statistik" wird dabei als Hilfsmittel zur Beurteilung von Aussagen im Hinblick auf deren Akzeptanz ("Daten stehen im Einklang mit einer Aussage – auf der Basis einer gewissen Unsicherheit") eingesetzt, wobei vom bekannten Teil auf das unbekannte Ganze hochgerechnet wird.

Um grundlegende statistische Verfahren vorzustellen, werden in diesem Buch Daten verwendet, die innerhalb eines empirischen Forschungsprojektes zur folgenden Thematik erhoben wurden:

- Wie schätzen sich die Schüler und Schülerinnen einer gymnasialen Oberstufe im Hinblick auf ihre Leistungsfähigkeit ein?

Die Ergebnisse dieses Forschungsprojektes, das Ende der siebziger Jahre in Bremen durchgeführt wurde, belegen die überragende Bedeutung des Begabungsselbstbildes für das Lernen und für den Erfolg in Schule, Berufsausbildung und Beruf.

Auf der Basis des erhobenen Datenmaterials wurden unter anderem Aussagen zur Selbsteinschätzung von Leistung und Begabung sowie zur zeitlichen Belastung und Ermüdung der Befragten untersucht. Des weiteren wurde geprüft, ob geschlechtsspezifische und jahrgangsstufenspezifische Unterschiede erkennbar sind und ob z.B. die folgenden Thesen gestützt werden:

- Die meisten Schüler haben ein positives Begabungsselbstbild und empfinden die Schule von Jahrgangsstufe zu Jahrgangsstufe als belastender.

- Von Jahrgangsstufe zu Jahrgangsstufe gibt es einen stärkeren Zusammenhang zwischen Leistungsselbstbild, Begabungsselbstbild und wahrgenommener Begabungszuschreibung des Lehrers.

Im Folgenden wird sich auf einzelne Fragestellungen dieser Studie bezogen, bei der das folgende *Erhebungsdesign* zugrunde gelegt wurde:

		Jahrgangsstufe:		
		11	12	13
Geschlecht:	männlich	50	50	25
	weiblich	50	50	25

Abbildung 1.2: Erhebungsdesign

Hieraus ist erkennbar, dass jeweils 50 Schüler und jeweils 50 Schülerinnen aus den Jahrgangsstufen 11 und 12 sowie jeweils 25 Schüler und 25 Schülerinnen aus der Jahrgangsstufe 13 in die Untersuchung einbezogen wurden.

Bei der nachfolgenden Erläuterung von statistischen Verfahren wird auf Daten zurückgegriffen, die durch den auf der nächsten Seite abgebildeten Fragebogen erhoben wurden.

Bei diesem Fragebogen handelt es sich um einen modifizierten Auszug aus dem Originalfragebogen. Die mit diesem Fragebogen erhobenen Daten stellen – von wenigen Ausnahmen abgesehen – die Datenbasis für die in diesem Buch vorgestellten Datenanalysen dar.

Zur abkürzenden Beschreibung werden für die im Fragebogen aufgeführten Fragen (Items) die folgenden (Kurz-)Bezeichnungen verwendet:

- "Jahrgangsstufe" (Item 1), "Geschlecht" (Item 2), "Unterrichtsstunden" (Item 3), "Hausaufgaben" (Item 4), "Abschalten" (Item 5), "Schulleistung" (Item 6), "Begabung" (Item 7), "Lehrerurteil" (Item 8), "Englisch" (Item 9), "Deutsch" (Item 10) und "Mathe" (Item 11).

Kreuzen Sie bitte das für Sie Zutreffende an!   Identifikationsnummer:

1. Jahrgangsstufe: 11 ☐ (1)   12 ☐ (2)   13 ☐ (3)

2. Geschlecht: männlich ☐ (1)   weiblich ☐ (2)

3. Wie viele Unterrichtsstunden haben Sie in der Woche?

Unterrichtsstunden: ....

4. Wie lange machen Sie pro Tag im Durchschnitt Hausaufgaben?

ich mache keine Hausaufgaben ☐ (1)
weniger als 1/2 Std. am Tag ☐ (2)
1/2 - 1 Std. am Tag ☐ (3)
1 - 2 Std. am Tag ☐ (4)
2 - 3 Std. am Tag ☐ (5)
3 - 4 Std. am Tag ☐ (6)
mehr als 4 Std. am Tag ☐ (7)

5. Oft schalte ich im Unterricht einfach ab, weil es mir zu viel wird.
stimmt ☐ (1)   stimmt nicht ☐ (2)

6. Wie gut sind Ihre Schulleistungen im Vergleich zu Ihren Mitschülern?

sehr gut ⟶ +4 (9)
+3 (8)
+2 (7)
+1 (6)
durchschnittlich ⟶ 0 (5)
-1 (4)
-2 (3)
-3 (2)
sehr schlecht ⟶ -4 (1)

7. Wenn Sie an alle Mitschüler Ihrer Jahrgangsstufe denken, wie schätzen Sie dann Ihre Begabung insgesamt ein?

sehr gut ⟶ +4 (9)
+3 (8)
+2 (7)
+1 (6)
durchschnittlich ⟶ 0 (5)
-1 (4)
-2 (3)
-3 (2)
sehr schlecht ⟶ -4 (1)

8. Für wie begabt, glauben Sie, halten Ihre Lehrer Sie?

sehr gut ⟶ +4 (9)
+3 (8)
+2 (7)
+1 (6)
durchschnittlich ⟶ 0 (5)
-1 (4)
-2 (3)
-3 (2)
sehr schlecht ⟶ -4 (1)

Sie wurden vor 3 Wochen gebeten, für die nachfolgenden 3 Wochen darüber Buch zu führen, an wie vielen Wochentagen (montags bis freitags) Sie den Unterrichtsstoff in den Fächern Englisch, Deutsch und Mathematik wiederholen! Geben Sie jetzt bitte die Anzahl der Tage (0 bis 15) pro Fach an!

9.   für das Fach Englisch: ....
10.   für das Fach Deutsch: ....
11.   für das Fach Mathematik: ....

Abbildung 1.3: Fragebogen

Hinweis: Wie die jeweiligen Antworten umzuformen sind, damit sie einer Datenanalyse unterzogen werden können, wird im Anhang A.1 beschrieben. Im Anhang A.13 sind die Ergebnisse dieser Umformung angegeben.

Um statistische Verfahren effizient einsetzen zu können, wird in diesem Buch ein weiteres Werkzeug vorgestellt. Hierbei handelt es sich um ein **statistisches Datenanalysesystem**, mit dem sich statistische Datenanalysen auf einem Computer zur Ausführung bringen lassen. Heutzutage besitzt das Datenanalysesystem "**IBM SPSS Statistics**" eine Vorrangstellung. Aus diesem Grunde soll es innerhalb dieses Buches vorgestellt werden.

Hinweis: "IBM SPSS Statistics" ist die seit 2009 bestehende Produktbezeichnung für dasjenige Datenanalysesystem, das ursprünglich unter dem Namen "**SPSS**" – als Abkürzung für "Statistical Package for the Social Sciences" – entwickelt wurde.

In diesem Buch wird die Darstellung der statistischen Verfahren mit den Möglichkeiten der "IBM SPSS Statistics"-gestützten Datenanalyse verknüpft. Das Ausbildungsziel besteht darin, Kenntnisse in "Statistik" zu erwerben und die automatisierte Durchführung der einzelnen statistischen Verfahren unter Einsatz des statistischen Analysesystems "IBM SPSS Statistics" anfordern zu können.

Bei dem angestrebten Ziel darf nicht außer acht gelassen werden, dass der Einsatz von "Statistik" bzw. von "IBM SPSS Statistics" nicht Selbstzweck sein darf. Es ist von grundsätzlicher Bedeutung, dass bezüglich des jeweiligen Untersuchungsgegenstandes zunächst die richtigen Fragen gestellt werden und anschließend versucht wird, die aufgeworfenen Fragen mit Sachverstand zu diskutieren und zu beantworten.

Um die in den nachfolgenden Kapiteln beschriebenen statistischen Methoden verstehen zu können, müssen ausreichende Kenntnisse über ein Grundvokabular von statistischen Begriffen vorhanden sein. Erst durch die Verwendung derartiger Vokabeln wird es möglich, statistische Sachverhalte in der Sprache der Statistik so zu formulieren, dass sie prägnant und unzweideutig mitgeteilt werden können. Die in dieser Hinsicht benötigten Vokabeln werden weder summarisch noch isoliert, sondern – Schritt für Schritt – im Zusammenhang mit den einzelnen statistischen Verfahren vorgestellt.

Zunächst wird es darum gehen, Aussagen über eine Gruppe von Merkmalsträgern im Hinblick auf ein einzelnes Merkmal machen zu können. Hierzu wird als geeignetes Hilfsmittel die Häufigkeitsverteilung des Merkmals herangezogen, die die jeweils vorliegenden merkmalsträgerspezifischen Informationen in komprimierter Form widerspiegelt. Um eine Häufigkeitsverteilung angeben zu können, müssen die an den Merkmalsträgern erhobenen Merkmalsausprägungen ausgezählt und die resultierenden Häufigkeiten in geeigneter Weise zueinander in Beziehung gesetzt werden.

Bevor eine Beschreibung in Form einer tabellarischen bzw. grafischen Darstellung erfolgt, wird eine Relativierung an der Anzahl der Merkmalsträger vorgenommen, so dass eine Häufigkeitsverteilung mittels absoluter, (kumulierter) relativer und (kumulierter) prozentualer Häufigkeiten angegeben werden kann. Die Verabredungen, was unter diesen Häufigkeiten im einzelnen zu verstehen ist, werden gleich am Anfang des nachfolgenden Kapitels getroffen. Um diese Häufigkeits-Begriffe präzise vereinbaren zu können, werden Symbole verabredet, die in der nachfolgenden Darstellung als Kurzformen zur Beschreibung von Sachverhalten verwendet werden. Symbole dieser Art werden in Zukunft immer dort eingesetzt, wo eine verbal gehaltene Beschreibung – zum besseren Verständnis des jeweiligen Sachverhalts – formal konkretisiert werden muss.

Nach der Erläuterung des Begriffs der Häufigkeitsverteilung wird beschrieben, wie sich einzelne Merkmalsträger im Hinblick auf die Positionen anderer Merkmalsträger bzgl. der Ausprägungen eines Merkmals einschätzen lassen. Dazu wird die Häufigkeitsverteilung des betreffenden Merkmals in einzelne Abschnitte gegliedert, sodass die Nahtstellen dieser Abschnitte – z.B. in Form von Quartilen oder Dezilen – als Bezugspunkte dienen können.

Im Hinblick auf den späteren Einsatz des Analysesystems "IBM SPSS Statistics", von dem sich die Berechnung dieser Bezugspunkte anfordern lässt, kann man sich nicht nur darauf beschränken, die Gliederung der Häufigkeitsverteilung rein anschaulich durchzuführen. Vielmehr ist es im Hinblick auf ein professionelles empirisches Arbeiten unumgänglich, zu erläutern, wie eine sinnvolle Gliederung durch die Verwendung von technischen Werte vorgenommen werden kann. Dies bedeutet, dass eine Nahtstelle zweier Abschnitte der Häufigkeitsverteilung sich nicht notwendigerweise als eine Merkmalsausprägung darstellen muss, sondern ein technischer Wert in Form einer Rechengröße sein kann. Es gibt nicht nur eine, sondern mehrere Berechnungsvorschriften, wie technische Werte ermittelt werden können. Sinnvollerweise wird diejenige Vorschrift beschrieben, nach der das Analysesystem "IBM SPSS Statistics" die Berechnung vornimmt.

Die Kenntnis von Quartilen oder Dezilen liefert zwar einen Einblick in die flächengleiche bzw. annähernd flächengleiche Gliederung einer Häufigkeitsverteilung, gibt aber keinen Aufschluss über die Art des Verteilungsverlaufs.

Damit die Verlaufsform einer Verteilung – ohne die Angabe ihrer tabellarischen bzw. grafischen Darstellung – grob beschrieben werden kann, sind bestimmte Begriffe hilfreich, die im nächsten Kapitel im Anschluss an die Berechnungsvorschriften von technischen Werten vorgestellt werden. In diesem Zusammenhang wird ergänzend eine einführende Darstellung von Normalverteilungen – als Formen spezieller symmetrischer Verteilungen – gegeben. Hierbei handelt es sich um theoretische Verteilungen, die durch eine mathematische Vorschrift festgelegt sind. Diese Verteilungen stehen im Gegensatz zu den zuvor behandelten empirischen Verteilungen, deren jeweilige Verlaufsform mittels einer empirischen Untersuchung bestimmt wird, indem Daten bei ausgewählten Merkmalsträgern erhoben werden.

KAPITEL 2

VERTEILUNGEN

2.1 Datenaufbereitung und empirische Häufigkeitsverteilung

Als erster Schritt der statistischen Datenanalyse sollten die erhobenen Daten geeignet aufbereitet werden, sodass über eine tabellarische bzw. grafische Darstellung ein vertiefter Einblick in den Informationsgehalt der Daten möglich ist.
Um z.B. die Frage

- Wie hoch ist die zeitliche Belastung durch den Unterricht?

für die 50 männlichen Schüler der 12. Jahrgangsstufe beantworten zu können, muss das Merkmal "Unterrichtsstunden" untersucht werden.

Durch die Befragung wurden 50 ganzzahlige Werte als Merkmalsausprägungen erhalten. Diese Werte stellen die Basis für die durchzuführende Datenanalyse dar. Deshalb wird die Gesamtheit der erhobenen Daten als **Datenbasis** (engl.: "database") bezeichnet. Die Datenbasis liegt in Form einer **Urliste** vor, die wie folgt aus den erhobenen Daten zusammengestellt wurde:

```
30 39 34 36 33 31 36 38 33 40 33 36 32 33 33 30 36
33 31 39 33 36 36 35 33 30 33 33 33 31 30 32 33 35
36 38 33 33 32 33 30 33 32 33 39 34 33 33 36 33
```

Abbildung 2.1: Urliste

Damit eine Interpretation im Hinblick auf die angegebene Fragestellung zur zeitlichen Belastung möglich ist, muss diese Datenbasis gesichtet und deren Informationsgehalt ermittelt werden. Dabei ist es von Interesse, wie häufig die einzelnen Merkmalsausprägungen jeweils aufgetreten sind. Um die *beobachteten* **Häufigkeiten** (engl.: "frequencies") der jeweils genannten Stundenzahlen festzustellen, kann man die Daten zunächst wie folgt in Form einer *ungeordneten* **Strichliste** aufbereiten:

| 30 | ||||| | 34 | || | 33 | ||||||||||||||||||| | 38 | || | 32 | |||| |
| 39 | ||| | 36 | |||||||| | 31 | ||| | | 40 | | | 35 | || |

Abbildung 2.2: Strichliste

Wegen der Unübersichtlichkeit ist der Informationsgehalt dieser Strichliste zu gering. Besser geeignet ist eine tabellarische Beschreibung der Merkmalsausprägungen und der zugehörigen Häufigkeiten in geordneter Form. Werden die Ausprägungen *aufsteigend geordnet*, so erhält man die folgendeÜbersicht:

Merkmalsausprägungen:	30	31	32	33	34	35	36	38	39	40
Häufigkeiten:	5	3	4	20	2	2	8	2	3	1

Abbildung 2.3: Häufigkeitstabelle

Da diese Tabelle beschreibt, wie häufig die einzelnen Merkmalsausprägungen als Antworten auf die Frage nach der zeitlichen Belastung genannt wurden, wird von einer **Häufigkeitstabelle** (engl.: "frequency table") gesprochen.

- Der Inhalt der Häufigkeitstabelle beschreibt die **Häufigkeitsverteilung** (engl.: "frequency distribution") des Merkmals. Durch diese **Verteilung** ist festgelegt, mit welcher Häufigkeit die einzelnen Merkmalsausprägungen auftreten sind. Da die Verteilung auf den erhobenen Daten basiert, nennt man sie eine **empirische Verteilung**.

Auf der Basis der vorliegenden Verteilung des Merkmals "Unterrichtsstunden" lassen sich z.B. die folgenden Fragen beantworten:

- Wie groß ist der Stellenwert einer einzelnen Merkmalsausprägung, d.h. wurde z.B. als Belastung sehr häufig der Wert "33" angegeben?

- Wie stark unterscheiden sich einzelne Merkmalsausprägungen im Hinblick auf ihre jeweils zugehörigen Häufigkeiten, d.h. sind z.B. geringe Stundenzahlen in etwa so häufig wie hohe Stundenzahlen genannt worden oder besitzt eine einzelne Merkmalsausprägung (wie z.B. die Ausprägung "33") einen besonderen Stellenwert?

Um mehrere Häufigkeiten – auf einen Blick hin – besser vergleichen zu können, ist es ratsam, eine *grafische* Darstellung in Form eines **Balkendiagramms** (Säulendiagramms, engl.: "bar chart") anzugeben. Für das Merkmal "Unterrichtsstunden" ist die zugehörige Häufigkeitsverteilung in der Abbildung 2.4 als Balkendiagramm dargestellt.

Dieses Diagramm kennzeichnet die Verteilung in grafischer Form durch die Darstellung der **Verteilungsfläche**. Sie wird durch Balken (Säulen, engl.: "bars") beschrieben, die über den Merkmalsausprägungen errichtet und deren Flächengrößen *direkt proportional* zu den Häufigkeiten der Ausprägungen sind. Daher ist eine vergleichende Betrachtung der *Gewichtigkeit* (Bedeutung) der einzelnen Merkmalsausprägungen unmittelbar möglich.

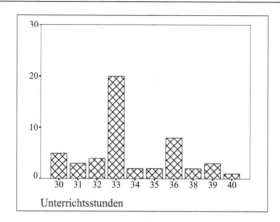

Abbildung 2.4: Verteilung von "Unterrichtsstunden" als Balkendiagramm

2.2 Absolute, relative und prozentuale Häufigkeiten

Absolute Häufigkeiten

Damit man die Gewichtigkeit einer Ausprägung im Hinblick auf das Auftreten der anderen Ausprägungen auch *ohne* Grafik erkennen kann, sind "relative
Häufigkeiten" bzw. "prozentuale Häufigkeiten" als geeignete Maßzahlen festzulegen, mit denen die ermittelten Häufigkeiten der einzelnen Ausprägungen zu einer
Bezugsgröße (als Basiszahl) in Beziehung gesetzt werden können. Um die zuvor
ermittelten *beobachteten Häufigkeiten* von derartigen relativen bzw. prozentualen
Häufigkeiten abzugrenzen, spricht man von **absoluten Häufigkeiten** (engl.: "frequencies").

Für das Folgende werden Bezeichnungen benötigt, um allgemeingültige Sachverhalte auszudrücken. Daher werden bestimmte Symbole als *Platzhalter* verwendet,
an deren Stelle – je nach Situation – konkrete Größen eingesetzt werden können.
So wird mit "X" ein Merkmal (in der aktuellen Situation "Unterrichtsstunden") bezeichnet, mit "n" die Anzahl der Merkmalsträger und damit die Gesamtzahl der
Werte (in der aktuellen Situation "50") sowie mit "k" die Anzahl der *unterschiedlichen* Merkmalsausprägungen (in der aktuellen Situation "10"). Ferner werden die
folgenden Symbole festgelegt:

- x_j (j=1,..,k) : für die "k" möglichen Merkmalsausprägungen von X und

- f_j (j=1,...,k) : für deren zugehörige absolute Häufigkeiten.

Um die einzelnen Merkmalsausprägungen "x_j" von "X" voneinander zu unterscheiden, wird der Buchstabe "j" als Platzhalter für einen konkreten Index verwendet. Die Schreibweise "(j=1,..,k)" bedeutet, dass die einzelnen Indizes durch
die Zahlen von "1" bis "k" gekennzeichnet sind.

Für die oben angegebene Datenbasis mit den Unterrichtsstunden gilt:
"$x_1 = 30, ..., x_{10} = 40, f_1 = 5, ..., f_{10} = 1$".

Relative Häufigkeiten

Um die Gewichtigkeit einer Merkmalsausprägung "x_j" als Ausdruck dafür anzugeben, wie häufig sie im Vergleich zu den Häufigkeiten der restlichen Merkmalsausprägungen auftritt, wird deren **relative Häufigkeit** "h_j" (Prozentzahl, engl.: "relative frequency") als Quotient aus der absoluten Häufigkeit und der Gesamtzahl
der Werte vereinbart.

Um diesen Sachverhalt kurz und eindeutig zu beschreiben, wird diese Rechenvorschrift – unter Einsatz der oben angegebenen Platzhalter – in Form der folgenden
Formel festgelegt:

$$h_j = \frac{f_j}{n}$$

Für die oben angegebene Datenbasis gilt z.B. "$h_1 = \frac{5}{50} = 0,1$" und "$h_{10} = \frac{1}{50} = 0,02$".

Hinweis: Bei einem Leistungstest lässt sich über die Kennzahl "relative Häufigkeit" eine
Aussage über die *Schwierigkeit des Tests* machen, indem die Anzahl der richtig gelösten
Aufgaben zur Anzahl der Aufgaben in Beziehung gesetzt wird.

Es ist unmittelbar erkennbar, dass die folgenden Beziehungen generell zutreffen:

- Die relativen Häufigkeiten sind größer oder gleich "0" und kleiner oder
  gleich "1", d.h. für jede relative Häufigkeit "h_j" gilt die folgende Ungleichung: "$0 \leq h_j \leq 1$".

- Je größer "h_j", desto gewichtiger ist "x_j", d.h. desto häufiger tritt "x_j" im
  Vergleich zu den anderen Merkmalsausprägungen auf.

- Die Summe der relativen Häufigkeiten ist gleich "1", d.h. es gilt die folgende
  Beziehung: "$\sum_{j=1}^{k} h_j = 1$".

  Dabei handelt es sich bei "$\sum_{j=1}^{k} h_j$" (gelesen: "Summe (Sigma) der h_j von
  j gleich 1 bis k") um eine abkürzende Beschreibung der Summe "$h_1 + h_2 + h_3 + ... + h_k$".
  Der Platzhalter "j" kennzeichnet den Laufindex, der vom kleinsten Index "1"
  bis zum größten Index "k" läuft.

  Zum Beispiel ist "$\sum_{j=1}^{4} h_j$" eine Kurzschreibweise für "$h_1 + h_2 + h_3 + h_4$".

Um die Größe einer "relativen Häufigkeit" einzuschätzen, dienen der größtmögliche Wert "1" und der kleinstmögliche Wert "0" als *Bezugsgrößen*. Ist die relative Häufigkeit einer Merkmalsausprägung nahe "1", so besitzt diese Ausprägung
im Vergleich zu den anderen Ausprägungen ein großes Gewicht. Bei kleiner relativer Häufigkeit ist die zugehörige Ausprägung dagegen nur von geringer Gewichtigkeit.

- Sofern die grafische Darstellung einer Häufigkeitsverteilung auf den relativen Häufigkeiten basieren soll, müssen die räumlichen Ausmaße der einzelnen Teilflächen (Balken) – gemäß dem für das Diagramm gewählten Maßstab – die jeweils zugehörigen relativen Häufigkeiten widerspiegeln.

  Da sich sämtliche relativen Häufigkeiten zu "1" summieren, ist demzufolge die Größe der Gesamtfläche gleich "1".

Prozentuale Häufigkeiten

Um die Gewichtigkeit einer Merkmalsausprägung *nicht* auf der Basis der Bezugsgröße "1", sondern auf der Basis der Bezugsgröße "100" vorzunehmen, legt man die **prozentuale Häufigkeit** (Prozentsatz, engl.: "percentage", Benennung: "%") "p_j" einer Merkmalsausprägung "x_j" wie folgt fest:

$$p_j = h_j * 100$$

Für die oben angegebene Datenbasis gilt z.B.: $p_1 = h_1 * 100 = 0,1 * 100 = 10$ (%)
Es ist unmittelbar erkennbar, dass die folgenden Aussagen zutreffen:

- $0 \leq p_j \leq 100$

- Je größer "p_j", desto gewichtiger ist "x_j".

- $\sum_{j=1}^{k} p_j = 100$

  Wird eine Häufigkeitsverteilung durch ein Balkendiagramm auf der Basis der prozentualen Häufigkeiten dargestellt, so entspricht die Größe der Balkenflächen den einzelnen prozentualen Häufigkeiten. Die Gesamtfläche der Verteilung summiert sich daher auf "100" (%).

Um die Bedeutung von Sachverhalten mitzuteilen, neigt man dazu, prozentuale Häufigkeiten zu verwenden. Bei der Interpretation ist jedoch stets Vorsicht geboten, da *Prozentsätze* – gewollt oder ungewollt – einen falschen Eindruck vermitteln können, sofern die Basis der Prozentuierung nicht ausgewiesen wird. Wer bei der Untersuchung nur weniger Merkmalsträger die Untersuchungsergebnisse in Form prozentualer Häufigkeiten darstellt, läuft Gefahr, als unseriös angesehen zu werden, weil den Ergebnissen offensichtlich eine nicht belegbare Bedeutung zugeordnet werden soll.

Wie wichtig die jeweilige Basis für die Prozentuierung ist, verdeutlichen die folgenden Beispiele:

- Wenn in der 1. Statistik-Veranstaltung 180 Teilnehmer zu verzeichnen sind und in der mündlichen Rücksprache nur 90 Kandidaten teilgenommen haben und alle erfolgreich sind, so kann von den Studenten "Nur 50% haben Erfolg gehabt (Basis: alle, die angefangen haben)." und vom Dozenten "100%

haben Erfolg gehabt (Basis: alle, die zur Prüfung angetreten sind)." geäußert werden.

- Wenn eine Partei mit bisher 35% Stimmenanteil bei der Wahl 10 *Prozent-punkte* verliert, so hat sie annähernd 28,57% ihrer ursprünglichen Stimmen verloren, denn es gilt:

$$\frac{35-10}{35} \simeq 0,7143 = 1 - 0,2857$$

- In Berlin studierten im Sommersemester 1992 an den 3 Unis *nur* 4% mehr Studenten als im vorausgegangenen Semester, was als sehr wenig erscheint. Tatsächlich lag aber ein Zuwachs von *sogar* 6000 Studenten vor, gemessen an den ursprünglich 146000 Studenten.

2.3   Präsentation von empirischen Verteilungen

Werden die absoluten, die relativen und die prozentualen Häufigkeiten für die im Abschnitt 2.1 angegebene Datenbasis tabelliert, so resultiert daraus die folgende Tabelle:

Merkmalsausprägung	absolute Häufigkeit	relative Häufigkeit	prozentuale Häufigkeit
30	5	0,10	10%
31	3	0,06	6%
32	4	0,08	8%
33	20	0,40	40%
34	2	0,04	4%
35	2	0,04	4%
36	8	0,16	16%
38	2	0,04	4%
39	3	0,06	6%
40	1	0,02	2%
Summe:	50	1,00	100%

Abbildung 2.5: absolute, relative und prozentuale Häufigkeiten

Um das (von der kleinsten Ausprägung an linksseitige) Anwachsen der relativen bzw. prozentualen Häufigkeiten im Hinblick auf den Gesamtverlauf einer Verteilung, d.h. die Aufteilung der Verteilungsfläche, beschreiben zu können, müssen die Häufigkeiten *kumuliert* (aufsummiert, angehäuft, addiert) werden.

Im Folgenden wird die **kumulierte relative Häufigkeit** (engl.: "cumulative relative frequency") für eine Merkmalsausprägung "x_j" durch das Symbol "H_j" gekennzeichnet. Für jede Zahl "j" (j=1,...,k) ist "H_j" wie folgt vereinbart:

$$H_j = \sum_{i=1}^{j} h_i$$

"H_j" ist die relative Häufigkeit dafür, dass die Ausprägung "x_j" oder eine kleinere Ausprägung auftritt. Entsprechend wird mit dem Symbol "P_j" die **kumulierte prozentuale Häufigkeit** (engl.: "cumulative frequency") für die Ausprägung "x_j" bezeichnet. Für jede Zahl "j" (j=1,...,k) ist "P_j" wie folgt vereinbart:

$$P_j = H_j * 100$$

Kumuliert man die relativen und die prozentualen Häufigkeiten für die vorliegende Datenbasis mit den Unterrichtsstunden, so erhält man die folgende Tabelle:

x_j	h_j	H_j	P_j
30	0,10	0,10	10%
31	0,06	0,16	16%
32	0,08	0,24	24%
33	0,40	0,64	64%
34	0,04	0,68	68%
35	0,04	0,72	72%
36	0,16	0,88	88%
38	0,04	0,92	92%
39	0,06	0,98	98%
40	0,02	1,00	100%

Abbildung 2.6: relative und kumulierte Häufigkeiten

Der Tabelleninhalt beschreibt die **kumulierte Häufigkeitsverteilung** (engl.: "cumulative frequency distribution") des Merkmals "Unterrichtsstunden".

- Je nachdem, ob – bei einer tabellarischen oder einer grafischen Darstellung – die kumulierten relativen oder aber die kumulierten prozentualen Häufigkeiten verwendet werden, spricht man von der **kumulierten relativen** bzw. der **kumulierten prozentualen Häufigkeitsverteilung**.

Soll die Korrespondenz der kumulierten relativen Häufigkeiten "H_j" zu den jeweiligen Merkmalsausprägungen "x_j" symbolisch kompakt beschrieben werden, so lässt sich dies formal – in Form der folgenden Zuordnung – bewerkstelligen:

- $F : x_j \longrightarrow F(x_j) = H_j$

Verallgemeinert man diese Abbildung, bei der jedem Wert "x_j" die Größe "$F(x_j)$" in Form der kumulierten relativen Häufigkeit "H_j" zugeordnet wird, auf alle Zahlen der Zahlengeraden, so lässt sich festlegen:

- Die Abbildung, bei der jeder Zahl "x" die relative Häufigkeit derjenigen Werte "x_j" zugeordnet wird, die sämtlich kleiner oder gleich "x" sind, wird die zum Merkmal zugehörige **empirische Verteilungsfunktion** genannt.

Eine empirische Verteilungsfunktion lässt sich grafisch als "Treppe" veranschaulichen. Zum Beispiel ergibt sich für die Schüler der 12. Jahrgangsstufe bei der Darstellung der kumulierten relativen Häufigkeitsverteilung des Merkmals "Unterrichtsstunden" die innerhalb der folgenden Abbildung angegebene Form:

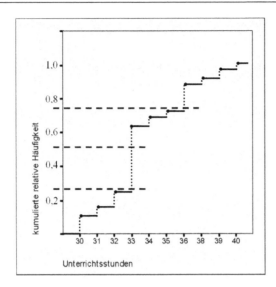

Abbildung 2.7: empirische Verteilungsfunktion von "Unterrichtsstunden"

Jede Treppenstufe wird durch einen vergrößerten Punkt eingeleitet. Dieser Punkt kennzeichnet die kumulierte relative Häufigkeit, mit der die jeweilige Ausprägung aufgetreten ist, auf die die senkrechte gepunktete Linie weist.

Hinweis: Die gestrichelten waagerechten Linien sind Hilfslinien, deren Bedeutung im Zusammenhang mit den im Abschnitt 2.4 vorgestellten Begriffen näher erläutert wird.

Mit Hilfe der kumulierten Häufigkeiten lassen sich folgende Fragen beantworten:

- Wie viel Prozent der Werte treten unterhalb eines bestimmten Wertes auf?
- Wie stark wird die Gestalt der Verteilungsfläche durch Ausprägungen beeinflusst, die am Anfang, in der Mitte bzw. am Ende der Verteilung liegen?

Hinweis: Die Leistungsfähigkeit einer Testperson in Bezug auf eine Gruppe von Testpersonen lässt sich z.B. dadurch beschreiben, dass der Prozentsatz derjenigen Testpersonen angegeben wird, die in ihrer Testleistung unterhalb der Leistung dieser Testperson liegen.

Werden für die vorliegende Datenbasis sämtliche bislang ermittelten Informationen zusammengefasst, so lässt sich die Häufigkeitsverteilung des Merkmals "Unterrichtsstunden" insgesamt durch die innerhalb der Abbildung 2.8 dargestellte Tabelle beschreiben. Hieraus ist – genau wie bei der oben erörterten Korrespondenz von "relativen Häufigkeiten" und den Größen der jeweils zugeordneten Teilflächen des Balkendiagramms – nicht nur die Gewichtigkeit einzelner Ausprägungen, sondern auch bestimmter *(Werte-)Bereiche* unmittelbar zu entnehmen.

Zum Beispiel ist erkennbar, dass 72% der Werte kleiner oder gleich "35" sind, d.h. es gilt: Die Fläche über dem *abgeschlossenen* Bereich "[30;35]" – bestehend aus den Werten "30", "31", "32", "33", "34" und "35" – macht 72% der gesamten Verteilungsfläche aus.

Hinweis: In Kurzschreibweise lässt sich feststellen: "Fläche über [30;35]" = 72%.

Merkmals-ausprägung	absolute Häufigkeit	relative Häufigkeit	kumulierte rel. Häufigkeit	prozentuale Häufigkeit	kumulierte proz. Häufigkeit
30	5	0,10	0,10	10%	10%
31	3	0,06	0,16	6%	16%
32	4	0,08	0,24	8%	24%
33	20	0,40	0,64	40%	64%
34	2	0,04	0,68	4%	68%
35	2	0,04	0,72	4%	72%
36	8	0,16	0,88	16%	88%
38	2	0,04	0,92	4%	92%
39	3	0,06	0,98	6%	98%
40	1	0,02	1,00	2%	100%
Summe:	50	1,00		100%	

Abbildung 2.8: Häufigkeitstabelle mit sämtlichen Häufigkeiten

Weiter ist z.B. ableitbar, dass 8% (100% - 92%) der Werte größer als "38" sind, d.h. die Fläche über dem *linksoffenen* und *rechtsabgeschlossenen* Bereich "(38;40]", deren Größe mit der Auftretenshäufigkeit der Ausprägungen "39" und "40" korrespondiert, macht 8% der Gesamtfläche aus.

Hinweis: In Kurzschreibweise lässt sich feststellen: "Fläche über (38;40]" = 8%.

- Fortan wird durch die *eckigen* Klammern "[" und "]" sowie durch die *runden* Klammern "(" und ")" die Art der jeweiligen *Bereichsgrenzen* beschrieben. Eine eckige Klammer zeigt an, dass die Bereichsgrenze – in Form eines Eckpunktes – Bestandteil des Bereichs ist. Dagegen wird durch eine runde Klammer gekennzeichnet, dass die Bereichsgrenze nicht zum Bereich gehört. Zählen beide Eckpunkte zum Bereich – wie z.B. bei "[30;35]" –, so spricht man von einem *abgeschlossenen* Bereich. Im Gegensatz dazu nennt man einen Bereich, der keine der beiden Bereichsgrenzen enthält – wie z.B. "(30;35)"–, einen *offenen* Bereich und einen Bereich, der nur eine der beiden Bereichsgrenzen enthält – wie z.B. "(38;40]"– einen *halboffenen* Bereich.

2.4   Gliederung einer Verteilung

Bestimmung von Quartilen

Wie soeben erläutert, lässt sich durch die Kenntnis der kumulierten prozentualen Häufigkeiten "P_j" bestimmen, wie groß der Anteil der Verteilungsfläche unterhalb jeder einzelnen Ausprägung "x_j" ist. Auf diesem Wege erhält man einen genauen Eindruck davon, wie der Wert eines Merkmalsträgers – im Hinblick auf die Werte aller anderen Merkmalsträger – platziert ist.

Eine derartig differenzierte Information über die Positionierung eines Merkmalsträgers ist bei vielen Fragestellungen entbehrlich. Oftmals genügt es, einen Eindruck von der ungefähren Lage eines Wertes zu erhalten.

Zum Beispiel reicht es für die Beurteilung einer Testperson in einem Leistungstest aus, dass der individuelle Punktwert als Bestandteil eines Bereichs erkannt werden kann, sodass sich eine grobe Einschätzung der Testperson – gemessen an der Gesamtheit aller Testpersonen – vornehmen lässt.

Um eine grobe Einschätzung über die Lage eines Wertes zu erhalten, kann wie folgt vorgegangen werden: Man gliedert die Verteilungsfläche in eine gewisse Anzahl gleich großer bzw. annähernd gleich großer Teilflächen. Auf dieser Basis bestimmt man *Trennwerte*, die die Nahtstellen dieser Gliederung signalisieren. Unter Kenntnis dieser Kennwerte lässt sich anschließend für jeden Wert feststellen, in welchem Bereich der Verteilung er platziert ist. Dadurch kann z.B. eingeschätzt werden, ob der Wert eher am rechten oder linken Ende bzw. im mittleren Bereich der Verteilungsfläche liegt.

Um einen ersten Einblick in eine derartige Gliederung einer Verteilungsfläche zu erhalten, wird der Fall betrachtet, bei dem die Aufteilung in *vier* Teilflächen erfolgt.

- Bei einer Gliederung in Flächenanteile von jeweils 25% bzw. annähernd 25% wird die gesamte Verteilungsfläche in 4 gleich große bzw. annähernd gleich große Teilflächen aufgeteilt. Diese Gliederung wird durch 3 Trennwerte beschrieben, die als **Quartile** bezeichnet werden. Zur *eindeutigen* Kennzeichnung der Quartile werden die folgenden Verabredungen getroffen:

  - unterhalb des 1. Quartils ("Q_1") liegt *bis zu höchstens* 25% der Verteilungsfläche,

  - unterhalb des 2. Quartils ("Q_2") liegt *bis zu höchstens* 50% der Verteilungsfläche, und

  - unterhalb des 3. Quartils ("Q_3") liegt *bis zu höchstens* 75% der Verteilungsfläche.

- Die Sprechweise "bis zu höchstens x%" bedeutet, dass es sich bei dem jeweiligen Quartil um die *größte* Ausprägung handelt, unterhalb der *höchstens* "x%" der Verteilungsfläche liegt.

Um das 1. Quartil des Merkmals "Unterrichtsstunden" zu bestimmen, sind die folgenden Informationen der Abbildung 2.8 zu entnehmen: Unterhalb von "30" liegen 0% Flächenanteile der Verteilungsfläche, unterhalb von "31" sind es 10% , unterhalb von "32" sind es 16% , unterhalb von "33" sind es 24% , unterhalb von "34" sind es 64% , usw. Weil allein unterhalb von "30", "31", "32" und "33" jeweils höchstens 25% der Verteilungsfläche liegen, sind diese Ausprägungen die einzigen Kandidaten für das 1. Quartil. Da es sich bei "33" um die größte Ausprägung der 4 Kandidaten handelt, stellt "33" das 1. Quartil dar.

Dieser Sachverhalt ist auch aus der Abbildung 2.7 zu entnehmen: "33" gehört zu der "Treppenstufe", die gegenüber derjenigen "Treppenstufe", die unmittelbar unterhalb der durch die kumulierte relative Häufigkeit "0,25" gekennzeichneten gestrichelten Linie liegt, die nächst höhere "Treppenstufe" darstellt.

Die Bestimmung des 2. Quartils kann ebenfalls unmittelbar mit Hilfe der Abbildung 2.7 erfolgen: Da die soeben fixierte "Treppenstufe" (unterhalb der durch "0,25" gekennzeichneten gestrichelten Linie) auch die höchste "Treppenstufe" darstellt, die unterhalb der durch die kumulierte relative Häufigkeit "0,5" gekennzeichneten gestrichelte Linie liegt, kennzeichnet die Ausprägung "33" nicht nur das 1., sondern auch das 2. Quartil.

Dieser Sachverhalt lässt sich unmittelbar der Abbildung 2.8 entnehmen, da es sich bei "33" um diejenige Ausprägung handelt, unterhalb der sich bis zu höchstens 50% der Verteilungsfläche befindet.

Das 3. Quartil ergibt sich zu "36". Da nämlich unterhalb von "35", "36" und "38" jeweils genau 68%, 72% bzw. 88% der Verteilungsfläche liegt, ist demzufolge "36" die größte Ausprägung, unterhalb der sich höchstens 75% der Verteilungsfläche befindet. Dieser Sachverhalt deckt sich mit der Darstellung innerhalb der Abbildung 2.7, weil "36" die erste "Treppenstufe" kennzeichnet, die oberhalb der durch die kumulierte relative Häufigkeit "0,75" gekennzeichneten gestrichelten Linie verläuft.

Die Positionen der zur Verteilung des Merkmals "Unterrichtsstunden" zugehörigen Quartile werden durch die folgende Abbildung zusammenfassend dargestellt:

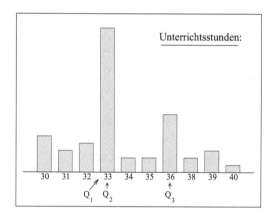

Abbildung 2.9: Verteilung mit Quartilen

Grundsätzlich summieren sich die beiden Teilflächen, die jeweils durch eines der Quartile voneinander abgegrenzt werden, auf insgesamt 100%.

Allerdings teilen die Quartile Q_1, Q_2 und Q_3 die Verteilungsfläche nicht grundsätzlich, sondern nur in speziellen Situationen im Verhältnis von "25% zu 75%", "50% zu 50%" bzw. "75% zu 25%" auf.

Eine derartige Situation ist z.B. dann gegeben, wenn ein Merkmal die Merkmalsausprägungen "1", "2", "3" und "4" mit jeweils der Häufigkeit "5" besitzt. In diesem Fall berechnen sich die Quartile Q_1, Q_2 und Q_3 zu "2", "3" und "4". In dieser Situation liegt unterhalb des 1. Quartils *genau* 25%, unterhalb des 2. Quartils *genau* 50% und unterhalb des 3. Quartils *genau* 75% der Verteilungsfläche.

Bestimmung von technischen Werten

Bei der Verteilung von "Unterrichtsstunden" vollzieht sich der Wechsel von "unter 50%" zu "über 50%" innerhalb der zu "33" gehörenden Säule. Genauso findet der Wechsel von "unter 75%" zu "über 75%" innerhalb der zu "36" gehörenden Säule statt. Dagegen vollzieht sich der Wechsel von "unter 25%" zu "über 25%" *nicht* innerhalb derjenigen Säule, die zu "33" gehört. Beim Übergang von "32" zu "33" wechselt die kumulierte prozentuale Häufigkeit über den Prozentsatz von 25% *direkt* zwischen "32" und "33", da unterhalb von "33" 24% der Verteilungsfläche liegt und die Verteilungsfläche, die sich unter Hinzufügung eines einzigen Wertes "33" ergibt, gleich "26%" ist.

Oftmals wird ein derartiger Sachverhalt zum Anlass genommen, das Quartil nicht als *natürlichen Wert* in Form einer *Merkmalsausprägung*, sondern als **technischen Wert** festzulegen, indem eine geeignete Zahl zwischen "32" und "33" ausgewählt wird. Da jede Zahl zwischen "32" und "33" als eine gewichtete Summe der Form "(1 - a)*32 + a*33" mit einer Zahl "a" zwischen "0" und "1" beschrieben werden kann, stellt sich die Frage, welche Zahl konkret für den Platzhalter "a" eingesetzt werden soll.

Es erscheint sinnvoll (siehe unten), bei der Berechnung der gewichteten Summe eine anteilige Trennung von "32" und "33" im Verhältnis von "25%" zu "75%" vorzunehmen. Daher muss für "a" die Zahl "0,75" gewählt und "Q_1" als Ergebnis des Ausdrucks "(1 - 0,75)*32 + 0,75*33" wie folgt bestimmt werden:

$$Q_1 = (1 - 0,75) * 32 + 0,75 * 33 = 32 - 0,75 * 32 + 0,75 * 33 = 32 + 0,75 * (33 - 32) = 32,75$$

Sofern die Ermittlung eines technischen Wertes gewünscht wird, errechnet sich das 1. Quartil daher zur Zahl "32, 75".

Dezile, Perzentile und Quantile

Bei Merkmalen mit relativ vielen Ausprägungen kann die Aufgliederung der Verteilungsfläche in nur 4 Teilflächen zu grob sein. Soll eine verfeinerte Gliederung vorgenommen werden, so kann man z.B. wie folgt verfahren:

- Die Verteilungsfläche wird in 10 (annähernd) gleich große Teilflächen gegliedert, die durch 9 **Dezile** mit den folgenden Eigenschaften abgegrenzt werden:
- unterhalb des 1. Dezils liegt *bis zu höchstens* 10% der Verteilungsfläche,
- unterhalb des 2. Dezils liegt *bis zu höchstens* 20% der Verteilungsfläche, ...

Für eine noch differenziertere Aufteilung kann man wie folgt vorgehen:

- Die Verteilungsfläche wird in 100 (annähernd) gleich große Teilflächen gegliedert, die durch 99 **Perzentile** mit den folgenden Eigenschaften abgegrenzt werden:
- unterhalb des 1. Perzentils liegt *bis zu höchstens* 1% der Verteilungsfläche,
- unterhalb des 2. Perzentils liegt *bis zu höchstens* 2% der Verteilungsfläche, ...

Zur Vereinheitlichung der Bezeichnung verwendet man den Begriff des "Quantils".

- Quartile, Dezile und Perzentile sind Beispiele für **Quantile**. Für eine vorgegebene relative Häufigkeit "h" mit der Eigenschaft "$0 < h < 1$" kennzeichnet das zugehörige **h-Quantil** diejenige Ausprägung "x_h", unterhalb der *bis zu höchstens* "$h * 100\%$" der Verteilungsfläche liegt.

Gemäß dieser Verabredung stimmt das 1. Quartil mit dem "0,25-Quantil", das 2. Quartil mit dem "0,5-Quantil" und das 3. Quartil mit dem "0,75-Quantil" überein.

Bestimmung von N-tilen

Die Berechnung von Quartilen, Dezilen und Perzentilen sind Spezialfälle eines allgemeinen Ansatzes, nach dem sich eine Verteilungsfläche in eine gewisse Anzahl (annähernd) gleich großer Teilflächen aufteilen lässt.

Soll eine Verteilungsfläche in jeweils "N" (annähernd) gleich große Flächenanteile der Größe "$\frac{100\%}{N}$" gegliedert werden, so werden die "$N - 1$" Trennwerte in Form von **"N-tilen"** festgelegt. Um überhaupt N-tile bestimmen zu können, muss die folgende Eigenschaft erfüllt sein:

- Die Zahl "100" muss durch die Zahl "N" – ohne Rest – teilbar sein.

Auf dieser Basis ist das j. N-til wie folgt verabredet:

- Unterhalb des j. N-tils liegen bis zu höchstens "$j * \frac{100}{N}\%$" der Werte.

Bei der Berechnung eines "N-tils" sind zwei Fälle zu betrachten:

- Falls sich der Wechsel von unter "$j * \frac{100}{N}\%$" zu über "$j * \frac{100}{N}\%$" *innerhalb* derjenigen Säule vollzieht, die zur Merkmalsausprägung "x_q" gehört, so ist das j. N-til gleich dieser Ausprägung "x_q".

Hinweis: Dabei ist unter der Formulierung "*innerhalb*" der folgende Sachverhalt zu verstehen:
Wird zu "$j * \frac{100}{N}\%$" diejenige prozentuale Häufigkeit addiert, mit der ein einzelner Wert auftritt, so muss der resultierende Prozentsatz kleiner sein als die kumulierte prozentuale Häufigkeit, die zum Wert "x_q" gehört.
Dies ist z.B. – auf der Grundlage der Datenbasis "1, 1, 2, 2, 2, 2, 2, 3, 3, 3, 3, 4, 5 und 6" – im Rahmen der Berechnung des 3. Quartils bei der (für "x_q") infrage kommenden Ausprägung "3" nicht der Fall. Der Wechsel von unterhalb 75% zu oberhalb 75% findet *nicht* innerhalb der zu "3" zugehörigen Säule statt, weil die zu "3" zugehörige kumulierte prozentuale Häufigkeit (annähernd) gleich "78,57" und diese Zahl kleiner als "82,14" ist, die sich (näherungsweise) durch die folgende Berechnung ergibt: 75 + (1/14)*100

- Falls sich der Wechsel von unter "$j * \frac{100}{N}\%$" zu über "$j * \frac{100}{N}\%$" *genau zwischen* zwei Säulen abspielt, wird das j. N-til "x_q" wie folgt als **technischer Wert** in Form einer gewichteten Summe festgelegt:

$$x_q = (1 - A) * x_l + A * x_r$$

Dabei wird die kleinere der beiden Ausprägungen mit "x_l" und die größere Ausprägung mit "x_r" bezeichnet. Durch "A" wird der von Null verschiedene Nachkommastellenanteil derjenigen Zahl gekennzeichnet, der durch die Produktbildung "$(n+1) * \frac{j}{N}$" erhalten wird. Ein Sonderfall liegt vor, wenn sich der Nachkommastellenanteil "A" zu "0" errechnet. In diesem Fall besteht die Konvention, das j. N-til durch "x_r" zu beschreiben.

Wird dieses Verfahren bei der Berechnung des 1. Quartils (Q_1) der Verteilung von "Unterrichtsstunden" angewendet, so ergibt sich – bei einer Datenbasis von 50 Merkmalsträgern – "0,75" als Nachkommastellenanteil der durch die Produktbildung "$(50+1) * \frac{1}{4}$" bestimmten Zahl.

Wie bereits oben dargestellt wurde, errechnet sich das 1. Quartil daher zu "32,75", weil die folgende gewichtete Summe berechnet werden muss:

$$Q_1 = (1-0,75)*32+0,75*33 = 32-0,75*32+0,75*33 = 32+0,75*(33-32) = 32,75$$

Um die Unterschiede in der Berechnung von Quartilen in Form von *natürlichen* und *technischen* Werten zu verdeutlichen, wird jetzt ein Merkmal betrachtet, bei dem die Ausprägungen "1" und "2" jeweils mit der Häufigkeit "3" ($h_1 = h_2 = 0,375$) aufgetreten sind und die Ausprägung "4" die Häufigkeit "2" besitzt ($h_3 = 0,25$). In dieser Situation ist das 1. Quartil gleich "1" und das 2. Quartil gleich "2".

Sofern ein natürlicher Wert, d.h. *kein* technischer Wert, berechnet werden soll, ist das 3. Quartil gleich "4". Wird jedoch für das 3. Quartil die Ermittlung eines technischen Wertes gefordert, so bestimmt sich – wegen der Gleichheit "$(8+1) * \frac{3}{4} = 6\frac{3}{4} = 6,75$" – der zu berücksichtigende Nachkommastellenanteil ("A") zu "0,75". Daher muss in dieser Situation der Ausdruck "$(1-0,75)*2+0,75*4$" berechnet werden. Als Ergebnis wird "3,5" als technischer Wert für das 3. Quartil erhalten.

Bei der Ermittlung des 1. und 2. Quartils braucht kein technischer Wert berechnet werden, da die Flächenaufteilung jeweils innerhalb derjenigen Säule stattfindet, die die prozentuale Häufigkeit der Ausprägung "1" bzw. der Ausprägung "2" widerspiegelt.

2.5 Klassierung von Daten

Bei Merkmalen mit sehr vielen unterschiedlichen Merkmalsausprägungen besteht die Gefahr, dass die Häufigkeitsverteilung – in Form eines Balkendiagramms oder einer tabellarischen Darstellung durch die Häufigkeitstabelle – keinen Gesamteindruck vermittelt, da viele Ausprägungen nur mit der Häufigkeit "1" oder einer sehr geringen Häufigkeit auftreten. Es gelingt nur dann eine Einsicht in die Art der Verteilung, wenn eine **Klassierung** (engl.: "grouped data") – auch "Gruppierung" bzw. "Klassenbildung" genannt – vorgenommen wird. Dabei muss man sich allerdings bewusst machen, dass eine Klassierung mit einem Informationsverlust verbunden ist. Daher sollte eine Klassierung nur für die *Darstellung* der Verteilung, *nicht* aber für die Berechnung von charakteristischen Kennwerten – wie z.B. den Quartilen – vorgenommen werden.

- Grundsätzlich sollte die Klassenbildung bei einer Klassierung *inhaltlich* begründet werden können oder so vorgenommen werden, dass der *Verteilungsverlauf*, d.h. die Gestalt der Verteilung – im Hinblick auf ihre ursprüngliche Form – *nicht* wesentlich geändert wird.

Hinweis: Zum Beispiel könnte man für das Merkmal "Hausaufgaben" aus dem Fragebogen (siehe Kapitel 1) die Auffassung vertreten, dass durch das gewählte Antwortraster bereits eine inhaltlich sinnvolle Klassierung vorgenommen wurde.

Soll beim Merkmal "Schulleistung", dessen Ausprägungen die ganzen Zahlen von "1" bis "9" sind und dessen Verteilung die Form

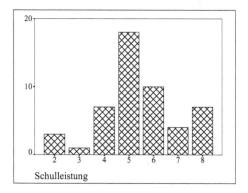

Abbildung 2.10: Verteilung vor Klassierung

besitzt, eine Klassierung erfolgen, so liegt eine Zusammenfassung in Form der Klassen "gering" (1 – 3), "mittel" (4 – 6) und "hoch" (7 – 9) nahe. Nach einer derartigen Klassierung ergibt sich die folgende Verteilung:

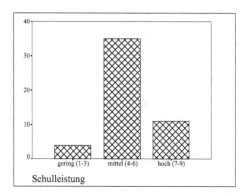

Abbildung 2.11: Verteilung nach zulässiger Klassierung

Dieser Verteilungsverlauf spiegelt die Form der ursprünglichen Verteilung wider. Nicht zulässig wäre z.B. eine Klassierung, indem die Klassen in der Form "1 – 5", "6 – 7" und "8 – 9" festgelegt werden, weil sich die daraus resultierende Verteilung – entgegen dem ursprünglichen Verlauf – so darstellen würde:

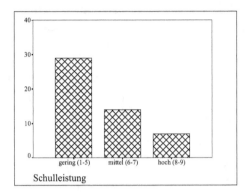

Abbildung 2.12: Verteilung nach unzulässiger Klassierung

Im Hinblick auf eine Klassierung ist es von Bedeutung, ob es sich um ein diskretes oder um ein kontinuierliches Merkmal handelt.

- Bei einem **diskreten** Merkmal (engl.: "discrete variable") sind alle möglichen Ausprägungen konkret vorgegeben. Jede Ausprägung ist exakt ermittelbar und durch eine Zuordnung oder einen Zählvorgang bestimmbar.
  Hinweis: Zum Beispiel handelt es sich bei den Merkmalen "Punktzahl in einem Leistungstest" und "Anzahl richtig gelöster Aufgaben" um diskrete Merkmale.

Bevor beschrieben werden kann, was unter einem kontinuierlichen Merkmal verstanden werden soll, ist die folgende Verabredung zu treffen:

- Unter einem **Intervall** wird ein Bereich verstanden, der sämtliche Zahlen zwischen den Bereichsgrenzen enthält. Die Bereichsgrenzen eines Intervalls werden als **Intervallgrenzen** bezeichnet. Sofern ein Intervall beliebig große (kleine) Zahlen enthält, wird – unter Einsatz des Symbols "∞" für Unendlich – die rechte (linke) Intervallgrenze durch "∞)" ("(−∞") gekennzeichnet.

Unter Verwendung des Intervall-Begriffs lässt sich – als Alternative zu einem diskreten Merkmal – ein kontinuierliches Merkmal wie folgt verabreden:

- Bei einem **kontinuierlichen** (stetigen) Merkmal (engl.: "continuous variable") handelt es sich bei den möglichen Ausprägungen um die Zahlen eines *Intervalls*, das unter Umständen sogar beliebig große positive Zahlen bzw. beliebig große negative Zahlen enthalten kann. Meistens lassen sich die Ausprägungen nur näherungsweise ermitteln, sodass alle erhobenen Werte nur als Näherungswerte anzusehen sind.
  Hinweis: Zum Beispiel handelt es sich bei den Merkmalen "Temperatur" und "Reaktionszeit" um kontinuierliche Merkmale.

Eine Klassierung von Merkmalsausprägungen ist bei einem diskreten Merkmal empfehlenswert, wenn sehr viele voneinander verschiedene Ausprägungen vorliegen.

Bei einem kontinuierlichen Merkmal ist eine Klassierung dann unumgänglich, wenn die Verteilung durch eine Häufigkeitstabelle oder eine Grafik dargestellt werden soll.

Bei einem diskreten Merkmal grenzen die Klassen nicht unmittelbar aneinander. Anders ist dies bei der Klassenbildung eines kontinuierlichen Merkmals. Dabei unterliegt es der Vereinbarung, ob eine Klassengrenze der Klasse mit den kleineren Ausprägungen oder der Klasse mit den größeren Ausprägungen zugerechnet wird.

Hinweis: Zum Beispiel können für das Merkmal "Körpergröße von Schülern" – sofern Längen zwischen "1,40 m" und "1,90 m" gemessen wurden – die folgenden Intervalle als Ergebnis einer Klassierung verwendet werden:

"[1,40;1,50)", "[1,50;1,60)", "[1,60;1,70)", "[1,70;1,80)" und "[1,80;1,90]".

- Wenn die Anzahl der Klassen nicht nach theoretisch ausgerichteten Gesichtspunkten festgelegt werden soll, kann man sich an der folgenden Konvention orientieren:
  Die Klassenzahl wird durch die Quadratwurzel ("$\sqrt{k}$") aus der Anzahl der unterschiedlichen Merkmalsausprägungen ("k") bestimmt.

  Hinweis: Treten mehr als 1000 unterschiedliche Ausprägungen auf und wird diese Anzahl mit "k" gekennzeichnet, so wird empfohlen, die Anzahl der Klassen – unter Einsatz der Logarithmusfunktion "log" – durch die Zahl "$10 * log(k)$" festzulegen.

Um die Häufigkeitsverteilung eines kontinuierlichen Merkmals grafisch zu beschreiben, müssen die durch eine Klassierung festgelegten Intervalle als Grundlinien derjenigen Säulenflächen dienen, die die jeweilige relative bzw. prozentuale Häufigkeit kennzeichnen, mit der Werte innerhalb der betreffenden Klasse auftreten.

Zum Beispiel lässt sich die Verteilung des Merkmals "Hausaufgaben" für die 50 Schüler der 12. Jahrgangsstufe in Form der Abbildung 2.13 darstellen. Es handelt sich um eine Grafik, durch die keine Häufigkeiten einzelner Ausprägungen, sondern die Häufigkeiten, mit denen Werte innerhalb von Intervallen auftreten, gekennzeichnet werden.

- Eine derartige grafische Darstellung der Verteilung eines klassierten kontinuierlichen Merkmals wird **Histogramm** (engl.: "histogram") genannt.

Durch die innerhalb der Abbildung 2.13 angegebenen Prozentsätze ist z.B. erkennbar, dass der Wert "0,5" die Verteilungsfläche in die Flächenanteile von 26% und 74% trennt. Entsprechend gliedert der Wert "1" die Verteilung in einen linken Anteil mit 66% und einen rechten Anteil mit 34% der Verteilungsfläche auf.

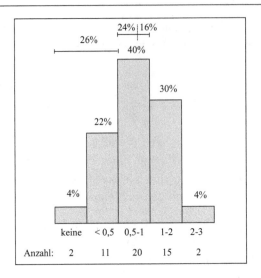

Abbildung 2.13: Verteilung von "Hausaufgaben" als Histogramm

Soll für ein kontinuierliches Merkmal – auf der Basis einer vorliegenden Klassierung – ein N-til berechnet werden, so orientiert man sich an der folgenden Über-
einkunft:

- Fällt das N-til *nicht* mit einer Klassengrenze zusammen, so wird die Fläche
  anteilig gegliedert.

Legt man die in der Abbildung 2.13 angegebene Verteilung zugrunde und sind die
ursprünglichen Daten nicht mehr bekannt, sodass die Gliederung der Verteilungsfläche auf der Basis des angegebenen Histogramms durchgeführt werden muss, so
kann man z.B. das 2. Quartil wie folgt berechnen:
Es wird das Intervall ermittelt, das das 2. Quartil (Q_2) enthält. Bei der angegebenen
Verteilung ist dies das Intervall "0,5 – 1". Innerhalb dieses Intervalls wird Q_2
als *technischer Wert* errechnet. Dabei wird zum linken Eckpunkt ("0,5") das
Produkt aus der Intervalllänge ("0,5") und der anteiligen Flächengröße hinzuaddiert. Dabei wird berücksichtigt, dass "26%" der Fläche unterhalb dieses
Intervalls liegt, sodass die Fläche über dem Intervall im Verhältnis von "24%" zu
"16%" – auf der Basis der gesamten prozentualen Häufigkeit von "40%" – auf-
zuteilen ist. Daher lässt sich "0,8" wie folgt als technischer Wert für Q_2 bestimmen:

$$Q_2 = 0,5 + 0,5 * \frac{24}{40} = 0,5 + 0,5 * 0,6 = 0,8$$

2.6 Verteilungsverläufe

Empirische Verteilungen können grafisch als Balkendiagramme (bei diskreten
Merkmalen mit wenigen Ausprägungen) oder als Histogramme (nach einer Klassierung bei kontinuierlichen Merkmalen oder bei diskreten Merkmalen mit sehr
vielen möglichen Ausprägungen) dargestellt werden.

Um eine Aussage über den ungefähren Verteilungsverlauf zu machen, lassen sich
Verteilungen z.B. wie folgt beschreiben:

- Die Verteilung hat den Verlauf einer **Gleichverteilung** (engl.: "uniform distribution"), d.h. alle Ausprägungen treten gleich häufig auf, sodass die Verteilungskurve die Form einer Waagerechten besitzt, wie z.B.:

Abbildung 2.14: Beispiel für eine Gleichverteilung

Hinweis: Zum Beispiel ist das Merkmal "Geschlecht" – als Folge des Erhebungsdesigns – innerhalb jeder einzelnen der drei Jahrgangsstufen gleichverteilt.

- Die Verteilung ist **linkssteil** (rechtsschief, engl.: "positively skewed"), sofern
  sich der überwiegende Teil der Verteilungsfläche linksseitig konzentriert, d.h.
  die Verteilungskurve fällt nach rechts langsamer als nach links ab, wie z.B.:

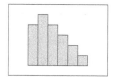

Abbildung 2.15: Beispiel für eine linkssteile Verteilung

Hinweis: Zum Beispiel ist das Jahreseinkommen der Gesamtbevölkerung linkssteil
verteilt.

- Die Verteilung ist **rechtssteil** (linksschief, engl.: "negatively skewed"), sofern sich der überwiegende Teil der Verteilungsfläche rechtsseitig konzentriert, d.h. die Verteilungskurve fällt nach links langsamer als nach rechts ab,
  wie z.B.:

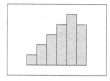

Abbildung 2.16: Beispiel für eine rechtssteile Verteilung

Hinweis: Zum Beispiel ist das Testergebnis von trainierten Schülern rechtssteil verteilt.

- Die Verteilung ist **symmetrisch** (engl.: "symmetrical"), d.h. es gibt eine Symmetrieachse, sodass sich die rechte Verteilungsfläche spiegelbildlich zur linken Verteilungsfläche verhält, wie z.B.:

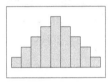

Abbildung 2.17: Beispiel für eine symmetrische Verteilung

Hinweis: Die oben angegebene Verteilung von "Unterrichtsstunden" ist auf der Basis der klassierten Werte in etwa als symmetrisch anzusehen.
Normalerweise ist z.B. das Merkmal "Körpergewicht von Schülern einer Klasse" ebenfalls in etwa symmetrisch verteilt.

Ergänzend ist anzumerken, dass die zuvor angegebenen Beschreibungen – der Einfachheit halber – durch Histogramm-Darstellungen illustriert wurden. Selbstverständlich gilt Entsprechendes, wenn die Form von Balkendiagrammen zu kennzeichnen ist.

Im Hinblick auf die Anzahl der vorliegenden Gipfel ist eine Verteilung entweder **unimodal** (eingipfelig), **bimodal** (zweigipfelig) oder **multimodal** (mehrgipfelig).

Beispiele für derartige Verteilungsverläufe werden durch die Verteilungen innerhalb der folgenden Abbildung wiedergegeben:

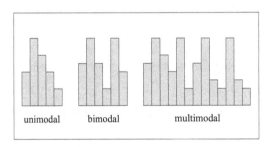

Abbildung 2.18: Beispiele für uni-, bi- und multimodale Verteilungen

Ergänzend zu der Möglichkeit, eine grobe Klassifikation von Verteilungen durchführen zu können, ist es oftmals wünschenswert, eine ziemlich genaue Beschreibung der Verlaufsform einer Verteilung – mittels einer geeigneten *Referenzverteilung* – angeben zu können. Da sich hierzu *keine* empirischen Verteilungen eignen, verwendet man künstliche Verteilungen wie z.B. Normalverteilungen (siehe unten). Diese Referenzverteilungen haben die Eigenschaft, dass ihre Verteilungsverläufe durch geeignete *Zuordnungen* – in Form von *mathematischen Funktionen* – beschrieben werden, die z.B. für endlich viele Werte, für die ganze Zahlengerade oder für ein Intervall der Zahlengeraden vereinbart sind.

- Um hervorzuheben, dass *keine* empirische Verteilung, sondern eine durch eine *mathematische Funktion* bestimmte Verteilung vorliegt, wird von einer **theoretischen** (exakten, mathematischen, künstlichen) Verteilung (engl.: "theoretical relative frequency distribution") gesprochen.

Obwohl empirische Verteilungen immer aus nur *endlich* vielen Daten ermittelt werden, erweist es sich in vielen Situationen trotzdem als sinnvoll, mittels einer theoretischen Verteilung eine Aussage über den Verteilungsverlauf einer empirischen Verteilung zu machen. Allerdings muss man sich dabei bewusst sein, dass man grob vereinfachend bzw. idealisierend vorgeht, sofern man (empirische) Verteilungsverläufe, die auf endlich vielen Werten basieren, mit (theoretischen) Verteilungsverläufen vergleicht, für die Intervalle der Zahlengeraden bzw. die gesamte Zahlengerade die Basis bilden.

2.7 Normalverteilungen

Als besonders wichtige *theoretische* Verteilungen erweisen sich die *Gaußschen Glockenkurven*, die **Normalverteilungen** (engl.: "normal distributions") genannt werden und die die Auftretenshäufigkeiten der Werte von Intervallen kennzeichnen, die sich über einen beliebigen Bereich der Zahlengeraden erstrecken können.

Hinweis: Normalverteilungskurven wurden von Carl Friedrich Gauß (1777-1855), einem der bedeutendsten Mathematiker seiner Zeit, untersucht, als er sich mit der Thematik der "Fehlerfortpflanzung" beschäftigte.

Stellt man fest, dass die empirische Verteilung eines Merkmals annähernd dem Verlauf einer Normalverteilung entspricht, weil die Verteilungsflächen sich höchstens geringfügig unterscheiden, so spricht man von einem (annähernd) **normalverteilten** Merkmal.

Als Beispiel für ein Merkmal, dessen Verteilung sich hinreichend gut durch eine theoretische Normalverteilung annähern lässt, ist der "Intelligenzquotient" ("IQ") zu nennen.

Hinweis: Der IQ-Begriff wurde 1912 von dem deutschen Psychologen William Stern geprägt. Der IQ-Wert – als Ausprägung des Merkmals "Intelligenzquotient" – soll es ermöglichen, die Position einer Person im Vergleich zu ihren Alters- und Zeitgenossen im Hinblick auf ihre geistige Beweglichkeit (abstraktes Denken, Sprachverständnis, räumliche Vorstellung, allgemeines Wissen, Merkfähigkeit) anzugeben.

Eine besondere Normalverteilung stellt die **Standardnormalverteilung** (engl.: "standard normal distribution") dar, deren *Verteilungskurve* den folgenden Verlauf besitzt:

Hinweis: Die Grafik vermittelt fälschlicherweise den Eindruck, dass die Verteilungskurve bei "3" und "−3" die Zahlengerade erreicht. Eine verfeinerte Darstellung würde den korrekten Sachverhalt beschreiben: Die Verteilungskurve wird nach links und nach rechts immer flacher und berührt die Zahlengerade nie. Man sagt, dass die Kurve sich der Zahlengeraden *asymptotisch* annähert.

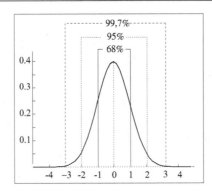

Abbildung 2.19: Verteilungskurve der Standardnormalverteilung

Diese Skizze gibt die folgenden Eigenschaften der Standardnormalverteilung wieder:

- Über den Intervallen "$[-1;+1]$", "$[-2;+2]$" und "$[-3;+3]$" liegen jeweils ungefähr 68%, 95% bzw. 99,7% der gesamten Verteilungsfläche.

Hinweis: Wird z.B. das Merkmal "Fahrplaneinhaltung (außerhalb der Hauptverkehrszeit)" (gemessen in Sekunden) bei einem Linienbus untersucht, so stellt man fest, dass überwiegend pünktliches Eintreffen, seltener leichte Abweichungen von der Fahrplanvorgabe nach oben (positiver Wert) bzw. nach unten (negativer Wert) und relativ selten stärkere Unpünktlichkeit (sehr früheres oder sehr spätes Eintreffen) zu beobachten sind. Somit kann für die Verteilung des Merkmals "Fahrplaneinhaltung" (annähernd) eine Normalverteilung unterstellt werden.

Bei der Standardnormalverteilung liegt die *Symmetrieachse* bei "0", sodass "0" als **Mitte** angesehen werden kann. Wird die Standardnormalverteilung auf der Zahlengeraden verschoben, so ergibt sich eine andere Normalverteilung (mit einer anderen Mitte). Da sich jeder Punkt der Zahlengeraden als Mitte fixieren lässt, gibt es entsprechend viele *formgleiche* Normalverteilungen mit jeweils unterschiedlicher Mitte.

Zu jeder *speziellen Mitte* gibt es nicht nur eine, sondern ebenfalls beliebig viele Normalverteilungen. Dies liegt daran, dass sich eine unterschiedliche Konzentrierung der Verteilungsfläche – bei gleicher Gesamtfläche von "100%" bzw. von "1" – im Bereich der Mitte vornehmen lässt. Dies bedeutet, dass es z.B. Normalverteilungen mit der Mitte "0" gibt, deren Verteilungsflächen sich enger bzw. weitläufiger um die Mitte konzentrieren als dies bei der Standardnormalverteilung der Fall ist.

Einen Eindruck von der Verlaufsform von Normalverteilungen, die die Mitte "0" besitzen und sich stark bzw. weniger stark um diese Mitte konzentrieren, gibt die Abbildung 2.20 wieder.

Genau wie bei einer empirischen Verteilung wird auch bei einer Normalverteilung die relative Häufigkeit, mit der Werte eines Intervalls auftreten, durch die Größe der korrespondierenden Verteilungsfläche gekennzeichnet.

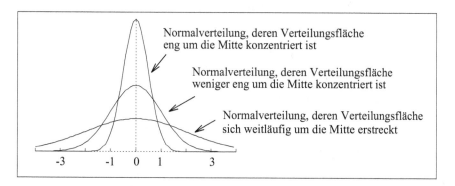

Abbildung 2.20: unterschiedliche Normalverteilungen mit der Mitte "0"

Um empirische Verteilungen von theoretischen Verteilungen abzugrenzen, wird bei einer *theoretischen* Verteilung anstelle des Begriffs der "relativen Häufigkeit" der Begriff der "Wahrscheinlichkeit" (engl.: "probability") – kurz "prob" – verwendet. Die **Wahrscheinlichkeit**, einen Wert im Intervall "[a;b]" zu erhalten, wird fortan durch die folgende Schreibweise formal abgekürzt:

• "prob [a;b]"

Hinweis: Der Flächeninhalt über dem Intervall "[a;b]" ist für die Standardnormalverteilung rechnerisch durch das folgende Integral festgelegt:

$$\int_a^b h(x)\, dx \quad mit: \quad h(x) = \frac{1}{\sqrt{2\pi}} e^{-\frac{1}{2}x^2}$$

Dabei stellt das Integral eine Kurzschreibweise für eine Berechnungsvorschrift dar, nach der die Fläche zwischen der durch das Intervall gegebenen Grundlinie und dem durch die Zuordnung "h" festgelegten Graphen zu ermitteln ist.
Die Zuordnung "h" legt dabei fest, welcher Wert "h(x)" jedem Wert "x" aus dem Intervall zugeordnet wird. Die angegebene Berechnungsvorschrift für "h(x)" bestimmt, dass der Wert der mathematischen "Exponentialfunktion" ("e") für das Argument "$-\frac{1}{2}x^2$" zu ermitteln und anschließend das Ergebnis mit "$\frac{1}{\sqrt{2\pi}}$" zu multiplizieren ist. Dabei kennzeichnet das Symbol "π" eine Zahl ("Kreiszahl"), die näherungsweise gleich "3,14159" ist.

• Für die Standardnormalverteilung sind die Wahrscheinlichkeiten für ausgewählte Intervalle aus einer Tabelle ablesbar, die im Anhang A.2 angegeben ist. Dabei ist zur Kenntnis zu nehmen, dass es sich bei den Tabellenwerten um gerundete Zahlen handelt, die mit vier Nachkommastellen ausgewiesen sind. Um diesem Sachverhalt Rechnung zu tragen, wird das Symbol "$\simeq$" verwendet, wenn Flächeninhalte in Berechnungen auftreten.

Für die Standardnormalverteilung ist z.B. "prob [0;1]", d.h. die Fläche über dem Intervall "[0;1]", ungefähr gleich "0,3413" – kurz: "prob[0;1]" $\simeq$ 0,3413, d.h. ungefähr gleich 34%.

Hinweis: Ferner gelten z.B. die folgenden Aussagen:

- "prob $[1;\infty)$" $\simeq 0{,}1587$;

- "prob $[1;2]$" $\simeq 0{,}4772 - 0{,}3413 = 0{,}1359$;

- "prob $[-3;3]$" = "prob $[-3;0]$" + "prob $[0;3]$" $\simeq 2 * 0{,}4987$, d.h. ungefähr 99,7%;

  Da die Tafel mit den Werten der Standardnormalverteilung nur für positive Werte ausgelegt ist, wird zunächst der Wert von "prob $[0;3]$" mit dem Ergebnis "0,4987" ermittelt. Wegen der Symmetrie der Standardnormalverteilung ist dieser Wert gleich dem Wert von "prob $[-3;0]$".

- "prob $[-2;2]$" $\simeq 2 * 0{,}4772$, d.h. ungefähr 95%;

- "prob $[-1;1]$" $\simeq 2* 0{,}3413 = 0{,}6826$, d.h. ungefähr 68%;

- "prob $(-\infty;2]$" $\simeq 0{,}5 + 0{,}4772 = 0{,}9772$.
  Es ist zu beachten, dass gilt: "prob$(-\infty;0]$" = "prob$[0;+\infty)$" = 0,5.

In Analogie zum Begriff des "h-Quantils" bei einer empirischen Verteilung (siehe Abschnitt 2.4) gibt es bei einer theoretischen Verteilung den Begriff des "p-Quantils". Demzufolge gilt für die Standardnormalverteilung:

- Ist eine Wahrscheinlichkeit "p" mit der Eigenschaft "$0 < p < 1$" vorgegeben, so wird der Wert "x_p" als zugehöriges **p-Quantil** durch die Gültigkeit der folgenden Gleichung gekennzeichnet:

$$prob(-\infty; x_p] = p$$

Zum Beispiel handelt es sich bei einer vorgegebenen Wahrscheinlichkeit "p = 0,9772" beim Wert "2" um das zugehörige *p-Quantil*.

Genauso wie bei empirischen Verteilungen interessiert man sich auch bei theoretischen Verteilungen für die jeweils zugehörigen kumulierten relativen bzw. kumulierten prozentualen Häufigkeitsverteilungen. Soll z.B. die zugehörige kumulierte prozentuale Häufigkeitsverteilung für die Standardnormalverteilung grafisch dargestellt werden, so ergibt sich die folgende Form einer *Ogive*:

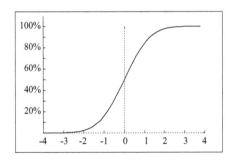

Abbildung 2.21: kumulierte Standardnormalverteilung

Hinweis: Die Kurve wird nach links immer flacher und nähert sich der Zahlengeraden *asymptotisch*.

KAPITEL 3

DAS SKALENNIVEAU VON MERKMALEN

Bislang wurde als Beispiel einer empirischen Verteilung die Verteilung des Merkmals "Unterrichtsstunden" (für die Schüler der 12. Jahrgangsstufe) diskutiert. Dabei musste zu keinem Zeitpunkt hinterfragt werden, ob die Durchführung numerischer Berechnungen gerechtfertigt ist. Dies liegt offensichtlich daran, dass Rechenoperationen mit Werten des Merkmals "Unterrichtsstunden" sinnvoll sind und daher uneingeschränkt durchgeführt werden können.

Allerdings stellt sich die Frage, ob der Umgang mit Werten eines beliebigen Merkmals immer so unproblematisch erfolgen darf. Im Hinblick auf andere Merkmale des Fragebogens muss sicherlich überdacht werden, ob man z.B. die Werte von "Schulleistung", "Begabung" und "Lehrerurteil" (siehe den Fragebogen in Kapitel 1 und die Angaben im Anhang A.1) ohne weiteres summieren darf, um einen Gesamtwert für die persönliche Einschätzung zu erhalten, und ob es zulässig ist, mit diesen Gesamtwerten bestimmte numerische und statistische Berechnungen durchzuführen.

Generell ist stets zu beachten:

- Bevor man Werte untereinander vergleicht bzw. Rechenoperationen mit ihnen durchführt, sollte man genau überlegen, ob den daraus resultierenden Ergebnissen eine **empirische Bedeutsamkeit** (engl.: "empirical significance") zukommt.

Hinweis: Während sich die Problematik der Datengewinnung durch die scherzhafte Äußerung "Ich weiß zwar nicht, was ich messe, aber das, was ich messe, das messe ich genau!" spontan thematisieren lässt, ist es weitaus schwieriger, sich darüber Klarheit zu verschaffen, wie man mit den erhobenen Daten im Hinblick auf die Durchführung von Rechenoperationen sachgerecht umgehen kann.

Für das bislang diskutierte Merkmal "Unterrichtsstunden" gilt, dass es an Schülern und Schülerinnen erhoben wurde, indem jedem Merkmalsträger die Anzahl der wöchentlichen Unterrichtsstunden als Merkmalsausprägung in Form eines numerischen Wertes zugeordnet wurde.

Der folgende Sachverhalt ist unmittelbar einsichtig:

- Die unterschiedliche Belastung zweier Schüler (im Hinblick auf das Merkmal "Unterrichtsstunden") wird durch zwei *verschiedene* Werte gekennzeichnet, und eine größere Belastung geht mit einem höherem Wert einher. Folglich besitzen die Beziehungen "=", "<" und ">" (im Hinblick auf das Merkmal "Unterrichtsstunden") nicht nur eine numerische, sondern auch eine *empirische Bedeutsamkeit*.

Stellvertretend für den allgemeinen Fall wird das folgende Beispiel betrachtet:

Schüler:		A	B	C
Werte von "Unterrichtsstunden":		33	36	39
Differenz der Werte:			3	3

Abbildung 3.1: Differenzen sind empirisch bedeutsam

Hieraus ist erkennbar: Die numerische Differenz zwischen "A" und "B" sowie zwischen "B" und "C" ist gleich, und dies sollte *bedeutungsgleich* mit dem Unterschied in der zeitlichen Belastung zwischen "A" und "B" sowie zwischen "B" und "C" sein, d.h. der individuelle Zuwachs an zeitlicher Belastung von "33" auf "36" Stunden entspricht dem individuellen Zuwachs an zeitlicher Belastung von "36" auf "39" Stunden.

Generell gilt:

- Sofern die *numerische* Differenz den *empirischen* Unterschied, d.h. den Unterschied auf der *inhaltlichen* Ebene, ausdrückt, hat das Merkmal das Niveau einer **Intervallskala** (engl.: "interval scale") – man sagt "das Merkmal ist **intervallskaliert**". Alternativ spricht man auch von einer *metrischen* Skala (engl.: "metric scale") und dementsprechend auch von einem *metrisch* skalierten Merkmal.

- Bei einem intervallskalierten Merkmal handelt es sich bei der Bildung von Differenzen und Summen sowie der Multiplikation mit positiven Zahlen um zulässige Rechenoperationen.

Während das Merkmal "Unterrichtsstunden" als intervallskaliert angesehen werden kann, hat das Merkmal "Schulleistung" sicherlich *nicht* das Niveau einer Intervallskala. Dies lässt sich z.B. durch den folgenden Sachverhalt belegen:

Schüler:		A		B		C
Werte von "Schulleistung":	(gering)	1	(mittel)	5	(hoch)	9
Differenz der Werte:			4		4	

Abbildung 3.2: Differenzen sind empirisch nicht bedeutsam

Trotz gleicher numerischer Differenz ist natürlich *nicht* gewährleistet, dass der Unterschied in der Leistungseinschätzung zwischen "A" und "B" identisch ist mit dem Unterschied zwischen "B" und "C".

Hinweis: Ein typisches Beispiel für ein weiteres *nicht* intervallskaliertes Merkmal ist das Merkmal "Schulnote". Genauso handelt es sich bei der Richterskala zur Einschätzung der Schwere von Erdbeben sowie der Härteskala von Mineralien um Merkmale, die *nicht* intervallskaliert sind.

Allerdings spiegelt sich z.B. im numerischen Vergleich "1 < 5" wider, dass "B" sich in der Leistung höher als "A" einschätzt.

Generell gilt:

- Sofern die *numerische* Ordnungsbeziehung eine *empirische* Bedeutung besitzt, wird von einem **ordinalskalierten** Merkmal gesprochen.

  Ein intervallskaliertes Merkmal besitzt ein höheres Skalenniveau als ein *nur* ordinalskaliertes Merkmal. Während man die Werte eines ordinalskalierten Merkmals *nur* im Hinblick auf eine Ordnungsbeziehung miteinander vergleichen darf, können die Werte von intervallskalierten Merkmalen darüber hinaus bestimmten numerischen Berechnungen unterzogen werden.

Während somit dem Merkmal "Schulleistung" das Niveau einer **Ordinalskala** (Rangskala, engl.: "ordinal scale") zugerechnet werden kann, ist z.B. das Merkmal "Geschlecht" *nicht* ordinalskaliert. Der in der Abbildung 3.3 angegebene Sachverhalt ist natürlich *nicht* dahingehend zu bewerten, dass das Geschlecht von "B" im Sinne irgendeiner empirischen Ordnungsbeziehung höher als das von "A" einzuschätzen ist.

Schüler:		A		B		
Werte von "Geschlecht":	(männlich)	1	<	2	(weiblich)	

Abbildung 3.3: Vergleiche sind empirisch nicht bedeutsam

Für das Merkmal "Geschlecht" ist allein gesichert, dass die Beziehung "1 $\neq$ 2" empirisch bedeutsam ist, da unterschiedliche Geschlechter stets durch unterschiedliche Werte gekennzeichnet werden.

Generell gilt:

- Sofern die Unterschiedlichkeit von numerischen Werten bedeutet, dass sich Merkmalsträger in dem Merkmal *unterscheiden*, wird das Merkmal als **nominalskaliert** bezeichnet, d.h. das Merkmal hat das Niveau einer **Nominalskala** (engl.: "nominal scale"). Durch verschiedene Werte eines nominalskalierten Merkmals wird daher allein eine *unterschiedliche* Klassenzugehörigkeit gekennzeichnet.

Den angegebenen Vereinbarungen entsprechend gilt für die drei vorgestellten **Skalenniveaus** die in der Abbildung 3.4 dargestellte Hierarchie (nähere Angaben zum Skalenniveau sind im Anhang A.3 enthalten).

Auf dem Hintergrund des jeweiligen Skalenniveaus lässt sich über die bisher verwendeten Kenngrößen Folgendes aussagen:

- Die Berechnung der absoluten ("f_j"), der relativen ("h_j") und der prozentualen Häufigkeiten ("p_j") ist für *alle* Skalenniveaus zulässig.

• Dagegen ist es *nicht* sinnvoll, kumulierte relative Häufigkeiten ("H_j"), kumulierte prozentuale Häufigkeiten ("P_j") und N-tile – wie z.B. Quartile – für nominalskalierte Merkmale zu berechnen.

intervallskaliert: (metrisch)	Die Bildung von Differenzen ist empirisch bedeutsam, sodass die Berechnung von Differenzen und Summen zulässige Rechenoperationen darstellen.
ordinalskaliert:	Die Ordnungsbeziehungen zwischen den Werten sind empirisch bedeutsam. Jedoch sind numerische Berechnungen – bei einem *nur* ordinalskalierten Merkmal – *nicht* sinnvoll.
nominalskaliert:	Vergleiche im Hinblick auf eine Ordnungsbeziehung und numerische Berechnungen sind – bei einem *nur* nominalskalierten Merkmal – *nicht* sinnvoll.

Abbildung 3.4: Skalenniveaus

Da die Anordnung der Werte eines nominalskalierten Merkmals *nicht* empirisch bedeutsam ist, wird dessen Verteilung oftmals *nicht* als Balkendiagramm, sondern als **Kreisdiagramm** (Tortendiagramm, engl.: "pie chart") angegeben.

Zum Beispiel lässt sich die Verteilung des Merkmals "Abschalten" – auf der Basis aller befragten Schüler und Schülerinnen – in der folgenden Form darstellen:

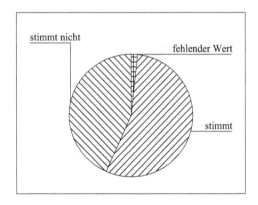

Abbildung 3.5: Kreisdiagramm

Hinweis: Der Winkel des j. Sektors wird mittels der relativen Häufigkeit "h_j" in der Form "$h_j * 360^o$" bestimmt.

In der Abbildung 3.5 wird neben den Ausprägungen "stimmt" und "stimmt nicht" auch dargestellt, dass nicht alle Befragten auf die Frage nach dem Abschaltverhalten geantwortet haben. Der Fall, in dem es sich um eine fehlende Antwort handelt, ist als "fehlender Wert" ausgewiesen worden.

KAPITEL 4

KENNZEICHNUNG DES ZENTRUMS

Bislang wurden Verfahren vorgestellt, mit denen sich Verteilungen von Merkmalen im Hinblick auf den jeweils *gesamten* Verteilungsverlauf beschreiben lassen. Mit dem Ziel einer Informationsreduktion wird in diesem und dem folgenden Kapitel angestrebt, die Gestalt einer Verteilung durch ihre jeweils *charakteristischen* Eigenschaften – in Form von geeigneten *Maßzahlen* – zu kennzeichnen.

- In Anlehnung an den englischen Fachbegriff "statistic" besteht die Konvention, eine Maßzahl, die eine summarische Aussage über den Informationsgehalt der erhobenen Daten macht, als "**Statistik**" zu bezeichnen.

Von Interesse sind Statistiken, die als *Lagemaße* die Position des **Zentrums** einer Verteilung in Form eines *zentralen* Wertes beschreiben. Derartige Maßzahlen werden als Statistiken der **zentralen Tendenz** (engl.: "central tendency") bezeichnet.

In diesem Kapitel werden geeignete Statistiken zur Kennzeichnung des Zentrums in Abhängigkeit vom jeweiligen Skalenniveau vorgestellt. Unter Verwendung dieser Statistiken lassen sich z.B. Werte bestimmen, die einen Eindruck von der *typischen* Unterrichtsstundenzahl – in Form eines mittleren bzw. durchschnittlichen Wertes – vermitteln.

4.1 Zentrale Tendenz bei intervallskalierten Merkmalen

Arithmetisches Mittel

Für ein *intervallskaliertes* Merkmal X mit einer *empirischen* Verteilung wird das Zentrum der Verteilung von X durch das **arithmetische Mittel** "$\bar{x}$" (engl.: "arithmetic mean" oder kurz "mean") – auch "**Mittelwert**" genannt – als *Durchschnittswert* gekennzeichnet. Diese Statistik ist definiert als die Summe aller Werte, geteilt durch die Anzahl der Werte, d.h. es gilt:

$$\bar{x} = \frac{1}{n} \sum_{i=1}^{n} x_i$$

Hinweis: Dies ist eine Kurzschreibweise für: "$\bar{x} = \frac{1}{n} * (x_1 + x_2 + ... + x_n)$".

Soll z.B. für die im Abschnitt 2.1 angegebene Datenbasis der Mittelwert des Merkmals "Unterrichtsstunden" berechnet werden, so sind die Werte der Urliste zu summieren. Wird die Summe anschließend durch die Anzahl "50" geteilt, so resultiert der Ergebniswert "$\bar{x} = 33,8$", d.h. die durchschnittliche Stundenzahl beträgt
"33,8" Stunden.

Sofern die absoluten Häufigkeiten "f_j" für die "k" unterschiedlichen Werte "x_j"
bekannt sind, kann die Berechnung des Mittelwerts wie folgt vereinfacht werden:

$$\bar{x} = \frac{1}{n} \sum_{j=1}^{k} f_j * x_j$$

Hinweis: Es reicht also aus, die einzelnen Werte "x_j" mit den zugehörigen absoluten
Häufigkeiten "f_j" zu multiplizieren, die dadurch erhaltenen Produkte zu summieren und
die resultierende Summe durch die Summe der Merkmalsträger ("n") zu dividieren.

Da man den Faktor "$\frac{1}{n}$" in die Summe hineinziehen kann, ergibt sich unter der
Beachtung, dass "h_j" die relative Häufigkeit "$\frac{f_j}{n}$" kennzeichnet, die folgende
Vorschrift zur Berechnung des arithmetischen Mittels:

$$\bar{x} = \sum_{j=1}^{k} \frac{1}{n} * f_j * x_j = \sum_{j=1}^{k} h_j * x_j$$

Unter Einsatz dieser Berechnungsvorschrift lässt sich der Mittelwert für die im
Abschnitt 2.1 angegebene Datenbasis daher wie folgt ermitteln:

$\bar{x} = 0,1 * 30 + 0,06 * 31 + 0,08 * 32 + 0,4 * 33 + 0,04 * 34 + 0,04 * 35 + 0,16 * 36 +$
$\quad 0,04 * 38 + 0,06 * 39 + 0,02 * 40 = 33,8$

Hinweis: Soll aus mehreren vorliegenden Mittelwerten ein gemeinsamer Mittelwert errechnet werden, so ist nach der folgenden Vorschrift zu verfahren:

- Hat man die "k" Mittelwerte von "k" Teilgesamtheiten errechnet (die j. Teilgesamt-
  heit enthält "n_j" Merkmalsträger und besitzt den Mittelwert "$\bar{x}_j$") und soll der Mittelwert "$\bar{x}$" der Gesamtheit – bestehend aus allen Mitgliedern der "k" Teilgesamtheiten – bestimmt werden, so hat dies in der folgenden Form zu geschehen:

$$\bar{x} = \frac{\sum_{j=1}^{k} n_j * \bar{x}_j}{\sum_{j=1}^{k} n_j} \quad \text{mit:} \quad \bar{x}_j = \frac{1}{n_j} \sum_{i=1}^{n_j} x_i$$

Entsprechend der oben angegebenen Definition des Mittelwerts lässt sich auch für
theoretische Verteilungen eine Maßzahl zur Kennzeichnung des Zentrums festlegen. Dieses Lagemaß wird **Mitte** oder auch *Erwartungswert* (siehe Anhang A.5)
genannt. Wie bereits im Abschnitt 2.7 erwähnt wurde, besitzt die Standardnormalverteilung die Mitte "0".

Für ein *intervallskaliertes* Merkmal wird die folgende Sprechweise festgelegt:

- Das Zentrum wird bei einer *empirischen* Verteilung durch den **Mittelwert**
  und bei einer *theoretischen* Verteilung durch die **Mitte** beschrieben.

Mittelwert-Berechnung bei klassierten Daten

Sofern eine Klassierung – in Form von "k" Klassen – vorliegt und nicht mehr auf die Urliste mit den Daten zurückgegriffen werden kann, lässt sich der Mittelwert als *technischer Wert* gemäß der folgenden Formel berechnen:

$$Mittelwert = \sum_{j=1}^{k} h_j * \left(x_j^l + \frac{x_j^r - x_j^l}{2}\right)$$

Dabei kennzeichnet "x_j^l" den linken Eckpunkt und "x_j^r" den rechten Eckpunkt der j-ten Klasse. Für diese Klasse ist der Anteil der in ihr enthaltenen Werte durch die relative Häufigkeit "h_j" gekennzeichnet.

Wird diese Berechnungsvorschrift auf den im Abschnitt 2.5 beschriebenen Sachverhalt für das klassierte Merkmal "Hausaufgaben" – für die 50 Schüler der Jahrgangsstufe 12 – angewendet, so ergibt sich die folgende Rechnung (siehe die Abbildung 2.13):

$$\frac{11}{50} * (0 + 0,25) + \frac{20}{50} * (0,5 + 0,25) + \frac{15}{50} * (1 + 0,5) + \frac{2}{50} * (2 + 0,5) =$$

$$\frac{11}{50} * 0,25 + \frac{20}{50} * 0,75 + \frac{15}{50} * 1,5 + \frac{2}{50} * 2,5 =$$

$$\frac{1}{50} * (11 * 0,25 + 20 * 0,75 + 15 * 1,5 + 2 * 2,5) =$$

$$\frac{1}{50} * (2,75 + 15 + 22,5 + 5) = \frac{1}{50} * 45,25 = 0,905$$

Auf der Basis der in der Abbildung 2.13 angegebenen Klassierung lässt sich der Mittelwert folglich durch den *technischen Wert* "0,905" kennzeichnen.

Hinweis: Da das Histogramm aus der Abbildung 2.13 der Berechnung des Mittelwerts zugrunde gelegt wurde, ist der Sachverhalt zu problematisieren, dass die zur Ausprägung "keine" zugehörige Information nicht berücksichtigt wurde. Soll die Information, dass diese Ausprägung mit der Häufigkeit "2" aufgetreten ist, durch eine Klassierung (Zusammenfassung der beiden ersten Klassen) als ergänzende Information bei der Mittelwert-Berechnung einbezogen werden, so ist die relative Häufigkeit für Werte zwischen "0" und "0,5" nicht mit "$\frac{11}{50}$", sondern mit "$\frac{13}{50}$" anzusetzen und somit wie folgt zu verfahren:

$$\frac{13}{50} * (0 + 0,25) + \frac{20}{50} * (0,5 + 0,25) + \frac{15}{50} * (1 + 0,5) + \frac{2}{50} * (2 + 0,5) =$$

$$\frac{13}{50} * 0,25 + \frac{20}{50} * 0,75 + \frac{15}{50} * 1,5 + \frac{2}{50} * 2,5 = \frac{1}{50} * (13 * 0,25 + 20 * 0,75 + 15 * 1,5 + 2 * 2,5) =$$

$$\frac{1}{50} * (3,25 + 15 + 22,5 + 5) = \frac{1}{50} * 45,75 = 0,915$$

Getrimmter Mittelwert

Im Hinblick auf die Bewertung eines Mittelwerts ist Folgendes zu beachten:

- Alle Werte gehen *gleichgewichtig* in die Berechnung ein. Somit haben **statistische Ausreißer** (engl.: "outliers"), d.h. extrem kleine bzw. extrem große Werte, einen unter Umständen besonders starken (verzerrenden) Einfluss auf die Größe des Mittelwerts.

Wird z.B. bei den innerhalb der Abbildung 4.1 angegebenen Daten der statistische Ausreißer "42" in die Berechnung des Mittelwerts einbezogen, so ergibt sich ein starker Unterschied zu der Situation, in der dieser Wert nicht berücksichtigt wird.

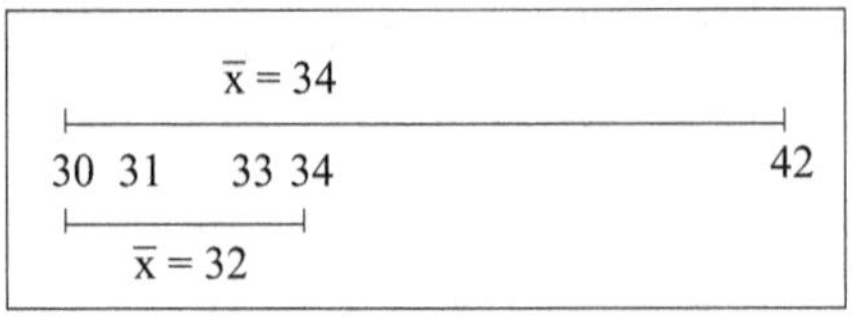

$$\bar{x} = 34$$

30 31   33 34   42

$$\bar{x} = 32$$

Abbildung 4.1: Einfluss eines statistischen Ausreißers

- Um statistische Ausreißer von der Mittelwert-Berechnung auszuschließen, kann man den um 5% **getrimmten Mittelwert** (engl.: "trimmed mean") ermitteln, d.h. *vor* der Berechnung werden an den Verteilungsenden jeweils (bis zu höchstens) 5% der Verteilungsfläche abgeschnitten!

Hinweis: Für die im Abschnitt 2.1 angegebene Datenbasis ergibt sich näherungsweise der Wert "33,7" als Ergebnis der Berechnung des um 5% getrimmten Mittelwerts von "Unterrichtsstunden", da die 0,05- und 0,95-Quantile sich zu "30" bzw. "39" ergeben und folglich der Wert "40" von der Berechnung des um 5% getrimmten Mittelwerts ausgeschlossen wird.

Bei der inhaltlichen Bewertung eines Mittelwerts ist dann *Vorsicht* geboten, falls die Verteilung – wie z.B. in den beiden folgenden Fällen – nicht unimodal oder ausgeprägt asymmetrisch ist:

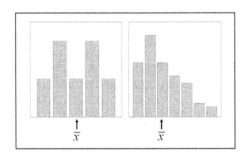

Abbildung 4.2: Mittelwerte bei einer bimodalen und einer linkssteilen Verteilung

Im Fall der bimodalen Verteilung suggeriert der berechnete Mittelwert fälschlicherweise, dass es sich bei diesem oder einem etwas von diesem Wert abweichenden Wert um einen typischen Wert des Merkmals handelt. Entsprechend vermittelt der für die linkssteile Verteilung errechnete Mittelwert sicherlich keine angemessene Vorstellung von der Lage des Zentrums der Verteilung.

Minimum-Eigenschaft

Eine besondere Bedeutung kommt dem Mittelwert wegen der folgenden "**Minimum-Eigenschaft**" zu:

- Der Mittelwert ist derjenige Wert, der von allen Werten der Datenbasis die geringste quadratische Abweichung besitzt. Dies bedeutet, dass die Summe der quadratischen Abweichungen aller Werte von einer vorgegebenen Zahl "x", d.h. $\sum_{i=1}^{n}(x_i - x)^2$,

  dann *minimal* (am kleinsten) ist, wenn man für den Platzhalter "x" den Mittelwert "$\bar{x}$" einsetzt. Für jede andere Zahl "x" besitzt die Summe der Abweichungsquadrate einen größeren Wert!

Die Quadrierung der Abweichungen "$x_i - \bar{x}$" vom Mittelwert ist erforderlich. Es reicht nicht, die Abweichungen nur zu summieren, da die folgende Gleichung vom Mittelwert erfüllt wird:

$$\sum_{i=1}^{n}(x_i - \bar{x}) = \sum_{i=1}^{n} x_i - \sum_{i=1}^{n} \bar{x} = \sum_{i=1}^{n} x_i - n * \bar{x} = \sum_{i=1}^{n} x_i - \sum_{i=1}^{n} x_i = 0$$

Die Summe der Abweichungen vom Mittelwert ist demnach immer gleich "0". Daher lässt sich der Mittelwert im Sinne eines *Schwerpunkts* als "mittlerer Wert zwischen den Werten" ansehen. Werden sämtliche Daten auf der Zahlengeraden als Punkte angeordnet, so befinden sie sich im Punkt "$\bar{x}$" im Gleichgewicht.

Die *Minimum-Eigenschaft des Mittelwerts* lässt sich z.B. so interpretieren:

- Soll unter Unkenntnis des jeweils tatsächlichen Wertes für jeden Merkmalsträger ein *einheitlich* gewählter Prognosewert ("x") vorhergesagt werden, sodass die Summe der quadratischen Abweichungen von den tatsächlichen Werten "$\sum_{i=1}^{n}(x_i - x)^2$" insgesamt am kleinsten ist, so stellt der Mittelwert "$\bar{x}$" den *besten Prognosewert* dar, d.h. es gilt "$x = \bar{x}$".

Aus der Minimum-Eigenschaft des arithmetischen Mittels ergibt sich unmittelbar, dass der Mittelwert auch die Minimum-Eigenschaft bzgl. der **mittleren quadratischen Abweichung** besitzt, d.h. der folgende durch Mittelung der Summe der Abweichungsquadrate festgelegte Wert ist ebenfalls minimal: $\frac{1}{n}\sum_{i=1}^{n}(x_i - \bar{x})^2$

Geometrisches Mittel

Die Forderung, dass für bestimmte Werte ein Durchschnittswert berechnet werden soll, bedeutet nicht automatisch, dass als Statistik das arithmetische Mittel verwendet werden muss. Abhängig von der Art der Daten gibt es Fälle, bei denen die Berechnung des arithmetischen Mittels zu falschen Ergebnissen führt.

Sofern eine gleichartige Unterschiedlichkeit nicht in Form gleicher Differenzen, sondern in Form gleicher Quotienten beschrieben wird, lässt sich ein adäquater Durchschnittswert "m_g" für "n" *positive* Werte "x_i (i=1,2,...,n)" dadurch festlegen, dass die für das arithmetische Mittel geltende Eigenschaft "$\sum_{i=1}^{n}(x_i - \bar{x}) = 0$" in die folgende Forderung für "m_g" übertragen wird:

$$\frac{x_1}{m_g} * \frac{x_2}{m_g} * \cdots * \frac{x_n}{m_g} = 1$$

Aus dieser Forderung lässt sich unter Beachtung, dass "$\sqrt[n]{x}$" diejenige Zahl "y" kennzeichnet, für die die Beziehung "$y^n = x$" erfüllt ist, der Durchschnittswert für "n" *positive* Werte "x_i" (i=1,2,...,n) wie folgt bestimmen:

$$m_g = \sqrt[n]{x_1 * x_2 * ... * x_n}$$

Die in dieser Form festgelegte Statistik "m_g", durch die sich insbesondere der Durchschnitt von positiven relativen Änderungen berechnen lässt, wird als **geometrisches Mittel** (engl.: "geometric mean") bezeichnet.

Damit ein mittels dieser Statistik bestimmter Wert *empirisch bedeutsam* ist, muss vorausgesetzt werden, dass es sich bei den Werten "x_i" um Ausprägungen eines *ratioskalierten* Merkmals "X" handelt. Dies bedeutet, dass "X" intervallskaliert ist und zusätzlich einen natürlichen Nullpunkt besitzt, sodass der Nullpunkt *empirisch bedeutsam* ist (siehe Anhang A.3).

Haben sich z.B. die finanziellen Belastungen von 1000 Euro im 1. Jahr auf 1200 Euro im 2. und 2280 Euro im 3. Jahr erhöht, so gibt es eine Steigerung vom 1. zum 2. Jahr um 20% und vom 2. zum 3. Jahr um 90%. Demzufolge wächst die Belastung vom 1. zum 2. Jahr um den Wachstums-Faktor "1,2" und vom 2. zum 3. Jahr um den Wachstums-Faktor "1,9". Das arithmetische Mittel von "1,2" und "1,9" errechnet sich zum Wert "1,55". Unter Verwendung dieses Wertes würde sich ergeben, dass die Belastung von 1000 Euro im 1. Jahr auf 1550 Euro ($1000 * 1,55$) im 2. und auf 2402,50 Euro ($1550 * 1,55$) im 3. Jahr steigen würde. Somit würde die tatsächliche Belastung, die im 3. Jahr 2280 Euro beträgt, überschätzt werden. Wird dagegen das geometrische Mittel der beiden Wachstums-Faktoren in der Form

$$\sqrt[2]{1,2 * 1,9} = \sqrt[2]{2,28} \simeq 1,51$$

als Durchschnittswert ermittelt, so errechnet sich unter Verwendung dieses Wertes für das 2. Jahr eine Belastung von näherungsweise 1510 Euro ($1000 * 1,51$) und für das 3. Jahr eine Belastung von näherungsweise 2280 Euro ($1510 * 1,51$).

Dieser Sachverhalt unterstreicht, dass ein durchschnittlicher Wachstums-Faktor als *geometrisches* Mittel und nicht als arithmetisches Mittel zu bestimmen ist.

Abschließend ist anzumerken, dass – unter Einsatz der Logarithmusfunktion "log(x)" – für das geometrische Mittel "m_g" der folgende Sachverhalt gilt:

$$\log(m_g) = \frac{1}{n} * \sum_{i=1}^{n} log(x_i)$$

Dies bedeutet, dass das arithmetische Mittel der logarithmierten *positiven* Werte "x_i" (i=1,2,...,n) mit dem Logarithmus des geometrischen Mittels dieser Werte übereinstimmt.

Harmonisches Mittel

Wendet man nicht die Logarithmusfunktion "log(x)", sondern die Kehrwertfunktion "$\frac{1}{x}$" auf die Werte "x_i" (i=1,2,...,n) an, so lässt sich ein weiterer Durchschnittswert "m_h" wie folgt als Kehrwert des arithmetischen Mittels der resultierenden Reziproken "$\frac{1}{x_i}$" verabreden:

$$m_h = \frac{1}{\frac{1}{n} * \sum_{i=1}^{n} \frac{1}{x_i}} = \frac{n}{\sum_{i=1}^{n} \frac{1}{x_i}}$$

Die mittels dieser Vorschrift gekennzeichnete Statistik wird **harmonisches Mittel** (engl.: "harmonic mean") der Werte "x_i" (i=1,...,n) genannt.

Diese Statistik ist z.B. sinnvoll einsetzbar bei der Berechnung von Durchschnittswerten, wenn die einzelnen Werte die jeweilige Größe einer Beziehung zwischen zwei Maßeinheiten beschreiben.

Zum Beispiel muss das *harmonische Mittel* zur Durchschnittsbildung verwendet werden, wenn im Hinblick auf die beiden Maßeinheiten "km" und Stunde ("h") eine Durchschnittsgeschwindigkeit auf der Basis mehrerer unterschiedlicher Geschwindigkeiten für gleichlange Teilstrecken errechnet werden soll.

Sofern etwa zwei Streckenabschnitte jeweils 10 km lang sind und der 1. Streckenabschnitt mit einer Geschwindigkeit von 40 km/h und der 2. Streckenabschnitt mit einer Geschwindigkeit von 20 km/h durchfahren werden, errechnet sich das arithmetische Mittel der Geschwindigkeiten zu 30 km/h.

Als Durchschnittsgeschwindigkeit ergibt sich jedoch näherungsweise 26,7 km/h ("20/(0,25 + 0,5)"), weil für den 1. Streckenabschnitt eine Viertelstunde und für den 2. Streckenabschnitt eine halbe Stunde und damit für die gesamten 20 km demzufolge eine dreiviertel Stunde gebraucht wird. Durch die Berechnung des harmonischen Mittels der beiden Geschwindigkeiten ergibt sich:

$$\frac{2}{\frac{1}{40} + \frac{1}{20}} = \frac{2*40}{1+2} = \frac{80}{3} \simeq 26,7$$

Eine Durchschnittsgeschwindigkeit darf daher nicht als arithmetisches Mittel, sondern muss als *harmonisches* Mittel bestimmt werden.

Der Sachverhalt, dass bei den beiden angegebenen Beispielen das jeweils errechnete arithmetische Mittel größer als das geometrische bzw. das harmonische Mittel war, ist grundsätzlicher Art.

Allgemein gilt die folgende Ungleichung:

$$harmonisches\ Mittel \leq geometrisches\ Mittel \leq arithmetisches\ Mittel$$

4.2   Zentrale Tendenz bei ordinalskalierten Merkmalen

Median

Für *ordinalskalierte* Merkmale, die *nicht* gleichzeitig intervallskaliert sind, ist es nicht sinnvoll, den Mittelwert zur Beschreibung des Zentrums zu verwenden. Es ist üblich, für *ordinalskalierte* Merkmale, bei denen die Merkmalsträger bezüglich einer Ordnung der Merkmalsausprägungen vergleichbar sind, den **Median** (engl.: "median") als Maßzahl für die **zentrale Tendenz** zu ermitteln. Diese Statistik – auch *Zentralwert* genannt – ist ein *mittlerer* Wert in dem Sinne, dass unterhalb dieser Kenngröße *bis zu höchstens* 50% der Verteilungsfläche liegt, d.h. der Median ist gleich dem 2. Quartil.

Hinweis: Oftmals wird der Median als derjenige Wert vereinbart, *unterhalb* dem 50% der Verteilungsfläche liegt. Diese Sprechweise suggeriert, dass es sich um *exakt* 50% handelt. Jedoch zeigt das Beispiel dreier unterschiedlicher Werte (jeweils mit der Häufigkeit "1"), für die der Median als mittlerer dieser 3 Werte erhalten wird, dass es sich nicht um 50%, sondern nur um $33\frac{1}{3}$% handelt.
Dieser Sachverhalt verdeutlicht, dass die im Abschnitt 2.4 vereinbarte Sprechweise "bis zu höchstens 50%", mit der das 2. Quartil gekennzeichnet wird, die angemessenere Form der Vereinbarung ist.

Da für die im Abschnitt 2.1 angegebene Datenbasis der Wert "33" als 2. Quartil des intervallskalierten (und damit auch ordinalskalierten) Merkmals "Unterrichtsstunden" ermittelt wurde, ist der Median bei diesem Merkmal gleich "33".

Sofern der Median als *technischer* Wert bestimmt werden soll, kann die Berechnung gemäß der im Abschnitt 2.4 angegebenen Form durchgeführt werden. Alternativ zu dieser Vorgehensweise können die "n" Werte in der Form

$$x_1, x_2, x_3, ..., x_n$$

der Größe nach geordnet (gleiche Werte werden hintereinander geschrieben) und die Berechnung des Medians wie folgt vorgenommen werden:

- Ist "n" eine *ungerade* Zahl, so ist der Median gleich demjenigen Wert, der an der Stelle "$\frac{n+1}{2}$" platziert ist.

- Ist "n" eine *gerade* Zahl, so ergibt sich der Median dadurch, dass der Mittelwert derjenigen Werte gebildet wird, die an den Positionen "$\frac{n}{2}$" und "$\frac{n}{2}+1$" platziert sind.

Hinweis: Die *Puristen*, d.h. die Anhänger der "reinen Lehre", wehren sich gegen einen derartigen technischen Wert, da die Bildung des Mittelwerts bei *nicht* intervallskalierten Werten *nicht* empirisch bedeutsam ist. Wenn diese Bedenken geteilt werden, sollte man sich unmittelbar an die obige Vereinbarung halten und den Median für den Fall, dass "n" eine gerade Zahl ist, als Wert an der Position "$\frac{n}{2}+1$" ermitteln.

Soll z.B. für die im Abschnitt 2.1 angegebene Datenbasis der zugehörige Median bestimmt werden, so können die folgenden kumulierten prozentualen Häufigkeiten ("P_j"), die Bestandteil der in der Abbildung 2.6 angegebenen Häufigkeitstabelle sind, zugrunde gelegt werden:

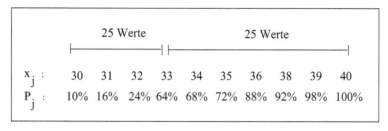

Abbildung 4.3: Bestimmung des Medians

Da "n=50" eine *gerade* Zahl und an den Positionen "25" und "26" jeweils der Wert "33" platziert ist, ergibt sich der Median als Mittelwert der Werte "33" und "33" zum Wert "33".

Die Verwendung des Medians zur Beschreibung des Zentrums ist nicht auf ordinalskalierte Merkmale beschränkt. Für den Einsatz des Medians bei einem *intervallskalierten* Merkmal sprechen unter anderem die folgenden Eigenschaften:

- Die Berechnungsvorschrift ist *unempfindlich* gegenüber statistischen Ausreißern.

- Im Gegensatz zum Mittelwert ist der Median auch dann sinnvoll, wenn die Verteilung asymmetrisch oder multimodal ist.

Median-Berechnung bei klassierten Daten

Liegen bereits klassierte Daten vor und kann nicht mehr auf die Urliste mit den Daten zurückgegriffen werden, so lässt sich der Median als *technischer Wert* bestimmen, indem die Rechnung – entsprechend der im Abschnitt 2.4 angegebenen Vorschrift zur Bestimmung eines N-tils – gemäß der folgenden Formel durchzuführen ist:

$$Median = U + (\frac{\frac{n}{2} - n_U}{n_I}) * B$$

Dabei kennzeichnet "I" das Intervall, in das das 2. Quartil fällt. "B" beschreibt die Breite von "I", und "U" kennzeichnet den linken Eckpunkt von "I". Ferner bezeichnen "n_U" die Anzahl der Werte unterhalb von "U" und "n_I" die Anzahl der Werte in "I". Dabei ist "n_U" stets kleiner als "$\frac{n}{2}$", sodass "$\frac{n}{2} - n_U$" größer als "0" ist.

Soll die angegebene Berechnungsvorschrift auf den im Abschnitt 2.5 beschriebenen Sachverhalt für das klassierte Merkmal "Hausaufgaben" – für die 50 Schüler der Jahrgangsstufe 12 – angewendet werden, so muss zunächst die Klasse bestimmt werden, in der das 2. Quartil enthalten ist. Da dieses Quartil in der durch "0,5 – 1" gekennzeichneten Klasse liegt, lässt sich der Median durch die Rechnung

$$0,5 + (\frac{\frac{50}{2}-13}{20}) * 0,5 = 0,5 + 0,6 * 0,5 = 0,8$$

als *technischer Wert* "0,8" bestimmen. Es wird somit derselbe Wert erhalten, der am Ende von Abschnitt 2.5 – aufgrund der Anschauung – als 2. Quartil ermittelt wurde.

4.3   Zentrale Tendenz bei nominalskalierten Merkmalen

Für Merkmale, die *nur* nominalskaliert sind, ist es *nicht* sinnvoll, den Median bzw. den Mittelwert zu berechnen. Um die *zentrale Tendenz* bei *nominalskalierten* Merkmalen, bei denen die Merkmalsausprägungen eine *Gruppenzugehörigkeit* festlegen, zu kennzeichnen, empfiehlt sich die Verwendung der Statistik "Modus".

- Der **Modus** (engl.: "mode") – auch *Modalwert* genannt – ist als diejenige Merkmalsausprägung festgelegt, die die *größte Häufigkeit* besitzt.

Um einen Eindruck von einer Verteilung zu erhalten, ist die Angabe des Modus unter Umständen auch für intervallskalierte oder ordinalskalierte Merkmale sinnvoll.

Aus der Häufigkeitstabelle des Abschnitts 2.1 ist für das intervallskalierte Merkmal "Unterrichtsstunden" erkennbar, dass der Modus gleich dem Wert "33" ist.

- Gibt es zwei Modi (mehrere Modi), die *nicht* benachbart sind, so ist die Verteilung des Merkmals *bimodal* (*multimodal*).

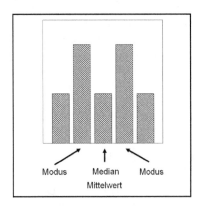

Abbildung 4.4: Verteilung mit "$Mittelwert = Median$"

Ein Beispiel für eine bimodale Verteilung stellt die Verteilung eines klassierten *intervallskalierten* Merkmals dar, die in der Abbildung 4.4 dargestellt wird (siehe auch die Abbildung 2.18).

Bei einer *linkssteilen* Verteilung eines *intervallskalierten* Merkmals gilt die Beziehung:

- $Modus \leq Median \leq Mittelwert$

Einen Beleg für die Gültigkeit dieser Ungleichung stellt z.B. die folgende Verteilung dar:

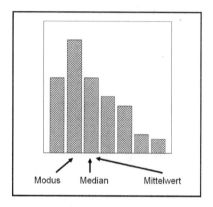

Abbildung 4.5: Verteilung mit "$Modus < Median \leq Mittelwert$"

Sofern die Verteilung eines *intervallskalierten* Merkmals *rechtssteil* ist, gilt:

- $Mittelwert \leq Median \leq Modus$

Dieser Sachverhalt wird z.B. durch die folgende Verteilung verdeutlicht:

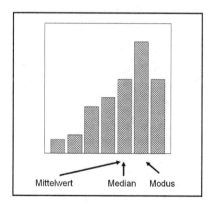

Abbildung 4.6: Verteilung mit "$Modus > Median \geq Mittelwert$"

Zusammenfassung

Insgesamt lässt sich die Strategie, nach der Statistiken zur Beschreibung der zentralen Tendenz eingesetzt werden sollten, wie folgt zusammenfassen:

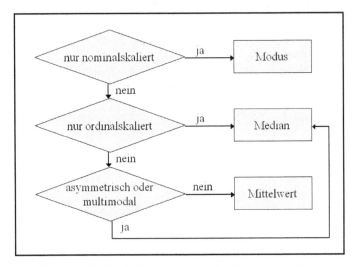

Abbildung 4.7: Statistiken zur Beschreibung des Zentrums

Bei einem nur nominalskalierten Merkmal lässt sich die Information über das Zentrum der zugehörigen Verteilung mittels des Modus bzw. mehrerer Modi im Fall von bi- bzw. multimodalen Verteilungen verdichten.

Zur Beschreibung des Zentrums der Verteilung eines nur ordinalskalierten Merkmals ist der Median zu verwenden. Dabei kann mittels des Modus bzw. der Modi ein ergänzender Einblick in den Verteilungsverlauf gegeben werden.

Im Fall einer annähernd symmetrischen und unimodalen Verteilung eines intervallskalierten Merkmals ist der Mittelwert die geeignete Statistik, um das Zentrum der Verteilung zu kennzeichnen. Ergänzend kann es sinnvoll sein, durch den Modus den Verteilungsgipfel und durch die zusätzliche Angabe des Medians die Lage des mittleren Wertes zu beschreiben.

Handelt es sich um ein intervallskaliertes Merkmal, dessen Verteilung nicht symmetrisch oder nicht unimodal ist, so ist die Berechnung des Mittelwerts nicht empfehlenswert. In einem derartigen Fall sollte das Zentrum der Verteilung durch den Median beschrieben werden. Unter Umständen kann es im Fall einer multimodalen Verteilung sinnvoll sein, weitere Hinweise durch die Mitteilung der Modi zu geben.

Grundsätzlich ist darauf zu achten, dass bei der Informationskomprimierung zur Kennzeichnung des Zentrums nicht unreflektiert sämtliche in diesem Kapitel vorgestellten Statistiken verwendet werden. Vielmehr sollten in Abhängigkeit vom Skalenniveau und vom Verteilungsverlauf allein die Statistiken eingesetzt werden, die für den jeweils vorliegenden Sachverhalt eine Aussagekraft besitzen.

KAPITEL 5

KENNZEICHNUNG DER VARIABILITÄT

Nachdem Statistiken zur Beschreibung des Zentrums einer Verteilung vorgestellt wurden, stehen jetzt Statistiken im Vordergrund des Interesses, mit denen sich angeben lässt, wie konzentriert bzw. wie weitläufig die Werte um das Zentrum gelagert sind. Derartige Maßzahlen werden als Statistiken der "**Variabilität**" (Dispersion, engl.: "dispersion") bezeichnet. Damit wird es möglich, Angaben über die *Unterschiedlichkeit* von Merkmalsträgern und die Ähnlichkeit bzw. Verschiedenartigkeit von Gruppen bezüglich der Ausprägungen eines Merkmals zu machen, die über die Beschreibung von Unterschieden in der zentralen Tendenz hinausgehen.

Zum Beispiel möchte man wissen, ob sich beim Merkmal "Schulleistung" die Schwankungen um das Zentrum insgesamt genauso darstellen wie die Abweichungen beim Merkmal "Lehrerurteil". Oder es kann von Interesse sein, die Schüler und Schülerinnen im Hinblick auf die unterschiedliche Variabilität des Merkmals "Schulleistung" hin zu untersuchen.

Sollen Aussagen über das Vorliegen einer *Homogenität* (Gleichartigkeit, engl.: "homogeneity") bzw. die Art der *Heterogenität* (Verschiedenartigkeit, engl.: "heterogeneity") der Merkmalsträger gemacht werden, so ist die Variabilität um das Zentrum ein geeignetes Maß. Für eine Statistik, die eine Aussage über den Grad der jeweiligen Variabilität macht, sollte daher das folgende Prinzip zutreffen:

- Je kleiner der Wert der Statistik ist, desto häufiger treten Werte auf, die relativ nahe am Zentrum liegen, d.h. desto mehr konzentrieren sich die Werte um das Zentrum.

Für das nachfolgend angegebene Beispiel sollten z.B. die beiden Werte einer derartigen Statistik den Sachverhalt kennzeichnen, dass die 2. Gruppe von Merkmalsträgern im Vergleich zur 1. Gruppe als *homogener* anzusehen ist:

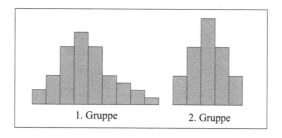

Abbildung 5.1: unterschiedlich homogene Gruppen

5.1   Variabilität intervallskalierter Merkmale

Variation

Für ein *intervallskaliertes* Merkmal mit einer empirischen Verteilung lässt sich die Variabilität – in einem *ersten* Ansatz – durch die **Variation** kennzeichnen. Diese Statistik beschreibt die quadratische Abweichung vom Mittelwert (Summe der Abweichungsquadrate – kurz: "SAQ" –, engl.: "sum of squares"), sodass sich die Variation wie folgt errechnet:

$$\text{Variation} = \sum_{i=1}^{n}(x_i - \bar{x})^2$$

Hinweis: Es ist *nicht* sinnvoll, z.B. die Summe der Abweichungen vom Mittelwert

- $\sum_{i=1}^{n}(x_i - \bar{x})$

als Maßzahl für die Variabilität zu definieren, da stets der Wert "0" resultiert (siehe den Hinweis im Abschnitt 4.1).
Die Berechnung der Variation lässt sich durch die Anwendung der *"Verschiebe"-Formel*

- $\sum_{i=1}^{n}(x_i - \bar{x})^2 = \sum_{i=1}^{n} x_i^2 - n * \bar{x}^2$

vereinfachen, deren Gültigkeit durch die folgende Gleichung belegt wird:

$$\sum_{i=1}^{n}(x_i - \bar{x})^2 = \sum_{i=1}^{n}(x_i^2 - 2 * x_i * \bar{x} + \bar{x}^2) = \sum_{i=1}^{n} x_i^2 - \sum_{i=1}^{n} 2 * x_i * \bar{x} + \sum_{i=1}^{n} \bar{x}^2 =$$

$$\sum_{i=1}^{n} x_i^2 - 2 * \bar{x} * \sum_{i=1}^{n} x_i + n * \bar{x}^2 = \sum_{i=1}^{n} x_i^2 - 2 * n * \bar{x}^2 + n * \bar{x}^2 = \sum_{i=1}^{n} x_i^2 - n * \bar{x}^2$$

Als Variation des Merkmals "Unterrichtsstunden" ergibt sich für die im Abschnitt 2.1 angegebene Datenbasis:

$$\sum_{i=1}^{50}(x_i - 33,8)^2 \simeq 318$$

Dass die Gruppengröße bei der Berechnung der Variation *nicht* berücksichtigt wird, ist problematisch, wie z.B. der folgende Sachverhalt zeigt, bei dem – bei *gleicher* Variation – die 2. Gruppe von Merkmalsträgern offensichtlich *homogener* als die 1. Gruppe ist:

1. Gruppe:	33						37 :	Mittelwert = 35	Variation = 8
2. Gruppe:	33	35	35	35	35	35	37 :	Mittelwert = 35	Variation = 8

Abbildung 5.2: gleiche Variation bei unterschiedlicher Homogenität

Varianz

Um eine Statistik zu erhalten, mit der unterschiedlich große Gruppen von Merk-malsträgern vergleichbar gemacht werden können, teilt man die Variation durch eine Zahl, die von der Anzahl der Werte abhängt, die in die Summation einbezogen werden.

- Eine derartige Normierungsgröße stellt die Anzahl der **Freiheitsgrade** (engl.: "degrees of freedom") der Variation dar. Dies ist die *geringste* Anzahl der Werte "x_i" einer fest vorgegebenen Datenbasis, die sich – bei bekanntem Mittelwert "$\bar{x}$" – zur Bestimmung der Variation *frei* wählen lassen.

Besteht z.B. eine Datenbasis aus 3 Werten ("n=3"), so besitzt die Variation 2 *Freiheitsgrade*. Unter Vorgabe des Mittelwerts "$\bar{x} = \frac{1}{3}(x_1 + x_2 + x_3)$" ist die Variation

$$(x_1 - \bar{x})^2 + (x_2 - \bar{x})^2 + (x_3 - \bar{x})^2$$

nämlich *nicht* bestimmbar, wenn *nur ein* Wert "x_i" bekannt ist. Bereits bei 2 vor-gegebenen Werten ist dagegen der 3. Wert aus der Kenntnis des Mittelwerts bere-chenbar und somit die Variation insgesamt ermittelbar.

Allgemein lässt sich feststellen:

- Bei einer Datenbasis mit "n" Werten müssen genau "$n-1$" Werte vorgegeben sein, damit sich der n. Wert aus der Kenntnis des Mittelwerts errechnen und die Variation bestimmen lässt, d.h. für "n" Werte besitzt die *Variation "$n-1$"* *Freiheitsgrade.*

Auf der Basis dieses Sachverhalts wird als Maßzahl für die Variabilität diejenige Größe festgelegt, die wie folgt ermittelt wird:

- Es wird der Wert der Variation, d.h. die Summe aller quadrierten Abwei-chungen der einzelnen Werte vom Mittelwert, durch die Freiheitsgrade der Variation, d.h. durch die um "1" verminderte Anzahl der Werte, geteilt. Diese Statistik wird **Varianz** (engl.: "variance") genannt, mit "s_x^2" bezeich-net und ist formelmäßig demnach wie folgt festgelegt:

$$s_x^2 = \frac{1}{n-1} \sum_{i=1}^{n} (x_i - \bar{x})^2$$

Grundsätzlich lässt sich Folgendes feststellen:

- Je kleiner die Varianz, desto eher repräsentiert der Mittelwert die Gruppe der Merkmalsträger.

Hinweis: Die Berechnung der Varianz lässt sich durch die folgende Formel vereinfachen:

- $s_x^2 = \frac{1}{n-1}\left[\sum_{i=1}^{n} x_i^2 - \frac{1}{n}\left(\sum_{i=1}^{n} x_i\right)^2\right]$

Wegen der "Verschiebe"-Formel" (siehe den oben angegebenen Hinweis) gilt nämlich:

$$s_x^2 = \frac{1}{n-1} \sum_{i=1}^{n} (x_i - \bar{x})^2 = \frac{1}{n-1} [\sum_{i=1}^{n} x_i^2 - n * \bar{x}^2] = \frac{1}{n-1} [\sum_{i=1}^{n} x_i^2 - \frac{1}{n} * (\sum_{i=1}^{n} x_i)^2]$$

Eine weitere Vereinfachung der Berechnung lässt sich dann erreichen, wenn die absoluten Häufigkeiten "f_j" verwendet werden. In diesem Fall gilt für die Varianz:

- $s_x^2 = \frac{1}{n-1} (\sum_{j=1}^{k} f_j * x_j^2 - \frac{1}{n} [\sum_{j=1}^{k} f_j * x_j]^2)$

Wird z.B. die Varianz des Merkmals "Unterrichtsstunden" für die im Abschnitt 2.1 angegebene Datenbasis auf der Grundlage der oben ermittelten Variation von "318" berechnet, so ergibt sich der Wert "$\frac{1}{49} * 318 \simeq 6,49$". Dies bedeutet, dass die Stundenzahlen um den Mittelwert von 33,8 Stunden um durchschnittlich "6,49 $Stunden^2$" ("Quadratstunden") variieren.

Standardabweichung und Streuung

Soll die Unterschiedlichkeit der Merkmalsträger in der Maßeinheit des Merkmals (und nicht in deren Quadrat) beschrieben werden, so lässt sich hierzu anstelle der Varianz die **Standardabweichung** (engl.: "standard deviation") zur Kennzeichnung der Variabilität verwenden. Diese Größe wird durch "s_x" gekennzeichnet und ist als die positive Quadratwurzel aus der Varianz definiert, d.h. es gilt:

$$s_x = \sqrt{\frac{1}{n-1} \sum_{i=1}^{n} (x_i - \bar{x})^2}$$

Für die im Abschnitt 2.1 angegebene Datenbasis errechnet sich die Standardabweichung zum Wert "$s_x \simeq \sqrt{6,49} \simeq 2,548$". Dies bedeutet, dass die Stundenwerte in etwa um durchschnittlich 2,5 Stunden um den Mittelwert von 33,8 Stunden variieren.

Entsprechend der oben angegebenen Definition der Standardabweichung lassen sich auch für *theoretische* Verteilungen Maßzahlen für die Dispersion, d.h. für die Variabilität um das Zentrum, festlegen. Zu diesen Variabilitätsmaßen zählt die **Streuung** (engl.: "standard deviation"), die als Äquivalent der oben angegebenen – für empirische Verteilungen festgelegten – Standardabweichung anzusehen ist (siehe Anhang A.5).

- Unter allen Normalverteilungen besitzt die Standardnormalverteilung die charakteristische Eigenschaft, diejenige Normalverteilung mit der Mitte "0" zu sein, deren *Streuung* gleich dem Wert "1" ist.

Die getroffenen Verabredungen, wie das Zentrum und die Variabilität intervallskalierter Merkmale gekennzeichnet werden, lassen sich folgendermaßen zusammenfassen:

- Bei einer *empirischen* Verteilung eines intervallskalierten Merkmals wird das *Zentrum* durch den **Mittelwert** und die *Variabilität* um den Mittelwert durch die **Standardabweichung** gekennzeichnet. Bei einer *theoretischen* Verteilung eines intervallskalierten Merkmals wird das *Zentrum* durch die **Mitte** und die *Variabilität* um die Mitte durch die **Streuung** beschrieben.

Für eine theoretische Verteilung eines Merkmals X mit der Streuung "σ" lässt sich mittels der *Tschebychev'schen Ungleichung* eine Aussage über die Konzentration dieser Verteilung um ihre Mitte "μ" machen. Für alle Zahlen "t" mit "t > 1" gilt die folgende Ungleichung:

$$prob[\mu - t * \sigma; \mu + t * \sigma] \geq 1 - \frac{1}{t^2}$$

Für "t=2" und "t=3" zum Beispiel ergibt sich für das betrachtete Merkmal "X" hieraus:
Die Wahrscheinlichkeit dafür, dass X Werte in den Intervallen "$[\mu - 2*\sigma; \mu + 2*\sigma]$" und "$[\mu - 3 * \sigma; \mu + 3 * \sigma]$" annimmt, ist mindestens gleich "0,75" bzw. "0,89".

Mittlere absolute Abweichung vom Mittelwert

Als weitere Statistik zur Kennzeichnung der Variabilität lässt sich z.B. die **mittlere absolute Abweichung vom Mittelwert** wie folgt festlegen:

$$\frac{1}{n} \sum_{i=1}^{n} |x_i - \bar{x}|$$

Hierdurch ist bestimmt, dass für jeden einzelnen Wert zunächst der *Absolutbetrag* der Abweichung vom arithmetischen Mittel zu errechnen und die resultierenden Werte anschließend zu mitteln sind.

Für einen Wert "x" stimmt der *Absolutbetrag* "$|x|$" mit "x" überein, sofern es sich bei "x" um einen positiven Wert (z.B. gilt: "$|+3| = +3$") oder um den Wert "0" handelt. Für einen negativen Wert "x" (z.B. "$x = -3$") ist festgelegt, dass der zugehörige *Absolutbetrag* gleich dem Wert "$-x$" ist ($|-3| = -(-3) = +3$).

Zum Beispiel errechnet sich die *mittlere absolute Abweichung vom Mittelwert* auf der Basis der in der Abbildung 4.1 angegebenen Werte wie folgt:

$$\frac{1}{5}(|30 - 34| + |31 - 34| + |33 - 34| + |34 - 34| + |42 - 34|) =$$

$$\frac{1}{5}(|-4| + |-3| + |-1| + |8|) = \frac{1}{5}(4 + 3 + 1 + 8) = \frac{16}{5} = 3,2$$

Mittlere absolute Abweichung vom Median

Es stellt sich die Frage, ob der Mittelwert "$\bar{x}$" bezüglich der *mittleren absoluten Abweichung* auch die *Minimum-Eigenschaft* besitzt – analog zur Eigenschaft der *mittleren quadratischen Abweichung* (siehe Abschnitt 4.1). Dies würde bedeuten, dass für alle Zahlen "x" die folgende Ungleichung erfüllt sein müsste:

$$\frac{1}{n} \sum_{i=1}^{n} |x_i - \bar{x}| \leq \frac{1}{n} \sum_{i=1}^{n} |x_i - x|$$

Es lässt sich nachweisen, dass dieser Sachverhalt *nicht* zutrifft, sondern dass die *Minimum-Eigenschaft vom Median* "m" erfüllt wird, da für alle Zahlen "x" gilt:

$$\frac{1}{n} \sum_{i=1}^{n} |x_i - m| \leq \frac{1}{n} \sum_{i=1}^{n} |x_i - x|$$

Der Median "m" ist folglich diejenige Statistik, für die die *mittlere absolute Abweichung* am kleinsten wird. Für jede andere Zahl "x" nimmt die *mittlere absolute Abweichung* den gleichen oder einen größeren Wert an.

Im Hinblick auf diese Minimum-Eigenschaft des Medians setzt man als weitere Statistik, mit der man die Variabilität beschreiben kann, die **mittlere absolute Abweichung vom Median** ein, die für den Median "m" wie folgt vereinbart ist:

$$\frac{1}{n} \sum_{i=1}^{n} |x_i - m|$$

Zum Beispiel errechnet sich auf der Basis der Werte, die innerhalb der Abbildung 4.1 angegeben sind, der Median zum Wert "33" und die *mittlere absolute Abweichung vom Median* wie folgt:

$$\frac{1}{5} \sum_{i=1}^{5} |x_i - 33| = \frac{1}{5}(|30 - 33| + |31 - 33| + |33 - 33| + |34 - 33| + |42 - 33|) = \frac{15}{5} = 3$$

Entsprechend der angegebenen Minimum-Eigenschaft ist der Wert "3" als *mittlere absolute Abweichung vom Median* nicht größer als der oben als *mittlere absolute Abweichung vom Mittelwert* errechnete Wert "3,2".

Variabilitätskoeffizient

Soll untersucht werden, ob die *Variabilität* eines Merkmals innerhalb zweier oder mehrerer Gruppen *ähnlich* ist, so kann man diese Gruppen über ihre Standardabweichungen direkt miteinander vergleichen, sofern sie annähernd *identische* Mittelwerte besitzen.

Bei größeren *Unterschieden* in den Mittelwerten ist zu berücksichtigen, dass die Variabilität normalerweise mit größeren Werten zunimmt. Deshalb ist es ratsam, gruppenspezifische Standardabweichungen – vor einem Vergleich – zu relativieren. Dies lässt sich dadurch bewerkstelligen, dass die Standardabweichungen durch den jeweils gruppenspezifischen Mittelwert dividiert werden. Daher sollte ein Vergleich über die Werte der Statistik **Variabilitätskoeffizient "V"** (Variationskoeffizient, engl.: "coefficient of variation") erfolgen, dessen Berechnungsvorschrift für einen von Null verschiedenen Mittelwert "$\bar{x}$" – mit dem Absolutbetrag "$|\bar{x}|$" – wie folgt festgelegt ist:

$$V = \frac{s_x}{|\bar{x}|}$$

Hinweis: Genaugenommen ist diese Berechnung allein für *ratioskalierte* Merkmale sinnvoll, da der Nullpunkt nur bei diesem Skalenniveau *empirisch bedeutsam* ist (siehe Anhang A.3). Diese Eigenschaft trifft z.B. auf das Merkmal "Fehlerzahl" oder auch auf das Item "Wie viel mal schneller erscheint Ihnen die demonstrierte Bewegung im Vergleich zu einer vorgegebenen Normbewegung?" zu.

Generell lässt sich feststellen:

- Wird der Wert einer der Statistiken "Variation", "Varianz", "Standardabweichung", "mittlere absolute Abweichung vom Mittelwert" oder "mittlere absolute Abweichung vom Median" nur für eine einzige Gruppe von Merkmalsträgern errechnet, so vermittelt dieser Wert nur dann einen Einblick in die jeweilige Art der Variabilität, wenn bereits ein Vergleichswert bekannt ist, mit dem man eine entsprechende Vorstellung verbinden kann.

  Insofern sind Statistiken zur Kennzeichnung der Variabilität besonders gut für einen Vergleich verschiedener Gruppen von Merkmalsträgern geeignet, da sich gruppenspezifische Unterschiedlichkeiten und Tendenzen durch den Vergleich der gruppenweise ermittelten Statistiken bewerten lassen.

5.2 Variabilität ordinalskalierter Merkmale

Für *nicht* intervallskalierte Merkmale ist es *nicht* sinnvoll, die Varianz oder die Standardabweichung zur Kennzeichnung der Variabilität zu verwenden. Als geeignete Statistiken zur Beschreibung der Variabilität lassen sich für mindestens ordinalskalierte Merkmale z.B. der *minimale* Wert (engl.: "minimum"), der *maximale* Wert (engl.: "maximum") und die **Spannweite** (engl.: "range") als Differenz zwischen dem maximalen und dem minimalen Wert festlegen.

Für die im Abschnitt 2.1 angegebene Datenbasis errechnet sich der minimale Wert des Merkmals "Unterrichtsstunden" zu "30", der maximale Wert zu "40" und die Spannweite somit zur Differenz "10" ("40 - 30").

Da die Spannweite durch die *Extremwerte* und unter Umständen auch durch statistische Ausreißer beeinflusst wird, neigt man dazu, die Variabilität durch das 1. Quartil ("Q_1") und das 3. Quartil ("Q_3") bzw. durch den **(Inter-)Quartilabstand** (engl.: "quartil deviation") als deren Differenz in der Form "$Q_3 - Q_1$" oder auch durch den **mittleren Quartilabstand** in der Form "$\frac{Q_3 - Q_1}{2}$" (engl.: "mean quartil deviation") zu kennzeichnen.

Hinweis: Für die *Puristen* ist die Berechnung der Spannweite, des Quartilabstands und des mittleren Quartilabstands problematisch, weil der Differenzbildung für *nicht* intervallskalierte Merkmale *keine* empirische Bedeutsamkeit zukommt.

Da bei der im Abschnitt 2.1 angegebenen Datenbasis das 3. Quartil zu "36" und das 1. Quartil – als *technischer* Wert – zu "32,75" bestimmt wurde (siehe Abschnitt 2.4), ergibt sich der Quartilabstand zum Wert "3,25" und der mittlere Quartilabstand annähernd zum Wert "1,6".

5.3 Schiefe und Wölbung

Um eine Einschätzung darüber zu erhalten, ob eine empirische Verteilung *symmetrisch* ist, kann die Maßzahl der **Schiefe** (engl.: "skewness") in der folgenden Form ermittelt werden:

$$\text{Schiefe} = \frac{1}{n} \sum_{i=1}^{n} \left(\frac{x_i - \bar{x}}{s_x} \right)^3$$

Man teilt also die Differenzen zwischen den einzelnen Werten und dem Mittelwert durch die Standardabweichung, erhebt diese Quotienten in die 3. Potenz, summiert diese Größen und teilt die resultierende Summe durch die Anzahl der Merkmalsträger.

Ergibt sich der Wert der Schiefe (näherungsweise) zu "0", so liegt *Symmetrie* vor. Ist das Ergebnis ein (größerer) *positiver* Wert, so ist die Verteilung *linkssteil*. Ergibt sich dagegen ein (größerer) *negativer* Wert, so handelt es sich um eine *rechtssteile* Verteilung.

Um für eine (annähernd) *symmetrische empirische* Verteilung eine Einschätzung über den Grad ihrer Wölbung zu erhalten, kann man einen Vergleich mit derjenigen *theoretischen* Normalverteilung durchführen, die dasselbe *Zentrum* und die dieselbe *Variabilität* wie die vorliegende empirische Verteilung besitzt. Ein Vergleich mit dieser korrespondierenden Normalverteilung lässt sich dadurch vornehmen, dass die **Wölbung** (Exzess, Kurtosis, engl.: "kurtosis") in der folgenden Form als Statistik berechnet wird:

$$\text{Wölbung} = \frac{1}{n} \sum_{i=1}^{n} \left(\frac{x_i - \bar{x}}{s_x} \right)^4 - 3$$

Ist die empirische Verteilung genauso gewölbt wie die mit ihr korrespondierende Normalverteilung, so ergibt sich der Wert der *Wölbung* (annähernd) zu "0". Bei einem (größeren) *positiven* Wert ist die empirische Verteilung *zentrierter* als die korrespondierende Normalverteilung. Dies bedeutet, dass sich die empirische Verteilungsfläche mehr um das Zentrum konzentriert, als dies bei der korrespondierenden Normalverteilung der Fall ist. Bei einem (größeren) *negativen* Wert verläuft die empirische Verteilungskurve vergleichsweise *flacher*, sodass ihr Verlauf sich insgesamt gedrungener als der Verlauf der korrespondierenden Normalverteilungskurve darstellt.

Für die im Abschnitt 2.1 angegebene Datenbasis errechnet sich die Statistik der *Schiefe* zum Wert "0,673" und die Statistik der *Wölbung* zum Wert "-0,037". Dies bedeutet, dass die Verteilung von "Unterrichtsstunden" bei den befragten Schülern der 12. Jahrgangsstufe *nicht* symmetrisch ist, sondern zur Linkssteilheit tendiert, sodass die Interpretation von "-0,037" als Wert der Wölbung entbehrlich ist.

Hinweis: Wäre die Symmetrie jedoch gegeben, so würde der Wert "-0,037" auf eine gewisse Übereinstimmung mit der korrespondierenden Normalverteilung hinweisen.

Zusammenfassung

Bevor im folgenden Kapitel erläutert werden soll, wie sich das Datenanalysesystem "IBM SPSS Statistics" bei statistischen Auswertungen einsetzen lässt, sollen an dieser Stelle noch einmal wesentliche Kernpunkte über die zuvor dargestellten Eigenschaften von Verteilungen grafisch skizziert werden.

Die beiden nachfolgenden Zusammenstellungen geben die Informationen über Verteilungen, die in den vorausgegangenen Kapiteln näher erläutert wurden, allerdings nur in grober Form wider. Dabei fasst die nachfolgende Abbildung – neben den Begrifflichkeiten zur Beschreibung unterschiedlicher Verlaufsformen und verschiedenartiger Gipflichkeit – zusammen, welche Statistiken sich in Abhängigkeit vom jeweiligen Skalenniveau zur komprimierten Beschreibung einer Verteilung einsetzen lassen:

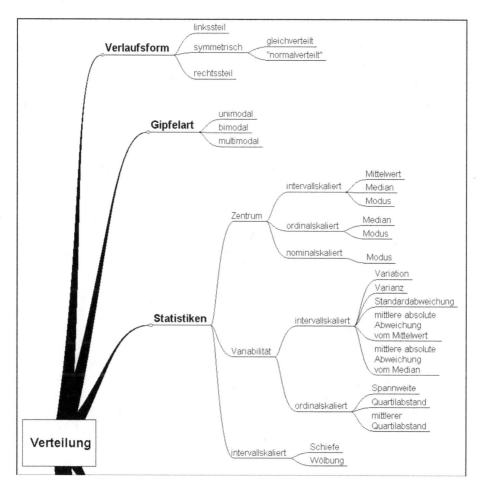

Abbildung 5.3: Verlaufsform, Gipfelart und Statistiken

Wie die Gliederung einer Verteilungsfläche vorgenommen werden kann und in welcher Form in Abhängigkeit vom Skalenniveau tabellarische Informationen über Verteilungen zusammengestellt bzw. geeignete Präsentationsformen für Verteilungen eingesetzt werden sollten, ist in der folgenden Abbildung zusammengestellt:

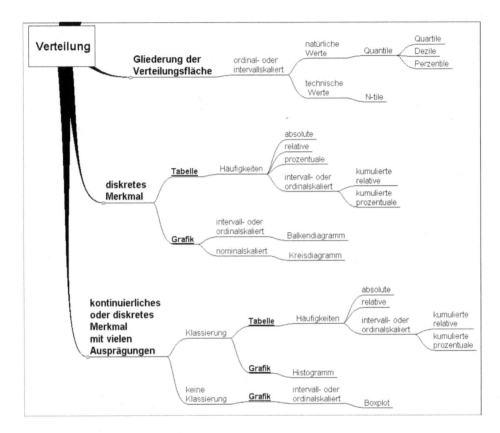

Abbildung 5.4: Gliederung und Präsentation von Verteilungen

Hinweis: Der aufmerksame Leser entnimmt dieser Darstellung, dass sich die Verteilung eines intervall- oder ordinalskalierten Merkmals in Form eines *Boxplots* beschreiben lässt. Diese Art der Darstellung einer Verteilung wird normalerweise nur dann gewählt, wenn zwei oder mehrere Verteilungen miteinander zu vergleichen sind. Die zugehörige Diskussion ist Gegenstand der Thematik "statistische Beziehungen von Merkmalen". Grundlegende Betrachtungen hierzu sind Gegenstand des Kapitels 8. Daher wird erst im Abschnitt 8.4 erläutert, was unter einem Boxplot zu verstehen ist.

KAPITEL 6

EINSATZ DES ANALYSESYSTEMS IBM SPSS STATISTICS

6.1 Datenerfassung und Analyseanforderung

Datenerfassung

Bisher wurden die Häufigkeitsauszählungen sowie die Statistiken, mit denen sich die Verteilungen beschreiben lassen, in *mühsamer Handauswertung* ermittelt. Im Folgenden soll erläutert werden, wie man sich die Arbeit durch den Einsatz eines statistischen (Daten-)Analysesystems erleichtern kann. Dies soll am Beispiel des Analysesystems "IBM SPSS Statistics" demonstriert werden.

Bevor eine Analyse der erhobenen (Fragebogen-)Daten erfolgen kann, müssen die Daten zunächst nach den Vorschriften eines Kodeplans verschlüsselt werden (siehe dazu die Angaben im Anhang A.1). Um die Daten – nach ihrer Kodierung – einer Datenanalyse unterziehen zu können, ist anschließend eine *Datenerfassung* durchzuführen. Hierbei sind die Werte der Fragebögen, die den jeweiligen Antworten als Kodewerte zugeordnet sind, in die *Daten-Tabelle* zu übertragen. Die Daten-Tabelle wird nach dem Start des IBM SPSS Statistics-Systems und dem Schließen des Begrüßungs-Fensters in der folgenden Form – als Bestandteil des *Daten-Editor-Fensters* – am Bildschirm angezeigt:

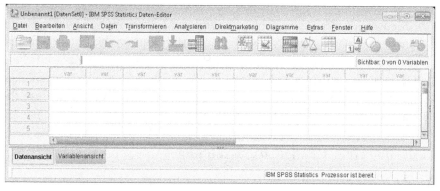

Abbildung 6.1: Daten-Editor-Fenster von IBM SPSS Statistics

Hinweis:
Dieses Fenster und die weiteren in diesem Buch abgebildeten Fenster wurden dem Dialog mit dem "IBM SPSS Statistics"-System in der Version 19 entnommen.

Der Einfachheit halber wird zunächst davon ausgegangen, dass nicht sämtliche Daten aller Fragebögen, sondern allein die Werte der im Abschnitt 2.1 angegebenen Datenbasis, d.h. die 50 Werte des Merkmals "Unterrichtsstunden", in die Daten-Tabelle übertragen werden sollen. Im Zuge der Datenerfassung sind somit die 50

Werte aus der Urliste (siehe Abschnitt 2.1) – über die Tastatur – in die ersten 50
Zellen der 1. Tabellenspalte innerhalb der Daten-Tabelle einzutragen.

Nachdem diese Datenerfassung vorgenommen wurde, enthält die Daten-Tabelle in
ihrer 1. Spalte 50 besetzte Zellen, sodass sich – für die ersten 5 Zellen – der Inhalt
des Bildschirms wie folgt darstellt:

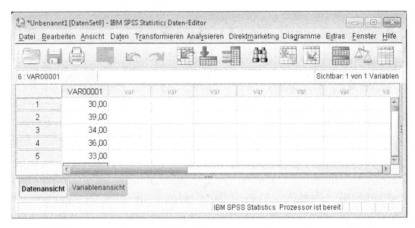

Abbildung 6.2: Daten-Editor-Fenster nach der Datenerfassúng

- Die Gesamtheit aller Werte, die innerhalb einer Spalte der Daten-Tabelle eingetragen sind, wird als *Variable* bezeichnet. Den Namen, durch den diese
  Werte in Form der Spaltenüberschrift gekennzeichnet werden, nennt man *Variablennamen*.

Bei der Anforderung von Datenanalysen dienen Variablennamen dazu, diejenigen Tabellenspalten der Daten-Tabelle festzulegen, deren Werte in die betreffende
Analyse einzubeziehen sind. Durch die Datenerfassung wurde der Variablenname
"VAR00001" – als technische Kennzeichnung der 1. Tabellenspalte – für die eingerichtete Variable vergeben. Die Werte des Merkmals "Unterrichtsstunden" lassen
sich folglich im Hinblick auf eine mit ihnen durchzuführende Datenanalyse durch
den Variablennamen "VAR00001" kennzeichnen.

Anforderung einer Häufigkeitsauszählung

Um für die Werte der Daten-Tabelle die jeweils gewünschten Datenanalysen anzufordern, gibt es zwei mögliche Vorgehensweisen:

- die *dialog-orientierte* sowie
- die *befehls-orientierte* Anforderung.

Beim *dialog-orientierten* Vorgehen sind ein oder mehrere Dialogfelder schrittweise – durch das Anklicken von Menü-Optionen mit der Maus bzw. durch geeignete
Tastenkombinationen und Tastatureingaben – auf dem Bildschirm zur Anzeige zu
bringen. Innerhalb dieser Dialogfelder müssen Textinformationen in Eingabefelder eingetragen werden und spezielle analysespezifische Anforderungen durch das

Anklicken von Kontrollkästchen und Optionsschaltern festgelegt werden. Nachdem die einzelnen Dialogfelder geeignet ausgefüllt sind, lässt sich die Analyse durch die Bestätigung der Dialogfeldinhalte anfordern.

- In diesem Kapitel wird erläutert, wie sich geeignete Anforderungen an das IBM SPSS Statistics-System in rein *befehls-orientierter* Form stellen lassen. Wie man derartige Anforderungen rein dialog-orientiert mitteilen kann, wird ergänzend im Anhang in den Abschnitten A.15, A.16 und A.17 beschrieben.

Beim *befehls-orientierten* Abruf von Datenanalysen muss auf dem Bildschirm ein *Eingabebereich* zur Verfügung stehen, in dem **IBM SPSS Statistics-Befehle** eingetragen werden können. Um diese Arbeitsumgebung zu schaffen, muss das *Syntax-Fenster* eröffnet werden. Dazu sind zunächst die Menü-Option "Neu ▷" im Menü "Datei" und anschließend die Menü-Option "Syntax" durch jeweils einen Mausklick zu aktivieren. Daraufhin wird das Syntax-Fenster wie folgt am Bildschirm angezeigt:

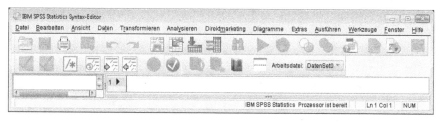

Abbildung 6.3: Syntax-Fenster von IBM SPSS Statistics

In dieses Syntax-Fenster lassen sich Anforderungen an das IBM SPSS Statistics-System in Form von *IBM SPSS Statistics-Befehlen* eintragen.

- Als einleitendes Beispiel dafür, wie Anforderungen an das IBM SPSS Statistics-System gerichtet werden können, soll die Lösung der Aufgabenstellung, die Häufigkeitsverteilung des Merkmals "Unterrichtsstunden" für die 50 Schüler der Jahrgangsstufe 12 zu ermitteln, vorgestellt werden.

Da die – im Zuge der Datenerfassung – in der Daten-Tabelle eingerichtete Variable durch den Variablennamen "VAR00001" gekennzeichnet ist, kann die Gesamtheit der 50 gespeicherten Werte des Merkmals "Unterrichtsstunden" über diesen Namen angesprochen werden.

Um für die Werte der Variablen "VAR00001" eine Häufigkeitsauszählung anzufordern, lässt sich der FREQUENCIES-Befehl in der folgenden Form einsetzen:

```
FREQUENCIES VARIABLES=VAR00001.
```

- Dieser FREQUENCIES-Befehl wird durch das *IBM SPSS Statistics-Schlüsselwort* "FREQUENCIES" eingeleitet und – wie grundsätzlich jeder IBM SPSS Statistics-Befehl – durch einen Punkt "." abgeschlossen.
  Dabei wird unter einem *Schlüsselwort* ein Sprachelement verstanden, das für das IBM SPSS Statistics-System eine bestimmte Bedeutung hat.

Schlüsselwörter müssen orthografisch richtig mitgeteilt werden. Ob dabei die
Groß- oder die Kleinschreibung verwendet wird, ist unerheblich. Zur Heraushe-
bung von Schlüsselwörtern werden diese im Folgenden immer *groß* geschrieben,
sofern der zu einer Anforderung zugehörige Befehl mitgeteilt wird.

Mit dem FREQUENCIES-Befehl wird eine Häufigkeitsauszählung abgerufen.
Für welche Variablen diese Analyse durchzuführen ist, muss innerhalb des
Unterbefehls VARIABLES, d.h. durch Angaben im Zusammenhang mit dem
Schlüsselwort VARIABLES, bestimmt werden. Da in der aktuellen Situation ei-
ne Auszählung für die Variable "VAR00001" vorzunehmen ist, muss der Name
"VAR00001" hinter dem Gleichheitszeichen aufgeführt werden, das dem voraus-
gehenden Schlüsselwort "VARIABLES" folgt.

Um durch den FREQUENCIES-Befehl

```
FREQUENCIES VARIABLES=VAR00001.
```

die Häufigkeitsauszählung anfordern zu können, muss dieser Befehl wie folgt in
das Syntax-Fenster übertragen worden sein:

Abbildung 6.4: Syntax-Fenster mit dem FREQUENCIES-Befehl

Die Ausführung dieses IBM SPSS Statistics-Befehls wird dadurch veranlasst, dass
die Menü-Option "Auswahl" des Menüs "Ausführen" aktiviert wird.

6.2   Anzeige von Analyseergebnissen

Das Viewer-Fenster

Die über Analyseanforderungen (wie z.B. den Abruf der Häufigkeitsauszählung)
ermittelten Ergebnisse werden – zusammen mit ergänzenden Hinweisen und Anmerkungen des IBM SPSS Statistics-Systems – innerhalb des *Viewer-Fensters* eingetragen. Durch die Ausführung des oben angegebenen FREQUENCIES-Befehls
wird die innerhalb der Abbildung 6.5 dargestellte Tabelle im Viewer-Fenster angezeigt.

Diese Häufigkeitstabelle, die in Form von fünf Tabellenspalten präsentiert wird,
ist mit dem Variablennamen "VAR00001" überschrieben. In der ersten Spalte sind
die Variablenwerte in aufsteigender Reihenfolge eingetragen. Die nächste Spalte
enthält die *absoluten* Häufigkeiten. In der dritten Spalte sind die zugehörigen *prozentualen* Häufigkeiten enthalten.

VAR00001

		Häufigkeit	Prozent	Gültige Prozente	Kumulierte Prozente
Gültig	30,00	5	10,0	10,0	10,0
	31,00	3	6,0	6,0	16,0
	32,00	4	8,0	8,0	24,0
	33,00	20	40,0	40,0	64,0
	34,00	2	4,0	4,0	68,0
	35,00	2	4,0	4,0	72,0
	36,00	8	16,0	16,0	88,0
	38,00	2	4,0	4,0	92,0
	39,00	3	6,0	6,0	98,0
	40,00	1	2,0	2,0	100,0
	Gesamt	50	100,0	100,0	

Abbildung 6.5: Häufigkeitstabelle von "Unterrichtsstunden"

Bezieht man bei der Ermittlung der prozentualen Häufigkeiten die absoluten Häufigkeiten nicht auf die Gesamtzahl aller Fälle, sondern nur auf die Anzahl der *gültigen* Fälle – d.h. auf diejenigen Fälle, deren Werte nicht als *Missing-Werte* (fehlende Werte, engl.: "missing values") vereinbart sind –, so resultieren daraus die Werte der *angepassten prozentualen* Häufigkeiten in der vierten Spalte ("Gültige Prozente"). In der fünften Spalte sind die *kumulierten angepassten prozentualen* Häufigkeiten ("Kumulierte Prozente") eingetragen, die sich durch die Summation der angepassten prozentualen Häufigkeiten ergeben.

- Grundsätzlich ist im Hinblick auf die Präsentation von Analyseergebnissen zu beachten, dass Werte mit Nachkommastellen – vor ihrer Anzeige – einer *Rundung* unterzogen werden. Im Hinblick auf die Interpretation der jeweiligen Ergebnisse ist es aus statistischer Sicht völlig unbedeutend, ob die angezeigten Werte exakt sind oder ob es sich um Näherungswerte handelt.

Umbenennung von Variablennamen

Im Zuge der Datenerfassung wurde für die 1. Tabellenspalte vom IBM SPSS Statistics-System *automatisch* der Variablenname "VAR00001" vergeben. Da es sich bei den erfassten Daten um die erhobenen Werte des Merkmals "Unterrichtsstunden" handelt, ist es empfehlenswert, anstelle des technischen Namens einen sprechenden Namen zu verwenden.

- Jeder Variablenname, der aus Ziffern und Buchstaben sowie dem Unterstreichungszeichen "_" bestehen kann, muss mit einem Buchstaben eingeleitet werden. Das IBM SPSS Statistics-System unterscheidet nicht zwischen Klein- und Großbuchstaben.

Um den Variablennamen "VAR00001" in den Namen "stunzahl" abzuändern, ist der RENAME VARIABLES-Befehl in der folgenden Form zu verwenden:

```
RENAME VARIABLES (VAR00001=stunzahl).
```

Nach dieser Umbenennung werden die erfassten Daten des Merkmals "Unterrichtsstunden" innerhalb der Daten-Tabelle durch den Variablennamen "stunzahl" identi-
fiziert, sodass dieser Name innerhalb eines IBM SPSS Statistics-Befehls anzugeben
ist, wenn auf diese Daten Bezug genommen werden soll.

Der FREQUENCIES-Befehl

Sollen die bislang durch Handauswertung errechneten Statistiken vom IBM SPSS
Statistics-System *automatisch* ermittelt werden, so sind geeignete Angaben innerhalb des FREQUENCIES-Befehls zu machen.

Für die Variable "stunzahl" lässt sich die Ausgabe der Häufigkeitstabelle durch die
folgende Anforderung abrufen:

```
FREQUENCIES VARIABLES=stunzahl.
```

Um sich zusätzlich z.B. die Quartile errechnen und anzeigen zu lassen, muss
im FREQUENCIES-Befehl ergänzend die Angabe "NTILES=4" in der folgenden
Form gemacht werden:

```
FREQUENCIES VARIABLES=stunzahl/NTILES=4.
```

In diesem FREQUENCIES-Befehl sind die *Unterbefehle* VARIABLES und NTI-
LES enthalten.

- Grundsätzlich können in einem IBM SPSS Statistics-Befehl – abhängig von
  der jeweiligen *Befehlssyntax* – ein oder mehrere Unterbefehle eingetragen
  werden. Diese Unterbefehle sind paarweise durch den Schrägstrich "/" zu
  trennen. Der letzte Unterbefehl ist immer mit einem Punkt "." abzuschließen.

Um z.B. die Statistiken Mittelwert (MEAN), Modus (MODE), Median (MEDIAN),
Varianz (VARIANCE) und Standardabweichung (STDDEV) anzufordern, sind die
diesen Statistiken zugeordneten – in Klammern eingetragenen – Schlüsselwörter
innerhalb des Unterbefehls STATISTICS aufzuführen.

Sollen alle diese Statistiken – im Zusammenhang mit der Ermittlung der Häufigkeitstabelle – errechnet werden, so ist der FREQUENCIES-Befehl wie folgt anzugeben:

```
FREQUENCIES VARIABLES=stunzahl
        /STATISTICS=MEAN MODE MEDIAN VARIANCE STDDEV.
```

In diesem Fall wird – neben der Häufigkeitstabelle – die folgende Tabelle im
Viewer-Fenster angezeigt:

Statistiken

stunzahl

N	Gültig	50
	Fehlend	0
Mittelwert		33,8000
Median		33,0000
Modus		33,00
Standardabweichung		2,54751
Varianz		6,490

Abbildung 6.6: Anzeige der angeforderten Statistiken

Sollen z.B. nur der Mittelwert und die Standardabweichung für die Werte der Variablen "stunzahl" berechnet werden, so sind allein die mit diesen Statistiken korrespondierenden Schlüsselwörter zu verwenden, sodass der FREQUENCIES-Befehl wie folgt zu formulieren ist:

```
FREQUENCIES VARIABLES=stunzahl/STATISTICS=MEAN STDDEV.
```

Um die Anzeige der Häufigkeitstabelle zu unterdrücken, ist der FREQUENCIES-Befehl – durch den FORMAT-Unterbefehl mit dem Schlüsselwort "NOTABLE" – in der folgenden Form zu ergänzen:

```
FREQUENCIES VARIABLES=stunzahl
        /FORMAT=NOTABLE/STATISTICS=MEAN STDDEV.
```

Die Anforderung eines Balkendiagramms für die Variable "stunzahl" lässt sich in der Form

```
FREQUENCIES VARIABLES=stunzahl/BARCHART=.
```

vornehmen und die Anzeige eines Histogramms kann wie folgt abgerufen werden:

```
FREQUENCIES VARIABLES=stunzahl/HISTOGRAM=.
```

Arbeiten mit mehreren Variablen

Um das Grundsätzliche über die Form, in der Datenanalysen angefordert werden müssen, vorzustellen, wurde zunächst von den Werten der Datenbasis aus dem Abschnitt 2.1 ausgegangen. Es wurden daher allein die 50 Werte des Merkmals "Unterrichtsstunden", die für die Schüler der Jahrgangsstufe 12 vorliegen, in die Daten-Tabelle übertragen.

- Um die durch den Fragebogen erhobenen Daten *insgesamt* auswerten zu können, muss die Daten-Tabelle *sämtliche* Daten des Fragebogens enthalten.

Sind alle Werte des Fragebogens (siehe Anhang A.13) für die 250 Schüler in die Daten-Tabelle übertragen worden, so enthält sie 3000 (= 250 * 12) besetzte Zellen in Form von 250 Zeilen und 12 Spalten. Die 12 eingerichteten Tabellenspalten sind mit den Variablennamen "VAR00001", "VAR00002", ... , "VAR00011" und "VAR00012" überschrieben. Jede Zeile der Daten-Tabelle enthält somit die Werte eines *Falles* (Fragebogens) und jede Spalte die Werte einer der 12 Variablen.

Die technischen Variablennamen können durch den Einsatz des RENAME VARIABLES-Befehls in sprechende Namen umgewandelt werden. Sollen zur abkürzenden Bezeichnung der einzelnen Merkmale die Namen "idnr", "jahrgang", "geschl", "stunzahl", "hausauf", "abschalt", "leistung", "begabung", "urteil", "englisch", "deutsch" und "mathe" als Variablennamen vergeben werden, so lässt sich die Umbenennung wie folgt anfordern:

```
RENAME VARIABLES   (VAR00001=idnr)(VAR00002=jahrgang)
  (VAR00003=geschl)(VAR00004=stunzahl)(VAR00005=hausauf)
  (VAR00006=abschalt)(VAR00007=leistung)
  (VAR00008=begabung)(VAR00009=urteil)
  (VAR00010=englisch)(VAR00011=deutsch)(VAR00012=mathe).
```

Hinweis: Wie sich diese Umbenennung und weitere Änderungen an Eigenschaften von Variablen dialog-orientiert durchführen lassen, wird im Anhang A.16 erläutert.

Sind – wie in der jetzigen Situation – innerhalb der Daten-Tabelle nicht nur eine, sondern mehrere Variablen eingerichtet worden, so können sämtliche gewünschte Variablen *gleichzeitig* in eine Datenanalyse einbezogen werden.

Sollen z.B. Häufigkeitsauszählungen nicht nur für eine Variable, sondern z.B. für die Variablen "deutsch", "mathe" und "englisch" abgerufen werden, so lässt sich dies wie folgt anfordern:

```
FREQUENCIES VARIABLES=deutsch mathe englisch.
```

Entsprechend lässt sich die Anforderung zur Berechnung der Statistiken Mittelwert und Standardabweichung für alle drei Variablen folgendermaßen formulieren:

```
FREQUENCIES VARIABLES=deutsch mathe englisch
            /FORMAT=NOTABLE/STATISTICS=MEAN STDDEV.
```

Gestaltung der Ergebnisanzeige

Für die Kodierung (siehe Anhang A.1) ist festgelegt worden, dass bei den Variablen "hausauf" und "abschalt" eine fehlende Antwort durch den Wert "0" gekennzeichnet wird. Damit der Wert "0" vom IBM SPSS Statistics-System auch tatsächlich als *Missing-Wert* für eine bestimmte Variable registriert wird, muss für die betreffende Variable ein geeigneter MISSING VALUES-Befehl formuliert werden.

Soll z.B. bei der Häufigkeitsauszählung der Werte von "abschalt" das Vorhanden-
sein von Missing-Werten berücksichtigt werden, so ist der MISSING VALUES-
Befehl wie folgt – *vor* der Anforderung der Häufigkeitsauszählung – anzugeben:

```
MISSING VALUES abschalt (0).
```

In dem durch die beiden Schlüsselwörter "MISSING" und "VALUES" eingeleiteten Befehl muss der jeweils zu berücksichtigende Missing-Wert in runde Klammern hinter dem betreffenden Variablennamen eingetragen werden. Nach der
Ausführung dieses MISSING VALUES-Befehls wird der Wert "0" bei der Variablen "abschalt" als Missing-Wert verrechnet. Dies bedeutet, dass der jeweils zugehörige Fall entweder nicht in die Berechnungen einbezogen oder aber gesondert
berücksichtigt wird (siehe die Abbildung 6.7).

Um den Inhalt von Häufigkeitstabellen zu illustrieren, lassen sich *Variablen-* und
Wertelabels durch den VARIABLE LABELS- bzw. den VALUE LABELS-Befehl
festlegen.

Zum Beispiel kann man für die Variable "abschalt" die folgenden Angaben machen:

```
VARIABLE LABELS abschalt 'Abschalten'.
VALUE LABELS abschalt 1 'stimmt' 2 'stimmt nicht'.
```

Durch den VARIABLE LABELS-Befehl ist bestimmt, dass der Text "Abschalten"
anstelle des Variablennamens "abschalt" als Tabellenüberschrift verwendet werden
soll. Der VALUE LABELS-Befehl legt für die Variable "abschalt" fest, dass die
Texte "stimmt" und "stimmt nicht" anstelle der Werte "1" bzw. "2" angezeigt werden sollen.

Durch die Ausführung der Befehle

```
MISSING VALUES abschalt (0).
VARIABLE LABELS abschalt 'Abschalten'.
VALUE LABELS abschalt 1 'stimmt' 2 'stimmt nicht'.
FREQUENCIES VARIABLES=abschalt.
```

erscheint für das Merkmal "Abschalten" die folgende Häufigkeitstabelle:

Abschalten

		Häufigkeit	Prozent	Gültige Prozente	Kumulierte Prozente
Gültig	stimmt	138	55,2	56,1	56,1
	stimmt nicht	108	43,2	43,9	100,0
	Gesamt	246	98,4	100,0	
Fehlend	,00	4	1,6		
Gesamt		250	100,0		

Abbildung 6.7: Häufigkeitstabelle von "Abschalten"

6.3   Auswahl, Klassierung und Sicherung

Auswahl von Fällen

Um für eine Datenanalyse nicht alle innerhalb der Daten-Tabelle enthaltenen Fälle, sondern nur eine *Auswahl* von Fällen mit bestimmten Eigenschaften bereitzustellen, lässt sich ein Auswahl-Befehl in Form eines SELECT IF-Befehls verwenden. Die jeweilige Auswahl ist durch eine geeignete Auswahl-Bedingung zu beschreiben, die innerhalb des SELECT IF-Befehls in Klammern eingefasst und wie folgt aufgeführt werden muss:

```
SELECT IF ( auswahl-bedingung ).
```

Zum Beispiel wird durch den SELECT IF-Befehl mit der Auswahl-Bedingung "jahrgang=2" in der Form

```
SELECT IF (jahrgang=2).
```

festgelegt, dass allein diejenigen Fälle, für die die Variable "jahrgang" den Wert "2" besitzt, d.h. die Mitglied der Jahrgangsstufe 12 sind, für die nachfolgende(n) Analyse(n) ausgewählt werden.

Es lassen sich nicht nur Gleichheitsabfragen mit dem Vergleichsoperator "=", sondern beliebige Vergleichsbedingungen mit den Operatoren "<" (kleiner), ">" (größer), "<=" (kleiner gleich), ">=" (größer gleich) und "<>" (ungleich) formulieren.

Allgemein kann man mehrere Vergleichsbedingungen durch die logischen Operatoren "OR" (logisches Oder), "AND" (logisches Und) und "NOT" (logische Verneinung) miteinander verknüpfen. Dabei ist zu beachten, dass eine Bedingung, die sich aus zwei durch "OR" ("AND") verbundenen Bedingungen zusammensetzt, immer dann zutrifft, wenn mindestens eine dieser beiden Bedingungen erfüllt ist (sowohl die eine als auch die andere Bedingung zutrifft). Ist eine Bedingung erfüllt (nicht zutreffend) und wird "NOT" auf diese Bedingung angewendet, so resultiert eine *nicht* erfüllte (zutreffende) Bedingung. Insgesamt gilt für die Bedingungen "b_1" und "b_2":

b_1	b_2	b_1 AND b_2	b_1 OR b_2	NOT b_1
erfüllt	erfüllt	erfüllt	erfüllt	nicht erfüllt
erfüllt	nicht erfüllt	nicht erfüllt	erfüllt	nicht erfüllt
nicht erfüllt	erfüllt	nicht erfüllt	erfüllt	erfüllt
nicht erfüllt	nicht erfüllt	nicht erfüllt	nicht erfüllt	erfüllt

Abbildung 6.8: Verknüpfung von Bedingungen

Da die Mitgliedschaft zur Jahrgangsstufe 12 durch das Zutreffen der Vergleichsbedingung "jahrgang=2" und die männlichen Schüler durch die Eigenschaft

"geschl=1" gekennzeichnet sind, lässt sich die Auswahl der 50 Schüler der Jahrgangsstufe 12 daher wie folgt durch einen SELECT IF-Befehl festlegen:

```
SELECT IF (jahrgang=2 AND geschl=1).
```

Eine Verwendung des SELECT IF-Befehls in der Form

```
SELECT IF (jahrgang=2 OR geschl=1).
```

hätte dagegen zur Folge, dass alle Mitglieder der Jahrgangsstufe 12, d.h. sämtliche
Schüler und Schülerinnen, und zusätzlich alle männlichen Schüler der Jahrgangsstufen 11 und 13 ausgewählt werden würden.

Soll ein Auswahl-Befehl nicht dauerhaft für alle folgenden Datenanalysen, sondern
allein für die *unmittelbar nachfolgende* Analyseanforderung wirksam sein, so muss
dem SELECT IF-Befehl ein TEMPORARY-Befehl in der Form

```
TEMPORARY.
```

vorausgehen. Somit wird z.B. durch die Befehle

```
TEMPORARY.
SELECT IF (geschl=1).
FREQUENCIES VARIABLES=stunzahl.
TEMPORARY.
SELECT IF (geschl=2).
FREQUENCIES VARIABLES=stunzahl.
FREQUENCIES VARIABLES=stunzahl.
```

zunächst eine Häufigkeitsauszählung für alle (männlichen) Schüler, anschließend
für alle Schülerinnen und letztlich für sämtliche 250 Fälle durchgeführt.

Hinweis: Wie eine Fallauswahl oder eine Klassierung von Werten dialog-orientiert angefordert werden kann, wird im Anhang A.16 erläutert.

Klassierung von Werten

Um eine *Klassierung* von Werten durchzuführen, lässt sich der RECODE-Befehl
verwenden.

Zum Beispiel kann man – zur Werteänderung der Variablen "leistung" – den Befehl

```
RECODE leistung (1 2 3 = 1)(4 5 6 = 2)(7 8 9 = 3).
```

einsetzen und mittels "(1 2 3 = 1)" bestimmen, dass die ursprünglichen Werte "1",
"2" und "3" zu einer Klasse zusammengefasst werden, die durch den Wert "1"
gekennzeichnet wird. Ferner ist durch "(4 5 6 = 2)(7 8 9 = 3)" festgelegt, dass
die Werte "4", "5" und "6" sowie die Werte "7", "8" und "9" klassiert und die
resultierenden Klassen durch die Werte "2" bzw. "3" gekennzeichnet werden.

Anstelle des RECODE-Befehls

```
RECODE leistung (1 2 3 = 1)(4 5 6 = 2)(7 8 9 = 3).
```

darf auch der folgende Befehl verwendet werden:

```
RECODE leistung (LOWEST THRU 3 = 1)
                (4 THRU 6 = 2)(7 THRU HIGHEST = 3).
```

Das Schlüsselwort "LOWEST" kennzeichnet den kleinsten (hier: "1") und das Schlüsselwort "HIGHEST" den größten Wert (hier: "9") der Variablen "leistung".

Soll die angegebene Rekodierung allein für die nachfolgende Aufgabenstellung – z.B. für eine Häufigkeitsauszählung – wirksam werden, so ist dem RECODE-Befehl ein TEMPORARY-Befehl in der folgenden Form voranzustellen:

```
TEMPORARY.
RECODE leistung (1 2 3 = 1)(4 5 6 = 2)(7 8 9 = 3).
FREQUENCIES VARIABLES=leistung.
```

In diesem Fall wirkt der RECODE-Befehl temporär, sodass die Variable "leistung" nach der Durchführung der Häufigkeitsauszählung wieder ihre ursprünglichen Werte besitzt.

Ohne die Einleitung durch den TEMPORARY-Befehl wäre die Rekodierung dauerhaft, sodass auf die ursprünglichen Werte nicht mehr zurückgegriffen werden könnte – es sei denn, der Inhalt der Daten-Tabelle würde in seiner ursprünglichen Form erneut bereitgestellt werden.

Hinweis: Dazu müssten die im Daten-Fenster eingetragenen Werte zuvor in eine Sicherungs-Datei gespeichert worden sein, sodass eine erneute Übertragung der ursprünglichen Werte der Daten-Tabelle aus dieser Datei erfolgen könnte. Um dies bewerkstelligen zu können, sind die SAVE- und GET-Befehle zu verwenden (siehe unten).

Soll die Rekodierung permanent erfolgen und sollen die ursprünglichen Werte der Variablen "leistung" nicht geändert werden, so muss – vor der Rekodierung – eine neue Variable durch den Einsatz des COMPUTE-Befehls eingerichtet werden. Durch den Befehl

```
COMPUTE leis_r = leistung.
```

wird die Daten-Tabelle um die Variable "leis_r" ergänzt, indem diese Variable *hinter* allen bislang eingerichteten Variablen innerhalb der Daten-Tabelle eingefügt wird. Diese Variable wird – fallweise – mit den Werten von "leistung" gefüllt, sodass sich die Rekodierung und die Häufigkeitsauszählung durch die Befehle

```
RECODE leis_r (1 2 3 = 1)(4 5 6 = 2)(7 8 9 = 3).
FREQUENCIES VARIABLES=leis_r.
```

anfordern lässt.

Anzeige der Syntax eines IBM SPSS Statistics-Befehls

Für jeden IBM SPSS Statistics-Befehl kann man sich dessen Syntax anzeigen lassen. Dazu ist der Cursor in diejenige Zeile im Syntax-Fenster zu positionieren, die den betreffenden Befehl enthält. Anschließend muss mit der Maus auf die Schaltfläche **"Hilfe zur Syntax"**, die innerhalb der Symbol-Leiste des Syntax-Fensters unterhalb des Menü-Namens "Extras" platziert ist, geklickt werden. Daraufhin wird die für den Befehl festgelegte Syntax am Bildschirm angezeigt.

Zum Beispiel wird in der Situation, in der der Cursor auf den Befehl

FREQUENCIES VARIABLES=leis_r.

positioniert ist, durch den Mausklick auf die Schaltfläche "Hilfe zur Syntax" ein Hilfe-Fenster angezeigt, das den folgenden Text enthält:

```
FREQUENCIES VARIABLES=varlist [varlist...]

 [/FORMAT= [{NOTABLE }] [{AVALUE**}]
           {LIMIT(n)}   {DVALUE  }
                        {AFREQ   }
                        {DFREQ   }

 [/MISSING=INCLUDE]

 [/BARCHART=[MINIMUM(n)] [MAXIMUM(n)] [{FREQ(n)    }]]
                                      {PERCENT(n)}

 [/PIECHART=[MINIMUM(n)] [MAXIMUM(n)] [{FREQ    }] [{MISSING  }]]
                                      {PERCENT}   {NOMISSING}

 [/HISTOGRAM=[MINIMUM(n)] [MAXIMUM(n)] [{FREQ(n)    }] [{NONORMAL}] ]
                                                       {NORMAL  }

 [/GROUPED=varlist [{(width)        }]]
                   {(boundary list)}

 [/NTILES=n]

 [/PERCENTILES=value list]

 [/STATISTICS=[DEFAULT] [MEAN] [STDDEV] [MINIMUM] [MAXIMUM]
              [SEMEAN] [VARIANCE] [SKEWNESS] [SESKEW] [RANGE]
              [MODE] [KURTOSIS] [SEKURT] [MEDIAN] [SUM] [ALL]
                [NONE]]

 [/ORDER=[{ANALYSIS}] [{VARIABLE}]
```
** Default if subcommand is omitted or specified without keyword.

Abbildung 6.9: Syntax des FREQUENCIES-Befehls

Hieraus kann man ablesen, dass zum FREQUENCIES-Befehl die Unterbefehle "VARIABLES", "FORMAT", "MISSING", "BARCHART", "PIECHART", "HI-

STOGRAM", "GROUPED", "NTILES", "PERCENTILES", "STATISTICS" und "ORDER" zählen.

Bei der Eingabe eines Befehls in das Syntax-Fenster kann man sich unterstützen lassen, indem man die Syntax des betreffenden Befehls übernimmt. Dazu ist zunächst der Befehlsname in das Syntax-Fenster einzutragen und anschließend auf die Schaltfläche "Hilfe zur Syntax" zu klicken. Danach ist der jeweils benötigte Ausschnitt der Syntax innerhalb des Hilfe-Fensters zu markieren und durch die Tastenkombination "Strg+C" in die *Zwischenablage* zu übertragen. Nachdem das Syntax-Fenster zum *aktiven* Fenster gemacht wurde, lässt sich der zuvor gesicherte Text durch die Tastenkombination "Strg+V" von der *Zwischenablage* in das Syntax-Fenster zur weiteren Editierung übernehmen.

Sicherung und Bereitstellung der Daten-Tabelle

Damit man den ursprünglichen Inhalt der Daten-Tabelle wiederherstellen kann, muss zuvor eine Speicherung in eine Sicherungs-Datei vorgenommen werden. Dazu dient der SAVE-Befehl, dessen Einsatz in der Form

```
SAVE OUTFILE='ngo.sav'.
```

eine Datenübertragung der Daten-Tabelle in die Datei "ngo.sav" bewirkt.

Soll die Daten-Tabelle zu einem späteren Zeitpunkt wiederum mit einem derartig gesicherten Datenbestand gefüllt werden, so ist der GET-Befehl einzusetzen.

Um die in der Datei "ngo.sav" gespeicherten Daten zur erneuten Bearbeitung innerhalb der Daten-Tabelle bereitzustellen, ist der GET-Befehl – in Verbindung mit einem EXECUTE-Befehl – in der Form

```
GET FILE='ngo.sav'.
EXECUTE.
```

zu verwenden.

- In der nachfolgenden Darstellung wird immer dann, wenn statistische Kennwerte aus der zugrunde gelegten Datenbasis zu ermitteln sind, ein Hinweis gegeben, wie sich die jeweils gewünschten Statistiken durch den Einsatz von geeigneten IBM SPSS Statistics-Befehlen abrufen lassen. Die jeweiligen Anforderungen werden durch den Text "SPSS" eingeleitet und – soweit erforderlich – in Kurzform erläutert.

  Wer auf der Basis der in diesem Buch angegebenen IBM SPSS Statistics-Befehle weitere Hinweise über die Einsatzmöglichkeiten des IBM SPSS Statistics-Systems erhalten möchte, kann dazu z.B. die *Online-Hilfen* abrufen, die das IBM SPSS Statistics-System – über das Menü "Hilfe" – zur Verfügung stellt.

STANDARDISIERUNG UND NORMALVERTEILUNG

Bislang wurden Statistiken vorgestellt, mit denen man Verteilungen im Hinblick auf jeweils charakteristische Eigenschaften – wie z.B. das Zentrum und die Variabilität – beschreiben kann. Neben diesen Informationen, mit denen sich Aussagen über die *Gesamtheit* der Merkmalsträger machen lassen, sind bei vielen Fragestellungen auch Einschätzungen über die Bewertung *einzelner* Merkmalsträger von Interesse. In dieser Hinsicht geht es unter anderem um eine Einstufung, wie die Situation einzelner Merkmalsträger bzgl. einer Gruppe von Merkmalsträgern bzw. im Hinblick auf ihre Ausprägungen bei unterschiedlichen Merkmalen einzuschätzen ist. Zum Beispiel möchte man das individuelle Abschneiden in unterschiedlichen Leistungstests miteinander vergleichen bzw. die eigene Leistung im Vergleich zu anderen Merkmalsträgern einschätzen können.

Es wird sich zeigen, dass die Positionen einzelner Merkmalsträger bezüglich eines ordinalskalierten Merkmals über ihre Prozentränge bewertet werden können. Derartige Aussagen lassen sich verfeinern, wenn das Skalenniveau einer Intervallskala vorliegt. In diesem Fall kann – durch die Berechnung von *z-scores* mittels einer *z-Transformation* – eine *Standardisierung* durchgeführt werden, indem die relative Lage zum Zentrum mitgeteilt wird. Mit Hilfe derart ermittelter *standardisierter Werte* können die Positionen einzelner Merkmalsträger im Hinblick auf ihr Abweichen vom Zentrum angegeben oder auch deren Ausprägungen bei verschiedenen Merkmalen (mit unter Umständen verschiedenartigen Maßeinheiten) untereinander verglichen werden.

7.1 Prozentränge und Profil-Diagramme

Prozentränge

Bei einem ordinalskalierten Merkmal lassen sich Merkmalsträger *paarweise* miteinander vergleichen, sodass sie aufsteigend *geordnet* und in eine **Rangreihe** gebracht werden können.

Merkmalsträger:	A	B	C	D	E	F	G	H	I	J
Werte:	1,1	5,2	8,4	5,1	5,3	1,0	5,9	5,0	8,0	7,7

Abbildung 7.1: Werte der Merkmalsträger

Besitzen z.B. die 10 Merkmalsträger "A", "B", ..., "I" und "J" bei einem Leistungs-
test die in der Abbildung 7.1 angegebenen Werte, so ergeben sich die folgenden
Rangplätze, sofern der kleinste Wert den Rangplatz "1" und der größte Wert den
Rangplatz "10" erhält:

Merkmalsträger:	A	B	C	D	E	F	G	H	I	J
Rangplatz:	2	5	10	4	6	1	7	3	9	8

Abbildung 7.2: Rangplätze der Merkmalsträger

In einer derartigen Situation ist oftmals die folgende Frage von Interesse:

- Wie viel Prozent aller Merkmalsträger haben Werte, die *kleiner* bzw. *kleiner
  oder gleich* einem vorgegebenen Wert eines bestimmten Merkmalsträgers
  sind?

Die genau entgegengesetzte Fragestellung wurde bei der Ermittlung von Quartilen, Dezilen bzw. Perzentilen (allgemein bei Quantilen) untersucht, indem ein Pro-
zentanteil vorgegeben und nach dem dazu korrespondierenden Wert gefragt wurde
(siehe Abschnitt 2.4).

Ein geeignetes Hilfsmittel zur Abschätzung, welche Position ein Merkmalsträger
zu sämtlichen anderen Merkmalsträgern einnimmt, ist der *Prozentrang*.

- Unter dem **Prozentrang** wird eine spezielle Kennzeichnung eines Merkmalsträgers verstanden, die seine relative Stellung innerhalb der Gesamtheit
  aller Merkmalsträger einer geeigneten Bezugsgruppe beschreibt.

Zur Interpretation eines Prozentranges gibt es *zwei unterschiedliche Konventionen*:

- Gemäß der einen Sicht bedeutet ein Prozentrang von "p_{rang}", dass die Werte
  von "$p_{rang}\%$" aller Merkmalsträger *kleiner oder gleich* dem Wert des betreffenden Merkmalsträgers sind.

- Bei der anderen Sicht wird anstelle der Beziehung "*kleiner oder gleich*" eine
  Einschränkung vorgenommen und die Beziehung "*kleiner*" dem Vergleich
  zugrunde gelegt. In diesem Fall kennzeichnet der Prozentrang "p_{rang}", dass
  die Werte von "$p_{rang}\%$" aller Merkmalsträger *kleiner* als der Wert des betreffenden Merkmalsträgers sind.

Hinweis: Prozentränge spielen dann eine wichtige Rolle, wenn bei "*standardisierten
Tests*" die relative Lage einer Testperson innerhalb der Gesamtheit aller Testpersonen, die
bei der Entwicklung des Tests zur Verfügung standen ("*Eichstichprobe*"), ermittelt werden
soll. In dieser Situation kann zu jedem Rohpunktwert der zugehörige Prozentrang aus einer
Tabelle abgelesen werden.
In der Praxis wird der Begriff des Prozentranges überwiegend gemäß der ersten Konvention
im Sinne von "kleiner oder gleich" verwendet.

Sofern der Prozentrang sich auf die Beziehung "kleiner" gründen soll, gilt für die oben angegebene Gruppe von Merkmalsträgern insgesamt:

Merkmalsträger:	F	A	H	D	B	E	G	J	I	C
Werte:	1,0	1,1	5,0	5,1	5,2	5,3	5,9	7,7	8,0	8,4
Rangplatz:	1	2	3	4	5	6	7	8	9	10
Prozentrang:	0	10	20	30	40	50	60	70	80	90

Abbildung 7.3: Prozenträge der Merkmalsträger

Falls sich bei "n" Merkmalsträgern die zugehörigen Werte sämtlich voneinander unterscheiden, lassen sich die zugehörigen Prozenträge wie folgt bestimmen:

$$\text{Prozentrang} = \frac{rangplatz - 1}{n} * 100$$

Sofern sich der Prozentrang *nicht* auf die Beziehung "kleiner", sondern auf die Beziehung "kleiner oder gleich" gründen soll, darf in dem Spezialfall, dass sämtliche Werte voneinander *verschieden* sind, im Zähler des Quotienten *nicht* die Differenz "*rangplatz* - 1" stehen, sondern es muss "*rangplatz*" durch "n" geteilt werden.

- Falls nicht sämtliche Merkmalsträger unterschiedliche Werte besitzen, muss die zugehörige Häufigkeitstabelle des Merkmals betrachtet und zur Bestimmung eines Prozentranges die Tabellenspalte mit den kumulierten prozentualen Häufigkeiten herangezogen werden.

Für den Fall, dass der Prozentrang sich auf die Beziehung "kleiner" gründet, ist der Prozentrang eines Merkmalsträgers mit dem Wert "x_j" gleich der kumulierten prozentualen Häufigkeit, die zum nächst kleineren Wert "x_{j-1}" gehört, d.h. es gilt:

$$\text{Prozentrang} = P_{j-1} = H_{j-1} * 100$$

Handelt es sich bei der Ausprägung "x_j" bereits um den kleinsten Wert, so ist als Prozentrang der Wert "0" festgelegt.

Wird *alternativ* davon ausgegangen, dass der Prozentrang auf der Beziehung "kleiner oder gleich" basieren soll, so ist der Prozentrang eines Merkmalsträgers mit dem Wert "x_j" gleich der zugehörigen kumulierten prozentualen Häufigkeit, d.h. es gilt:

$$\text{Prozentrang} = P_j = H_j * 100$$

Soll z.B. im Hinblick auf das Merkmal "Unterrichtsstunden" für einen Merkmalsträger aus der Gruppe der männlichen Schüler der Jahrgangsstufe 12, der den Wert "32" besitzt, der zugehörige Prozentrang bestimmt werden, so lässt er sich auf der

Basis der Tabelle aus der Abbildung 2.8 ermitteln. Falls der Prozentrang sich auf die Beziehung "kleiner oder gleich" gründen soll, so ist der Prozentrang gleich "24". Wird dagegen die Beziehung "kleiner" zugrunde gelegt, so ergibt sich der Prozentrang zum Wert "16".

- Es ist zu beachten, dass Prozentränge – ebenso wie die Rangplätze – *keine* Aussagen über den Grad der Unterschiedlichkeit von Merkmalsträgern machen.

Zum Beispiel betragen in dem oben angegebenen Beispiel die Prozentrangunterschiede zwischen "F" und "A", "H" und "D", "D" und "B" und "B" und "E" jeweils "10". Dabei sind die Unterschiede in den Werten jeweils gleich "0,1". Auch der Prozentrangunterschied zwischen "G" und "J" beträgt "10". In diesem Fall ist allerdings die Differenz in den Werten gleich "1,8".

Dieser Sachverhalt unterstreicht, dass Prozentränge *keine* Intervallskala bilden, da im allgemeinen große Prozentrangdifferenzen im mittleren Bereich der vorliegenden Werte nur geringe Unterschiede, im oberen sowie unteren Bereich dagegen große Unterschiede beschreiben.

Profil-Diagramme

Soll die Unterschiedlichkeit mehrerer Merkmalsträger im Hinblick auf bestimmte Merkmale *grafisch* dargestellt werden, so kann dies in Form eines *Profil-Diagramms* geschehen.

- Unter einem **Profil-Diagramm** wird eine Sammlung von *Profilen* verstanden. Jedes einzelne **Profil** wird in Form eines Linienzuges dargestellt, durch den sämtliche Werte eines Merkmalsträgers bzw. bestimmte Statistiken einer Gruppe von Merkmalsträgern beschrieben werden.

Zum Beispiel lässt sich der Sachverhalt

Merkmalsträger:	A	B	C	D
Wert für das Merkmal X:	4	3	8	1
Wert für das Merkmal Y:	1	7	8	6
Wert für das Merkmal Z:	5	4	6	3

Abbildung 7.4: Werte von Merkmalsträgern

durch das innerhalb der Abbildung 7.5 dargestellte Profil-Diagramm beschreiben.

Werden nicht einzelne Merkmalsträger, sondern Gruppen von Merkmalsträgern untersucht, so können gruppenspezifische Unterschiede, die im Hinblick auf bestimmte Statistiken – wie z.B. Mittelwerte – bestehen, durch Profil-Diagramme

gekennzeichnet werden. In einem derartigen Fall beschreibt jedes einzelne Profil
die Mittelwerte, die die betrachteten Merkmale für eine einzelne Gruppe besitzen.

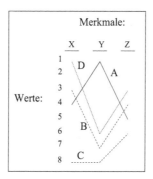

Abbildung 7.5: Profil-Diagramm

7.2   Die z-Transformation

Wie soeben festgestellt wurde, kann für zwei Merkmalsträger, die verschiedene
Prozenträge besitzen, *keine* Aussage über den Grad ihrer Unterschiedlichkeit gemacht werden. Um bewerten zu können, wie stark sich zwei Merkmalsträger voneinander unterscheiden, muss das betreffende Merkmal intervallskaliert sein. In
diesem Fall kann die Unterschiedlichkeit bekanntlich durch die Differenzbildung
der jeweiligen Merkmalsausprägungen beschrieben werden.

Wird das Niveau einer *Intervallskala* zugrunde gelegt, so lässt sich jedem Merkmalsträger ein Wert zuordnen, durch den nicht nur seine relative Position zu einem
anderen Merkmalsträger, sondern darüberhinaus auch zum Zentrum der Verteilung
beschrieben wird. Es wird sich zeigen, dass durch die Bestimmung eines derartigen
Wertes zudem eine positive Beantwortung der folgenden Fragen möglich ist:

- Können die Werte eines Merkmalsträgers, die für zwei oder mehrere Merkmale vorliegen, auch sinnvoll *untereinander* verglichen werden?

- Lassen sich zwei oder mehrere Merkmalsträger im Hinblick auf ihre Werte
  bei verschiedenen Merkmalen *miteinander* vergleichen?

Soll z.B. die Leistungsfähigkeit eines Schülers im Mathematiktest mit der im
Deutschtest verglichen werden, so müssen die jeweils erreichten Punktwerte gegenübergestellt werden.

Hat ein Schüler z.B. im Deutschtest den Punktwert "30" und im Mathematiktest
den Punktwert "40" erreicht, so lässt sich die Frage, in welchem Fach er leis-
tungsfähiger ist, *nicht* durch den *direkten* Vergleich der Punktwerte beantworten,
weil das gesamte Abschneiden *aller* Schüler für eine Beurteilung zugrunde zu legen ist.

Die Frage, ob ein Punktwert von "40" im Mathematiktest als besser oder als schlechter als ein Punktwert von "30" im Deutschtest anzusehen ist, muss im Hinblick auf die jeweilige relative Lage zur Durchschnittsleistung (zum durchschnittlichen Punktwert) diskutiert werden.

Um eine Beurteilung vornehmen zu können, wird unterstellt, dass im Mathematiktest fünfmal 40 und fünfmal 50 Punkte sowie im Deutschtest fünfmal 20 und fünfmal 30 Punkte erreicht wurden, d.h. es liegt der folgende Sachverhalt vor:

erreichte Punktwerte im Mathematiktest:	40	50
absolute Häufigkeit der Punktwerte:	5	5
erreichte Punktwerte im Deutschtest:	20	30
absolute Häufigkeit der Punktwerte:	5	5

Abbildung 7.6: Verteilungen der erreichten Punktwerte

Ein Verfahren, mit dem sich der Vergleich zweier oder mehrerer Werte *generell* durchführen lässt, sodass man insbesondere die zuvor gestellten Fragen beantworten kann, soll im Folgenden für *intervallskalierte* Merkmale vorgestellt werden. Durch dieses Verfahren wird es ebenfalls möglich sein, eine differenziertere Aussage über die Position von Merkmalsträgern zu treffen, da sich auch die folgenden Fragen beantworten lassen:

- Liegt der jeweilige Wert links oder rechts vom Zentrum?
- Wie weit ist dieser Wert vom Zentrum entfernt?

Im Hinblick auf die angegebenen Zielsetzungen müssen die ursprünglichen Werte so umgewandelt werden, dass mit den resultierenden Werten eine Aussage über ihre relative Lage zum jeweiligen Zentrum gemacht werden kann, wobei auch die Variabilität des Merkmals ihre Berücksichtigung findet.

Die Güte eines Punktwerts – im Vergleich zu einem anderen Punktwert – lässt sich dadurch beurteilen, dass man dessen positiven bzw. negativen Abstand vom *Zentrum* der jeweils zugehörigen Testwerte ermittelt und die Differenz zur *Dispersion* (Variabilität) der jeweiligen Testwerte in Beziehung setzt.

Bei diesem Vorgehen wird von einer **Standardisierung** gesprochen. Die Umwandlungsvorschrift, nach der den Ursprungswerten neue Werte in Form von *standardisierten* Werten zugeordnet werden, wird **z-Transformation** genannt. Bei dieser Transformation wird von jedem Wert "x_i" das Zentrum der Verteilung subtrahiert und die resultierende Differenz durch eine Kennzahl für die Dispersion der Verteilung dividiert, d.h. es besteht die folgende Zuordnungsvorschrift:

$$x_i \longrightarrow z_i = \frac{x_i - Zentrum}{Dispersion}$$

Hinweis: An dieser Stelle und auch im nachfolgenden Text wird mit "Dispersion" eine statistische Kennzahl bezeichnet, durch die die Stärke der Variabilität beschrieben wird.

In dieser Zuordnungsvorschrift wird bei einer empirischen Verteilung (theoretischen Verteilung) für "Zentrum" der "Mittelwert" (die "Mitte") und für "Dispersion" die "Standardabweichung" (die "Streuung") eingesetzt.

Hinweis: Die Differenzen von Wertepaaren (z.B. der Ausprägungen "x_1" und "x_2" des Merkmals X, dessen Verteilung das Zentrum "m" und die Dispersion "s" besitzt) sind nach der z-Transformation in gleicher Weise *empirisch bedeutsam* wie vor der Transformation, da sie wegen

$$z_1 - z_2 = \frac{x_1 - m}{s} - \frac{x_2 - m}{s} = \frac{1}{s} * (x_1 - x_2)$$

bis auf die Multiplikation mit einer Konstanten ("$\frac{1}{s}$") unbeeinflusst bleiben (invariant sind). Folglich wird die Unterschiedlichkeit von Merkmalsträgern nach wie vor in empirisch bedeutsamer Weise durch die Wertedifferenz beschrieben.

- Ein aus einer Standardisierung resultierender Wert "z_i" wird als **"z-score"** (z-Wert) des zugehörigen Ursprungswerts "x_i" bezeichnet. Er besitzt – im Gegensatz zum Ursprungswert – keine Maßeinheit und kennzeichnet, um das "Wievielfache der Dispersion" der Ursprungswert vom Zentrum entfernt liegt.

Für die im Beispiel angegebenen Punktwerte "40" (im Mathematiktest) und "30" (im Deutschtest) ergeben sich die Werte "-0,95" und "+0,95" als jeweils zugeordnete *z-scores*. Dies zeigen die folgenden Rechnungen:

$$\bar{x}_{Mathe} = \frac{1}{10} * (5 * 40 + 5 * 50) = 45$$

$$s^2_{Mathe} = \frac{1}{9} * (5 * (40 - 45)^2 + 5 * (50 - 45)^2) = \frac{1}{9} * (10 * 5^2) = \frac{1}{9} * 250$$

$$s_{Mathe} = \sqrt{\frac{1}{9} * 250} \simeq 5,27$$

Somit folgt:

$$x_{Mathe} = 40 \longrightarrow z_{Mathe} = \frac{40 - 45}{5,27} \simeq -0,95$$

Entsprechend ergibt sich: "$\bar{x}_{Deutsch} = 25$" und "$s_{Deutsch} \simeq 5,27$"

Daher gilt:

$$x_{Deutsch} = 30 \longrightarrow z_{Deutsch} = \frac{30 - 25}{5,27} \simeq +0,95$$

SPSS: Eine Standardisierung für Werte der Variablen "stunzahl" lässt sich durch einen DESCRIPTIVES-Befehl anfordern. Der Variablenname, der die dabei ermittelten standardisierten Werte zukünftig innerhalb der Daten-Tabelle kennzeichnen soll, ist in Klammern hinter dem Variablennamen anzugeben, der die zu transformierenden Werte enthält. Wird hierzu z.B. der Variablenname "zstun" gewählt, so ist der DESCRIPTIVES-Befehl wie folgt zu formulieren:

```
DESCRIPTIVES stunzahl(zstun).
```

Alternativ kann eine Standardisierung unter der Kenntnis des Zentrums ("m") und der Dispersion ("s") wie folgt unter Einsatz des COMPUTE-Befehls angefordert werden:

```
COMPUTE zstun=(stunzahl - m)/s.
EXECUTE.
```

Durch den COMPUTE-Befehl wird die Variable "zstun" innerhalb der Daten-Tabelle eingerichtet. Jedem Fall wird gemäß der rechts vom Gleichheitszeichen angegebenen Berechnungsvorschrift (vom ursprünglichen Wert der Variablen "stunzahl" wird "m" subtrahiert und die dadurch erhaltene Differenz wird durch den Wert "s" dividiert) der daraus resultierende Wert zugewiesen. Dass dieser Vorgang unmittelbar ausgeführt wird, bewirkt der Einsatz des EXECUTE-Befehls.

Sollen nach der Standardisierung z.B. die ersten 10 *z-scores* angezeigt werden, so lässt sich dazu der LIST-Befehl in der folgenden Form verwenden:

```
LIST VARIABLES=zstun/CASES=10.
```

Sofern nicht die im Abschnitt 2.1 angegebene Datenbasis, sondern die Gesamtheit aller 250 Fälle für eine Auswertung zur Verfügung steht, sollte dem DESCRIPTIVES- und dem LIST-Befehl ein geeigneter SELECT IF-Befehl vorangestellt werden. Da die Mitgliedschaft zur Jahrgangsstufe 12 durch die Eigenschaft "jahrgang=2" und die männlichen Schüler durch die Eigenschaft "geschl=1" gekennzeichnet sind, lässt sich die Auswahl der 50 Schüler der Jahrgangsstufe 12 durch einen SELECT IF-Befehl der folgenden Form festlegen:

```
SELECT IF (jahrgang=2 AND geschl=1).
```

Für ein Merkmal X ist der Vorschrift für die Durchführung der z-Transformation zu entnehmen, dass z.B. der Wert "x_i" eines Merkmalsträgers, der den *z-score* "$z_i = 1,2$" besitzt, wie folgt um das 1,2-fache der Dispersion rechts vom Zentrum der Verteilung von X platziert ist:

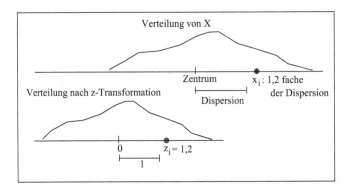

Abbildung 7.7: z-score und Ursprungswert der z-Transformation

Dass das Zentrum der Verteilung von X durch die z-Transformation in den Wert "0" übergeführt wird, ist unmittelbar aus der Vorschrift für die Durchführung der z-Transformation zu erkennen.

Generell gelten für einen *z-score* "z_i", der durch eine z-Transformation von "x_i" ermittelt wurde, die folgenden Sachverhalte:

- $z_i > 0$, wenn "x_i" rechts vom Zentrum liegt;

- $z_i < 0$, wenn "x_i" links vom Zentrum liegt;

- der Absolutbetrag "$|z_i|$" kennzeichnet die Entfernung vom Zentrum, d.h. der zu "z_i" zugehörige Ursprungswert "x_i" liegt um das $|z_i|$-fache der Dispersion vom Zentrum entfernt.

Um einen Wert "x_i" des Merkmals X mit einem Wert "y_j" des Merkmals Y vergleichen zu können, müssen die jeweils zugeordneten *z-scores* "z_i" und "z_j" in Beziehung gesetzt werden.

Aus der Vorschrift für die Standardisierung ist unmittelbar erkennbar:

- Gilt für die beiden Werte "z_i" und "z_j" die Beziehung "$|z_i| < |z_j|$", so ist "x_i" dem Zentrum von X näher als "y_j" dem Zentrum von Y.

Ob ein positives Abweichen gegenüber einem negativen Abweichen als günstiger oder ungünstiger zu bewerten ist, lässt sich allein im Hinblick auf den jeweiligen inhaltlichen Sachverhalt diskutieren.

In dem oben angegebenen Beispiel geht ein höherer Punktwert mit einer besseren Leistung einher. Weil der dem Punktwert "40" (im Mathematiktest) zugeordnete *z-score* gleich dem Wert "-0,95" und der dem Punktwert "30" (im Deutschtest) zugeordnete *z-score* gleich dem Wert "+0,95" ist, stellt sich der Punktwert "40" im Hinblick auf seine Lage zum durchschnittlichen Mathematik-Punktwert folglich als *ungünstiger* dar als der Punktwert "30" im Hinblick auf seine Lage zum durchschnittlichen Deutsch-Punktwert.

Generell besitzt die **Verteilung von z-scores** die beiden folgenden Eigenschaften:

- Zentrum = 0
- Dispersion = 1

Hinweis: Dass dieser Sachverhalt für eine empirische Verteilung zutrifft, lässt sich wie folgt belegen:

$$\bar{z} = \tfrac{1}{n}\sum_{i=1}^{n} z_i = \tfrac{1}{n}\sum_{i=1}^{n} \tfrac{x_i - \bar{x}}{s_x} = \tfrac{1}{n*s_x}\left(\sum_{i=1}^{n} x_i - \sum_{i=1}^{n} \bar{x}\right) = \tfrac{1}{n*s_x}(n*\bar{x} - n*\bar{x}) = 0$$

$$s_z = \sqrt{\tfrac{1}{n-1}\sum_{i=1}^{n}(z_i - \bar{z})^2} = \sqrt{\tfrac{1}{n-1}\sum_{i=1}^{n}\left(\tfrac{x_i - \bar{x}}{s_x}\right)^2}$$

$$= \tfrac{1}{s_x}\sqrt{\tfrac{1}{n-1}\sum_{i=1}^{n}(x_i - \bar{x})^2} = \tfrac{1}{s_x}s_x = 1$$

Durch eine Standardisierung mittels der z-Transformation lässt sich somit jede Verteilung in eine Verteilung mit dem Zentrum "0" und der Dispersion "1" überführen.

Hinweis: In der Praxis werden Vergleiche von Merkmalsträgern auch auf der Basis von Werten durchgeführt, die mittels einer *Z-Transformation* wie folgt aus den *z-scores* abgeleitet werden:

$$z \longrightarrow Z = 10 * z + 100$$

Weitere Vergleichs-Möglichkeiten stellen z.B. "T-Werte" sowie "Stanine-Werte" dar.

7.3   Inverse z-Transformation und Flächengleichheit

Die Standardnormalverteilung besitzt – als Normverteilung unter allen Normalverteilungen – die Mitte "0" und die Streuung "1", d.h. die charakteristischen Eigenschaften einer Verteilung von *z-scores* (siehe dazu die Angaben in den Abschnitten 2.7, 4.1 und 5.1).

- Im Folgenden wird der Sachverhalt, dass ein Merkmal X normalverteilt ist und dass die Verteilung dieses Merkmals die Mitte "0" und die Streuung "1" besitzt, durch die folgende Schreibweise abgekürzt (man sagt: "X ist N-Null-Eins-verteilt"):   X: N(0,1)

Die Schreibweise "X: N(0,1)" kennzeichnet daher, dass das Merkmal X standardnormalverteilt ist.

Unter der Kenntnis des Zentrums und der Dispersion lassen sich *z-scores* ("z_i") in ihre ursprünglichen Werte ("x_i") rücktransformieren, indem die folgende Umformung als **inverse z-Transformation** durchgeführt wird:

$$\bullet \; z_i \longrightarrow x_i = \text{Dispersion} * z_i + \text{Zentrum}$$

Hinweis: Für jeden *z-score* erfolgt somit eine Veränderung um den Faktor "Dispersion" und eine Verschiebung des resultierenden Wertes um das Zentrum. Die Verteilung wird zunächst gestaucht ("Dispersion ist kleiner als 1") bzw. gestreckt ("Dispersion ist größer als 1") und anschließend so auf der Zahlengeraden verschoben, bis das Zentrum dieser Verteilung gleich dem in der inversen z-Transformation vorgegebenen Wert "Zentrum" ist.

Erfolgt für die Werte ("z") einer Standardnormalverteilung – unter Vorgabe einer beliebigen Streuung "s > 0" und beliebigen Mitte "m" – eine *inverse z-Transformation* der Form

$$\bullet \; z \longrightarrow x = s * z + m$$

so lässt sich mit Hilfe der mathematischen Wahrscheinlichkeitstheorie der folgende Sachverhalt ableiten:

- Die Verteilung der Werte ("x"), die aus einer derartigen Transformation der Standardnormalverteilung entstehen, ist eine Normalverteilung mit der Mitte "m" und der Streuung "s". In Anlehnung an die Kurzbezeichnung der Standardnormalverteilung kann somit von einer "N(m,s)-Verteilung" gesprochen werden ("X ist N(m,s)-verteilt", im jeweiligen Kontext kurz mit "X: N(m,s)" bzw. mit "X: N(μ, σ)" bezeichnet, sofern "μ" die Mitte und "σ" die Streuung kennzeichnen, siehe Kapitel 17).

- Umgekehrt resultiert aus der z-Transformation einer "N(m,s)-Verteilung" die Standardnormalverteilung ("N(0,1)").

Für jedes normalverteilte Merkmal X gilt ferner:

- Die *inverse z-Transformation* und die *z-Transformation* sind "flächeninvariant". Dies bedeutet – in Bezug auf jeweils die Verteilung von X bzw. die Standardnormalverteilung –, dass die Größe der Fläche über einem vorgegebenen Intervall gleich der Größe der Fläche über demjenigen Intervall ist, das aus allen transformierten Werten besteht.

Wenn also die z-Transformation "x_1" in "z_1" und "x_2" in "z_2" (bzw. die inverse z-Transformation "z_1" in "x_1" und "z_2" in "x_2") überführt, so ist die Größe der Fläche über dem Intervall "$[x_1; x_2]$" im Rahmen der Verteilung von X gleich der Größe der Fläche über dem Intervall "$[z_1; z_2]$" im Rahmen der Standardnormalverteilung. Dieser Sachverhalt wird durch die folgende Abbildung illustriert:

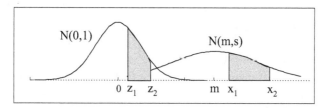

Abbildung 7.8: Flächengleichheit

In dieser Situation wird das Intervall "$[x_1; x_2]$" im Rahmen der N(m,s)-Verteilung betrachtet. Die Größe der Fläche über dem Intervall "$[x_1; x_2]$" stimmt mit der Größe derjenigen Fläche überein, die im Rahmen der Standardnormalverteilung durch das Intervall "$[z_1; z_2]$" bestimmt ist. Dieses Intervall resultiert aus einer z-Transformation des Intervalls "$[x_1; x_2]$", indem von jedem einzelnen Wert die Mitte "m" subtrahiert und die Differenz durch die Streuung "s" geteilt wird.
Entsprechend stellt das Intervall "$[x_1; x_2]$" das Ergebnis einer inversen z-Transformation dar, sofern alle Werte des Intervalls "$[z_1; z_2]$" mit der Zahl "s" multipliziert und zum Produkt die Zahl "m" addiert wird. Die Größe der Fläche über dem Intervall "$[x_1; x_2]$" ist gleich der Größe der Fläche über dem Intervall "$[z_1; z_2]$".

- Soll die Größe der Fläche über dem Intervall "$[x_1; x_2]$", d.h. "prob $[x_1; x_2]$", berechnet werden, so ist folglich eine z-Transformation durchzuführen, damit die Größe der Fläche über dem resultierenden Intervall "$[z_1; z_2]$" im Rahmen der Standardnormalverteilung ermittelt werden kann.

Grundsätzlich kann die Standardnormalverteilung ("N(0,1)") durch eine geeignete Transformation in jede beliebige Normalverteilung mit vorgegebener Mitte ("m") und Streuung ("s") übergeführt werden, indem jeder z-Wert mit der Streuung multipliziert und zu diesem Produkt die Mitte addiert wird. Folglich ist jede Normalverteilung durch die beiden Größen "m" und "s" *eindeutig* bestimmt.
Gilt "s > 1" für die Streuung "s", so verläuft die zugehörige Normalverteilung vergleichsweise *flacher* als die Standardnormalverteilung mit der Streuung "1", weil die Werte – im Hinblick auf die vorgenommene Transformation – durch die Multiplikation mit "s" von der Mitte entfernt werden. Dagegen ist für "s < 1" die re-

sultierende Normalverteilung vergleichsweise *steiler* als die Standardnormalverteilung, da bei der Multiplikation mit "s" die Werte näher an die Mitte herangezogen werden. Dieser Sachverhalt wird durch die folgende Abbildung illustriert:

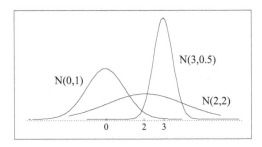

Abbildung 7.9: Normalverteilungen mit unterschiedlichen Mitten und Streuungen

Liegt für ein Merkmal eine N(m,s)-Verteilung vor und soll für ein Intervall der Zahlengeraden ("$[x_1; x_2]$") die zugehörige Fläche ("Wahrscheinlichkeit") über diesem Intervall ermittelt werden, so lässt sich – wie oben erläutert – die Kenntnis über die N(0,1)-Verteilung ausnutzen. Dazu ist das Intervall "$[x_1; x_2]$" innerhalb der N(m,s)-Verteilung in das korrespondierende Intervall der N(0,1)-Verteilung ("$[z_1; z_2]$") durch eine z-Transformation mit der Mitte "m" und der Streuung "s" umzuformen. Anschließend kann die Größe der Fläche über "$[z_1; z_2]$" aus der Tabelle der Standardnormalverteilung abgelesen werden, die wegen der "Flächeninvarianz" mit der gesuchten Größe der Fläche über dem Intervall "$[x_1; x_2]$" übereinstimmt.

Soll z.B. für ein N(4,2)-verteiltes Merkmal X der Flächeninhalt über dem Intervall "$[2; 6]$", d.h. "prob $[2; 6]$", bestimmt werden, so ist wie folgt vorzugehen:
Durch die z-Transformation werden der linke Eckpunkt "2" in den *z-score* "-1" und der rechte Eckpunkt "6" in den *z-score* "1" gemäß der folgenden Vorschriften transformiert:

$$2 \longrightarrow \tfrac{2-4}{2} = -1 \qquad 6 \longrightarrow \tfrac{6-4}{2} = 1$$

Damit ist – im Rahmen der N(4,2)-Normalverteilung – die Größe der Fläche über "$[2; 6]$" gleich der Größe der Fläche über "$[-1; 1]$", die im Rahmen der Standardnormalverteilung zu betrachten ist. Da sich "prob $[-1; 1]$" aus den Werten der Tabelle für die Standardnormalverteilung zu etwa 0,68 (siehe Anhang A.2) ergibt, ist der durch die Aufgabenstellung gesuchte Flächeninhalt ungefähr gleich 0,68.

Hinweis: Soll bei einem N(10,4)-normalverteilten Merkmal "Punktzahl bei einem Begabungstest" festgestellt werden, von wie viel Prozent der Testpersonen zu erwarten ist, dass sie Punktzahlen zwischen "8" und "18" erreichen, so ist wie folgt zu verfahren:
Das Intervall "$[8; 18]$" lässt sich durch eine z-Transformation mit der Mitte "10" und der Streuung "4" in das Intervall "$[-0, 5; 2]$" überführen. Gemäß der Tabelle für die Standardnormalverteilung (siehe Anhang A.2) liegen ungefähr "19,15% + 47,72%", d.h. etwa 67%, der Verteilungsfläche über dem Intervall "$[-0, 5; 2]$". Es ist somit zu erwarten, dass etwa 67% der Testpersonen Punktzahlen zwischen "8" und "18" erreichen.

7.4 Prüfung auf Normalverteilung

Abgleich mittels Histogramm

Die empirische Verteilung eines intervallskalierten Merkmals kann daraufhin untersucht werden, ob sie einer Normalverteilung ähnelt. Mit Hilfe des errechneten Mittelwerts "$\bar{x}$" und der Standardabweichung "s_x" kann man wie folgt vorgehen:

- Entweder werden die Werte der Merkmalsträger z-transformiert und die durch diese Standardisierung resultierende empirische Verteilung wird mit der Standardnormalverteilung verglichen, oder aber

- die Werte der Standardnormalverteilung werden mittels einer inversen z-Transformation so umgewandelt, dass eine N($\bar{x},s_x$)-Verteilung resultiert, die mit der empirischen Verteilung verglichen werden kann.

Um die Abweichung der empirischen Verteilung von derjenigen ihr zugeordneten Normalverteilung anzuzeigen, die durch den Mittelwert und die Standardabweichung der empirischen Verteilung bestimmt wird, sollten die beiden Verteilungen "übereinander gelegt" werden.

Dazu sind in das Histogramm, das die empirische Verteilung beschreibt, Markierungen einzutragen, die den Fall kennzeichnen, dass die Verteilung des Merkmals mit der ihr zugeordneten Normalverteilung übereinstimmt.

Dieses Vorgehen liefert z.B. für das (klassierte) Merkmal "Unterrichtsstunden" – für die Schüler der Jahrgangsstufe 12 – den folgenden Sachverhalt:

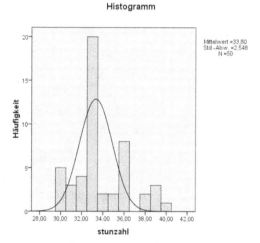

Abbildung 7.10: empirische Verteilung und zugeordnete Normalverteilung

SPSS: Für die Variable "stunzahl" lässt sich das Histogramm zusammen mit der zugeordneten Normalverteilung durch einen FREQUENCIES-Befehl abrufen, bei dem das Schlüsselwort "NORMAL" innerhalb des Unterbefehls "HISTOGRAM" wie folgt aufgeführt wird:

```
FREQUENCIES VARIABLES=stunzahl/HISTOGRAM=NORMAL.
```

Bei dem Histogramm werden Merkmalsausprägungen als Klassenmitten angezeigt.

Abgleich mittels Q-Q-Diagramm

Als weitere Möglichkeit zum Vergleich einer empirischen Verteilung mit einer Normalverteilung lässt sich ein **Q-Q-Diagramm** erstellen ("Q-Q" ist die Abkürzung für "Quantil-Quantil"). Dabei werden speziell gebildete Punkte in ein rechtwinkliges *Koordinatensystem* eingetragen, das aus der vertikalen (senkrechten) *Ordinatenachse* und der horizontalen (waagerechten) *Abszissenachse* gebildet wird. Die Lage eines Punktes wird durch seine beiden *Koordinatenwerte* in Form des *Abszissenwertes* und des *Ordinatenwertes* festgelegt.

Als Abszissenwerte treten sämtliche Werte des untersuchten Merkmals auf. Jedem Wert "x_j" wird eine Zahl "z_j" – als Ordinatenwert – unter der Erwartungshaltung zugeordnet, dass die Werte einer Normalverteilung entstammen. Diese Zahlen "z_j" werden als (erwartete) **Normalwerte** bezeichnet und können – wegen der zuvor dargestellten Eigenschaft der Flächeninvarianz – im Rahmen der Standardnormalverteilung bestimmt werden.

Ein Normalwert "z_j" ist derart zu ermitteln, dass er mit dem Wert "x_j" lagemäßig korrespondiert. Dies bedeutet, dass die Fläche der Standardnormalverteilung durch die Zahl "z_j" in demselben Verhältnis aufgeteilt wird, wie die empirische Verteilung aller erhobenen Werte durch den Wert "x_j" gegliedert wird.

Um dieser Forderung zu genügen, wird bei der Berechnung der Normalwerte – auf der Basis von "n" Merkmalsträgern – folgendermaßen vorgegangen:

- Zunächst werden alle Werte des Merkmals aufsteigend sortiert. Von links beginnend werden ihnen anschließend die Zahlen von "1" bis "n" als Rangplätze zugeordnet. Mit jedem Wert "x_j" korrespondiert daher ein jeweils zugehöriger Rangplatz "r_j".

  Tritt ein Wert "x_j" *mehrfach* auf, so wird das arithmetische Mittel aller Rangplätze, die für "x_j" vergeben wurden, gebildet und dieser Mittelwert dem Wert "x_j" als **gemittelter Rangplatz** "r_j" zugewiesen.

  Anschließend wird jedem nach diesen Vorschriften bestimmten Rangplatz "r_j" wie folgt eine Zahl "p_j" zugeordnet: $p_j = \frac{r_j}{n+1}$

  "p_j" kennzeichnet die Lage des Wertes "x_j" innerhalb der empirischen Verteilung und stellt eine Näherung für die zu "x_j" zugehörige kumulierte relative Häufigkeit dar, sodass "x_j" als Näherungswert für das "p_j"-Quantil der empirischen Verteilung angesehen werden kann.

Gemäß der oben vorgegebenen Anforderung ist durch "p_j" diejenige Wahrscheinlichkeit festgelegt, für die im Rahmen der Standardnormalverteilung das zugehörige "p_j"-Quantil ermittelt und dem vorgegebenem Wert "x_j" als Normalwert "z_j" zugeordnet werden muss.

Für jeden derart bestimmten Normalwert "z_j" gilt die folgende Gleichung im Rahmen der Standardnormalverteilung:

$$prob(-\infty; z_j] = p_j$$

Der Normalwert "z_j" teilt somit die Fläche der Standardnormalverteilung (annähernd) in demselben Verhältnis auf wie der Wert "x_j" die Fläche der empirischen Verteilung.

Werden die Werte aus der im Abschnitt 2.1 angegebenen Datenbasis als Abszissenwerte und die jeweils zugehörigen Normalwerte als Ordinatenwerte verwendet, so ergibt sich für die resultierenden Punkte das folgende Q-Q-Diagramm:

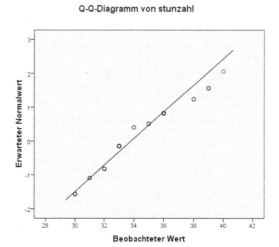

Abbildung 7.11: Q-Q-Diagramm

SPSS: Dieses Q-Q-Diagramm lässt sich wie folgt anfordern:

```
SELECT IF (jahrgang=2 AND geschl=1).
EXAMINE VARIABLES=stunzahl/PLOT=NPPLOT/STATISTICS=NONE.
```

Im EXAMINE-Befehl, bei dem der Variablenname innerhalb des Unterbefehls VARIABLES und der Unterbefehl PLOT in der Form "PLOT=NPPLOT" angegeben werden, wird das Schlüsselwort NONE im Unterbefehl STATISTICS verwendet, damit die standardmäßig eingestellte Berechnung von Statistiken unterdrückt wird.

Am Beispiel des (kleinsten) Wertes "30" wird im Folgenden demonstriert, wie sich der zugehörige Normalwert ermitteln lässt.

Der Wert "30" besitzt die absolute Häufigkeit "5" (siehe Abbildung 2.3), sodass ihm ein gemittelter Rangplatz zuzuordnen ist. Da sich das arithmetische Mittel der Rangplätze "1", "2", "3", "4" und "5" zu "3" errechnet, ist die Zahl "3" als gemittelter Rangplatz zu verwenden, sodass – auf der Basis der 50 Schüler der Jahrgangsstufe 12 – gemäß der oben angegebenen Berechnungsvorschrift

$$p_j = \tfrac{3}{50+1} \simeq 0,0588$$

für "p_j" die Zahl "0,0588" erhalten wird. Um das 0,0588-Quantil – im Rahmen der Standardnormalverteilung – zu ermitteln, muss derjenige Wert "z" bestimmt werden, der die Eigenschaft "prob $(-\infty; z] = 0,0588$" besitzt. Unter Einsatz der Tabelle für die Standardnormalverteilung (siehe Anhang A.2) wird für "z" der Wert "-1,57" ermittelt.

Da sich als 0,0588-Quantil – im Rahmen der Standardnormalverteilung – annähernd der Wert "-1,57" ergibt, wird dem Wert "30" der Wert "-1,57" als Normalwert zugeordnet. Demzufolge enthält das Q-Q-Diagramm links unten einen Punkt mit dem Abszissenwert "30" und dem Ordinatenwert "-1,57".

Im Hinblick auf die Einschätzung, ob die Verteilung eines Merkmals als Normalverteilung angesehen werden kann, gilt der folgende Sachverhalt:

- Wenn ein Merkmal *normalverteilt* ist, liegen alle Punkte, die innerhalb des Koordinatensystems eingetragen sind, auf einer Geraden.

Soll z.B. untersucht werden, ob die Verteilung des Merkmals "Unterrichtsstunden" – für die Schüler der Jahrgangsstufe 12 – einer Normalverteilung gleicht, so ist zu prüfen, ob der in der Abbildung 7.11 dargestellte Sachverhalt als im Einklang mit der Forderung "alle Punkte liegen auf einer Geraden" angesehen werden kann.

Es ist zu erkennen, dass nur geringfügige Abweichungen von einer Geraden vorliegen, sodass einiges dafür spricht, dass man das Merkmal "Unterrichtsstunden" in der Gruppe der 50 Schüler der Jahrgangsstufe 12 als normalverteilt ansehen kann.

7.5   Bildung von Gesamt-Indikatoren

Um eine Eigenschaft zu beschreiben, die sich durch mehrere *Indikator-Merkmale* "I_j (j=1,...,k)" kennzeichnen lässt, wird oftmals ein *Gesamt-Indikator* "I" als Summe aus den einzelnen Indikator-Merkmalen gebildet:

- $I = \sum_{j=1}^{k} I_j$

Hinweis: In der psychologischen Testpraxis werden die Testergebnisse sehr oft durch die Summierung von Punktwerten ermittelt, die jeweils als Ergebnisse einzelner Subtests resultieren. Als Beispiel hierfür ist die Ergebnisermittlung bei der Durchführung eines Intelligenztests zu nennen.

Damit diese Summenbildung als sinnvoll angesehen werden kann, müssen die folgenden Eigenschaften erfüllt sein:

- Die Indikator-Merkmale messen alle die *gleiche inhaltliche* Dimension.

- Die Verteilungen der Indikator-Merkmale unterscheiden sich *nicht* bedeutsam.

- Alle Indikator-Merkmale besitzen die *gleiche* Maßeinheit.

Ist die letzte Eigenschaft *nicht* erfüllt, so lässt sich Abhilfe durch eine Standardisierung mittels der z-Transformation schaffen.

Für den Fall, dass die Verteilungen der Indikator-Merkmale sich stark unterscheiden, müssen sämtliche Verteilungen dieser Merkmale einer *Flächentransformation* (auch "Häufigkeitstransformation" genannt) unterzogen werden. Dabei sollte gewährleistet sein, dass die Verteilungen der einzelnen Indikator-Merkmale jeweils *unimodal* und hinreichend *symmetrisch* sind.

Hinweis: In der psychologischen Testpraxis werden für das normorientierte Diagnostizieren Standard-Skalen verwendet, die durch Flächentransformationen erhalten werden.

- Das Prinzip der **Flächentransformation** besteht darin, eine Transformation der erhobenen Werte vorzunehmen, sodass die resultierende Verteilung der transformierten Werte einer Standardnormalverteilung ähnelt.

Bei der Transformation wird zunächst – in einem 1. Schritt – jedem Wert ein Näherungswert für die zu ihm zugehörige kumulierte relative Häufigkeit – als *Flächenwert* – zugeordnet, die man als *geglättete* kumulierte relative Häufigkeit bezeichnen kann.

Für den kleinsten Wert wird seine halbierte relative Häufigkeit als Ergebnis der Transformation festgelegt. Für jeden anderen Wert wird der Flächenwert dadurch bestimmt, dass die Hälfte seiner relativen Häufigkeit zur kumulierten relativen Häufigkeit des unmittelbar vorausgehenden Wertes hinzuaddiert wird.

In einem 2. Schritt wird jedem Flächenwert ein *"t_F-Wert"* zugeordnet. Dieser *"t_F-Wert"* legt innerhalb der Standardnormalverteilung denjenigen z-Wert – in Form des "t_F-Quantils" – fest, für den die Wahrscheinlichkeit "prob$(-\infty; z)$" gleich dem vorgegebenen Flächenwert ist. Die Gesamtheit der so ermittelten t_F-Werte stellt das Ergebnis der Flächentransformation dar.

Für das Merkmal "Unterrichtsstunden" wurden im Abschnitt 2.3 die folgenden Werte als relative ("h_j") und kumulierte relative Häufigkeiten ("H_j") ermittelt:

x_j:	30	31	32	33	34	35	36	38	39	40
H_j:	0,10	0,16	0,24	0,64	0,68	0,72	0,88	0,92	0,98	1,00
h_j:	0,10	0,06	0,08	0,40	0,04	0,04	0,16	0,04	0,06	0,02

Abbildung 7.12: relative und kumulierte relative Häufigkeiten

Wird das Merkmal "Unterrichtsstunden" einer Flächentransformation unterzogen, so ergibt sich der innerhalb der Abbildung 7.13 dargestellte Sachverhalt.

Hinweis: Bei der Ermittlung der negativen t_F-Werte (wie z.B. "-1,64") ist zu berücksichtigen, dass für kleinere Wahrscheinlichkeiten als "0,5" (wie z.B. "0,05"), die das Ergebnis des 1. Schrittes darstellen, zunächst der zugehörige positive Wert aus der Tabelle der Standardnormalverteilung bestimmt werden muss (in diesem Fall "1,64"). Aus Symmetriegründen erhält man als Ergebnis des 2. Schrittes den jeweils zugeordneten negativen Wert (in diesem Fall "-1,64").
Resultieren als Ergebnis des 1. Schrittes größere Wahrscheinlichkeiten als "0,5", so ist der zugeordnete t_F-Wert direkt aus der Tabelle der Standardnormalverteilung zu entnehmen, indem die vorgegebene Wahrscheinlichkeit um "0,5" vermindert wird.

	1. Schritt:	Flächenwert	2. Schritt:	t_F-Werte
30	$\longrightarrow$	$\frac{0,1}{2} = 0,05$	$\longrightarrow$	-1,64
31	$\longrightarrow$	$0,1 + \frac{0,06}{2} = 0,13$	$\longrightarrow$	-1,13
32	$\longrightarrow$	$0,16 + \frac{0,08}{2} = 0,2$	$\longrightarrow$	-0,84
		...		...
40	$\longrightarrow$	$0,98 + \frac{0,02}{2} = 0,99$	$\longrightarrow$	2,33

Abbildung 7.13: Durchführung einer Flächentransformation

Um die aus einer Flächentransformation resultierenden Werte zu vereinfachen (um z.B. positive Werte zu erhalten, die um den Wert "50" streuen), kann man z.B. eine *T-Transformation* durchführen, indem jeder durch die Flächentransformation erhaltene Wert "t_F" wie folgt verändert wird:

- $T = 10 * t_F + 50$

Aus Gründen der Vereinfachung wird jeder Ergebniswert zu einer ganzen Zahl gerundet.

Somit resultiert aus einer T-Transformation z.B. für den zum Wert "30" gehörenden Flächenwert "0,05" und dem damit korrespondierenden t_F-Wert "-1,64" der T-Wert "34", der durch die Rundung von "$10 * (-1,64) + 50$" erhalten wird.

Insgesamt ergibt sich:

Werte:	30	31	32	33	34	35	36	38	39	40
kum. rel. H.:	0,10	0,16	0,24	0,64	0,68	0,72	0,88	0,92	0,98	1,00
Flächenwerte:	0,05	0,13	0,20	0,44	0,66	0,70	0,80	0,90	0,95	0,99
t_F-Werte:	-1,64	-1,13	-0,84	-0,15	0,41	0,52	0,84	1,28	1,64	2,33
T-Werte:	34	39	42	48	54	55	58	63	66	73

Abbildung 7.14: Flächenwerte, t_F-Werte und T-Werte

Hinweis: Die T-Werte können – ebenso wie die ursprünglichen, durch die Flächentransformation erhaltenen t_F-Werte – zur Bildung von Indikatorwerten verwendet werden.
T-Werte spielen eine bedeutende Rolle bei der Bewertung von individuellen Einstufungen im Hinblick auf *geeichte standardisierte Tests*. Sie sollten in jedem Fall dann verwendet werden, wenn die Größe der *Eichstichprobe* (sie sollte stets größer als "50" sein) kleiner oder gleich "500" ist. Sofern der Umfang der Eichstichprobe größer als "500" ist, besteht die Konvention, dass man den Rohpunktwerten anstelle der T-Werte ersatzweise auch Z-Werte zuordnen kann. Diese Werte werden dadurch erhalten, dass man den *z-scores*, die aus einer Standardisierung mittels z-Transformation aus den Rohpunktwerten erhalten werden, die Ergebnisse einer Z-Transformation in der Form "$Z = 10 * z + 100$" zuordnet.

KAPITEL 8

STATISTISCHE BEZIEHUNGEN

8.1 Statistische Abhängigkeit und statistische Unabhängigkeit

In den vorausgegangenen Kapiteln wurde dargestellt, wie sich die Verteilungen von Merkmalen beschreiben lassen und wie die jeweiligen Verteilungsverläufe durch geeignete Statistiken in komprimierter Form gekennzeichnet werden können. Bei einer statistischen Datenanalyse stellt eine derartige Beschreibung normalerweise – als 1. Schritt – den Einstieg in eine Erörterung dar, bei der zwei oder mehrere Merkmale im Hinblick auf ihr gemeinsames Erscheinungsbild untersucht werden. In dieser Hinsicht folgt der Beschreibung der Verteilungen einzelner Merkmale normalerweise – in einem 2. Schritt – die Diskussion, welche Art von *statistischer Beziehung* zwischen den Merkmalen besteht. Im Hinblick auf diese Form statistischer Datenanalyse ist die folgende Feststellung grundlegend:

- Für zwei Merkmale besteht eine **statistische Abhängigkeit** (statistischer Zusammenhang, statistische Wechselbeziehung, engl.: "statistical dependency"), wenn sie *gemeinsam variieren*.

Wenn z.B. das Verhalten von Testpersonen – im Hinblick auf die Reaktionszeit bei einem Wissenstest – nicht von ihrer Körpergröße abhängig ist, so spiegelt sich dieser Sachverhalt für zwei verschiedene Werte des Merkmals "Körpergröße" durch die *Gleichheit* der zugehörigen Verteilungen des Merkmals "Reaktionszeit" wider. Dies bedeutet, dass keine Unterschiede im Zentrum und im Verteilungsver-

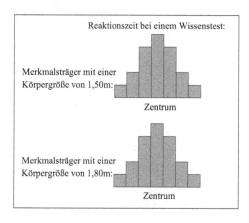

Abbildung 8.1: keine gemeinsame Variation

lauf von "Reaktionszeit" bestehen, sofern man die Gesamtheit der Werte von "Reaktionszeit" – in Abhängigkeit von dem jeweiligen Wert von "Körpergröße" – in zwei Gruppen aufteilt. In diesem Fall variiert die jeweilige Reaktionszeit *nicht gemeinsam* mit der Körpergröße, d.h. für verschiedene Körpergrößen gibt es kein verändertes Erscheinungsbild bei der Reaktionszeit, sodass sich z.B. ein Sachverhalt ergibt, wie er in der Abbildung 8.1 dargestellt wird.

Anders ist dies z.B. in der Situation, die innerhalb der Abbildung 8.2 angegeben wird. In diesem Fall sind zwar die Verteilungsverläufe des Merkmals "Körpergewicht" für unterschiedliche Körpergrößen gleich, jedoch sind die zugehörigen Zentren voneinander verschieden, sodass sich die beiden Verteilungen unterscheiden. Dieser Sachverhalt lässt sich dadurch begründen, dass zwar einerseits größere Personen bekanntermaßen zu höherem Gewicht neigen, sich aber andererseits kein auffälliger Unterschied im Verteilungsverlauf für die jeweilige Gruppierung beobachten lässt. Im Gegensatz zur Darstellung in der Abbildung 8.1 *variiert* jetzt das eine Merkmal *gemeinsam* mit dem anderen Merkmal. Eine derartige *gemeinsame Variation* wäre noch deutlicher, wenn sich zusätzlich die Verteilungsverläufe unterscheiden würden, da sich eine *gemeinsame Variation* bereits allein auf unterschiedliche Verteilungsverläufe gründen kann.

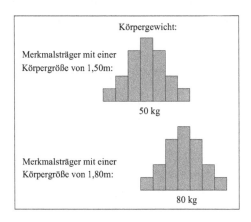

Abbildung 8.2: gemeinsame Variation

Bei dieser *gemeinsamen Variation* geht die Unterschiedlichkeit zweier Merkmalsausprägungen in dem einen Merkmal damit einher, dass es offensichtliche Unterschiede in den beiden zu diesen Merkmalsausprägungen zugehörigen Verteilungen des anderen Merkmals gibt.

- Will man bei der Feststellung, dass eine **statistische Abhängigkeit** vorliegt, zusätzlich das Skalenniveau der beiden Merkmale hervorheben, so spricht man bei nominalskalierten Merkmalen von einer "**Kontingenz**", bei ordinalskalierten Merkmalen von einer (positiven oder negativen) "**Assoziation**" und bei intervallskalierten Merkmalen von einer (positiven oder negativen) "**Korrelation**".

- Eine **statistische Unabhängigkeit** (engl.: "statistical independence") besteht dann, wenn *keine* statistische Abhängigkeit vorliegt. Dies bedeutet, dass die Verteilung des einen Merkmals für jede Merkmalsausprägung des anderen Merkmals *gleich* ist.

Als Beispiele für statistische Abhängigkeiten sind zu nennen:

- Es gibt geschlechtsspezifische Unterschiede in der Neigung, mit einem Computer zu arbeiten (Kontingenz).

- Je höher man seine Leistungsfähigkeit einschätzt, desto größer ist die Motivation, sich am Unterricht zu beteiligen (positive Assoziation).

- Je höher die erreichte Jahrgangsstufe ist, desto geringer ist die Neigung, weiterhin zur Schule gehen zu wollen (negative Assoziation).

- Je größer die Körperlänge ist, desto höher ist das Körpergewicht (positive Korrelation).

- Je öfter man für ein Diktat übt, desto geringer fällt die Anzahl der Rechtschreibfehler aus (negative Korrelation).

Bei der Untersuchung von statistischen Beziehungen geht es allein um die Prüfung der *gemeinsamen Variation* und *nicht* um Kausalitätsuntersuchungen, d.h. ob ein Merkmal ein anderes verursacht. Da sich *kausale* Beziehungen allein mit sachlogischen Argumenten begründen lassen, kann z.B. die These "je stärker die Frustration, desto häufiger liegt aggressives Verhalten vor" im Hinblick auf ihre Gültigkeit durch den Nachweis der statistischen Abhängigkeit *nur gestützt*, jedoch *nicht bewiesen* werden.

Grundsätzlich gilt:

- Bestehende kausale Beziehungen müssen sich in Form von statistischen Beziehungen niederschlagen.

Dagegen können statistisch belegte Zusammenhänge auch für Merkmale festgestellt werden, zwischen denen sicherlich keine begründbare Kausalbeziehung existiert – wie z.B. "je mehr Störche in einer Gegend nisten, desto höher ist die Geburtenrate" oder "je mehr Feuerwehrleute im Einsatz sind, desto größer ist der Brandschaden".

Diese Situation einer "scheinbaren Abhängigkeit" bezeichnet man als **Scheinkorrelation**. Hierbei handelt es sich um ein **Artefakt**, d.h. um ein Erscheinungsbild, das nicht den sachlogischen Gegebenheiten entspricht.

Hinweis: Auch der Sachverhalt einer "scheinbaren Unabhängigkeit" wird als *Artefakt* bezeichnet.
Artefakte lassen sich z.B. dadurch aufklären, dass weitere Merkmale als Kontrollgrößen in die Analyse einbezogen werden (siehe unten).

Dass es sich bei den Aussagen über die Geburtenrate und den Brandschaden um Artefakte handelt, lässt sich wie folgt belegen:

- In ländlichen Gemeinden sind viele und in Städten sind wenige Störche zu beobachten. Die Geburtenraten sind in ländlichen Gemeinden hoch und in Städten gering.

- Zur Bekämpfung großer Brandherde, bei denen in der Regel ein hoher Schaden entsteht, sind normalerweise viele Feuerwehrleute im Einsatz. Dagegen sind bei kleinen Bränden, bei denen nur geringe Schäden auftreten, in der Regel auch nur wenige Feuerwehrleute im Einsatz.

Hinweis: Bei Berufstätigen besteht eine positive Korrelation zwischen den Merkmalen "Schuhgröße" und "Einkommen". Dieses Artefakt erklärt sich daraus, dass der statistische Zusammenhang durch das Merkmal "Geschlecht" bedingt wird. Während Männer überwiegend größere Schuhe tragen und relativ viel verdienen, ist das Einkommen der Frauen, die überwiegend kleinere Schuhe benötigen, relativ gering.

8.2 Kontingenz-Tabellen

Um zu untersuchen, ob zwischen zwei *nominalskalierten* Merkmalen ein "statistischer Zusammenhang" besteht, betrachtet man die *gemeinsame* Häufigkeitsverteilung in Form einer **Kontingenz-Tabelle** (Kreuztabelle, engl.: "contingency table").

- Bei der gemeinsamen Verteilung *zweier* Merkmale handelt es sich um eine **bivariate Verteilung**. Sofern herausgestellt werden soll, dass die Verteilung eines einzelnen Merkmals gemeint ist, wird von einer **univariaten** Verteilung gesprochen. Von **multivariaten** Verteilungen spricht man dann, wenn es sich um eine gemeinsame Verteilung von mehr als zwei Merkmalen handelt.

Abschalten * Geschlecht Kreuztabelle

			Geschlecht		Gesamt
			männlich	weiblich	
Abschalten	stimmt	Anzahl	60	78	138
		% innerhalb von Geschlecht	48,8%	63,4%	56,1%
	stimmt nicht	Anzahl	63	45	108
		% innerhalb von Geschlecht	51,2%	36,6%	43,9%
Gesamt		Anzahl	123	123	246
		% innerhalb von Geschlecht	100,0%	100,0%	100,0%

Abbildung 8.3: Kontingenz-Tabelle von "Abschalten" und "Geschlecht"

Für die Merkmale "Abschalten" (Antwortverhalten auf die Frage "Oft schalte ich im Unterricht einfach ab") und "Geschlecht" stellt sich die Kontingenz-Tabelle in der innerhalb der Abbildung 8.3 angegebenen Form dar, sofern "Geschlecht" als **Spalten-Merkmal** und "Abschalten" als **Zeilen-Merkmal** festgelegt sind.

Hinweis: Die Tatsache, dass die beiden Spaltensummen identisch gleich dem Wert "123" sind, resultiert aus dem Erhebungsdesign und der Anzahl der Antwortverweigerungen bei der Frage nach dem Abschalten: Jeweils 2 Schüler der insgesamt 125 Schüler sowie 2 Schülerinnen der insgesamt 125 Schülerinnen besitzen bei dem Merkmal "Abschalten" einen fehlenden Wert.

SPSS: Die angegebene Kontingenz-Tabelle lässt sich durch den CROSSTABS-Befehl in Verbindung mit dem Unterbefehl TABLES, in dem die Zeilen-Variable vor dem Schlüsselwort BY und die Spalten-Variable hinter BY angegeben werden müssen, sowie dem Unterbefehl CELLS – in Verbindung mit den Schlüsselwörtern COUNT (Abruf der absoluten Häufigkeiten) und COLUMN (Abruf der prozentualen Spaltenhäufigkeiten) – wie folgt anfordern:

```
CROSSTABS TABLES=abschalt BY geschl/CELLS=COUNT COLUMN.
```

Zur Etikettierung und Festlegung des Missing-Wertes sind vorab die folgenden Befehle zur Ausführung zu bringen:

```
VARIABLE LABELS geschl 'Geschlecht'.
VARIABLE LABELS abschalt 'Abschalten'.
VALUE LABELS geschl 1 'männlich' 2 'weiblich'.
VALUE LABELS abschalt 1 'stimmt' 2 'stimmt nicht'.
MISSING VALUES abschalt(0).
```

Die in der Abbildung 8.3 dargestellte Kontingenz-Tabelle beschreibt eine bivariate Verteilung, bei der sowohl das Zeilen-Merkmal als auch das Spalten-Merkmal jeweils 2 Ausprägungen besitzen. Dass in dieser Situation von einer "2x2-Tabelle" gesprochen wird, steht im Einklang mit der folgenden Konvention:

- Unter einer **rxc-Tabelle** wird eine Kontingenz-Tabelle verstanden, in der die Ausprägungen des Zeilen-Merkmals und des Spalten-Merkmals in Form von "r" Zeilen ("rows") und "c" Spalten ("columns") wiedergegeben werden.

Innerhalb der in der Abbildung 8.3 dargestellten Tabelle sind in den einzelnen *Zellen* sowohl die absoluten als auch die prozentualen (Spalten-)Häufigkeiten eingetragen.

Zum Beispiel enthält die Zelle, die durch die Ausprägung "stimmt" des Zeilen-Merkmals "Abschalten" und die Ausprägung "männlich" des Spalten-Merkmals "Geschlecht" gekennzeichnet ist, den Wert "60" und die Angabe "48,8%". Hieraus ist ersichtlich, dass 60 (männliche) Schüler die Frage nach dem Abschaltverhalten mit "stimmt" beantwortet haben. Der in der Tabelle ausgewiesene Wert "48,8%" kennzeichnet den Sachverhalt, dass 60 der insgesamt 123 Schüler die Antwort "stimmt" gegeben haben. Die Interpretation dieser prozentualen Häufigkeit basiert daher darauf, dass die Gesamtheit der 123 Schüler als Basis der Prozentuierung festgelegt ist.

Im Hinblick auf die Form, wie prozentuale Häufigkeiten innerhalb einer Kontingenz-Tabelle interpretiert werden müssen, ist die Kenntnis wichtig, ob eine zeilen-orientierte oder eine spalten-orientierte Sicht erfolgen muss. In dieser Hinsicht ist es sinnvoll, den Begriff der "*Konditionalverteilung*" zu verwenden.

- Durch jede Ausprägung des Zeilen- und des Spalten-Merkmals ist eine Verteilung gekennzeichnet, deren Häufigkeiten in der durch diese Ausprägung gekennzeichneten Zeile bzw. Spalte eingetragen sind. Sofern eine derartige Verteilung durch eine Ausprägung des Zeilen-Merkmals festgelegt ist, wird die Verteilung als **Zeilen-Konditionalverteilung** bezeichnet. Entsprechend wird von einer **Spalten-Konditionalverteilung** gesprochen, sofern die Verteilung durch eine Ausprägung des Spalten-Merkmals bestimmt ist. Ist der Sachverhalt, ob eine zeilen- oder spalten-orientierte Sicht eingenommen werden muss, unbedeutend, so wählt man eine neutrale Bezeichnung und nennt die betreffende Verteilung eine **Konditionalverteilung** (bedingte Verteilung, engl.: "conditional distribution").

Da die beiden Spalten-Konditionalverteilungen, die in der Abbildung 8.3 enthalten sind, im Vordergrund der Betrachtung stehen sollen, sind die in der Kontingenz-Tabelle ausgewiesenen Prozentsätze spalten-orientiert gebildet worden. Angaben über die beiden Zeilen-Konditionalverteilungen des Merkmals "Geschlecht" können dieser Kontingenz-Tabelle daher nur in Form von absoluten Häufigkeiten entnommen werden.

Die erste Tabellenspalte enthält die Angaben zur Spalten-Konditionalverteilung des Merkmals "Abschalten" bezüglich der Merkmalsausprägung "männlich". Die Spalten-Konditionalverteilung des Merkmals "Abschalten" bezüglich der Merkmalsausprägung "weiblich" wird durch die Einträge innerhalb der zweiten Tabellenspalte gekennzeichnet.

Auf der rechten Seite der Tabelle sind Angaben zur *univariaten* Verteilung von "Abschalten" eingetragen, d.h. die Werte geben die absoluten und die prozentualen Häufigkeiten des Merkmals "Abschalten" in der Gruppe der 246 Schüler wieder, die die Frage nach dem "Abschaltverhalten" beantwortet haben.

- Derartige univariate Verteilungen, die sich aus einer bivariaten Verteilung ergeben, werden als **Marginalverteilungen** (Randverteilungen, engl.: "marginal distributions") bezeichnet.

In der oben abgebildeten Kontingenz-Tabelle stellt daher die am rechten Tabellenrand enthaltene Verteilung die Marginalverteilung des Merkmals "Abschalten" und die am unteren Tabellenrand angegebene Verteilung die Marginalverteilung des Merkmals "Geschlecht" dar.

Zusammenfassend lässt sich feststellen, dass eine Kontingenz-Tabelle in dem Fall, in dem eine spalten-orientierte Sicht eingenommen werden soll, gemäß der folgenden Form gegliedert ist:

rxc-Kontingenz-Tabelle:

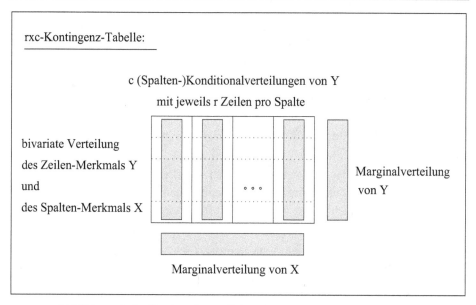

Abbildung 8.4: (Spalten-)Konditional- und Marginalverteilungen

Im Hinblick auf die Frage nach der Art der statistischen Beziehung lassen sich auf der Basis einer Kontingenz-Tabelle, die unter der spalten-orientierten Sicht betrachtet wird, die folgenden Aussagen machen:

- Eine **statistische Abhängigkeit** zweier Merkmale ist dann gegeben, wenn sich die Spalten-Konditionalverteilungen voneinander *unterscheiden*.

  Enthält das Spalten-Merkmal mehr als 2 Ausprägungen und sind daher mehr als 2 Spalten-Konditionalverteilungen zu vergleichen, so bedeutet dies, dass sich mindestens 2 dieser Konditionalverteilungen voneinander unterscheiden.

- Weichen dagegen die Spalten-Konditionalverteilungen nicht voneinander ab, so kennzeichnet dieser Sachverhalt, dass beide Merkmale voneinander **statistisch unabhängig** sind. In diesem Fall stimmen diese Konditionalverteilungen mit der Marginalverteilung des Zeilen-Merkmals überein.

Dass die Beschränkung auf die spalten-orientierte Sicht zulässig ist, wird durch den folgenden Sachverhalt begründet:

- Es ist unerheblich, ob die Konditionalverteilungen des Spalten-Merkmals oder des Zeilen-Merkmals miteinander verglichen werden. In beiden Fällen wird entweder eine "*statistische Unabhängigkeit*" oder ein "*statistischer Zusammenhang*" festgestellt.

Um eine Aussage über die statistische Beziehung der Merkmale "Abschalten" und "Geschlecht" machen zu können, sind die Spalten-Konditionalverteilungen des

Zeilen-Merkmals "Abschalten" untereinander zu vergleichen, indem die *zeilenwei-se* miteinander korrespondierenden (Spalten-)Prozentsätze im Hinblick auf deren Übereinstimmung untersucht werden müssen.

Auf der Grundlage der Abbildung 8.3 sind somit die in der Spalte "männlich" angezeigten Prozentsätze "48,8%" und "51,2%" mit den in der Spalte "weiblich" enthaltenen Prozentsätzen "63,4%" und "36,6%" miteinander zu vergleichen, d.h. der Prozentsatz "48,8%" mit dem Prozentsatz "63,4%" sowie der Prozentsatz "51,2%" mit dem Prozentsatz "36,6%".

Da sich die beiden Konditionalverteilungen deutlich unterscheiden, kann auf einen "statistischen Zusammenhang" zwischen den Merkmalen "Abschalten" und "Geschlecht" geschlossen werden. Beim Merkmal "Abschalten" sind somit geschlechtsspezifische Unterschiede bei den 246 Merkmalsträgern zu beobachten.

Hinweis: Dabei geben weitaus mehr Schülerinnen als Schüler an, dass sie beim Unterricht oftmals abschalten.

Visuell lassen sich die Unterschiede zwischen den beiden Konditionalverteilungen durch Balkendiagramme kenntlich machen, die in der folgenden Abbildung dargestellt sind:

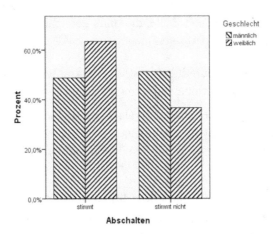

Abbildung 8.5: Konditionalverteilungen als Balkendiagramme

SPSS: Diese Balkendiagramme lassen sich durch den folgenden CROSSTABS-Befehl abrufen:

```
GRAPH BAR(GROUPED)=PCT BY abschalt BY geschl.
```

Während somit eine statistische Abhängigkeit zwischen "Abschalten" und "Geschlecht" erkannt werden konnte, stellt sich das gewählte Erhebungsdesign als Beispiel für eine "statistische Unabhängigkeit" zwischen zwei Merkmalen in der innerhalb der Abbildung 8.6 angegebenen Form dar.

In dieser Situation stimmen die 3 (Spalten-)Konditionalverteilungen des Merkmals "Geschlecht" überein, da beim zeilenweisen Vergleich keine Unterschiede entdeckt werden können, weil jede Zelle den Prozentsatz "50%" enthält.

Geschlecht * Jahrgangsstufe Kreuztabelle

			11	12	13	Gesamt
			Jahrgangsstufe			
Geschlecht	männlich	Anzahl	50	50	25	125
		% innerhalb von Jahrgangsstufe	50,0%	50,0%	50,0%	50,0%
	weiblich	Anzahl	50	50	25	125
		% innerhalb von Jahrgangsstufe	50,0%	50,0%	50,0%	50,0%
Gesamt		Anzahl	100	100	50	250
		% innerhalb von Jahrgangsstufe	100,0%	100,0%	100,0%	100,0%

Abbildung 8.6: Kontingenz-Tabelle von "Geschlecht" und "Jahrgangsstufe"

8.3 Partial-Tabellen

Abschließend wird eine bivariate Häufigkeitstabelle vorgestellt, die sich sichtbar verändert, wenn der Einfluss eines dritten Merkmals untersucht wird. Dazu wird die 2x3-Tabelle zwischen den Merkmalen "Abschalten" und "Jahrgangsstufe" zugrunde gelegt, die in der folgenden Abbildung wiedergegeben ist:

Abschalten * Jahrgangsstufe Kreuztabelle

			11	12	13	Gesamt
			Jahrgangsstufe			
Abschalten	stimmt	Anzahl	57	53	28	138
		% innerhalb von Jahrgangsstufe	58,8%	53,5%	56,0%	56,1%
	stimmt nicht	Anzahl	40	46	22	108
		% innerhalb von Jahrgangsstufe	41,2%	46,5%	44,0%	43,9%
Gesamt		Anzahl	97	99	50	246
		% innerhalb von Jahrgangsstufe	100,0%	100,0%	100,0%	100,0%

Abbildung 8.7: Kontingenz-Tabelle von "Abschalten" und "Jahrgangsstufe"

Es ist erkennbar, dass sich die drei Spalten-Konditionalverteilungen *kaum merklich* von der Marginalverteilung des Zeilen-Merkmals unterscheiden.

Hinweis: Auch bei den beiden Zeilen-Konditionalverteilungen stellt man eine ziemliche Übereinstimmung mit der Marginalverteilung des Merkmals "Jahrgangsstufe" fest.

Um zu prüfen, ob ein Merkmal – in der Funktion einer **Einflussgröße** (Drittvariablen) – das Erscheinungsbild einer beobachteten statistischen Beziehung beeinflussen kann, müssen *bedingte* bivariate Verteilungen – in Form von **Partial-Tabellen** (engl.: "partial contingency tables") – betrachtet werden.

- Eine Einflussgröße, deren Einfluss man kontrollieren kann, wird als **Kontrollgröße** (Kontrollvariable) bezeichnet.
  Lässt sich eine Einflussgröße *nicht* kontrollieren, so wird von einer **Störgröße** (Störvariablen) gesprochen.

Soll z.B. untersucht werden, ob das Merkmal "Geschlecht" als Einflussgröße auf die statistische Beziehung der Merkmale "Abschalten" und "Jahrgangsstufe" wirkt, muss die Kontingenz-Tabelle mit den Angaben über die Schüler derjenigen Kontingenz-Tabelle gegenübergestellt werden, die die Angaben über die Schülerinnen enthält, d.h. es sind die beiden Partial-Tabellen miteinander zu vergleichen, die innerhalb der folgenden Abbildung gemeinsam dargestellt sind:

Abschalten * Jahrgangsstufe * Geschlecht Kreuztabelle

Geschlecht				Jahrgangsstufe 11	12	13	Gesamt
männlich	Abschalten	stimmt	Anzahl	21	25	14	60
			% innerhalb von Jahrgangsstufe	43,8%	50,0%	56,0%	48,8%
		stimmt nicht	Anzahl	27	25	11	63
			% innerhalb von Jahrgangsstufe	56,3%	50,0%	44,0%	51,2%
	Gesamt		Anzahl	48	50	25	123
			% innerhalb von Jahrgangsstufe	100,0%	100,0%	100,0%	100,0%
weiblich	Abschalten	stimmt	Anzahl	36	28	14	78
			% innerhalb von Jahrgangsstufe	73,5%	57,1%	56,0%	63,4%
		stimmt nicht	Anzahl	13	21	11	45
			% innerhalb von Jahrgangsstufe	26,5%	42,9%	44,0%	36,6%
	Gesamt		Anzahl	49	49	25	123
			% innerhalb von Jahrgangsstufe	100,0%	100,0%	100,0%	100,0%

Abbildung 8.8: Partial-Tabellen für die Schüler und die Schülerinnen

Es ist zu beachten, dass der Vergleich der beiden Partial-Tabellen auf der Basis der absoluten Häufigkeiten durchgeführt werden kann, weil beiden Tabellen jeweils dieselbe Anzahl "123" von Merkmalsträgern zugrunde liegt.

Hinweis: Wäre dies nicht der Fall, so dürften zum Vergleich der prozentualen Häufigkeiten nicht die Spaltenprozentsätze verwendet werden, sondern es müssten die Prozentuierungen auf der Basis der jeweiligen Anzahl der Merkmalsträger durchgeführt werden.

Die angezeigten Prozentsätze "43,8" und "56,3" innerhalb der 1. Tabellenspalte stehen stellvertretend für die (auf eine Nachkommastelle) gerundeten Rechenergebnisse "0,4375 ($=\frac{21}{48}$) und "0,5625 ($=\frac{27}{48}$). Dieser Sachverhalt zeigt, dass sich die Spaltenprozentsätze nicht auf den Wert "100%" summieren müssen, da Auswirkungen durch die Rundung von Nachkommastellen möglich sind.

SPSS: Diese beiden Partial-Tabellen lassen sich durch den CROSSTABS-Befehl in Verbindung mit dem Unterbefehl TABLES, bei dem die Einflussgröße aufzuführen ist, wie folgt abrufen:

```
CROSSTABS TABLES=abschalt BY jahrgang BY geschl/CELLS=COUNT COLUMN.
```

Um für jede einzelne Partial-Tabelle eine Prozentuierung auf der Basis der jeweils zugrunde liegenden Anzahl der Merkmalsträger anzufordern, ist anstelle von COLUMN das Schlüsselwort TOTAL zu verwenden. Zur Etikettierung und Festlegung des Missing-Wertes sind vorab die folgenden Befehle zur Ausführung zu bringen:

```
VARIABLE LABELS jahrgang 'Jahrgangsstufe'.
VARIABLE LABELS abschalt 'Abschalten'.
VARIABLE LABELS geschl 'Geschlecht'.
VALUE LABELS jahrgang 1 '11' 2 '12' 3 '13'.
VALUE LABELS abschalt 1 'stimmt' 2 'stimmt nicht'.
VALUE LABELS geschl 1 'männlich' 2 'weiblich'.
MISSING VALUES abschalt(0).
```

Generell gilt bei der Einbeziehung eines dritten Merkmals als potentieller Einflussgröße:

- Falls alle Partial-Tabellen in gleicher Weise die durch die Kontingenz-Tabelle
  beschriebene statistische Beziehung (Abhängigkeit bzw. Unabhängigkeit)
  zweier Merkmale widerspiegeln, wird die statistische Beziehung beider
  Merkmale durch das einbezogene Merkmal *nicht* beeinflusst.

- Sofern sich jedoch in mindestens einer Partial-Tabelle die statistische Beziehung anders als innerhalb der Kontingenz-Tabelle darstellt, besitzt die
  Einflussgröße einen **Interaktionseffekt** (engl.: "interaction"). Dabei sind die
  beiden folgenden Fälle möglich:

  - Die Einflussgröße **erklärt** die statistische Abhängigkeit der beiden
    Merkmale, sofern auf der Basis der Partial-Tabellen *keine* statistische
    Abhängigkeit beobachtbar ist und durch die Kontingenz-Tabelle ein
    statistischer Zusammenhang beschrieben wird.
    Durch die Einbeziehung einer Einflussgröße wird in diesem Fall so-
    mit eine statistische Abhängigkeit zweier Merkmale als "scheinba-
    re Abhängigkeit" erkannt, sodass das ursprüngliche Erscheinungsbild
    durch das "Wirken" der Einflussgröße "erklärt" wird.
  - Die Einflussgröße **spezifiziert** die statistische Beziehung der beiden
    Merkmale, wenn auf der Grundlage mindestens einer der Partial-
    Tabellen ein statistischer Zusammenhang erkennbar ist.

Die beiden oben angegebenen Partial-Tabellen unterscheiden sich im Hinblick auf
die Stärke der jeweiligen statistischen Abhängigkeit. Dies verdeutlichen die in der
folgenden Abbildung dargestellten Balkendiagramme:

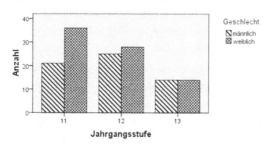

Abbildung 8.9: Konditionalverteilungen als Balkendiagramme

SPSS: Nach einer geeigneten Etikettierung ist die folgende Anforderung zu stellen:

```
TEMPORARY.
select if (abschalt=1).
GRAPH BAR(GROUPED)=count BY jahrgang BY geschl.
```

Es ist erkennbar, dass das Merkmal "Geschlecht" einen spezifizierenden Interaktionseffekt auf die statistische Beziehung von "Jahrgangsstufe" und "Abschalten"
ausübt.

Während sich in diesem Fall die Partial-Tabellen noch miteinander vergleichen lassen, ist die Prüfung bei mehreren Partial-Tabellen – mit unter Umständen weitaus mehr Zeilen und Spalten – kaum leistbar.

Daher ist es hilfreich, geeignete Statistiken zur Beschreibung der Stärke einer statistischen Abhängigkeit zu berechnen, sodass sich der Vergleich vereinfacht durchführen lässt. Derartige Statistiken werden in den nachfolgenden Kapiteln vorgestellt. Dabei erfolgt eine Strukturierung im Hinblick auf das jeweils zugrunde zu legende Skalenniveau, da die Vereinbarung derartiger Statistiken auf dem jeweiligen Skalenniveau der untersuchten Merkmale basiert.

8.4 Boxplots

Sollen *intervallskalierte* oder *ordinalskalierte* Merkmale auf gemeinsame statistische Beziehungen hin untersucht werden, so ist es im allgemeinen nicht sinnvoll, die gemeinsame Verteilung in Form einer Kontingenz-Tabelle anzugeben, da normalerweise zu viele Zellen vorliegen und zudem die meisten Zellen nur gering besetzt sein werden. Daher beschreibt man die Konditionalverteilungen in diesen Fällen grafisch in Form von **Boxplots** ("Box-and-Whiskers-Plots", "Kästen mit Schnurrbarthaaren"), bei denen die Lage der zentralen Tendenz und die Konzentration um die zentrale Tendenz wie folgt gekennzeichnet wird:

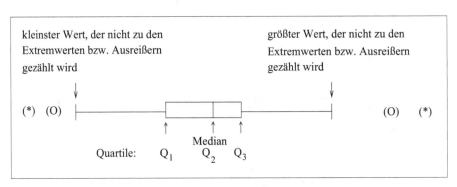

Abbildung 8.10: Struktur eines Boxplots

Dieses Diagramm gibt eine Übersicht über die Lage der Quartile. Die rechteckige Box wird (nach links) durch das 1. Quartil (Q_1) und (nach rechts) durch das 3. Quartil (Q_3) begrenzt. Der senkrechte Strich innerhalb der Box kennzeichnet die Lage des Medians, d.h. des 2. Quartils (Q_2).

Die waagerechten Striche links und rechts der Box, die sogenannten "whisker", reichen *maximal* bis zum Eineinhalbfachen des *Interquartilabstandes* ("$Q_3 - Q_1$") rechts von Q_3 ("$Q_3 + 1,5*[Q_3 - Q_1]$") bzw. links von Q_1 ("$Q_1 - 1,5*[Q_3 - Q_1]$").

Alle kleineren bzw. größeren Werte werden als *Extremwerte* bzw. als *Ausreißer* bezeichnet. Ein Ausreißer wird mit dem Zeichen "(O)" gekennzeichnet. Er hat die Eigenschaft, dass er nicht weiter als drei Interquartilabstände von Q_1 bzw. Q_3 entfernt ist. Ist der Abstand noch größer, so handelt es sich um einen Extremwert. In diesem Fall erfolgt eine Markierung mit dem Zeichen "(*)". An welchen Positionen die beiden Enden der "whisker" angegeben werden, bestimmen die jeweils kleinste und die jeweils größte Merkmalsausprägung, die innerhalb des theoretisch zulässigen Bereichs auftreten.

Wenn z.B. geprüft werden soll, ob für die Schüler und Schülerinnen jahrgangsstufenspezifische Unterschiede beim Merkmal "Schulleistung" vorliegen, kann man sich die Konditionalverteilungen von "Schulleistung" für die einzelnen Jahrgangsstufen – in Form von Boxplots – in der innerhalb der folgenden Abbildung angegebenen Form anzeigen lassen:

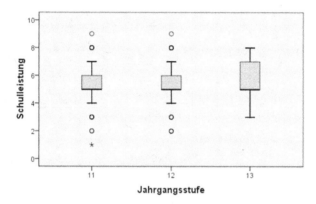

Abbildung 8.11: Boxplots für das Merkmal "Schulleistung"

SPSS: Nach einer geeigneten Etikettierung lässt sich diese Anzeige durch den EXAMINE-Befehl – unter Einsatz der Unterbefehle VARIABLES, PLOT und STATISTICS – wie folgt anfordern:

```
EXAMINE VARIABLES=leistung BY jahrgang
        /PLOT=BOXPLOT/STATISTICS=NONE.
```

Für die Jahrgangsstufen 11 und 12 ist eine gleichartige Verteilung des Merkmals "Schulleistung" offensichtlich. Dagegen weicht die Verteilung dieses Merkmals innerhalb der Jahrgangsstufe 13 von den Verteilungen in den Jahrgangsstufen 11 und 12 ab. Dies bedeutet, dass das Merkmal "Jahrgangsstufe" die Verteilung des Merkmals "Schulleistung" beeinflusst, sodass eine statistische Abhängigkeit zwischen den Merkmalen "Jahrgangsstufe" und "Schulleistung" festgestellt werden kann.

8.5 Stärke und Richtung von statistischen Zusammenhängen

Bislang wurde nur untersucht, ob zwischen zwei Merkmalen ein *statistischer Zusammenhang* besteht oder nicht. Im Folgenden wird dargestellt, wie sich die **Stärke** bzw. die **Schwäche** von statistischen Zusammenhängen durch geeignete *Statistiken* beschreiben lässt. Dies ist z.B. vorteilhaft, wenn verschiedene

Kontingenz-Tabellen als Partial-Tabellen für einzelne Ausprägungen eines dritten Merkmals – in Form einer möglichen Einflussgröße – miteinander verglichen werden sollen. Zur Kennzeichnung der Stärke sowie – falls sinnvoll – der Richtung einer statistischen Abhängigkeit zwischen zwei Merkmalen X und Y werden in den nachfolgenden Kapiteln die folgenden Statistiken vorgestellt:

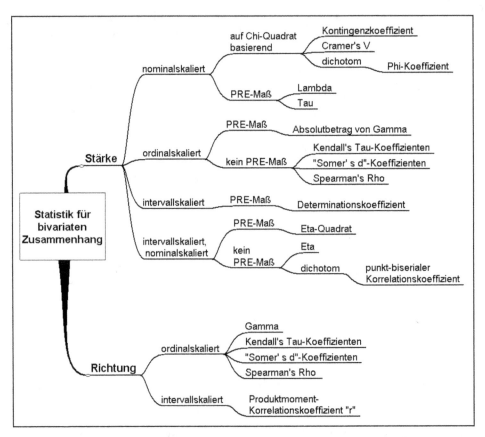

8.12 Statistiken zur Beschreibung eines bivariaten Zusammenhangs

Soll eine Aussage über die statistische Beziehung zweier Merkmale gemacht werden, für die im Hinblick auf ihr jeweiliges Skalenniveau keine Statistik vorgestellt wird, so lässt sich in jedem Fall eine Ebene für eine gemeinsame Analyse finden, indem man ein intervallskaliertes Merkmal als nur ordinalskaliert oder aber ein ordinalskaliertes Merkmal als nur nominalskaliert ansieht. Allerdings ist ein derartiges Vorgehen damit verbunden, dass der Informationsgehalt der Daten nicht mehr vollständig berücksichtigt werden kann.

KAPITEL 9

DIE STÄRKE DES STATISTISCHEN ZUSAMMENHANGS BEI NOMINALSKALIERTEN MERKMALEN

9.1 Der Chi-Quadrat-Koeffizient

Um beurteilen zu können, in wie weit die Beziehung zweier *nominalskalierter* Merkmale von der statistischen Unabhängigkeit abweicht, kann die Kontingenz-Tabelle, die die *beobachteten Häufigkeiten* enthält, mit einer ihr zugeordneten *Indifferenz-Tabelle* verglichen werden. Diese Tabelle enthält die *erwartete bivariate Häufigkeitsverteilung* für den Fall der *statistischen Unabhängigkeit*. Dabei basieren die Tabellenwerte auf der Annahme, dass die Marginalverteilungen der Kontingenz-Tabelle die tatsächlichen Verteilungen widerspiegeln!

Soll z.B. für die Kontingenz-Tabelle mit den Merkmalen "Abschalten" (Zeilen-Merkmal) und "Geschlecht" (Spalten-Merkmal)

		Geschlecht:		
		männlich	weiblich	
Abschalten:	stimmt	60	78	138 (= 60 + 78)
	stimmt nicht	63	45	108 (= 63 + 45)
		123 (=60+63)	123 (=78+45)	

Abbildung 9.1: beobachtete Häufigkeiten der Kontingenz-Tabelle

die zugehörige *Indifferenz-Tabelle* ermittelt werden, so lässt sich deren Form – unter Verwendung der Platzhalter "a", "b", "c" und "d" für die zugehörigen *erwarteten Häufigkeiten* (engl.: "expected frequencies") – wie folgt festlegen:

		Geschlecht:		
		männlich	weiblich	
Abschalten:	stimmt	a	b	138
	stimmt nicht	c	d	108
		123	123	

Abbildung 9.2: Struktur der zugehörigen Indifferenz-Tabelle

Die beiden Marginalverteilungen dieser Indifferenz-Tabelle sind durch die beobachteten Häufigkeiten der Kontingenz-Tabelle bestimmt. Im aktuellen Fall ist die Marginalverteilung des Merkmals "Geschlecht" gleichverteilt, da jede Ausprägung jeweils die Häufigkeit "123" besitzt.

Hinweis: Dieser Sachverhalt basiert auf dem Erhebungsdesign (siehe Kapitel 1) und der Tatsache, dass bei der Frage nach dem Abschaltverhalten jeweils zwei Schüler und zwei Schülerinnen keine Angaben gemacht haben.

Wegen der Unterstellung, dass beide Merkmale voneinander statistisch unabhängig sind, müssen die beiden Spalten-Konditionalverteilungen identisch sein und dürfen sich daher auch nicht von der Marginalverteilung des Zeilen-Merkmals unterscheiden. Somit müssen die relativen Häufigkeiten zeilenweise übereinstimmen, sodass die Platzhalter "a", "b", "c" und "d" die beiden folgenden Gleichungen erfüllen müssen:

$$\frac{a}{123} = \frac{b}{123} = \frac{138}{138+108} = \frac{138}{246} \qquad \frac{c}{123} = \frac{d}{123} = \frac{108}{138+108} = \frac{108}{246}$$

Für "a" ergibt sich daher: $a = \frac{138}{246} * 123 = \frac{138}{2} = 69$

Da eine entsprechende Auflösung nach "b", "c" und "d" zu den Ergebnissen

$$b = 69 \qquad c = 54 \qquad d = 54$$

führt, stellt sich die *Indifferenz-Tabelle* wie folgt dar:

Abschalten * Geschlecht Kreuztabelle

Erwartete Anzahl

		Geschlecht		Gesamt
		männlich	weiblich	
Abschalten	stimmt	69,0	69,0	138,0
	stimmt nicht	54,0	54,0	108,0
Gesamt		123,0	123,0	246,0

Abbildung 9.3: erwartete Häufigkeiten der Indifferenz-Tabelle

SPSS: Diese Tabelle lässt sich durch den CROSSTABS-Befehl in Verbindung mit dem Unterbefehl "CELLS=EXPECTED" in der folgenden Form anfordern:

```
CROSSTABS TABLES = abschalt BY geschl/CELLS=EXPECTED.
```

- Für den allgemeinen Fall einer rxc-Kontingenz-Tabelle ist der Quotient aus der erwarteten Häufigkeit einer Zelle und der Summe der absoluten Häufigkeiten der zu dieser Zelle zugehörigen Spalte ("Spaltensumme") gleich dem Quotienten aus der Summe der absoluten Häufigkeiten der zu dieser Zelle zugehörigen Zeile ("Zeilensumme") und der Gesamtsumme "n" aller absoluten Häufigkeiten in allen Zellen. Hieraus folgt für jede Zelle:

$$\text{erwartete Häufigkeit einer Zelle} \; = \; \frac{Zeilensumme \; * \; Spaltensumme}{n}$$

Um feststellen zu können, ob die beobachtete Beziehung von der statistischen Unabhängigkeit abweicht, wird die Kontingenz-Tabelle mit der ihr zugeordneten Indifferenz-Tabelle verglichen. Als Maßzahl dafür, ob und wie stark sich diese beiden Tabellen voneinander unterscheiden, wurde von dem englischen Statistiker

Pearson eine Statistik in Form des Koeffizienten **Chi-Quadrat** (χ^2, gesprochen: "chi-quadrat", engl.: "chi-square") festgelegt.

Hinweis: Karl Pearson (1857 - 1936) hat 1894 am "University College" in London erstmals die Statistik als eigenständiges Thema in einer Vorlesung behandelt.

Der **Chi-Quadrat-Koeffizient** – kurz *"Chi-Quadrat"* – ist als Quadratsumme der normierten Abweichungen der miteinander korrespondierenden Zellenhäufigkeiten in der Kontingenz-Tabelle und der zugehörigen Indifferenz-Tabelle bestimmt und daher wie folgt festgelegt:

$$\text{Chi-Quadrat} = \sum\nolimits_{alle\ Zellen} \frac{(f_b - f_e)^2}{f_e}$$

Dabei bezeichnet "f_b" eine innerhalb einer Zelle beobachtete absolute Häufigkeit und "f_e" die unter der Annahme der statistischen Unabhängigkeit zu *erwartende* Häufigkeit in dieser Zelle, d.h. die zu dieser Zelle korrespondierende absolute Häufigkeit innerhalb der Indifferenz-Tabelle. Es ist zu beachten, dass sämtliche Zellen der Kontingenz-Tabelle am Abgleich der beobachteten und der erwarteten Häufigkeiten beteiligt sind und dass der Wert von Chi-Quadrat stets größer oder gleich "0" ist.

Werden die absoluten Zellenhäufigkeiten einer beliebigen 2x2-Tabelle durch die in der Abbildung 9.2 angegebenen Platzhalter "a", "b", "c" und "d" gekennzeichnet, so reduziert sich die Berechnungsvorschrift für den Chi-Quadrat-Koeffizienten auf die folgende Form:

$$\text{Chi-Quadrat} = \frac{n*(a*d - b*c)^2}{(a+b)(c+d)(a+c)(b+d)}$$

Für eine beliebige rxc-Tabelle gilt der folgende Sachverhalt:

- Bei einer *totalen* statistischen *Unabhängigkeit* sind alle beobachteten Häufigkeiten gleich ihren erwarteten Häufigkeiten und daher ergibt sich in dieser Situation für *Chi-Quadrat* der Wert "0". Je mehr sich die beobachtete Kontingenz-Tabelle von der Indifferenz-Tabelle unterscheidet, desto *größer* wird *Chi-Quadrat*. Demzufolge lässt sich durch den *Chi-Quadrat-Koeffizienten* beschreiben, wie stark die Kontingenz-Tabelle von der Indifferenz-Tabelle abweicht.

Mit den Werten der oben angegebenen Kontingenz-Tabelle und der zugehörigen Indifferenz-Tabelle ergibt sich:

$$\text{Chi-Quadrat} = \frac{(60-69)^2}{69} + \frac{(78-69)^2}{69} + \frac{(63-54)^2}{54} + \frac{(45-54)^2}{54} \simeq 5,35$$

SPSS: Dieses Ergebnis lässt sich durch den CROSSTABS-Befehl – unter Einsatz des Unterbefehls "STATISTICS=CHISQ" – wie folgt abrufen:

```
CROSSTABS TABLES=abschalt BY geschl/STATISTICS=CHISQ.
```

9.2   Der Phi-Koeffizient für 2x2-Tabellen

Im Hinblick auf den soeben für Chi-Quadrat ermittelten Wert "5,35" stellt sich die Frage, ob aufgrund dieses Ergebnisses auf eine *starke* oder nur auf eine *schwache* statistische Abhängigkeit geschlossen werden kann.

Eine direkte Beantwortung dieser Frage ist nicht möglich, da Chi-Quadrat von der Tabellengröße und den jeweiligen Zellenhäufigkeiten abhängig ist. Diesen Sachverhalt verdeutlicht das folgende Beispiel:

Kontingenz-Tabelle: zugehörige Indifferenz-Tabelle:

5	3
1	3

4	4
2	2

Abbildung 9.4: Zellenhäufigkeiten vor der Verdopplung

Werden wiederum "a", "b", "c" und "d" als Platzhalter für die erwarteten Häufigkeiten der Indifferenz-Tabelle verwendet (siehe Abbildung 9.2), so ergeben sich die Werte "a=4", "b=4", "c=2" und "d=2" der Indifferenz-Tabelle aus den beiden folgenden Gleichungen:

$$\frac{a}{6} = \frac{b}{6} = \frac{8}{12} \qquad \frac{c}{6} = \frac{d}{6} = \frac{4}{12}$$

Mit diesen Werten errechnet sich der Chi-Quadrat-Koeffizient wie folgt:

$$\text{Chi-Quadrat} = \frac{(5-4)^2}{4} + \frac{(3-4)^2}{4} + \frac{(1-2)^2}{2} + \frac{(3-2)^2}{2} = 1,5$$

Eine Verdopplung der Zellenhäufigkeiten bewirkt den folgenden Sachverhalt:

Kontingenz-Tabelle: zugehörige Indifferenz-Tabelle:

10	6
2	6

8	8
4	4

Abbildung 9.5: Zellenhäufigkeiten nach der Verdopplung

Werden nämlich wiederum "a", "b", "c" und "d" als Platzhalter für die erwarteten Häufigkeiten der Indifferenz-Tabelle verwendet, so ergeben sich die Werte "a=8", "b=8", "c=4" und "d=4" der Indifferenz-Tabelle aus den beiden folgenden Gleichungen:

$$\frac{a}{12} = \frac{b}{12} = \frac{16}{24} \qquad \frac{c}{12} = \frac{d}{12} = \frac{8}{24}$$

Mit diesen Werten errechnet sich der Chi-Quadrat-Koeffizient wie folgt:

$$\text{Chi-Quadrat} = \frac{(10-8)^2}{8} + \frac{(6-8)^2}{8} + \frac{(2-4)^2}{4} + \frac{(6-4)^2}{4} = 3$$

Während sich der Wert des Chi-Quadrat-Koeffizienten durch die Verdopplung der

Zellenhäufigkeiten ebenfalls verdoppelt hat, bleiben die relativen bzw. prozentualen Häufigkeiten innerhalb der Kontingenz-Tabelle unverändert, sodass auch keine Änderung der bivariaten Verteilung und demzufolge auch keine Veränderung der statistischen Beziehung erfolgt ist. Wegen dieses Sachverhalts kann zur Bewertung der Stärke einer statistischen Beziehung nicht die Chi-Quadrat-Statistik selbst, sondern nur eine aus ihr abgeleitete Statistik herangezogen werden.

- Eine derartige Statistik sollte die Eigenschaft besitzen, dass ihre Werte nicht größer als "1" sind, d.h. sie sollte *normiert* sein.

  Hinweis: Um den oben beschriebenen Verdopplungs-Effekt zu vermeiden, muss offensichtlich die Anzahl der Merkmalsträger ("n") – in geeigneter Weise – in die Definition der Statistik, die die Stärke der jeweiligen statistischen Abhängigkeit beschreiben soll, einbezogen werden.

  Es gibt eine Vielzahl von Möglichkeiten, geeignete Maßzahlen zur Kennzeichnung des statistischen Zusammenhangs festzulegen. Im Folgenden werden diejenigen Statistiken vorgestellt, die sich zur Beschreibung der Stärke eines statistischen Zusammenhangs durchgesetzt haben.

Eine Möglichkeit der Normierung besteht darin, den errechneten Wert der Statistik "Chi-Quadrat" direkt auf die Gesamtzahl der Merkmalsträger zu beziehen. In dieser Hinsicht ist der Koeffizient **Phi** ("Φ", gesprochen: "phi") als positive Quadratwurzel aus dem Quotienten von Chi-Quadrat und der Anzahl der Merkmalsträger ("n") wie folgt als Statistik für 2x2-Tabellen festgelegt worden:

$$\text{Phi} = +\sqrt{\frac{Chi-Quadrat}{n}}$$

- Bei einer *totalen* statistischen Unabhängigkeit nimmt *Phi* den Wert "0" an und bei einer *totalen* statistischen Abhängigkeit errechnet sich der Phi-Koeffizient einer 2x2-Tabelle zum Wert "1". Dabei wird bei einer 2x2-Tabelle unter einer *totalen statistischen Abhängigkeit* der Sachverhalt verstanden, dass sich die beiden Konditionalverteilungen total unterscheiden, d.h. eine Diagonale der 2x2-Tabelle enthält nur Nullen.

Hinweis: Für beliebige Kontingenz-Tabellen, die nicht nur aus 2 Zeilen und 2 Spalten bestehen, ist die Berechnung der Statistik "Phi" *nicht* empfehlenswert, da Werte resultieren können, die größer als "1" sind. Der Phi-Koeffizient ist geeignet, mehrere 2x2-Partial-Tabellen daraufhin zu untersuchen, ob in den einzelnen Tabellen ähnliche statistische Beziehungen vorliegen.

Da als Chi-Quadrat-Koeffizient für die beiden Merkmale "Abschalten" und "Geschlecht" (siehe Abbildung 9.1) der Wert "5,35" ermittelt wurde, errechnet sich der Phi-Koeffizient wie folgt:

$$\text{Phi} = +\sqrt{\frac{5,35}{246}} \simeq 0,15$$

SPSS: Dieses Ergebnis lässt sich durch den CROSSTABS-Befehl – unter Einsatz des Unterbefehls "STATISTICS=PHI" – wie folgt abrufen:

```
CROSSTABS TABLES=abschalt BY geschl/STATISTICS=PHI.
```

Der Wert "0,15" weist auf eine *schwache* statistische Abhängigkeit zwischen den Merkmalen "Abschalten" und "Geschlecht" hin.

- Es gibt kein allgemein anerkanntes Kriterium, nach dem man eine Aussage treffen kann, ob der vorliegende statistische Zusammenhang "schwach" oder "stark" ist, da die Größe der jeweils verwendeten Statistik stets im jeweiligen Sachzusammenhang zu bewerten ist. Allerdings hat es sich eingebürgert, bei Statistiken, deren Werte nach oben und unten begrenzt sind, tendenzielle Hinweise auf die Stärke der Beziehung zu geben, wenn der jeweils ermittelte Wert in der Nähe dieser Grenzen oder relativ weit von diesen Grenzen entfernt ist.

Hinweis: Es gibt Vorschläge in der statistischen Fachliteratur, nach denen man die Größenordnung einer Statistik als Indiz für eine "geringe", "schwache", "mittelstarke" oder auch "starke" Abhängigkeit ansehen sollte. Da differenzierende Sprechweisen dieser Art, die auf einem derartigen einheitlichen Klassifikationsschema basieren, jedoch sehr problematisch sind, haben sich diesbezügliche Vorschläge nicht als Konventionen etabliert, nach denen man grundsätzlich verfahren kann. Aus diesem Grund wird an dieser Stelle keine Klassifikation von Größenordnungen statistischer Kennwerte angegeben.

Sofern eine inhaltliche Aussage über den untersuchten Sachverhalt auf der Basis einer Statistik gemacht werden soll, ist der Wert der Statistik kontextabhängig zu interpretieren, d.h. im Hinblick auf die jeweils untersuchte Fragestellung sowie im Rahmen des eingesetzten statistischen Verfahrens. Dabei muss das Rechenergebnis, das gemäß derjenigen Rechenvorschrift ermittelt wurde, durch die die Statistik vereinbart ist, in eine verbale Formulierung umgesetzt werden. Bei diesem Schritt ist grundsätzlich zu bedenken, dass das erhaltene Rechenergebnis sich als exakter Wert oder als ein Näherungswert ergibt, der durch eine Rundung von Nachkommastellen entsteht. Man darf deswegen nicht den Standpunkt einnehmen, dass ein Wert mit entsprechend vielen Nachkommastellen eine genauere Antwort auf die untersuchte Frage gibt. Wenn man ein Ergebnis in Form eines numerischen Wertes mitteilt, sollte man sich daher auf die Angabe weniger Nachkommastellen beschränken – zwei oder drei Stellen sind meist ausreichend, auch wenn vom Datenanalysesystem weitere Nachkommastellen angezeigt werden. Durch eine derartige Beschränkung weist man seine Kompetenz beim Einsatz des Werkzeugs "Statistik" aus, indem man nämlich nicht dem Trugschluss verfällt, dass ein genaueres Rechenergebnis eine größere Genauigkeit in der jeweiligen inhaltlichen Aussage bewirkt.

Hinweis: Wenn in diesem Buch an bestimmten Stellen von der angegebenen Empfehlung abgewichen wird, dann geschieht dies deswegen, weil Verweise auf Analyseergebnisse des IBM SPSS Statistics-Systems erfolgen oder Rechenvorgänge besser nachvollzogen werden können.

9.3 Der Koeffizient "Cramér's V" für rxc-Tabellen

Da der Phi-Koeffizient für rxc-Tabellen, die aus mehr als 2 Zeilen bzw. mehr als 2 Spalten bestehen, auch größere Werte als "1" annehmen kann, sollte dessen Berechnung auf 2x2-Tabellen beschränkt werden. Besitzt eine Kontingenz-Tabelle mehr als 2 Zeilen bzw. mehr als 2 Spalten, so kann die Stärke der statistischen Abhängigkeit durch den Koeffizienten **Cramér's V** beschrieben werden. Diese Statistik, deren Berechnung von dem Statistiker *Cramér* vorgeschlagen wurde, ist wie folgt festgelegt:

$$\text{Cramér's V} = +\sqrt{\frac{Chi-Quadrat}{n*min(r-1,c-1)}}$$

Der im Nenner angegebene Faktor "min(r-1,c-1)" ist gleich dem kleineren Wert der jeweils um "1" verminderten Zeilenzahl "r" und Spaltenzahl "c". Da Chi-Quadrat maximal den Wert "n * min(r-1,c-1)" annehmen kann, ist gesichert, dass der Quotient aus Chi-Quadrat und "n * min(r-1,c-1)" stets kleiner oder gleich "1" ist.

Hinweis: Für 2x2-Tabellen stimmt dieser Koeffizient mit dem Phi-Koeffizienten überein. Der Koeffizient "Cramér's V" ist geeignet, um mehrere rxc-Partial-Tabellen daraufhin zu untersuchen, ob in den einzelnen Tabellen ähnliche statistische Beziehungen vorliegen.

SPSS: Für die Zeilen-Variable Y und die Spalten-Variable X lässt sich "Cramér's V" durch den CROSSTABS-Befehl – unter Einsatz des Unterbefehls "STATISTICS=PHI" – wie folgt abrufen:
`CROSSTABS TABLES=Y BY X/STATISTICS=PHI.`

Für die in der Abbildung 8.7 angegebene Kontingenz-Tabelle mit den Merkmalen "Abschalten" und "Jahrgangsstufe" errechnet man für den Koeffizienten "Cramér's V" den Wert "0,047". Für die zugehörigen Partial-Tabellen im Hinblick auf die Einflussgröße "Geschlecht" (siehe Abbildung 8.8) erhält man "0,092" als Cramér's V-Koeffizient, sofern die statistische Abhängigkeit von "Abschalten" und "Jahrgangsstufe" für die Schüler gekennzeichnet wird, sowie den Wert "0,170", sofern die statistische Abhängigkeit für die Schülerinnen beschrieben wird. Der Vergleich der beiden Werte unterstreicht den bereits visuell erhaltenen Eindruck, dass das Merkmal "Geschlecht" einen spezifizierenden Interaktionseffekt ausübt.

9.4 Der Kontingenz-Koeffizient "C"

Als Alternative zum Koeffizienten "Cramér's V" lässt sich eine Statistik einsetzen, deren Berechnung für beliebige rxc-Tabellen vom englischen Statistiker *Pearson* vorgeschlagen wurde. Hierbei handelt es sich um den **Kontingenz-Koeffizienten "C"** (engl.: "contingency coefficient"), der gemäß der folgenden Vorschrift zu berechnen ist:

$$C = +\sqrt{\frac{Chi-Quadrat}{Chi-Quadrat + n}}$$

Zur Beschreibung der Stärke der statistischen Abhängigkeit zwischen den Merkmalen "Abschalten" und "Geschlecht" errechnet sich der Kontingenz-Koeffizient wie folgt:

$$C = +\sqrt{\tfrac{5,35}{5,35+246}} \simeq 0,15$$

SPSS: Dieses Ergebnis lässt sich durch den CROSSTABS-Befehl – unter Einsatz des Unterbefehls "STATISTICS=CC" – wie folgt abrufen:

```
CROSSTABS TABLES=abschalt BY geschl/STATISTICS=CC.
```

- Die Statistik "C" nimmt den Wert "0" an, sofern zwischen dem Zeilen- und dem Spalten-Merkmal eine *totale* statistische Unabhängigkeit besteht. Bei statistischer Abhängigkeit ist der Wert von "C" nach oben durch die Zahl "1" begrenzt. Allerdings wird dieser Wert bei einer 2x2-Tabelle im Falle einer *totalen* statistischen Abhängigkeit *nicht* angenommen.

Hinweis: Der maximal errechenbare Wert von "C" ist abhängig von der Zeilen- und Spaltenzahl der Tabelle.
Bei quadratischen Tabellen ist die Obergrenze stets "$\sqrt{\tfrac{r-1}{r}}$", wobei "r" die Zeilenzahl sowie die Spaltenzahl der Tabelle kennzeichnet.
"C" sollte nur beim Vergleich von Kontingenz-Tabellen mit *gleicher* Zeilen- und Spaltenzahl eingesetzt werden. Diese Situation ist bei der Untersuchung von Partial-Tabellen stets gegeben, da sämtliche Partial-Tabellen einer Kontingenz-Tabelle dieselbe Zeilen- und Spaltenzahl besitzen.

9.5 PRE-Maße

Der größte Nachteil bei den auf Chi-Quadrat basierenden Statistiken besteht darin, dass sie nicht geeignet interpretierbar sind, d.h. es gibt keine statistischen Modelle, innerhalb der sich ihre Aussagekraft veranschaulichen lässt.

Anders ist dies bei den Maßzahlen der *proportionalen Fehlerreduktion*, d.h. den *PRE-Maßen* (engl.: "proportional reduction in error measures"). Durch diese Statistiken lassen sich Verbesserungen in der Güte von *Prognosen* (Vorhersagen) beschreiben, die für ein **abhängiges** Merkmal auf der Basis eines **unabhängigen** Merkmals erreicht werden können.

Durch das Attribut "*abhängig*" wird dasjenige Merkmal gekennzeichnet, dessen Werte für die einzelnen Merkmalsträger zu prognostizieren sind. Dasjenige Merkmal, das in der Hoffnung, es würde zur Prognoseverbesserung beitragen, in die Prognose einbezogen wird, wird durch das Attribut "*unabhängig*" gekennzeichnet.

Grundlegend für die sich anschließende Darstellung ist das folgende **Gedankenexperiment**, das auf der Basis einer Kontingenz-Tabelle durchgeführt wird, bei der das Zeilen-Merkmal die Funktion des *abhängigen* Merkmals und das Spalten-Merkmal die Funktion des *unabhängigen* Merkmals besitzen soll:

- Für jeden Merkmalsträger ist – unter Unkenntnis des jeweils individuellen empirischen Sachverhalts – sein Wert, den er beim abhängigen Merkmal besitzt, möglichst gut zu prognostizieren. Dies soll – für jeden einzelnen Merkmalsträger – in Form eines 1. Prognosewerts (im Rahmen einer 1. Prognoserunde) und eines 2. Prognosewerts (im Rahmen einer 2. Prognoserunde) auf der Basis jeweils unterschiedlicher Kenntnisse geschehen, wobei die Rahmenbedingungen für die beiden Prognoserunden wie folgt festgelegt sind:

  – Für die 1. Prognoserunde darf allein die Marginalverteilung des Zeilen-Merkmals verwendet werden.

  – Für die 2. Prognoserunde ist zusätzlich die Kenntnis der bivariaten Verteilung in Form der gesamten Kontingenz-Tabelle zu nutzen.

- Anschließend ist die Gesamtzahl der *Prognosefehler* aus der 1. Prognoserunde mit der Gesamtzahl der Prognosefehler aus der 2. Prognoserunde zu vergleichen.

- Die (relative) Verringerung der Prognosefehler, die beim Übergang von der 1. zur 2. Prognoserunde erzielt wird, vermittelt einen Eindruck davon, wie gut sich vom unabhängigen Merkmal auf das abhängige Merkmal schließen lässt. Diese Reduktion der Prognosefehler kann somit als Ausdruck für die Intensität der *gemeinsamen Variation*, d.h. für die *Stärke* bzw. die *Schwäche* des statistischen Zusammenhangs, zwischen den beiden Merkmalen angesehen werden.

Hinweis: Entsprechende Gedankenexperimente lassen sich auch durchführen, wenn das Spalten-Merkmal das abhängige Merkmal und das Zeilen-Merkmal das unabhängige Merkmal verkörpern. Es ist nicht zwingend, eine *asymmetrische* Betrachtung durchzuführen. In manchen Fällen kann auch eine *symmetrische* Sicht eingenommen werden, indem man *simultane* Prognosen für das Zeilen- und das Spalten-Merkmal zum Gegenstand der Untersuchung macht (siehe unten).

Beim Einsatz eines PRE-Maßes wird der Sachverhalt der "statistischen Beziehung" somit unter der Sicht eines *Prognose-Modells* betrachtet. Diese Sicht steht im Gegensatz zum bisherigen Standpunkt, bei dem – unter Einsatz geeigneter Statistiken – die Stärke einer statistischen Abhängigkeit als in geeigneter Weise normierte Unterschiedlichkeit einer Kontingenz-Tabelle von der jeweils zugehörigen Indifferenz-Tabelle angesehen wurde.

Um innerhalb der 1. Prognoserunde, bei der die Ausprägungen des abhängigen Merkmals allein auf der Kenntnis der Zeilen-Marginalverteilung ermittelt werden, für alle Merkmalsträger – im Durchschnitt – den geringsten Prognosefehler zu begehen, liegt es nahe, den für die Verteilung *typischen* Wert vorherzusagen. Da bei einem nominalskalierten Merkmal der typische Wert durch den *Modus* bestimmt ist, wird für jeden Merkmalsträger *einheitlich* der *Modus* des Zeilen-Merkmals – aus dessen Marginalverteilung – als Prognosewert verwendet.

Somit wird z.B. auf der Basis der folgenden Kontingenz-Tabelle so vorgegangen, dass der Modus "stimmt" der Marginalverteilung von "Abschalten" (dieser Wert tritt 138 mal auf) für *sämtliche* 246 Merkmalsträger als Wert des Merkmals "Abschalten" prognostiziert wird:

		Geschlecht:		
		männlich	weiblich	
	stimmt	60	78	138
Abschalten:	stimmt nicht	63	45	108
		123	123	246

Abbildung 9.6: Basis der Berechnung von E_1 und E_2

- Allgemein lässt sich die Prognosegüte – für die 1. Prognose – durch den Wert eines Fehlermaßes "E_1" beschreiben, der mit der Anzahl der Merkmalsträger übereinstimmt, die einen vom Modus verschiedenen Wert besitzen.

Da sich bei der Prognose insgesamt 138 "Treffer" und 108 "Fehlprognosen" ergeben, wird für den Prognosefehler "E_1" der Wert "108" (246 - 138) erhalten.

Um diesen Fehler zu verringern, wird – im Rahmen einer 2. Prognoserunde – die Kenntnis der gemeinsamen Verteilung von "Abschalten" und "Geschlecht" verwendet. Da sich jetzt die Prognose davon abhängig machen lässt, ob der Wert eines Schülers oder aber der Wert einer Schülerin vorhergesagt werden soll, wird jeweils der *Modus* der betreffenden *Spalten-Konditionalverteilung* als typischer Wert dieser Konditionalverteilung zur Prognose verwendet.

Für einen Schüler wird – auf der Basis der in der Abbildung 9.6 angegebenen Kontingenz-Tabelle – somit die Antwort "stimmt nicht" (dies ist der Modus mit der zugehörigen Häufigkeit "63") und für eine Schülerin die Antwort "stimmt" (dies ist der Modus mit der zugehörigen Häufigkeit "78") prognostiziert.

- Als Wert des Fehlermaßes "E_2" – zur Kennzeichnung der Prognosefehler bei der 2. Prognose – wird die Summe derjenigen Merkmalsträger festgelegt, für die – auf der Basis der bivariaten Verteilung – eine falsche Prognose erfolgt. Es handelt sich hierbei um die Gesamtheit der Merkmalsträger, die in jeder der Spalten-Konditionalverteilungen einen vom jeweiligen Modus verschiedenen Wert besitzen.

Da im Beispiel für die Schüler 60 Fehlprognosen und für die Schülerinnen 45 Fehlprognosen erfolgen, ergibt sich für "E_2" der Wert "105" (60 + 45).

9.6   Das PRE-Maß "Lambda"

Um die Prognoseverbesserung zu bewerten, wurde von den englischen Statistikern *Goodman* und *Kruskal* die *relative* Verminderung des Vorhersagefehlers durch die Statistik **Lambda** (λ, gesprochen: "lambda") in der folgenden Form festgelegt:

$$\boxed{\text{Lambda} = \frac{E_1 - E_2}{E_1}}$$

Hinweis: Da "E_2" stets kleiner oder gleich "E_1" ist, ergibt die Differenz "$E_1 - E_2$" einen nicht-negativen Wert.

Dieser Quotient gibt die *relative* Verbesserung der Prognose an, falls die Prognose – entgegen der ursprünglichen Prognose auf der Basis der Marginalverteilung des Zeilen-Merkmals – auf der bivariaten Verteilung basiert. Je nachdem, wie gravierend dieser Informationszuwachs im Hinblick auf die Prognoseverbesserung – beim Übergang von der 1. zur 2. Prognoserunde – ist, besitzt das Spalten-Merkmal – im Sinne des Prognose-Modells – einen geringen bzw. einen größeren Einfluss auf das Zeilen-Merkmal.

Aus der Vereinbarung der Statistik "Lambda" ist unmittelbar abzulesen:

- Lambda nimmt nur Werte zwischen "0" und "1" an.

- Lambda errechnet sich zum Wert "0", wenn der Zähler des Quotienten gleich "0" ist, d.h. wenn die beiden Fehleranzahlen übereinstimmen. Dies ist dann der Fall, wenn die zusätzliche Kenntnis der gemeinsamen Verteilung bei der 2. Prognose nicht zur Verminderung der Prognosefehler aus der 1. Prognose führt. Dieser Sachverhalt kennzeichnet die *totale statistische Unabhängigkeit* im Sinne des Prognose-Modells.

- Lambda errechnet sich zum Wert "1", wenn der Zähler des Quotienten gleich "E_1" ist, d.h. wenn "E_2" gleich "0" ist. Dies ist dann der Fall, wenn die zusätzliche Kenntnis der gemeinsamen Verteilung dazu führt, dass sämtliche Prognosen bei der 2. Prognose zutreffen. Dieser Sachverhalt kennzeichnet die *totale statistische Abhängigkeit* im Sinne des Prognose-Modells.

Für das Beispiel errechnet sich der Wert der Statistik "Lambda" wie folgt:

$$Lambda = \frac{E_1 - E_2}{E_1} = \frac{108 - 105}{108} \simeq 0,03$$

SPSS: Dieses Ergebnis lässt sich durch den CROSSTABS-Befehl – unter Einsatz des Unterbefehls "STATISTICS=LAMBDA" – wie folgt abrufen:

```
CROSSTABS TABLES=abschalt BY geschl/STATISTICS=LAMBDA.
```

Somit ist der statistische Zusammenhang – im Sinne des PRE-Modells – zwischen dem abhängigen Merkmal "Abschalten" und dem unabhängigen Merkmal "Geschlecht" *sehr schwach*, d.h. die Kenntnis des jeweiligen Geschlechts hat nur einen ganz geringen Einfluss auf die Prognosegüte bei der Vorhersage der Ausprägungen des Merkmals "Abschalten". Bei der Prognose von "Abschalten" wird gegenüber der auf der Verteilung dieses abhängigen Merkmals allein basierenden Prognose eine Fehlerreduktion von nur 3% erzielt, falls die Information über die gemeinsame Verteilung beider Merkmale zusätzlich ausgewertet wird.

- Lambda muss stets im Sinne der proportionalen Fehlerreduktion interpretiert werden. In bestimmten Fällen kann es nämlich vorkommen, dass Lambda den Wert "0" annimmt, obwohl sich die Spalten-Konditionalverteilungen der Kontingenz-Tabelle unterscheiden.

Dies ist z.B. der Fall, wenn der statistische Zusammenhang zwischen dem (als abhängig angesehenen) Merkmal "Abschalten" und dem (als unabhängig aufgefassten) Merkmal "Jahrgangsstufe" untersucht wird. In dieser Situation ergibt sich die folgende Kontingenz-Tabelle, auf deren Basis sich Lambda zum Wert "0" und Chi-Quadrat zum Wert "0,544" errechnen:

Abschalten * Jahrgangsstufe Kreuztabelle

Anzahl

		Jahrgangsstufe			Gesamt
		11	12	13	
Abschalten	stimmt	57	53	28	138
	stimmt nicht	40	46	22	108
Gesamt		97	99	50	246

Abbildung 9.7: Kontingenz-Tabelle mit "Lambda = 0" und "Chi-Quadrat> 0"

SPSS: Diese Ergebnisse lassen sich durch den CROSSTABS-Befehl – unter Einsatz des Unterbefehls "STATISTICS=CHISQ LAMBDA" – wie folgt abrufen:

```
CROSSTABS TABLES=abschalt BY jahrgang/STATISTICS=CHISQ LAMBDA.
```

- Die Ungleichheit der beiden Maßzahlen unterstreicht, dass es sich jeweils um unterschiedliche Sichten des Prinzips des *gemeinsamen Variierens* handelt, die durch die jeweils zugehörigen Berechnungsvorschriften der Statistiken "Chi-Quadrat" und "Lambda" bestimmt werden.

Sofern es inhaltlich sinnvoll ist, lässt sich die Funktion des Zeilen-Merkmals und des Spalten-Merkmals bei der Berechnung von Lambda vertauschen, indem das Zeilen-Merkmal als unabhängiges Merkmal und das Spalten-Merkmal als abhängiges Merkmal aufgefasst wird. Da Lambda – in der bislang verwendeten Form – kein symmetrisches, sondern ein *asymmetrisches* Maß ist, ergibt sich im allgemeinen ein anderer Lambda-Wert.

Sofern in dem oben angegebenen Beispiel das Merkmal "Abschalten" als unabhängiges Merkmal und das Merkmal "Geschlecht" als abhängiges Merkmal angesehen wird (was aus inhaltlicher Sicht natürlich nicht sinnvoll ist), ergibt sich aus den Werten der Abbildung 9.6:

$$Lambda = \frac{123-(60+45)}{123} \simeq 0,15$$

Zusätzlich gibt es noch eine dritte, *symmetrische* Version des PRE-Maßes Lambda, die z.B. dann zum Einsatz gelangen kann, wenn sich jedes der beiden Merkmale – in inhaltlich sinnvoller Weise – sowohl als abhängiges als auch als unabhängiges

Merkmal auffassen lässt. Bei dieser symmetrischen Version wird die Vereinbarung der Fehleranzahlen "E_1" und "E_2" dadurch abgeändert, dass *gleichzeitig* für das Zeilen-Merkmal und das Spalten-Merkmal ein typischer Wert prognostiziert wird. Für unser Beispiel errechnen sich die Fehler "E_1" und "E_2" in diesem Fall zu:

$$E_1 = 108 + 123 = 231 \qquad E_2 = 60 + 45 + 60 + 45 = 210$$

Daher ergibt sich für die symmetrische Sichtweise:

$$Lambda = \frac{E_1 - E_2}{E_1} = \frac{231 - 210}{231} \simeq 0,09$$

9.7 Das PRE-Maß "Tau"

Für zwei nominalskalierte Merkmale lässt sich zur Beschreibung einer statistischen Beziehung ein weiteres PRE-Maß verwenden, das ebenfalls von Goodman und Kruskal vorgeschlagen wurde und den Namen *"Tau"* trägt. Genau wie beim PRE-Maß "Lambda" wird eine Aussage über das Ausmaß der proportionalen Fehlerreduktion für den Fall gemacht, dass die Ausprägungen des abhängigen Merkmals im Rahmen einer ersten und einer zweiten Prognoserunde vorhergesagt werden. Im Gegensatz zum PRE-Maß "Lambda" wird beim PRE-Maß "Tau" die Prognoseentscheidung jedoch *nicht mehr deterministisch*, sondern *zufallsbedingt* getroffen.

Wird das Zeilen-Merkmal der Kontingenz-Tabelle als abhängiges und das Spalten-Merkmal als unabhängiges Merkmal angesehen, so basiert die Prognose in der 1. Prognoserunde wiederum allein auf der Marginalverteilung des Zeilen-Merkmals. Die 2. Prognoserunde stützt sich wiederum auf die Spalten-Konditionalverteilungen, die durch die Ausprägungen des Spalten-Merkmals festgelegt sind.

- Um den Wert des PRE-Maßes **"Tau"** (τ, gesprochen: "tau") zu berechnen, werden die für die einzelnen Merkmalsträger zu prognostizierenden Werte durch einen Zufallsprozess ermittelt. Die jeweiligen Chancen für eine richtige Prognose sind in der ersten Prognoserunde durch die Prozentsätze der Zeilen-Marginalverteilung und in der zweiten Prognoserunde durch die Prozentsätze der jeweiligen Spalten-Konditionalverteilungen bestimmt.

Abschalten * Geschlecht Kreuztabelle

			Geschlecht		
			männlich	weiblich	Gesamt
Abschalten	stimmt	Anzahl	60	78	138
		% innerhalb von Geschlecht	48,8%	63,4%	56,1%
	stimmt nicht	Anzahl	63	45	108
		% innerhalb von Geschlecht	51,2%	36,6%	43,9%
Gesamt		Anzahl	123	123	246
		% innerhalb von Geschlecht	100,0%	100,0%	100,0%

Abbildung 9.8: Kontingenz-Tabelle für "Abschalten" und "Geschlecht"

Das Verfahren wird – genau wie beim PRE-Maß "Lambda" – beispielhaft am Zeilen-Merkmal "Abschalten" und am Spalten-Merkmal "Geschlecht" erläutert, sodass die Kontingenz-Tabelle aus der Abbildung 9.8 zugrunde zu legen ist.

Die Chance, dass für einen Merkmalsträger in der 1. Prognoserunde die Ausprägung "stimmt" prognostiziert wird, ist gleich "138/246". Dieser Wert entspricht dem Prozentsatz "56,1%". Für die 138 Fälle, die tatsächlich mit "stimmt" geantwortet haben, sind demnach "0, 561 ∗ 138" korrekte Prognosen zu erwarten. Entsprechend sind für die 108 Merkmalsträger, die tatsächlich mit "stimmt nicht" geantwortet haben, demnach "0, 439 ∗ 108" ("(108/246) ∗ 108") korrekte Vorhersagen zu erwarten. Daher errechnet sich der Prognosefehler "E_1" in der ersten Prognoserunde wie folgt:

$$E_1 = 246 - 0, 561 * 138 - 0, 439 * 108 \simeq 246 - 77, 42 - 47, 41 \simeq 121, 17$$

In der 2. Prognoserunde sind auf der Basis der 1. Spalten-Konditionalverteilung bei 48,8% von 60 Fällen sowie bei 51,2% von 63 Fällen und auf der Basis der 2. Spalten-Konditionalverteilung bei 63,4% von 78 Fällen sowie bei 36,6% von 45 Fällen korrekte Prognosen zu erwarten. Der Prognosefehler "E_2" ergibt sich daher wie folgt:

$$E_2 = 246 - (0, 488 * 60 + 0, 512 * 63 + 0, 634 * 78 + 0, 366 * 45)$$
$$\simeq 246 - 29, 28 - 32, 256 - 49, 452 - 16, 47 \simeq 118, 542$$

Der Wert des PRE-Maßes "Tau" errechnet sich daher in der folgenden Form:

$$\frac{E_1 - E_2}{E_1} = \frac{121, 17 - 118, 542}{121, 17} \simeq 0, 022$$

Für den Fall, dass das Spalten-Merkmal "Geschlecht" als abhängiges Merkmal aufgefasst wird, nimmt die Statistik "Tau" ebenfalls den Wert "0,022" an. Dieser Sachverhalt wird vom IBM SPSS Statistics-System zusammen mit den drei errechneten Lambda-Werten innerhalb der folgenden Tabelle angezeigt:

Richtungsmaße

			Wert	Asymptotischer Standardfehler a	Näherungsweises T b	Näherungsweise Signifikanz
Nominal- bzgl. Nominalmaß	Lambda	Symmetrisch	,091	,082	1,078	,281
		Abschalten abhängig	,028	,101	,271	,787
		Geschlecht abhängig	,146	,088	1,540	,124
	Goodman-und-Kruskal-Tau	Abschalten abhängig	,022	,019		,021 c
		Geschlecht abhängig	,022	,019		,021 c

a. Die Null-Hyphothese wird nicht angenommen.

b. Unter Annahme der Null-Hyphothese wird der asymptotische Standardfehler verwendet.

c. Basierend auf Chi-Quadrat-Näherung

Abbildung 9.9: Anzeige der Lambda- und Tau-Werte

SPSS: Dieses Ergebnis lässt sich durch den CROSSTABS-Befehl – unter Einsatz des Unterbefehls "STATISTICS=LAMBDA" – wie folgt abrufen:

```
CROSSTABS TABLES=abschalt BY geschl/STATISTICS=LAMBDA.
```

KAPITEL 10

DIE STÄRKE DES STATISTISCHEN ZUSAMMENHANGS BEI ORDINALSKALIERTEN MERKMALEN

10.1 Konkordante und diskordante Paare

Um die Stärke des statistischen Zusammenhangs zwischen zwei *ordinalskalierten* Merkmalen zu beschreiben, können ebenfalls auf Chi-Quadrat basierende Statistiken oder auch Lambda- bzw. Tau-Maße berechnet werden. In diesem Fall sind die gleichen Rechnungen wie bei nominalskalierten Merkmalen durchzuführen. Dabei ist zu berücksichtigen, dass bei der Berechnung des Lambda-Wertes wiederum der jeweilige Modus – und nicht der Median – als Prognosewert gewählt wird.

Grundsätzlich möchte man bei ordinalskalierten Merkmalen jedoch das gegenüber einer Nominalskala höhere Skalenniveau nutzen. In dieser Hinsicht erscheint es im Falle eines statistischen Zusammenhangs wünschenswert, dass man sich nicht nur die Stärke, sondern auch die *Richtung* einer statistischen Abhängigkeit auf der Basis der folgenden Fragestellung diskutieren kann:

- Liegen die Ordnungsbeziehungen zwischen Merkmalsträgern bei dem einen Merkmal überwiegend genauso vor wie bei dem anderen Merkmal?

Die Diskussion soll dahingehend erfolgen, dass individuelle *Paare von Merkmalsträgern* geprüft und Aussagen im Hinblick auf die *gemeinsame Variation* durch die Beantwortung der folgenden Fragestellung gewonnen werden:

- Sind die Ordnungsbeziehungen von je zwei Merkmalsträgern bei zwei Merkmalen X und Y – bei der Untersuchung sämtlicher Paare von Merkmalsträgern – überwiegend unterschiedlich oder überwiegend gleichartig?

Um Fragen dieser Art beantworten zu können, ist es nützlich, ein *Paar von Merkmalsträgern* formal kennzeichnen zu können. Daher wird ein Paar, das aus den Merkmalsträgern "A" und "B" besteht, in der Form "[A,B]" oder in der Form "[B,A]" angegeben. Die Reihenfolge, in der die beiden Merkmalsträger genannt werden, ist unwesentlich. Beide Angaben sind Schreibweisen für ein und dasselbe Paar von Merkmalsträgern.

Hinweis: Betrachtet man eine Gruppe von "n" Merkmalsträgern, so lassen sich insgesamt " $\frac{n*(n-1)}{2}$ " verschiedene Paare von Merkmalsträgern bilden.
Zum Beispiel sind "[A,B]", "[A,C]" und "[B,C]" die möglichen Merkmalspaare, sofern im Fall "n=3" die Gruppe aus den Merkmalsträgern "A", "B" und "C" besteht.

Zum Beispiel kann man sich dafür interessieren, ob für die *Mehrheit* aller Paare von Schülern und Schülerinnen gilt, dass die Ordnungsbeziehung, die für die Merkmalsträger eines Paares beim Merkmal "Begabung" besteht, auch auf das Merkmal "Schulleistung" *übertragbar* ist. Wenn dieser Sachverhalt vorliegt, lässt sich in der überwiegenden Zahl der Fälle Folgendes schlussfolgern:
Besitzt ein Merkmalsträger "A" bei "Begabung" einen höheren Wert (z.B. den Wert "3") als ein Merkmalsträger "B" (z.B. den Wert "1"), so hat "A" auch beim Merkmal "Schulleistung" einen höheren Wert als "B".

- Im Hinblick auf die Thematik, wie viele der Ordnungsbeziehungen zwischen zwei Merkmalsträgern beim Übergang vom einen zum anderen Merkmal erhalten bleiben, spricht man dann von einer *totalen* **statistischen Unabhängigkeit**, wenn sich – beim Übergang von dem einen Merkmal zu dem anderen Merkmal – die Ordnungsbeziehungen bei der einen Hälfte aller möglichen Paare ändern und bei der anderen Hälfte gleich bleiben.

  Eine **positive** statistische Abhängigkeit lässt sich dann feststellen, wenn die Ordnungsbeziehungen *überwiegend* erhalten bleiben. Umgekehrt liegt eine **negative** statistische Abhängigkeit dann vor, wenn sich die Ordnungsbeziehungen *überwiegend* umkehren. Von einem *totalen* **statistischen Zusammenhang** wird dann gesprochen, wenn *sämtliche* Ordnungsbeziehungen sich umkehren bzw. erhalten bleiben.

Bei der nachfolgenden Erörterung von Ordnungsbeziehungen stehen zunächst nur diejenigen Paare von Merkmalsträgern im Vordergrund der Betrachtung, bei denen die zu einem Paar gehörenden Merkmalsträger **keine Bindung** in den beiden Merkmalen X und Y besitzen.

- Merkmalsträger besitzen dann eine **Bindung** (engl.: "tie") in einem Merkmal ("sie sind in einem Merkmal gebunden"), wenn ihre Werte in diesem Merkmal übereinstimmen.

Liegen z.B. für die Merkmalsträger "A", "B", "C" und "D" Daten in der Form

	A	B	C	D
Schulleistung:	5	3	3	3
Lehrerurteil:	8	7	8	9

vor, so sind "B" und "D", "C" und "D" sowie "B" und "C" im Merkmal "Schulleistung" und "A" und "C" im Merkmal "Lehrerurteil" gebunden.

Als mögliche Ordnungsbeziehungen innerhalb eines Paares zweier Merkmalsträger "M_1" und "M_2" können – im Hinblick auf die jeweilige Situation bei den beiden Merkmalen X und Y – die folgenden Konstellationen auftreten, sofern "M_1" und "M_2" in den Merkmalen X und Y *nicht* gebunden sind:

- "M_1" und "M_2" bilden ein **konkordantes** Paar (engl.: "concordant pair"). Dies bedeutet, dass die Ordnungsbeziehungen zwischen "M_1" und "M_2" bei beiden Merkmalen *gleichgerichtet* sind, d.h. "M_1" besitzt in beiden Merkmalen einen höheren oder in beiden Merkmalen einen niedrigeren Wert als "M_2".

- "M_1" und "M_2" bilden ein **diskordantes** Paar (engl.: "discordant pair"), d.h. es liegt für "M_1" und "M_2" bei dem einen Merkmal eine *entgegengesetzt* gerichtete Beziehung vor wie bei dem anderen Merkmal.

Zum Beispiel handelt es sich in der oben angegebenen Situation bei "[A,B]", d.h. bei dem Paar mit den Merkmalsträgern "A" und "B", um ein konkordantes Paar und bei "[A,D]" um ein diskordantes Paar von Merkmalsträgern. Es gilt nämlich:

	A		B		A		D
Schulleistung:	5	>	3	Schulleistung:	5	>	3
Lehrerurteil:	8	>	7	Lehrerurteil:	8	<	9

Bei einer geringen Anzahl von Merkmalsträgern lässt sich die Konkordanz bzw. Diskordanz von Paaren aus einem **Profil-Diagramm** ablesen. In dieser Grafik wird jeder Merkmalsträger durch ein *Profil* in Form eines Strichs beschrieben, dessen Enden die beiden Werte kennzeichnen, die der Merkmalsträger bei den beiden Merkmalen X und Y besitzt.

Zum Beispiel lässt sich der oben angegebene Sachverhalt für die vier Merkmalsträger "A", "B", "C" und "D" durch die vier in der folgenden Abbildung dargestellten Profile beschreiben.

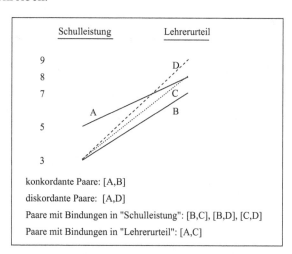

Abbildung 10.1: Profil-Diagramm mit 4 Profilen

- Generell liegt immer dann ein *diskordantes* Paar (*konkordantes* Paar) von Merkmalsträgern vor, wenn sich die jeweils zugehörigen Profile der betreffenden Merkmalsträger (*nicht*) kreuzen.

Für den Fall sehr vieler Merkmalsträger verdeutlicht das folgende Schaubild beispielhaft, welche Profilverläufe bei welchen Sachverhalten zu beobachten sind:

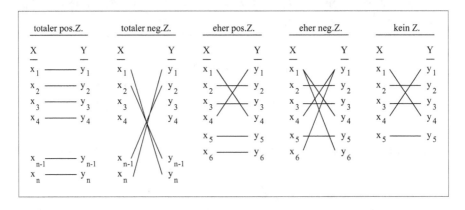

Abbildung 10.2: unterschiedliche Formen von Profil-Diagrammen

Hinweis: Es wird unterstellt, dass sich in diesen Fällen sowohl alle Werte von X als auch alle Werte von Y unterscheiden und dass sämtliche Werte – gemäß den angegebenen Indizes – jeweils aufsteigend geordnet sind.

Zur Diskussion der Stärke und der Richtung einer statistischen Abhängigkeit sind die Anzahlen der konkordanten und der diskordanten Paare zu ermitteln.

Bezeichnet man mit "N_c" die Anzahl der konkordanten Paare und mit "N_d" die Anzahl der diskordanten Paare, so lassen sich auf der Basis der oben angegebenen Verabredungen die folgenden Aussagen treffen:

- Eine *totale statistische Unabhängigkeit* liegt im Fall "$N_c = N_d$" vor.

- Eine *positive* Abhängigkeit besteht dann, wenn gilt: "$N_c > N_d$".

- Eine *negative* Abhängigkeit liegt dann vor, wenn gilt: "$N_c < N_d$".

	Merkmal 2:		
		1	2
Merkmal 1: 1		2	3
		1	2

$N_c = 2 * 2 = 4$: konkordante Paare
$N_d = 3 * 1 = 3$: diskordante Paare

zugehörige Merkmalsträger:

		1	2
	1	A, B	E, F, G
	2	H	C, D

Abbildung 10.3: Bestimmung von "N_c" und "N_d"

Für die in dieser Abbildung dargestellte 2x2-Tabelle lässt sich die Anzahl der konkordanten ("$N_c = 4$") und diskordanten Paare ("$N_d = 3$") wie folgt ermitteln:

Da zwei Merkmalsträger (bezeichnet mit "A" und "B") in dem Zeilen- und in dem Spalten-Merkmal den Wert "1" und zwei andere Merkmalsträger ("C" und "D") in diesen beiden Merkmalen den Wert "2" besitzen, handelt es sich bei den Paaren "[A,C]", "[A,D]", "[B,C]" und "[B,D]" sämtlich um konkordante Paare.

Da drei Merkmalsträger (bezeichnet mit "E", "F" und "G") in dem Zeilen-Merkmal den Wert "1" und in dem Spalten-Merkmal den Wert "2" sowie ein weiterer Merk-malsträger (bezeichnet mit "H") in dem Zeilen-Merkmal den Wert "2" und in dem Spalten-Merkmal den Wert "1" besitzen, handelt es sich bei den Paaren "[E,H]", "[F,H]" und "[G,H]" sämtlich um diskordante Paare.

- Für 2x2-Tabellen ergibt sich "N_c" durch die Multiplikation der beiden Häufigkeiten innerhalb der *Hauptdiagonalen*, d.h. der Diagonalen "von links oben nach rechts unten". Entsprechend erhält man "N_d" als Produkt der Häufigkeiten innerhalb der *Nebendiagonalen*, d.h. der Diagonalen "von rechts oben nach links unten".

Exemplarisch für das generelle Vorgehen soll die folgende durch eine 3x3-Tabelle beschriebene bivariate Verteilung (auf der Basis aller 250 Merkmalsträger) der *klassierten* Merkmale "Schulleistung" und "Lehrerurteil" betrachtet werden:

	Lehrerurteil:			
		schlecht	durchschnittlich	gut
	schlecht	4	11	2
Schulleistung:	durchschnittlich	6	146	20
	gut	0	22	39

Abbildung 10.4: Kontingenz-Tabelle von "Schulleistung" und "Lehrerurteil"

Um die konkordanten Paare zu ermitteln, wird schrittweise – beginnend mit der 1. Zelle innerhalb der 1. Zeile – jeder Zelleninhalt mit der rechts unterhalb angesie-delten Teil-Tabelle in Beziehung gesetzt, sodass sich das folgende Muster ergibt:

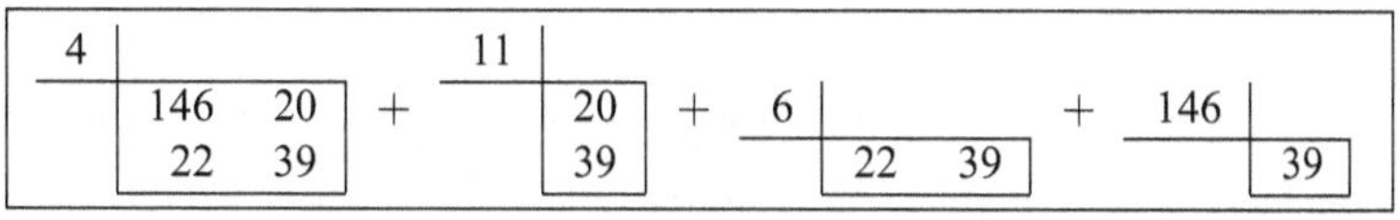

Abbildung 10.5: Schema zur Bestimmung von "N_c"

Da die einzelnen Musterelemente den "Charakter der Hauptdiagonalen einer 2x2-Tabelle" haben, ergibt sich die Anzahl der konkordanten Paare pro Musterelement durch die Multiplikation der "Zahl links oben" mit der Summe der "Zahlen rechts unten". Um "N_c" zu erhalten, sind die resultierenden Produkte zu summieren. Daraus ergibt sich:

$$N_c = 4*(146+20+22+39)+11*(20+39)+6*(22+39)+146*(39) = 7617$$

Um die diskordanten Paare zu ermitteln, wird schrittweise – beginnend mit der 2. Zelle innerhalb der 1. Zeile – jeder Zelleninhalt mit der links unterhalb angesiedelten Teil-Tabelle in Beziehung gesetzt, sodass sich das folgende Muster ergibt:

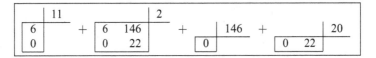

Abbildung 10.6: Schema zur Bestimmung von "N_d"

Da die einzelnen Musterelemente den "Charakter der Nebendiagonalen einer 2x2-Tabelle" haben, ergibt sich die Anzahl der diskordanten Paare pro Musterelement durch die Multiplikation der "Zahl rechts oben" mit der Summe der "Zahlen links unten". Um "N_d" zu erhalten, sind die resultierenden Produkte zu summieren:

$$N_d = 11 * (6 + 0) + 2 * (6 + 146 + 0 + 22) + 146 * (0) + 20 * (0 + 22) = 854$$

Wegen "$N_d = 854 < 7617 = N_c$" liegt eine *positive* statistische Abhängigkeit zwischen den klassierten Merkmalen "Lehrerurteil" und "Schulleistung" vor.

10.2   Die Statistik "Gamma"

Wenn die Existenz einer statistischen Abhängigkeit beobachtet wird, ist es – genau wie bei der statistischen Abhängigkeit von zwei nominalskalierten Merkmalen – von Interesse, eine Einschätzung von der Art dieser Abhängigkeit zu erhalten. Im Hinblick auf diese Zielsetzung wurde von den Statistikern *Goodman* und *Kruskal* mit Hilfe der Größen "N_c" und "N_d" die Statistik **Gamma** (γ, gesprochen: "gamma") in der folgenden Form festgelegt:

$$Gamma = \frac{N_c - N_d}{N_c + N_d}$$

- Gamma kennzeichnet die *Richtung* der statistischen Beziehung und kann Werte zwischen "-1" und "$+1$" annehmen.

- Besteht ein positiver statistischer Zusammenhang, so überwiegen die konkordanten Paare, sodass Gamma einen positiven Wert besitzt. Sofern eine negative statistische Abhängigkeit besteht, sind die diskordanten Paare in der Überzahl, sodass Gamma einen negativen Wert annimmt.

- Sind *keine* diskordanten Paare vorhanden, so besitzt Gamma den Wert "$+1$" und es besteht ein *totaler* positiver statistischer Zusammenhang.
Liegt dagegen ein *totaler* negativer statistischer Zusammenhang vor, so existieren *keine* konkordanten Paare und folglich hat Gamma den Wert "-1".

- Ist die Anzahl der konkordanten Paare gleich der Anzahl der diskordanten Paare, d.h. liegt eine *totale* statistische *Unabhängigkeit* vor, so nimmt Gamma den Wert "0" an.

Für das obige Beispiel errechnet sich wie folgt eine *positive* statistische Abhängigkeit zwischen den klassierten Merkmalen "Schulleistung" und "Lehrerurteil":

$$Gamma = \frac{7617 - 854}{7617 + 854} = \frac{6763}{8471} \simeq 0,798$$

SPSS: Der Wert von Gamma lässt sich für die beiden Variablen X und Y wie folgt abrufen:
CROSSTABS TABLES=Y BY X/STATISTICS=GAMMA.

Hinweis: Die Berechnung von Gamma ist auf der Basis von *klassierten* Werten der Merkmale "Schulleistung" und "Lehrerurteil" erfolgt. Dies ist allein deswegen geschehen, um die Berechnung der Statistik übersichtlich darstellen zu können. Der mit der Klassierung einhergehende Informationsverlust ist in diesem Fall bewusst in Kauf genommen worden. Zur Ermittlung von Gamma sind die folgenden Befehle zu verwenden:
```
TEMPORARY.
RECODE leistung urteil (1 2 3=1)(4 5 6=2)(7 8 9=3).
CROSSTABS TABLES=leistung BY urteil/STATISTICS=GAMMA.
```

Wäre Gamma auf der Basis der *nicht* klassierten Werte der Merkmale "Schulleistung" und "Lehrerurteil" errechnet worden, so hätte sich für Gamma der Wert "0,649" ergeben. Dieser Wert ist kleiner als der Wert "0,798", da die Anzahl der Paare mit Bindungen geringer und somit der Nenner "$N_c + N_d$" – innerhalb der Berechnungsvorschrift für Gamma – größer ist. Die Klassierung von Werten ist eine beliebte Möglichkeit, um den Wert von Gamma *künstlich* zu vergrößern. Diesen Tatbestand sollte man bedenken, wenn man über Auswertungsergebnisse informiert wird, die "gewichtige" statistische Zusammenhänge belegen.

Genau wie für das PRE-Maß "Lambda" lässt sich der *Absolutbetrag* von Gamma im Rahmen eines PRE-Modells erklären. In diesem Fall werden jedoch nicht einzelne Merkmalsausprägungen prognostiziert, sondern es werden Vorhersagen über Ordnungsbeziehungen von Merkmalsträgern getroffen. Auf der Basis der Kenntnis, in welcher Beziehung zwei Merkmalsträger bei einem der beiden Merkmale stehen, wird im Rahmen einer 1. und 2. Prognoserunde – auf der Basis jeweils unterschiedlicher Prognoseregeln – vorhergesagt, wie die Beziehung der beiden Merkmalsträger bei dem jeweils anderen Merkmal aussieht. Dabei wird keines der beiden Merkmale gegenüber dem anderen hervorgehoben, sondern die Betrachtung erfolgt *symmetrisch*, d.h. in gleichberechtigter Form.

- Das PRE-Modell, in dessen Rahmen sich der *Absolutbetrag* von Gamma als PRE-Maß erklären lässt, basiert darauf, dass *allein* Vergleiche von Merkmalsträgern diskutiert werden, für die *keine Bindungen* vorliegen.

Basis für die Prognosen im PRE-Modell sind *geordnete Paare* "(A,B)" von Merkmalsträgern "A" und "B", bei denen die Reihenfolge, in der die Merkmalsträger angegeben werden, von Bedeutung ist. Jedem Paar "[A,B]" lassen sich somit zwei geordnete Paare "(A,B)" und "(B,A)" zuordnen.

Hinweis: Um hervorzuheben, dass ein Paar *geordnet* ist, werden runde Klammern "()" verwendet. Während "[A,B]" sowie "[B,A]" ein und dasselbe Paar bezeichnen, ist das geordnete Paar "(A,B)" von dem geordneten Paar "(B,A)" verschieden.

Innerhalb der ersten Prognoserunde soll die Ordnungsbeziehung jeweils zweier Merkmalsträger, die in keinem der beiden Merkmale X und Y gebunden sind, bzgl. jedes der beiden Merkmale bestmöglich prognostiziert werden – ohne dass auf die Kenntnis der gemeinsamen Verteilung der beiden Merkmale zurückgegriffen wird. Diese Prognose soll so erfolgen, dass für die Gesamtheit der betrachteten geordneten Paare von Merkmalsträgern, die weder in X noch in Y gebunden sind, der insgesamt resultierende Prognosefehler am geringsten ausfällt. Da eine einzelne Prognose durch keine vorliegende Information gestützt werden kann, lässt sich durch eine geeignet gewählte Prognoseregel höchstens erreichen, dass man bei der Hälfte aller Vorhersagen einen Treffer erzielt und bei der anderen Hälfte einen Prognosefehler begeht.

Es wird eine deterministisch ausgerichtete Prognoseregel zugrunde gelegt und auf der Grundlage, dass nur Paare von Merkmalsträgern betrachtet werden, die weder in X noch in Y gebunden sind, in der 1. Prognoserunde wie folgt verfahren:
Für ein *geordnetes Paar* "(A,B)" von Merkmalsträgern "A" und "B" wird – unabhängig davon, ob die Prognose für die Beziehung bzgl. X oder bzgl. Y erfolgen soll – als Beziehung zwischen "A" und "B" die Gültigkeit von "A < B" prognostiziert. Die Prognoseregel legt somit das folgende Vorgehen fest:

- Für zwei Merkmalsträger, die in Form eines geordneten Paares fixiert werden, wird die vermeintliche Ordnungsbeziehung bezüglich des Merkmals X bzw. des Merkmals Y *einheitlich* jeweils wie folgt vorausgesagt:
  Der innerhalb des *geordneten Paares* jeweils *zuerst* angegebene Merkmalsträger besitzt die *kleinere* Merkmalsausprägung.

Für jedes *geordnete Paar* "(A,B)" von Merkmalsträgern "A" und "B", für die *keine* Bindung vorliegt, ist daher erkennbar:

- Gilt für das betreffende Merkmal tatsächlich "A > B", so ergibt sich für "(A,B)" eine Fehlprognose und für "(B,A)" eine richtige Prognose.
  Gilt dagegen für das betreffende Merkmal tatsächlich "A < B", so ergibt sich für "(A,B)" eine richtige und für "(B,A)" eine falsche Prognose.

Sofern z.B. für das Merkmal X die Beziehungen "$A < B < C$" und für das Merkmal Y die Beziehungen "$C < A < B$" gelten, lässt sich für die möglichen Paare von Merkmalsträgern der innerhalb der Abbildung 10.7 dargestellte Sachverhalt feststellen.

Generell gilt für jedes Paar "[A,B]" – sei es konkordant oder diskordant – für die 1. Prognoserunde:

- Wird für das *geordnete Paar* "(A,B)" bei der Prognose für eines der beiden Merkmale ein "Treffer" erzielt, so ergibt sich bei der Vorhersage für das *geordnete Paar* "(B,A)" ein *Prognosefehler*.

diskordante Paare: konkordantes Paar:		[A,B]	[A,C]		[B,C]	
geordnetes Paar, für das eine Prognose erfolgt:	(A,B)	(B,A)	(A,C)	(C,A)	(B,C)	(C,B)
Prognose für das Merkmal Y:	A < B	B < A	A < C	C < A	B < C	C < B
Bewertung:	richtig	falsch	falsch	richtig	falsch	richtig
Prognose für das Merkmal X:	A < B	B < A	A < C	C < A	B < C	C < B
Bewertung:	richtig	falsch	richtig	falsch	richtig	falsch

Abbildung 10.7: Bewertung von Prognosen

Insgesamt gibt es "$N_c + N_d$" Paare ohne Bindungen und somit "$2 * (N_c + N_d)$" *geordnete Paare* ohne Bindungen. Für diese *geordneten Paare* ergeben sich in der Hälfte aller Prognosen richtige Vorhersagen und in der anderen Hälfte aller Fälle Fehlprognosen. Der gesamte Fehler "E_1" der 1. Prognoserunde besitzt somit die folgende Form:

- $E_1 = N_c + N_d$

Um eine Vorsageverbesserung durch die Kenntnis der gemeinsamen Verteilung beider Merkmale herbeizuführen, wird die Regel für die 2. Prognose – für die *geordneten Paare* ohne Bindungen – wie folgt festgelegt:

- Ist "N_c" *größer* als "N_d", so wird für das betreffende Merkmal die *gleiche* Ordnungsbeziehung für die beiden Merkmalsträger prognostiziert, wie sie für das jeweilige *geordnete Paar* beim anderen Merkmal vorliegt. Ist dagegen "N_c" *kleiner oder gleich* "N_d", so wird die gegenläufige Ordnungsbeziehung vorhergesagt.

Erfolgt die Vorhersage für die 2. Prognoserunde gemäß dieser Prognoseregel, so ergibt sich:

$$\frac{E_1 - E_2}{E_1} = |\frac{N_c - N_d}{N_c + N_d}| = |\gamma|$$

Diese Gleichung basiert auf folgenden Sachverhalten:

- Ist die Ungleichung "$N_c > N_d$" erfüllt, so wird auf der Basis der Ordnungsbeziehung, die für das 1. Merkmal gilt, für das 2. Merkmal eine gleichgerichtete Ordnungsbeziehung prognostiziert. Für je zwei Merkmalsträger "A" und "B", für die "[A,B]" ein diskordantes Paar darstellt, erfolgt somit für "(A,B)" als auch für "(B,A)" eine Fehlprognose. Da es "N_d" diskordante Paare und damit "$2 * N_d$" zugehörige geordnete Paare gibt, erhält man insgesamt "$2 * N_d$" Fehlprognosen, sodass die Beziehung "$E_2 = 2 * N_d$" und damit die folgende Gleichung gilt:

$$\frac{E_1 - E_2}{E_1} = \frac{N_c + N_d - 2*N_d}{N_c + N_d} = \frac{N_c - N_d}{N_c + N_d} = \gamma$$

Wegen "$N_c > N_d$" ist "γ" positiv und damit gilt: "$\gamma = |\gamma|$".

- Entsprechend lässt sich für den Fall "$N_c \leq N_d$" begründen, dass es in dieser Situation für "N_c" Paare, d.h. für "$2 * N_c$" zugehörige geordnete Paare, jeweils Fehlprognosen gibt. Daher gilt die Beziehung "$E_2 = 2 * N_c$" und somit die folgende Gleichung:

$$\frac{E_1 - E_2}{E_1} = \frac{N_c + N_d - 2*N_c}{N_c + N_d} = \frac{N_d - N_c}{N_c + N_d} = \frac{-(N_c - N_d)}{N_c + N_d} = -\gamma$$

Wegen "$N_c \leq N_d$" ist "γ" nicht positiv und damit gilt: "$-\gamma = |\gamma|$".

Damit ist die oben angegebene Gleichung für "$|\gamma|$" nachgewiesen. Der Prognosefehler "E_1" wird somit um den Absolutbetrag von "$Gamma * 100\%$" reduziert, falls die jeweilige Prognose auf die Kenntnis der bivariaten Verteilung gestützt wird.

Zusammenfassend lässt sich gemäß der vorausgehenden Darstellung für zwei ordinalskalierte Merkmale feststellen:

- Die Statistik Gamma ("γ") kennzeichnet die *Richtung* der statistischen Beziehung.

- Der *Absolutbetrag* von Gamma ("$|\gamma|$") ist ein PRE-Maß, durch das die Stärke der statistischen Beziehung beschrieben wird, sodass eine Erklärung im Rahmen eines PRE-Modells ermöglicht wird.

- Gamma und der Absolutbetrag von Gamma sind *symmetrische* Statistiken, da bei der Berechnung und der Interpretation keines der beiden Merkmale gegenüber dem jeweils anderen als abhängig ausgezeichnet wird.

In dem oben angegebenen Beispiel wurde für Gamma der Wert "0,798" errechnet. Dieser Wert lässt sich somit als Indikator für eine relativ starke positive Beziehung zwischen den (klassierten) Merkmalen "Schulleistung" und "Lehrerurteil" ansehen.

Weiß man also, dass für zwei Merkmalsträger bezüglich des Merkmals "Schulleistung" oder des Merkmals "Lehrerurteil" eine bestimmte Ordnungsbeziehung besteht, so ist es sinnvoll, für dieses Paar die gleiche Beziehung auch für das jeweils andere Merkmal zu prognostizieren.

Diese auf alle *geordneten Paare* von Schülern, bei denen *keine* Bindungen vor-liegen, angewandte Vorhersageregel reduziert folglich diejenigen Prognosefehler, welche bei einer Vorhersage begangen werden, die sich nicht auf die Kenntnis der gemeinsamen Verteilung von "Schulleistung" und "Lehrerurteil" stützt, um etwa 80%.

10.3   Die Statistik "Somers' d"

Soll in die Beschreibung der Stärke der statistischen Beziehung zwischen zwei ordinalskalierten Merkmalen die Anzahl von Bindungen einbezogen werden, so bietet es sich an, die Berechnungsvorschrift für die Statistik Gamma geeignet zu verändern.

Wird die bivariate Verteilung der beiden Merkmale als Kontingenz-Tabelle angege-ben, so lässt sich jeweils abhängig davon, ob das Zeilen-Merkmal bzw. das Spalten-Merkmal als *abhängiges* Merkmal ausgewiesen werden soll, eine zugehörige Sta-tistik in geeigneter Form festlegen. Der jeweilige Ansatz besteht darin, eine Nor-mierung der Differenz "$N_c - N_d$" in der Form vorzunehmen, dass auch Paare *mit Bindungen* in die Betrachtung einbezogen werden.

Hinweis: Abhängig von der jeweils gewählten Normierung ergeben sich – unter Einbezie-hung von Bindungen – im allgemeinen absolutmäßig kleinere Werte als bei der Berechnung von Gamma.

Wird in Ergänzung der Nennersumme "$N_c + N_d$" von Gamma die Anzahl der Bindungen berücksichtigt, die für das als *abhängig* ausgewiesene Merkmal vorliegt, so ergibt sich die folgende *asymmetrische* Statistik "**Somers' d**", die von dem Statistiker *Somers* vorgeschlagen wurde:

$$\text{Somers' d} = \frac{N_c - N_d}{N_c + N_d + t}$$

Dabei bezeichnet "t" die Anzahl der Paare, deren Merkmalsträger jeweils in dem als *abhängig* ausgezeichneten Merkmal gebunden sind.

Hinweis: Generell gilt : | Somer's d | $\leq$ | Gamma |

Wird innerhalb der oben (in der Abbildung 10.4) angegebenen Kontingenz-Tabelle das Merkmal "Schulleistung" als abhängiges Merkmal und das Merkmal "Lehrer-urteil" als unabhängiges Merkmal aufgefasst, so lässt sich die Anzahl der Bindun-gen "t" gemäß dem in der Abbildung 10.8 angegebenen Schema bestimmen.

Die Anzahl der Bindungen "t" errechnet sich daher wie folgt:

$$t = 4*(11+2)+11*(2)+6*(146+20)+146*(20)+0*(22+39)+22*(39) = 4848$$

```
4 * [ 11 | 2 ]   11 * [ 2 ]
                       6 * [ 146 | 20 ]   146 * [ 20 ]
                                                0 * [ 22 | 39 ]   22 * [ 39 ]
```

Abbildung 10.8: Schema zur Bestimmung der Anzahl der Bindungen

Somit ergibt sich als Wert der Statistik "Somers' d":

$$Somers'd = \frac{7617-854}{7617+854+4848} = \frac{6763}{13319} \simeq 0,508$$

Unter den Paaren, für die die jeweils zugehörigen Merkmalsträger in dem unabhängigen Merkmal "Lehrerurteil" *nicht* gebunden sind, überwiegt die Anzahl der konkordanten Paare die Anzahl der diskordanten Paare, sodass die Schüler, die eine hohe Einschätzung im Merkmal "Lehrerurteil" angeben, auch zu einer hohen Einschätzung im Merkmal "Schulleistung" tendieren.

Wird umgekehrt "Lehrerurteil" als abhängiges Merkmal und "Schulleistung" als unabhängiges Merkmal betrachtet, so errechnet sich für die Anzahl "t" der Bindungen in "Lehrerurteil" der Wert "5982" in der Form

$$t = 4*(6+0)+6*(0)+11*(146+22)+146*(22)+2*(20+39)+20*(39) = 5982$$

und damit ergibt sich als Maß für die Stärke der Beziehung:

$$Somers'd = \frac{7617-854}{7617+854+5982} = \frac{6763}{14453} \simeq 0,468$$

Wird in die Nennersumme von "Somers' d" die halbierte Summe der Bindungen bezüglich beider Merkmale einbezogen, so ergibt sich die *symmetrische Somers' d-Statistik*, die im Rahmen des oben angegebenen Beispiels folgendermaßen errechnet wird:

$$Somers'd = \frac{7617-854}{7617+854+0,5*(4848+5982)} = \frac{6763}{13886} \simeq 0,487$$

Hinweis: Liegen *keine* Bindungen vor, so stimmen sämtliche Somers' d-Statistiken mit Gamma überein.

SPSS: Die Werte der Somers' d-Statistiken lassen sich für eine (abhängige) Variable Y und eine (unabhängige) Variable X in der folgenden Form abrufen:

```
CROSSTABS TABLES=Y BY X/STATISTICS=D.
```

10.4 Die Kendall'schen Statistiken

Neben dem bei den Somers' d-Statistiken praktizierten Ansatz, den Nenner der Gamma-Statistik additiv zu ergänzen, gibt es weitere Möglichkeiten, die Richtung und Stärke einer statistischen Beziehung zwischen zwei ordinalskalierten Merkmalen X und Y zu beschreiben.

Werden die Bindungen in X und Y simultan berücksichtigt, so lässt sich eine Symmetrisierung der Beziehung durch die folgende Normierung der Differenz "$N_c - N_d$" vornehmen:

$$Tau_B = \frac{N_c - N_d}{\sqrt{(N_c + N_d + t_x) * (N_c + N_d + t_y)}}$$

Dabei bezeichnen "t_x" und "t_y" die Anzahl der Paare mit Bindungen, die nur in X (t_x) bzw. nur in Y (t_y) vorliegen.

Die Statistik "Tau_B" wurde für *quadratische* Kontingenz-Tabellen von dem englischen Statistiker *Kendall* empfohlen und wird **Kendall'sche Tau_B-Statistik** genannt.

Für das in diesem Kapitel betrachtete Beispiel der Beschreibung der statistischen Beziehung zwischen den Merkmalen "Schulleistung" und "Lehrerurteil" ergaben sich durch die im Abschnitt 10.1 erläuterten Berechnungen:
Die Anzahl der konkordanten Paare ist gleich "$N_c = 7617$" und die Anzahl der diskordanten Paare ist gleich "$N_d = 854$".

Als Ergebnis der Berechnungen im Abschnitt 10.3 wurden "$t_x = 4848$" als Anzahl der Bindungen im Merkmal "Schulleistung" ("X") und "$t_y = 5982$" als Anzahl der Bindungen im Merkmal "Lehrerurteil" ("Y") ermittelt.

Auf der Basis der in der Abbildung 10.4 angegebenen Kontingenz-Tabelle ergibt sich daher insgesamt:

$$Tau_B = \frac{7617 - 854}{\sqrt{(7617 + 854 + 4848) * (7617 + 854 + 5982)}} \simeq 0,487$$

SPSS: Der Wert von "Tau_B" lässt sich für die beiden Variablen X und Y wie folgt anfordern:

```
CROSSTABS TABLES=Y BY X/STATISTICS=BTAU.
```

Generell gilt:

- $|Tau_B| \leq |$ Gamma $|$

- Sofern *keine* Bindungen bestehen, stimmt die Tau_B-Statistik mit Gamma überein.

Die Statistik "Tau_B" lässt sich auch als Verallgemeinerung der Statistik "Tau_A" auffassen, die von *Kendall* für den Fall, dass für die "n" Merkmalsträger *keine* Bindungen vorliegen, in der folgenden Form – **Kendall'sche Tau_A-Statistik** genannt – festgelegt wurde:

$$Tau_A = \frac{N_c - N_d}{\frac{(n-1)*n}{2}}$$

Für *nicht quadratische* Tabellen wurde von *Kendall* eine Statistik vorgeschlagen, die sich in der Form

$$Tau_C = \frac{N_c - N_d}{0{,}5*n^2*\frac{m-1}{m}}$$

errechnet und **Kendall'sche Tau_C-Statistik** genannt wird. Dabei bezeichnet "n" die Anzahl der Merkmalsträger und "m" das Minimum aus der Zeilen- und Spaltenzahl der Kontingenz-Tabelle.

Für das Beispiel der Beschreibung der statistischen Beziehung zwischen den Merkmalen "Schulleistung" und "Lehrerurteil" liegt eine quadratische Kontingenz-Tabelle vor. Würde man zur Demonstration den Wert der Kendall'schen Tau_C-Statistik errechnen, so würde sich wie folgt der Wert "0,325" ergeben:

$$Tau_C = \frac{7617-854}{0{,}5*250^2*\frac{3-1}{3}} \simeq 0,325$$

SPSS: Der Wert von "Tau_C" lässt sich für die beiden Variablen X und Y wie folgt abrufen:

```
CROSSTABS TABLES=Y BY X/STATISTICS=CTAU.
```

Abschließend soll am Beispiel der Beschreibung der statistischen Beziehung zwischen den Merkmalen "Schulleistung" und "Lehrerurteil" demonstriert werden, wie sich auf der Basis von "n=250" Merkmalsträgern die Anzahl derjenigen Paare errechnet, die in beiden Merkmalen gebunden sind.

Dazu ist zunächst die Anzahl aller möglichen Paare wie folgt zu bestimmen:

$$\frac{n*(n-1)}{2} = \frac{250*(250-1)}{2} = 31125$$

Von dem Wert "31125" ist die Anzahl der konkordanten und diskordanten Paare sowie die Anzahl derjenigen Paare abzuziehen, die in "Schulleistung" bzw. in "Lehrerurteil" gebunden sind:

$$31125 - 7617 - 854 - 4848 - 5982 = 11824$$

Demzufolge gibt es insgesamt "11824" Paare, die sowohl in "Schulleistung" als auch in "Lehrerurteil" gebunden sind.

KAPITEL 11

DIE STÄRKE DES STATISTISCHEN ZUSAMMENHANGS BEI INTERVALLSKALIERTEN MERKMALEN

11.1 Streudiagramme und gemeinsame Variation

Um die bivariate Verteilung ordinalskalierter Merkmale zu beschreiben, wählt man im Regelfall die Darstellung in Form einer Kontingenz-Tabelle. Diese Beschreibungsform ist allerdings dann nicht mehr sinnvoll, wenn das Wertespektrum groß und die pro Ausprägung zu erwartenden Häufigkeiten klein sind. In diesem Fall sowie im Fall *intervallskalierter* Merkmale ist es üblich, die Werte der bivariaten Verteilung in Form eines *Streudiagramms* anzugeben.

Zum Beispiel lässt sich für die Schüler der Jahrgangsstufe 12 das Streudiagramm mit den Werten der beiden Merkmale "Englisch" ("Anzahl der Tage, an denen für Englisch geübt wird") und "Deutsch" ("Anzahl der Tage, an denen für Deutsch geübt wird") vom IBM SPSS Statistics-System in Form des folgenden Diagramms abrufen:

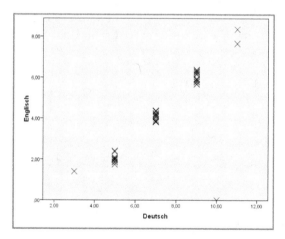

Abbildung 11.1: Streudiagramm

SPSS: Da die Mitgliedschaft zur Jahrgangsstufe 12 durch die Eigenschaft "jahrgang=2" und die männlichen Schüler durch die Eigenschaft "geschl=1" gekennzeichnet sind, lässt sich die Auswahl der 50 Schüler der Jahrgangsstufe 12 durch den folgenden SELECT IF-Befehl festlegen:

```
SELECT IF (jahrgang=2 AND geschl=1).
```

In Verbindung mit diesem SELECT IF-Befehl kann das Streudiagramm unter Einsatz der folgenden Grafik-Befehle angefordert werden:

```
GGRAPH /GRAPHDATASET NAME="graphdataset"
        VARIABLES=deutsch englisch /GRAPHSPEC SOURCE=INLINE.
 BEGIN GPL
   SOURCE:   s=userSource(id("graphdataset"))
   DATA:     deutsch=col(source(s), name("deutsch"))
   DATA:     englisch=col(source(s), name("englisch"))
   GUIDE:    axis(dim(1), label("Deutsch"))
   GUIDE:    axis(dim(2), label("Englisch"))
   ELEMENT: point.jitter.conditional(position(bin.dot
                                    (deutsch*englisch)),
            shape.interior(shape.cross),size(size."20px"))
 END GPL.
```

Durch ein **Streudiagramm** (engl.: "scattergram") wird die bivariate Verteilung zweier Merkmale X und Y in grafischer Form beschrieben. Dazu werden die Merkmalsträger durch Punkte innerhalb eines rechtwinkligen *Koordinatensystems* gekennzeichnet, das aus der "Y-Achse" (als Ordinatenachse) und der "X-Achse" (als Abszissenachse) gebildet wird. Besitzt ein Merkmalsträger für das Merkmal X die Merkmalsausprägung "x" und für das Merkmal Y die Merkmalsausprägung "y", so wird der ihm zugeordnete Punkt durch das Koordinatenpaar "(x,y)" gekennzeichnet. Die Struktur der innerhalb der Abbildung 11.1 dargestellten Punkte, bei der verschiedene Merkmalsträger mit jeweils gleichen Werten durch nahe bei einander liegende Kreuze skizziert werden, gibt einen Einblick in die Art der statistischen Beziehung zwischen X und Y.

Aus dem folgenden Streudiagramm ist z.B. direkt ersichtlich, dass zwischen den beiden Merkmalen X und Y eine **totale statistische Unabhängigkeit** besteht:

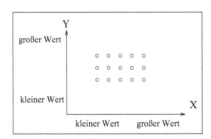

Abbildung 11.2: Beispiel einer totalen statistischen Unabhängigkeit

Dieser Sachverhalt wird durch die Übereinstimmung der fünf Konditionalverteilungen von Y dokumentiert. Jede dieser Verteilungen wird durch jeweils eine senkrechte Reihe von drei Punkten verkörpert, wobei jede einzelne Reihe durch jeweils eine der fünf Merkmalsausprägungen von X bestimmt ist.

Werden die Punkte des Streudiagramms mittels Paarvergleich in Beziehung gesetzt, so resultiert aus dieser Betrachtung, dass die Statistik "Gamma" den Wert "0" annimmt und demzufolge auch im Rahmen einer PRE-Modell-Diskussion von einer totalen statistischen Unabhängigkeit gesprochen werden kann.

Hinweis: Im Hinblick auf den Vergleich von bivariaten Verteilungen, die entweder in Form einer Kontingenz-Tabelle oder in Form eines Streudiagramms beschrieben werden können, ist zu berücksichtigen, dass – gemäß der von uns bislang verwendeten Beschreibungsform – der jeweils zuerst (zuletzt) aufgeführte Wert des Zeilen-Merkmals Y einer Kontingenz-Tabelle dem jeweils kleinsten (größten) Ordinatenwert von Y innerhalb eines Streudiagramms entspricht.

Sofern in den Fällen "Gamma > 0" bzw. "Gamma < 0" aus der Situation der Paarvergleiche auf die Konstellation in den zugehörigen Streudiagrammen geschlossen wird, sind z.B. die beiden folgenden Konstellationen zu erwarten:

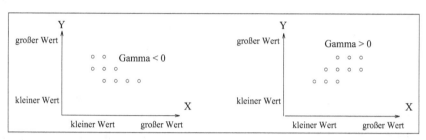

Abbildung 11.3: Streudiagramme mit "Gamma < 0" und "Gamma > 0"

Um die jeweilige Form der statistischen Beziehung durch den Wert einer geeigneten Statistik kennzeichnen zu können, die den vorliegenden Sachverhalt für zwei *intervallskalierte* Merkmale beschreibt, ist die Betrachtungsweise, die zur Vereinbarung von Gamma geführt hat, zu verfeinern. Dazu soll im Folgenden – für die beiden *intervallskalierten* Merkmale X und Y – die bisherige *lokale* Betrachtung in Form von Paarvergleichen auf den *globalen* Vergleich mit den jeweils errechneten Mittelwerten erweitert werden. In dieser Hinsicht können die folgenden Fälle auftreten:

(1) Für die *überwiegende* Zahl von Merkmalsträgern geht die Beziehung "$x_i < \bar{x}$" mit der Beziehung "$y_i < \bar{y}$" bzw. "$x_i > \bar{x}$" mit "$y_i > \bar{y}$" einher, sodass von einem *positiven statistischen Zusammenhang* gesprochen werden kann.

(2) Für die *überwiegende* Zahl von Merkmalsträgern geht "$x_i < \bar{x}$" mit "$y_i > \bar{y}$" bzw. "$x_i > \bar{x}$" mit "$y_i < \bar{y}$" einher, sodass von einem *negativen statistischen Zusammenhang* gesprochen werden kann.

(3) Die Anzahl der Merkmalsträger, für die die Richtung der Beziehung zum jeweiligen Mittelwert für beide Merkmale gleich ist, stimmt mit der Anzahl der Merkmalsträger überein, für die sich die jeweilige Beziehung, die bei dem einen Merkmal vorliegt, beim Übergang auf das andere Merkmal umkehrt, sodass von einer *totalen statistischen Unabhängigkeit* gesprochen werden kann.

Hinweis: Bei der Gliederung der möglichen Fälle in diese drei Kategorien wird unterstellt, dass es sowohl Merkmalsträger gibt, die sich in ihrem X-Wert unterscheiden, als auch Merkmalsträger, die unterschiedliche Y-Werte besitzen.

Um diese Form der *gemeinsamen Variation* grafisch verdeutlichen zu können, werden die beiden "Quadrantenachsen", die durch den Punkt "$(\bar{x}, \bar{y})$" parallel zur "Y-Achse" und zur "X-Achse" verlaufen, wie folgt in das Streudiagramm eingetragen:

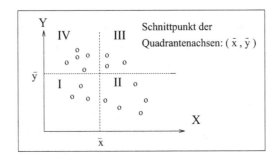

Abbildung 11.4: Streudiagramm mit Quadrantenachsen

Im Hinblick auf die Anzahl der Punkte, die jeweils innerhalb der vier Quadranten I, II, III und IV enthalten sind, ist erkennbar:

- Die Mehrzahl der Punkte liegt dann in den Quadranten I und III, wenn der oben angegebene "Fall (1)" vorliegt.

- Der Sachverhalt, dass sich die Mehrzahl der Punkte in den Quadranten II und IV befindet, wird durch den "Fall (2)" gekennzeichnet.

- Eine gleichmäßige Besetzung der Quadranten I, II, III und IV ist dann gegeben, wenn der "Fall (3)" vorliegt.

Die Art der *gemeinsamen Variation* – im Hinblick auf eine mögliche statistische Beziehung zwischen X und Y – lässt sich somit durch den Vergleich der Punktezahlen in den einzelnen Quadranten feststellen. Der jeweilige Sachverhalt kann daher in der folgenden Form durch die **Kovariation** (engl.: "covariation") zwischen X und Y beschrieben werden:

$$\text{Kovariation} = \sum_{i=1}^{n}(x_i - \bar{x}) * (y_i - \bar{y})$$

Aus dieser Vereinbarung ergeben sich die folgenden Eigenschaften:

- Kovariation > 0 : die Besetzung von I und III überwiegt die von II und IV, d.h. es liegt "Fall (1)" vor;

- Kovariation < 0 : die Besetzung von II und IV überwiegt die von I und III, was durch "Fall (2)" gekennzeichnet wird;

- Kovariation $= 0$: alle Quadranten sind gleichstark besetzt, d.h. es liegt "Fall (3)" vor.

Es ist üblich, die Kovariation durch die Zahl ihrer Freiheitsgrade zu normieren (dies entspricht dem Vorgehen beim Übergang von der Variation zur Varianz, siehe Abschnitt 5.1).

- Für "n" Merkmalsträger, deren zugeordnete Punkte im Streudiagramm durch die Koordinatenpaare "(x_i, y_i)" beschrieben werden, besitzt die Kovariation "$n - 1$" Freiheitsgrade. Sind nämlich die beiden Mittelwerte "$\bar{x}$" und "$\bar{y}$" vorgegeben, so ist die Kenntnis von mindestens "$n - 1$" Koordinatenpaaren "(x_i, y_i)" erforderlich, damit alle "n" Koordinatenpaare festgelegt sind.

Durch die Normierung, bei der man die Kovariation durch die Anzahl ihrer Freiheitsgrade dividiert, wird "$s_{x,y}$" als **Kovarianz** (engl.: "covariance") zwischen X und Y in der folgenden Form festgelegt:

$$s_{x,y} = \frac{1}{n-1} \sum_{i=1}^{n} (x_i - \bar{x}) * (y_i - \bar{y})$$

Die obere und die untere Grenze für mögliche Werte der Kovarianz ist jeweils durch die Standardabweichungen von X und Y bestimmt. Dabei gilt die folgende Ungleichung für den Absolutbetrag der Kovarianz:

- $|s_{x,y}| \leq s_x * s_y$

Dies bedeutet, dass eine Kovarianz nach oben durch das Produkt "$s_x * s_y$" und nach unten durch das Produkt "$-s_x * s_y$" begrenzt wird.

Da die oben angegebenen Eigenschaften der Kovariation unmittelbar auf die Kovarianz übertragen werden, lässt sich feststellen:

- Die *Richtung* eines statistischen Zusammenhangs wird durch das Vorzeichen von "$s_{x,y}$" beschrieben.

- Sofern eine *totale statistische Unabhängigkeit* zwischen den Merkmalen X und Y besteht, wird dies wie folgt gekennzeichnet: $s_{x,y} = 0$

Soll z.B. für die 50 Schüler der Jahrgangsstufe 12 die gemeinsame Variation der Merkmale "Englisch" und "Deutsch" ermittelt werden, so ergibt sich für die Kovariation annähernd der Wert "$+133,3$" und für die Kovarianz annähernd der Wert "$+2,7$", sodass eine positive statistische Abhängigkeit festgestellt wird.

SPSS: Die Berechnung der Kovarianz und der Kovariation für die Variablen "englisch" und "deutsch" kann durch einen CORRELATION-Befehl mit dem Unterbefehl "STATISTICS=XPROD" angefordert werden, der im Anschluss an den Auswahl-Befehl SELECT IF wie folgt anzugeben ist:

```
SELECT IF (jahrgang=2 AND geschl=1).
CORRELATION VARIABLES=englisch deutsch/STATISTICS=XPROD.
```

11.2   Die Regressionsgerade

Will man eine Aussage über die Richtung der statistischen Abhängigkeit zwischen den Merkmalen X und Y machen, so ist man – genau wie bei den Statistiken zur Beschreibung der Richtung der statistischen Abhängigkeit von ordinalskalierten Merkmalen – daran interessiert, dass die zugehörige Statistik allein Werte zwischen "−1" und "+1" annimmt. Diese Forderung wird von der Kovariation und der Kovarianz *nicht* erfüllt.

Um eine geeignete Statistik zu erhalten, deren Vorzeichen die Richtung und deren Quadrat die Stärke der Beziehung in Form eines PRE-Maßes beschreibt, werden die Punkte des Streudiagramms zunächst durch eine geeignete Gerade angepasst, die durch den Punkt "$(\bar{x}, \bar{y})$" verläuft.

Hinweis: Eine Anpassung von Punkten eines Streudiagramms durch eine Gerade hat als erster Francis Galton (1822 – 1911) vorgenommen, als er vererbbare Eigenschaften bei Eltern und Kindern untersucht hat. Francis Galton und Karl Pearson gründeten 1901 die Fachzeitschrift Biometrica – *die* Fachzeitschrift für Statistik.

Jede Gerade lässt sich durch eine *Geradengleichung* beschreiben. Wird mit "a" die *Niveaukonstante* (engl.: "intercept") und mit "b" der *Steigungskoeffizient* (engl.: "slope") gekennzeichnet, so lässt sich die Geradengleichung wie folgt angeben:

$$Y = a + b * X$$

Durch diese Schreibweise wird festgelegt, dass – rechnerisch – das Merkmal Y *linear* vom Merkmal X abhängt, sodass Y die Funktion des *abhängigen* Merkmals und X die Funktion des *unabhängigen* Merkmals besitzt.

Hinweis: Das abhängige Merkmal wird auch als *Kriteriums-Merkmal* und das unabhängige Merkmal auch als *Prädiktor-Merkmal* bezeichnet.

Durch die *Niveaukonstante* "a" ist der Schnittpunkt ("(0,a)") der Geraden mit der Y-Achse festgelegt. Wie groß der (Steigungs-)Winkel zwischen der Geraden und der X-Achse ist, wird durch den *Steigungskoeffizienten* "b" gekennzeichnet. Dabei legt z.B. der Wert "$b = 1$" eine Steigung von 45 Grad und der Wert "$b = 0$" den parallelen Verlauf zur X-Achse fest.

Wird mit "$y(x)$" der Wert von Y bezeichnet, der sich ergibt, wenn X den Wert "x" besitzt, so gilt:

$$y(x) = a + b * x \quad und \quad y(x + 1) = a + b * (x + 1)$$

Hieraus folgt:

$$\frac{y(x + 1) - y(x)}{(x + 1) - x} = a + b * (x + 1) - [a + b * x] = b$$

Der jeweils konkrete Wert von "b" gibt daher an, um wie viele Einheiten sich ein Wert von Y ändert, sofern der Wert von X um eine Einheit erhöht wird. Bei einem negativen Steigungskoeffizienten erfolgt eine Reduktion um "b" Einheiten und bei einem positiven Steigungskoeffizienten eine Erhöhung um "b" Einheiten.

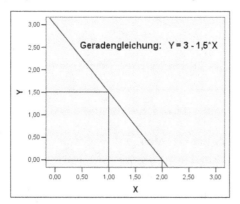

Abbildung 11.5: Gerade mit Steigungskoeffizient "-1,5"

Aus dieser Abbildung ist erkennbar, dass durch den Steigungskoeffizienten eine Reduktion um 1,5 Einheiten eines Wertes von Y bewirkt wird, sofern ein Wert von X um eine Einheit erhöht wird.

- Für das Folgende ist zu beachten, dass man aus Gründen der Symmetrie jeweils entsprechende Ergebnisse erhält, wenn man X als *abhängiges* und Y als *unabhängiges* Merkmal auffasst und demzufolge die Geradengleichung "$X = a + b * Y$" untersucht.

Ist eine Gerade und eine Punktewolke vorgegeben, so kann zu einem beliebigen Punkt aus der Punktewolke ein ihm zugeordneter Punkt auf der Geraden bestimmt werden, indem eine *Projektion* – parallel zur Y-Achse – auf die Gerade vorgenommen wird. Dies geschieht dadurch, dass zum vorgegebenen Punkt mit den Koordinaten "(x_i, y_i)" derjenige Y-Koordinatenwert "y_i'" als Ordinatenwert bestimmt wird, für den der Punkt "(x_i, y_i')" auf der Geraden liegt.

Um festzulegen, wie weit ein Punkt "(x_i, y_i)" von der Geraden entfernt ist, lässt sich das zugehörige **Residuum** in der Form "$y_i - y_i'$" als *vertikaler* Abstand des Punktes von der Geraden vereinbaren. Diesen Sachverhalt veranschaulicht die Abbildung 11.6.

Um den *Gesamtabstand* aller Punkte von der Geraden zu kennzeichnen, vereinbart man die Summe der Residuenquadrate in der folgenden Form:

- $\sum_{i=1}^{n}(y_i - y_i')^2$

Für jede Gerade, die man durch die Punktewolke legen kann und die *nicht parallel* zur Y-Achse verläuft, lässt sich die zugehörige Summe der Residuenquadrate durch die angegebene Vorschrift berechnen. Wichtig für die sich anschließende Darstellung ist der folgende Sachverhalt:

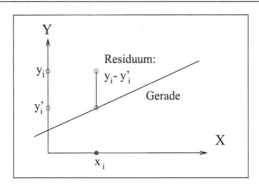

Abbildung 11.6: Bestimmung des Residuums

- Unter allen denkbaren Geraden gibt es *genau eine* Gerade, von der die Gesamtheit aller Punkte den *geringsten* Abstand hat, d.h. für die die Summe der Residuenquadrate am kleinsten ist.

  Diese Gerade läuft durch den Punkt "$(\bar{x}, \bar{y})$" mit den Koordinaten "$\bar{x}$" und "$\bar{y}$" und wird **Regressionsgerade** (engl.: "regression line") genannt. Sie ist in dem aktuellen Fall, in dem Y als *abhängiges* und X als *unabhängiges* Merkmal angesehen wird, d.h. in dem eine Regression von Y auf X durchgeführt wird, durch die folgenden **Regressionskoeffizienten** charakterisiert:

Steigungskoeffizient: $b = \frac{s_{x,y}}{s_{\bar{x}}^2} = \frac{\frac{1}{n-1}\sum_{i=1}^{n}(x_i-\bar{x})(y_i-\bar{y})}{\frac{1}{n-1}\sum_{i=1}^{n}(x_i-\bar{x})^2} = \frac{\sum_{i=1}^{n}(x_i-\bar{x})(y_i-\bar{y})}{\sum_{i=1}^{n}(x_i-\bar{x})^2}$

Niveaukonstante: $a = \bar{y} - b * \bar{x}$

Die Regressionskoeffizienten lassen sich durch ein mathematisches Verfahren ermitteln, das von dem Mathematiker *Gauß* entwickelt wurde und als "Methode der kleinsten Quadrate" (engl.: "least squares") bezeichnet wird.

Aus den Vorschriften, nach denen die Niveaukonstante und der Steigungskoeffizient zu errechnen sind, und aus der Eigenschaft der Kovarianz ergibt sich:

- Das Vorzeichen der Kovarianz bestimmt das Vorzeichen des Steigungskoeffizienten und damit die *Richtung* der Regressionsgeraden.

- Bei einer *total richtungslosen* Punktewolke ("Kovarianz = 0") verläuft die Regressionsgerade *parallel* zur X-Achse, da die Geradengleichung in diesem Fall die Form "$Y = a = \bar{y}$" besitzt.

SPSS: Die Regressionskoeffizienten lassen sich – bei der Regression der abhängigen Variablen Y auf die unabhängige Variable X – wie folgt durch einen REGRESSION-Befehl – unter Einsatz der Unterbefehle "STATISTICS", "DEPENDENT" und "METHOD" – abrufen:

```
REGRESSION STATISTICS=COEFF/DEPENDENT=Y/METHOD=ENTER X.
```

Für die Residuen, die in der Form

- $e_i = y_i - y_i'$ (i=1,2,...,n)

festgelegt sind, gilt auf der Basis der *Regressionsgeraden-Gleichung*:

- $y_i = a + b * x_i + e_i$ (i=1,2,...,n)

Für diese Residuen lässt sich die folgende Eigenschaft nachweisen:

- $\sum_{i=1}^{n} e_i = 0$

Die Residuen, die durch die Regressionsgerade festgelegt sind, summieren sich somit grundsätzlich zum Wert "0".

Um eine Aussage über die Größenordnung zu machen, in der die Punkte des Streudiagramms von der Regressionsgeraden abweichen, lässt sich die Statistik **Standardfehler des Schätzers "$\tilde{s}_{Y.X}$"** einsetzen, die wie folgt vereinbart ist:

$$\tilde{s}_{Y.X} = \sqrt{\frac{1}{n-2} \sum_{i=1}^{n} (y_i - y_i')^2} = \sqrt{\frac{1}{n-2} \sum_{i=1}^{n} e_i{}^2}$$

Setzt man für die Niveaukonstante den Wert "$\bar{y} - b * \bar{x}$" in die Gleichung der Regressionsgeraden ein, so ergibt sich die folgende Darstellung:

$$Y = a + b * X = \bar{y} - b * \bar{x} + b * X = \bar{y} + b * (X - \bar{x})$$

Hieraus ist unmittelbar ersichtlich:

- Handelt es sich bei den Merkmalen X und Y um – durch z-Transformationen entstandene – *standardisierte* Merkmale, so gilt "$\bar{x} = \bar{y} = 0$". Daher ist die Quadrantenmitte im Streudiagramm gleich dem Koordinatenursprung "(0,0)" und die Gleichung der zugehörigen Regressionsgeraden von der folgenden Form:

$$Y = b * X$$

Wird nicht die Regression von Y auf X, sondern von X auf Y durchgeführt, sodass X als *abhängiges* und Y als *unabhängiges* Merkmal angesehen wird, so ergibt sich aus der Form der oben angegebenen Regressionskoeffizienten:

- Die Niveaukonstante ist nach der Vorschrift "$\bar{x} - b * \bar{y}$" und der Steigungskoeffizient nach der Vorschrift "$\frac{s_{x,y}}{s_{\bar{y}}^2}$" zu berechnen.

Wird z.B. das Merkmal "Englisch" (Y) als abhängiges Merkmal und "Deutsch" (X) als unabhängiges Merkmal angesehen, so lässt sich die Regressionsbeziehung von Y auf X – für die Schüler der Jahrgangsstufe 12 – in Form der Regressionsgeraden gemäß der Abbildung 11.7 beschreiben.

SPSS: Als Ergänzung der Anforderung, die zur Anzeige des Streudiagramms gemäß der Abbildung 11.1 geführt hat, ist vor "END GPL." aufzuführen:

```
ELEMENT: line(position(smooth.linear(deutsch*englisch)))
```

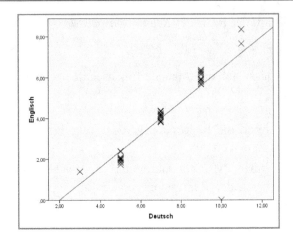

Abbildung 11.7: Streudiagramm mit Regressionsgerade

Durch eine geeignete Anforderung an das IBM SPSS Statistics-System kann die folgende Tabelle mit den Regressionskoeffizienten abgerufen werden:

Koeffizienten[a]

Modell		Nicht standardisierte Koeffizienten		Standardisierte Koeffizienten	T	Sig.
		Regressionskoeffizient B	Standardfehler	Beta		
1	(Konstante)	-2,038	,587		-3,473	,001
	deutsch	,852	,078	,844	10,904	,000

a. Abhängige Variable: englisch

Abbildung 11.8: Tabelle mit den Regressionskoeffizienten

SPSS: Zur Anzeige dieser Tabelle muss der REGRESSION-Befehl – in Verbindung mit dem Einsatz des SELECT IF-Befehls – für die abhängige Variable "englisch" und die unabhängige Variable "deutsch" wie folgt angefordert werden:

```
SELECT IF (jahrgang=2 AND geschl=1).
REGRESSION STATISTICS=COEFF/DEPENDENT=englisch/METHOD=ENTER deutsch.
```

In der Spalte "B" im Bereich "Nicht standardisierte Koeffizienten" sind die Werte der Niveaukonstanten und des Steigungskoeffizienten enthalten, sodass sich die Geradengleichung der Regressionsgeraden in der folgenden Form angeben lässt:

```
Y = -2,038 + 0,852 * X
```

Hinweis: Die Regressionsgerade schneidet die Y-Achse an der durch die Niveaukonstante "-2,038" gekennzeichneten Position. Das ist kein Widerspruch zur Darstellung innerhalb der Abbildung 11.7, da in dieser Abbildung die X-Achse von der Y-Achse *nicht* im Nullpunkt "(0,0)" geschnitten wird.

Innerhalb der angegebenen Tabelle ist in der Spalte "Beta" innerhalb des Bereichs "Standardisierte Koeffizienten" der Regressionskoeffizient für den Fall eingetragen, dass es sich bei den beiden Merkmalen "Englisch" und "Deutsch" um standardisierte Merkmale handelt.

11.3 Das PRE-Maß "Determinationskoeffizient"

Im Folgenden wird eine Statistik entwickelt, die im Rahmen eines PRE-Modells, in dem eine Prognose durch den Einsatz der Regressionsgeraden vorgenommen wird, interpretierbar ist.

Bei der 1. Prognoserunde wird davon ausgegangen, dass das unabhängige Merkmal X keinen Beitrag zur Erklärung des abhängigen Merkmals Y leistet.

Zunächst soll also unter der *alleinigen* Kenntnis der Verteilung des *abhängigen* Merkmals Y für jeden Merkmalsträger eine *einheitliche* 1. Prognose für seinen individuellen (tatsächlichen) Wert "y_i" abgegeben werden.

Hierzu eignet sich der Mittelwert "$\bar{y}$" als typischer Wert, da für den *Prognosefehler* "E_1", der als Summe der Abweichungsquadrate "$\sum_{i=1}^{n}(y_i - \bar{y})^2$" (Variation von Y) vereinbart wird, wegen der Minimum-Eigenschaft des Mittelwerts (siehe Abschnitt 4.1) gilt:

- $E_1 = \sum_{i=1}^{n}(y_i - \bar{y})^2$ ist im Hinblick auf alle Werte, die anstelle von "$\bar{y}$" für eine *einheitliche* Prognose verwendet werden können, am kleinsten.

Der Anteil am gesamten Prognosefehler "E_1" ist für den i-ten Merkmalsträger somit durch die quadrierte Differenz von "$y_i - \bar{y}$" festgelegt worden.

Zur Verbesserung der Prognose wird eine 2. Prognoserunde auf der Kenntnis der *gemeinsamen Verteilung* von X und Y durchgeführt, sodass bei der Bestimmung der Prognosewerte auf die Werte der Statistiken "$s_{x,y}$","s_x", "s_y", "$\bar{y}$" und "$\bar{x}$" zurückgegriffen werden kann.

Soll innerhalb der 2. Prognoserunde, bei der die Regressionsgerade als bekannt vorausgesetzt wird (die Regressionskoeffizienten sind unter Einsatz der Statistiken "$s_{x,y}$","s_x", "s_y", "$\bar{y}$" und "$\bar{x}$" ermittelbar), für den i-ten Merkmalsträger eine Prognose für seinen Y-Wert abgegeben werden, so wird zunächst nach seinem X-Wert "x_i" gefragt.

Auf der Basis des Koordinatenwerts "x_i" lässt sich der zugehörige Punkt auf der Regressionsgeraden bestimmen. Besitzt dieser Punkt die Koordinaten "(x_i, y_i')", so wird der Wert "y_i'" als Y-Wert vorhergesagt.

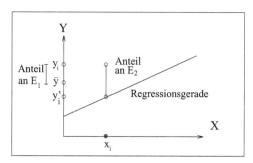

Abbildung 11.9: Anteile eines Merkmalsträgers an "E_1" und "E_2"

Der Anteil am gesamten Prognosefehler "E_2" lässt sich somit für den i-ten Merkmalsträger als quadrierte Differenz von "$y_i - y_i'$" festlegen.

Als *Prognosefehler* "E_2" errechnet sich demnach die durch die Regression *nicht* erklärte Variation, die als *Variation um die Regressionsgerade* bezeichnet wird, in der folgenden Form:

- $E_2 = \sum_{i=1}^{n}(y_i - y_i')^2$

Als PRE-Maß zur Kennzeichnung der relativen Fehlerreduktion, die mittels der Regressionsgeraden, d.h. in **linearer** Form, bewirkt wird, ist der **Determinationskoeffizient** (Bestimmtheitsmaß, engl.: "coefficient of determination") daher wie folgt festgelegt:

$$\text{Determinationskoeffizient} = \frac{E_1 - E_2}{E_1} = \frac{\sum_{i=1}^{n}(y_i-\bar{y})^2 - \sum_{i=1}^{n}(y_i-y_i')^2}{\sum_{i=1}^{n}(y_i-\bar{y})^2}$$

Um diese Berechnungsvorschrift umzuformen, lässt sich die folgende Gleichung verwenden, bei der die Variation von Y in die Variation um die Regressionsgerade und in die durch die Regression erklärte Variation von Y aufgeteilt wird:

$$\sum_{i=1}^{n}(y_i - \bar{y})^2 = \sum_{i=1}^{n}(y_i - y_i')^2 + \sum_{i=1}^{n}(y_i' - \bar{y})^2$$

Hinweis: Um die Gültigkeit dieser Gleichung zu belegen, wird von der folgenden Schreibweise für den Wert, der sich für den i-ten Merkmalsträger durch die Regressionsgerade prognostizieren lässt, ausgegangen:

$$y_i' = a + b * x_i = \bar{y} + \frac{s_{x,y}}{s_x^2} * (x_i - \bar{x})$$

Auf der Basis dieser Darstellung ergibt sich:

$$\sum_{i=1}^{n}[y_i - y_i'][y_i' - \bar{y}] = \sum_{i=1}^{n}[y_i - \bar{y} - \frac{s_{x,y}}{s_x^2} * (x_i - \bar{x})][\frac{s_{x,y}}{s_x^2} * (x_i - \bar{x})]$$

$$= \frac{s_{x,y}}{s_x^2}(\sum_{i=1}^{n}[y_i - \bar{y}][x_i - \bar{x}] - \frac{s_{x,y}}{s_x^2}\sum_{i=1}^{n}[x_i - \bar{x}]^2)$$

$$= (n-1)\frac{s_{x,y}}{s_x^2}(\frac{1}{n-1}\sum_{i=1}^{n}[y_i - \bar{y}][x_i - \bar{x}] - \frac{s_{x,y}}{s_x^2} * \frac{1}{n-1}\sum_{i=1}^{n}[x_i - \bar{x}]^2)$$

$$= (n-1)\frac{s_{x,y}}{s_x^2}(s_{x,y} - \frac{s_{x,y}}{s_x^2} * s_x^2) = 0$$

Unter dieser Kenntnis wird die oben angegebene Gleichung wie folgt erhalten:

$$\sum_{i=1}^{n}[y_i - \bar{y}]^2 = \sum_{i=1}^{n}[(y_i - y_i') + (y_i' - \bar{y})]^2$$

$$= \sum_{i=1}^{n}(y_i - y_i')^2 + \sum_{i=1}^{n}(y_i' - \bar{y})^2 + 2 * \sum_{i=1}^{n}(y_i - y_i')(y_i' - \bar{y})$$

$$= \sum_{i=1}^{n}(y_i - y_i')^2 + \sum_{i=1}^{n}(y_i' - \bar{y})^2$$

Unter Einsatz der angegebenen Gleichung kann die Vorschrift zur Berechnung des Determinationskoeffizienten in der folgenden Form angegeben werden:

$$\text{Determinationskoeffizient} = \frac{\sum_{i=1}^{n}(y_i-\bar{y})^2 - \sum_{i=1}^{n}(y_i-y_i')^2}{\sum_{i=1}^{n}(y_i-\bar{y})^2}$$

$$= \frac{\sum_{i=1}^{n}(y_i'-\bar{y})^2}{\sum_{i=1}^{n}(y_i-\bar{y})^2}$$

$$= \frac{durch\ Regression\ erklärte\ Variation\ von\ Y}{Variation\ von\ Y}$$

Hieraus ist erkennbar, dass die Ungleichung "$E_2 \leq E_1$" erfüllt ist, sodass bei der 2. Prognoserunde – gegenüber der 1. Prognoserunde – keine Verschlechterung der Prognose eintritt und folglich der Determinationskoeffizient nur Werte zwischen "0" und "1" annehmen kann.

Aus der Vorschrift zur Berechnung des Determinationskoeffizienten ist direkt ablesbar:

- Je näher die Punkte mit den Koordinatenpaaren "(x_i, y_i)" an der Regressionsgeraden liegen, desto näher liegt "y_i'" an "y_i" und desto näher kommt der Determinationskoeffizient dem Wert "1".

- Eine *perfekte (totale)* **lineare** Abhängigkeit, d.h. alle Punkte liegen auf der Regressionsgeraden, liegt dann vor, wenn der Determinationskoeffizient gleich "1" ist.

- Bei einer ziemlich richtungslosen Punktewolke liegt jedes "y_i'" nahe an "$\bar{y}$", da die Regressionsgerade annähernd parallel zur X-Achse verläuft. Demzufolge ergibt sich ein Determinationskoeffizient, der nahe am Wert "0" liegt.

- Falls der Determinationskoeffizient gleich "0" ist, trägt X nichts zur Erklärung von Y bei. Dies liegt daran, dass unter Einsatz der durch die Geradengleichung "$Y = \bar{y}$" gekennzeichneten Regressionsgeraden keine Prognoseverbesserung gegenüber der Situation erreicht wird, in der allein auf der Basis der Verteilung von Y prognostiziert wird.

Somit stellt der Determinationskoeffizient eine Statistik dar, die die Stärke des **linearen statistischen Zusammenhangs** zwischen X und Y widerspiegelt. Diese Statistik gibt den Anteil der Variation von Y an, der durch die Prognose über die zugehörige Regressionsgerade **linear** durch X erklärt werden kann. Damit ist die Stärke des Effekts beschrieben, den X im Rahmen der Variationserklärung auf Y linear ausübt. Man spricht in diesem Zusammenhang von der *Effektgröße*, sodass sich insgesamt feststellen lässt:

- Als Quotient der durch die Regression von Y auf X erklärten Variation zur Gesamtvariation von Y kennzeichnet der Determinationskoeffizient die *Effektgröße*, mit der X *linear* auf Y wirkt.

Der Zusammenhang zwischen dem *Determinationskoeffizienten*, der *Kovarianz* und den einzelnen *Varianzen* ergibt sich durch die folgende Beziehung, die durch geeignete (hier nicht im einzelnen wiedergegebene) Umrechnungen ableitbar ist:

$$\frac{E_1 - E_2}{E_1} = \frac{\sum_{i=1}^{n}(y_i - \bar{y})^2 - \sum_{i=1}^{n}(y_i - y_i')^2}{\sum_{i=1}^{n}(y_i - \bar{y})^2} = \frac{[\sum_{i=1}^{n}(x_i - \bar{x}) * (y_i - \bar{y})]^2}{\sum_{i=1}^{n}(x_i - \bar{x})^2 * \sum_{i=1}^{n}(y_i - \bar{y})^2}$$

$$= \frac{[\frac{1}{n-1}\sum_{i=1}^{n}(x_i - \bar{x}) * (y_i - \bar{y})]^2}{\frac{1}{n-1}\sum_{i=1}^{n}(x_i - \bar{x})^2 * \frac{1}{n-1}\sum_{i=1}^{n}(y_i - \bar{y})^2} = \frac{s_{x,y}^2}{s_x^2 * s_y^2} = (\frac{s_{x,y}}{s_x * s_y})^2$$

Diese Beziehung zeigt, dass der Determinationskoeffizient eine *symmetrische* Statistik darstellt. Wird nämlich X als abhängiges und Y als unabhängiges Merkmal angesehen, so vertauscht sich zwar die Funktion von X und Y, jedoch ändert sich die Berechnungsvorschrift des Determinationskoeffizienten nicht.

Gemäß der angegebenen Rechenvorschrift kann man aus der Kenntnis der Kovarianz und der beiden Standardabweichungen von X und Y den Wert des Determinationskoeffizienten errechnen.

Um ein Beispiel für einen Determinationskoeffizienten vorzustellen, wird wiederum "Englisch" (Y) als abhängiges Merkmal und "Deutsch" (X) als unabhängiges Merkmal angesehen. Als Ergebnis einer Regression von Y auf X lässt sich – für die Schüler der Jahrgangsstufe 12 – der Determinationskoeffizient ("R-Quadrat") aus der folgenden Tabelle entnehmen:

Modellzusammenfassung

Modell	R	R-Quadrat	Korrigiertes R-Quadrat	Standardfehler des Schätzers
1	,844ª	,712	,706	,97725

a. Einflußvariablen : (Konstante), deutsch

Abbildung 11.10: Tabelle mit dem Determinationskoeffizienten

SPSS: Die Berechnung des Determinationskoeffizienten lässt sich für die Schüler der Jahrgangsstufe 12 unter Einsatz des REGRESSION-Befehls – in Verbindung mit dem Unterbefehl "STATISTICS=R" – wie folgt abrufen:

```
SELECT IF (jahrgang=2 AND geschl=1).
REGRESSION STATISTICS=R/DEPENDENT=englisch/METHOD=ENTER deutsch.
```

Die Stärke der linearen statistischen Abhängigkeit zwischen den Merkmalen "Englisch" und "Deutsch" wird – für die Schüler der 12. Jahrgangsstufe – durch den Determinationskoeffizienten "0,712" gekennzeichnet. Dieser Wert besagt, dass 71,2% der Variation von "Englisch" durch die Variation von "Deutsch" – mittels der zugehörigen Regressionsgeraden – **linear** erklärt wird, d.h. der Anteil der durch die Regression erklärten Variation von "Englisch" macht auf der Basis der Variation von "Deutsch" 71,2% aus.

11.4 Der Produktmoment-Korrelationskoeffizient "r"

Um eine Aussage über die Richtung einer **linearen** statistischen Abhängigkeit zweier *intervallskalierter* Merkmale X und Y machen zu können, wurde von den Statistikern *Bravais* und *Pearson* die Verwendung des **Produktmoment-Korrelationskoeffizienten "r"** (Maßkorrelation, engl.: "correlation coefficient") vorgeschlagen.

In Anbetracht der Tatsache, dass für zwei Merkmale X und Y stets die Ungleichung

$$|s_{x,y}| \leq s_x * s_y$$

erfüllt ist, wurde "r" wie folgt als normierte Kovarianz verabredet:

$$r = \frac{s_{x,y}}{s_x * s_y}$$

Aus dieser Definition ergibt sich unmittelbar die folgende Beziehung:

$$r = \frac{\sum_{i=1}^{n}(x_i - \bar{x}) * (y_i - \bar{y})}{\sqrt{\sum_{i=1}^{n}(x_i - \bar{x})^2} * \sqrt{\sum_{i=1}^{n}(y_i - \bar{y})^2}}$$

Hinweis: Bei der Berechnung per Hand werden keine Vorabkenntnisse der Mittelwerte von X und Y benötigt, da sich die wie folgt umgeformte Berechnungsvorschrift verwenden lässt (diese Berechnungsvorschrift ist nur zu empfehlen, wenn die Werte von X und Y nicht zu groß sind, da es numerische Probleme geben kann):

$$r = \frac{n * \sum_{i=1}^{n} x_i * y_i - (\sum_{i=1}^{n} x_i) * (\sum_{i=1}^{n} y_i)}{\sqrt{n * \sum_{i=1}^{n} x_i^2 - (\sum_{i=1}^{n} x_i)^2} * \sqrt{n * \sum_{i=1}^{n} y_i^2 - (\sum_{i=1}^{n} y_i)^2}}$$

Zum Beispiel errechnet sich der Korrelationskoeffizient "r" für die Merkmale "Englisch" und "Deutsch" – auf der Basis der 50 Schüler der Jahrgangsstufe 12 – annähernd zum Wert "$+0,844$".

SPSS: Für die Variablen X und Y lässt sich "r" unter Einsatz des CORRELATION-Befehls wie folgt berechnen:

```
CORRELATION VARIABLES=X Y.
```

Für die Schüler der Jahrgangsstufe 12 kann die Anzeige des Korrelationskoeffizienten "r" – unter Einsatz des SELECT IF- und des CORRELATION-Befehls – somit wie folgt abgerufen werden:

```
SELECT IF (jahrgang=2 AND geschl=1).
CORRELATION VARIABLES=englisch deutsch.
```

Wie bereits über das Vorzeichen der Kovariation ("$+133,3$") bzw. der Kovarianz ("$+2,7$") erkennbar, liegt zwischen den Merkmalen eine positive lineare statistische Abhängigkeit vor. Dabei werden ungefähr 71,2% der Variation ("$0,844^2 * 100\%$") von "Englisch" durch die Variation von "Deutsch" über die zugehörige Regressionsgerade *linear* erklärt.

Für die in X und Y *symmetrische* Statistik "r" gilt wegen der Definition der Kovarianz (siehe Abschnitt 11.1) und der Standardabweichung (siehe Abschnitt 5.1) die folgende Beziehung:

$$r = \frac{s_{x,y}}{s_x * s_y} = \frac{1}{s_x * s_y} * \frac{1}{n-1} \sum_{i=1}^{n}(x_i - \bar{x})(y_i - \bar{y}) = \frac{1}{n-1}\sum_{i=1}^{n}(\frac{x_i - \bar{x}}{s_x})(\frac{y_i - \bar{y}}{s_y})$$

Verwendet man für die aus den z-Transformationen von "x_i" und "y_i" resultierenden Werte abkürzend die Bezeichnungen

$$z_{x_i} = \frac{x_i - \bar{x}}{s_x} \quad und \quad z_{y_i} = \frac{y_i - \bar{y}}{s_y}$$

so gilt die Gleichung:

$$r = \frac{1}{n-1}\sum_{i=1}^{n} z_{x_i} * z_{y_i} = \frac{1}{n-1}\sum_{i=1}^{n}(z_{x_i} - 0)(z_{y_i} - 0)$$

Berücksichtigt man, dass das arithmetische Mittel von z-transformierten Werten gleich "0" ist, so bedeutet dies, dass der Korrelationskoeffizient "r" mit der Kovarianz der aus der z-Transformation resultierenden z-scores von X und Y übereinstimmt.

Handelt es sich bei X und Y bereits um *standardisierte* Merkmale, so vereinfacht sich die Darstellung des Korrelationskoeffizienten wie folgt:

• $r = \frac{s_{x,y}}{s_x * s_y} = s_{x,y} = \frac{1}{n-1}\sum_{i=1}^{n}(x_i - \bar{x})(*y_i - \bar{y}) = \frac{1}{n-1}\sum_{i=1}^{n} x_i * y_i$

Wegen der im Abschnitt 11.3 angegebenen Beziehung für den Determinationskoeffizienten lässt sich unter Verwendung der oben festgelegten Vereinbarung des Korrelationskoeffizienten "r" schlussfolgern:

$$\boxed{\text{Determinationskoeffizient} = (\frac{s_{x,y}}{s_x * s_y})^2 = r^2}$$

Folglich ist "r" derjenige Wert, dessen Vorzeichen gleich dem Vorzeichen der Kovarianz ist, und dessen Betrag ("$|r|$") mit der positiven Wurzel aus dem Determinationskoeffizienten übereinstimmt.

• Bei der Diskussion der Stärke der *linearen* statistischen Abhängigkeit ist immer zu bedenken, dass z.B. "r = 0,5" nur eine 25%-ige Variationserklärung, "r = 0,7" nur eine 49%-ige Variationserklärung und "r = 0,9" nur eine 81%-ige Variationserklärung bedeuten.

Wegen der Gültigkeit der Ungleichung "$|s_{x,y}| \leq s_x * s_y$" folgt aus der Vereinbarung der Statistik "r", dass sie die Eigenschaft "$r \leq 1$" besitzt. Da "r^2" mit dem Determinationskoeffizienten übereinstimmt und damit stets kleiner oder gleich "1" ist, ergibt sich für den Produktmoment-Korrelationskoeffizienten "r" insgesamt:

• $-1 \leq r \leq +1$

Ferner können aus den oben angegebenen Eigenschaften des Determinationskoeffizienten und der Kovarianz die folgenden Aussagen abgeleitet werden:

- Bei einer *perfekten (totalen) linearen* Abhängigkeit gilt entweder "r = -1" oder "r = $+1$".

  Hinweis: Diese Aussage gilt nur dann, wenn *nicht* sämtliche Punkte auf einer Waagerechten zur "X-Achse" platziert sind. Liegen nämlich alle Punkte auf einer derartigen Waagerechten, sodass sich die Kovarianz und demzufolge der Steigungskoeffizient der Regressionsgeraden zu "0" errechnen, kann der Wert des Korrelationskoeffizienten "r" nicht bestimmt werden, weil die Standardabweichung "s_y" gleich "0" ist.

- Das Vorzeichen von "r" ist durch die Lage der Regressionsgeraden bestimmt (siehe Abbildung 11.4):

  Bei "$r > 0$" verläuft die Richtung von Quadrant I nach Quadrant III, sodass eine *positive lineare* Korrelation besteht.

  Bei "$r < 0$" verläuft die Richtung von Quadrant II nach Quadrant IV, sodass eine *negative lineare* Korrelation besteht.

- In der Situation einer *total* richtungslosen Punktewolke gilt "$r = 0$", sodass eine totale *lineare* statistische Unabhängigkeit besteht.

  Ist "r" betragsmäßig sehr klein, so weist dies auf eine geringe *lineare* statistische Abhängigkeit hin. In dieser Situation kann eine ziemlich starke *nichtlineare* statistische Abhängigkeit vorliegen (siehe Abschnitt 12.3).

Grundsätzlich sollte man den Determinationskoeffizienten als Quadrat des Korrelationskoeffizienten "r" nur dann zur Beschreibung der Stärke einer statistischen Abhängigkeit heranziehen, wenn man zuvor einen Einblick in das zugehörige Streudiagramm genommen hat. Es gibt nämlich – neben der Möglichkeit nichtlinearer statistischer Abhängigkeiten (siehe Abschnitt 12.3) – auch Fälle, in denen die Größe des Korrelationskoeffizienten durch statistische Ausreißer extrem beeinflusst wird. Dies verdeutlicht das folgende Beispiel:

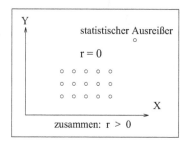

Abbildung 11.11: Einflussnahme durch statistischen Ausreißer

11.5   Trennschärfe und Regression zum Mittel

Trennschärfe

Im Abschnitt 7.5 wurde erläutert, welche Gütekriterien beim Aufbau eines Gesamt-Indikators "I" zu beachten sind, der in der folgenden Form aus "k" einzelnen Indikator-Merkmalen "I_j" aufgebaut ist:

$$I = \sum_{j=1}^{k} I_j$$

Sofern die Indikator-Merkmale die gleiche Maßeinheit und die gleiche Verteilung besitzen und sämtlich die gleiche inhaltliche Dimension messen, bleibt noch die folgende Frage zu klären:

- Welche Indikator-Merkmale sind unter Umständen entbehrlich und welche Indikator-Merkmale sollten auf jeden Fall in die Summenbildung einbezogen werden?

Um auf diese Fragen eine Antwort zu finden, müssen die sogenannten *Trennschärfen* der Indikator-Merkmale "I_j" in Bezug auf den Gesamt-Indikator "I" untersucht werden. Da hierdurch die Güte gekennzeichnt werden soll, mit der sich ein Wert von "I" auf der Basis eines Wertes von "I_j" vorhersagen lässt, ist es sinnvoll, die korrelative Beziehung zwischen "I_j" und "I" zu untersuchen und die **Trennschärfe** durch den Produktmoment-Korrelationskoeffizienten "r" zu beschreiben.

Sofern das Indikator-Merkmal "I_j" – vor der Berechnung des Korrelationskoeffizienten – aus der Summationsvorschrift für den Gesamt-Indikator "I" entfernt wird, spricht man von der **korrigierten Trennschärfe**.

Regression zum Mittel

Im Abschnitt 11.2 wurde erläutert, dass für einen Merkmalsträger, der beim unabhängigen Merkmal X den Wert "x_i" besitzt, der zugehörige Wert für das abhängige Merkmals Y mittels der Regressionsgeraden wie folgt prognostiziert werden kann:

$$y_i' = \bar{y} + b * (x_i - \bar{x}) = \bar{y} + \frac{s_{x,y}}{s_x^2} * (x_i - \bar{x})$$

Diese Gleichung lässt sich folgendermaßen umformen:

$$y_i' = \bar{y} + \frac{s_{x,y}}{s_x * s_y} * \frac{s_y}{s_x} * (x_i - \bar{x}) = \bar{y} + r * s_y * \frac{x_i - \bar{x}}{s_x}$$

Damit ergibt sich:

$$\frac{y_i' - \bar{y}}{s_y} = r * \frac{x_i - \bar{x}}{s_x}$$

Werden mit "$z_{y_i'}$" und "z_{x_i}" die durch z-Transformation aus "y_i'" und "x_i" erhaltenen Werte bezeichnet, so lässt sich diese Gleichung wie folgt umformen:

$$|z_{y_i'}| = |r| * |z_{x_i}|$$

Aus dieser Eigenschaft ist für den Fall, dass zwischen den Merkmalen X und Y *keine* exakte Regressionsbeziehung vorliegt, d.h. es gilt "$|r| \neq 1$" und demzufolge "$|z_{y_i'}| < |z_{x_i}|$", der folgende Sachverhalt ablesbar, der mit dem Begriff "**Regression zum Mittel**" bezeichnet wird:

- Relativ – im Hinblick auf die Standardabweichungen von X und Y – betrachtet, liegt der für den Wert "x_i" prognostizierte Wert "y_i'" (nicht der tatsächlich zugehörige Wert "y_i") näher am Mittelwert von Y, als der Mittelwert von X vom Wert "x_i" entfernt ist.

Hinweis: Für einen Spezialfall ist dieser Sachverhalt als Galton'sches Vererbungsgesetz bekannt. Bei seinen Untersuchungen fand Francis Galton heraus, dass die mittlere Abweichung der Körperlängen von der durchschnittlichen Körperlänge bei Söhnen geringer als bei deren Vätern ausfiel.

Da die Steigung der Regressionsgeraden durch "r" bestimmt ist, wird die *Regression zum Mittel* immer intensiver, je kleiner der Wert von "r" wird. Bekanntlich verläuft im Fall "$r = 0$" die Regressionsgerade parallel zur X-Achse durch den Punkt mit den Koordinaten "$(0, \bar{y})$". In diesem Fall ist jeder prognostizierte Wert gleich dem Mittelwert von Y, sodass die *Regression zum Mittel* in dieser Situation am größten ist.

Für den Fall, dass die Merkmale X und Y standardisiert und daher die zugehörigen Mittelwerte gleich "0" sind, lässt sich die Eigenschaft, dass eine *Regression zum Mittel* vorliegt, wie folgt für den i-ten Merkmalsträger verdeutlichen:

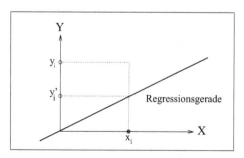

Abbildung 11.12: Regression zum Mittel

Der Abstand zum Koordinatenursprung ("0") ist für "y_i'" erkennbar geringer als der Abstand, den "x_i" zum Koordinatenursprung hat.

KAPITEL 12

WEITERE STATISTIKEN ZUR BESCHREIBUNG VON STATISTISCHEN BEZIEHUNGEN

12.1   Der Rangkorrelationskoeffizient von Spearman

Die im Abschnitt 11.4 angegebene Berechnungsvorschrift für den Korrelationskoeffizienten "r" ist die Grundlage für eine weitere Maßzahl, mit der man die statistische Beziehung *zweier ordinalskalierter* Merkmale X und Y beschreiben kann,
sofern sich die *Rangplätze* der Merkmalsträger als Ausprägungen eines *intervallskalierten* Merkmals ansehen lassen.

Für das Folgende wird mit "r_i" der Rangplatz des i. Merkmalsträgers bezüglich
der Rangreihe der X-Werte und mit "s_i" der Rangplatz des i. Merkmalsträgers
bezüglich der Rangreihe der Y-Werte bezeichnet. Die zugehörigen Mittelwerte dieser Rangplätze werden durch "$\bar{r}$" und "$\bar{s}$" gekennzeichnet.

Wendet man die im Abschnitt 11.4 angegebene Vorschrift zur Berechnung des
Korrelationskoeffizienten "r" auf die Rangplatzwerte "r_i" und "s_i" an, so lässt
sich die Produktmoment-Korrelation der *Rangplätze* von "n" Merkmalsträgern wie
folgt ermitteln:

$$\rho = \frac{\sum_{i=1}^{n}(r_i-\bar{r})*(s_i-\bar{s})}{\sqrt{\sum_{i=1}^{n}(r_i-\bar{r})^2}*\sqrt{\sum_{i=1}^{n}(s_i-\bar{s})^2}}$$

Diese Statistik, die vom Statistiker *Spearman* zur Beschreibung des statistischen
Zusammenhangs zwischen X und Y vorgeschlagen wurde, wird **Rangkorrelationskoeffizient** "ρ" (gesprochen: "rho", engl.: "rank-order correlation coefficient")
genannt.

Da diese Vorschrift auf der Berechnung des Produktmoment-Korrelationskoeffizienten "r" basiert, sind die folgenden Sachverhalte unmittelbar einsichtig:

- $-1 \leq \rho \leq +1$,

- "ρ" = +1: die beiden Rangreihen stimmen überein, sodass eine *totale positive*
  statistische Abhängigkeit vorliegt, und

- "ρ" = −1: die beiden Rangreihen verlaufen genau entgegengesetzt, sodass
  eine *totale negative* statistische Abhängigkeit besteht.

Sofern **keine Bindungen** in X und Y vorliegen, lässt sich die angegebene Vorschrift
zur Berechnung von "ρ" wie folgt vereinfachen:

$$\rho = 1 - \frac{6*\sum_{i=1}^{n}(r_i - s_i)^2}{n^3 - n} \qquad \text{(keine Bindungen)}$$

Soll z.B. die Güte eines neu konstruierten Rechentests beschrieben werden, so kann dies über den Vergleich der Testpunktwerte der untersuchten Schüler mit deren Rangplätzen geschehen, die den Schülern durch die Einschätzung des Lehrers zugewiesen wurden. Sofern dem kleinsten Punktwert der Rangplatz "1" zugeordnet wird, resultiert die folgende Tabelle:

Schüler	Punktwerte	Rangplätze (s_i)	Rangplätze (r_i) durch Lehrer
A	72	9	7
B	86	12	11
C	54	5	9
D	63	6	12
E	69	8	5
F	74	10	8
G	46	3	4
H	43	2	1
I	38	1	2
J	78	11	10
K	52	4	3
L	68	7	6

Abbildung 12.1: Tabelle mit Punkt- und Rangplatzwerten

Für die Rangplätze "r_i" und "s_i" errechnet sich die Statistik "ρ" gemäß der oben angegebenen Rechenvorschrift zum Wert "$+0,734$".

SPSS: Um eine Auswertung vorzunehmen, sind die Werte "72", "86", "54", ... , "78", "52" und "68" – in dieser Reihenfolge – in die 1. Spalte der Daten-Tabelle und die Werte "7", "11", "9", ... , "10", "3" und "6" – in dieser Reihenfolge – in die 2. Spalte der Daten-Tabelle einzutragen. Ist die 1. Spalte durch den Variablennamen "X1" und die 2. Spalte durch den Variablennamen "X2" benannt worden, so lässt sich die Berechnung der Statistik "ρ" wie folgt durch den NONPAR CORR-Befehl anfordern:

```
NONPAR CORR X1 X2.
```

Somit lässt sich die Frage "Leistet der neue Rechentest eine Diagnose der Rechenfähigkeit" durch den Wert des Rangkorrelationskoeffizienten "ρ" dahingehend beantworten, dass eine nicht geringe positive statistische Abhängigkeit zwischen der Einschätzung und den Punktwerten besteht. Es spricht einiges dafür, den Rechentest zur Diagnose der Rechenleistung einzusetzen, sofern das Lehrerurteil als *valide* (zutreffende Einschätzung) angesehen werden kann.

Werden viele Merkmalsträger in die Analyse einbezogen, so liegt es nahe, dass in mindestens einem der beiden Merkmale X und Y **Bindungen** auftreten. In diesem Fall *überschätzt* die Statistik "ρ" den bestehenden statistischen Zusammenhang, sofern der Wert von "ρ" gemäß der Rechenvorschrift ermittelt wird, bei der die Voraussetzung "es liegen *keine* Bindungen vor" erfüllt sein muss.

Im Fall von **Bindungen** muss daher eine modifizierte Berechnungsvorschrift verwendet werden. Durch eine geeignete Umformung der ursprünglichen Vereinbarung für die Statistik "ρ" ergibt sich in diesem Fall die folgende Vorschrift:

$$\rho = \frac{B_x + B_y - \sum_{i=1}^{n}(r_i - s_i)^2}{2 * \sqrt{B_x * B_y}} \qquad \text{(mit Bindungen)}$$

Dabei sind die für B_x und B_y einzusetzenden Werte wie folgt zu bestimmen:

$$B_x = \frac{1}{12}[n^3 - n - \sum_{i=1}^{n_x}(b_{x_i}^3 - b_{x_i})] \qquad B_y = \frac{1}{12}[n^3 - n - \sum_{i=1}^{n_y}(b_{y_i}^3 - b_{y_i})]$$

Der Platzhalter "n_x" ("n_y") kennzeichnet die Anzahl der Werte "x_i" ("y_i"), für die im Merkmal X (Y) eine Bindung vorliegt. Wie viele Bindungen jeweils für einen einzelnen Wert "x_i" ("y_i") auftreten, wird durch den Platzhalter "b_{x_i}" ("b_{y_i}") beschrieben.

Hinweis: Falls keine Bindungen vorliegen, gilt die folgende Beziehung:

$B_x = B_y = \frac{1}{12}(n^3 - n)$

Unter Verwendung dieser Gleichung resultiert wie folgt die oben angegebene Vorschrift:

$$\rho = \frac{\frac{2}{12}(n^3-n) - \sum_{i=1}^{n}(r_i-s_i)^2}{2*\sqrt{[\frac{1}{12}(n^3-n)]^2}} = \frac{\frac{1}{6}(n^3-n) - \sum_{i=1}^{n}(r_i-s_i)^2}{\frac{1}{6}(n^3-n)} = 1 - \frac{6*\sum_{i=1}^{n}(r_i-s_i)^2}{n^3-n}$$

Da beim Vorliegen von Bindungen ein oder mehrere Werte mehrfach auftreten ("Mehrfach-Werte"), müssen in der angegebenen Berechnungsvorschrift modifizierte Rangplätze in Form von *gemittelten Rangplätzen* verwendet werden.

Zur Bestimmung von *gemittelten Rangplätzen* sind bekanntlich (siehe Abschnitt 7.4) zunächst alle Werte in aufsteigender Größe anzuordnen. Danach sind den zugehörigen "n" Merkmalsträgern die Zahlen von "1" bis "n" als "Rangplätze (vor Mittelung)" zuzuweisen. Anschließend ist für jeden Wert, der mehrfach auftritt, der Mittelwert derjenigen Rangplätze zu bilden, die mit diesem "Mehrfach-Wert" verbunden sind. Dieser Mittelwert muss anschließend denjenigen Merkmalsträgern, die diesen "Mehrfach-Wert" besitzen, als *gemittelter Rangplatz* zugewiesen werden.

Haben z.B. die Schüler "A" und "E" – im Hinblick auf die oben angegebene Tabelle – nicht die Punktwerte "72" und "69", sondern die Punktwerte "74" und "68", so ergeben sich für die Schüler "A" bis "L" die folgenden Rangplätze:

Schüler:	I	H	G	K	C	D	E	L	A	F	J	B
Punktwerte:	38	43	46	52	54	63	68	68	74	74	78	86
Rangplätze (vor Mittelung):	1	2	3	4	5	6	7	8	9	10	11	12
gemittelte Rangplätze:	1	2	3	4	5	6	7,5	7,5	9,5	9,5	11	12

Abbildung 12.2: Tabelle mit gemittelten Rangplätzen

Wird – auf der Basis der vorliegenden Bindungen – der Rangkorrelationskoeffizient nach der oben angegebenen Vorschrift ermittelt (es gilt: "$n_x = 2$", "$n_y = 0$", "$b_{68} = 2$" und "$b_{74} = 2$"), so resultiert – mittels einer Anforderung an das IBM SPSS Statistics-System durch den NONPAR CORR-Befehl – der Wert "$+0,737$".

Hinweis: Dieser Wert ist größer als der oben ermittelte Wert "$+0,734$". Dabei ist zu berücksichtigen, dass sich die zu analysierenden Daten geändert haben. Wichtig ist, dass der Wert "$+0,737$" kleiner als der Wert "$+0,744$" ist, der sich nach der zuerst verwendeten Formel ergeben würde, in der keine Bindungen berücksichtigt werden.

12.2 Statistiken zur Beschreibung der Ähnlichkeit von Merkmalsträgern

12.2.1 Der Konkordanzkoeffizient von Kendall

Bislang wurden Statistiken vorgestellt, mit denen man die statistische Beziehung zweier *Merkmale* beschreiben kann. Bei bestimmten Fragestellungen ist es allerdings auch von Interesse, die *gemeinsame Variation* zweier oder mehrerer *Merkmalsträger* zu untersuchen, sodass eine Aussage über den Grad ihrer Ähnlichkeit möglich ist.

Soll z.B. die "Güte des Unterrichts von Lehrern" durch Schüler – als Beurteiler – eingeschätzt werden, so kann dies durch die Vorschrift geschehen, die beurteilten Lehrer in eine Rangreihe zu bringen.

- Liegen vorab keine Rangreihen vor, so müssen den Merkmalsträgern – auf der Basis ihrer Werte – Rangplätze zugewiesen werden. Sind die Werte nicht paarweise voneinander verschieden, d.h. liegen *Bindungen* vor, so sind *gemittelte Rangplätze* zu verwenden.

Werden z.B. durch die Beurteilung der Schüler "A", "B", "C", und "D" die drei Lehrer "I", "II" und "III" eingestuft, indem jeweils einer der drei Rangplätze "1", "2" und "3" vergeben wird, so kann das Ergebnis etwa wie folgt aussehen:

	(Anzahl der Beurteilungen: n=3) Beurteilte Lehrer:		
	I	II	III
(Anzahl der Beurteiler: k=4) Beurteilende Schüler:			
A	1	3	2
B	2	3	1
C	1	2	3
D	1	3	2

Abbildung 12.3: Beurteilungsschema

Um die Frage

- In wie weit stimmen die Beurteiler in ihrer Einschätzung überein, d.h. wie stark ist der Grad ihrer Ähnlichkeit im Rahmen ihrer Beurteilung?

beantworten zu können, kann man zunächst den Ansatz machen, die Beurteiler *paarweise* auf ihre Ähnlichkeit hin zu untersuchen.

		B	
	1	2	3
1		I	
A 2	III		
3			II

Abbildung 12.4: Einschätzungen von Beurteiler "A" und "B"

Betrachtet man zum Beispiel eine Kontingenz-Tabelle mit dem Zeilen-Merkmal "Einschätzung durch Beurteiler A" und dem Spalten-Merkmal "Einschätzung durch Beurteiler B" in der innerhalb der Abbildung 12.4 angegebenen Form, so handelt es sich in dieser Situation bei den *Merkmalsausprägungen* um die bei der Beurteilung vergebenen Rangplätze und bei den *Merkmalsträgern* um die beurteilten Lehrer "I", "II" und "III".

Hinweis: In der Tabelle sind zur Verdeutlichung die Symbole eingetragen, die die beurteilten Lehrer kennzeichnen. Normalerweise werden die drei Zellen mit dem Wert „1" besetzt.

Mit den Hilfsmitteln, die in den Abschnitten 10.1 und 10.2 vorgestellt wurden, lässt sich der Grad der Ähnlichkeit zwischen den beiden Beurteilern "A" und "B" wegen "$N_c = 2$" und "$N_d = 1$" wie folgt beschreiben:

Gamma $= \frac{2-1}{2+1} = \frac{1}{3}$

Daher sind die Beurteilungen von "A" und "B" überwiegend gleichgerichtet und einander in gewissem Umfang ähnlich.

Indem man entsprechend vorgeht, lassen sich Aussagen über die individuelle Ähnlichkeit sämtlicher Paare von Beurteilern erhalten.

Steht nicht diese paarweise Betrachtung, sondern eine Beschreibung der gemeinsamen Ähnlichkeit *aller* Beurteiler im Vordergrund des Interesses, so kann dieser Aspekt durch den Einsatz einer Statistik diskutiert werden, die eine Aussage über die Ähnlichkeit der Rangreihen macht, die in der Abbildung 12.3 innerhalb der Tabellenzeilen eingetragen sind.

Dazu wird zunächst – spaltenweise – jedem beurteilten Lehrer die zugehörige *Rangsumme* zugeordnet, d.h. es wird für den i. Lehrer als Wert "R_i" die Summe der (von den "k" Beurteilern für diesen Lehrer) vergebenen Rangplätze "$r_{i,j}$ (j=1,...k)" ermittelt:

- $R_i = \sum_{j=1}^{k} r_{i,j}$

Für das Beispiel ergeben sich die folgenden Rangsummen:

	(Anzahl der Beurteilungen: n=3) Beurteilte Lehrer:		
	I	II	III
(Anzahl der Beurteiler: k=4) Rangsummen (R_i):	5	11	8

Abbildung 12.5: Rangsummen

Zu den Rangsummen "R_i" ist das *Rangsummenmittel* "$\bar{R}$" wie folgt festgelegt:

- $\bar{R} = \frac{1}{n} \sum_{i=1}^{n} R_i$

Hinweis: Für das Rangsummenmittel gilt die Beziehung:

$$\bar{R} = \frac{1}{n} \sum_{i=1}^{n} R_i = \frac{1}{n} * k * \frac{n*(n+1)}{2} = k * \frac{n+1}{2}$$

Für das Beispiel ergibt sich daher als Rangsummenmittel:

$$\bar{R} = \frac{5+11+8}{3} = 8$$

Wie stark die Beurteiler in ihrer Beurteilung übereinstimmen, lässt sich durch die mittlere quadratische Abweichung der Rangsummen "R_i" vom Rangsummenmittel "$\bar{R}$" beschreiben, die als **Rangsummenvarianz**, d.h. als gemittelte Variation der Rangsummen, gemäß der folgenden Formel zu berechnen ist:

- Rangsummenvarianz = $\frac{1}{n} \sum_{i=1}^{n} (R_i - \bar{R})^2$

Für das Beispiel ergibt sich:

$$\frac{1}{3}((5-8)^2 + (11-8)^2 + (8-8)^2) = \frac{1}{3}(9+9) = 6$$

Um eine Bewertung der Zahl "6" gegenüber der größtmöglichen Rangsummenvarianz vornehmen zu können, wird der folgende Sachverhalt betrachtet:

	Beurteilte Lehrer (n=3):		
	I	II	III
Beurteilende Schüler (k=4):			
A	1	2	3
B	1	2	3
C	1	2	3
D	1	2	3

Abbildung 12.6: größtmögliche Rangsummenvarianz

In dieser Situation, in der die Einschätzungen der Beurteiler sämtlich gleich sind, ergibt sich für das Rangsummenmittel der Wert "8", sodass sich für die Rangsummenvarianz der Wert "$\frac{32}{3}$" errechnet. Grundsätzlich gilt:

- Die Rangsummenvarianz ist dann am größten, wenn die Einschätzungen der Beurteiler *sämtlich gleich* sind, d.h. wenn jeder beurteilte Lehrer von jedem Beurteiler den *gleichen* Rangplatz erhalten hat.

In diesem Fall errechnet sich die größtmögliche Rangsummenvarianz – bei "k" Beurteilern und "n" Beurteilten – gemäß der folgenden Formel:

- maximale Rangsummenvarianz = $\frac{k^2}{12} * (n^2 - 1)$

Hinweis: Wird in diese Formel "n=3" und "k=4" eingesetzt, so errechnet sich der Wert "$\frac{32}{3}$", der als Rangsummenvarianz in dem oben angegebenen Beispiel ermittelt wurde.

Grundsätzlich gilt:

- Die Rangsummenvarianz ist dann am kleinsten, wenn die Einschätzungen der Beurteiler *total unterschiedlich* sind, d.h. wenn für jeden beurteilten Lehrer von jedem Beurteiler ein *unterschiedlicher* Rangplatz vergeben wurde.

Um eine Aussage über die Stärke der Gemeinsamkeit in der Beurteilung zu erhalten, wird die aktuell vorliegende Rangsummenvarianz wie folgt auf die maximal mögliche Rangsummenvarianz bezogen:

- $W = \frac{aktuelle\ Rangsummenvarianz}{maximale\ Rangsummenvarianz}$

Gemäß den oben angegebenen Berechnungsvorschriften für eine Rangsummenvarianz und für die maximal mögliche Rangsummenvarianz ergibt sich – bei "k" Beurteilern und "n" Beurteilten – die folgende Vorschrift:

$$W = \frac{\frac{1}{n}\sum_{i=1}^{n}(R_i - \bar{R})^2}{\frac{k^2}{12}*(n^2-1)}$$

Für den in dieser Form berechneten Koeffizienten "W", der als **Kendall'scher Konkordanzkoeffizient** (engl.: "coefficient of concordance") bezeichnet wird, lässt sich der folgende Sachverhalt feststellen:

- $0 \leq W \leq 1$;

- W = 1, wenn die Rangreihen *total* übereinstimmen.

In unserem Fall errechnet sich – wegen ""k=4" und "n=3" – der Koeffizient "W" wie folgt:

$$W = \frac{6}{\frac{4^2}{12} * (3^2 - 1)} = \frac{6}{\frac{32}{3}} = 0,5625 \simeq 0,56$$

Es liegt somit eine gewisse Übereinstimmung in den Beurteilungen der Lehrer durch die Schüler vor.

SPSS: Sofern die Werte "1", "2", "1" und "1" – in dieser Reihenfolge – in die 1. Spalte der Daten-Tabelle unter dem Variablennamen "I" und entsprechend die Werte "3", "3", "2" und "3" sowie "2", "1", "3" und "2" – in dieser Reihenfolge – in der 2. und der 3. Spalte der Daten-Tabelle unter dem Variablennamen "II" bzw. "III" gespeichert sind, lässt sich der "Kendall'sche Konkordanzkoeffizient" durch den NPAR TESTS-Befehl

```
NPAR TESTS KENDALL=I II III.
```

mit dem Unterbefehl KENDALL, in dem die zu analysierenden Variablen anzugeben sind, abrufen.

12.2.2   Der Kappa-Koeffizient von Cohen

Die Berechnung des Kendall'schen Konkordanzkoeffizienten setzt voraus, dass die zu beurteilenden Objekte in eine Rangreihe gebracht werden können. Oftmals lässt sich keine Rangordnung herstellen, sondern nur eine Einschätzung gemäß eines *Kategorien-Systems* vornehmen.

Im Folgenden soll der Fall betrachtet werden, dass die Beurteilung nur von zwei Beurteilern durchgeführt wird. Dabei sollen "n" Objekte auf der Basis eines Kategorien-Systems von "m" Kategorien beurteilt werden. Zum Beispiel gibt die Abbildung 12.4 die Beurteilung von "n=3" Objekten auf der Basis von "m=3" *Beurteilungs-Kategorien* wieder.

Sofern die Beurteilung auf den allgemeinen Fall von "n" Objekten erweitert werden soll, lassen sich die Beurteilungen – für "m=3" Beurteilungs-Kategorien – durch die folgende Kontingenz-Tabelle beschreiben:

	1	2	3
1	$f_{1,1}$	$f_{1,2}$	$f_{1,3}$
2	$f_{2,1}$	$f_{2,2}$	$f_{2,3}$
3	$f_{3,1}$	$f_{3,2}$	$f_{3,3}$

Abbildung 12.7: "n" Objekte und "m=3" Kategorien

Grundsätzlich gilt für den allgemeinen Fall von "n" Objekten und "m" Kategorien:

$$n = \sum_{i=1}^{m} \sum_{j=1}^{m} f_{i,j}$$

Um die Anzahl der beobachteten übereinstimmenden Urteile "f_b" zu ermitteln, ist die folgende Summe zu bilden:

$$f_b = \sum_{j=1}^{m} f_{j,j}$$

Wird die relative Häufigkeit der beobachteten übereinstimmenden Urteile durch "h_b" bezeichnet, so gilt:

$$h_b = \frac{1}{n} \sum_{j=1}^{m} f_{j,j}$$

Wird mit "$f_{e_{j,j}}$" die Anzahl der für die Kategorie "j" zu erwartenden Übereinstimmungen der Beurteiler bezeichnet, sofern sie beide (statistisch) voneinander unabhängig begutachten, so gilt entsprechend des im Abschnitt 9.1 angegebenen Sachverhalts:

$$f_{e_{j,j}} = \frac{\sum_{i=1}^{m} f_{j,i} * \sum_{i=1}^{m} f_{i,j}}{n}$$

Damit ergibt sich als relative Häufigkeit "h_e" der zu erwartenden übereinstimmenden Urteile, sofern keine (statistische) Beziehung zwischen den Beurteilern besteht:

$$h_e = \frac{1}{n} \sum_{j=1}^{m} f_{e_{j,j}}$$

Auf der Basis der relativen Häufigkeit der *beobachteten* übereinstimmenden Urteile "h_b" und der relativen Häufigkeit "h_e" der zu *erwartenden* übereinstimmenden Urteile, wenn überhaupt kein Zusammenhang in den Beurteilungen besteht, ist die Statistik **Cohen's Kappa** ("κ") wie folgt festgelegt:

$$\boxed{\kappa = \frac{h_b - h_e}{1 - h_e}}$$

- Durch die Statistik "κ" wird beschrieben, in welchem Grade zwei Beurteiler in ihrer Beurteilung von "n" Objekten übereinstimmen, sofern ein Kategorien-System von "m" Kategorien zur Einschätzung zur Verfügung steht.

Sind sämtliche Beurteilungen der beiden Beurteiler *zufällig* zustande gekommen, so stimmt die Anzahl "f_e" der zu erwartenden übereinstimmenden Urteile mit der Anzahl "f_b" der beobachteten übereinstimmenden Urteile überein. In diesem Fall sind die relativen Häufigkeiten "h_e" und "h_b" identisch, sodass "Cohen's Kappa" den Wert "0" annimmt.

Sofern es nur übereinstimmende Urteile gibt, stimmt deren Anzahl "f_b" mit der Gesamtzahl "n" der abgegebenen Urteile überein. Daher ist die relative Häufigkeit "h_b" in diesem Fall gleich dem Wert "1", sodass "Cohen's Kappa" den Wert "1" annimmt.

Als Beispiel wird der folgende Fall betrachtet, in dem zwei Psychiater 50 Patienten im Hinblick auf die Kategorien "verwahrlost" (V), "neurotisch" (N) und "psychotisch" (P) mit folgendem Ergebnis einschätzen:

	V	N	P
V	25	4	1
N	5	7	3
P	1	3	1

Abbildung 12.8: "n=50" Objekte und "m=3" Kategorien

Auf der Basis dieser Kontingenz-Tabelle errechnet sich die Statistik "κ" zum Wert "0,363", sodass im Hinblick auf die diagnostische Klassifikation eine mäßige Übereinstimmung zwischen den beiden Psychiatern festgestellt werden kann.

SPSS: Sofern die Werte "1", "1", "1", "2", "2", "2", "3", "3" und "3" – in dieser Reihenfolge – in die 1. Spalte der Daten-Tabelle unter dem Variablennamen "P1" und entsprechend die Werte "1", "2", "3", "1","2", "3", "1", "2" und "3" sowie "25", "4", "1", "5", "7", "3", "1", "3" und "1" – in dieser Reihenfolge – in der 2. und der 3. Spalte der Daten-Tabelle unter dem Variablennamen "P2" bzw. "G" gespeichert sind, lässt sich die Berechnung von "Cohen's Kappa" durch

```
WEIGHT BY G.
CROSSTABS TABLES=P1 By P2/FORMAT=NOTABLE/STATISTICS=KAPPA.
```

mittels eines CROSSTABS-Befehls in Verbindung mit einem WEIGHT-Befehl anfordern.

12.3   Der Korrelationskoeffizient "Eta" und der punkt-biseriale Korrelationskoeffizient

12.3.1   Nichtlineare Abhängigkeiten

Als Maß für die Stärke der *linearen* Korrelation zwischen zwei intervallskalierten Merkmalen X und Y wurde der Determinationskoeffizient "r^2" vorgestellt. Diese Statistik sollte allerdings nur dann zur Beschreibung einer statistischen Abhängigkeit verwendet werden, wenn *keine* offensichtlichen *nichtlinearen* Abhängigkeiten zwischen X und Y vorliegen, wie dies z.B. in den folgenden Situationen der Fall ist:

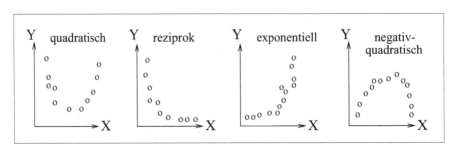

Abbildung 12.9: nichtlineare Abhängigkeiten

Als Beispiele für nichtlineare statistische Abhängigkeiten lassen sich etwa die Beziehung zwischen den Merkmalen "Hörempfinden" und "Lautstärke" (quadratische Abhängigkeit), zwischen "Anzahl der Haushalte" und "Haushaltseinkommen" (reziproke Abhängigkeit), die Beziehung zwischen "Wachstum von Algen" und "Zeit" (exponentielle Abhängigkeit) sowie die Beziehung zwischen "Anzahl jährlich mit dem PKW gefahrener Kilometer" und "Alter" (negativ-quadratische Abhängigkeit) anführen.

In der Abbildung 12.9 werden *keine linearen* statistischen Abhängigkeiten dargestellt, sodass der Wert des Korrelationskoeffizienten "r" und damit auch der Wert des Determinationskoeffizienten in diesen Fällen jeweils sehr klein ist. Da allerdings deutlich erkennbare *funktionale* Abhängigkeiten zwischen X und Y bestehen, ist es von Interesse, das Vorliegen einer *nichtlinearen* statistischen Abhängigkeit durch eine geeignete Statistik zu beschreiben.

Geht es allein um den Aspekt, den Anteil der Gesamtvariation von Y mitzuteilen, der durch X *nichtlinear* oder durch die Variation *anderer* Merkmale erklärt wird, kann dazu z.B. der Wert "$1 - r^2$" verwendet werden.

12.3.2 Die Statistik "Eta-Quadrat"

Ob überhaupt ein statistischer Zusammenhang zwischen den Merkmalen X und Y besteht – unabhängig davon, ob er linear oder nichtlinear ist –, lässt sich für ein intervallskaliertes, als *abhängig* betrachtetes Merkmal Y und ein nominalskaliertes, als *unabhängig* angesehenes Merkmal X auf der Basis des folgenden Diagramms diskutieren:

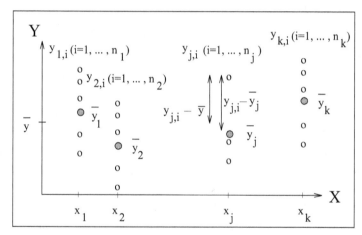

Abbildung 12.10: Schema zur Bestimmung von Eta-Quadrat

Genau wie es im Abschnitt 11.3 für zwei intervallskalierte Merkmale erläutert wurde, lässt sich – zur Durchführung einer Prognose der Y-Werte – in einer 1. Prognoserunde wieder der Mittelwert als Vorhersagewert verwenden. Allerdings kann in einer 2. Prognoserunde jetzt auf keine Regressionsgerade mehr zurückgegriffen werden, sodass zur Prognose nur ein jeweils gruppenspezifischer Mittelwerts herangezogen werden kann. Dieser Sachverhalt wird im Abschnitt 12.3.3 erläutert.

Aus der Abbildung 12.10 ist erkennbar, dass "k" unterschiedliche Merkmalsausprägungen von X unterstellt werden, sodass die Punkte in "k" Gruppen mit jeweils gleichem X-Wert gegliedert sind. Betrachtet man die Mitglieder der j. Gruppe, d.h. alle Punkte mit "$X = x_j$", so besitzen diese Punkte die Koordinaten-Darstellung "$(x_j, y_{j,i})$", wobei der Index "i" den i. Merkmalsträger der j. Gruppe kennzeichnet. Besitzt die j. Gruppe "n_j" Mitglieder, so nimmt der Laufindex "i" die Werte "1", "2" bis "n_j" an, sodass sich alle Mitglieder der j. Gruppe insgesamt durch die Angabe von "$(x_j, y_{j,i})$ $(i = 1, 2, ..., n_j)$" beschreiben lassen.

Für die Gesamtzahl "n" aller Merkmalsträger gilt:

- $\sum_{j=1}^{k} n_j = \text{n}$

Wird der Mittelwert von Y für alle Mitglieder der j. Gruppe durch "$\bar{y}_j$" beschrieben, so ist die folgende Gleichung erfüllt:

- $\bar{y}_j = \frac{1}{n_j} \sum_{i=1}^{n_j} y_{j,i}$

Auf der Basis dieser Bezeichnung lässt sich die *gruppenspezifische Variation* von Y im Hinblick auf die j. Gruppe in der folgenden Form festlegen:

- $\sum_{i=1}^{n_j} (y_{j,i} - \bar{y}_j)^2$

Soll die *Gesamtvariation* von Y errechnet werden, so lässt sie sich, sofern die Y-Werte gruppenspezifisch gegliedert sind, durch die folgende Berechnungsvorschrift ermitteln:

- Gesamtvariation von Y $= \sum_{j=1}^{k} \sum_{i=1}^{n_j} (y_{j,i} - \bar{y})^2$

Hinweis: Bei der Berechnung der Doppelsumme werden zunächst die Werte "$(y_{j,i} - \bar{y}_j)^2$" jeder einzelnen Gruppe addiert (für jeden Indexwert "j" läuft der Index "i" von "1" bis "n_j"). Anschließend werden die resultierenden gruppenspezifischen Summenwerte der Reihe nach summiert (der Index "j" läuft von "1" bis "k").

Soll die Gesamtvariation von Y nicht dadurch ermittelt werden, dass zunächst die gruppenspezifischen Anteile errechnet und diese anschließend summiert werden, so lässt sich die Vorschrift zur Berechnung der Gesamtvariation von Y in der bislang verwendeten Notation angeben, sodass die folgende Gleichheit gegeben ist:

- $\sum_{i=1}^{n} (y_i - \bar{y})^2 = \sum_{j=1}^{k} \sum_{i=1}^{n_j} (y_{j,i} - \bar{y})^2$

Die Summationsvorschrift, die vor dem Gleichheitszeichen aufgeführt ist, macht keine Angabe über eine Gliederung, nach der die einzelnen Summanden in die Summation einbezogen werden sollen. Es ist allein sichergestellt, dass alle Y-Werte in die Berechnung eingehen.

Mittels der Gesamtvariation von Y und der gruppenspezifischen Variationen von Y kann eine Statistik verabredet werden, mit der sich die Stärke der statistischen Abhängigkeit zwischen Y und X kennzeichnen lässt. Diese Statistik wird **Eta-Quadrat** (η^2) genannt und ist in der folgenden Form vereinbart:

$$\text{Eta-Quadrat } (\eta^2) = \frac{\sum_{i=1}^{n} (y_i - \bar{y})^2 - \sum_{j=1}^{k} \sum_{i=1}^{n_j} (y_{j,i} - \bar{y}_j)^2}{\sum_{i=1}^{n} (y_i - \bar{y})^2}$$

Für diese Statistik "η^2" gilt der folgende Sachverhalt:

- $0 \leq \eta^2 \leq 1$

Es ist üblich, aus "Eta-Quadrat" die positive Quadratwurzel zu ziehen und den **Koeffizienten "Eta"** (engl.: "correlation ratio") zur Kennzeichnung der statistischen Beziehung mitzuteilen. Im Gegensatz zu diesem Koeffizienten besitzt allerdings die Statistik "Eta-Quadrat" – wie nachfolgend dargestellt – den Vorteil, dass sie sich im Sinne eines PRE-Modells interpretieren lässt.

Hinweis: Sofern das unabhängige Merkmal X *ordinalskaliert* ist, lässt sich die Richtung der statistischen Abhängigkeit zwischen Y und X ermitteln. In diesem Fall kann man als Statistik zur Beschreibung der statistischen Abhängigkeit zwischen X und Y die mit dem zugehörigen Vorzeichen versehene *Quadratwurzel* aus "Eta-Quadrat" verwenden. Ferner kann für ein ordinalskaliertes Merkmal X in dem Fall, in dem mindestens zwei gruppenspezifische Mittelwerte von Y voneinander verschieden sind, die Frage untersucht werden, ob ein *linearer* Trend besteht, d.h. ob alle Mittelwerte auf einer Geraden liegen.

SPSS: Der Wert von "Eta" lässt sich über den CROSSTABS-Befehl

```
CROSSTABS TABLES=Y BY X/FORMAT=NOTABLE/STATISTICS=ETA.
```

mit dem Unterbefehl "STATISTICS=ETA" für die abhängige Variable Y und die unabhängige Variable X abrufen.

12.3.3 PRE-Modell-Erklärung von "Eta-Quadrat"

Um "Eta-Quadrat" als PRE-Maß auffassen und damit innerhalb eines PRE-Modells erklären zu können, müssen Angaben über die Art der jeweiligen Prognosen gemacht werden (siehe Abschnitt 9.5).

In dieser Hinsicht wird als 1. Prognosewert unter der Voraussetzung, dass die Prognose allein auf der Basis der Verteilung von Y erfolgen soll, *einheitlich* der Mittelwert "$\bar{y}$" – als *typischer* Wert – für jeden Merkmalsträger als Wert vorhergesagt. In diesem Fall stellt sich der *Prognosefehler* "E_1" als Gesamtvariation in der folgenden Form dar:

- $E_1 = \sum_{i=1}^{n}(y_i - \bar{y})^2$

Für die 2. Prognose wird die Kenntnis der gemeinsamen Verteilung von X und Y vorausgesetzt. In diesem Fall wird für einen Merkmalsträger, der bezüglich X den Wert "x_j" besitzt, der Mittelwert "$\bar{y}_j$" in der Gruppe aller Merkmalsträger, die für X den Wert "x_j" haben, vorhergesagt. Daher errechnet sich der *Prognosefehler* "E_2" für die 2. Prognose – als Summe der gruppenspezifischen Variationen von Y – insgesamt wie folgt:

- $E_2 = \sum_{j=1}^{k} \sum_{i=1}^{n_j}(y_{j,i} - \bar{y}_j)^2$

Da die Gesamtvariation von Y durch die Summe der gruppenspezifischen Variationen von Y nicht übertroffen wird, ist "E_2" höchstens so groß wie "E_1".

Folglich kennzeichnet

- Eta-Quadrat $(\eta^2) = \frac{E_1 - E_2}{E_1} = \frac{\sum_{i=1}^{n}(y_i - \bar{y})^2 - \sum_{j=1}^{k}\sum_{i=1}^{n_j}(y_{j,i} - \bar{y}_j)^2}{\sum_{i=1}^{n}(y_i - \bar{y})^2}$

die proportionale Fehlerreduktion, die in der 2. Prognoserunde im Vergleich zur 1. Prognoserunde erreicht wird. Diese ist gleich dem Anteil an der Gesamtvariation von Y, der dadurch erklärt wird, dass für jedes "x_j" – anstelle des ursprünglichen Prognosewertes "$\bar{y}$" – der Mittelwert "$\bar{y}_j$" innerhalb der durch "x_j" bestimmten Gruppe als Wert für Y vorhergesagt wird.

- Normalerweise ist der Wert der Statistik "η^2" stets kleiner als "1". "η^2" nimmt z.B. dann den Maximalwert "1" an, wenn sich sämtliche Merkmalsträger paarweise in ihrem X-Wert unterscheiden.

Als Beispiel für die Berechnung von "η^2" wird der folgende Sachverhalt betrachtet:

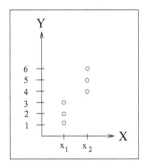

Abbildung 12.11: Beispiel

Für die Mittelwerte gilt: $\bar{y} = 3,5$ $\bar{y}_1 = 2$ $\bar{y}_2 = 5$

Die Fehlergrößen "E_1" und "E_2" errechnen sich daher wie folgt:

$$E_1 = (-2,5)^2 + (-1,5)^2 + (-0,5)^2 + (0,5)^2 + (1,5)^2 + (2,5)^2 = 17,5$$

$$E_2 = (-1)^2 + (1)^2 + (-1)^2 + (1)^2 = 4$$

Damit ergibt sich: $\eta^2 = \frac{17,5-4}{17,5} \simeq 0,77$

Soll z.B. geprüft werden, ob ein statistischer Zusammenhang zwischen den Merkmalen "Unterrichtsstunden" und "Geschlecht" – innerhalb der Jahrgangsstufe 12 – besteht, so ist die in der Abbildung 12.12 dargestellte bivariate Verteilung dieser beiden Merkmale zugrunde zu legen. Auf dieser Basis wird der Koeffizient "Eta" zum Wert "0,18" errechnet. Weil somit "Eta-Quadrat" gleich "0,03" ist, deutet dies auf einen geringen statistischen Zusammenhang der beiden Merkmale hin.

SPSS: Da die Mitgliedschaft zur Jahrgangsstufe 12 durch die Eigenschaft "jahrgang=2" gekennzeichnet ist, lässt sich die Statistik "Eta" für die 100 Schüler der Jahrgangsstufe 12 durch einen CROSSTABS-Befehl in Verbindung mit einem SELECT IF-Befehl in der folgenden Form anfordern:

```
SELECT IF (jahrgang=2).
CROSSTABS TABLES=stunzahl BY geschl/FORMAT=NOTABLE/STATISTICS=ETA.
```

Unterrichtsstunden * Geschlecht Kreuztabelle

Anzahl

		Geschlecht		Gesamt
		männlich	weiblich	
Unterrichtsstunden	30,00	5	1	6
	31,00	3	2	5
	32,00	4	1	5
	33,00	20	14	34
	34,00	2	8	10
	35,00	2	5	7
	36,00	8	13	21
	37,00	0	2	2
	38,00	2	1	3
	39,00	3	1	4
	40,00	1	1	2
	42,00	0	1	1
Gesamt		50	50	100

Abbildung 12.12: Basis zur Bestimmung von "Eta-Quadrat"

- Allgemein gilt für zwei *intervallskalierte* Merkmale X und Y, dass "η^2" stets größer oder gleich dem Determinationskoeffizienten "r^2" ist, sodass die Differenz "$\eta^2 - r^2$" als ein Maß für die *Kurvilinearität*, d.h. für das Abweichen von einer linearen Abhängigkeit, aufgefasst werden kann.

12.3.4 Der punkt-biseriale Korrelationskoeffizient

Handelt es sich bei dem als unabhängig aufgefassten nominalskalierten Merkmal X um ein *dichotomes* Merkmal, so besitzt X genau zwei unterschiedliche Merkmalsausprägungen "x_p" und "x_q". Wird die Gesamtheit aller Merkmalsträger mit "n" und die absolute Häufigkeit, mit der "x_p" ("x_q") auftritt, mit "p" ("q") bezeichnet, so gilt "$n = p + q$".

Im speziellen Fall eines dichotomen Merkmals X lässt sich für die Statistik "Eta" eine modifizierte Berechnungsvorschrift angeben, sodass sich "Eta" als abhängig von den gruppenspezifischen Mittelwertunterschieden der zu "x_p" und "x_q" zugehörigen Y-Werte erweist. Um diese Berechnungsvorschrift zu formulieren, wird verabredet, dass mit "y_{i_p}" und "y_{i_q}" die Y-Werte der Merkmalsträger bezeichnet werden, die den X-Wert "x_p" bzw. den X-Wert "x_q" besitzen. Auf dieser Basis lassen sich die gruppenspezifischen Mittelwerte von Y, d.h. die Werte "$\bar{y}_p$" sowie "$\bar{y}_q$", wie folgt berechnen:

- $\bar{y}_p = \frac{1}{p} \sum_{i_p=1}^{p} y_{i_p}$ und $\bar{y}_q = \frac{1}{q} \sum_{i_q=1}^{q} y_{i_q}$

Unter diesen Voraussetzungen lässt sich die statistische Abhängigkeit zwischen X und Y – im Hinblick auf die beiden Reihen ("biserial") der Punkte mit den

Koordinaten "(x_p, y_{i_p})" bzw. "(x_q, y_{i_q})" – durch den **punkt-biserialen Korrelationskoeffizienten** "r_{pbi}" (engl.: "point-biserial correlation coefficient") wie folgt festlegen:

$$r_{pbi} = \frac{|\bar{y}_p - \bar{y}_q| * \sqrt{p*q}}{s_y * \sqrt{n*(n-1)}}$$

Es lässt sich nachweisen, dass die angegebene Berechnungsvorschrift für den punkt-biserialen Korrelationskoeffizienten mit der Berechnung von "Eta" übereinstimmt, sofern "Eta" für den speziellen Fall eines dichotomen Merkmals X ausgewertet wird.

Daher ergibt sich für das oben angegebene Beispiel, bei dem die statistische Abhängigkeit zwischen den Merkmalen "Unterrichtsstunden" und "Geschlecht" durch die Berechnung von "Eta" beschrieben wurde, für den punkt-biserialen Korrelationskoeffizienten ebenfalls der Wert "0,18".

Durch eine geeignete Umformung der Berechnungsvorschrift für "r_{pbi}" lässt sich erreichen, dass der Mittelwert aller Y-Werte als Bezugsgröße für die Unterschiedlichkeit verwendet werden kann. Das Ergebnis einer derartigen Modifikation der Berechnungsvorschrift stellt sich wie folgt dar:

$$r_{pbi} = \frac{|\bar{y}_p - \bar{y}| * \sqrt{\frac{p}{q}}}{s_y * \sqrt{\frac{n-1}{n}}}$$

Der punkt-biseriale Korrelationskoeffizient ist eine geeignete Statistik, mit der der Grad der statistischen Beziehung zwischen einem Test und einem einzelnen zu diesem Test zugehörigen *dichotomen* Test-Item (mit den beiden Ausprägungen "richtig" und "falsch" bzw. "gelöst" und "nicht gelöst") beschrieben werden kann. "r_{pbi}" lässt sich daher zur Kennzeichnung der *Trennschärfe* heranziehen, sodass man eine Einschätzung darüber erhält, wie gut sich Testwerte mittels der Werte eines einzelnen Test-Items prognostizieren lassen.

12.4　Mittelwertunterschiede und Korrelation

Gruppenspezifische Mittelwerte

Wie im Abschnitt 12.3.2 dargestellt wurde, kann über die Statistik "Eta" eine Aussage über den statistischen Zusammenhang zwischen einem nominalskalierten Merkmal X und einem intervallskalierten Merkmal Y gemacht werden. Im Sonderfall eines *dichotomen* Merkmals X lässt sich die statistische Beziehung über den punkt-biserialen Korrelationskoeffizienten kennzeichnen.

Sofern die Gruppierung von Merkmalsträgern durch das *dichotome* Merkmal X beschrieben wird, ist die Frage von Interesse, wann *Mittelwertunterschiede* von Y – im Hinblick auf die beiden Gruppen – beobachtbar sind.

Durch die im Abschnitt 12.3.4 angegebene Vorschrift zur Ermittlung des punkt-biserialen Korrelationskoeffizienten ist erkennbar, dass der folgende Sachverhalt zutrifft:

- Der punkt-biseriale Korrelationskoeffizient ist genau dann von "0" verschieden, wenn sich die beiden gruppenspezifischen Mittelwerte von Y unterscheiden.

Da sich für ein unabhängiges dichotomes Merkmal X der punkt-biseriale Korrelationskoeffizient als Spezialfall von "Eta" darstellt, geht eine statistische Beziehung im Sinne der PRE-Modell-Interpretation stets damit einher, dass gruppenspezifische Mittelwertunterschiede vorliegen. Umgekehrt weist die Übereinstimmung der Mittelwerte auf eine statistische Unabhängigkeit im Sinne der PRE-Modell-Sicht hin. Daher sind im Hinblick auf das Zusammenwirken von "*statistischer Abhängigkeit*" und "*Unterschiedlichkeit der beiden Mittelwerte*" grundsätzlich nur zwei Konstellationen denkbar, die sich durch die beiden folgenden Beispiele kennzeichnen lassen:

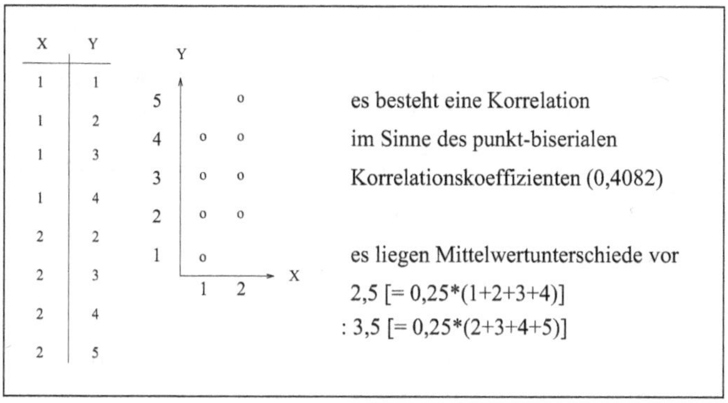

Abbildung 12.13: Mittelwertunterschiede und korrelative Beziehung

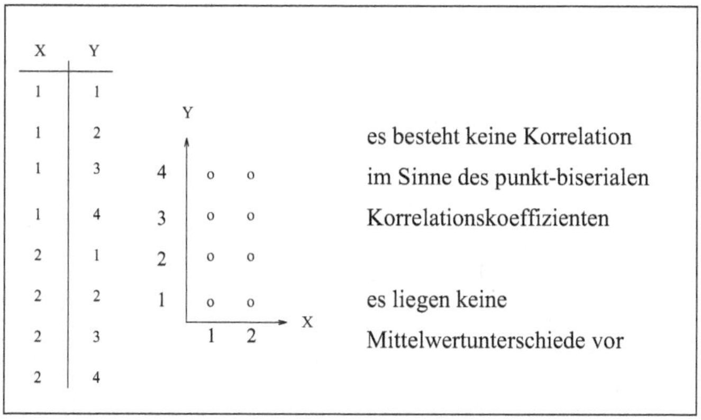

Abbildung 12.14: weder Mittelwertunterschiede noch korrelative Beziehung

Dass hierbei die statistische Abhängigkeit im Sinne der PRE-Modell-Sicht zu interpretieren ist, verdeutlicht das folgende Beispiel:

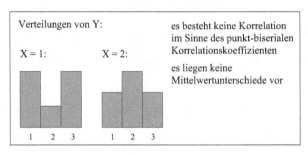

Abbildung 12.15: unterschiedliche Konditionalverteilungen

In dieser Situation gibt es *keine* gruppenspezifischen Mittelwertunterschiede, obwohl eine statistische Abhängigkeit im Sinne der Unterschiedlichkeit der Konditionalverteilungen zu beobachten ist.

Der Sachverhalt, dass ein Mittelwertunterschied im *abhängigen* Merkmal mit einem statistischem Zusammenhang zwischen dem *Gruppierungs-Merkmal* X und dem abhängigen Merkmal Y einher, gilt nicht nur für dichotome Merkmale.

Erweitert man die Betrachtung auf die Situation, in der das Gruppierungs-Merkmal X nicht nur zwei, sondern *mehrere* Ausprägungen besitzt, so lässt sich feststellen:

- Das Bestehen von Mittelwertunterschieden in dem abhängigen Merkmal geht stets mit einem statistischen Zusammenhang zwischen dem abhängigen Merkmal und dem Gruppierungs-Merkmal einher, der sich durch einen von "0" verschiedenen Wert des Koeffizienten "Eta" kennzeichnen lässt.

Im Hinblick auf die im Abschnitt 12.3.2 angegebene Vorschrift zur Ermittlung der Statistik "Eta-Quadrat" ist nämlich festzustellen:

Der Wert von "Eta-Quadrat" ist dann identisch "0", wenn der Zähler des Quotienten den Wert "0" annimmt. Dieser Sachverhalt liegt genau dann vor, wenn für jeden einzelnen gruppenspezifischen Mittelwert "$\bar{y}_j$" gilt, dass er mit dem (Gesamt-)Mittelwert "$\bar{y}$" übereinstimmt. Dies ist gleichbedeutend damit, dass es keine gruppenspezifischen Mittelwertunterschiede in Y gibt.

Bislang wurde ein abhängiges Merkmal an *gruppierten* Merkmalsträgern untersucht. Wird *keine* Gruppierung vorgenommen, sondern werden für jeden einzelnen Merkmalsträger die Ausprägungen zweier beliebiger intervallskalierter Merkmale X und Y betrachtet, so lässt sich im Hinblick auf das Vorliegen einer statistischen Abhängigkeit und das Bestehen von Mittelwertunterschieden Folgendes feststellen:

- Mittelwertunterschiede und statistische Abhängigkeiten beleuchten zwei *unterschiedliche* Aspekte der statistischen Beziehung von X und Y, d.h. es handelt sich um zwei *verschiedene* Arten von Informationen über das statistische Zusammenwirken von X und Y.

Diesen Sachverhalt verdeutlichen die folgenden Beispiele:

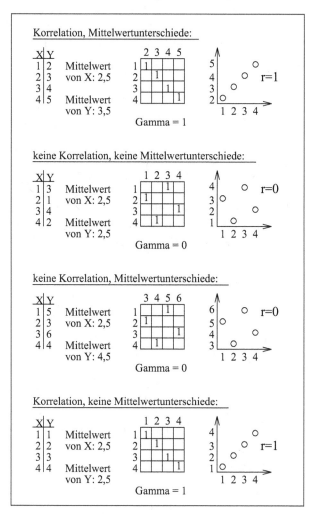

Abbildung 12.16: Mittelwertunterschiede und korrelative Beziehungen

Profil-Diagramme

Sollen gruppenspezifische Mittelwertunterschiede grafisch beschrieben werden, so bietet sich die Darstellung in Form eines **Profil-Diagramms** an, in dem **Profile** mit den jeweils gruppenspezifischen Mittelwerten eingetragen werden.

Bei jedem Profil werden die Mittelwerte durch gruppenspezifische Markierungen gekennzeichnet und durch eine Linie, die jeweils einen Profil-Abschnitt darstellt, miteinander verbunden. Für die jeweiligen Ausprägungen des Gruppierungs-Merkmals müssen geeignete Markierungen gewählt werden, damit die Zugehörigkeit der Mittelwerte zu der jeweiligen Gruppe deutlich wird.

Um einen Eindruck vom jahrgangsstufen- und geschlechtsspezifischen Einfluss auf das Merkmal "Unterrichtsstunden" zu erhalten, ist es sinnvoll, zwei

Profil-Diagramme zu erstellen. In dem einen Diagramm müssen die geschlechts-spezifischen Profile und in dem anderen Diagramm die jahrgangsstufenspezifischen Profile mit den Mittelwerten von "Unterrichtsstunden" eingetragen werden. Die Basis für diese Profil-Diagramme stellt die folgende Tabelle mit den gruppen-spezifischen Mittelwerten von "Unterrichtsstunden" dar:

	Geschlecht		
Jahrgangsstufe	männlich	weiblich	Gesamt
11	34,28	34,72	34,50
12	33,80	34,68	34,24
13	31,92	29,52	30,72
Gesamt	33,62	33,66	33,64

Abbildung 12.17: Mittelwerte des Merkmals "Unterrichtsstunden"

Wird der Inhalt der 2. und 3. Tabellenspalte – unter Ausschluss der 4. Tabellenzeile – jeweils durch ein Profil verkörpert, so ergibt sich das folgende Profil-Diagramm mit den beiden geschlechtsspezifischen Profilen, die jeweils aus zwei Profil-Abschnitten bestehen:

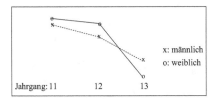

Abbildung 12.18: geschlechtsspezifische Profile

Sofern die Mittelwerte von "Unterrichtsstunden" nicht geschlechtsspezifisch, sondern jahrgangsstufenspezifisch dargestellt werden sollen, ergeben sich die drei folgenden Profile, die jeweils nur aus einem Profil-Abschnitt bestehen:

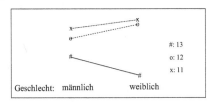

Abbildung 12.19: jahrgangsstufenspezifische Profile

Interaktionseffekte

Die beiden oben vorgestellten Profil-Diagramme verdeutlichen den folgenden Sachverhalt, der sich rein rechnerisch auch der oben angegebenen Tabelle mit den Mittelwerten entnehmen lässt:

• Die geschlechtsspezifischen *Mittelwertunterschiede* von "Unterrichtsstun-den" sind *nicht* über alle Jahrgangsstufen gleich (Abbildung 12.18).

• Die jahrgangsstufenspezifischen *Mittelwertunterschiede* von "Unterrichts-stunden" stimmen für die Schüler und Schülerinnen *nicht* überein (Abbil-dung 12.19).

In dieser Situation, in der die beiden Gruppierungs-Merkmale einen *gemeinsamen* Einfluss auf das abhängige Merkmal "Unterrichtsstunden" bewirken, wird von einem *Interaktionseffekt* gesprochen.

- Sofern ein **Interaktionseffekt** ("Wechselwirkung", engl.: "interaction") von zwei Gruppierungs-Merkmalen auf ein abhängiges Merkmal ausgeübt wird, stellt sich dieser Sachverhalt so dar, dass mindestens zwei Profile innerhalb eines zugehörigen Profil-Diagramms *nicht* gleichförmig verlaufen.

  Dabei wird der Verlauf zweier Profile dann als *gleichförmig* angesehen, wenn sämtliche miteinander korrespondierenden Profil-Abschnitte der beiden Profile jeweils *parallel* sind. Dies ist immer dann der Fall, wenn für jeweils zwei voneinander verschiedene Ausprägungen "a_1" und "a_2" des einen Gruppierungs-Merkmals diejenigen Mittelwertdifferenzen des abhängigen Merkmals übereinstimmen, die jeweils – unter Berücksichtigung sämtlicher Ausprägungen "b" des anderen Gruppierungs-Merkmals – durch die Ausprägungs-Kombinationen "(a_1, b)" und "(a_2, b)" bestimmt sind.

Bei Vorliegen eines Interaktionseffektes gibt es daher zwei Ausprägungen des einen Gruppierungs-Merkmals mit der Eigenschaft, dass die durch sie bestimmte Mittelwertdifferenz des abhängigen Merkmals in Abhängigkeit von den Ausprägungen des anderen Gruppierungs-Merkmals variiert.

Man unterscheidet Interaktionseffekte danach, ob die Profile, die diese Effekte widerspiegeln, gleichartig sind oder nicht.

- Dabei werden die Profile innerhalb eines Profil-Diagramms als *gleichartig* (gleichgerichtet) angesehen, wenn sie *sämtlich aufsteigend* oder *sämtlich absteigend* verlaufen.

Im Hinblick auf das Kriterium des *gleichartigen Profil-Verlaufs* gibt es drei verschiedene Möglichkeiten der Interaktion:

- Von einer **ordinalen Interaktion** wird dann gesprochen, wenn die Profile in jedem der beiden Profil-Diagramme *gleichartig* verlaufen.
  Ist der Profil-Verlauf in beiden Profil-Diagrammen *nicht gleichartig*, so handelt es sich um eine **disordinale Interaktion**.
  Man spricht dann von einer **hybriden** bzw. einer **semi-disordinalen Interaktion**, wenn in dem einen Profil-Diagramm ein *gleichartiger* und in dem anderen Profil-Diagramm *kein gleichartiger* Profil-Verlauf vorliegt.

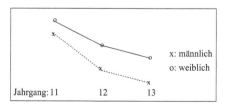 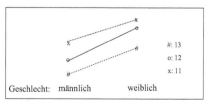

Abbildung 12.20: Beispiel einer ordinalen Interaktion

Da in der Abbildung 12.18 allein fallende Profil-Verläufe und in der Abbildung 12.19 ein steigender Verlauf der Profile für die Jahrgangsstufen 11 und 12 sowie ein fallender Profil-Verlauf für die Jahrgangsstufe 13 zu erkennen ist, handelt es sich bei dem zuvor festgestellten Interaktionseffekt, der von den Merkmalen "Jahrgangsstufe" und "Geschlecht" auf das abhängige Merkmal "Unterrichtsstunden" ausgeübt wird, um eine *hybride* Interaktion.

Eine *ordinale* Interaktion würde z.B. dann vorliegen, wenn die Profile die in der Abbildung 12.20 dargestellten Verläufe besitzen würden. Eine *disordinale* Interaktion würde z.B. bestehen, wenn die Profil-Verläufe die folgende Form hätten:

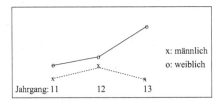 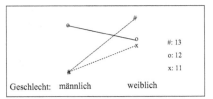

Abbildung 12.21: Beispiel einer disordinalen Interaktion

Haupteffekte

Neben der Diskussion des gemeinsamen Einflusses auf ein abhängiges Merkmal ist es ebenfalls von Interesse, eine isolierte Betrachtung für jedes einzelne Gruppierungs-Merkmal durchzuführen.

Der innerhalb der Abbildung 12.17 angegebenen Tabelle ist zu entnehmen, dass die geschlechtsspezifischen *(Gesamt-)Mittelwerte* "33,62" und "33,66" des Merkmals "Unterrichtsstunden" sich unmerklich unterscheiden. Es gibt daher für Schüler und Schülerinnen keinen offensichtlichen Unterschied im Hinblick auf die durchschnittliche Anzahl der Unterrichtsstunden. Dieser Sachverhalt bedeutet, dass das Merkmal "Geschlecht" *keinen* Effekt auf das Merkmal "Unterrichtsstunden" ausübt.

Ein anderer Sachverhalt liegt für das Merkmal "Jahrgangsstufe" vor. Da die jahrgangsstufenspezifischen *(Gesamt-)Mittelwerte* "34,50", "34,24" und "30,72" des Merkmals "Unterrichtsstunden" nicht übereinstimmen, wird von dem Merkmal "Jahrgangsstufe" ein Effekt auf das Merkmal "Unterrichtsstunden" ausgeübt.

- Der Effekt, der allein von einem einzigen Gruppierungs-Merkmal auf das abhängige Merkmal wirkt, wird als **Haupteffekt** bezeichnet.
  Bei zwei Gruppierungs-Merkmalen A und B übt demzufolge das Merkmal A dann einen *Haupteffekt* auf das abhängige Merkmal Y aus, wenn die Mittelwerte von Y für die einzelnen Ausprägungen von A – jeweils gebildet über sämtliche Ausprägungen von B – nicht alle identisch sind.

Da jahrgangsstufenspezifische Unterschiede in den (Gesamt-)Mittelwerten des Merkmals "Unterrichtsstunden" vorliegen, übt das Merkmal "Jahrgangsstufe" einen Haupteffekt auf das Merkmal "Unterrichtsstunden" aus. Dagegen geht vom Merkmal "Geschlecht" kein Haupteffekt aus, da die geschlechts-spezifischen *(Gesamt-)Mittelwerte* des Merkmals "Unterrichtsstunden" annähernd übereinstimmen.

Würde *kein* Interaktionseffekt vorliegen und würde *jedes* der beiden Gruppierungs-Merkmale einen *Haupteffekt* auf das abhängige Merkmal ausüben, so müssten die Profile – in beiden Profil-Diagrammen – *gleichförmig* verlaufen. In diesem Fall würde das eine Profil-Diagramm z.B. die folgende Form besitzen:

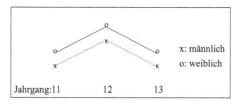

Abbildung 12.22: zwei Haupteffekte ohne Interaktion

- Verlaufen die Profile nicht nur gleichförmig, sondern jeweils *insgesamt* und nicht nur abschnittsweise *parallel*, so wirken die beiden Gruppierungs-Merkmale *additiv*. In diesem Fall setzt sich der Effekt auf das abhängige Merkmal aus den beiden Haupteffekten der Gruppierungs-Merkmale zusammen und wird durch keine Interaktionseinflüsse überlagert.

Würde *nur* eines der beiden Gruppierungs-Merkmale einen *Haupteffekt* besitzen, so müssten beide Profile parallel und total *waagerecht* verlaufen.

Zum Beispiel würde sich bei *alleinigem* Einfluss des Gruppierungs-Merkmals "Geschlecht" das folgende Profil-Diagramm ergeben:

Abbildung 12.23: nur ein Haupteffekt

Konstellationen von Haupt- und Interaktionseffekten

In der durch die Abbildung 12.23 gekennzeichneten Situation liegen allein Mittel-wertunterschiede vor, die durch das Gruppierungs-Merkmal "Geschlecht" bedingt sind. Jahrgangsstufenspezifische Unterschiede im Mittelwert sind dagegen nicht erkennbar.

In dem Fall, in dem *keines* der beiden Gruppierungs-Merkmale einen Einfluss auf das abhängige Merkmal besitzt, müssen beide Profile *identisch* sein und *waage-recht* verlaufen. Wird in einem derartigen Fall eine *isolierte* Betrachtung für jedes Gruppierungs-Merkmal durchgeführt, so lässt sich *kein* Mittelwertunterschied beim abhängigen Merkmal beobachten.

Grundsätzlich sind als Resultat einer Untersuchung, ob die beiden Gruppierungs-Merkmale "A" und "B" einen Einfluss auf ein abhängiges Merkmal besitzen, folgende Sachverhalte möglich:

isolierter Einfluss von A und B	gemeinsamer Einfluss von A und B	z.B.
kein Haupteffekt	kein Interaktionseffekt	(a)
Haupteffekt von A	kein Interaktionseffekt	(b)
Haupteffekt von B	kein Interaktionseffekt	(c)
Haupteffekt von A und von B	kein Interaktionseffekt	(d)
kein Haupteffekt	Interaktionseffekt	(e)
Haupteffekt von A	Interaktionseffekt	(f)
Haupteffekt von B	Interaktionseffekt	(g)
Haupteffekt von A und von B	Interaktionseffekt	(h)

Abbildung 12.24: Gesamtheit der möglichen Konstellationen

Die in der dritten Spalte enthaltenen Angaben beziehen sich auf die folgende Abbildung, in der Beispiele für die jeweiligen Sachverhalte angegeben sind:

(a)

Jahrgangsstufe	Geschlecht männlich	weiblich	Gesamt
11	34	34	34
12	34	34	34
13	34	34	34
Gesamt	34	34	34

(b)

Jahrgangsstufe	Geschlecht männlich	weiblich	Gesamt
11	32	34	33
12	32	34	33
13	32	34	33
Gesamt	32	34	33

(c)

Jahrgangsstufe	Geschlecht männlich	weiblich	Gesamt
11	34	34	34
12	33	33	33
13	32	32	32
Gesamt	33,2	33,2	33,2

(d)

Jahrgangsstufe	Geschlecht männlich	weiblich	Gesamt
11	35	36	35,5
12	33	34	33,5
13	31	32	31,5
Gesamt	33,4	34,4	33,9

(e)

Jahrgangsstufe	Geschlecht männlich	weiblich	Gesamt
11	31	35	33
12	35	31	33
13	33	33	33
Gesamt	33	33	33

(f)

Jahrgangsstufe	Geschlecht männlich	weiblich	Gesamt
11	34	32	33
12	32	34	33
13	31	35	33
Gesamt	32,6	33,4	33

(g)

Jahrgangsstufe	Geschlecht männlich	weiblich	Gesamt
11	35	31	33
12	33	34	33,5
13	32	38	35
Gesamt	33,6	33,6	33,6

(h)

Jahrgangsstufe	Geschlecht männlich	weiblich	Gesamt
11	33	35	34
12	33	34	33,5
13	33	33	33
Gesamt	33	34,2	33,6

Abbildung 12.25: Beispiele für isolierte und gemeinsame Einflüsse

Hinweis: Bei den tabellierten Mittelwerten ist – im Hinblick auf die jeweils resultierenden (Gesamt-)Mittelwerte – zu beachten, dass wegen des Erhebungsdesigns für die beiden Gruppierungen "Schüler" und "Schülerinnen" der Jahrgangsstufe 13 nur jeweils 25 Merkmalsträger anstelle von 50 Merkmalsträgern zu berücksichtigen sind.

- Grundsätzlich lässt sich ein vorliegender Haupteffekt nur dann sinnvoll interpretieren, wenn kein Interaktionseffekt existiert oder aber wenn es sich um eine ordinale Interaktion handelt.

Nur in diesen beiden Fällen ist eine Tendenzaussage für das abhängige Merkmal in gruppen-übergreifender Form möglich. In allen anderen Fällen können die über die Profil-Diagramme erhaltenen Befunde nur in gruppenspezifischer Form mitgeteilt werden. Es ist in diesen Fällen nicht erlaubt, eine gruppen-übergreifende Tendenzaussage über das Verhalten des abhängigen Merkmals zu machen.

Abschließend soll geschildert werden, welche Einsichten man unter Einsatz des IBM SPSS Statistics-Systems erhalten kann, falls die Art des Einflusses der Gruppierungs-Merkmale "Jahrgangsstufe" und "Geschlecht" auf das abhängige Merkmal "Englisch" untersucht werden soll.

Ist man daran interessiert, eine tabellarische Beschreibung der gruppenspezifischen Mittelwerte von "Englisch" zu erhalten, so kann man z.B. die folgende Anzeige anfordern:

Bericht

Mittelwert

Jahrgangsstufe	Geschlecht	Englisch
11	männlich	3,6200
	weiblich	5,2000
	Insgesamt	4,4100
12	männlich	4,1800
	weiblich	4,3800
	Insgesamt	4,2800
13	männlich	4,8400
	weiblich	6,2000
	Insgesamt	5,5200
Insgesamt	männlich	4,0880
	weiblich	5,0720
	Insgesamt	4,5800

Abbildung 12.26: Tabelle mit den Mittelwerten von "Englisch"

SPSS: Dieser Bericht lässt sich – nach einer geeigneten Etikettierung – durch den SUMMARIZE-Befehl

```
SUMMARIZE TABLES=englisch BY jahrgang BY geschl/CELLS=MEAN.
```

unter Einsatz der Unterbefehle TABLES und CELLS abrufen.

Um die resultierenden Mittelwerte in Form von Profil-Diagrammen darzustellen, können vom IBM SPSS Statistics-System Anzeigen der folgenden Form angefordert werden:

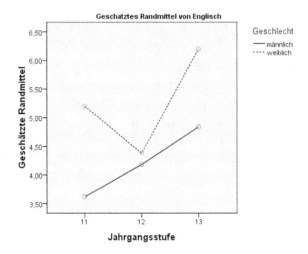

Abbildung 12.27: 1. Profil-Diagramm mit den Mittelwerten von "Englisch"

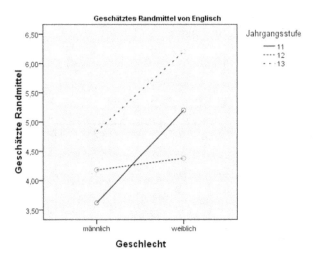

Abbildung 12.28: 2. Profil-Diagramm mit den Mittelwerten von "Englisch"

SPSS: Nach einer geeigneten Etikettierung lassen sich diese beiden Diagramme – in etwas modifizierter Form – wie folgt durch den UNIANOVA-Befehl unter Einsatz des Unterbefehls PLOT abrufen:

```
UNIANOVA englisch BY jahrgang geschl
        /PLOT=PROFILE(jahrgang*geschl geschl*jahrgang).
```

Da die Profile in den Profil-Diagrammen nicht gleichförmig verlaufen, liegt ein Interaktionseffekt vor. Dieser Effekt ist semi-disordinaler Art, da die Profile im 2. Diagramm gleichartig und im 1. Diagramm nicht gleichartig verlaufen.

KAPITEL 13

KONTROLLE VON STATISTISCHEN BEZIEHUNGEN

13.1 Scheinkorrelationen und multivariate Zusammenhänge

Auflösung einer Scheinkorrelation

Im Kapitel 8 wurden Beispiele dafür angegeben, wie die Art der statistischen Beziehung zweier Merkmale durch ein drittes Merkmal beeinflusst werden kann. Dabei wurde eine beobachtete korrelative Beziehung zwischen den Merkmalen "Anzahl der nistenden Störche" und "Geburtsrate" sowie den Merkmalen "Anzahl der an der Brandbekämpfung beteiligten Feuerwehrleute" und "Schadenshöhe" als *Artefakte* mitgeteilt.

Bei Untersuchungen des statistischen Zusammenhangs ist es generell von Interesse, nicht allein die statistische Beziehung zweier Merkmale, sondern auch den möglichen Einfluss einer *Drittvariablen* – als *Confounder*, d.h. *konfundierendes* Merkmal, in Form einer Kontrollvariablen bzw. Störvariablen – auf diese Beziehung zu überprüfen.

Wie bereits im Abschnitt 8.3 für nominalskalierte Merkmale erläutert wurde, kann ein möglicher *Interaktionseffekt* einer Drittvariablen – im Hinblick auf die statistische Beziehung zweier Merkmale – z.B. durch die Beantwortung einer der beiden folgenden Fragen untersucht werden:

- Besteht zwischen zwei Merkmalen eine statistische Beziehung, die sich durch eine Drittvariable erklären lässt, sodass die ursprünglich beobachtete Beziehung als *Artefakt* in Form einer *Scheinkorrelation* angesehen werden kann?

- Lässt sich eine beobachtete statistische Unabhängigkeit als *Artefakt* ansehen, indem eine Drittvariable als *spezifizierende* Größe erkannt wird, sodass sich die Konditionalverteilungen für verschiedene Werte dieser Drittvariablen unterscheiden?

Durch das nachfolgende Beispiel wird gezeigt, wie sich durch den Einsatz der Statistik "Gamma" eine zunächst festgestellte statistische Abhängigkeit (zwischen den Merkmalen "Schadenshöhe" und "Anzahl der an der Brandbekämpfung beteiligten Feuerwehrleute") dadurch als Artefakt erkennen lässt, dass ein weiteres Merkmal ("Größe des Brandherds") als Drittvariable in die Analyse des statistischen Zusammenhangs einbezogen wird.

Zunächst ist aus der in der folgenden Abbildung angegebenen Kontingenz-Tabelle für die beiden ordinalskalierten Merkmale "Schadenshöhe" und "Anzahl der an der Brandbekämpfung beteiligten Feuerwehrleute" ein starker positiver Zusammenhang erkennbar ($N_c = 101 * 101$, $N_d = 20 * 20$, $Gamma \simeq 0,92$):

		Anzahl der Feuerwehrleute:	
		wenige	viele
Schadenshöhe:	gering	101	20
	groß	20	101

Abbildung 13.1: Kontingenz-Tabelle

Hinweis: Da sich auch die Konditionalverteilungen relativ stark unterscheiden, liegt auch ein starker statistischer Zusammenhang in dem Sinne vor, dass eine starke Unterschiedlichkeit der Kontingenz-Tabelle von der zugehörigen Indifferenz-Tabelle festzustellen ist (vgl. Abschnitt 9.1).

Um den Einfluss des Merkmals "Größe des Brandherds" auf diese statistische Abhängigkeit und damit die Frage

- Handelt es sich bei der beobachteten starken statistischen Abhängigkeit zwischen den Merkmalen "Anzahl der an der Brandbekämpfung beteiligten Feuerwehrleute" und "Schadenshöhe" um eine Scheinkorrelation?

zu untersuchen, müssen die beiden zugehörigen Partial-Tabellen betrachtet werden, deren Form wie folgt unterstellt wird:

kleiner Brand		Anzahl der Feuerwehrleute:	
		wenige	viele
Schadenshöhe:	gering	100	10
	groß	10	1

Abbildung 13.2: Partial-Tabelle für "kleiner Brand" mit "$\gamma = 0$"

großer Brand		Anzahl der Feuerwehrleute:	
		wenige	viele
Schadenshöhe:	gering	1	10
	groß	10	100

Abbildung 13.3: Partial-Tabelle für "großer Brand" mit "$\gamma = 0$"

In beiden Partial-Tabellen errechnet sich "Gamma" zum Wert "0", da "N_c" und "N_d" jeweils den Wert "100" annehmen.

Hinweis: Da die Konditionalverteilungen jeweils in beiden Partial-Tabellen übereinstimmen, besteht auch im Hinblick auf den durch die Statistik "Chi-Quadrat" beschriebenen Aspekt der "gemeinsamen Variation" jeweils eine statistische Unabhängigkeit der beiden Merkmale.

Somit besitzt die Drittvariable "Größe des Brandherds" einen *erklärenden* **Interaktionseffekt** im Hinblick auf die ursprünglich beobachtete statistische Beziehung der beiden Merkmale "Anzahl der an der Brandbekämpfung beteiligten Feuerwehrleute" und "Schadenshöhe".

Multivariater Zusammenhang zwischen drei Merkmalen

Es ist zu beachten, dass es – im Hinblick auf Interaktionseffekte – auch komplexere Formen der statistischen Beziehungen von *drei* Merkmalen geben kann. Ein Beispiel für einen derartigen *multivariaten* statistischen Zusammenhang stellt das **Meehl'sche Paradoxon** dar, durch das der folgende Sachverhalt beschrieben wird:

- Für jeweils zwei Merkmale liegt eine totale statistische Unabhängigkeit vor, und die Ausprägungen eines Merkmals sind durch die Ausprägungen der beiden anderen Merkmale vollständig bestimmt.

Ein derartiger Sachverhalt wird z.B. durch die innerhalb der Abbildung 13.4 angegebene Tabelle beschrieben. Aus dieser Tabelle ist erkennbar, dass die 3. Aufgabe nur dann richtig gelöst wird, wenn entweder die 1. Aufgabe und die 2. Aufgabe beide richtig oder aber beide falsch gelöst werden. Ferner ist erkennbar, dass in allen anderen Fällen die 3. Aufgabe falsch gelöst wird. Wie die 3. Aufgabe gelöst wird, ist daher vollständig dadurch bestimmt, wie die 1. und die 2. Aufgabe gelöst werden, sodass zwischen den drei Merkmalen ein *multivariater* statistischer Zusammenhang besteht.

Aufgabe 3	Aufgabe 1 +		Aufgabe 1 -	
	Aufgabe 2 +	Aufgabe 2 -	Aufgabe 2 +	Aufgabe 2 -
+	50			50
-		50	50	

Abbildung 13.4: Meehl'sches Paradoxon

Dass jeweils zwei Merkmale "Aufgabe lösen" voneinander total statistisch unabhängig sind, ist den folgenden drei bivariaten Verteilungen zu entnehmen:

Aufgabe 1	Aufgabe 2 +	Aufgabe 2 -
+	50	50
-	50	50

Aufgabe 1	Aufgabe 3 +	Aufgabe 3 -
+	50	50
-	50	50

Aufgabe 2	Aufgabe 3 +	Aufgabe 3 -
+	50	50
-	50	50

Abbildung 13.5: bivariate Verteilungen

Dieses Beispiel unterstreicht, dass das Bestehen von statistischen Beziehungen zwischen drei und mehr Merkmalen einhergehen kann mit dem Vorliegen der statistischen Unabhängigkeit zwischen jeweils zwei der beteiligten Merkmale.

Simpson'sches Paradoxon

Da sich die Diskussion der statistischen Abhängigkeit zwischen drei und mehr
Merkmalen im Normalfall äußerst schwierig gestaltet, ist es mindestens erfor-
derlich, die bivariaten statistischen Beziehungen auf mögliche Einflüsse von
Drittvariablen hin zu untersuchen.

Genau wie die ermittelte starke statistische Abhängigkeit zwischen der Schadenshöhe und der Anzahl der an der Brandbekämpfung beteiligten Feuerwehrleute
deutet – aus Gründen der Kausalität – offensichtlich auch die durch die folgende
Kontingenz-Tabelle beschriebene statistische Beziehung auf ein Artefakt hin:

TUTORIUM * ERFOLG Kreuztabelle

		ERFOLG		
		ja	nein	Gesamt
TUTORIUM nein		10	10	20
		50,0%		
	ja	7	9	16
		43,8%		

Abbildung 13.6: Gesamtergebnis

Aus der bei Teilnehmern einer Veranstaltung mittels eines Zwischentests durchgeführten Untersuchung der statistischen Beziehung der beiden Merkmale "Tutoriumsbesuch" ("TUTORIUM") und "Erfolg im Zwischentest" ("ERFOLG") resultiert "0,062" als Wert der Statistik "Phi", sodass von einer ziemlich schwachen
statistischen Abhängigkeit gesprochen werden kann. Vergegenwärtigt man sich die
Art der Beziehung, so stellt man fest, dass ein Tutoriumsbesuch offensichtlich mit
einer schlechteren Leistung beim Zwischentest einhergeht. Der Sachverhalt, dass
die Erfolgsrate (in der Kontingenz-Tabelle als prozentuale Häufigkeit ausgewiesen)
bei denen, die ein Tutorium besucht haben, geringer ist als bei denjenigen, die kein
Tutorium besucht haben, erscheint – aus Gründen einer kausalen Wirkung – reich-
lich merkwürdig.

Sofern eine irreguläre Beeinflussung durch den Tutoriumsleiter ausgeschlossen
werden kann, sind folgende Argumente als mögliche Erklärungen denkbar:

Es könnten sich mehr Studentinnen als Studenten für den Besuch eines Tutoriums
entschieden haben. Studentinnen, die nicht an einem Tutorium teilgenommen haben, könnten sich intensiver als Studenten auf den Zwischentest vorbereitet haben.

Um diese Thesen diskutieren zu können, muss das Geschlecht für die untersuchten
Personen bekannt sein. Dieser Sachverhalt unterstreicht die folgende Forderung:

- Grundsätzlich sollten möglichst viele Merkmale, die als Drittvariablen möglicherweise einen Einfluss auf eine statistische Beziehung zweier Merkmale
  ausüben könnten, in die empirische Untersuchung einbezogen werden.

Glücklicherweise ist dieser Forderung bei der soeben vorgestellten Untersuchung
Rechnung getragen worden, sodass geprüft werden kann, ob ein geschlechtsspezifischer Einfluss vorliegt. Aus getrennten Analysen resultieren die beiden folgenden Kontingenz-Tabellen:

TUTORIUM * ERFOLG Kreuztabelle

		ERFOLG		
		ja	nein	Gesamt
TUTORIUM	nein	9 / 60,0%	6	15
	ja	4 / 66,7%	2	6

a. Geschlecht = weiblich

TUTORIUM * ERFOLG Kreuztabelle

		ERFOLG		
		ja	nein	Gesamt
TUTORIUM	nein	1 / 20,0%	4	5
	ja	3 / 30,0%	7	10

a. Geschlecht = männlich

Abbildung 13.7: geschlechtsspezifische Ergebnisse

Als Werte der Statistik "Phi" ergeben sich "0,062" für die Studentinnen und "0,107" für die Studenten, sodass keine entscheidende Veränderung in der Stärke der statistischen Beziehung zwischen den beiden Merkmalen "Tutoriumsbesuch" und "Erfolg im Zwischentest" – und demnach kein Interaktionseffekt des Merkmals "Geschlecht" – festgestellt werden kann.

Allerdings ist jetzt mittels beider Kontingenz-Tabellen erkennbar, dass – wie aus der kausalen Wirkung eines Tutoriumsbesuchs zu erwarten ist – die Erfolgsrate sowohl bei den Studentinnen als auch bei den Studenten, die ein Tutorium besucht haben, höher ist als bei denjenigen, die kein Tutorium besucht haben.

Der Vergleich mit dem oben für die Gesamtheit der untersuchten Personen erhaltenen Ergebnis stützt demnach die These, dass das Merkmal "Geschlecht" eine kausal wirkende Einflussgröße darstellt, die sowohl das Merkmal "Tutoriumsbesuch" als auch das Merkmal "Erfolg im Zwischentest" beeinflusst. Der vorliegende Fall stellt daher ein Beispiel für das *Simpson'sche Paradoxon* dar.

- Ein Sachverhalt, bei dem eine beobachtete statistische Beziehung – aufgrund des Einflusses einer oder mehrerer Drittvariablen in Form von konfundierenden Merkmalen – im Gegensatz zu einer tatsächlich vorliegenden kausal bedingten Beziehung steht, weil das Erscheinungsbild der statistischen Beziehung durch eine unangemessene *Aggregation* (Zusammenfassung von Daten) herbeigeführt wurde, wird als **Simpson'sches Paradoxon** bezeichnet.

Diejenige Aggregation, die Basis für den oben dargestellten Sachverhalt war, stellt offensichtlich deswegen ein Problem dar, weil sie auf einem Missverhältnis zwischen den Anzahlen der männlichen und der weiblichen Studierenden im Hinblick darauf beruht, ob ein Tutoriumsbesuch erfolgt oder nicht.

Das mittels der Kontingenz-Tabellen festgestellte Phänomen lässt sich auch durch einen Mittelwertvergleich auf der Basis der im Rahmen des Zwischentests erhobenen Punktwerte – optisch noch eindrucksvoller – wie folgt verdeutlichen:

Mittelwert

TUTORIUM	PUNKTE
nein	15,0000
ja	14,3750
Insgesamt	14,7222

Mittelwert

TUTORIUM	PUNKTE
nein	16,0000
ja	16,6667
Insgesamt	16,1905

a. GESCHL = weiblich

Mittelwert

TUTORIUM	PUNKTE
nein	12,0000
ja	13,0000
Insgesamt	12,6667

a. GESCHL = männlich

Abbildung 13.8: Simpson'sches Paradoxon, dargestellt an Mittelwerten

Grundlage sind die folgenden Punktwerte der Studentinnen, die ein (kein) Tutorium besucht haben: 19, 21, 17, 23, 6 und 14 (24, 16, 18, 22, 23, 17, 16, 24, 20, 6,

14, 8, 12, 7 und 13). Für die Studenten mit (ohne) Tutorium liegen die folgenden Punktwerte vor: 21, 19, 20, 8, 12, 14, 6, 9, 11 und 10 (20, 13, 7, 11 und 9).

Da beobachtete Mittelwertunterschiede offenbar allein noch gar nichts bedeuten müssen, sollte der Einfluss von geeigneten Drittvariablen geprüft werden, um einen empirisch festgestellten Unterschied – im Hinblick auf mögliche kausal begründbare Einflüsse – relativieren zu können.

Im vorliegenden Fall belegt das folgende Profil-Diagramm, dass das Merkmal "Geschlecht" einen Haupteffekt auf das Merkmal "Punktwerte des Zwischentests" ausübt:

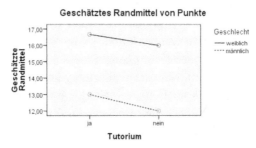

Abbildung 13.9: Haupteffekt "Geschlecht"

SPSS: Dieses Diagramm lässt sich – nach einer geeigneten Datenerfassung unter Einrichtung der Variablen "punkte", "tutorium" und "geschl" und einer nachfolgenden Etikettierung – durch den folgenden UNIANOVA-Befehl abrufen:

```
UNIANOVA punkte BY tutorium geschl/PLOT=PROFILE(tutorium*geschl).
```

13.2   Die partielle Korrelation

Einfluss einer Drittvariablen

Das im Abschnitt 13.1 angegebene Beispiel zeigt, wie sich das Erscheinungsbild der bivariaten statistischen Beziehung zwischen zwei Merkmalen ändern kann, sofern man eine Einflussgröße in die Untersuchung einbezieht.

Dieser Sachverhalt lässt sich für die beiden intervallskalierten Merkmale "Anzahl der an der Brandbekämpfung beteiligten Feuerwehrleute" (X) und "Schadenshöhe" (Y) in schematischer Form z.B. wie folgt verdeutlichen:

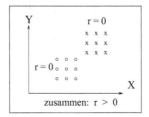

Abbildung 13.10: erklärender Interaktionseffekt einer Drittvariablen

In diesem Diagramm werden die Punkte, die durch die Ausprägungen "kleiner Brand" und "großer Brand" der Drittvariablen "Brandgröße" (Z) bestimmt sind, durch "o" bzw. durch "x" gekennzeichnet.

Neben der in der Abbildung 13.10 angegebenen Konstellation, in der eine Drittvariable einen *erklärenden* Interaktionseffekt ausübt, gibt es weitere Möglichkeiten der Einflussnahme. Beispiele für Situationen, in denen eine Drittvariable einen *spezifizierenden* Interaktionseffekt bewirkt, enthält die folgende Abbildung:

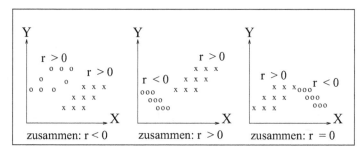

Abbildung 13.11: spezifizierende Interaktionseffekte einer Drittvariablen

Im Hinblick darauf, dass derartige Einflussnahmen von Seiten einer Drittvariablen möglich sind, sollte bei der Diskussion von statistischen Beziehungen zweier Merkmale grundsätzlich Folgendes beachtet werden:

- Man muss sich *vor* der Datenerhebung darüber Gedanken machen, welche Merkmale möglicherweise die Form einer beobachteten bivariaten statistischen Beziehung relativieren könnten. Die in dieser Hinsicht erforderlichen Datenanalysen können nur dann durchgeführt werden, wenn die Werte potentieller Einflussgrößen mit erhoben wurden.

Auspartialisierung des linearen Einflusses

Um Aussagen darüber zu machen, wie eine Drittvariable Z die bivariate Beziehung von X und Y beeinflusst, sind *Laboruntersuchungen* ideal, da man Z unter konstanten Versuchsbedingungen gezielt variieren lassen kann. Da sich bei *Felduntersuchungen* keine kontrollierte Einflussnahme durch eine Drittvariable vornehmen lässt, kann man nur versuchen, den Einfluss der Drittvariablen rechnerisch konstant zu halten. Eine derartige rechnerische Kontrolle muss im Sinne eines Modells geschehen, das die Art der Einflussnahme einer Drittvariablen bestimmt.

Will man z.B. untersuchen, ob das Merkmal "Unterrichtsstunden" die bivariate Beziehung der Merkmale "Englisch" ("Anzahl der Tage, an denen für Englisch geübt wird") und "Deutsch" ("Anzahl der Tage, an denen für Deutsch geübt wird") beeinflusst, so kann die statistische Beziehung unter *Konstanthaltung* der Unterrichtsstundenzahl betrachtet werden. Um eine diesbezügliche Untersuchung durchführen zu können, wird für die drei *intervallskalierten* Merkmale X, Y und Z die folgende Modellvorstellung zugrunde gelegt:

- Der Einfluss von Z auf X und auf Y ist *linear*, sodass sich der jeweils linear bedingte Erklärungsbeitrag von Z dadurch ausschalten lässt, dass die Variation von X und die Variation von Y um den jeweils linearen Einfluss, der von Z ausgeht, reduziert wird.

Um den linearen Einfluss von Z auf die lineare Korrelation von X und Y auszu-schalten, wird der Einfluss von Z *auspartialisiert*. Dies bedeutet, dass rechnerisch ein konstanter Einfluss von Z erzeugt wird, sodass alle Werte von X und Y in glei-chem und nicht mehr in unterschiedlichem Maß von Z beeinflusst sind (man sagt: "X und Y werden unter *Konstanthaltung* von Z betrachtet").

Um den linearen Anteil von Z aus X auszupartialisieren, muss zunächst die lineare Regressionsbeziehung von X auf Z durch eine Regressionsgerade der Form "$X = a_1 + b_1 * Z$" beschrieben werden. Auf der Basis dieser Regressionsbeziehung lässt sich anschließend die *Residualvariable* "X.Z" wie folgt bestimmen:

- Der Wert "$x_i.z_i$" des i. Merkmalsträgers ergibt sich durch die Differenz von "x_i" und dem zu "z_i" gehörenden Wert "x_i'", der durch das Einsetzen von "z_i" in die Gleichung der Regressionsgeraden erhalten wird, d.h. es gilt:

$$x_i.z_i = x_i - x_i' = x_i - (a_1 + b_1 * z_i).$$

Um den linearen Anteil von Z aus Y auszupartialisieren, muss ebenfalls zunächst die lineare Regressionsbeziehung von Y auf Z in der Form "$Y = a_2 + b_2 * Z$" ermittelt werden. Auf der Basis dieser Regressionsgleichung lässt sich wiederum anschließend die *Residualvariable* "Y.Z" wie folgt bestimmen:

- Der Wert "$y_i.z_i$" des i. Merkmalsträgers ergibt sich durch die Differenz von "y_i" und dem zu "z_i" gehörenden Wert "y_i'", der durch das Einsetzen von "z_i" in die Gleichung der Regressionsgeraden erhalten wird, d.h. es gilt:

$$y_i.z_i = y_i - y_i' = y_i - (a_2 + b_2 * z_i).$$

Der partielle Korrelationskoeffizient

Die Korrelation der beiden Residualvariablen "X.Z" und "Y.Z" spiegelt die Korrelation zwischen X und Y für den Fall wider, dass der *lineare* Anteil von Z aus beiden Variablen X und Y auspartialisiert ist. Diese Korrelation wird **partielle Korrelation** zwischen X und Y unter *Auspartialisierung* von Z (durch lineare Einflussnahme) genannt. Sie wird durch den **partiellen Korrelationskoeffizienten** (engl. "partial correlation coefficient") "$r_{X.Z,Y.Z}$" gekennzeichnet, der entspre-chend dem Bildungsgesetz des Produktmoment-Korrelationskoffizienten "r" wie folgt vereinbart ist:

$$r_{X.Z,Y.Z} = \frac{s_{X.Z,Y.Z}}{s_{X.Z} * s_{Y.Z}}$$

Dabei kennzeichnen die Größen "$s_{X.Z,Y.Z}$", "$s_{X.Z}$" und "$s_{Y.Z}$" die Kovarianz zwischen "X.Z" und "Y.Z" und die Standardabweichungen der Residualvariablen "X.Z" und "Y.Z". Bei "$r_{X.Z,Y.Z}$" handelt es sich um die Statistik, die die lineare Korrelation zwischen X und Y – bei konstant gehaltenem Z – beschreibt. Diese Sta-tistik lässt sich nur dann sinnvoll interpretieren, wenn unterstellt werden kann, dass die Korrelation zwischen X und Y in allen Ausprägungen von Z übereinstimmt und dass die Annahme einer linearen Beziehung zwischen X und Z sowie zwischen Y und Z gerechtfertigt ist.

Es ist üblich, bei der Kennzeichnung der partiellen Korrelation zwischen X und Y anstelle von "$r_{X.Z,Y.Z}$" die Kurzschreibweise "$r_{XY.Z}$" zu verwenden.

Die Berechnungsvorschrift für "$r_{XY.Z}$" lässt sich vereinfachen, sofern die Korrelationskoeffizienten "$r_{X,Y}$", "$r_{X,Z}$" und "$r_{Y,Z}$", mit denen die linearen korrelativen Beziehungen zwischen "X und Y", "X und Z" bzw. "Y und Z" beschrieben werden, bereits ermittelt worden sind. In diesem Fall kann die partielle Korrelation gemäß der folgenden Vorschrift, die sich durch geeignete Umformungen aus der Definition ableiten lässt, errechnet werden:

$$r_{XY.Z} = \frac{r_{X,Y} - r_{X,Z} * r_{Y,Z}}{\sqrt{1 - r_{X,Z}^2} * \sqrt{1 - r_{Y,Z}^2}}$$

Der Unterschied zwischen dem Produktmoment-Korrelationskoeffizienten "$r = r_{X,Y}$" und dem Koeffizienten "$r_{XY.Z}$" kennzeichnet, in wieweit die Drittvariable Z einen linearen Einfluss auf die lineare korrelative Beziehung zwischen X und Y ausübt.

Zum Beispiel ermittelt man für die Schüler der Jahrgangsstufe 12 als partielle Korrelation zwischen den Merkmalen "Englisch" und "Deutsch" – unter Auspartialisierung von "Unterrichtsstunden" – den Wert "0,842". Da die Korrelation der beiden Merkmale "Englisch" und "Deutsch" für die Schüler der Jahrgangsstufe 12 den Wert "0,844" besitzt (siehe Abschnitt 11.4), bedeutet dies, dass das Merkmal "Unterrichtsstunden" keinen linearen Einfluss auf die korrelative Beziehung von "Englisch" und "Deutsch" ausübt.

SPSS: Zur Anforderung des partiellen Korrelationskoeffizienten "0,842" für die Schüler der Jahrgangsstufe 12 lässt sich der PARTIAL CORR-Befehl – in Verbindung mit dem Auswahl-Befehl SELECT IF – in der folgenden Form anfordern:

```
SELECT IF (jahrgang=2 AND geschl=1).
PARTIAL CORR englisch WITH deutsch BY stunzahl (1).
```

Ganz anders sieht die korrelative Beziehung zwischen den Merkmalen "Englisch" und "Deutsch" aus, sofern das Merkmal "Mathe" ("Anzahl der Tage, an denen für Mathematik geübt wird)" auspartialisiert wird. In diesem Fall ergibt sich der Wert "0,270" als partieller Korrelationskoeffizient, sodass dem Merkmal "Mathe" ein Interaktionseffekt – in Form einer linearen Einflussnahme – zuzuschreiben ist.

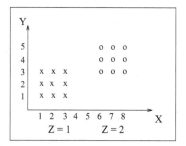

Abbildung 13.12: Beispiel für "$r_{XY.Z} = 0$" und "$r_{X,Y} > 0$"

Noch extremer als dieses Beispiel vermittelt die Abbildung 13.12 einen Eindruck davon, welchen Einfluss eine Drittvariable ausüben kann. In diesem Fall errechnet sich "$r_{XY.Z}$" zum Wert "0" und der Korrelationskoeffizient "$r_{X,Y}$" zum Wert "0,736", d.h. die beobachtete Korrelation zwischen X und Y erweist sich als Scheinkorrelation, die durch Z aufgeklärt wird.

Der partielle Korrelationskoeffizient 2. Ordnung

Das Grundprinzip, das bei der Vereinbarung des partiellen Korrelationskoeffizienten zum Einsatz gekommen ist, lässt sich auf komplexere Formen der *Auspartialisierung* von Drittvariablen erweitern.

Soll z.B. aus der korrelativen Beziehung zweier Merkmale der lineare Einfluss nicht nur einer, sondern zweier Drittvariablen auspartialisiert werden, so lässt sich dies durch die Berechnung des partiellen Korrelationskoeffizienten 2. Ordnung bewerkstelligen.

Wird die korrelative Beziehung von X_1 und X_2 untersucht und werden die beiden Drittvariablen durch X_3 und X_4 gekennzeichnet, so wird der partielle Korrelationskoeffizient 2. Ordnung durch den symbolischen Ausdruck "$r_{12.34}$" – als Abkürzung für "$r_{X_1X_2.X_3X_4}$" – beschrieben. Bei der Berechnung dieses Korrelationskoeffizienten wird prinzipiell genauso wie bei der Bestimmung des partiellen Korrelationskoeffizienten verfahren. Der Unterschied besteht einzig darin, dass – im Rahmen der beiden Regressionsansätze – die Merkmale X_3 und X_4 *gemeinsam* als unabhängige Merkmale in die Modellgleichung der linearen Regression einbezogen werden (siehe Abschnitt 14.1).

Es zeigt sich, dass der **partielle Korrelationskoeffizient 2. Ordnung** – unter Kenntnis der partiellen Korrelationskoeffzienten – wie folgt berechnet werden kann:

$$r_{12.34} = \frac{r_{12.3} - r_{14.3} * r_{24.3}}{\sqrt{(1 - r_{14.3}^2)(1 - r_{24.3}^2)}}$$

- Zur Vereinheitlichung der Sprechweise wird ein partieller Korrelationskoeffizient als **partieller Korrelationskoeffizient 1. Ordnung** und die Statistik "r" als **partieller Korrelationskoeffizient 0. Ordnung** bezeichnet.

Oben wurde für die Schüler der Jahrgangsstufe 12 als partielle Korrelation zwischen den Merkmalen "Englisch" und "Deutsch" – unter Auspartialisierung von "Unterrichtsstunden" – der Wert "0,842" ermittelt. Die Größe der linearen korrelativen Beziehung reduziert sich auf den Wert "0,27", sofern für die Merkmale "Englisch" und "Deutsch" der partielle Korrelationskoeffizient 2. Ordnung unter ergänzender Auspartialisierung des Merkmals "Mathe" berechnet wird.

SPSS: Um den partiellen Korrelationskoeffizienten 2. Ordnung für die Schüler der Jahrgangsstufe 12 anzufordern, lässt sich der PARTIAL CORR-Befehl wie folgt einsetzen:

```
SELECT IF (jahrgang=2 AND geschl=1).
PARTIAL CORR englisch WITH deutsch BY mathe stunzahl (2).
```

KAPITEL 14

MULTIVARIATE DATENANALYSE

14.1 Lineare Einfachregression und lineare Mehrfachregression

14.1.1 Modell der "Linearen Einfachregression"

Im Abschnitt 11.2 wurde erläutert, wie sich die Ausprägungen eines intervallskalierten Merkmals – durch den Einsatz der Regressionsgeraden – auf der Grundlage der Ausprägungen eines anderen intervallskalierten Merkmals prognostizieren lassen. Um derartige Prognosen durchführen zu können, muss ein geeignetes Modell festgelegt sein. Dazu sind die folgenden grundlegenden Verabredungen zu treffen:

- Das Merkmal, dessen Ausprägungen prognostiziert werden sollen, muss als *abhängiges* Merkmal aufgefasst werden. Bei diesem Kriteriums-Merkmal handelt es sich um ein *endogenes* Merkmal, d.h. um ein Merkmal, das innerhalb des Modells erklärt werden soll. Das Merkmal, dessen Ausprägungen zur Prognose verwendet werden sollen, hat die Funktion eines *Prädiktors* und ist als *unabhängiges* Merkmal festzulegen. Dieses Prädiktor-Merkmal wird als *exogenes* Merkmal angesehen, d.h. als ein Merkmal, das zur Erklärung des endogenen Merkmals herangezogen wird. Wie das abhängige und das unabhängige Merkmal funktional zueinander in Beziehung stehen sollen, muss durch eine *Modell-Gleichung* beschrieben werden.

Werden die im Abschnitt 11.2 dargestellten Sachverhalte in Form eines Modells zusammengefasst, so wird vom Modell der "*Linearen Einfachregression*" gesprochen.

- Beim Modell der "**Linearen Einfachregression**" (engl.: "simple regression") wird eine *lineare* Beziehung zwischen einem *abhängigen* intervallskalierten Merkmal Y und einem *unabhängigen* intervallskalierten Merkmal X in Form der folgenden *linearen* Modell-Gleichung zugrunde gelegt:

$$Y = a + b * X + E$$

Durch diese Gleichung wird beschrieben, dass eine Regression von Y auf X durchgeführt wird, d.h. dass Y auf X *regrediert* wird.

Durch die beiden Modell-Parameter "a" und "b" werden die beiden *Regressionskoeffizienten* der durch die Gleichung

$$Y = a + b * X$$

festgelegten Regressionsgeraden und durch "E" das Merkmal mit den Residuen gekennzeichnet. Das zum i-ten Merkmalsträger zugehörige *Residuum* "e_i" beschreibt die Abweichung des Y-Wertes "y_i" von dem durch die lineare Beziehung

$$Y = a + b * X$$

prognostizierten Wert "y_i'", sodass für die "n" Residuen "e_i" gilt:

$$e_i = y_i - y_i' \quad (i = 1, 2, ..., n)$$

Der Prognosewert "y_i'" des i. Merkmalsträgers, der für Y die Ausprägung "y_i" besitzt, wird dadurch erhalten, dass dessen X-Wert "x_i" mit dem *Steigungskoeffizienten* "b" multipliziert und das Ergebnis zur *Niveaukonstanten* "a" hinzuaddiert wird. Die beiden Regressionskoeffizienten "a" und "b" sind dadurch bestimmt, dass die Summe der Residuenquadrate minimal ist, d.h. es gilt für alle beliebigen (reellen) Zahlen "c" und "d":

$$\sum_{i=1}^{n}(y_i - y_i')^2 = \sum_{i=1}^{n}(y_i - [a + b * x_i])^2 \leq \sum_{i=1}^{n}(y_i - [c + d * x_i])^2$$

Im Abschnitt 11.2 wurde mitgeteilt, dass die beiden Regressionskoeffizienten nach dem Lösungsverfahren "Methode der kleinsten Quadrate" errechnet werden und die folgende Darstellung besitzen:

- $a = \bar{y} - b * \bar{x} \qquad b = \frac{s_{x,y}}{s_x^2}$

Die Niveaukonstante "a" bestimmt den Schnittpunkt der Regressionsgeraden mit der Y-Achse und der Steigungskoeffizient "b" legt fest, um wie viele Einheiten sich ein Wert von Y im Durchschnitt ändert, sofern der Wert von X um eine Einheit erhöht wird.

14.1.2   Modell der "Linearen Mehrfachregression"

Bei dem bislang vorgestellten Regressionsansatz wurde allein *ein unabhängiges* Merkmal zur Erklärung des als *abhängig* angesehenen Merkmals herangezogen. Dieser Modell-Ansatz lässt sich dadurch erweitern, dass weitere *unabhängige* Merkmale zur Prognose der Ausprägungen des abhängigen Merkmals in die lineare Modell-Gleichung einbezogen werden.

- Sind mehrere *unabhängige* intervallskalierte Merkmale Bestandteile eines linearen Regressions-Modells, so spricht man von einer "**Linearen Mehrfachregression**" ("Multiple Regression", engl.: "multiple regression").

Zum Beispiel kann es von Interesse sein, nicht nur das Merkmal "Deutsch" (X_1), sondern auch das Merkmal "Englisch" (X_2) zur Erklärung des Merkmals "Mathe" (Y) heranzuziehen. In diesem Fall muss die *Modell-Gleichung* in der folgenden Form angegeben werden:

$$Y = a + b * X_1 + c * X_2 + E$$

Hierbei werden durch "Y" das abhängige Merkmal und durch "X_1" und "X_2" die beiden unabhängigen Merkmale gekennzeichnet.

Im 3-dimensionalen Raum mit den Koordinatenachsen "Y", "X_1" und "X_2" lässt sich jeder Merkmalsträger als Punkt kennzeichnen, dessen Koordinaten durch die Werte von "Y", "X_1" und "X_2" festgelegt sind. Die Gesamtheit der Punkte gibt – in Form eines 3-dimensionalen Streudiagramms – die *gemeinsame* Verteilung der drei Merkmale wieder.

Während im Fall der linearen Einfachregression eine Anpassung durch eine Regressionsgerade vorgenommen wird, soll bei der Regression auf 2 unabhängige Merkmale eine Anpassung mittels einer geeigneten Ebene erfolgen, die *Regressionsebene* genannt wird.

Da sich im 3-dimensionalen Raum eine *Ebene* durch eine Gleichung der Form

$$Y = a + b * X_1 + c * X_2$$

mit geeigneten konkreten Werten für "a", "b" und "c" beschreiben lässt, besteht die Aufgabenstellung darin, diejenigen Modell-Parameter "a", "b" und "c" zu ermitteln, durch die die Regressionsebene bestimmt ist, d.h. für die die folgende Minimum-Eigenschaft zutrifft:

- $\sum_{i=1}^{n}(y_i - y_i')^2 = \sum_{i=1}^{n}(y_i - [a + b * x_{1,i} + c * x_{2,i}])^2$ ist minimal!

Dabei wird durch "$x_{1,i}$" der Wert des i-ten Merkmalsträgers für X_1 und durch "$x_{2,i}$" der Wert des i-ten Merkmalsträgers für X_2 gekennzeichnet.

Die folgende Skizze in Form der Abbildung 14.1 deutet die Lage der Regressionsebene, deren eingezeichnete Kanten nicht als Begrenzung zu interpretieren sind, auf der Basis eines 3-dimensionalen Streudiagramms bei vorgegebenen Werten von 11 Merkmalsträgern an. Dabei repräsentieren die hellen Punkte die einzelnen Merkmalsträger und die dunklen Punkte die Positionen der jeweils zugehörigen Punkte auf der Regressionsebene. Die senkrecht verlaufenden Strecken geben die jeweilige Größe der Residuen wieder.

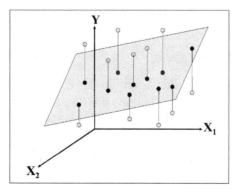

Abbildung 14.1: 3-dimensionales Streudiagramm mit Regressionsebene

Der soeben für die Modell-Gleichung mit 2 unabhängigen Merkmalen vorgestellte Sachverhalt lässt sich auf den Fall von "k" ("k > 2") unabhängigen Merkmalen verallgemeinern. In diesem Fall wird durch die Gleichung

$$Y = a + b_1 * X_1 + b_2 * X_2 + \ldots b_{k-1} * X_{k-1} + b_k * X_k$$

– für jeweils konkrete Werte der Modell-Parameter "a", "b_1", "b_2", ... , "b_{k-1}" und "b_k" – ein "Ebenen-Gebilde" im "k + 1"-dimensionalen Raum festgelegt, das als *Regressionshyperebene* bezeichnet wird.

Beim Modell der "Linearen Mehrfachregression" geht es – wie beim Modell der "Linearen Einfachregression" – ebenfalls darum, die Modell-Parameter so zu bestimmen, dass die Summe der Residuenquadrate minimal ist. Wie beim Modell der "Linearen Einfachregression" lassen sich die Regressionskoeffizenten auch in diesem Fall durch ein Lösungsverfahren gewinnen, das als "Methode der kleinsten Quadrate" bezeichnet wird.

Sind die Regressionskoeffizienten nach diesem Lösungsverfahren bestimmt worden, so können die für Y prognostizierten Werte "y_i'" dadurch ermittelt werden, dass für jeden Merkmalsträger die Werte der unabhängigen Merkmale in die zugehörige Gleichung eingesetzt werden und die Multiplikation mit den Regressionskoeffizienten sowie die Summation der resultierenden Produkte erfolgt.

- Der zum Merkmal X_i zugehörige Regressionskoeffizient "b_i" kennzeichnet, um wie viele Einheiten sich ein Wert von Y im Durchschnitt ändert, sofern der Wert von X_i um eine Einheit erhöht wird und die Einflüsse aller anderen unabhängigen Merkmale konstant gehalten werden.

Genau wie beim Modell der "Linearen Einfachregression" kann die Erklärungsgüte des gewählten Modells auch bei der "Linearen Mehrfachregression" durch ein PRE-Maß gekennzeichnet werden. Diese Statistik, die **multipler Determinationskoeffizient** (engl.: "multiple coefficient of determination") genannt und mit "R^2" bezeichnet wird, besitzt – genau wie der Determinationskoeffizient – die folgende Darstellung:

$$R^2 = \frac{\sum_{i=1}^{n}(y_i - \bar{y})^2 - \sum_{i=1}^{n}(y_i - y_i')^2}{\sum_{i=1}^{n}(y_i - \bar{y})^2}$$

Durch die Statistik "R^2" wird der Anteil an der Gesamtvariation des abhängigen Merkmals Y gekennzeichnet, der – mittels der Regressionsebene bzw. der Regressionshyperebene – durch die unabhängigen Merkmale *linear* erklärt wird.

Der multiple Determinationskoeffizient stellt die Basis für die folgende Statistik "R" dar, die als **multipler Korrelationskoeffizient** (engl.: "multiple correlation coefficient") bezeichnet wird:

$$R = \sqrt{R^2}$$

Genau wie bei der "Linearen Einfachregression" lässt sich eine Aussage über die Größenordnung machen, in der die Punkte des Streudiagramms von der Regressionsebene bzw. Regressionshyperebene abweichen.

Wie im Fall der "Linearen Einfachregression" wird diese Statistik ebenfalls **Standardfehler des Schätzers** genannt. Im Fall von "k" unabhängigen Merkmalen wird sie durch "$\tilde{s}_{Y.X_1...X_k}$" bezeichnet und wie folgt vereinbart:

$$\tilde{s}_{Y.X_1...X_k} = \sqrt{\frac{1}{n-(k+1)} \sum_{i=1}^{n} (y_i - y_i')^2}$$

Dass diese Statistik eine Verallgemeinerung des *Standardfehler des Schätzers* für den Fall der "Linearen Einfachregression" darstellt, lässt sich daran erkennen, dass durch das Einsetzen von "k=1" die für den Fall der "Linearen Einfachregression" vereinbarte Statistik erhalten wird (siehe Abschnitt 11.2).

Damit die Vorschrift, nach der die Regressionskoeffizenten zu berechnen sind, auch für den Fall der "Multiplen Regression" in kompakter Form angegeben werden kann, müssen Symbole der *"Matrix-Algebra"* verwendet werden. Um die hierzu benötigten Hilfsmittel kennenzulernen, wird zunächst für den Fall der "Linearen Einfachregression" gezeigt, wie sich "Vektoren" und "Matrizen" zur Darstellung von Modell-Gleichungen verwenden lassen.

14.1.3   Vektoren und Matrizen

Einsatz von Vektoren

Wie im Abschnitt 11.2 erläutert wurde, gilt auf der Grundlage der Modell-Gleichung

$$Y = a + b * X + E$$

– im Fall von "n" Merkmalsträgern – der folgende Sachverhalt:

$$y_i = a + b * x_i + e_i \quad (i = 1, 2, ..., n)$$

Dies ist eine Kurzschreibweise für die folgenden "n" Gleichungen:

$$y_1 = a + b * x_1 + e_1$$
$$y_2 = a + b * x_2 + e_2$$
$$\vdots$$
$$y_i = a + b * x_i + e_i$$
$$\vdots$$
$$y_n = a + b * x_n + e_n$$

Durch den Einsatz der *"Matrix-Algebra"* lassen sich diese Gleichungen in der folgenden Form darstellen:

$$
\begin{pmatrix} y_1 \\ y_2 \\ \vdots \\ y_i \\ \vdots \\ y_n \end{pmatrix} = \begin{pmatrix} a + b * x_1 + e_1 \\ a + b * x_2 + e_2 \\ \vdots \\ a + b * x_i + e_i \\ \vdots \\ a + b * x_n + e_n \end{pmatrix}
$$

Durch diese Schreibweise sind die "n" Gleichungen zu einer einzigen Gleichung mit zwei *Vektoren* zusammengefasst worden.

- Unter einem **(Spalten-)Vektor** wird eine Zusammenfassung von *Komponenten* (Werten) verstanden, die *senkrecht* untereinander zwischen einer öffnenden und schließenden Klammer angeordnet werden.
  Durch das Gleichheitszeichen wird gekennzeichnet, dass die beiden Vektoren komponentenweise übereinstimmen.

Zwei Vektoren lassen sich durch das Operationszeichen "+" miteinander verknüpfen. Diese Verknüpfung bedeutet, dass die Addition komponentenweise zu erfolgen hat. Es gilt daher:

$$
\begin{pmatrix} y_1 \\ y_2 \\ \vdots \\ y_i \\ \vdots \\ y_n \end{pmatrix} = \begin{pmatrix} a + b * x_1 \\ a + b * x_2 \\ \vdots \\ a + b * x_i \\ \vdots \\ a + b * x_n \end{pmatrix} + \begin{pmatrix} e_1 \\ e_2 \\ \vdots \\ e_i \\ \vdots \\ e_n \end{pmatrix}
$$

Um den Vektor mit den Komponenten "$a + b * x_i$" anders darzustellen, lässt sich die folgende Umformung durchführen:

$$
\begin{pmatrix} a + b * x_1 \\ a + b * x_2 \\ \vdots \\ a + b * x_i \\ \vdots \\ a + b * x_n \end{pmatrix} = \begin{pmatrix} a \\ a \\ \vdots \\ a \\ \vdots \\ a \end{pmatrix} + \begin{pmatrix} b * x_1 \\ b * x_2 \\ \vdots \\ b * x_i \\ \vdots \\ b * x_n \end{pmatrix} = a * \begin{pmatrix} 1 \\ 1 \\ \vdots \\ 1 \\ \vdots \\ 1 \end{pmatrix} + \begin{pmatrix} x_1 \\ x_2 \\ \vdots \\ x_i \\ \vdots \\ x_n \end{pmatrix} * b
$$

Hierbei wurde davon Gebrauch gemacht, dass ein Faktor, der Bestandteil *jeder* Komponente eines Vektors ist, – unter Einsatz des Multiplikations-Operators "$*$" – als skalarer Faktor vor bzw. hinter dem Vektor aufgeführt werden kann.

Einsatz von Matrizen

Neben der zuvor angegebenen Summen-Darstellung gibt es auch die Möglichkeit, den Vektor mit den Komponenten "$a + b * x_i$" in Form der folgenden Produkt-Darstellung anzugeben:

$$\begin{pmatrix} a + b * x_1 \\ a + b * x_2 \\ : \\ a + b * x_i \\ : \\ a + b * x_n \end{pmatrix} = \begin{pmatrix} 1 & x_1 \\ 1 & x_2 \\ : & : \\ 1 & x_i \\ : & : \\ 1 & x_n \end{pmatrix} \begin{pmatrix} a \\ b \end{pmatrix}$$

Als Bestandteil der Gleichung ist auf der rechten Seite eine *Matrix* aufgeführt, die vor dem Spalten-Vektor mit den Komponenten "a" und "b" angegeben ist.

- Unter einer **Matrix** wird ein rechteckiges Schema aus Zeilen und Spalten verstanden, das durch eine öffnende Klammer eingeleitet und durch eine schließende Klammer beendet wird.
  Besteht eine Matrix aus "r" Zeilen und "c" Spalten, so wird von einer "rxc"-Matrix gesprochen. Eine Matrix wird dann als *quadratische* Matrix bezeichnet, wenn die Anzahl ihrer Zeilen mit der Anzahl ihrer Spalten übereinstimmt.

- Eine Matrix stellt eine Verallgemeinerung eines Spalten-Vektors dar, sodass ein Spalten-Vektor mit "r" Komponenten als "rx1"-Matrix angesehen werden kann.
  Entsprechend der oben angegebenen Vorschrift zur Addition zweier Vektoren ist die Addition zweier "rxc"-Matrizen wie folgt festgelegt:
  Die Komponenten der resultierenden Matrix ergeben sich durch die Summation der jeweiligs miteinander korrespondierenden Komponenten.

Sollen z.B. die beiden "2x2"-Matrizen $\begin{pmatrix} 2 & 3 \\ 4 & 5 \end{pmatrix}$ und $\begin{pmatrix} 1 & 2 \\ 4 & 3 \end{pmatrix}$

addiert werden, so ist das Ergebnis eine "2x2"-Matrix, deren Komponenten wie folgt berechnet werden:

$$\begin{pmatrix} 2+1 & 3+2 \\ 4+4 & 5+3 \end{pmatrix}$$

Bei der Matrix, die Bestandteil der oben angegebenen Gleichung ist, handelt es sich um eine *Design-Matrix*.

- Eine Matrix, die an sämtlichen Positionen der ersten Spalte den Wert "1" besitzt und deren weitere Spalten jeweils aus den Werten der unabhängigen Merkmale aufgebaut sind, wird als **Design-Matrix** des linearen Modells bezeichnet.
  Im Fall der "Linearen Mehrfachregression" besteht die 2. Spalte der Design-Matrix aus den Werten des 1. unabhängigen Merkmals. Die 3. Spalte der Design-Matrix enthält die Werte des 2. unabhängigen Merkmals, die 4. Spalte die Werte des 3. unabhängigen Merkmals, usw.

Das Matrizen-Produkt

Innerhalb der oben angegebenen Produkt-Darstellung steht die Design-Matrix *vor* dem Vektor mit den Modell-Parametern "a" und "b". Diese Schreibweise soll bedeuten, dass die Matrix und der Vektor in Form eines *Matrizen-Produktes* miteinander verknüpft sind.

- Als **Matrizen-Produkt** "**AB**" zweier Matrizen "**A**" und "**B**" resultiert eine Matrix, die als **Produkt-Matrix** bezeichnet wird. In dieser Matrix ist die Komponente, die im Schnittpunkt der j. Zeile und der i. Spalte platziert ist, folgendermaßen bestimmt:
  Es werden die Komponenten der j. Zeile von "**A**" komponentenweise mit den jeweils korrespondierenden Komponenten der i. Spalte von "**B**" multipliziert und die resultierenden Produkte aufsummiert.

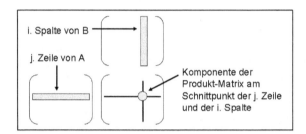

Abbildung 14.2: Schema zur Bildung der Produkt-Matrix

Damit diese Berechnungen durchführbar sind, muss die Anzahl der Komponenten jeder Zeile von "**A**" mit der Anzahl der Komponenten jeder Spalte von "**B**" übereinstimmen. Handelt es sich bei "**A**" daher um eine "rxc"-Matrix, so muss "**B**" genau "c" Zeilen besitzen.

Besteht die j. Zeile von "**A**" aus den Komponenten "$a_{j,1}$, $a_{j,2}$, ... ,$a_{j,c}$" und die i. Spalte von "**B**" aus den Komponenten "$b_{1,i}$, $b_{2,i}$, ... ,$b_{c,i}$", so ergibt sich die zugehörige Komponente der Produkt-Matrix, die in dieser Matrix im Schnittpunkt der j. Zeile und der i. Spalte platziert ist, durch die folgende Berechnungsvorschrift:

- $\sum_{k=1}^{c} a_{j,k} * b_{k,i}$

- Die Zeilen- und Spaltenzahl der Produkt-Matrix ist wie folgt festgelegt:
  Wird das *Matrizen-Produkt* der "rxc"-Matrix "**A**" mit der "cxg"-Matrix "**B**" gebildet, so resultiert als Produkt-Matrix eine "rxg"-Matrix.

Sollen z.B. die "3x2"-Matrix $\begin{pmatrix} 2 & 3 \\ 4 & 5 \\ 6 & 7 \end{pmatrix}$ und die "2x4"-Matrix $\begin{pmatrix} 1 & 2 & 1 & 2 \\ 4 & 3 & 4 & 5 \end{pmatrix}$

durch das Matrizen-Produkt miteinander verknüpft werden, so ist das Ergebnis eine "3x4"-Matrix, deren Komponenten wie folgt berechnet werden:

$$\begin{pmatrix} 2*1+3*4 & 2*2+3*3 & 2*1+3*4 & 2*2+3*5 \\ 4*1+5*4 & 4*2+5*3 & 4*1+5*4 & 4*2+5*5 \\ 6*1+7*4 & 6*2+7*3 & 6*1+7*4 & 6*2+7*5 \end{pmatrix} = \begin{pmatrix} 14 & 13 & 14 & 19 \\ 24 & 23 & 24 & 33 \\ 34 & 33 & 34 & 47 \end{pmatrix}$$

Darstellung der Modell-Gleichung in Matrizen-Schreibweise

Gemäß der zuvor angegebenen Erläuterungen lässt sich aus der Modell-Gleichung der "Linearen Einfachregression"

$$Y = a + b * X + E$$

die folgende Darstellung für "n" Merkmalsträger ableiten:

$$\begin{pmatrix} y_1 \\ y_2 \\ \vdots \\ y_i \\ \vdots \\ y_n \end{pmatrix} = \begin{pmatrix} 1 & x_1 \\ 1 & x_2 \\ \vdots & \vdots \\ 1 & x_i \\ \vdots & \vdots \\ 1 & x_n \end{pmatrix} \begin{pmatrix} a \\ b \end{pmatrix} + \begin{pmatrix} e_1 \\ e_2 \\ \vdots \\ e_i \\ \vdots \\ e_n \end{pmatrix}$$

In Kurzform kann diese Modell-Gleichung in der Form

$$\boxed{\vec{y} = \mathbf{X}\vec{\beta} + \vec{e}}$$

dargestellt werden, wobei die verwendeten Symbole die folgende Bedeutung besitzen:

- $\vec{y}$: Spalten-Vektor mit den Y-Werten,
- $\mathbf{X}$: Design-Matrix des linearen Modells,
- $\vec{\beta}$: Spalten-Vektor mit den Modell-Parametern und
- $\vec{e}$: Spalten-Vektor mit den Residuen.

Grundsätzlich gilt:

- Zur Kennzeichnung eines *Spalten-Vektors* wird ein Buchstabe verwendet, der mit einem Pfeil überschrieben ist. Eine Matrix wird durch einen Großbuchstaben gekennzeichnet, der in Fettschrift gesetzt ist.

Transponieren von Matrizen

Um bestimmte Eigenschaften prägnant beschreiben zu können, lässt sich die Matrizen-Operation **"Transponieren"** verwenden, die durch das hochgestellte Zeichen "T" gekennzeichnet wird.

- Um zu einer Matrix "**A**" deren **transponierte Matrix** "$\mathbf{A}^T$" zu bestimmen, wird wie folgt verfahren:
  Die 1. Zeile der durch das Transponieren erhaltenen Matrix besteht aus den Komponenten der 1. Spalte von "**A**", die 2. Zeile der in Form von "$\mathbf{A}^T$" ermittelten Matrix erhält die Komponenten der 2. Spalte von "**A**", usw. Durch das Transponieren einer "rxc"-Matrix ergibt sich daher eine "cxr"-Matrix.

Durch das Transponieren einer "nx2"-Design-Matrix wird somit eine "2xn"-Matrix erhalten:

$$\begin{pmatrix} 1 & x_1 \\ 1 & x_2 \\ \vdots & \vdots \\ 1 & x_i \\ \vdots & \vdots \\ 1 & x_n \end{pmatrix}^T = \begin{pmatrix} 1 & 1 & \dots & 1 & \dots & 1 \\ x_1 & x_2 & \dots & x_i & \dots & x_n \end{pmatrix}$$

Entsprechend ergibt sich für einen beliebigen Spalten-Vektor "$\vec{u}$":

$$\vec{u}^T = \begin{pmatrix} u_1 \\ u_2 \\ \vdots \\ u_i \\ \vdots \\ u_n \end{pmatrix}^T = (u_1, u_2, \dots, u_i, \dots, u_n)$$

Hieraus ist erkennbar:

- Durch das Transponieren eines Spalten-Vektors entsteht ein **Zeilen-Vektor**. Entsprechend wird durch das Transponieren eines Zeilen-Vektors ein Spalten-Vektor erhalten.

Es ist unmittelbar einsichtig, dass eine zweimalige Anwendung des Transponierens wieder zur Ausgangsgröße führt, d.h. es gilt für eine beliebige Matrix "**A**":

$$(\mathbf{A}^T)^T = \mathbf{A}$$

Außerdem gilt für zwei Matrizen "**A**" und "**B**", die durch das Matrizen-Produkt miteinander verknüpft sind, die folgende Gleichung:

$$(\mathbf{AB})^T = \mathbf{B}^T \mathbf{A}^T$$

Die Gültigkeit dieser Gleichung lässt sich – für das oben angegebene Beispiel einer Matrizen-Multiplikation – durch die folgende Rechnung belegen:

$$\begin{pmatrix} 1 & 2 & 1 & 2 \\ 4 & 3 & 4 & 5 \end{pmatrix}^T \begin{pmatrix} 2 & 3 \\ 4 & 5 \\ 6 & 7 \end{pmatrix}^T = \begin{pmatrix} 1 & 4 \\ 2 & 3 \\ 1 & 4 \\ 2 & 5 \end{pmatrix} \begin{pmatrix} 2 & 4 & 6 \\ 3 & 5 & 7 \end{pmatrix}$$

$$= \begin{pmatrix} 1*2+4*3 & 1*4+4*5 & 1*6+4*7 \\ 2*2+3*3 & 2*4+3*5 & 2*6+3*7 \\ 1*2+4*3 & 1*4+4*5 & 1*6+4*7 \\ 2*2+5*3 & 2*4+5*5 & 2*6+5*7 \end{pmatrix} = \begin{pmatrix} 14 & 24 & 34 \\ 13 & 23 & 33 \\ 14 & 24 & 34 \\ 19 & 33 & 47 \end{pmatrix}$$

$$= \begin{pmatrix} 14 & 13 & 14 & 19 \\ 24 & 23 & 24 & 33 \\ 34 & 33 & 34 & 47 \end{pmatrix}^T = \left[\begin{pmatrix} 2 & 3 \\ 4 & 5 \\ 6 & 7 \end{pmatrix} \begin{pmatrix} 1 & 2 & 1 & 2 \\ 4 & 3 & 4 & 5 \end{pmatrix} \right]^T$$

Skalarprodukt von Vektoren

Unter Einsatz der Operation "Transponieren" lässt sich für zwei Spalten-Vektoren "$\vec{u}$" und "$\vec{v}$" – mit jeweils gleicher Komponentenanzahl "n" – in der folgenden Form eine Operation verabreden, aus der keine Matrix, sondern ein *Skalar* (Zahl) resultiert:

- $\vec{u}^T \, \vec{v} = \sum_{j=1}^{n} u_j * v_j$

  Das Ergebnis dieser Operation wird als **Skalarprodukt** der beiden Spalten-Vektoren "$\vec{u}$" und "$\vec{v}$" bezeichnet. Bei dieser Operation werden – wie bei der Berechnung der Komponenten einer Produkt-Matrix – die Werte des Zeilen-Vektors "$\vec{u}^T$" komponentenweise mit den Werten des Spalten-Vektors "$\vec{v}$" multipliziert und die daraus resultierenden Produkte aufsummiert.

Hinweis: Wenn man die durch das Skalarprodukt beschriebene Operation im Hinblick auf die Bildung eines Matrizen-Produktes betrachtet, so ergibt sich eigentlich eine 1x1-Matrix. Es besteht jedoch die Konvention, dass eine 1x1-Matrix als skalare Größe, d.h. als eine Zahl, angesehen wird.

Als Beispiel werden die beiden folgenden Spalten-Vektoren betrachtet:

$$\vec{u} = \begin{pmatrix} 2 \\ 3 \end{pmatrix} \qquad \vec{v} = \begin{pmatrix} 1 \\ 4 \end{pmatrix}$$

Die Berechnung des Skalarproduktes ist wie folgt vorzunehmen:

$$\vec{u}^T \, \vec{v} = \begin{pmatrix} 2 \\ 3 \end{pmatrix}^T \begin{pmatrix} 1 \\ 4 \end{pmatrix} = \begin{pmatrix} 2 & 3 \end{pmatrix} \begin{pmatrix} 1 \\ 4 \end{pmatrix} = 2*1+3*4 = 14$$

Daher resultiert für die beiden Spalten-Vektoren "$\vec{u}$" und "$\vec{v}$" als Skalarprodukt der Wert "14".

14.1.4   Bestimmung der Regressionskoeffizienten

Lösung der Problemstellung der "Multiplen Regression"

Nachdem grundlegende Hilfsmittel für den Umgang mit Vektoren und Matrizen vorgestellt wurden, kann jetzt die Lösung der Problemstellung der "Multiplen Regression" angegeben werden. Unter Einsatz des Skalarproduktes lässt sich die Vorschrift, gemäß der die *Regressionskoeffizienten* zur Lösung der Modell-Gleichung

$$\vec{y} = \mathbf{X}\,\vec{\beta} + \vec{e}$$

ermittelt werden sollen, wie folgt formulieren:

- Die Komponenten des Spalten-Vektors "$\vec{\beta}$" sind so zu bestimmen, dass die folgende "Summe der Residuenquadrate" minimiert wird:

$$\sum_{i=1}^{n}(y_i - y_i')^2 = \vec{e}^{\,T}\,\vec{e} = (\vec{y} - \mathbf{X}\,\vec{\beta})^T\,(\vec{y} - \mathbf{X}\,\vec{\beta})$$

Als Lösung dieser Problemstellung ergibt sich für den Vektor "$\vec{\beta}$" mit den Regressionskoeffizienten die folgende Berechnungs-Vorschrift:

$$\boxed{\vec{\beta} = (\mathbf{X}^T\,\mathbf{X})^{-1}\,\mathbf{X}^T\,\vec{y}}$$

Es muss daher zunächst die transponierte Design-Matrix gebildet und mit der Design-Matrix multipliziert werden. Anschließend ist die *Inverse* (siehe unten) der aus dieser Produkt-Bildung resultierenden Matrix zu ermitteln und mit der transponierten Design-Matrix zu multiplizieren. Die aus diesem Matrizen-Produkt resultierende Matrix ist letztlich mit dem Vektor zu multiplizieren, der die Werte des abhängigen Merkmals als Komponenten enthält.

Damit der Vektor mit den Regressionskoeffizienten bestimmt werden kann, muss – wie geschildert – die *Inverse* von "$(\mathbf{X}^T\,\mathbf{X})$" gebildet werden.

- Die **Inverse** "$\mathbf{Q}^{-1}$" einer quadratischen Matrix "$\mathbf{Q}$" ist eine Matrix, die die folgende Eigenschaft besitzt:

$$\mathbf{Q}\,\mathbf{Q}^{-1} = \mathbf{Q}^{-1}\,\mathbf{Q} = \mathbf{E}$$

- Dabei kennzeichnet "$\mathbf{E}$" eine wie folgt strukturierte Matrix, bei der die *Hauptdiagonale* mit dem Wert "1" besetzt ist, d.h. in der sämtliche Komponenten mit gleichem Zeilen- und Spaltenindex den Wert "1" besitzen:

$$\mathbf{E} = \begin{pmatrix} 1 & 0 & 0 & 0 & \ldots & 0 & 0 \\ 0 & 1 & 0 & 0 & \ldots & 0 & 0 \\ 0 & 0 & 1 & 0 & \ldots & 0 & 0 \\ \vdots & \vdots & \vdots & \vdots & \ldots & \vdots & \vdots \\ 0 & 0 & 0 & 0 & \ldots & 1 & 0 \\ 0 & 0 & 0 & 0 & \ldots & 0 & 1 \end{pmatrix}$$

Bei dieser Matrix handelt es sich um eine **Diagonal-Matrix**, d.h. eine Matrix, die außerhalb der *Hauptdiagonalen* nur den Wert "0" enthält.

- Eine Diagonal-Matrix, deren Hauptdiagonale gänzlich mit dem Wert "1" belegt ist, wird **Einheits-Matrix** genannt und mit "**E**" bezeichnet. Für eine quadratische mxm-Matrix "**Q**" und die mxm-Einheits-Matrix "**E**" gilt grundsätzlich die folgende Gleichung:

$$\mathbf{QE} = \mathbf{EQ} = \mathbf{Q}$$

Nach dem zuvor beschriebenen Sachverhalt muss demnach eine Matrix "**Q**" – als *Inverse* von "$\mathbf{X}^T\mathbf{X}$" – ermittelt werden, die die folgende Eigenschaft hat:

$$\mathbf{Q}\,(\mathbf{X}^T\ \mathbf{X}) = (\mathbf{X}^T\ \mathbf{X})\,\mathbf{Q} = \mathbf{E}$$

Die Bestimmung der gesuchten Matrix "**Q**" ist nicht immer möglich. Abhängig von den Werten der Design-Matrix "**X**" kann es Fälle geben, bei denen die Bildung der *Inversen* von "$\mathbf{X}^T\mathbf{X}$" nicht durchgeführt werden kann – z.B. dann, wenn es zwei unabhängige Merkmale gibt, bei denen jeder einzelne Merkmalsträger dieselben Werte besitzt. Darüber hinaus kann es selbst dann Probleme geben, wenn die Bestimmung der *Inversen* möglich ist (siehe Abschnitt 14.1.5).

Für den Fall der "Linearen Einfachregression" erhält man – durch die Bestimmung der *Inversen* von "$\mathbf{X}^T\ \mathbf{X}$" – für den Vektor "$\vec{\beta}$" mit den Regressionskoeffizienten das folgende bereits aus dem Abschnitt 11.2 bekannte Ergebnis:

$$\vec{\beta} = \begin{pmatrix} a \\ b \end{pmatrix} = \begin{pmatrix} \bar{y} - \frac{s_{x,y}}{s_x^2} * \bar{x} \\ \frac{s_{x,y}}{s_x^2} \end{pmatrix}$$

Dabei ist zu beachten, dass die Varianz des unabhängigen Merkmals "X" von "0" verschieden sein muss. Diese Forderung ist immer dann erfüllt, wenn nicht alle Merkmalsträger in "X" denselben Wert besitzen.

Bestimmung der Regressionskoeffizienten bei einem Beispiel

Genau wie bei der "Linearen Einfachregression" lässt sich auch bei der "Linearen Mehrfachregression" die Berechnung der Regressionskoeffizienten vom IBM SPSS Statistics-System anfordern.

Werden z.B. für die Schüler der Jahrgangsstufe 11 die beiden Merkmale "Deutsch" (X_1) und "Englisch" (X_2) zur linearen Erklärung des Merkmals "Mathe" (Y) herangezogen, so lassen sich die Regressionskoeffizienten innerhalb der folgenden Tabelle ablesen:

Koeffizienten[a]

Modell		Nicht standardisierte Koeffizienten		Standardisierte Koeffizienten		
		Regressionskoeffizient B	Standardfehler	Beta	T	Sig.
1	(Konstante)	-,532	,188		-2,836	,007
	deutsch	,727	,046	,836	15,782	,000
	englisch	,166	,052	,168	3,171	,003

a. Abhängige Variable: mathe

Abbildung 14.3: Tabelle mit den Regressionskoeffizienten

Die Regressionskoeffizienten sind Bestandteil der 2. Spalte mit der Überschrift "Regressionskoeffizient B". Daher ergibt sich für die Gleichung, durch die die Regressionsebene gekennzeichnet wird, die folgende Darstellung:

$$Y = -0,532 + 0,727 * X_1 + 0,166 * X_2$$

In der 4. Tabellenspalte mit der Überschrift "Beta" sind diejenigen Regressionskoeffizienten enthalten, die die lineare Beziehung beschreiben, falls *sämtliche* Merkmale in standardisierter Form in das Modell einbezogen werden. Sofern die betrachteten Merkmale mit "Z", "Z_1" und "Z_2" bezeichnet werden, lässt sich – in dieser Situation – die Gleichung der Regressionsebene wie folgt angeben:

$$Z = 0,836 * Z_1 + 0,168 * Z_2$$

Die Güte der Anpassung und damit die Stärke der Modell-Erklärung wird durch die Statistiken innerhalb der folgenden Tabelle gekennzeichnet:

Modellzusammenfassung

Mode ll	R	R-Quadrat	Korrigiertes R-Quadrat	Standardfehler des Schätzers
1	,979[a]	,958	,956	,36363

a. Einflußvariablen : (Konstante), englisch, deutsch

Abbildung 14.4: Tabelle mit den Statistiken zur Anpassungsgüte

Der multiple Determinationskoeffizient ("R-Quadrat") besitzt den Wert "0,958", sodass etwa 96% der Varianz des abhängigen Merkmals linear durch die durch die Regressionsebene bestimmte Varianz im Rahmen des zugrunde gelegten linearen Modells erklärt wird.

SPSS: Die Anzeige der Tabellen mit den Regressionskoeffizienten und den Statistiken zur Beurteilung der Anpassungsgüte lässt sich vom IBM SPSS Statistics-System durch die Ausführung des folgenden IBM SPSS Statistics-Befehls anfordern:

```
REGRESSION STATISTICS=COEFF R/DEPENDENT=mathe
        /METHOD=ENTER deutsch englisch.
```

Einsatz von Matrix-Befehlen

Es besteht nicht nur die Möglichkeit, die Regressionskoeffizienten mittels des REGRESSION-Befehls anzufordern, sondern man kann die Vorschrift

$$\boxed{\vec{\beta} = (\mathbf{X}^T \ \mathbf{X})^{-1} \ \mathbf{X}^T \ \vec{y}}$$

zur Berechnung der Regressionskoeffizienten auch durch den Einsatz von **Matrix-Befehlen** umsetzen, indem man die in dieser Vorschrift beschriebenen Matrizen-Operationen – Schritt für Schritt – zur Ausführung bringen lässt.

- Um diese Vorgehensweise zu demonstrieren, wird für die Schüler der 11. Jahrgangsstufe das Regressions-Modell mit dem abhängigen Merkmal "Mathe" und dem unabhängigen Merkmal "Deutsch" untersucht.

Auf der Basis einer Daten-Tabelle, die sämtliche Werte des Fragebogens enthält, sind zunächst die folgenden IBM SPSS Statistics-Befehle auszuführen:

```
compute eins=1.
compute kdeutsch = deutsch.
```

Dadurch werden "eins" als 13. Variable und "kdeutsch" als 14. Variable innerhalb der Daten-Tabelle eingerichtet. Die Variable "eins" enthält für sämtliche 250 Fälle den Wert "1", und die Variable "kdeutsch" stellt eine Kopie der Variablen "deutsch" dar.

Um die Schüler der 11. Jahrgangsstufe auszuwählen, muss der folgende Befehl ausgeführt werden:

```
select if (jahrgang=1 and geschl=1).
```

Damit ist die Grundlage für die Ausführung der folgenden Matrix-Befehle geschaffen worden:

```
matrix.
get daten.
compute X = daten(:,13:14).
compute Y = daten(:,12:12).
compute Xtrans = t(X).
compute IXtransX = inv(Xtrans * X).
compute beta = IXtransX * Xtrans * Y.
print beta.
end matrix.
```

Es ist erkennbar, dass Matrix-Befehle durch den Befehl "matrix." einzuleiten und durch den Befehl "end matrix." abzuschließen sind.

Als erster Matrix-Befehl muss der folgende Befehl ausgeführt werden:

```
get daten.
```

Hierdurch wird eine Matrix namens "daten" aufgebaut, die sämtliche Werte der Daten-Tabelle enthält. Diese Matrix besteht in unserer Situation aus 50 Zeilen ("Schüler der Jahrgangsstufe 11") und 14 Spalten, da die Daten-Tabelle aus 14 Variablen aufgebaut war.

Indem mit "daten(:,13:14)" die Werte der Variablen "eins" und der Variablen "kdeutsch" bezeichnet werden (durch den 1. Doppelpunkt werden alle Zeilen und durch "13:14" die 13. und 14. Spalte der Matrix "daten" gekennzeichnet), wird durch den Befehl

```
compute X = daten(:,13:14).
```

die Design-Matrix unter dem Namen "X" eingerichtet. Sie enthält in der 1. Spalte die Werte der Variablen "eins" und in der 2. Spalte die Werte der Variablen "kdeutsch". Da die Variable "mathe" als 12. Variable innerhalb der Daten-Tabelle eingetragen war, wird der Spalten-Vektor "Y" durch den Befehl

```
compute Y = daten(:,12:12).
```

mit den Werten des abhängigen Merkmals "Mathe" aufgebaut.
Die transponierte Design-Matrix wird durch den Funktionsaufruf "t(X)" erstellt und steht nach der Ausführung des Befehls

```
compute Xtrans = t(X).
```

unter dem Namen "Xtrans" zur Verfügung.
Die Matrizen-Multiplikation von "Xtrans" mit "X" wird durch den Ausdruck "Xtrans * X" gekennzeichnet und die Bildung der Inversen durch den Funktionsaufruf "inv(Xtrans * X)" angefordert. Das Resultat dieser Operation steht durch die Ausführung des Befehls

```
compute IXtransX = inv(Xtrans * X).
```

unter dem Namen "IXtransX" zur Verfügung. Durch die folgenden Befehle erfolgt der Aufbau des Vektors "beta" mit den Regressionskoeffizienten und die Anzeige seiner Komponenten im Viewer-Fenster des IBM SPSS Statistics-Systems:

```
compute beta = IXtransX * Xtrans * Y.
print beta.
```

Soll das Merkmal "Englisch" als weiteres unabhängiges Merkmal – zur linearen Erklärung des abhängigen Merkmals "Mathe" – in die Regression einbezogen werden, so sind die oben angegebenen Befehle – unter Ergänzung von durch das Symbol "*" eingeleiteten *Kommentar-Befehlen* – wie folgt abzuändern:

```
compute eins=1.
compute kdeutsch = deutsch.
* es wird eine 15. Variable namens "kengli"
  mit den Werten von "englisch" eingerichtet.
compute kengli = englisch.
select if (jahrgang=1 and geschl=1).
matrix.
get daten.
* statt "13:14" wird "13:15" angegeben.
compute X = daten(:,13:15).
compute Y = daten(:,12:12).
compute Xtrans = t(X).
compute IXtransX = inv(Xtrans * X).
compute beta = IXtransX * Xtrans * Y.
print beta.
end matrix.
```

14.1.5 Probleme bei der Berechnung von Regressionskoeffizienten

Bei der Bestimmung einer Regressionsgeraden, einer Regressionsebene bzw. einer Regressionshyperebene lassen sich die Regressionskoeffizienten durch die "Methode der kleinsten Quadrate" berechnen und durch den Einsatz des REGRESSION-Befehls bzw. durch die Verwendung von Matrix-Befehlen abrufen.

Damit die Regressionskoeffizienten im Rahmen der jeweils gewünschten *Modell-Anpassung* ermittelt werden können, müssen die Werte genügend vieler Merkmalsträger erhoben worden sein.

Da eine Gerade im 2-dimensionalen Raum eindeutig durch 2 Punkte bestimmt wird, ist eine Anpassung mittels der "Methode der kleinsten Quadrate" nur dann sinnvoll, wenn die Werte mindestens dreier Merkmalsträger zur Verfügung stehen.

Entsprechend ist eine Ebene im 3-dimensionalen Raum eindeutig durch 3 Punkte festgelegt, die nicht sämtlich auf einer Geraden liegen dürfen. Daher müssen im Fall der "Linearen Mehrfachregression", bei dem 2 unabhängige Merkmale Bestandteil des Modells sind, die Werte von mindestens vier Merkmalsträgern erhoben worden sein. Allgemein lässt sich feststellen:

- Es müssen die Werte von mindestens "k + 2" Merkmalsträgern zur Verfügung stehen, wenn eine *Anpassung* in einem Modell der "Linearen Mehrfachregression" mit "k" unabhängigen Merkmalen durchgeführt werden soll.

Bei einer Anpassung im 3-dimensionalen Raum müssen die Merkmalsträger die Eigenschaft besitzen, dass die mit ihnen korrespondierenden Punkte *nicht* auf einer Geraden liegen. Für den Fall nämlich, dass die vorliegenden Punkte *sämtlich* auf einer Geraden platziert sind, kann die in der Berechnungs-Vorschrift für den Vektor mit den Regressionskoeffizienten auftretende *Inverse* "$(\mathbf{X}^T\mathbf{X})^{-1}$" *nicht* gebildet werden. Generell gilt:

- Falls bei "k" unabhängigen Merkmalen auf der Basis von nur "k + 1" Merkmalsträgern eine Inverse gebildet werden kann, liegen die zugeordneten Punkte sämtlich auf der Regressionshyperebenen.

Ein sehr schwerwiegendes Problem liegt z.B. in derjenigen Situation – im 3-dimensionalen Raum – vor, in der zwar die *Inverse* berechnet werden kann, aber eine Gerade existiert, von der sämtliche Punkte höchstens ganz geringfügig abweichen.

- Dieses Problem wird als **Multikollinearitäts-Problem** bezeichnet. In diesem Fall ist die Matrix "$\mathbf{X}^T\mathbf{X}$" schlecht konditioniert, da Rundungsfehler einen extrem starken Einfluss auf die Berechnung der *Inversen* ausüben. Dadurch können sich hochgradige Ungenauigkeiten bei der Berechnung der Regressionskoeffizienten ergeben, sodass die Ermittlung der Regressionskoeffizienten in einem derartigen Fall nicht sinnvoll ist.

Entsprechendes gilt für die Bestimmung einer Regressionshyperebene im 4-dimensionalen bzw. in einem höher-dimensionalen Raum.

Um einen Eindruck von dem Tatbestand der Multikollinearität zu erhalten, werden zunächst die folgenden Werte von vier Merkmalsträgern in einem Modell der "Linearen Mehrfachregression" mit dem abhängigen Merkmal Y und den beiden unabhängigen Merkmalen X1 und X2 betrachtet:

	y	x1	x2
1	1,00000	2,00000	3,00000
2	3,00000	6,00000	9,00000
3	2,00000	4,00000	6,00000
4	4,00000	8,00000	12,00000

Abbildung 14.5: Inhalt der Daten-Tabelle

In dieser Situation liegen alle vier Punkte auf einer Geraden. Dies veranschaulicht das folgende Diagramm:

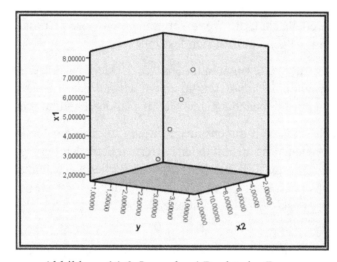

Abbildung 14.6: Lage der 4 Punkte im Raum

SPSS: Die Basis für diese Anzeige lässt sich durch den folgenden IBM SPSS Statistics-Befehl abrufen:

```
GRAPH SCATTERPLOT(XYZ)=Y WITH X1 WITH X2.
```

In der dargestellten Situation lässt sich – auf der Basis der Design-Matrix "$\mathbf{X}$" – die Inverse "$(\mathbf{X}^T \ \mathbf{X})^{-1}$" *nicht* bilden, da alle vier Punkte auf einer Geraden liegen. Dieser Sachverhalt wird dadurch kenntlich gemacht, dass durch die Ausführung des REGRESSION-Befehls

```
REGRESSION STATISTICS=COEFF / DEPENDENT=Y
          /METHOD=ENTER X1 X2.
```

die folgende Anzeige im Viewer-Fenster erscheint:

Koeffizienten[a]

	Nicht standardisierte Koeffizienten		Standardisierte Koeffizienten		
Modell	Regressionskoeffizient B	Standardfehler	Beta	T	Sig.
1 (Konstante)	,000	,000		.	.
x2	,333	,000	1,000	.	.

a. Abhängige Variable: y

Abbildung 14.7: fehlende Anzeige eines Regressionskoeffizienten

Hinweis: Abhängig von der jeweiligen Einstellung des IBM SPSS Statistics-Systems könnte für die Niveaukonstante gegebenenfalls anstelle der Anzeige ",000" die wissenschaftliche Notation in Form des Textes "1,433E-16" erscheinen. Die Darstellung "1,433E-16" bedeutet, dass es sich um denjenigen Wert handelt, der gemäß der folgenden Vorschrift berechnet wird: "$1,433 * 10^{-16}$", d.h. das Komma innerhalb der Darstellung "1, 433" wird um 16 Stellen nach links verschoben.

Um anstelle der wissenschaftlichen Notation eine normale durch Rundung festgelegte Anzeige zu erhalten, lässt sich der SET-Befehl verwenden. Die Ausführung der beiden folgenden IBM SPSS Statistics-Befehle liefert in jedem Fall die gewünschte Anzeige in Form von ",000":

```
SET SMALL=0.
REGRESSION STATISTICS=COEFF / DEPENDENT=Y / METHOD=ENTER X1 X2.
```

Aus der Abbildung 14.7 ist ersichtlich, dass nur das Merkmal "X2" als alleiniges unabhängiges Merkmal ausgewiesen wird. Dies bedeutet, dass Probleme bei der Ermittlung der Inversen der durch "$X^T X$" bestimmten Matrix aufgetreten sind – sei es, dass ein Multikollinearitäts-Problem vorliegt, oder wie in diesem Fall, dass die Inverse nicht gebildet werden kann.

Hinweis: Zum Nachweis, dass die Inverse der durch "$X^T X$" bestimmten Matrix nicht gebildet werden kann, lassen sich die oben angegebenen Matrix-Befehle verwenden. Nach einer geeigneten Anpassung auf den aktuellen Sachverhalt wird bei der Ausführung des COMPUTE-Befehls, in dem der Aufruf der Funktion "inv" enthalten ist, ein Fehler gemeldet.

Eine geringfügige Modifikation der in der Abbildung 14.5 dargestellten Daten-Tabelle (der 1. Wert von "X1" wird auf "2,00005" und der 4. Wert von "X2" wird auf "12,00005" abgeändert) in die Form

	y	x1	x2
1	1,00000	2,00005	3,00000
2	3,00000	6,00000	9,00000
3	2,00000	4,00000	6,00000
4	4,00000	8,00000	12,00005

Abbildung 14.8: modifizierter Inhalt der Daten-Tabelle

ermöglicht dagegen die Bildung der Inversen von "$X^T X$" und die Anzeige der Regressionskoeffizienten innerhalb der folgenden Tabelle:

Koeffizienten^a

Modell		Nicht standardisierte Koeffizienten		Standardisierte Koeffizienten	T	Sig.
		Regressionskoeffizient B	Standardfehler	Beta		
1	(Konstante)	,000	,000		,262	,837
	x1	,000	,447	,000	,000	1,000
	x2	,333	,298	1,000	1,118	,465

a. Abhängige Variable: y

Abbildung 14.9: Anzeige beider Regressionskoeffizienten

SPSS: Um diese Anzeige – und auch die in der unten angegebenen Abbildung 14.11 dargestellte Anzeige – zu erhalten, muss eine standardmäßige Voreinstellung außer Kraft gesetzt und der folgende IBM SPSS Statistics-Befehl zur Ausführung gebracht werden:

```
REGRESSION STATISTICS=COEFF R/CRITERIA=TOLERANCE(1E-11)
          /DEPENDENT=Y/METHOD=ENTER X1 X2.
```

Falls eine weitere leichte Änderung (3. Wert von "X1" in "4,00005") erfolgt und sich die Daten-Tabelle in der Form

	y	x1	x2
1	1,00000	2,00005	3,00000
2	3,00000	6,00000	9,00000
3	2,00000	4,00005	6,00000
4	4,00000	8,00000	12,00005

Abbildung 14.10: erneut modifizierter Inhalt der Daten-Tabelle

darstellt, führt dies zu einer starken Veränderung der Regressionskoeffizienten. Dies wird durch den Inhalt der folgenden Tabelle belegt:

Koeffizienten^a

Modell		Nicht standardisierte Koeffizienten		Standardisierte Koeffizienten	T	Sig.
		Regressionskoeffizient B	Standardfehler	Beta		
1	(Konstante)	,000	,000		-,195	,878
	x1	,167	,373	,333	,447	,732
	x2	,222	,248	,667	,894	,535

a. Abhängige Variable: y

Abbildung 14.11: stark veränderte Regressionskoeffizienten

Damit ist verdeutlicht worden, dass – auf der Grundlage der in der Abbildung 14.8 angegebenen Daten-Tabelle – ein *Multikollinearitäts-Problem* vorliegt, da sich geringfügige Änderungen in den Werten der Merkmalsträger massiv auf die Größenordnung der Regressionskoeffizienten auswirken.

Hinweis: Als Indikator für die bestehende Multikollinearität kann die Unterschiedlichkeit in der Anzeige der Regressionskoeffizienten dienen. Bei einem Verzicht auf den oben verwendeten Unterbefehl "CRITERIA=TOLERANCE(1E-11)" wären innerhalb der Abbildung 14.9 – ähnlich wie in der Abbildung 14.7 – nur die Regressionskonstante und der Regressionskoeffizient für X2 ausgewiesen worden.

14.2 Faktorenanalyse

14.2.1 Das Hauptachsen-Modell und das Hauptkomponenten-Modell

Das Hauptachsen-Modell

Das primäre Ziel einer **Faktorenanalyse** (engl.: "factor analysis") besteht darin, den Informationsgehalt von *intervallskalierten* Merkmalen – im Rahmen eines geeigneten *linearen* Modell-Ansatzes – so zu komprimieren, dass durch diese Datenreduktion möglichst wenige Größen zur Varianz-Erklärung der Merkmale ausreichen. Diejenigen *theoretischen* Größen, die den Informationsgehalt der Merkmale nach dieser Informationskomprimierung widerspiegeln, werden als **Faktoren** bzw. **Komponenten** (engl.: "factors") bezeichnet. Bei dieser Art von Faktorenanalyse handelt es sich um ein *exploratives* Verfahren, da auf der Basis der erhobenen Daten versucht wird, einen Entdeckungszusammenhang aufzuspüren.

Sofern man eine These über die Anzahl der Faktoren sowie die konkrete Form des linearen Ansatzes formuliert, bekommt die Faktorenanalyse einen konfirmatorischen Charakter, weil bei einer *konfirmatorischen* Datenanalyse ein Modell-Ansatz über einen vermuteten Sachverhalt auf seine Plausibilität hin geprüft wird.

Als erweiterte Zielsetzung bei der Durchführung einer *Faktorenanalyse* ist die Forderung anzusehen, eine inhaltlich orientierte Erklärung für die Varianz der betreffenden Merkmale zu finden. In dieser Hinsicht muss versucht werden, die Merkmale als Indikatoren von *Konstrukten* aufzufassen, die jeweils durch einen Faktor repräsentiert werden. In dieser Situation bewirkt jeder Faktor einen **Effekt** auf jedes seiner Indikator-Merkmale, sodass er als Erscheinungsbild eines Konstruktes angesehen werden kann.

Soll z.B. die These untersucht werden, dass sich die drei Merkmale "Schulleistung", "Begabung" und "Lehrerurteil" als Indikatoren des Konstruktes "Leistungsfähigkeit" und die drei Merkmale "Englisch", "Deutsch" und "Mathe" als Indikatoren des Konstruktes "Belastung" auffassen lassen, so kann diese Vermutung wie folgt beschrieben werden:

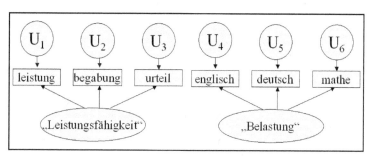

Abbildung 14.12: Beispiel für ein Hauptachsen-Modell

Hinweis: Da allein die Grundprinzipien der Faktorenanalyse verdeutlicht werden sollen, wird es als unproblematisch angesehen, die nur ordinalskalierten Merkmale "Schulleistung", "Begabung" und "Lehrerurteil" in dieses Beispiel einzubeziehen.

Dieser Sachverhalt kann als Konsequenz aus dem Ansatz angesehen werden, die statistischen Methoden auf der Basis eines möglichst eingeschränkten Datenmaterials vorzustellen. Andererseits ist es in der Praxis üblich, Faktorenanalysen auch für "quasi-metrische" Merkmale durchzuführen. Dabei wird dann von einem "quasi-metrischen" Merkmal gesprochen, wenn es mindestens fünf Ausprägungen besitzt und das Skalenniveau etwas höher als das einer Ordinalskala eingeschätzt werden kann.

Diese grafische Form der Modell-Beschreibung wird **Effektdiagramm** genannt. Da die Konstrukte "Leistungsfähigkeit" und "Belastung" einer direkten Messung nicht zugänglich sind, handelt es sich um **latente** Größen. Für die Merkmale "Schulleistung", "Begabung", "Lehrerurteil", "Englisch", "Deutsch" und "Mathe" liegen die Werte der Schüler und Schülerinnen – als *Messwerte* – vor, sodass diese Merkmale als **manifeste** Größen anzusehen sind. Wie der Darstellung zu entnehmen ist, wird eine latente Größe durch ein Oval und eine manifeste Größe durch ein Rechteck gekennzeichnet. Jeder Effekt, der auf eine manifeste Größe wirkt, wird durch einen Pfeil dargestellt. Zur Erklärung der manifesten Größen sind weitere Effekte in das Modell aufgenommen worden, die diejenigen merkmalsspezifischen Einflüsse kennzeichnen, die nicht vom Konstrukt bewirkt werden. Die zugehörigen Größen "U_1", "U_2", "U_3", "U_4", "U_5" und "U_6", die diese merkmalsspezifischen Effekte ausüben, werden als **Einzelrestfaktoren** (engl.: "unique factors") bezeichnet und sind in Form von Kreisen im Effektdiagramm enthalten.

Der durch die Abbildung 14.12 angegebene Sachverhalt stellt – für die Werte "m=2" und "p=6" – einen Spezialfall des folgenden allgemeinen Modell-Ansatzes dar, der als **Hauptachsen-Modell** (engl.: "principal axis factoring") der Faktorenanalyse bezeichnet wird:

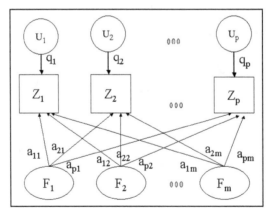

Abbildung 14.13: Effektdiagramm des Hauptachsen-Modells

Die *gemeinsamen* Einflüsse der "m" Faktoren üben *Effekte* auf die "p" **intervallskalierten** Merkmale aus. Zusätzlich unterliegt jedes Merkmal einem *spezifischen* Einfluss, der sich als Effekt des jeweils zugehörigen Einzelrestfaktors darstellt.

- Da alle in eine Faktorenanalyse einbezogenen Merkmale – unabhängig von ihrer jeweiligen Benennung – mit *gleichem* Gewicht berücksichtigt werden sollen, müssen sämtliche Merkmale einer **Standardisierung** unterzogen werden. Um diesen Sachverhalt zu verdeutlichen, wird bei der Bezeichnung der Merkmale – im Rahmen einer allgemeinen Darstellung – der Buchstabe "Z" verwendet.

- Im Folgenden wird grundsätzlich unterstellt, dass die in einem Effektdiagramm enthaltenen Merkmale standardisiert sind.

Bei den innerhalb der Abbildung 14.13 angegebenen Größen "a_{jk}" und "q_j" handelt es sich um Gewichte, die die Stärke beschreiben, mit der ein Faktor "F_k" bzw. ein Einzelrestfaktor "U_j" zur Erklärung des Merkmals "Z_j" beiträgt.

Da es sich bei dem Hauptachsen-Modell um ein *lineares* Modell handelt, lässt sich der Inhalt des Effektdiagramms wie folgt kennzeichnen:

$$Z_j = \sum_{k=1}^{m} a_{jk} * F_k + q_j * U_j \quad (j = 1, ..., p)$$

Das Ziel einer Faktorenanalyse besteht grundsätzlich darin, eine möglichst kleine Zahl "m" zu ermitteln, sodass auf der Basis des linearen Modell-Ansatzes – unter *geeigneten Anforderungen* an die gemeinsamen Faktoren "F_k" und die spezifischen Einzelrestfaktoren "U_j" – eine hinreichend große Varianz-Aufklärung der Merkmale "Z_j" möglich wird. Im Hinblick auf einen derartigen Ansatz ist die folgende Verabredung von zentraler Bedeutung:

- Unter der **Kommunalität** (engl.: "communality") eines Merkmals wird derjenige Varianzanteil verstanden, der durch die *gemeinsamen* Faktoren erklärt werden kann. Vor der Durchführung einer Faktorenanalyse stellt sich grundsätzlich die folgende Frage, die als **Kommunalitäten-Problem** bezeichnet wird: Wie groß sind die Kommunalitäten, d.h. von welcher Größenordnung soll man bei den Varianzen ausgehen, die pro Merkmal durch die gemeinsamen Faktoren erklärt werden sollen?

Von der Beantwortung dieser Frage hängt es ab, ob es sinnvoll ist, die zu diskutierende These in Form eines Hauptachsen-Modells zu formulieren.

Das Hauptkomponenten-Modell

Sofern es Hinweise dafür gibt, dass für alle Kommunalitäten der Wert "1" unterstellt werden kann, reduziert sich das Hauptachsen-Modell auf die folgende Form:

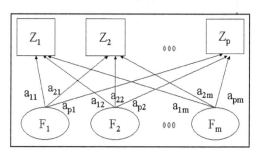

Abbildung 14.14: Effektdiagramm des Hauptkomponenten-Modells

Diese reduzierte Form eines Hauptachsen-Modells, in dem keine merkmals-spezifischen Einzelrestfaktoren wirken, wird als **Hauptkomponenten-Modell** (engl.: "principal components") bezeichnet. Aus dem angegebenen Effektdia-gramm leiten sich die folgenden *Modell-Gleichungen* ab:

$$Z_j = \sum_{k=1}^{m} a_{jk} * F_k \quad (j = 1, ..., p)$$

Auf der Grundlage eines Hauptkomponenten-Modells lässt sich das Ziel einer Fak-torenanalyse wie folgt angeben:

- Auf der Grundlage von *geeigneten Anforderungen*, die an die *gemeinsamen Faktoren* "F_k" zu stellen sind, ist eine möglichst kleine Anzahl "m" von Fak-toren "F_k" zu ermitteln, sodass eine möglichst große Varianz-Aufklärung der Merkmale "Z_j" – auf der Basis der angegebenen linearen Darstellung – möglich wird.

Sofern es im Rahmen eines Hauptkomponenten-Modells eine Lösung in Form von "m" *gemeinsamen* Faktoren gibt, lassen sich – wegen der Gültigkeit der Modell-Gleichungen – die Werte "z_{ij}" der "n" Merkmalsträger wie folgt kennzeichnen:

$$z_{ij} = \sum_{k=1}^{m} a_{jk} * f_{ik} \quad (j = 1, ..., p) \quad (i = 1, ..., n)$$

Die für die einzelnen Merkmalsträger bei den standardisierten Merkmalen "Z_j" vorliegenden Werte können also als Summe der Produkte "$a_{jk} * f_{ik}$" dargestellt werden.

- Fortan werden die Werte "f_{ik}" der Faktoren "F_k" als **Faktorwerte** (engl.: "factor scores") und die Gewichte "a_{jk}", durch die die jeweilige Stärke der Effekte gekennzeichnet wird, als **Faktorladungen** (engl.: "factor loadings") bezeichnet.

Damit es – bei vorgegebenen Werten "z_{ij}" – Faktorwerte "f_{ik}" und Faktorladun-gen "a_{jk}" gibt, die die Modell-Gleichungen erfüllen, müssen die gemeinsamen Faktoren "F_j" – wie zuvor angedeutet – "geeignete Eigenschaften" besitzen. Die Präzisierung dieser Eigenschaften führt zur folgenden Forderung:

- Die "m" zu ermittelnden Faktoren "F_j" müssen **orthonormal**, d.h. *standar-disiert* und *paarweise* voneinander *statistisch unabhängig*, sein.
  Demnach muss für jeden Faktor "F_k" – wegen der geforderten Standardisie-rung – die Gleichung $\frac{1}{n-1} \sum_{i=1}^{n} f_{ik} * f_{ik} = 1$

und für jeweils zwei voneinander verschiedene Faktoren "F_s" und "F_t" – wegen der statistischen Unabhängigkeit und der Standardisierung – die fol-gende Gleichung erfüllt sein (siehe Abschnitt 11.4):

$$\frac{1}{n-1} \sum_{i=1}^{n} f_{is} * f_{it} = 0$$

Das Attribut "orthonormal" kennzeichnet im Hinblick auf eine geometrische Veranschaulichung den Sachverhalt, dass die Faktoren, sofern sie als Vektoren aufgefasst werden (siehe unten), die Länge "1" besitzen und *orthogonal* sind, d.h. dass sie paarweise senkrecht aufeinander stehen. Dieser Sachverhalt liegt dann vor, wenn die Faktoren standardisiert sind und das Skalarprodukt für jeweils zwei voneinander verschiedene Faktoren "F_s" und "F_t" gleich "0" und daher die Gleichung

$$\sum_{i=1}^{n} f_{is} * f_{it} = 0$$

erfüllt ist.

14.2.2   Matrix-Darstellung und Fundamentaltheorem

Matrizen-Schreibweise der Modell-Gleichungen

Damit die Modell-Gleichungen des Hauptkomponenten-Modells in abgekürzter Form angegeben werden können, müssen die Faktorwerte, die Faktorladungen und die Werte der standardisierten Merkmale in Form von Matrizen zusammengefasst werden.

Durch die Zusammenstellung der Faktorwerte entsteht die folgende "nxm"-Matrix "F", die als **Faktorwerte-Matrix** (engl.: "factor matrix") bezeichnet wird:

$$\mathbf{F} = \begin{pmatrix} f_{11} & \cdots & f_{1k} & \cdots & f_{1m} \\ f_{21} & \cdots & f_{2k} & \cdots & f_{2m} \\ \vdots & & \vdots & & \vdots \\ f_{i1} & \cdots & f_{ik} & \cdots & f_{im} \\ \vdots & & \vdots & & \vdots \\ f_{n1} & \cdots & f_{nk} & \cdots & f_{nm} \end{pmatrix}$$

Die "pxm"-Matrix mit den Faktorladungen wird **Komponenten-Matrix** (Faktorladungs-Matrix, Faktorgewichte-Matrix, engl.: "factor pattern matrix") genannt und mit "**A**" bezeichnet:

$$\mathbf{A} = \begin{pmatrix} a_{11} & \cdots & a_{1k} & \cdots & a_{1m} \\ a_{21} & \cdots & a_{2k} & \cdots & a_{2m} \\ \vdots & & \vdots & & \vdots \\ a_{j1} & \cdots & a_{jk} & \cdots & a_{jm} \\ \vdots & & \vdots & & \vdots \\ a_{p1} & \cdots & a_{pk} & \cdots & a_{pm} \end{pmatrix}$$

Um für die "n" Merkmalsträger die Gesamtheit ihrer bei den standardisierten Merkmalen vorliegenden Werte als Matrix darzustellen, wird die "nxp"-Matrix "**Z**" wie folgt aufgebaut:

$$
\mathbf{Z} =
\begin{pmatrix}
z_{11} & \cdots & z_{1j} & \cdots & z_{1p} \\
z_{21} & \cdots & z_{2j} & \cdots & z_{2p} \\
\vdots & & \vdots & & \vdots \\
z_{i1} & \cdots & z_{ij} & \cdots & z_{ip} \\
\vdots & & \vdots & & \vdots \\
z_{n1} & \cdots & z_{nj} & \cdots & z_{np}
\end{pmatrix}
$$

Unter Verwendung der Matrizen "**Z**", "**A**" und "**F**" lassen sich die einzelnen Gleichungen

$$
z_{ij} = \sum_{k=1}^{m} a_{jk} * f_{ik} \quad (j = 1, ..., p) \quad (i = 1, ..., n)
$$

zur folgenden **Modell-Gleichung** des Hauptkomponenten-Modells zusammenfassen:

$$
\mathbf{Z} = \mathbf{F}\mathbf{A}^{T}
$$

Außerdem lässt sich die oben angegebene Forderung, dass die "m" zu ermittelnden Faktoren "F_j" *orthonormal* sein müssen, mittels der Matrix-Schreibweise – unter Einsatz der mxm-Einheits-Matrix "**E**" – in Form der folgenden Gleichung kennzeichnen:

$$
\frac{1}{n-1} * \mathbf{F}^{T}\mathbf{F} = \mathbf{E}
$$

Desweiteren ergibt sich durch die Berechnung des Matrizen-Produktes

$$
\frac{1}{n-1} * \mathbf{Z}^{T}\mathbf{Z}
$$

eine pxp-Matrix "**R**", deren Komponenten mit den bivariaten Korrelationen zwischen den Merkmalen "Z_j" übereinstimmen. Dabei enthält diese Matrix im Schnittpunkt der s. Zeile und t. Spalte den Produktmoment-Korrelationskoeffizienten, der die korrelative Beziehung zwischen den Merkmalen "Z_s" und "Z_t" kennzeichnet. Demzufolge ist es sinnvoll, "**R**" als **Korrelations-Matrix** (engl.: "correlation matrix") zu bezeichnen. Für "**R**" gilt demnach die folgende Gleichung:

$$
\mathbf{R} = \frac{1}{n-1} * \mathbf{Z}^{T}\mathbf{Z}
$$

Das Fundamentaltheorem der Faktorenanalyse

Auf der Basis der Modell-Gleichung

$$\mathbf{Z} = \mathbf{FA}^T$$

und wegen der im Abschnitt 14.1.3 dargestellten Gesetzmäßigkeit "$(\mathbf{AB})^T = \mathbf{B}^T\mathbf{A}^T$" gilt:

$$\mathbf{Z}^T\mathbf{Z} = (\mathbf{FA}^T)^T(\mathbf{FA}^T) = (\mathbf{A}^T)^T\mathbf{F}^T(\mathbf{FA}^T) = \mathbf{AF}^T\mathbf{FA}^T = \mathbf{A}(\mathbf{F}^T\mathbf{F})\mathbf{A}^T$$

Da die Orthonormalität der Faktoren vorausgesetzt ist, gilt unter Einsatz der mxm-Einheits-Matrix "$\mathbf{E}$":

$$\mathbf{F}^T\mathbf{F} = (n-1) * \mathbf{E}$$

Demzufolge ergibt sich:

$$\mathbf{Z}^T\mathbf{Z} = \mathbf{A}((n-1) * \mathbf{E})\mathbf{A}^T$$

Hieraus erhält man die Gleichung

$$\mathbf{Z}^T\mathbf{Z} = (n-1) * \mathbf{AA}^T$$

weil der Skalar "$n-1$" nach vorne gezogen werden darf und das Matrizen-Produkt "$\mathbf{AE}$" die Matrix "$\mathbf{A}$" liefert. Unter Verwendung der Korrelations-Matrix "$\mathbf{R}$" ergibt sich daher:

$$\mathbf{R} = \tfrac{1}{n-1} * \mathbf{Z}^T\mathbf{Z} = \mathbf{AA}^T$$

Demzufolge lässt sich die Korrelations-Matrix "$\mathbf{R}$" wie folgt als Matrizen-Produkt der Komponenten-Matrix "$\mathbf{A}$" mit deren Transponierten darstellen:

$$\mathbf{R} = \mathbf{AA}^T$$

Fasst man die zuvor angegebenen Eigenschaften der Matrizen "$\mathbf{Z}$", "$\mathbf{F}$" und "$\mathbf{R}$" zusammen, so lässt sich der bislang beschriebene Sachverhalt insgesamt wie folgt formulieren:

- Gibt es – auf der Basis von *orthonormalen* Faktoren – eine Komponenten-Matrix "$\mathbf{A}$" und eine Faktorwerte-Matrix "$\mathbf{F}$", sodass die Gleichung

  $$\mathbf{Z} = \mathbf{FA}^T$$

  erfüllt wird, so lässt sich die Korrelations-Matrix "$\mathbf{R}$" wie folgt darstellen:

  $$\boxed{\mathbf{R} = \mathbf{AA}^T}$$

Diese Aussage wird als **Fundamentaltheorem der Faktorenanalyse** bezeichnet. Hieraus ist ersichtlich, dass der Ansatz zur Ermittlung der Faktoren das folgende Ziel verfolgen muss: Es ist eine Matrix "**A**" zu bestimmen, durch deren Werte die korrelativen bivariaten Zusammenhänge der standardisierten Merkmale "Z_j" – mittels der Produkt-Bildung "$\mathbf{AA}^T$" – rekonstruiert werden können.

14.2.3 Bestimmung der Komponenten-Matrix durch die Hauptachsen-Methode

Konstruktion der Komponenten-Matrix

Im Hinblick auf die Zielsetzung, die Komponenten-Matrix "**A**" zu bestimmen, ist das folgende Resultat der Mathematik zur Kenntnis zu nehmen:

- Zu einer vorgegebenen Korrelations-Matrix "**R**" kann eine Komponenten-Matrix "**A**", die die Gleichung "$\mathbf{R} = \mathbf{AA}^T$" erfüllt, dadurch ermittelt werden, dass zwei Matrizen "**V**" und "$\triangle$" in der folgenden Form miteinander multipliziert werden:

$$\mathbf{A} = \mathbf{V}\triangle^{\frac{1}{2}}$$

  Dabei bedeutet die Schreibweise "$\triangle^{\frac{1}{2}}$", dass die Quadratwurzel aus sämtlichen Komponenten der Matrix "$\triangle$" zu ziehen ist.

Die beiden Matrizen "**V**" und "$\triangle$" sind in der folgenden Weise festgelegt:

- Bei "**V**" handelt es sich um eine Matrix, durch deren Spalten ein rechtwinkliges Koordinatensystem – als neues orthogonales Bezugssystem zur Beschreibung der erhobenen Daten – festgelegt wird. Dieses neue Bezugssystem besteht aus den *Eigenvektoren* der Matrix "**R**".

- "$\triangle$" stellt eine Diagonal-Matrix dar, die die zu den *Eigenvektoren* von "**R**" korrespondierenden *Eigenwerte* enthält.

Im Hinblick auf den Aufbau der beiden Matrizen "**V**" und "$\triangle$" ist die folgende Definition von grundlegender Bedeutung:

- Eine Matrix "**M**" besitzt dann den **Eigenvektor** (engl.: "eigenvector") "$\vec{w}$" und den zugehörigen **Eigenwert** (engl.: "eigenvalue") "λ", wenn die folgende Gleichung von dem Spalten-Vektor "$\vec{w}$" und der Zahl "λ" erfüllt wird:

$$\mathbf{M}\vec{w} = \lambda * \vec{w}$$

  Ein Eigenvektor "$\vec{w}$" von "**M**" ist demnach so beschaffen, dass sämtliche Komponenten dieses Vektors – durch die Matrizen-Multiplikation mit "**M**" – mit derselben Zahl "λ" multipliziert werden.

Die Hauptachsen-Methode

Um die beiden Matrizen "V" und "$\triangle$" angeben zu können, muss das neue orthogonale Bezugssystem – als Ergebnis der **Hauptachsen-Methode** (engl.: "principal
component method") – bestimmt werden. Bei der Durchführung dieses Verfahrens
ist – im Hinblick auf die Aussagekraft der durch eine Faktorenanalyse erhaltenen
Ergebnisse – die folgende Forderung zu beachten:

- Um genügend viel an Variation zugrunde legen zu können, sollten grundsätzlich mindestens *dreimal* so viele Merkmalsträger in die Faktorenanalyse
  einbezogen werden, wie Merkmale durch Faktoren zu erklären sind.

Zum Beispiel lässt sich das Ergebnis der Hauptachsen-Methode – auf der Basis
von sechs Merkmalsträgern – für den Fall zweier (standardisierter) Merkmale
"Z_1" und "Z_2" durch die folgende Abbildung veranschaulichen:

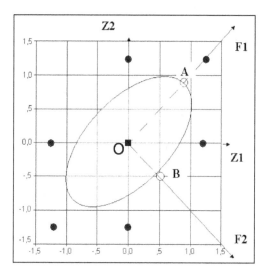

Abbildung 14.15: Beispiel für ein Ergebnis der Hauptachsen-Methode

Durch die 6 ausgefüllten kleinen Kreise sind die Werte von 6 Merkmalsträgern
– in Form von 6 Datenpunkten – in dem durch "Z_1" und "Z_2" bestimmten
Koordinatensystem gekennzeichnet, dessen Nullpunkt "O" durch das ausgefüllte
Rechteck beschrieben wird. Als Ergebnis der Mathematik ist zur Kenntnis zu
nehmen, dass die in der Abbildung eingezeichnete Ellipse aus allen denjenigen
Punkten besteht, deren zugehörige Koordinaten die folgende Ungleichung erfüllen:

$$\overrightarrow{y}^T \mathbf{R}^{-1} \overrightarrow{y} \leq 1$$

Dabei kennzeichnet die Matrix "$\mathbf{R}^{-1}$" die Inverse der Korrelations-Matrix "$\mathbf{R}$"
und "$\overrightarrow{y}$" den Spalten-Vektor, dessen Werte mit den Koordinaten derjenigen Punkte
übereinstimmen, die Bestandteil der Ellipse sind.

Die Form der Ellipse wird durch ihre *Hauptachsen* bestimmt. Die Richtung dieser Hauptachsen ist durch die Eigenvektoren der Matrix "R" festgelegt, und die Länge dieser Hauptachsen wird durch die zu den Eigenvektoren zugehörigen Eigenwerte bestimmt. Dabei ist die halbe Länge einer Hauptachse gleich der Quadratwurzel aus dem zugehörigen Eigenwert.

Die erste (zweite) Hauptachse ist somit die verdoppelte Strecke vom Nullpunkt "O" bis zum Punkt "A" ("B"). Ihre Richtung wird durch den ersten (zweiten) Eigenvektor "F_1" ("F_2") der Matrix "R" bestimmt. Die Länge von "F_1" ("F_2") ist gleich dem zu "F_1" ("F_2") zugehörigen Eigenwert. Die Quadratwurzel aus diesem Eigenwert gibt die Länge der Strecke vom Nullpunkt "O" bis "A" ("B") an.

Ausgehend von dem orthogonalen Bezugssystem, das aus "Z_1" und "Z_2" gebildet wird, ist durch die Ellipse ein neues orthogonales Bezugssystem festgelegt worden, das aus den beiden Faktoren "F_1" und "F_2" besteht.

Um die einzelnen Faktoren als Grundlage eines neuen orthogonalen Bezugssytems konstruieren zu können, ist der folgende Sachverhalt zu beachten:

- Für eine beliebige durch den Nullpunkt laufende Gerade lässt sich von sämtlichen *Datenpunkten*, die die einzelnen Merkmalsträger repräsentieren und deren Koordinaten im alten Bezugssystem durch die Werte der standardisierten Merkmale gekennzeichnet sind, ein *Lot* auf diese Gerade fällen. Anschließend kann für die auf dieser Geraden liegenden *Lotpunkte* die zugehörige Varianz ermittelt werden.

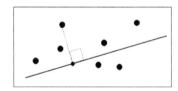

Abbildung 14.16: Bestimmung des Lotpunktes eines Datenpunktes

- Von allen Geraden, die durch den Nullpunkt laufen, lässt sich diejenige Gerade bestimmen, für die die *Varianz* der zugehörigen Lotpunkte *maximal* ist. Diese Varianz-Maximierung stellt das Grundprinzip der Hauptachsen-Methode dar.

Das derart beschriebene Vorgehen wird im Hinblick auf die Zielsetzung der Informationskomprimierung schrittweise praktiziert.

In einem 1. Schritt wird diejenige Gerade – als 1. Achse des neuen Bezugssystems – festgelegt, durch die die Varianz der zugehörigen Lotpunkte maximiert wird.

In einem 2. Schritt werden alle Geraden betrachtet, die durch den Nullpunkt laufen und die zu der im 1. Schritt festgelegten Geraden *senkrecht* sind. Für jede dieser Geraden wird die Varianz der Lotpunkte, die aus den Datenpunkten durch die Lotbildung entstehen, berechnet und diejenige Gerade – als 2. Achse des neuen Bezugssystems – ermittelt, für die die Varianz ihrer Lotpunkte maximal ist.

In jedem weiteren Schritt werden stets die Geraden betrachtet, die durch den Null-punkt laufen und die zu *sämtlichen* bereits in das neue Bezugssystem einbezogenen Geraden *senkrecht* sind. Es wird diejenige Gerade als nächste Achse in das neue Bezugssystem einbezogen, für die die *Varianz* ihrer Lotpunkte *maximal* ist.

Im Hinblick auf dieses Vorgehen ist der folgende Sachverhalt aus der Mathematik zur Kenntnis zu nehmen:

- Die Richtungen der Geraden, durch die das neue orthogonale Bezugssystem aufgebaut wird, ist durch diejenigen Punkte festgelegt, deren Koordinaten durch die Komponenten der *Eigenvektoren* der Korrelations-Matrix "**R**" be-stimmt sind.

  Dabei wird die 1. Achse des neuen Bezugssystems durch den 1. Eigenvektor gekennzeichnet, die 2. Achse des neuen Bezugssystems durch den 2. Eigen-vektor, usw.

- Der 1. *Eigenvektor* der Matrix "**R**" besitzt unter allen Eigenvektoren dieser Matrix den *größten* Eigenwert.

  Der nächst kleinere Eigenwert gehört zu demjenigen Eigenvektor von "**R**", der als 2. Eigenvektor dieser Matrix ermittelt wird.

  Der hierzu wiederum nächst kleinere Eigenwert gehört zu demjenigen Ei-genvektor, der als 3. Eigenvektor der Matrix "**R**" ermittelt wird, usw.

Eigenschaften der Faktorladungen

Sind die Eigenvektoren und die zugehörigen Eigenwerte der Korrelations-Matrix "**R**" nach der Hauptachsen-Methode ermittelt worden, so sind die Matrizen "**V**" und "$\triangle$" wie folgt aufzubauen:

Die Matrix "**V**" enthält in der 1. Spalte die Komponenten des 1. Eigenvektors, in der 2. Spalte die Komponenten des 2. Eigenvektors, usw.

Entsprechend erfolgt der Aufbau der Diagonal-Matrix "$\triangle$":

Als 1. Komponente der Hauptdiagonalen von "$\triangle$" – gekennzeichnet durch den Zei-lenindex "1" sowie den Spaltenindex "1" – wird der zum 1. Eigenvektor zugehörige Eigenwert verwendet, als 2. Komponente der Hauptdiagonalen – gekennzeichnet durch den Zeilenindex "2" sowie den Spaltenindex "2" – der zum 2. Eigenvektor zugehörige Eigenwert, usw.

Nachdem die Matrizen "**V**" und "$\triangle$" in dieser Weise festgelegt sind, lässt sich die Komponenten-Matrix "**A**" – wie oben angegeben – in Form eines Matrix-Produktes wie folgt bestimmen:

$$\mathbf{A} = \mathbf{V} \triangle^{\frac{1}{2}}$$

Die Faktorladungen – als Werte von "**A**" – besitzen die folgenden Eigenschaften:

- Die *Faktorladung* "a_{jk}" beschreibt die *korrelative* Beziehung zwischen dem j. Merkmal ("j = 1,...,p") und dem k. Faktor ("k = 1,...,m") in Form des Produktmoment-Korrelationskoeffizienten.

- Die *Kommunalität* des j. Merkmals ("j = 1,...,p") errechnet sich durch die Werte der j. *Zeile* der Komponenten-Matrix, indem die folgende Summe der Faktorladungs-Quadrate gebildet wird:

$$\sum_{k=1}^{m} a_{jk}^2$$

- Der zum k. Eigenvektor ("k = 1,...,m") zugehörige Eigenwert "λ_k" errechnet sich in der folgenden Form aus den Werten der k. *Spalte* der Komponenten-Matrix:

$$\lambda_k = \sum_{j=1}^{p} a_{jk}^2$$

Dieser Eigenwert kennzeichnet den Anteil an der Gesamtvarianz aller standardisierten Merkmale, der vom k. Faktor erklärt wird.

Beispiel für ein Hauptkomponenten-Modell

In dem innerhalb der Abbildung 14.12 angegebenen Effektdiagramm wurde die These, dass sich die drei Merkmale "Schulleistung", "Begabung" und "Lehrerurteil" als Indikatoren des Konstrukts "Leistungsfähigkeit" und die drei Merkmale "Englisch", "Deutsch" und "Mathe" als Indikatoren des Konstrukts "Belastung" auffassen lassen, in Form eines Hauptachsen-Modells formuliert.

Sofern unterstellt wird, dass die Varianzen der sechs Merkmale vollständig durch die beiden gemeinsamen Faktoren aufgeklärt werden (die Kommunalitäten sind sämtlich gleich "1"), lässt sich das zuvor angegebene Modell in die folgende Form eines Hauptkomponenten-Modells umwandeln:

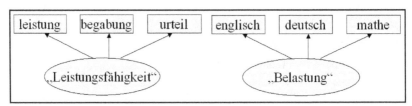

Abbildung 14.17: Beispiel für ein Hauptkomponenten-Modell

Durch dieses Modell werden zwei Faktoren postuliert, die die Varianz der sechs Merkmale gemeinsam erklären. Ob die Anzahl der im Modell aufgeführten Faktoren und die Angabe der dargestellten Effekte sich allerdings als sinnvoll erweist, ist eine zum jetzigen Zeitpunkt offene Frage.

- Erst durch die Durchführung der Hauptachsen-Methode wird es entsprechende Hinweise geben, ob der abgebildete Modell-Ansatz als sinnvoll angesehen werden kann.

Die Korrelations-Matrix "**R**", die aus den paarweise ermittelten Korrelationen der Merkmale "Schulleistung", "Begabung", "Lehrerurteil", "Englisch", "Deutsch" und "Mathe" besteht, besitzt die folgende Form:

Korrelationsmatrix

		LEISTUNG	BEGABUNG	URTEIL	ENGLISCH	DEUTSCH	MATHE
Korrelation	LEISTUNG	1,000	,468	,593	,056	,062	,070
	BEGABUNG	,468	1,000	,493	-,099	-,042	-,030
	URTEIL	,593	,493	1,000	,001	,024	,014
	ENGLISCH	,056	-,099	,001	1,000	,886	,889
	DEUTSCH	,062	-,042	,024	,886	1,000	,984
	MATHE	,070	-,030	,014	,889	,984	1,000

Abbildung 14.18: Korrelations-Matrix

Durch den Einsatz der Hauptachsen-Methode lassen sich für diese Matrix sechs Eigenvektoren und die zugehörigen Eigenwerte ermitteln, aus denen – in der oben angegebenen Form – die Komponenten-Matrix mit den Faktorladungen bestimmt werden kann.

14.2.4 Die Extraktion von Faktoren

Eine wesentliche Zielsetzung der Faktorenanalyse besteht grundsätzlich darin, einen Erklärungsansatz für ein möglichst **sparsames Modell** zu liefern. Daher wird auf der Basis des durch die Hauptachsen-Methode ermittelten neuen Bezugs-systems versucht, mit möglichst wenigen gemeinsamen Faktoren für die Varianz-Erklärung auszukommen. Hierbei ist zu beachten, dass jedes standardisierte Merk-mal die Varianz "1" besitzt, sodass die insgesamt aufzuklärende Varianz mit der Anzahl der in das Modell einbezogenen Merkmale übereinstimmt.

In diesem Zusammenhang stellt sich das Problem der **Faktoren-Extraktion**, bei dem die folgende Frage zu beantworten ist:

- Mit wie vielen Faktoren kann der wesentliche Anteil der insgesamt für die standardisierten Merkmale vorliegenden Gesamt-Varianz hinreichend gut er-klärt werden?

Um festzulegen, wie viele Faktoren extrahiert werden sollen, kann man eine *Mindest-Varianz-Erklärung* in Form eines Wertes von z.B. "0,8" vorgeben.

- Durch die **Mindest-Varianz-Erklärung** wird ein Grenzwert in Form einer Prozentzahl festgelegt. Auf dieser Grundlage wird die *Mindestanzahl* von Faktoren mit den jeweils größten Eigenwerten in das Modell einbezogen, für die der folgende Sachverhalt zutrifft:
  Der vorgegebene Grenzwert wird durch den Quotienten, der aus der Summe der Eigenwerte und der Gesamt-Varianz gebildet wird, für diese Faktoren erreicht oder überschritten.

Um auf der Basis einer vorgegebenen Mindest-Varianz-Erklärung eine Entschei-dung über eine sinnvolle Anzahl zu extrahierender Faktoren treffen zu können, ist eine Tabelle hilfreich, in der die Eigenwerte und die durch sie bewirkte Varianz-Erklärung aufgeführt sind. Für das Beispiel ergibt sich die folgenden Tabelle:

Erklärte Gesamtvarianz

Komponente	Anfängliche Eigenwerte			Summen von quadrierten Faktorladungen für Extraktion		
	Gesamt	% der Varianz	Kumulierte %	Gesamt	% der Varianz	Kumulierte %
1	2,850	47,496	47,496	2,850	47,496	47,496
2	2,038	33,961	81,457	2,038	33,961	81,457
3	,552	9,199	90,657			
4	,405	6,750	97,407			
5	,140	2,331	99,738			
6	,016	,262	100,000			

Extraktionsmethode: Hauptkomponentenanalyse.

Abbildung 14.19: Tabelle mit den Eigenwerten

Es ist erkennbar, dass – bei einer vorgegebenen Mindest-Varianz-Erklärung von "0,8" – zwei Faktoren zur Varianz-Erklärung ausreichen. Diese auf der Grundlage der Mindest-Varianz-Erklärung getroffene Entscheidung für zwei Faktoren deckt sich in der vorliegenden Situation mit derjenigen Entscheidung, die auf der Basis des folgenden **Kaiser-Kriteriums** für die Faktoren-Extraktion zu fällen ist:

- Es werden nur diejenigen Faktoren in das Modell einbezogen, deren Eigenwert nicht kleiner als "1" ist. Dies geschieht, weil eine erklärende Größe mindestens so viel an Varianz aufklären muss, wie eine zu erklärende Größe an Varianz besitzt.

Als weiteres Kriterium für die Extraktion kann der **Scree-Test** verwendet werden:

- Hierbei ist ein **Scree-Plot** zu untersuchen, bei dem jeder Eigenwert durch einen Punkt beschrieben wird, dessen x-Koordinate die Ordnungsnummer des Eigenwertes und dessen y-Koordinate die Größe des zugehörigen Eigenwertes kennzeichnet. Jeweils ausgehend vom größten und vom kleinsten Eigenwert werden in diesem Scree-Plot zwei Strahlen (Linien) – in Form von zwei "Ellbögen" – eingetragen, sodass die Eigenwerte durch jeden der beiden Strahlen hinreichend gut angenähert sind. Alle Faktoren mit Eigenwerten, die oberhalb des "Ellbogen-Knicks", d.h. des Schnittpunkts der beiden "Ellbögen", angeordnet sind, werden in das Modell einbezogen.

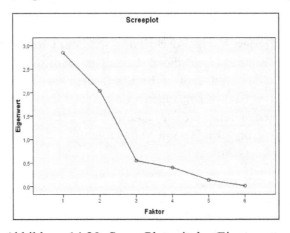

Abbildung 14.20: Scree-Plot mit den Eigenwerten

Im Rahmen des aktuell diskutierten Beispiels wird der in der Abbildung 14.20 dargestellte Scree-Plot erhalten. Es ist unmittelbar erkennbar, dass durch diesen Scree-Test ebenfalls die Entscheidung gestützt wird, zwei Faktoren zu extrahieren.

Nachdem die Anzahl der zu extrahierenden Faktoren festgelegt ist, lässt sich die Komponenten-Matrix – durch den Einsatz der Hauptachsen-Methode – ermitteln.

Da 2 Faktoren zu extrahieren sind, muss es sich bei der Komponenten-Matrix um eine "6x2"-Matrix handeln. Die zugehörigen Faktorladungen können der folgenden Tabelle entnommen werden:

Komponentenmatrix[a]

	Komponente	
	1	2
LEISTUNG	,097	,835
BEGABUNG	-,055	,785
URTEIL	,037	,849
ENGLISCH	,949	-,049
DEUTSCH	,983	-,014
MATHE	,984	-,010

Extraktionsmethode: Hauptkomponentenanalyse.

a. 2 Komponenten extrahiert

Abbildung 14.21: Komponenten-Matrix mit den Faktorladungen

Da die ersten drei Werte innerhalb der ersten Spalte und die letzten drei Werte innerhalb der zweiten Spalte vergleichsweise sehr klein sind, ist eine Aussage darüber möglich, wie der Beitrag der einzelnen Faktoren im Hinblick auf die Varianz-Erklärung der Merkmale zu bewerten ist.

Grundsätzlich ist nach der Faktoren-Extraktion zu prüfen, ob eine Strukturierung der Merkmale in Form von bestimmten Gruppierungen erkennbar ist. Als besonders vorteilhaft ist der Sachverhalt anzusehen, wenn sich das Resultat der Faktorenanalyse als *Einfachstruktur* darstellt.

- Eine **Einfachstruktur** (engl.: "simple structure") liegt dann vor, wenn jeder Faktor als spezifischer Faktor für eine Gruppe von Merkmalen angesehen werden kann. Dies ist dann der Fall, wenn sämtliche Merkmale dieser Gruppe auf diesem Faktor *hoch laden*, d.h. die Absolutbeträge der Faktorladungen dieses Faktors im Hinblick auf die betreffenden Merkmale relativ groß sind. Durch die damit belegte hohe korrelative Beziehung der Merkmale zu diesem Faktor wird im günstigsten Fall eine inhaltlich orientierte Erklärung für die Merkmale dieser Gruppe ermöglicht, sodass der Faktor als erklärender Faktor dieser Merkmale angesehen werden kann.

In der vorliegenden Situation liegt eine Einfachstruktur vor, da die Merkmale "Schulleistung", "Begabung" und "Lehrerurteil" sämtlich hoch auf dem 2. Faktor und die drei Merkmale "Englisch", "Deutsch" und "Mathe" sämtlich hoch auf dem 1. Faktor laden.

Vergleicht man dieses Ergebnis der Faktorenanalyse mit dem oben postulierten Hauptkomponenten-Modell, so lässt sich feststellen, dass der in diesem Modell formulierte Tatbestand als Ergebnis der Informationskomprimierung erhalten wurde. Dabei kann der 2. Faktor als Erscheinungsbild des Konstrukts "Leistungsfähigkeit" und der 1. Faktor als Erscheinungsbild des Konstrukts "Belastung" angesehen werden. Das Resultat der Faktorenanalyse stützt somit die These, die durch das innerhalb der Abbildung 14.17 dargestellte Effektdiagramm gekennzeichnet wurde.

Dabei muss noch einmal hervorgehoben werden, dass der durchgeführte Ansatz auf der Annahme beruhte, dass die Kommunalitäten aller 6 Merkmale sämtlich den Wert "1" besitzen. Als wie gut diese Annahme angesehen werden kann, zeigt der Inhalt der folgenden Tabelle, in der die Kommunalitäten aller Merkmale – auf der Grundlage von 2 extrahierten Faktoren – eingetragen sind:

Kommunalitäten

	Anfänglich	Extraktion
LEISTUNG	1,000	,707
BEGABUNG	1,000	,620
URTEIL	1,000	,723
ENGLISCH	1,000	,904
DEUTSCH	1,000	,967
MATHE	1,000	,968

Extraktionsmethode: Hauptkomponentenanalyse.

Abbildung 14.22: Tabelle mit den Kommunalitäten

SPSS: Die zuvor angegebenen Tabellen und der Scree-Plot lassen sich durch den folgenden FACTOR-Befehl anfordern:

```
FACTOR VARIABLES = leistung begabung urteil englisch deutsch mathe
     /PRINT=INITIAL CORRELATION EXTRACTION/PLOT=EIGEN
     /ROTATION=NOROTATE.
```

Es ist zu beachten, dass die Variablen *automatisch* standardisiert werden.

Sollen die aus der Durchführung der Faktorenanalyse resultierenden Faktorwerte für nachfolgende Datenanalysen zur Verfügung stehen, so müssen sie Bestandteil der Daten-Tabelle werden. Dazu ist der FACTOR-Befehl wie folgt durch den Unterbefehl SAVE zu ergänzen:

```
FACTOR VARIABLES = leistung begabung urteil englisch deutsch mathe
     /PRINT=INITIAL CORRELATION EXTRACTION/PLOT=EIGEN
     /ROTATION=NOROTATE/SAVE=DEFAULT(ALL).
```

14.2.5   Rotation zur Einfachstruktur

Nicht immer führt die Extraktion von Faktoren zu derart eindeutigen Zuordnungen von Merkmalen zu Faktoren, wie es im oben dargestellten Fall geschehen ist.

Werden z.B. die Werte der 3 Merkmale X, Y und Z auf der Basis von 9 Merkmalsträgern mit den Ausprägungen (0,1,1), (0,2,2), (1,0,1), (2,0,3), (-1,0,2), (-2,0,1), (0,-1,3), (0,-2,1) und (3,3,2) einer Faktorenanalyse unterzogen, so ergibt sich das folgende Resultat:

Erklärte Gesamtvarianz

Komponente	Anfängliche Eigenwerte			Summen von quadrierten Faktorladungen für Extraktion		
	Gesamt	% der Varianz	Kumulierte %	Gesamt	% der Varianz	Kumulierte %
1	1,610	53,665	53,665	1,610	53,665	53,665
2	,935	31,153	84,818	,935	31,153	84,818
3	,455	15,182	100,000			

Extraktionsmethode: Hauptkomponentenanalyse.

Abbildung 14.23: Grundlage für die Auswahl der Faktorenzahl

Die nach dem Kaiser-Kriterium empfohlene 1-Faktor-Lösung erscheint nicht sinnvoll, da nur 53,7% der Varianz durch diesen Faktor aufgeklärt wird. Da unter Einbeziehung eines 2. Faktors insgesamt 84,8% der Varianz erklärt wird und zudem der 2. Eigenwert "0,935" im Hinblick auf den Kriteriumswert "1" als grenzwertig anzusehen ist, sollten 2 Faktoren extrahiert werden. Die Zielsetzung einer 2-Faktor-Lösung führt zur folgenden Komponenten-Matrix:

Komponentenmatrix[a]

	Komponente	
	1	2
X	,871	-,022
Y	,700	-,613
Z	,600	,747

Extraktionsmethode: Hauptkomponentenanalyse.
a. 2 Komponenten extrahiert

Abbildung 14.24: Komponenten-Matrix der 2-Faktor-Lösung

SPSS: Diese Tabelle lässt sich für die Variablen X, Y und Z wie folgt anfordern:

```
FACTOR VARIABLES = x y z/CRITERIA=FACTORS(2)/ROTATION=NOROTATE.
```

Da sowohl Y als auch Z relativ hoch und fast gleichmäßig stark auf beiden Faktoren laden, liegt *keine* Einfachstruktur vor.

Um sich den vorliegenden Sachverhalt grafisch zu veranschaulichen, können die 3 Merkmale als Punkte in einem 2-dimensionalen Raum dargestellt werden, der durch die beiden orthonormalen Faktoren festgelegt ist. Da X durch die Koordinaten "(0,871 , -0,022)", Y durch die Koordinaten "(0,7 , -0,613)" und Z durch die Koordinaten "(0,6 , 0,747)" repräsentiert werden, ergibt sich die innerhalb der Abbildung 14.25 dargestellte Grafik, die **Komponentendiagramm** (*Faktor-Ladungs-Diagramm*) genannt wird.

Es liegt nahe, dass sich die individuelle Zuordnung der Merkmale zu den beiden Faktoren wesentlich verbessern ließe, wenn man ein Koordinatensystem in der durch die Pfeile gekennzeichneten Form zugrunde legen könnte. Dazu müsste das ursprüngliche Koordinatensystem so gedreht werden, dass es mit dem durch die beiden Pfeile gekennzeichneten System, das ebenfalls ein orthogonales Bezugssystem darstellt, übereinstimmt.

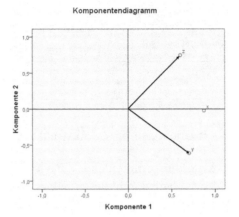

Abbildung 14.25: Komponentendiagramm der 2-Faktor-Lösung

SPSS: Diese Grafik lässt sich – mit dem Unterbefehl "PLOT=ROTATION" – wie folgt abrufen:
```
FACTOR VARIABLES = x y z/CRITERIA=FACTORS(2)
     /PLOT=ROTATION/ROTATION=NOROTATE.
```

Soll ein derartiger Wechsel des orthogonalen Bezugssystems vorgenommen werden, weil die Faktoren-Extraktion zu keiner Einfachstruktur führt, spricht man von einer **Rotation zur Einfachstruktur.**

Hinsichtlich einer derartigen Zielsetzung ist folgender Sachverhalt von Bedeutung:

- Die durch die Hauptachsen-Methode ermittelte Komponenten-Matrix "**A**" stellt *nicht* die einzige Lösung eines Hauptkomponenten-Modells dar.

Um dies einzusehen, ist zu beachten, dass die Komponenten-Matrix "**A**", die in der Form

$$\mathbf{A} = \mathbf{V} \triangle^{\frac{1}{2}}$$

ermittelt wird, einer Matrix-Multiplikation mit einer geeigneten mxm-Matrix "**O**" in der Form "**AO**" unterzogen werden kann.

- Handelt es sich bei der mxm-Matrix "**O**" um eine **orthogonale Transformations-Matrix**, so lässt sich die mxm-Einheits-Matrix "**E**" wie folgt erzeugen:
$$\mathbf{O}^T \mathbf{O} = \mathbf{O} \mathbf{O}^T = \mathbf{E}$$

Wird die Komponenten-Matrix "**A**" mit einer orthogonalen Transformations-Matrix "**O**" in der Form "**AO**" multipliziert, so erfüllt die resultierende Matrix das Fundamentaltheorem der Faktorenanalyse. Dies bedeutet, dass die Korrelations-Matrix "**R**" sich in Form des Matrizen-Produktes von "**AO**" mit der transponierten Matrix "$(\mathbf{AO})^T$" reproduzieren lässt. Es gilt nämlich die folgende Gleichung:

$$\mathbf{AO}(\mathbf{AO})^T = \mathbf{AOO}^T \mathbf{A}^T = \mathbf{A}(\mathbf{OO}^T)\mathbf{A}^T = \mathbf{AEA}^T = \mathbf{AA}^T = \mathbf{R}$$

Demzufolge lässt sich aus einer Komponenten-Matrix "A" eine weitere Komponenten-Matrix dadurch erzeugen, dass durch den Einsatz einer *orthogonalen Transformations-Matrix* "O" das Matrizen-Produkt "AO" gebildet wird. Hierdurch wird ein Wechsel des durch "A" festgelegten orthogonalen Bezugssystems vorgenommen, indem eine *orthogonale Rotation* mittels der *orthogonalen Transformations-Matrix* "O" durchgeführt wird.

Bei einer **orthogonalen Rotation** handelt es sich um eine Drehung des orthogonalen Bezugssystems, bei der die gegenseitige Stellung der Achsen nicht verändert wird. Dabei sind Richtungsänderungen einzelner Faktoren, die sich in Form von Spiegelungen erreichen lassen, bei der Erzeugung des neuen Bezugssystems zulässig. Grundsätzlich gilt:

- Im Hinblick auf die durch eine Faktoren-Extraktion ermittelten Faktoren hat eine *orthogonale Rotation* die folgende Eigenschaft:
  Der Anteil der durch die Faktoren *insgesamt* erklärten Varianz ändert sich *nicht*. Allein die Beiträge, die einzelne Faktoren zur Varianzerklärung leisten, können erhöht bzw. verringert werden.

Die Zielsetzung einer orthogonalen Rotation besteht daher darin, das orthogonale Bezugssystem derart zu ändern, dass nach der Rotation eine Einfachstruktur vorliegt. Es muss folglich versucht werden, eine in dieser Hinsicht geeignete *orthogonale Transformations-Matrix* einzusetzen.

Standardmäßig wird für die Rotation zur Einfachstruktur ein Iterationsverfahren verwendet, bei dem schrittweise eine Annäherung an eine Einfachstruktur bzw. eine Verbesserung einer Einfachstruktur versucht wird. Bei diesem Verfahren wird das **Varimax-Kriterium** zur Bestimmung der einzelnen Iterationsschritte eingesetzt. Dabei wird durch eine nach diesem Kriterium bestimmte *orthogonale Transformations-Matrix* eine Rotation durchgeführt, durch die die Anzahl der Merkmale, die durch einen einzelnen Faktor erklärt werden, weitmöglichst verringert wird. Dies bedeutet im allgemeinen, dass hohe Faktorladungen weiter erhöht und niedrige Ladungen noch geringer werden.

Im Rahmen des oben angegebenen Beispiels wird als Ergebnis einer – gemäß dem Varimax-Kriterium – durchgeführten orthogonalen Rotation die folgende *rotierte Komponenten*-Matrix erhalten:

Rotierte Komponentenmatrix[a]

	Komponente	
	1	2
X	,711	,505
Y	,928	-,071
Z	,033	,958

Extraktionsmethode: Hauptkomponentenanalyse.
Rotationsmethode: Varimax mit Kaiser-Normalisierung.
a. Die Rotation ist in 3 Iterationen konvergiert.

Abbildung 14.26: Komponenten-Matrix der 2-Faktor-Lösung nach Rotation

SPSS: Diese Anzeige lässt sich – unter Einsatz des Unterbefehls "ROTATION=VARIMAX" – wie folgt abrufen:

```
FACTOR VARIABLES = x y z/CRITERIA=FACTORS(2)
     /PLOT=ROTATION/ROTATION=VARIMAX.
```

Da jetzt Y und Z extrem hoch auf dem 1. Faktor bzw. 2. Faktor laden und eine Zuordnung von X zum 1. Faktor vertretbar ist, kann vom Vorliegen einer Einfachstruktur gesprochen werden. Dieser Sachverhalt wird durch das folgende Komponentendiagramm verdeutlicht, durch das die oben formulierte Zielsetzung realisiert wird:

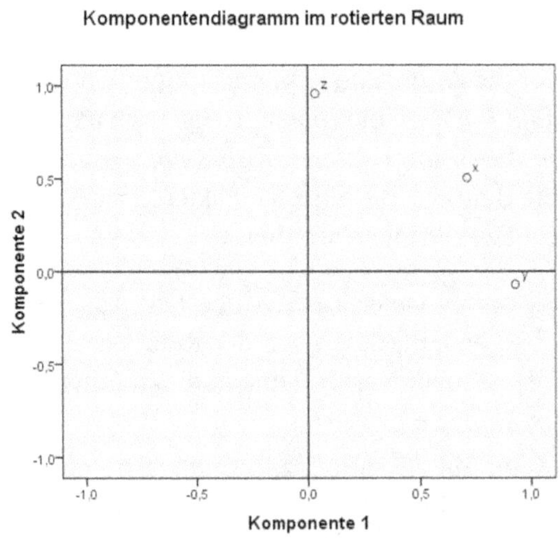

Abbildung 14.27: Komponentendiagramm der 2-Faktor-Lösung nach Rotation

SPSS: Diese Anzeige lässt sich durch den folgenden FACTOR-Befehl anfordern, sofern zusätzlich die Faktorwerte im Anschluss an die Faktorenanalyse in die Daten-Tabelle eingetragen werden sollen:

```
FACTOR VARIABLES = x y z/CRITERIA=FACTORS(2)
     /PLOT=ROTATION/ROTATION=VARIMAX
     /SAVE=DEFAULT(ALL).
```

14.2.6   Schiefwinklige Rotation

In Situationen, in denen mittels einer orthogonalen Rotation keine Einfachstruktur erhalten werden kann, lässt sich noch ein anderer Ansatz verfolgen. Dabei wird versucht, anstelle eines orthogonalen Bezugssystems ein schiefwinkliges Bezugssystem zugrunde zu legen. Dies bedeutet, dass die Achsen nicht mehr paarweise orthogonal sein müssen, sondern beliebige Winkel miteinander bilden können.

Zur Beurteilung der Lösung, die aus der Durchführung einer **schiefwinkligen Rotation** (engl.: "oblique rotation") resultiert, wird nicht mehr – wie im Fall der orthogonalen Rotation – nur eine Matrix in Form der *rotierten Komponenten-Matrix* ermittelt, sondern es resultieren die drei folgenden Matrizen:

- die *Mustermatrix* (Faktorgefüge-Matrix), die die Faktorladungen enthält,

- die *Strukturmatrix* (Variablen-Faktoren-Korrelationsmatrix) mit den Korrelationen zwischen den Variablen und den Faktoren, und

- die *Komponenten-Korrelationsmatrix* (Faktor-Korrelationsmatrix), die die Korrelationen zwischen den Faktoren beschreibt.

Für den Fall der orthogonalen Rotation entsprechen die Mustermatrix und die Strukturmatrix der Komponenten-Matrix (Faktorladungs-Matrix) und durch die Komponenten-Korrelationsmatrix wird der Sachverhalt beschrieben, dass die Faktoren, d.h. die Achsen des Bezugssystems, paarweise orthogonal sind.

Grundlage der Beurteilung, ob eine Einfachstruktur vorliegt, ist bei der schiefwinkligen Rotation die *Mustermatrix*. Durch sie wird beschrieben, wie sich die standardisierten Merkmale als Linearkombinationen der schiefwinklig rotierten Faktoren darstellen lassen. Da die Komponenten der Mustermatrix festlegen, welche Merkmale auf welchen Faktoren hoch laden, lässt sich der Grad der Einfachstruktur zur Beurteilung der Modellgüte ablesen.

Im Rahmen des oben angegebenen Beispiels konnte eine Einfachstruktur bereits durch die Ausführung einer orthogonalen Rotation erreicht werden. Wird anstelle dieser Rotation eine schiefwinklige Rotation durchgeführt, so wird die folgende Mustermatrix als Ergebnis angezeigt:

Mustermatrix[a]

	Komponente	
	1	2
X	,678	,433
Y	,948	-,175
Z	-,049	,967

Extraktionsmethode: Hauptkomponentenanalyse.
Rotationsmethode: Oblimin mit Kaiser-Normalisierung.
a. Die Rotation ist in 7 Iterationen konvergiert.

Abbildung 14.28: Mustermatrix nach schiefwinkliger Rotation

SPSS: Dieses Ergebnis lässt sich über den folgenden FACTOR-Befehl anfordern, sofern zusätzlich die Faktorwerte im Anschluss an die Faktorenanalyse in die Daten-Tabelle eingetragen werden sollen:

```
FACTOR VARIABLES = x y z/CRITERIA=FACTORS(2)/ROTATION=OBLIMIN
    /SAVE=DEFAULT(ALL).
```

Zusammenfassung und Ausblick

Insgesamt lassen sich die Arbeitsschritte, die bei einer Faktorenanalyse – auf der Basis eines Hauptkomponenten-Modells – durchzuführen sind, wie folgt skizzieren:

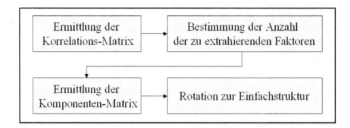

Abbildung 14.29: Arbeitsschritte beim Hauptkomponenten-Modell

Sofern bereits bei der unrotierten Komponenten-Matrix eine Einfachstruktur festgestellt werden kann, ist der Arbeitsschritt "Rotation zur Einfachstruktur" natürlich entbehrlich.

Falls der Einfluss von Einzelrestfaktoren zu berücksichtigen ist und daher für die Kommunalitäten nicht sämtlich der Wert "1" unterstellt werden kann, muss – anstelle des Hauptkomponenten-Modells – das *Hauptachsen-Modell* zugrunde gelegt werden. In diesem Fall kann bei der Durchführung einer Faktorenanalyse *nicht* von der Korrelations-Matrix ausgegangen werden. Vielmehr muss in einer derartigen Situation eine **reduzierte Korrelations-Matrix** (engl.: "reduced correlation matrix") betrachtet werden.

Diese Matrix weicht von der Korrelations-Matrix dadurch ab, dass sie innerhalb der Hauptdiagonalen nicht sämtlich den Wert "1", sondern die jeweils zugehörigen Kommunalitäten enthält. Da diese Kommunalitäten nicht bekannt sind, werden sie – schrittweise – durch ein *iteratives* Verfahren geschätzt. Als Ausgangswerte lassen sich die multiplen Determinationskoeffizienten verwenden, die aus der Regression jedes einzelnen Merkmals auf die jeweils restlichen Merkmale – bei der Durchführung einer *Multiplen Regression* – erhalten werden.

Anschließend wird die zugehörige Komponenten-Matrix berechnet, aus deren Werten sich die Kommunalitäten ermitteln lassen, sodass die daraus resultierende reduzierte Korrelations-Matrix wiederum den Ausgangspunkt für die Bestimmung der zugehörigen Komponenten-Matrix darstellt. Dieses Verfahren wird solange iterativ durchgeführt, bis sich die berechneten Kommunalitäten nicht wesentlich von denjenigen Kommunalitäten unterscheiden, die im direkt vorausgegangenen Iterations-Schritt ermittelt wurden.

Die bei der zuletzt durchgeführten Iteration erhaltene Komponenten-Matrix stellt die gesuchte Matrix mit den Faktorladungen dar, sodass die Prüfung der Einfachstruktur und gegebenenfalls daran anschließend eine Rotation durchgeführt werden kann.

SPSS: Soll eine Faktorenanalyse zur Extraktion von 2 Faktoren auf der Basis des Hauptachsen-Modells durchgeführt werden, so muss diese Datenanalyse im Rahmen des oben angegebenen Beispiels mittels des folgenden FACTOR-Befehls angefordert werden:

```
FACTOR VARIABLES = x y z/CRITERIA = FACTORS(2)
     /EXTRACTION PAF
     /ROTATION=NOROTATE.
```

KAPITEL 15

ZUFALLSSTICHPROBEN

Totalerhebung

Gegenstand der bisherigen Erörterungen waren Daten, die an 250 ausgewählten Schülern einer Schule erhoben und unter Einsatz von Verfahren der beschreibenden Statistik ausgewertet wurden. Die bislang *explorativ* (erkundend) gehaltene Untersuchungsform gab – auf der Basis der 250 ausgefüllten Fragebögen – einen Einblick in die Verteilungen und in die statistischen Beziehungen der betrachteten Merkmale. Will man genaue Kenntnis über die Gesamtheit *aller* Schüler (der betrachteten Schule) erhalten, so ist eine **Totalerhebung** (Vollerhebung) erforderlich. Dies bedeutet, dass sämtliche Schüler einer Schule den Fragebogen ausfüllen müssten. Eine derartige Gesamtuntersuchung ist normalerweise problematisch – sei es, dass sie zu teuer oder zu zeitaufwendig ist. Ferner kann ein derartiges Anliegen manchmal auch deswegen nicht durchgeführt werden, weil sich organisatorisch nicht absichern lässt, dass alle Fragen – zu einem bestimmten Zeitpunkt bzw. innerhalb eines festgelegten Zeitintervalls – von allen Befragten gleichzeitig beantwortet werden können.

Repräsentativität einer Auswahl

Als Lösung dieser Problematik lässt sich eine **Teilerhebung** durchführen, indem Merkmalsträger aus der Gesamtheit *ausgewählt* und Daten an diesen ausgewählten Merkmalsträgern erhoben werden. Diese *Auswahl* geschieht in der Absicht, dass man so grundlegende Einsichten in die Eigenschaften der Gesamtheit erhält. Da man keine Totalerhebung durchführt, muss man Abweichungen zwischen der Situation in der Auswahl und der vollständigen Gesamtheit in Kauf nehmen. Die entscheidende Frage dabei ist, ob sich durch eine besondere Form der Auswahl erreichen lässt, dass die Abweichungen möglichst gering ausfallen. Sofern man mit einer gewissen Zuversicht davon ausgehen kann, dass die Auswahl die tatsächliche Situation in der Gesamtheit **repräsentativ** widerspiegelt, nimmt man gewisse, nicht bedeutungsvolle Abweichungen von der Realität in Kauf – spart man doch Kosten und Zeit.

Hinweis: Was nützt eine Totalerhebung, die aufgrund von sehr vielen Daten erst dann Antworten auf gestellte Fragen liefert, wenn diese schon nicht mehr benötigt werden, weil sich die Sachlage geändert hat und daher die Daten überholt sind!

Entscheidend bei einer Auswahl ist somit ihre Repräsentativität. Sicherlich sind z.B. die Hausbesitzer keine repräsentative Auswahl der Bürger einer Gemeinde. Ebenso wenig handelt es sich z.B. bei den Autobesitzern um eine repräsentative Auswahl, die die Gesamtheit aller Führerscheininhaber zwischen den Altersstufen 18 und 25 widerspiegelt. Somit stellt sich die folgende Frage:

- Wie muss eine Auswahl erfolgen, sodass sie möglichst repräsentativ ist und aus den Beobachtungen an dieser Auswahl auf die Situation in der Gesamtheit verlässlich *hochgerechnet* werden kann?

Daran schließt sich notwendigerweise die Frage an:

- *Wie* erfolgt dieser Schluss vom Teil auf das Ganze?

Die Gesamtheit der Methoden, die zur Lösung dieser Fragen eingesetzt werden können, wird als **schließende Statistik** (engl.: "inferential statistics") bezeichnet. Für diesen Bereich der statistischen Verfahren sind z.B. auch die Begriffe "beurteilende Statistik", "konfirmatorische Statistik", "Inferenzstatistik" sowie "induktive Statistik" gebräuchlich.

Grundgesamtheit und Stichprobe

Die Basis für eine Auswahl ist eine **Grundgesamtheit** (Population, engl.: "population"). Dies ist die Menge *aller* Objekte (Merkmalsträger), über die Aussagen gemacht werden sollen – wie z.B. die Gesamtheit aller Schüler einer bestimmten Schule zu einem bestimmten Zeitpunkt. Grundgesamtheiten müssen so gekennzeichnet sein, dass sich ihre Mitglieder durch charakteristische Eigenschaften exakt beschreiben lassen – wie z.B. durch Angaben zum Ort und zur Zeit.

Hinweis: Wenn Grundgesamtheiten nicht durch zeitlich bzw. regional beschränkte Bedingungen festgelegt sind, dürfen – dies ist der Standpunkt der Frankfurter Statistik-Schule – die klassischen Verfahren der schließenden Statistik *nicht* eingesetzt werden.

Erfolgt eine Auswahl aus der Grundgesamtheit, so wird die Gesamtheit der ausgewählten Merkmalsträger als **Stichprobe** (engl.: "sample") bezeichnet.
Die Mitglieder einer Stichprobe nennt man **Stichprobenelemente** (engl.: "member of the sample"). Sind "n" Stichprobenelemente vorhanden, so spricht man von "einer Stichprobe vom **Umfang n**" bzw. vom Stichprobenumfang "n" (engl.: "sample size").

Um mit Hilfe der Methoden der *schließenden Statistik* von einer Stichprobe auf die Eigenschaften der Grundgesamtheit hochrechnen zu können, muss die Stichprobe die beiden folgenden Voraussetzungen erfüllen:

- sie muss eine *Zufallsauswahl* darstellen und

- es muss sich um eine *unabhängige* Zufallsauswahl handeln.

Zufallsauswahlen

Bei einem Auswahlverfahren spricht man dann von einer **Zufallsauswahl** (engl.: "random sample"), wenn ein Merkmalsträger der Grundgesamtheit nicht durch eine bewusst (gezielt) getroffene Entscheidung (also in Folge einer deterministischen Ursache), sondern als Ergebnis eines Zufallsprozesses **zufällig** ausgewählt wird.

Hinweis: Bei einer Zufallsauswahl ist darauf zu achten, dass das Auswahlprinzip weder direkt noch indirekt im Zusammenhang mit den Merkmalen steht, die untersucht werden sollen. Vor allen Dingen darf kein Auswahlverfahren eingesetzt werden, das Teile der Grundgesamtheit ausschließt.

Bei einem technischen Prozess wird dasjenige Objekt, das den Zufallsprozess durchführt, als "Zufalls-Generator" bezeichnet.

Beim Einsatz eines Computers kann ein "Pseudo-Zufalls-Generator" als Programmbaustein verwendet werden. In diesem Fall läuft ein vollständig deterministisch bestimmter Auswahlprozess ab, durch den sich "Pseudo-Zufallszahlen" ermitteln lassen, die ersatzweise als "Zufallszahlen" verwendet werden können (siehe unten).

Als Beispiel für einen Zufallsprozess ist das "**Würfeln**" mit den möglichen Ergebnissen "1", "2", "3", "4", "5" oder "6" zu nennen. Es wird allgemein akzeptiert, dass jedes dieser Resultate zufällig zustande kommen kann, sofern der Würfel fair ist. Gleichfalls werden "Wappen" oder "Zahl" als Ergebnis eines Münzwurfs mit einer fairen Münze als zufälliger Ausgang des Zufallsprozesses "**Münzwurf**" angesehen. Auch das einmalige Ziehen einer Kugel aus einer Wahlurne, in die mehrere Kugeln zuvor eingefüllt und vor dem Ziehen gut durchgemischt wurden, wird als zufälliges Ergebnis eines Zufallsprozesses akzeptiert.

Von einer **unabhängigen** Zufallsauswahl (engl.: "independent random sample") wird dann gesprochen, wenn die folgenden Eigenschaften erfüllt sind:

- Die Auswahl eines Objekts der Grundgesamtheit ist *unbeeinflusst* von den bereits zuvor ermittelten Mitgliedern der Stichprobe. Jedes Objekt der Grundgesamtheit muss die **gleiche** Chance haben, in die Stichprobe aufgenommen zu werden. Durch den Auswahlvorgang darf sich die Chance, ausgewählt zu werden, nicht erhöhen bzw. erniedrigen.

Neben einer *unabhängigen* Zufallsauswahl gibt es weitere Erhebungsformen, mit denen man versuchen kann, sich einen Einblick in eine Grundgesamtheit zu verschaffen. Von besonderer Bedeutung sind dabei die folgenden Techniken, von denen – bis auf das Verfahren der Quotenauswahl – die Kriterien einer Zufallsauswahl erfüllt werden:

- **Geschichtete Stichprobe** (engl.: "stratified sample"): Eine geschichtete Stichprobe wird dadurch aufgebaut, dass die Grundgesamtheit nach bestimmten Kriterien in homogene Teilgesamtheiten – die sog. *Schichten* – gegliedert wird und eine Zufallsauswahl aus den einzelnen Schichten erfolgt.

- **Klumpenstichprobe** (engl.: "cluster sample"): Eine Klumpenstichprobe wird dadurch erhalten, dass die Grundgesamtheit nach bestimmten Kriterien in Teilgesamtheiten – die sog. *Klumpen* – gegliedert wird und aus diesen Klumpen einzelne Klumpen zufällig ausgewählt werden, deren Mitglieder insgesamt in die Stichprobe übernommen werden.

- **Mehrstufige Stichprobe** (engl.: "multistage sample"): Eine derartige Stichprobe wird dadurch ermittelt, dass die Grundgesamtheit in Teilgesamtheiten und diese wiederum – unter Umständen mehrfach – jeweils in weitere Teilgesamtheiten unterteilt werden, sodass eine Reihe von Zufallsauswahlen hintereinandergeschaltet werden. Dabei erfolgt zunächst – schrittweise – eine Zufallsauswahl von Teilgesamtheiten, sodass aus den zuletzt ausgewählten Teilgesamtheiten letztendlich die Mitglieder der Stichprobe zufällig ausgewählt werden.

- **Quotenauswahl** (engl.: "quota sample"): Eine Quotenauswahl wird dadurch aufgebaut, dass deren Mitglieder aus der Grundgesamtheit – gemäß vorgegebener Anteile bestimmter Merkmalsausprägungen – mehr oder minder zufällig zusammengestellt werden.

- **Systematische Stichprobe** (engl.: "systematic sample"): Eine systematische Stichprobe wird dadurch erhalten, dass deren Mitglieder nach einer vorgegebenen Regel, innerhalb der ein Zufallsprozess eine Rolle spielt, ermittelt werden.

Das Auswahlmodell "Ziehen ohne Zurücklegen"

Die Ermittlung der 6 Gewinnzahlen beim Zahlenlotto ist zwar eine Zufallsauswahl, jedoch – genaugenommen – *keine* unabhängige Zufallsauswahl. Dies liegt daran, dass ein "**Ziehen ohne Zurücklegen**" erfolgt, d.h. eine gezogene Kugel wird der Wahlurne entnommen und nicht wieder zurückgelegt.

Bei der Entnahme der 1. Kugel ändert sich die Auswahlchance von ursprünglich "1:48" auf "1:47", bei der Entnahme der 2. Kugel von "1:47" auf "1:46", usw. Es stellt sich die Frage, ob diese geringfügige Chancenänderung so gravierend ist, dass das Ideal einer *unabhängigen* Zufallsstichprobe entscheidend beeinträchtigt wird.

Hinweis: Die Zufallsauswahl, mit der die Ziehung der Lottozahlen durchgeführt wird, besitzt grundsätzlich die folgenden Eigenschaften:
Es besteht Chancengleichheit für alle möglichen ermittelbaren Kombinationen von 6 Zahlen zwischen "1" und "49". Dies bedeutet, dass die Chance für eine konkrete Ziehung von 6 Zahlen gleich der Chance dafür ist, durch eine Ziehung eine beliebige andere mögliche Kombination aus 6 Zahlen zu erhalten.
Nach jeder Ziehung einer Zahl besitzen die restlichen bislang noch nicht gezogenen Zahlen dieselbe Chance, beim nächsten Ziehungsschritt gezogen zu werden.

Im Hinblick auf die zuvor gestellte Frage lässt sich das jeweilige Vorgehen bei der Zufallsauswahl mit der Größe der jeweils vorliegenden *Auswahlquote* begründen.

- Unter der **Auswahlquote** wird das Verhältnis aus der Anzahl der Stichprobenelemente zur Anzahl derjenigen Objekte verstanden, aus denen die Grundgesamtheit gebildet wird.

  Zieht man aus einer Grundgesamtheit von "N" Objekten eine Zufallsauswahl, die aus "n" Mitgliedern besteht, so ist die Auswahlquote folglich gleich "$\frac{n}{N} * 100\%$".

Es besteht die Konvention, dass man bei einer *Auswahlquote*, für die die Beziehung

- $\frac{n}{N} * 100\% \leq 10\%$

gilt, das **"Ziehen ohne Zurücklegen"** – trotz theoretischer Einwände – als *zulässigen* Rahmen dafür ansehen kann, dass die resultierende Zufallsauswahl sich näherungsweise als *unabhängige* Zufallsauswahl auffassen lässt.

Hinweis: Für den Fall, dass *keine* unabhängige Zufallsauswahl vorliegt, lassen sich – in Abhängigkeit von der jeweiligen Fragestellung – gegebenenfalls statistische Verfahren einsetzen, für die die Voraussetzung der "Unabhängigkeit" nicht erfüllt sein muss. Derartige Verfahren sind nicht Gegenstand dieses Buches.

Das Auswahlmodell "Ziehen mit Zurücklegen"

In dem Fall, in dem für die Auswahlquote die Ungleichung

- $\frac{n}{N} * 100\% > 10\%$

erfüllt wird, sollte das **"Ziehen mit Zurücklegen"** als Auswahlverfahren eingesetzt werden.

Bei diesem Verfahren kann man in dem Fall, in dem die Mitglieder der Grundgesamtheit nummerierbar sind, z.B. in der folgenden Form vorgehen:
Jedem Objekt der Grundgesamtheit wird eine Nummer zugeordnet und diese Nummer auf einen Zettel eingetragen. Nachdem sämtliche Zettel in einer Wahlurne gesammelt und durchgemischt worden sind, wird mit dem Ziehen begonnen. Nach der Ziehung wird die ermittelte Nummer notiert und der Zettel anschließend wieder in die Wahlurne zurückgelegt. Danach wird wiederum gemischt und erneut gezogen. Durch das "Mischen" und "Ziehen" ist der *Zufallseinfluss* gesichert. Da jeder gezogene Zettel wieder in die Wahlurne zurückgelegt wird, ist die *Unabhängigkeit* der Auswahl gewahrt.

Beim "Ziehen *mit* Zurücklegen" kann es vorkommen, dass ein bereits gezogener Zettel zu einem späteren Zeitpunkt erneut der Wahlurne entnommen wird. In diesem Fall wird das betreffende Objekt mehrfach in die Stichprobe aufgenommen.

Hinweis: Für eine Auswahl ist es besonders ungünstig, wenn die Grundgesamtheit nicht unmittelbar nummerierbar ist (z.B. "Untersuchung des Sauerstoffgehalts eines Flusses"). In diesem Fall muss man versuchen, eine modellartige Beschreibung vorzunehmen, sodass ein Zufallsprozess eine Auswahl möglich macht (z.B. zufällige Bestimmung der Ortskoordinaten und der Wassertiefe).

Zufallsstichprobe

Fortan wird eine *unabhängige Zufallsauswahl* aus einer Grundgesamtheit als **Zufallsstichprobe** (engl. "simple random sample") bezeichnet. Alternativ wird auch von einer *einfachen* bzw. einer *uneingeschränkten* Zufallsauswahl gesprochen.

Um eine Grundgesamtheit durch eine Auswahl ihrer Mitglieder bestmöglich widerzuspiegeln, zieht man eine Zufallsstichprobe. Eine derartige Zufallsstichprobe stellt normalerweise kein exaktes Abbild der Grundgesamtheit dar. Dies erklärt sich daraus, dass die Verteilung eines Merkmals, die auf zufallsbedingt ausgewählten Stichprobenelementen basiert, sich in geringem oder auch größerem Ausmaß von derjenigen Verteilung unterscheiden kann, die das Merkmal innerhalb der Grundgesamtheit besitzt.

- Derartige Fehler, mit denen Zufallsstichproben notgedrungen behaftet sind, werden **Stichprobenfehler** (engl.: "sampling error") genannt.

Zum Beispiel ist bei einer Grundgesamtheit, die aus 50% Schülern und 50% Schülerinnen besteht, nicht zu erwarten, dass in einer Zufallsstichprobe die Geschlechterrelation exakt dem Zustand in der Grundgesamtheit entspricht.

Um Stichprobenfehler klein zu halten, muss der Umfang einer Stichprobe dann relativ groß sein, wenn die Grundgesamtheit bezüglich des bzw. der zu betrachtenden Merkmale *heterogen* ist. Bei einer *homogenen* Grundgesamtheit kommt man dagegen mit relativ kleinen Stichprobenumfängen aus.

Grundsätzlich wird man bemüht sein, die Stichprobe so groß zu wählen, dass tragfähige Entscheidungen bei der Hochrechnung getroffen werden können. So wird man z.B. zum Nachweis, dass beträchtliche Unterschiede vorliegen, mit kleinen Stichproben auskommen können, während man zum Nachweis geringer Unterschiede auf große Stichproben zurückgreifen wird.

Ziehung einer Zufallsstichprobe

Für das Folgende wird vorausgesetzt, dass die 250 Schüler und Schülerinnen die Grundgesamtheit darstellen. Aus dieser Grundgesamtheit soll eine Zufallsauswahl von 10% gezogen werden. Durch dieses Beispiel erhält man eine Einschätzung darüber, wie sich ein Sachverhalt, der für die Grundgesamtheit bekannt ist, innerhalb einer Zufallsstichprobe widerspiegeln kann.

Um eine Zufallsauswahl von 10%, d.h. vom Umfang "25", durchführen zu können, werden 25 zufällig ausgewählte Zahlen zwischen "1" und "250" benötigt. Diese Zahlen lassen sich als Identifikationsnummern der Fragebögen interpretieren, sodass die zugehörigen Schüler und Schülerinnen die gesuchte Zufallsstichprobe darstellen.

Wie oben beschrieben lässt sich die gewünschte Zufallsstichprobe durch das Modell einer Wahlurne – unter Einsatz der Technik "Ziehen *ohne* Zurücklegen" –

ermitteln. Damit nicht 250 Zettel zu nummerieren sind und der aufwendige Ziehungsvorgang mit einer Wahlurne durchgeführt werden muss, kann man sich die folgende Frage stellen:

"Lässt sich anstelle des Wahlurnenmodells ein anderes Modell einsetzen, in dem die Auswahl z.B. durch einen Münzwurf simuliert werden kann?"

Um diese Frage beantworten zu können, wird exemplarisch die Darstellung der Zahl "161" betrachtet:

- im Dezimalsystem, in dem die Zehnerpotenzen die Basis der Zahlendarstellung bilden, gilt:

$$161 = 1 * 10^2 + 6 * 10^1 + 1 * 10^0$$

- im Dualsystem, in dem die Zweierpotenzen die Basis der Zahlendarstellung bilden, gilt:

$$161 = 1 * 128 + 0 * 64 + 1 * 32 + 0 * 16 + 0 * 8 + 0 * 4 + 0 * 2 + 1 * 1$$
$$= 1 * 2^7 + 0 * 2^6 + 1 * 2^5 + 0 * 2^4 + 0 * 2^3 + 0 * 2^2 + 0 * 2^1 + 1 * 2^0$$

Man kann erkennen, dass sich im Dualsystem alle Zahlen zwischen "0" und "255" in der folgenden Form darstellen lassen, sofern die Faktoren "i_1" bis "i_8" die Werte "0" oder "1" annehmen:

- $i_1 * 128 + i_2 * 64 + i_3 * 32 + i_4 * 16 + i_5 * 8 + i_6 * 4 + i_7 * 2 + i_8 * 1$

Eine zufällig ausgewählte Zahl zwischen "0" und "255" ist somit dann erzeugt, wenn eine Münze 8-mal geworfen wird, und wenn das Ergebnis des 1. Wurfs sich im Faktor "i_1" niederschlägt, das Ergebnis des 2. Wurfs im Faktor "i_2", usw. Dabei muss vereinbart werden, dass beim Ausgang "Zahl" der Faktor "i_j" z.B. den Wert "0" und beim Ausgang "Wappen" der Faktor "i_j" den Wert "1" annehmen soll.

Als Beispiel für einen achtmal hintereinander durchgeführten Münzwurf könnte sich somit z.B. die folgende Situation ergeben:

Zahl	Wappen	Wappen	Zahl	Zahl	Zahl	Wappen	Zahl
0	1	1	0	0	0	1	0

ermittelte Zahl: 64 + 32 + 2 = 98

Abbildung 15.1: Ergebnisse eines Münzwurfs

Liegt die errechnete Zahl nicht zwischen "1" und "250", so ist das Ergebnis wertlos! Der Münzwurf ist solange zu wiederholen, bis insgesamt 25 Stichprobenelemente ermittelt sind!

Hinweis: Es ist zu beachten, dass doppelt auftretende Zahlen beim "Ziehen *ohne* Zurücklegen" zu ignorieren sind. Dagegen muss beim "Ziehen *mit* Zurücklegen" in der Situation, in der man doppelte Zahlen ermittelt, das jeweilige Stichprobenelement mit entsprechender Häufigkeit in die Stichprobe einbezogen werden.

Zufallszahlen-Tafel

Um nicht Zahlen in dieser aufwendigen Form eigenständig generieren zu müssen, kann man auf das Ergebnis einer unabhängigen Zufallsauswahl von Zahlen zurückgreifen, die **Zufallszahlen** (engl.: "random numbers") genannt werden und innerhalb einer **Zufallszahlen-Tafel** zusammengefasst sind.

Im Hinblick auf die im Anhang A.6 angegebene Zufallszahlen-Tafel mit fünfziffrigen Zufallszahlen kann man sich z.B. vorstellen, dass jede Ziffer jeder 5-ziffrigen Zahl dadurch ermittelt wurde, dass eine "Ziehung *mit* Zurücklegen" aus einer Wahlurne erfolgt ist, in der 10 Kugeln mit den Ziffern von "0" bis "9" enthalten waren.

Hinweis: Alternativ kann man sich vorstellen, dass jede dieser Ziffern durch einen nach dem oben angegebenen Verfahren arbeitenden Zufallsprozess erhalten wurde, bei dem durch einen jeweils vierfachen Münzwurf eine der Ziffern von "0" bis "9" ermittelt worden ist.
Diejenige Einrichtung, die die Zufallszahlen durch einen Zufallsprozess ermittelt, wird als *"Zufallszahlen-Generator"* bezeichnet.

Um z.B. 25 Zufallszahlen zwischen "1" und "250" zu bestimmen, kann man wie folgt vorgehen (siehe die Tabelle im Anhang A.6):

- Die 1. Zahl bestimmt man folgendermaßen:
  Man "denke sich" eine Zahl (genaugenommen ist diese Zahl durch einen Zufallsprozess festzulegen) zwischen "1" und "100" als Zeilenzahl (z.B. "14") und einen Buchstaben zwischen "A" und "J" als Spaltenkennung (z.B. "C"). Anschließend entnehme man aus der Tabelle diejenige Zahl, die durch dieses Paar (in diesem Fall: "(14,C)") gekennzeichnet ist ("19108"). Aus dieser Zahl lese man die ersten drei Ziffern ab ("191").

  Hinweis: Alternativ könnte man auch die drei letzten Ziffern oder aber die 1., die 2. und die 4. Ziffer zum Aufbau der gewünschten Nummer aus der Tafel ablesen.

- Die 2. Zahl wird erhalten, indem die nächstfolgende Zahl (z.B. "nach unten") aus der Tabelle entnommen wird ("06644") und bei ihr ebenfalls die ersten drei Ziffern ausgewählt werden ("066").

- Die nächsten Zahlen entnimmt man entsprechend (bis der vorgegebene Stichprobenumfang erreicht ist), wobei jede Zahl, die größer als die größte für ein Element der Grundgesamtheit vergebene Zahl bzw. gleich einer bereits zuvor ermittelten Zahl ist, weggelassen werden muss.

Führt man dies am Beispiel aus, so erhält man die folgenden Zahlen als erste Zahlen (die eingeklammerten Zahlen werden nicht übernommen): "191", "066", ("314"), ("912"), "110", "121", ..., "173", "134", ("497"), ("980"), "160", ...

Zufallszahlen-basierte Auswahl mit dem IBM SPSS Statistics-System

Will man die ermittelten Zufallszahlen für die Auswahl der Fälle einer Daten-Tabelle verwenden, so kann man z.B. – auf der Basis der erhaltenen Werte aus der Zufallszahlen-Tafel und unter Einsatz der die einzelnen Fälle kennzeichnenden Variablen "idnr" – den SELECT IF-Befehl wie folgt einsetzen:

```
SELECT IF (idnr=191 OR idnr=66  OR idnr=110 OR ...
                   OR idnr=173 OR idnr=134 OR ... ).
```

Soll die Auswahl temporär, d.h. allein für die unmittelbar nachfolgende Daten-analyse gelten, so muss der TEMPORARY-Befehl dem SELECT IF-Befehl in der folgenden Form vorangestellt werden:

```
TEMPORARY.
SELECT IF (idnr=191 OR idnr=66  OR idnr=110 OR ...
                   OR idnr=173 OR idnr=134 OR ... ).
```

Es besteht nicht nur die Möglichkeit, die Auswahl aus der Daten-Tabelle durch das Prinzip "Ziehen *ohne* Zurücklegen" durchzuführen.
Sofern das Auswahlprinzip "Ziehen *mit* Zurücklegen" umgesetzt werden soll, ist wie folgt zu verfahren, sofern z.B. die Zahl "66" zweimal ermittelt wurde:

```
SELECT IF (idnr=191 OR idnr=66  OR idnr=110 OR ...
                   OR idnr=173 OR idnr=134 OR ... ).
COMPUTE gewicht=1.
IF (idnr=66) gewicht=2.
WEIGHT BY gewicht.
```

Durch den COMPUTE-Befehl wird die Variable "gewicht" innerhalb der Daten-Tabelle aufgebaut und jedem Fall der Wert "1" – als Gewichtungsfaktor – zugeord-net. Durch den nachfolgenden IF-Befehl erhält der Fall mit der Kennung "66" für die Variable "gewicht" den Wert "2" – als neuen Gewichtungsfaktor – zugewiesen. Der WEIGHT-Befehl legt fest, dass der Fall mit der Kennung "66" in zweifacher Ausfertigung in nachfolgenden Datenanalysen einbezogen wird.

Ermittlung von Zufallszahlen durch das IBM SPSS Statistics-System

Will man Zufallszahlen nicht mechanisch (durch Münzwurf bzw. Würfelwurf) und auch nicht aus einer Zufallszahlen-Tafel ermitteln, so kann man alternativ z.B. den Pseudo-Zufallszahlen-Generator des IBM SPSS Statistics-Systems einsetzen. Da-durch wird ein Rechenprozess, der durch eine mathematische Theorie festgelegt ist, aktiviert, bei dem die Arbeit eines Zufallszahlen-Generators – im Rahmen der Methode "Ziehen *mit* Zurücklegen" – simuliert wird.

Durch den COMPUTE-Befehl (für den Platzhalter "n" ist eine Zahl einzusetzen)

```
COMPUTE var = UNIFORM(n).
```

wird die Variable "var" innerhalb der Daten-Tabelle eingerichtet, und für jeden Fall der Daten-Tabelle wird – gemäß dem IBM SPSS Statistics-Funktionsaufruf "UNIFORM(n)" – eine Zufallszahl aus dem offenen Intervall von "0" bis "n" erzeugt, die der Variablen "var" als Variablenwert zugewiesen wird.

So lässt sich z.B. durch den Aufruf der IBM SPSS Statistics-Funktion "UNIFORM" in der Form "UNIFORM(250)" eine (nicht ganzzahlige) Zufallszahl zwischen "0" und "250" – ohne Einschluss von "0" und "250" – ermitteln. Als mögliche Ergebnisse werden – bei wiederholtem Aufruf – etwa die folgenden Zahlen erhalten: "151,01", "0,01", "249,98" usw. Aus diesen Dezimalzahlen kann man den ganzzahligen Anteil ermitteln, indem man den Nachkommastellenanteil abschneidet. Dazu lässt sich die IBM SPSS Statistics-Funktion "TRUNC" einsetzen, sodass durch die beiden folgenden Befehle für jeden Fall eine ganzzahlige Zufallszahl zwischen "1" und "250" erzeugt und der Variablen "var" zugewiesen wird:

```
COMPUTE var = UNIFORM(250) + 1.
COMPUTE var = TRUNC(var).
```

Insgesamt kann man durch das folgende IBM SPSS Statistics-Programm automatisch Zufallszahlen abrufen (es werden vorsorglich 30 Zufallszahlen ermittelt, sodass bei Gleichheit von zwei Zahlen die ersten 25 unterschiedlichen Zahlen verwendet werden können):

```
INPUT PROGRAM.
LOOP #ZAEHLER = 1 TO 30.
    COMPUTE var=UNIFORM(250) + 1.
    COMPUTE var=TRUNC(var).
    END CASE.
END LOOP.
END FILE.
END INPUT PROGRAM.
LIST VARIABLE=var.
```

Die INPUT PROGRAM- und END INPUT PROGRAM-Befehle umrahmen die Befehle zum Daten-Tabellen-Aufbau. Mittels der LOOP- und END LOOP-Befehle wird der Wiederholungsteil zum Aufbau der Datenzeilen festgelegt. Die Einrichtung einer einzelnen Datenzeile wird durch den END CASE-Befehl und die Einrichtung der gesamten Daten-Tabelle durch den END FILE-Befehl abgeschlossen.

Automatische Zufallsstichproben-Erzeugung mit IBM SPSS Statistics

Sind die Elemente der Grundgesamtheit als Fälle in der Daten-Tabelle gespeichert, so braucht man keine Zufallszahlen zu erzeugen, sondern kann den SAMPLE-Befehl – im Rahmen der Methode "Ziehen *ohne* Zurücklegen" – zur unmittelbaren Gewinnung einer Zufallsstichprobe einsetzen!

In derjenigen Situation, in der z.B. 25 Ziehungen aus einer Gesamtheit von 250 Fällen vorgenommen werden sollen, lässt sich der SAMPLE-Befehl – in Verbindung mit dem EXECUTE-Befehl zur sofortigen Durchführung der Stichproben-Auswahl – wie folgt verwenden:

```
SAMPLE 25 FROM 250.
EXECUTE.
```

Soll die Auswahl nicht dauerhaft (permanent) für sämtliche nachfolgenden Datenanalysen, sondern allein für die unmittelbar nachfolgende Analyse *temporär* wirksam sein, so muss dem SAMPLE-Befehl der TEMPORARY-Befehl wie folgt vorangestellt werden:

```
TEMPORARY.
SAMPLE 25 FROM 250.
```

Unmittelbar im Anschluss an den SAMPLE-Befehl muss in dieser Situation derjenige IBM SPSS Statistics-Befehl angegeben werden, durch den die jeweils gewünschte Analyse angefordert werden soll.

Bei der Ausführung des SAMPLE-Befehls werden intern 25 voneinander verschiedene Pseudo-Zufallszahlen durch den "Pseudo-Zufallszahlen-Generator" des IBM SPSS Statistics-Systems ermittelt. Diese Zahlen können als Reihenfolgenummern, die die Position der einzelnen Fälle innerhalb der Daten-Tabelle wiedergeben, interpretiert werden, sodass sich die zugehörigen Fälle für die nachfolgende(n) Analyse(n) auswählen lassen. Zum Beispiel kann mit den Befehlen

```
TEMPORARY.
SAMPLE 25 FROM 250.
CROSSTABS TABLES=geschl BY jahrgang
         /CELLS=COUNT COLUMN.
```

eine Auswahl von Merkmalsträgern getroffen werden, für die sich die Kontingenz-Tabelle mit den Merkmalen "Geschlecht" und "Jahrgangsstufe" – nach einer geeigneten Etikettierung – wie folgt darstellt:

Geschlecht * Jahrgangsstufe Kreuztabelle

			Jahrgangsstufe			
			11	12	13	Gesamt
Geschlecht	männlich	Anzahl	6	5	1	12
		% innerhalb von Jahrgangsstufe	54,5%	38,5%	100,0%	48,0%
	weiblich	Anzahl	5	8		13
		% innerhalb von Jahrgangsstufe	45,5%	61,5%		52,0%
Gesamt		Anzahl	11	13	1	25
		% innerhalb von Jahrgangsstufe	100,0%	100,0%	100,0%	100,0%

Abbildung 15.2: Kontingenz-Tabelle auf der Basis einer Zufallsstichprobe

Hinweis: Der Inhalt ändert sich, sofern man weitere Kontingenz-Tabellen mit den drei Befehlen – innerhalb desselben Dialogs mit dem IBM SPSS Statistics-System – anfordert.

Wird der SAMPLE-Befehl – nach der Bereitstellung einer zuvor gesicherten Daten-Tabelle (z.B. mittels des GET-Befehls) – zu Beginn des Dialogs mit dem IBM SPSS Statistics-System ausgeführt, so ist zu beachten, dass der "Pseudo-Zufallszahlen-Generator" dieses Systems immer mit demselben Startwert arbeitet.

Ausblick

Die innerhalb der Abbildung 15.2 vorgestellte Kontingenz-Tabelle zeigt, wie eine Zufallsauswahl durch Stichprobenfehler verzerrt sein kann. Obwohl in der Grundgesamtheit – wegen der Struktur des in Kapitel 1 angegebenen Erhebungsdesigns – eine statistische Unabhängigkeit zwischen den Merkmalen "Geschlecht" und "Jahrgangsstufe" vorliegt (dies ist durch die Daten der 250 Fragebögen abgesichert), spiegelt sich dieser Sachverhalt innerhalb der Zufallsstichprobe *nicht* wider.

Diese zunächst als betrüblich erscheinende Situation kann allerdings auch positiv bewertet werden:

In Anbetracht dessen, dass ein noch ungünstigeres Erscheinungsbild – in Form einer anderen Zufallsstichprobe vom Umfang "25" – vorliegen könnte, lässt sich das Ergebnis unter Umständen sogar noch als zufriedenstellend ansehen.

- An dieser Stelle muss noch einmal ausdrücklich darauf hingewiesen werden, dass der soeben vorgestellte Sachverhalt *einzig und allein* dazu dienen sollte, das Auftreten von Stichprobenfehlern zu verdeutlichen.
  Dies war allein deswegen möglich, weil die 250 Fragebögen als Grundgesamtheit angesehen wurden, über die sämtliche Informationen vorhanden sind.

Im Folgenden geht es zentral darum, Informationen – auf der Basis *einer einzigen* Zufallsstichprobe – über eine Grundgesamtheit zu erhalten, über die *keine* Kenntnis vorliegt. Auf dem Hintergrund des oben angegebenen Beispiels ist somit die folgende Frage von Interesse, sofern man den tatsächlichen Sachverhalt innerhalb der Grundgesamtheit *nicht* kennt:

- Wie ungünstig muss das Erscheinungsbild einer Zufallsstichprobe sein, damit man eine statistische Unabhängigkeit innerhalb der Grundgesamtheit mit Fug und Recht in Frage stellen kann?

Aus einer anderen Sichtweise lässt sich formulieren:

- Deutet das innerhalb der Zufallsstichprobe beobachtete Erscheinungsbild darauf hin, dass alles für eine bestehende statistische Unabhängigkeit innerhalb der Grundgesamtheit spricht?

Im folgenden Kapitel wird der *statistische Signifikanz-Test* als ein *objektiv* durchführbares, in jeder Einzelheit nachvollziehbares Verfahren vorgestellt, das sich als Hilfsmittel zur Beantwortung dieser Fragen einsetzen lässt.

KAPITEL 16

PRÜFUNG DER STATISTISCHEN BEZIEHUNG UND DER ANPASSUNG (χ^2-TEST)

16.1 Nullhypothesen und Alternativhypothesen

Gegenstand der nachfolgenden Erörterungen sind **statistische Aussagen**. Hierbei handelt es sich um Aussagen, die im Regelfall gelten, d.h. die einen tendenziell zutreffenden Sachverhalt ("statistischen Sachverhalt") beschreiben.

Ein Beispiel für eine *statistische Aussage* stellt die folgende Aussage dar: "Intelligenz ist zu 50% erblich." Dies besagt, dass die Unterschiedlichkeit der Merkmalsträger im Hinblick auf ihre Intelligenz zu etwa 50% durch den Faktor "Vererbung" erklärt wird. Hierbei handelt es sich nicht um eine Aussage über einzelne Individuen, sondern um eine Aussage über die *Gesamtheit* der Merkmalsträger.

Weitere Beispiele für statistische Aussagen sind etwa: "Enttäuschte Hoffnungen führen zur Gleichgültigkeit." oder auch: "Frauen und Männer sind gleichhäufig von verschiedenen Formen der Schizophrenie befallen."

Im Folgenden soll erläutert werden, wie sich mit Hilfe von Beobachtungen, die an einer Zufallsstichprobe erhoben wurden, eine statistische Aussage über eine Grundgesamtheit prüfen lässt. Dabei kann es allein darum gehen, ob eine derartige Aussage als **akzeptabel** angesehen werden kann. Es ist *nicht* möglich, eine Aussage über eine Grundgesamtheit mit dem Erscheinungsbild einer Zufallsstichprobe zu beweisen oder zu widerlegen.

Hinweis: Es ist zu beachten, dass mit "tendenziell zutreffenden Sachverhalten" keine *All-Aussagen* (z.B. "alle Schüler schalten ab") oder *Existenz-Aussagen* (z.B. "es gibt zumindest einen Schüler, der nicht abschaltet") gemeint sind, denn: Eine All-Aussage lässt sich stets durch ein Gegenbeispiel widerlegen (eine Bestätigung ist dagegen unmöglich, da immer nur die Information eines Teils der Grundgesamtheit zur Verfügung steht), während eine Existenz-Aussage durch einen positiven Befund an einer Stichprobe bestätigt werden kann (eine Widerlegung ist jedoch unmöglich, da die Tatsache, dass die aktuelle Stichprobe nicht als Gegenbeispiel dienen kann, offen lässt, ob es einen derartigen Schüler tatsächlich gibt).

Soll eine Aussage über eine Grundgesamtheit untersucht werden, so formuliert man sie als **Hypothese**. Sofern eine Aussage über psychologische Sachverhalte bzw. Beziehungen von psychologischen Sachverhalten gemacht wird, spricht man von einer *psychologischen* Hypothese. Aus ihr leitet man eine **statistische Hypothese**, d.h. eine Aussage über einen *statistischen* Sachverhalt ab. Diese Aussage wird **Arbeitshypothese** bzw. **Nullhypothese** (engl.: "null hypothesis") genannt.

Die jeweils zu untersuchende Nullhypothese wird in runde Klammern eingefasst und mit dem Symbol "H_0" eingeleitet bzw. mit diesem Symbol abkürzend gekennzeichnet.

Hinweis: Die *Arbeitshypothese* wird deswegen als *Nullhypothese* bezeichnet, weil in der Regel die Hypothese geprüft werden soll, dass *keine* Effekte, Wirkungen, Unterschiede oder Zusammenhänge vorliegen, d.h. dass die statistischen Maßzahlen, die derartige Sachverhalte beschreiben, den Wert "0" annehmen. Allerdings können in bestimmten Fällen auch andere Formen von Arbeitshypothesen geprüft werden.

Sofern z.B. vermutet wird, dass in der Grundgesamtheit aller Schüler und Schülerinnen der Jahrgangsstufen 11 bis 13 der Schüleranteil nicht vom Anteil der Schülerinnen abweicht, lässt sich hieraus die folgende Nullhypothese für eine statistische Prüfung ableiten:

- H_0(In der Grundgesamtheit aller Schüler und Schülerinnen der
    Jahrgangsstufen 11 bis 13 besteht kein statistischer Zusammenhang
    zwischen den Merkmalen "Geschlecht" und "Jahrgangsstufe".)

Deutet die Situation in einer Zufallsstichprobe *nicht* auf die Akzeptanz von H_0 hin, so wird man dazu neigen, deren gegensätzliche Aussage als akzeptabel anzusehen. Die gegensätzliche Aussage von H_0 wird **Alternativhypothese** (Gegenhypothese, engl.: "alternative hypothesis") genannt und mit dem Symbol "H_1" bezeichnet. Die zur Nullhypothese korrespondierende Alternativhypothese lautet in diesem Fall:

- H_1(Es liegt ein statistischer Zusammenhang zwischen den Merkmalen
    "Geschlecht" und "Jahrgangsstufe" vor.)

Bei der Nullhypothese und der Alternativhypothese handelt es sich um zwei einander ausschließende Hypothesen. Durch einen statistischen Test soll entschieden werden, ob die Nullhypothese oder die Alternativhypothese auf der Basis der vorliegenden Daten akzeptiert werden sollte.

Hypothese: Aussage über einen Sachverhalt in der Grundgesamtheit
            (z.B.: keine jahrgangsstufenspezifischen Unterschiede im Schüleranteil)

z.B.: H_0(statistische Unabhängigkeit) und H_1(statistischer Zusammenhang)

Abbildung 16.1: H_0 und H_1

Um eine Vermutung über eine statistische Beziehung in einer Grundgesamtheit zu diskutieren, wird untersucht, ob der an einer Zufallsstichprobe beobachtete Sachverhalt so gedeutet werden kann, dass er mit der Nullhypothese

- H_0(In der Grundgesamtheit besteht eine statistische Unabhängigkeit – und
    die bei der Stichprobe beobachtete Abweichung von der statistischen Unabhängigkeit ist rein zufällig, d.h. beruht allein auf Stichprobenfehlern.)

verträglich ist, oder ob die erhobenen Daten eher im Einklang mit der folgenden korrespondierenden Alternativhypothese stehen:

- H_1(In der Grundgesamtheit gibt es einen statistischen Zusammenhang – und die bei der Stichprobe beobachtete Abweichung von der statistischen Unabhängigkeit ist nicht als zufällig anzusehen.)

Bei diesen beiden statistischen Hypothesen handelt es sich um *Zusammenhangs-Hypothesen*, bei denen die Diskussion der statistischen Beziehung im Mittelpunkt des Interesses steht. Von einer anderen Art sind *Unterschieds-Hypothesen*, durch die eine Aussage über den Unterschied von Merkmalen im Hinblick auf deren Verteilungen oder spezielle Statistiken – wie z.B. deren Mitten – formuliert wird. Ein Beispiel für eine Unterschieds-Hypothese stellt die folgende Aussage dar: "Die neue Unterrichts-Methode ist besser als die alte Methode."

16.2 Prüfung der statistischen Beziehung mit einem χ^2-Test

Grundprinzip des Signifikanz-Tests

Im Folgenden soll ein nach **objektiven** Maßstäben durchführbares Verfahren vorgestellt werden, durch das sich eine Entscheidung darüber treffen lässt, ob die Aussage einer Nullhypothese im Einklang mit den Daten einer Zufallsstichprobe steht oder nicht. Eine positive Entscheidung basiert stets auf der Annahme, dass die der Nullhypothese H_0 widersprechende Situation in der Zufallsstichprobe allein auf **Stichprobenfehler** zurückzuführen ist, d.h. allein durch Zufallseinflüsse bei der Auswahl der Stichprobenelemente erklärbar ist.

Wird das Erscheinungsbild der Zufallsstichprobe jedoch als widersprüchlich zur Gültigkeit von H_0 aufgefasst (d.h. die Daten werden als "nicht im Einklang mit H_0" angesehen), so bedeutet dies: Die Abweichung von H_0 erscheint *nicht* allein durch Stichprobenfehler erklärbar – man sagt:

- "Die Abweichung ist *überzufällig*." oder

- "Die Abweichung ist *statistisch bedeutsam* (dies bedeutet *nicht*, dass sie auch inhaltlich bedeutsam ist)." oder

- "Die Abweichung ist (statistisch) *signifikant*."

Die Entscheidung darüber, ob H_0 akzeptabel oder H_1 akzeptabel ist, wird durch ein statistisches Testverfahren getroffen, das **Signifikanz-Test** (Hypothesen-Test, engl.: "test of hypotheses", "test of significance") genannt wird. Bei diesem Test wird ein **Inferenzschluss** (engl.: "rule of decision"), d.h. ein nach logischen Regeln vorgenommener Schluss von der Zufallsstichprobe auf die Grundgesamtheit, auf der Basis der folgenden Rahmenannahmen durchgeführt:

- H_0 ist gültig und

- es sind Daten für eine Zufallsstichprobe erhoben worden.

Da beim Inferenzschluss von den Daten der Zufallsstichprobe auf die Grundgesamtheit hochgerechnet wird, besteht die Gefahr eines **Fehlschlusses**. Dies bedeutet nicht, dass man bei der Durchführung des Inferenzschlusses einen Fehler macht, sondern dass – durch *korrektes* logisches Schließen – ein Ergebnis erhalten wird, das für die Grundgesamtheit *nicht* zutrifft.

Das jeweilige Risiko, mit dem man bereit ist, einen Fehlschluss in Kauf zu nehmen, muss **subjektiv** festgelegt und **vor** der Durchführung eines Signifikanz-Tests vorgegeben werden (siehe unten).

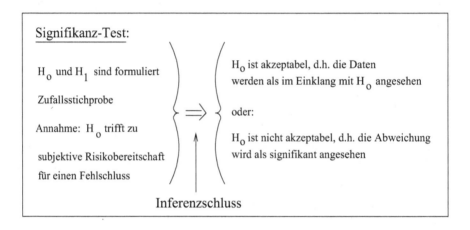

Abbildung 16.2: Grundprinzip des Signifikanz-Tests

Hinweis: Das Grundprinzip eines Signifikanz-Tests basiert auf einer Schlussweise der Logik, die "Modus Tollens" genannt wird. Dabei erscheint eine Aussage "p" (Prämisse) eines logischen Schlusses der Form "aus p folgt q" dann suspekt, falls die Aussage "q" (Konklusion) als nicht korrekt angesehen werden kann.

Soll z.B. die Aussage "$-\frac{1}{2} > -\frac{1}{4}$" auf ihre Korrektheit hin geprüft werden, so kann man zunächst von der Gültigkeit dieser Aussage ausgehen. Dies hat zur Konsequenz, dass aus dieser Aussage die Aussage "$-\frac{1}{2} + \frac{1}{4} > -\frac{1}{4} + \frac{1}{4}$" abgeleitet werden kann. Hieraus ergibt sich konsequenterweise die Gültigkeit der Aussage "$\frac{-2+1}{2} > 0$" und damit auch die Gültigkeit der Aussage "$-\frac{1}{4} > 0$". Diese Aussage ist nach dem Grundverständnis über die Ordnungsbeziehungen von Zahlen offensichtlich falsch! Da in der schrittweise durchgeführten Ableitung, die zu dieser falschen Aussage führte, nur zulässige Rechenoperationen ausgeführt wurden, muss die Aussage "$-\frac{1}{2} > -\frac{1}{4}$", von der ursprünglich ausgegangen wurde, nicht korrekt sein, was – bei näherem Hinsehen – auch offensichtlich ist.

Während es sich bei der Konklusion "$-\frac{1}{4} > 0$" in diesem Beispiel um keine korrekte Aussage handelt, wird bei einem Signifikanz-Test die im Rahmen des Inferenzschlusses zu diskutierende Konklusion allein dahingehend bewertet, ob sie – auf der Basis einer vorab vorgenommenen Risikoabwägung – als korrekt oder als nicht korrekt angesehen werden darf.

Um das **Grundprinzip** eines Signifikanz-Tests – an einem Beispiel – zu erläutern, soll die oben angegebene Hypothese, dass in jeder Jahrgangsstufe der Anteil der Schüler gleich dem Anteil der Schülerinnen ist, geprüft werden. Somit ist die Akzeptanz der Nullhypothese

- H_0("Geschlecht" und "Jahrgangsstufe" sind statistisch unabhängig.)

gegenüber der Akzeptanz der folgenden Alternativhypothese zu bewerten:

- H_1("Geschlecht" und "Jahrgangsstufe" sind statistisch abhängig.)

Dieses Beispiel wird aus *didaktischen* Gründen gewählt, weil hierdurch die verzerrende Wirkung von Stichprobenfehlern besonders deutlich wird. Wegen des Erhebungsdesigns ist für die Grundgesamtheit nämlich vorab *bekannt*, dass die Merkmale "Geschlecht" und "Jahrgangsstufe" voneinander statistisch unabhängig sind. Dabei ist zu beachten, dass die 250 Befragten als Grundgesamtheit angesehen werden, obwohl sie im Rahmen des durchgeführten Forschungsprojekts als Stichprobenelemente ermittelt wurden.

Teststatistik und Testwert

Als Statistik, mit der sich ein statistischer Zusammenhang zweier nominalskalierter Merkmale kennzeichnen lässt, ist der χ^2-Wert ("Chi-Quadrat-Wert") aus der *beschreibenden Statistik* bekannt (siehe Abschnitt 9.1). Um eine Aussage über die Art der statistischen Beziehung auf der Basis einer Stichprobe mitzuteilen, kann daher die folgende Zuordnung χ^2 betrachtet werden:

- χ^2 : Stichprobe ($\longrightarrow$ Kontingenz-Tabelle) $\longrightarrow$ χ^2-Wert

Eine Zuordnung, bei der Stichproben geeignete Zahlenwerte zugewiesen werden, nennt man eine **Stichprobenfunktion** (engl.: "statistic"). Eine Zahl, die einer konkreten Stichprobe zugeordnet wird, bezeichnet man als **Realisierung** der Stichprobenfunktion.

Im Folgenden soll die Stichprobenfunktion χ^2 eingesetzt werden, um einen Signifikanz-Test auf statistische Unabhängigkeit durchzuführen.

- Es gilt bekanntlich (siehe Abschnitt 9.1), dass "$\chi^2 = 0$" charakteristisch für den Sachverhalt der statistischen Unabhängigkeit ist und dass die Berechnung des χ^2-Werts – als Realisierung der Stichprobenfunktion χ^2 – für eine rxc-Kontingenz-Tabelle (mit "r" Zeilen und "c" Spalten) wie folgt festgelegt ist: $\sum_{\text{über alle Zellen}} \frac{(f_b - f_e)^2}{f_e}$

Dabei kennzeichnet "f_b" die absolute Häufigkeit innerhalb einer Zelle der Kontingenz-Tabelle und "f_e" die zugeordnete erwartete Häufigkeit in der korrespondierenden Indifferenz-Tabelle.

- Wenn eine Stichprobenfunktion bei einem Signifikanz-Test eingesetzt wird, nennt man sie eine **Teststatistik** (Prüfstatistik, engl.: "test statistic"). Ihre Realisierung, mit der der Inferenzschluss durchgeführt wird, heißt **Testwert** (Prüfwert, engl.: "test value").

  Hinweis: Stichprobenfunktionen und damit auch Teststatistiken sind Beispiele für "Zufallsgrößen", da deren Werte auf Zufallsstichproben basieren und demzufolge als Ergebnisse eines Zufallsprozesses ermittelt werden (siehe Anhang A.4).

Besteht die Zufallsstichprobe z.B. aus 50 Befragten, so kann man als Realisierung der Teststatistik χ^2 z.B. den χ^2-Wert "1,04895" als Testwert erhalten.

Signifikanz-Test:

Teststatistik: Zufallsstichprobe $\longrightarrow$ Zahlenwert als Testwert

z.B.: χ^2 : 50 Befragte $\longrightarrow$ Testwert (z.B.: der χ^2- Wert "1,04895")

Abbildung 16.3: Teststatistik und Testwert

Da die Teststatistik χ^2 zur Durchführung eines Signifikanz-Tests verwendet wird, nennt man diesen Signifikanz-Test, der 1900 vom Statistiker *Karl Pearson* entwickelt wurde, einen "χ^2-*Test*".

- Zur Prüfung der Nullhypothese, dass in einer Grundgesamtheit eine statistische Unabhängigkeit zwischen zwei nominalskalierten Merkmalen besteht, lässt sich ein χ^2-**Test** als Signifikanz-Test einsetzen. Zur Test-Entscheidung wird der "χ^2-Wert" als Testwert ermittelt.

SPSS: Um für das Beispiel eine Zufallsstichprobe des Umfangs "50" ziehen zu lassen und den zugehörigen "χ^2-Wert" zu erhalten, lassen sich der SAMPLE- und der CROSSTABS-Befehl einsetzen. Da die Auswahl nur *temporär* erfolgen soll, ist diesen beiden Befehlen der TEMPORARY-Befehl voranzustellen, sodass insgesamt die folgende Anforderung formuliert werden muss:

```
TEMPORARY.
SAMPLE 50 FROM 250.
CROSSTABS TABLES=geschl BY jahrgang/STATISTICS=CHISQ.
```

Es wird davon ausgegangen, dass die Ausführung der angegebenen Anforderungen an das IBM SPSS Statistics-System zum folgenden Ergebnis führt:

		Jahrgangsstufe:			
		11	12	13	
Geschlecht:	männlich	13	9	4	$\Longrightarrow \chi^2 - Wert:$ 1,04895
	weiblich	9	9	6	

Abbildung 16.4: Kontingenz-Tabelle und χ^2-Wert

Stichprobenverteilung

Im Hinblick auf die Test-Entscheidung beim χ^2-Test stellt sich als zentrale Frage:

- Soll der auf der Basis einer Zufallsstichprobe ermittelte Testwert "$x_{test} = 1,04895$" – im Hinblick auf seine Lage zu dem für die Grundgesamtheit (wegen der statistischen Unabhängigkeit) postulierten Wert "0" – als überzufälliges (signifikantes) Ergebnis angesehen werden, indem seine Entfernung zum postulierten Wert als nicht mehr durch Stichprobenfehler erklärbar erscheint?

Um den Testwert "$x_{test} = 1,04895$" dahingehend bewerten zu können, ob er für die **Akzeptanz** von H_0 oder für die **Akzeptanz** von H_1 spricht, muss bekannt sein, in welchem Maße welche χ^2-Werte bei dem aktuellen Beispiel unter den vorausgesetzten Rahmenbedingungen ("Gültigkeit von H_0" und "Zufallsstichprobe vom Umfang 50") auftreten können.

Akzeptiert man die eine oder die andere Hypothese, so bedeutet dies, dass die jeweilige Hypothese im Hinblick auf den vorliegenden Testwert als *haltbar* erscheint und die andere Hypothese als *belastet* anzusehen ist.

Um einen ersten Eindruck von der Verteilung der χ^2-Werte, die durch die Ziehung von Zufallsstichproben als Realisierungen der Teststatistik χ^2 auftreten können, zu erhalten, lassen sich durch das IBM SPSS Statistics-System weitere Zufallsstichproben vom Umfang "50" ermitteln und die zugehörigen χ^2-Werte errechnen.

Wird die Stichprobenziehung fortgesetzt und z.B. *weitere* 8 Male wiederholt, so ergeben sich – in der aktuellen Situation – die χ^2-Werte "1,05", "0,01", "3,98", "7,99", "4,05", "3,72", "2,51", "0,97" und "1,82". Dieser Sachverhalt lässt sich durch eine Häufigkeitsverteilung (auf der Basis von 9 Zufallsstichproben) – im Anschluss an eine geeignet vorgenommene Klassierung – z.B. wie folgt darstellen:

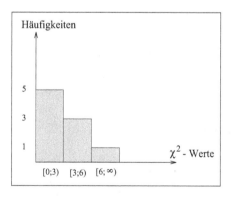

Abbildung 16.5: Verteilung auf der Basis der 9 Realisierungen der Teststatistik χ^2

Werden weitere Ziehungen von Zufallsstichproben durchgeführt, so ergibt sich ein differenzierteres Bild des Verteilungsverlaufs der Teststatistik χ^2, das sich – auf der Basis von insgesamt 100 Ziehungen – wie folgt darstellt:

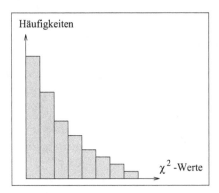

Abbildung 16.6: Verteilung auf der Basis der 100 Realisierungen von χ^2

Da sich ein Testwert "x_{test}" einer Teststatistik nur dann bewerten lässt, wenn die zugehörige Verteilung für *sämtliche denkbaren* Zufallsstichproben bekannt ist, nimmt die folgende Frage eine zentrale Bedeutung ein:

- Welche Gestalt besitzt die Verteilung der Teststatistik χ^2?

Um Kenntnisse von dem genauen Verteilungsverlauf zu erhalten, müssten für sämtliche denkbaren Zufallsstichproben, die aus der Grundgesamtheit ermittelt werden können, die zugehörigen χ^2-Werte bekannt sein.

Hinweis: Beim "Ziehen ohne Zurücklegen" ergibt sich als Anzahl der möglichen Stichproben vom Umfang "50" – sofern die Reihenfolge *nicht* berücksichtigt wird ("Kombinationen ohne Wiederholung") – ein durch den Ausdruck " $\binom{250}{50}$ " (gesprochen: "250 über 50") gekennzeichneter Wert, der sich wie folgt berechnen lässt:

$$\binom{250}{50} = \frac{250!}{(250-50)! * 50!} = \frac{1*2*3*...*200*201*...*250}{1*2*3*...*200*1*2*...*50} \quad \text{(ergibt eine Zahl mit 54 Ziffern)}$$

Als Anzahl möglicher Stichproben errechnet sich beim "Ziehen mit Zurücklegen" – sofern die Reihenfolge *nicht* berücksichtigt wird ("Kombinationen mit Wiederholung") – sogar der folgende noch größere Wert: $\binom{299}{50} = \frac{299!}{(299-50)! * 50!} = \frac{1*2*3*...*200*201*...*299}{1*2*3*...*249*1*2*...*50}$

- Die Häufigkeitsverteilung aller möglichen Realisierungen einer Teststatistik nennt man die **Stichprobenverteilung** ("Stichprobenkennwertverteilung", engl.: "sampling distribution") der Teststatistik.

---

viele Zufallsstichproben $\hookrightarrow$ jeweils zugehörige Realisierungen
$\hookrightarrow$ jeweils zugehörige Verteilung der Teststatistik
alle möglichen Zufallsstichproben $\hookrightarrow$ alle möglichen Realisierungen
$\hookrightarrow$ Stichprobenverteilung als zugehörige
Verteilung der Teststatistik

Abbildung 16.7: Ermittlung der Stichprobenverteilung

Akzeptanzbereich und kritischer Wert

Sicherlich wird die Stichprobenverteilung der Teststatistik χ^2 – in der aktuellen Situation – einen Verlauf haben, der sich als verfeinerte Form desjenigen Verteilungsverlaufs ergibt, der in der Abbildung 16.6 dargestellt ist. Obwohl der genaue Verlauf der Stichprobenverteilung von χ^2 bislang *nicht* bekannt ist, erscheint das folgende Vorgehen plausibel:

- Wenn H_0 zutrifft, ist zu erwarten, dass der ermittelte Testwert "x_{test}" als Realisierung der Teststatistik χ^2 eher an "0" liegt, als dass er relativ groß ist.

- Wenn also der Testwert "x_{test}" sehr groß ist, erscheint H_0 nicht mehr akzeptabel, sodass man H_1 – als logische Alternative zu H_0 – als akzeptabel ansehen wird.

Die Gesamtheit der Werte, die einen in diesem Sinne zur Akzeptanz einer Hypothese neigen lassen, wird als deren **Akzeptanzbereich** (engl.: "region of acceptance", "region of non-significance") bezeichnet.

Hinweis: Den Akzeptanzbereich von H_0 nennt man auch "Annahmebereich von H_0" oder "Stützbereich von H_0". Dagegen bezeichnet man den Akzeptanzbereich von H_1 (engl.: "critical region", "region of significance", "region of rejection") auch als "Verwerfungsbereich von H_0", "Ablehnungsbereich von H_0", "kritischen Bereich" oder auch als "Nichtakzeptanzbereich von H_0".

Im Hinblick auf die Durchführung eines Signifikanz-Tests muss man sich folglich für einen Wert entscheiden, der den Akzeptanzbereich von H_0 vom Akzeptanzbereich von H_1 abgrenzt. Dieser Wert, den man dem Akzeptanzbereich von H_1 hinzurechnet, wird **kritischer Wert** (Schwellenwert, engl. "critical value") genannt und mit "x_{krit}" bezeichnet.

Es stellt sich somit die Frage:

- Welcher Wert soll als kritischer Wert "x_{krit}" gewählt werden, sodass die Beziehung "$x_{test} < x_{krit}$" zur Akzeptanz von H_0 und die Beziehung "$x_{test} \geq x_{krit}$" zur Akzeptanz von H_1 führt?

Test-Entscheidung

Zur Beantwortung dieser Frage wählt man denjenigen Wert aus, für den man auf der Grundlage, dass die Stichprobenverteilung von χ^2 bekannt ist, die folgende Aussage machen kann:

- Der Flächenanteil der Stichprobenverteilung für die Situation, in der dieser kritische Wert oder ein noch ungünstigerer Wert – bei Gültigkeit von H_0 – auftritt, ist kleiner oder gleich einer vorgegebenen Zahl zwischen "0" und

"1" (Prozentsatz zwischen "0%" und "100%"). Diese Zahl wird **Testniveau** (engl.: "test size", "significance level", "critical level") genannt und symbolisch mit "α" (gesprochen: "alpha") bezeichnet.

Das Testniveau ist somit die relative Häufigkeit (Wahrscheinlichkeit) für den Sachverhalt, beim *Zutreffen* von H_0 als Testwert den kritischen Wert "x_{krit}" oder einen noch ungünstigeren Testwert zu erhalten.

- Anstelle des soeben vereinbarten Begriffs "Testniveau" wird in der Literatur auch der Begriff "Signifikanzniveau" verwendet, der in diesem Buch zur Kennzeichnung eines anderen Sachverhalts benutzt wird.

Hinweis: Desweiteren sind in der Literatur auch die Begriffe "Signifikanzlevel des Tests", "Signifikanzgrad", "Signifikanzschranke", "Irrtumswahrscheinlichkeit" und "Sicherheitsschwelle" anzutreffen.

Es besteht die Konvention, bei der Durchführung eines Signifikanz-Tests standardmäßig ein Testniveau von "0,05" (d.h. von "5%") festzulegen. Hiervon wird immer dann abgewichen, wenn man beim Inferenzschluss besondere Rahmenbedingungen, die im Hinblick auf die Akzeptanz von "H_0" bzw. von "H_1" bedeutungsvoll sind, berücksichtigen muss (vgl. Abschnitt 16.5).

Wie im nachfolgenden Abschnitt 16.3 erläutert wird, lässt sich die Stichprobenverteilung von χ^2 in der folgenden Form durch den Verteilungsverlauf einer *theoretischen* Verteilung annähern:

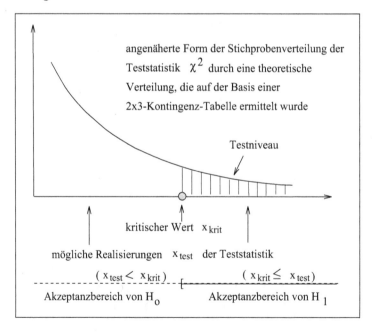

Abbildung 16.8: Testniveau und kritischer Wert

Hinweis: Die Verwendung des Symbols "[" soll andeuten, dass der kritische Wert "x_{krit}" *nicht* mehr zum Akzeptanzbereich von H_0 gezählt wird.

Auf der Basis eines *vorgegebenen* Testniveaus lässt sich die Test-Entscheidung eines Signifikanz-Tests durch einen **Inferenzschluss** in der folgenden Form durchführen:

- Es wird der Testwert "x_{test}" mit dem (durch das Testniveau festgelegten) kritischen Wert "x_{krit}" verglichen.

- Sofern "x_{test}" im Akzeptanzbereich von H_0 liegt, d.h. sofern die Aussage "$x_{test} < x_{krit}$" zutrifft, wird H_0 akzeptiert.

- Liegt "x_{test}" nicht im Akzeptanzbereich von H_0, d.h. trifft die Aussage "$x_{test} \geq x_{krit}$" zu, so wird "x_{test}" als **signifikantes** Ergebnis angesehen und folglich H_1 akzeptiert.

Hinweis: Entscheidet man sich dafür, H_0 *nicht* zu akzeptieren, so kann man auch sagen: "die Daten stützen die Gültigkeit von H_0 nicht", "H_0 ist nicht mit den Beobachtungen vereinbar", "H_0 ist nicht haltbar", "der Test liefert ein signifikantes Ergebnis", "der Testwert steht im Widerspruch zu H_0", "der Testwert ist signifikant von Null verschieden", "der Testwert ist überzufällig von Null verschieden", "die Chance, die Abweichung von Null allein durch Stichprobenfehler zu erklären, wird als gering erachtet", "das Abweichen von Null ist nicht allein durch den Zufall erklärbar", "H_0 ist nicht annehmbar", "H_0 wird verworfen" oder "H_1 ist akzeptabel".
Wird jedoch H_0 *akzeptiert*, so kann man dies auch so ausdrücken: "das Testergebnis ist nicht signifikant", "H_0 wird durch die Daten gestützt", "der Testwert steht im Einklang mit H_0", "H_0 ist mit den Beobachtungen vereinbar" oder "H_1 ist nicht akzeptabel".

Der Inferenzschluss beim χ^2-Test basiert somit auf der folgenden Strategie:

Wird ein ermittelter Testwert beim χ^3-Test als *signifikant* angesehen, so stellt man sich auf den Standpunkt, dass dessen Abweichung vom Wert "0" *nicht* allein durch Stichprobenfehler erklärbar, sondern *überzufällig* ist.
Sofern H_0 zutrifft, wird – unter Vorgabe eines Testniveaus von z.B. "0,05" ("5%") – bei einer sehr großen Zahl von Zufallsstichproben nämlich nur in ungefähr 5% aller Fälle ein χ^2-Wert erhalten, der außerhalb des Akzeptanzbereichs von H_0 liegt. Die Test-Entscheidung baut folglich auf der *Bereitschaft* auf, in 5% aller Entscheidungen, die bei Gültigkeit von H_0 getroffen werden, einen χ^2-Wert dahingehend zu interpretieren, dass die Abweichung von "0" zu groß ist, als dass sie noch als im Einklang mit H_0 angesehen werden kann. Diese Entscheidung fällt in dem Bewusstsein, dass trotz eines unter Umständen extrem von "0" verschiedenen Testwerts eine statistische Unabhängigkeit in der Grundgesamtheit vorliegen kann, d.h. dass der extreme Testwert allein aus Stichprobenfehlern resultiert!

Alternativ zum oben angegebenen Vorgehen, bei dem der Inferenzschluss dadurch erfolgt, dass der Testwert mit dem aus dem Testniveau resultierenden kritischen Wert verglichen wird, lässt sich der Inferenzschluss auch wie folgt durchführen:

- Zum Testwert bestimmt man das **Signifikanzniveau** (empirisches Signifikanzniveau, beobachtetes Signifikanzniveau, p-Wert, engl.: "p-Value") als diejenige Wahrscheinlichkeit (Überschreitungswahrscheinlichkeit, Fehlerwahrscheinlichkeit), den erhaltenen Testwert "x_{test}" oder eine – auf der Basis der Gültigkeit von H_0 – noch ungünstigere Realisierung der Teststatistik zu erhalten.

Bei einem χ^2-Test ermittelt man als Signifikanzniveau folglich den Inhalt derjenigen Fläche, die vom Intervall "$[x_{test}; \infty)$" und dem Graphen gebildet wird, der die Verteilungskurve der zur Teststatistik χ^2 zugehörigen Verteilung beschreibt.

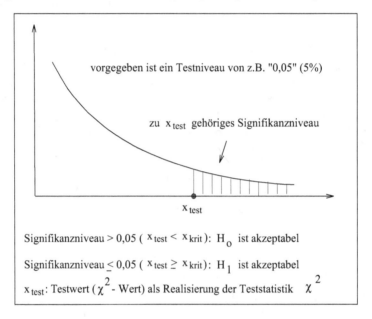

Abbildung 16.9: Signifikanzniveau und Testwert

Beim "Signifikanzniveau" handelt es sich um einen *technischen* Wert, der *allein* für einen Vergleich mit dem Testniveau verwendet wird. Kennt man das zum Testwert zugehörige Signifikanzniveau, so ist der Vergleich mit dem vorgegebenen Testniveau nicht so aufwendig wie der Vergleich des Testwerts mit dem kritischen Wert, da der kritische Wert aus einer Tabelle ermittelt werden muss (siehe unten).

Stellt man beim Vergleich des Signifikanzniveaus mit dem vorgegebenen Testniveau fest, dass das Signifikanzniveau größer als das Testniveau ist, so akzeptiert man H_0. Andernfalls vertritt man die Auffassung, dass H_0 von den Daten nicht gestützt wird, sodass man die Alternativhypothese H_1 akzeptiert.

Die **Test-Entscheidung** beim Signifikanz-Test kann somit entweder durch

- den Vergleich des *Testwerts* mit dem *kritischen Wert* oder

- durch den Vergleich des *Testniveaus* mit dem *Signifikanzniveau* erfolgen.

Dabei gilt die Beziehung

- Signifikanzniveau $\leq$ Testniveau

genau dann, wenn die folgende Aussage zutrifft:

- Testwert $\geq$ kritischer Wert

Hinweis: Zur Durchführung eines χ^2-Tests lassen sich der Anzeige des IBM SPSS Statistics-Systems sowohl der Testwert als auch das zugehörige Signifikanzniveau entnehmen (siehe unten). Für den Inferenzschluss muss daher allein das Signifikanzniveau mit dem vorgegebenen Testniveau verglichen werden.

16.3 Die Testverteilung "$\chi^2(df)$"

Um einen χ^2-Test durchführen zu können, muss der zum vorgegebenen Testniveau gehörende kritische Wert "x_{krit}" bestimmt werden.

Damit ergibt sich die folgende Problematik:

- Einerseits soll die Test-Entscheidung auf der Basis einer **einzigen** Zufalls-stichprobe durchgeführt werden. Andererseits ist die Kenntnis der Stichpro-benverteilung, die die Basis der Test-Entscheidung darstellt, nur dann gege-ben, wenn *alle* möglichen, d.h. erschöpfend viele Zufallsstichproben aus der Grundgesamtheit entnommen worden sind!

Diese Problematik wird bei einem "$\chi^2 - Test$" – wie auch bei nahezu allen anderen statistischen Tests (vgl. Kapitel 17ff.) – wie folgt gelöst:

- Man betrachtet anstelle der Stichprobenverteilung von χ^2 eine geeignete *theoretische Verteilung*, die sich – mit Hilfe der mathematischen Wahrschein-lichkeitstheorie – aus den Rahmenbedingungen des Signifikanz-Tests ("H_0 trifft zu", "es liegt eine Zufallsstichprobe vor" und "es wird eine Kontingenz-Tabelle mit einer bestimmten Spalten- und Zeilenzahl betrachtet" – genauere Angaben erfolgen unten) ableiten lässt.

Hinweis: Dabei wird ein wahrscheinlichkeitstheoretisches Modell zugrunde gelegt, in dem Grundannahmen über gewisse Sachverhalte (Ereignisse) gemacht werden. Aus die-sen Annahmen lässt sich – unter Einsatz der mathematischen Wahrscheinlichkeitstheorie – eine Aussage über die Verteilung der zugehörigen Teststatistik ableiten.

- Diejenige Verteilung, die mit der Stichprobenverteilung der Teststatistik übereinstimmt bzw. eine *asymptotische* Annäherung darstellt (in dem hier diskutierten Fall eines χ^2-Tests kann keine totale Übereinstimmung vorlie-gen!), nennt man **Testverteilung** (Prüfverteilung, engl.: "theoretical samp-ling distribution") der jeweiligen Teststatistik.

Um den kritischen Wert für die Teststatistik χ^2 zu bestimmen, muss – bei vorgegebenem Testniveau "α" – daher derjenige Wert "x_{krit}" ermittelt werden, der die Eigenschaft "prob $[x_{krit};\infty) = \alpha$" besitzt. Die Fläche der Testverteilung, die rechts vom kritischen Wert liegt, muss folglich mit dem Testniveau übereinstimmen (siehe die Abbildung 16.8). Damit der kritische Wert bestimmbar und daher ein Inferenzschluss durchführbar ist, muss die Testverteilung, d.h. die Verteilung der Teststatistik χ^2, bekannt sein.

Beim aktuellen Beispiel wird davon ausgegangen, dass für die beiden Merkmale, deren Werte mittels einer Zufallsstichprobe erhalten und in Form einer 2x3-Kontingenz-Tabelle dargestellt wurden, die Nullhypothese "H_0(statistische Unabhängigkeit)" zutrifft.

Diese Voraussetzungen sind geeignet zu ergänzen, damit eine theoretische Verteilung als Testverteilung der Teststatistik χ^2 bestimmt werden kann.

Sofern eine rxc-Kontingenz-Tabelle (mit der Zeilenzahl "r" und der Spaltenzahl "c") Gegenstand der Betrachtung ist, muss insgesamt gelten:

- die Nullhypothese "H_0(statistische Unabhängigkeit)" wird als zutreffend vorausgesetzt,
- es liegt eine Zufallsstichprobe vor,
- die empirischen Marginalverteilungen beider Merkmale spiegeln deren univariate Verteilung innerhalb der Grundgesamtheit wider, und
- die Zufallsstichprobe muss hinlänglich groß sein, sodass gilt:
  Sofern die Gleichung "r = c = 2" zutrifft, müssen sämtliche erwarteten Häufigkeiten größer gleich "5" sein, d.h. für alle Werte "f_e" der Indifferenztabelle muss gelten: "$f_e \geq 5$".
  Sofern "r > 2" oder "c > 2" zutrifft, dürfen nicht mehr als 20% der Werte der Indifferenz-Tabelle kleiner als "5" und keiner dieser Werte kleiner als "1" sein, d.h. es muss stets "$f_e \geq 1$" gelten und für höchstens 20% der erwarteten Häufigkeiten darf die Ungleichung "$f_e < 5$" erfüllt sein.

Sind diese Voraussetzungen erfüllt, so lässt sich der folgende Sachverhalt – durch Verfahren der mathematischen Wahrscheinlichkeitstheorie – ableiten:

- Als Testverteilung der Teststatistik χ^2 lässt sich eine *theoretische* Verteilung verwenden, die χ^2-**Verteilung** genannt wird.
  Genau wie bei den Normalverteilungen gibt es nicht nur eine, sondern unendlich viele χ^2-Verteilungen.
  Jede χ^2-Verteilung ist durch eine vorgegebene Anzahl "df" von *Freiheitsgraden* (engl.: "degrees of freedom") bestimmt, sodass die jeweils zugehörige Verteilung als "χ^2(df)- Verteilung" bezeichnet wird.

Welche χ^2(df)-Verteilung als Testverteilung bei einem χ^2-Test verwendet werden kann, ist abhängig von der Anzahl der *Freiheitsgrade* der jeweils zugrunde gelegten rxc-Kontingenz-Tabelle.

Zum Beispiel ergibt sich für eine 2x3-Kontingenz-Tabelle als Anzahl der Freiheitsgrade der Wert "2". Sind nämlich beide Marginalverteilungen bekannt und ist keine Konditionalverteilung vollständig vorgegeben, so können aus jeweils zwei bekannten Zellenhäufigkeiten alle restlichen Zellenhäufigkeiten ermittelt werden.

In der Situation, in der z.B. die Zellenhäufigkeiten der beiden ersten Zellen in der 1. Zeile bekannt sind, stellt sich der Sachverhalt wie folgt dar:

bekannt	bekannt	? (3)		bekannte
? (1)	? (2)	? (4)		Zeilen-Marginalverteilung

bekannte Spalten-Marginalverteilung

$$df = (2-1) * (3-1) = 2$$

Abbildung 16.10: Bestimmung von Freiheitsgraden

Unter Kenntnis der Zeilen-Marginalverteilung lässt sich der Zelleninhalt "(3)" ermitteln, und auf der Basis der Spalten-Marginalverteilung kann man daraufhin die Zelleninhalte "(1)", "(2)" und "(4)" berechnen.

Der für eine 2x3-Kontingenz-Tabelle vorliegende Sachverhalt lässt sich auf eine beliebige rxc-Kontingenz-Tabelle verallgemeinern, sodass die folgende Aussage generell zutrifft:

> • Eine rxc-Kontingenz-Tabelle besitzt "$(r-1) * (c-1)$" Freiheitsgrade.
>
> Daher muss für den Inferenzschluss eines χ^2-Tests, der auf einer rxc-Kontingenz-Tabelle beruht, die "$\chi^2((r-1)(c-1))$- Verteilung" verwendet werden.

Wie sich die Anzahl der Freiheitsgrade "df" auf den zugehörigen Verteilungsverlauf einer $\chi^2(df)$-Verteilung auswirkt, wird nachfolgend an ausgewählten Beispielen demonstriert:

$\chi^2(1)$-Verteilung:

Für eine $\chi^2(1)$-verteilte Teststatistik besteht die folgende Korrespondenz zwischen einer Realisierung dieser Teststatistik und der Wahrscheinlichkeit, diese Realisierung oder einen noch größeren Wert als Realisierung zu erhalten:

Wahrscheinlichkeit:	0,99	0,90	0,75	0,50	0,05	0,01
Realisierung:	0,000157	0,02	0,10	0,45	3,84	6,64

Abbildung 16.11: Gliederung der $\chi^2(1)$-Verteilung

Dies bedeutet z.B. für eine $\chi^2(1)$-verteilte Teststatistik X: $prob[0,45\,;\infty) = 0,5$

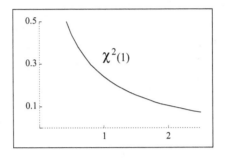

Abbildung 16.12: Verlauf der χ^2-Verteilung mit 1 Freiheitsgrad

$\chi^2(2)$-Verteilung:

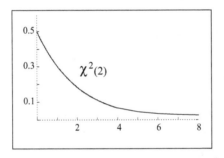

Abbildung 16.13: Verlauf der χ^2-Verteilung mit 2 Freiheitsgraden

χ^2(df)-Verteilungen für "df$>$ 2":

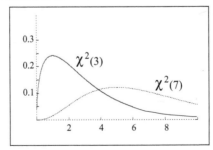

Abbildung 16.14 Verläufe der χ^2-Verteilungen mit 3 und mit 7 Freiheitsgraden

Ab 3 Freiheitsgraden nähern sich die Verteilungskurven der χ^2-Verteilungen nicht mehr asymptotisch der Y-Achse an. Zum Beispiel stellt sich der Verteilungsverlauf der $\chi^2(3)$-Verteilung und der $\chi^2(7)$-Verteilung in der innerhalb der Abbildung 16.14 angegebenen Form dar.

Mit zunehmender Zahl der Freiheitsgrade erhöht sich die Anzahl der Summanden bei der Teststatistik χ^2. Daher ist es plausibel, dass sich bei einer zunehmenden Anzahl von Freiheitsgraden die Wahrscheinlichkeit, unter Gültigkeit von H_0 sehr kleine χ^2-Werte zu erhalten, verringert. Daraus folgt, dass sich der Flächeninhalt unter der Verteilungskurve zunehmend weiter nach rechts verlagert.

Im Anhang A.7 ist eine Tabelle angegeben, in der zu einer Auswahl von Freiheitsgraden "df" die zugehörigen kritischen Werte der einzelnen χ^2(df)-Verteilungen eingetragen sind.

Zum Beispiel wird im Fall von 2 Freiheitsgraden – auf der Basis eines Testniveaus von "$\alpha = 0,05$" – der Wert "5,99" als kritischer Wert abgelesen.

Im Hinblick auf die Verwendung einer χ^2-Verteilung – zur Durchführung eines χ^2-Tests – ist generell zu beachten:

- Die Verteilungskurve einer *Stichprobenverteilung*, die zu einer konkreten Teststatistik χ^2 gehört, hat – anders als die Verlaufsform einer theoretischen χ^2-Verteilung – *keinen kontinuierlichen* Verlauf.

Aufgrund der Gestalt der Verteilungskurven von χ^2-Verteilungen wird man daher nur eine gewisse Annäherung der jeweiligen Stichprobenverteilung von χ^2 an die mit ihr korrespondierende theoretische χ^2-Verteilung erwarten können. Insbesondere wird die Anpassung unter Umständen dann sehr ungünstig ausfallen, wenn der Umfang der Zufallsstichprobe sehr gering ist, sodass die erwarteten Häufigkeiten in den Zellen der Indifferenz-Tabelle sehr klein sind.

- Aus diesem Grund ist z.B. mit besonderer Vorsicht bei einem χ^2-Test zu verfahren, der auf dem Einsatz der $\chi^2(1)$-Verteilung basiert. In diesem Fall sollten – wie oben angegeben – die erwarteten Häufigkeiten in allen vier Zellen größer oder gleich "5" sein!

Sofern jedoch ein Wert der Indifferenz-Tabelle kleiner als "5" ist, kann man bei einer *sehr großen* Stichprobe einen Test mit einem nach *Yates* korrigierten χ^2-Wert durchführen. Bei dieser Kontinuitätskorrektur der Teststatistik ist die Berechnung des χ^2-Werts wie folgt vorzunehmen (diese Berechnung wird grundsätzlich auch bei einem Stichprobenumfang "n" mit "n $\leq$ 100" vorgeschlagen – auch wenn die erwarteten Häufigkeiten nicht kleiner als "5" sind):

$$\sum\nolimits_{\text{über alle 4 Zellen}} \frac{(|f_b - f_e| - 0,5)^2}{f_e}$$

Dabei kennzeichnen die Platzhalter "f_b" und "f_e" die beobachteten bzw. die erwarteten Häufigkeiten.

16.4 Durchführung des χ^2-Tests zur Prüfung der statistischen Beziehung

Nachdem das *Konzept* des Signifikanz-Tests in den vorausgehenden Abschnitten erläutert wurde, soll jetzt eine *konkrete* Durchführung eines χ^2-Tests erfolgen. Dabei soll die Akzeptanz der folgenden Nullhypothese geprüft werden:

- H_0(Zwischen den Merkmalen "Geschlecht" und "Jahrgangsstufe" besteht kein statistischer Zusammenhang.)

Zur Durchführung des χ^2-Tests wird ein Testniveau von "0,05 (d.h. von 5%)" vorgegeben. Da eine 2x3-Kontingenz-Tabelle 2 Freiheitsgrade besitzt, muss zu diesem Testniveau der zugehörige kritische Wert aus der Testverteilung "$\chi^2(2)$" bestimmt werden. In dieser Situation lässt sich aus der χ^2-Tabelle (siehe Anhang A.7) der Wert "5,99" als gesuchter Wert ablesen.

Hinweis: Bei der Wahl des Testniveaus "0,05" handelt es sich um eine Konvention, nach der überwiegend verfahren wird, wenn die fälschliche Akzeptanz bzw. Nichtakzeptanz der Nullhypothese keine gravierenden Konsequenzen hat (siehe Abschnitt 16.5).
Zu dem Zeitpunkt, an dem erstmals Signifikanz-Tests eingesetzt wurden, gab es noch keine Computer, sodass die Gewinnung von Informationen über theoretische Verteilungen – wie z.B. die Ermittlung von "kritischen Werten" – eine aufwändige Angelegenheit war. Da die Tabellierung von kritischen Werten, die zum Testniveau von "0,05" gehören, zu den ersten Aktivitäten bei der Erstellung von Entscheidungsgrundlagen zählte, ist die Wahl von "0,05" in erster Linie als historisch begründete Maßnahme anzusehen.

In Anlehnung an die im Abschnitt 16.2 angegebene Anforderung an das IBM SPSS Statistics-System wird davon ausgegangen, dass – auf der Basis einer Zufallsstichprobe (siehe Abbildung 16.4) vom Umfang "50" (und einer Modifikation der angezeigten Tabelle durch die Löschung von Zeilen sowie die Änderung der Anzeige der Nachkommastellen von drei auf fünf) – die folgende Anzeige erscheint:

Geschlecht · Jahrgangsstufe Kreuztabelle

Anzahl

		Jahrgangsstufe			
		11	12	13	Gesamt
Geschlecht	männlich	13	9	4	26
	weiblich	9	9	6	24
Gesamt		22	18	10	50

Chi-Quadrat-Tests

	Wert	df	Asymptotische Signifikanz (2-seitig)
Chi-Quadrat nach Pearson	1,04895	2	,59187
Anzahl der gültigen Fälle	50		

Abbildung 16.15 Testwert für die Durchführung des χ^2-Tests

Als Testwert "x_{test}" wird der Wert "1,04895" ("Chi-Quadrat nach Pearson") und als das zu "x_{test}" zugehörige Signifikanzniveau wird der Wert "0,59187" ("Asymptotische Signifikanz (2-seitig)") angezeigt, sodass für die Test-Entscheidung die folgende Situation vorliegt:

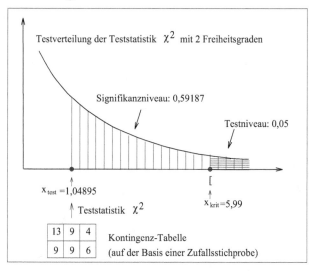

Abbildung 16.16 Grundlagen für die Test-Entscheidung

Basis für die Test-Entscheidung:

- Vorgegeben wird ein Testniveau von "0,05".
- Die Anzahl der Freiheitsgrade ("df") ist gleich 2.

Hinweis: Als zugehöriger kritischer Wert ergibt sich aus der Tabelle im Anhang A.7: "$x_{krit} = 5,99$" (bei "α=0,05" und "df=2").

Da das Signifikanzniveau vom IBM SPSS Statistics-System angezeigt wird (siehe die Abbildung 16.15 unter der Überschrift "Asymptotische Signifikanz (2-seitig)"), ist die Ermittlung des kritischen Wertes nicht mehr erforderlich!

Test-Entscheidung:

- Das Signifikanzniveau von "0,59187" ist größer als das vorgegebene Test-niveau von "0,05". Folglich wird die Nullhypothese der statistischen Un-abhängigkeit zwischen den Merkmalen "Geschlecht" und "Jahrgangsstufe" akzeptiert. Als Ergebnis des χ^2-Tests werden die erhobenen Daten somit als im Einklang mit der Nullhypothese angesehen.

Hinweis: Das angegebene Resultat des Inferenzschlusses stimmt in der Tat mit dem tatsächlichen Sachverhalt in der Grundgesamtheit überein. Dies können wir deswegen fest-stellen, weil wir – aus didaktischen Gründen – von einem für eine Grundgesamtheit be-kannten Sachverhalt ausgegangen sind! Grundsätzlich ist natürlich klar, dass man einen Signifikanz-Test nur dann durchführt, wenn man **keine** Kenntnisse über den Zustand der Grundgesamtheit besitzt.

In Anlehnung an die soeben angegebene Darstellung, wie eine Test-Entscheidung beim χ^2-Test zu treffen ist, lässt sich der grundsätzliche Ablauf bei der **Durch-führung** eines beliebigen Signifikanz-Tests wie folgt formulieren:

Man leitet aus der zu diskutierenden Hypothese eine Formulierung ab, die als Nullhypothese H_0 im Rahmen eines Signifikanz-Tests überprüft werden kann, d.h. man wählt eine Teststatistik, zu der die Testverteilung bekannt ist – unter der Voraussetzung, dass die Nullhypothese zutrifft und eine Zufallsstichprobe vorliegt sowie eventuell gewisse Zusatzvoraussetzungen erfüllt sind. Dabei kann es sich um eine exakte Testverteilung in Form einer Stichprobenverteilung oder um eine theoretische Verteilung handeln, die als asymptotische Annäherung an die Stichprobenverteilung verwendet werden kann!

Anschließend ist wie folgt vorzugehen:

(1) Formuliere zu H_0 die zugehörige Alternativhypothese H_1!

(2) Lege ein Testniveau von z.B. "0,05" (d.h. von "5%") als Maß der persönlichen Risikobereitschaft für einen Fehlschluss fest! Diese Größe kennzeichnet das Ausmaß der Bereitschaft, H_0 nicht zu akzeptieren, obwohl H_0 zutrifft (mit der Wahl des Testniveaus ist auch der kritische Wert "x_{krit}" festgelegt!).

(3) Ermittle eine Zufallsstichprobe, deren Stichprobenumfang die Voraussetzungen des gewählten Signifikanz-Tests erfüllt!

(4) Berechne den Testwert "x_{test}" als Realisierung der Teststatistik!

(5) Führe den Inferenzschluss durch, indem der Testwert "x_{test}" mit dem kritischen Wert "x_{krit}" bzw. das Testniveau mit dem Signifikanzniveau, das zum Testwert gehört, verglichen wird!

Die Grundlage für einen Inferenzschluss lässt sich schematisch durch den folgenden Sachverhalt darstellen:

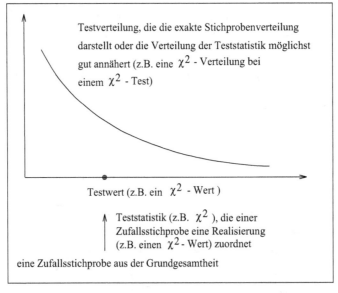

Abbildung 16.17 Grundlage für einen Inferenzschluss

Bezüglich der Ermittlung der Zufallsstichprobe stellt sich – bei jedem Signifikanz-Test – stets die Frage:

- Welchen Umfang sollte die Zufallsstichprobe besitzen?

Im Hinblick auf den Einsatz des vorgestellten χ^2-Tests lässt sich dazu Folgendes feststellen: Aus den Erörterungen des Abschnitts 9.2 ist bekannt, dass die Verdopplung aller Häufigkeiten innerhalb einer Kontingenz-Tabelle zur Verdopplung des χ^2-Wertes führt. Da durch eine derartige Verdopplung *keine* Änderung der bivariaten Verteilung bewirkt wird, lässt sich – grob gesprochen – durch die Wahl eines hinreichend großen Stichprobenumfangs stets ein beliebig großer χ^2-Wert und – umgekehrt – durch eine geeignet starke Reduzierung des Stichprobenumfangs ein hinreichend kleiner χ^2-Wert erreichen.

Wie in Kapitel 18 erläutert werden wird, kommt der Wahl des jeweiligen Stichprobenumfangs "n" eine entscheidende Bedeutung zu. Es wird sich zeigen, dass stets versucht werden sollte, einen "optimalen Stichprobenumfang" zu wählen, der von der Art des jeweiligen Signifikanz-Tests und gewissen Rahmenbedingungen abhängig ist. Die generelle Zielsetzung wird darin bestehen, ein nicht zu kleines und nicht zu großes "n" auszuwählen, da man sich stets der beiden folgenden Gefahren bei der Durchführung eines Inferenzschlusses bewusst sein muss:

- Ist der Stichprobenumfang "n" zu klein, so erhöht sich die Chance, dass ein relevanter Unterschied (zum in Form der Nullhypothese H_0 formulierten Tatbestand) *nicht* "aufgedeckt" werden kann, weil der Testwert *nicht* signifikant ausfällt. Ist der Stichprobenumfang "n" zu groß, so besteht die Gefahr, dass man ein signifikantes Ergebnis erhält, das unter Umständen *nicht* von praktischer Bedeutung ist.

Es ist sicherlich extrem unwahrscheinlich, dass in einer Grundgesamtheit eine *totale* statistische Unabhängigkeit besteht. Wenn man allerdings die Aussage über das Vorliegen einer statistischen Unabhängigkeit so auslegt, dass das Bestehen einer geringfügigen statistischen Beziehung darunter subsummiert wird, dann bedeutet die Akzeptanz der Nullhypothese etwas anderes als eine Entscheidung für einen meist nur fiktiven Sachverhalt. Um derart verfahren zu können, müsste man verabreden, welcher Effekt als Mindest-Abweichung von der als Nullhypothese formulierten Aussage als Kriterium für die Akzeptanz der Alternativhypothese dienen sollte. Wie man solche Strategie praktizieren kann und wie dieses Vorgehen in Verbindung mit der Wahl eines geeigneten Stichprobenumfangs und der Vorgabe einer Risikobereitschaft für die fälschliche Akzeptanz einer Nullhypothese steht, wird im Kapitel 18 erläutert.

Grundsätzlich ist zu beachten, dass die Hypothesen H_0 und H_1, der Stichprobenumfang "n" und das Testniveau aus der Logik des Signifikanz-Tests heraus stets **vor** der Berechnung des Testwerts festgelegt werden müssen, um eine **objektive** Test-Entscheidung gewährleisten zu können! Wird von dieser Verfahrensweise abgewichen, so kann man nicht ausschließen, dass man sich bei der Wahl des Testniveaus vom jeweils errechneten Signifikanzniveau beeinflussen lässt.

16.5   Fehlerarten bei der Test-Entscheidung

Der Fehler 1. Art

Bei einem Signifikanz-Test wird auf der Basis eines (subjektiv) festgelegten Testniveaus ein kritischer Wert als ein objektives Entscheidungskriterium ermittelt. Dabei bestimmt das Testniveau die Risikobereitschaft, H_0 nicht zu akzeptieren, obwohl H_0 zutrifft.

Die Test-Entscheidung beruht auf einer **einzigen** Realisierung der Teststatistik! Daher wird eine Entscheidung unter **Unsicherheit** getroffen, sodass ein **Fehlschluss** möglich ist! Das jeweils gewählte Testniveau kennzeichnet somit das Risiko, eine Fehlentscheidung zu treffen, indem H_0 als *nicht* akzeptabel angesehen wird, obwohl H_0 zutrifft. Der Fehler bei einer derartigen Fehlentscheidung wird **Fehler 1. Art** (α-Fehler, engl.: "Type I error") genannt. Die Wahrscheinlichkeit (das Risiko), einen Fehler 1. Art zu begehen, wird mit "α" (gesprochen: "Alpha") bezeichnet.

Die Vorgabe eines Testniveaus bedeutet somit, eine Entscheidung über die Größe der Wahrscheinlichkeit, einen Fehler 1. Art begehen zu können, getroffen zu haben.

Wird daher das Testniveau auf 5% festgelegt, so wird für die Wahrscheinlichkeit, einen Fehler 1. Art begehen zu können, der Wert "0,05" vorgegeben. Diese Sachverhalt wird durch die Angabe "$\alpha = 0,05$" dokumentiert.

- "$\alpha = 0,05$ (5%)" bedeutet somit: Man legt den Akzeptanzbereich so fest, dass unter der Voraussetzung, dass die Nullhypothese für die Grundgesamtheit zutrifft, nur in 95% aller möglichen Zufallsstichproben die jeweils zugehörige Realisierung der Teststatistik im Akzeptanzbereich von H_0 zu erwarten ist. Dabei nimmt man also in Kauf, dass in 5% aller möglichen Zufallsstichproben die jeweils zugehörige Realisierung der Teststatistik im Akzeptanzbereich von H_1 zu erwarten ist, obwohl H_0 zutrifft.

Der Fehler 2. Art

Beim Inferenzschluss besteht auch die Gefahr, H_0 zu akzeptieren, obwohl H_0 *nicht* zutrifft. Dieser Fehler wird **Fehler 2. Art** (β-Fehler, engl.: "Type II error") genannt. Die Wahrscheinlichkeit (das Risiko), mit der man einen Fehler 2. Art begehen kann, wird mit "β" (gesprochen: "Beta") bezeichnet.

Bei der Test-Entscheidung eines Signifikanz-Tests sind demnach die folgenden Fehler möglich:

- Fehler 1. Art (α-Fehler): Fehler, H_1 zu akzeptieren, obwohl H_0 für die Grundgesamtheit zutrifft;

- Fehler 2. Art (β-Fehler): Fehler, fälschlicherweise H_0 zu *akzeptieren*, d.h. H_1 nicht zu akzeptieren, obwohl H_1 für die Grundgesamtheit zutrifft.

Bei der Test-Entscheidung eines Signifikanz-Tests sind somit die folgenden Konstellationen denkbar:

		objektiv richtig ist:	
		H_0 trifft zu	H_0 trifft nicht zu
durch die Test-Entscheidung wird akzeptiert:	H_0	richtige Entscheidung	Fehler 2. Art (β-Fehler)
	H_1	Fehler 1. Art (α-Fehler)	richtige Entscheidung

Abbildung 16.18 Fehler 1. und 2. Art

Beziehung zwischen α und β

Wie oben erläutert, ist α durch die Vorgabe des Testniveaus festgelegt. Wie die Wahrscheinlichkeit, einen Fehler 2. Art zu machen, *qualitativ* von der jeweiligen Größe des Testniveaus α abhängig ist, wird durch die beiden folgenden Beziehungen gekennzeichnet:

- Je größer α, desto kleiner β.
- Je kleiner α, desto größer β.

Die Gültigkeit dieses Sachverhalts ist aus der folgenden Abbildung unmittelbar ersichtlich:

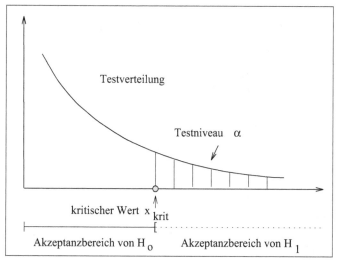

Abbildung 16.19 Beeinflussung von β durch α

Wird α vergrößert, so wird der Akzeptanzbereich von H_0 kleiner, sodass die Wahrscheinlichkeit β, eine objektiv falsche Nullhypothese H_0 zu akzeptieren, sich verringert. Wird – umgekehrt – α verkleinert, so wird der Akzeptanzbereich von H_0 größer, sodass die Wahrscheinlichkeit β, eine objektiv falsche Nullhypothese H_0 zu akzeptieren, daher größer wird.

Auf der Basis einer vorgegebenen Testverteilung ist aus der angegebenen Abhängigkeit erkennbar, dass α und β *nicht* ohne weiteres beide *gleichzeitig* klein gehalten werden können. Insofern besteht ein Interesse, einen Eindruck von der Größenordnung von β bei vorgegebenem α zu erhalten.

Um Angaben über die Größe von β machen zu können, muss die Verteilung der Teststatistik nicht nur für den Fall bekannt sein, bei dem vom Zutreffen der Nullhypothese ausgegangen wird, sondern auch für andere Konstellationen in der Grundgesamtheit, die sich als wahre, aber unbekannte Sachverhalte unterstellen lassen. In dieser Hinsicht wird im Abschnitt 17.2.4 für den "z-Test" zur Prüfung einer unbekannten Mitte exemplarisch erläutert, wie sich die Wahrscheinlichkeit, einen β-Fehler zu begehen, auf der Basis des vorgegebenen Testniveaus α und eines bestimmten Stichprobenumfangs errechnen lässt.

Bei der im Abschnitt 16.4 vorgestellten Test-Entscheidung war ein Testniveau von "$\alpha = 0,05$" vorgegeben worden. Dies geschah nicht willkürlich, sondern auf der Basis der folgenden Konvention:

- In sozialwissenschaftlichen Untersuchungen wird das Testniveau standardmäßig in der Form "$\alpha = 0,05$" festgelegt.

Grundsätzlich sollte die folgende *Strategie* bei der Vorgabe des Testniveaus α (d.h. der Wahrscheinlichkeit, einen Fehler 1. Art zu begehen) befolgt werden:
Ein *Abweichen* von der standardmäßigen Vorgabe "$\alpha = 0,05$" sollte dann erfolgen, wenn die fälschliche Akzeptanz bzw. Nichtakzeptanz von H_0 *gravierende* Konsequenzen hat. Es ist einleuchtend, dass wie folgt zu verfahren ist:

- Ist es folgenschwerer, die Nullhypothese zu akzeptieren, obwohl sie *nicht* zutrifft, sollte das Testniveau α relativ *groß* vorgegeben werden, damit dadurch die Wahrscheinlichkeit, einen Fehler 2. Art zu machen, *klein* gehalten wird.

- Ist es dagegen folgenschwerer, die Nullhypothese *nicht* zu akzeptieren, obwohl sie *zutreffend* ist, sollte das Testniveau α relativ *klein* vorgegeben werden.

Um diese Empfehlungen an Beispielen zu demonstrieren, wird die folgende allgemeine Form einer Nullhypothese zugrunde gelegt:

- H_0(Es liegt ein bestimmter *Sachverhalt* vor.)

Auf der Basis des jeweiligen *Sachverhalts* muss erörtert werden, ob die

- Entscheidung (a): "einen falschen *Sachverhalt* zu akzeptieren"

oder die

- Entscheidung (b): "einen richtigen *Sachverhalt* nicht aufzudecken"

zu gravierenderen Konsequenzen führt. Im Hinblick auf die Einschätzung der jeweiligen Problematik sollte grundsätzlich wie folgt verfahren werden:

- Ist die Entscheidung "(a)" problematischer, so sollte das Risiko, H_0 fälschlicherweise zu akzeptieren, möglichst gering gehalten werden. Demzufolge sollte β hinreichend klein und folglich α entsprechend groß sein!

  Ist dagegen die Entscheidung "(b)" problematischer, so sollte das Risiko, H_0 fälschlicherweise nicht zu akzeptieren, möglichst gering gehalten werden. Daher sollte α hinreichend klein sein!

Für die Beurteilung, welches Verhalten schwerwiegendere Folgen hat, ist das jeweilige Bezugssystem ausschlaggebend, in dem der zur Diskussion stehende *Sachverhalt* erörtert wird.

Im Folgenden wird an drei Beispielen erläutert, wie das Testniveau im Hinblick auf die Konsequenz, die sich aus der jeweiligen Test-Entscheidung ergibt, gewählt werden sollte.

Beispiel 1:

Es sollen für eine tradierte Therapie "T_{alt}" und eine kostengünstigere neuentwickelte Therapie " T_{neu}" die folgenden Thesen diskutiert werden:

- "T_{neu}" ist schlechter als "T_{alt}" (die Akzeptanz dieser These könnte – dies ist eigentlich absurd – im Interesse von "T_{alt}" praktizierenden Therapeuten liegen).

- "T_{neu}" ist mindestens genauso gut wie "T_{alt}" (die Akzeptanz dieser These könnte im Interesse der Krankenkassen liegen).

Um diese Thesen durch einen Signifikanz-Test prüfen zu können, sind die Nullhypothese und die Alternativhypothese wie folgt zu formulieren:

- H_0("T_{neu}" ist mindestens genauso gut wie "T_{alt}".)

  H_1("T_{neu}" ist schlechter als "T_{alt}".)

Im Hinblick auf die Vorgabe des Testniveaus α ist zu bedenken:

- Die Entscheidung "(a)" bedeutet in diesem Fall:
  In Zukunft wird die kostengünstigere Therapie eingesetzt, obwohl sie der tra-
  dierten teureren Therapie unterlegen ist!
  Die Entscheidung "(b)" bedeutet in diesem Fall:
  Es wird weiterhin die teurere tradierte Therapie eingesetzt, obwohl die kos-
  tengünstigere neue Therapie mindestens genauso erfolgreich ist!

Wenn beurteilt werden soll, welcher Fehlschluss folgenschwerer ist und dabei das
Wohlergehen des Patienten im Vordergrund des Interesses steht, so ist die Entscheidung "(a)", d.h. einen falschen Sachverhalt zu akzeptieren, problematischer!
Daher sollte α größer als "0,05" gewählt werden – z.B. ist es sinnvoll, "$\alpha = 0,1$"
oder auch "$\alpha = 0,2$" vorzugeben!

Beispiel 2:
Im Rahmen der Krebs-Therapie sind die folgenden Thesen bei der Frühbehandlung
eines Tumors von zentraler Bedeutung:

- Die "Chemotherapie" ist schlechter als die "Strahlentherapie"
  (die Akzeptanz dieser These könnte im Interesse von ... liegen).

- Die "Chemotherapie" ist mindestens genauso erfolgreich wie die "Strahlentherapie"
  (die Akzeptanz dieser These liegt im Interesse des Patienten).

Um diese Thesen durch einen Signifikanz-Test prüfen zu können, sind die Nullhypothese und die Alternativhypothese wie folgt zu formulieren:

- H_0(Die "Chemotherapie" ist mindestens so erfolgreich wie die "Strahlentherapie".)

  H_1(Die "Chemotherapie" bietet eine schlechtere Heilungsaussicht als die
  "Strahlentherapie".)

Im Hinblick auf die Vorgabe des Testniveaus α ist zu bedenken:

- Die Entscheidung "(a)" bedeutet in diesem Fall:
  Der "Chemotherapie" wird mindestens die gleiche Erfolgsrate wie der
  "Strahlentherapie" unterstellt, obwohl die Heilungschance bei der "Chemo-
  therapie" ungünstiger ist.
  Die Entscheidung "(b)" bedeutet in diesem Fall:
  Die "Strahlentherapie" wird beibehalten mit dem Risiko der Spätfolgen, ob-
  wohl die schonendere "Chemotherapie" mindestens die gleiche Erfolgsrate
  besitzt.

Wenn beurteilt werden soll, welcher Fehlschluss folgenschwerer ist und dabei
das Wohlergehen des Patienten im Vordergrund des Interesses steht, so ist die

Entscheidung "(b)", d.h. einen richtigen Sachverhalt nicht aufzudecken, problematischer! Daher sollte α kleiner als "0,05" gewählt werden – z.B. ist es sinnvoll, "$\alpha = 0,01$" oder auch "$\alpha = 0,001$" vorzugeben!

Beispiel 3:

Im Rahmen der Tuberkulose-Erkennung, bei der normalerweise ein zweistufiges Sichtungsverfahren ("screening") durchgeführt wird, sind die folgenden Thesen von zentraler Bedeutung:

- Der Proband ist gesund
  (die Akzeptanz dieser These liegt im Interesse des Probanden, falls er nicht krank ist).

- Der Proband ist krank
  (die Akzeptanz dieser These liegt im Interesse des Probanden, falls er krank ist).

Um diese Thesen durch einen Signifikanz-Test prüfen zu können, sind die Nullhypothese und die Alternativhypothese wie folgt zu formulieren:

- H_0(Proband ist gesund.)

  H_1(Proband ist krank.)

Bei der 1. Stufe der Untersuchung wird eine Röntgenreihenuntersuchung – ein grobes und billiges Verfahren – durchgeführt. Dabei steht die folgende Zielsetzung im Vordergrund:

- Ein kranker Proband sollte nicht übersehen werden!

Im Hinblick auf die Vorgabe des Testniveaus α sind die folgenden Auswirkungen zu bedenken:

- Die Entscheidung "(a)" bedeutet in diesem Fall:
  Es liegt eine "falsch-negativ-Diagnose" vor, d.h. der Proband ist krank und wird als gesund angesehen.
  Die Entscheidung "(b)" bedeutet in diesem Fall:
  Es liegt eine "falsch-positiv-Diagnose" vor, d.h. der Proband ist gesund und wird als krank angesehen.

Wenn beurteilt werden soll, welcher Fehlschluss folgenschwerer ist und dabei das Wohlergehen des Probanden im Vordergrund des Interesses steht, so ist die Entscheidung "(a)", d.h. einen kranken Probanden fälschlicherweise als gesund anzusehen, problematischer! Daher sollte α größer als "0,05" gewählt werden – z.B. ist es sinnvoll, "$\alpha = 0,1$" oder auch "$\alpha = 0,2$" vorzugeben!

Als Konsequenz aus dem Vorgehen der 1. Stufe ergibt sich, dass eine gewisse Anzahl von Gesunden als krank angesehen werden könnte. Daher steht bei der 2. Stufe der Untersuchung die folgende Zielsetzung im Vordergrund:

- Ein innerhalb der 1. Stufe als krank angesehener gesunder Proband sollte erkannt werden!

Daher wird bei der 2. Stufe die individuelle Untersuchung – ein gründliches und daher teures Verfahren – durchgeführt.

Wenn beurteilt werden soll, welcher Fehlschluss folgenschwerer ist und dabei das Wohlergehen des Probanden im Vordergrund des Interesses steht, so ist die Entscheidung "(b)", d.h. einen gesunden Probanden fälschlicherweise als krank anzusehen, problematischer!

Daher sollte α kleiner als "0,05" gewählt werden – z.B. ist es sinnvoll, "$\alpha = 0,01$" oder auch "$\alpha = 0,001$" vorzugeben!

Als Konsequenz aus dem Vorgehen der 2. Stufe ist zu erkennen:
Höchstens ganz wenige Gesunde könnten nach wie vor als krank angesehen werden, sodass sie behandelt werden müssten.

Zusammenfassung und Ausblick

Nachdem an drei Beispielen erläutert wurde, in welcher Hinsicht es ratsam sein kann, von dem standardmäßig verwendeten Testniveau von "$\alpha = 0,05$" abzuweichen, wird noch einmal der aktuelle Wissensstand über den α- und den β-Fehler zusammengefasst:

- Es ist bekannt, dass die Wahrscheinlichkeit α, einen Fehler 1. Art zu begehen, unmittelbar durch die Vorgabe des Testniveaus konkret festgelegt wird und dass die Wahrscheinlichkeit β, einen Fehler 2. Art zu begehen, durch α beeinflusst wird.

Im *Vorgriff* auf spätere Erläuterungen lässt sich an dieser Stelle feststellen, dass die Wahrscheinlichkeit β, einen Fehler 2. Art zu begehen, *insgesamt* durch die folgenden Größen bestimmt wird:

- das vorgegebene Testniveau α,

- den Grad der Abweichung des in der Grundgesamtheit tatsächlich vorliegenden Sachverhalts von dem innerhalb der Nullhypothese formulierten Tatbestand,

- die Art, wie die Alternativhypothese H_1 formuliert ist (ungerichtet oder gerichtet), und

- die Form der Testverteilung der betreffenden Teststatistik (bedingt durch die tatsächliche Situation in der Grundgesamtheit) in Verbindung mit der zugehörigen Anzahl der Freiheitsgrade.

Da die Anzahl der Freiheitsgrade im allgemeinen durch den Stichprobenumfang bestimmt wird, gilt:

- Ein möglichst großer Stichprobenumfang sollte dann gewählt werden, wenn geringe Unterschiede bzw. schwache statistische Abhängigkeiten aufzudecken sind.
  Ein kleiner Stichprobenumfang reicht dann aus, wenn große Unterschiede bzw. starke statistische Abhängigkeiten aufzudecken sind.

Durch die Ausführungen der nächsten Abschnitte wird sich herausstellen, dass generell die folgende Strategie befolgt werden sollte, wenn ein Signifikanz-Test zur Prüfung einer Nullhypothese auszuwählen ist:

- Sofern zur Prüfung der Nullhypothese nicht nur ein, sondern mehrere Signifikanz-Tests einsetzbar sind, sollte derjenige Test gewählt werden, der die **größte Teststärke** besitzt! Dies bedeutet, dass derjenige Test verwendet werden sollte, bei dem zum vorgegebenen Testniveau α die Wahrscheinlichkeit, einen β-Fehler zu begehen, durchweg am geringsten ist!

- Zu einer Nullhypothese sollte die Alternativhypothese in einer Form angegeben werden, in der möglichst viel an vorhandener Vorabinformation genutzt werden kann, d.h. sie sollte möglichst als **gerichtete** Alternativhypothese formuliert werden!

- Es sollte eine nicht zu kleine und nicht zu große Zufallsstichprobe, sondern eine *hinreichend große* Zufallsstichprobe gewählt werden – am besten eine Zufallsstichprobe mit **optimalem** Stichprobenumfang!
  Dies ist derjenige Stichprobenumfang, der benötigt wird, um bei vorgegebenen Wahrscheinlichkeiten α und β für einen Fehler 1. bzw 2. Art einen praktisch bedeutsamen Unterschied zwischen dem in der Nullhypothese postulierten und dem tatsächlich in der Grundgesamtheit vorliegenden Sachverhalt mit der Mindest-Teststärke von "$1 - \beta$" "aufdecken" zu können.

16.6 Die Prüfung von Verteilungseigenschaften mit einem χ^2-Test (χ^2-Anpassungstest)

Anders als beim χ^2-Test zur Prüfung der statistischen Unabhängigkeit gibt es viele Signifikanz-Tests, bei denen testspezifische Voraussetzungen im Hinblick auf die Verteilungseigenschaften von Merkmalen zu erfüllen sind. Da bei vielen Signifikanz-Tests die *Normalverteilung* der untersuchten Merkmale vorausgesetzt wird (z.B. bei der Prüfung des unbekannten Zentrums einer Verteilung), ist man an einem Signifikanz-Test interessiert, durch dessen Einsatz man die Verteilung eines *intervallskalierten* Merkmals X mit einer Normalverteilung vergleichen kann, die dasselbe Zentrum und dieselbe Dispersion wie die Verteilung von X besitzt. Durch einen derartigen Signifikanz-Test, der – im Hinblick auf seine Zielsetzung, zwei Verteilungen auf die Güte ihrer Übereinstimmung hin abzugleichen – als **Anpassungstest** bezeichnet wird, ist daher die folgende Nullhypothese zu prüfen:

- H_0(X besitzt eine Normalverteilung.)

Um zu untersuchen, ob diese Nullhypothese akzeptabel ist, vergleicht man – auf der Basis einer *Zufallsstichprobe* vom Umfang "n" – die relativen Häufigkeiten der Werte von X mit denjenigen Wahrscheinlichkeiten, mit denen diese Werte im Fall einer vorliegenden Normalverteilung innerhalb bestimmter Intervalle der Zahlengeraden auftreten müssten.

Um einen Abgleich mit der *Standardnormalverteilung* durchführen zu können, sind zunächst sämtliche erhobenen Werte von X – durch eine z-Transformation – zu *standardisieren*, indem der Mittelwert "$\bar{x}$" als Schätzung des Zentrums und die Standardabweichung "s_x" als Schätzung der Dispersion verwendet werden. Anschließend sind die resultierenden "n" *z-scores* derart in "k" Intervalle zu *klassieren*, dass diese Intervalle die gesamte Zahlengerade überdecken und durch die resultierende Gliederung der Verteilungsverlauf angemessen beschrieben werden kann.

- Die Anzahl dieser Intervalle sollte größer als "3" sein und mindestens 80% der Intervalle sollten die folgende Eigenschaft besitzen:
  Es sollten mindestens 5 Werte in einem Intervall zu erwarten sein, sofern die Nullhypothese zutrifft und daher der Verteilungsverlauf dem der Standardnormalverteilung entspricht.

Auf der Basis der vorgenommenen Klassierung kann aus der Standardnormalverteilungs-Tabelle (siehe Anhang A.2) für jedes einzelne Intervall die zugehörige Wahrscheinlichkeit ermittelt werden, mit der die Werte von X innerhalb dieses Intervalls auftreten müssten, d.h. für das j. Intervall "I_j" kann der zur relativen Häufigkeit "h_j" korrespondierende Wert "$prob(I_j)$" (kurz: "p_j") angegeben werden. Sofern die Zahlengerade in geeigneter Form in "k" Intervalle aufgeteilt ist, lässt sich der vorliegende Sachverhalt wie folgt beschreiben ("I_1" reicht bis Minus-Unendlich ("$-\infty$") und "I_k" bis Plus-Unendlich ("$+\infty$")):

Intervalle:	I_1	I_2	...	I_k
beobachtete Häufigkeiten der empirischen Verteilung:	$n * h_1$	$n * h_2$	...	$n * h_k$
erwartete Häufigkeiten unter der Annahme der Normalverteilung:	$n * p_1$	$n * p_2$	...	$n * p_k$

Abbildung 16.20 erwartete und beobachtete Häufigkeiten

Hinweis: Sofern keine Anpassung an eine Normalverteilung, sondern an eine beliebige andere theoretische Verteilung zu prüfen ist, kann entsprechend vorgegangen werden. Anstelle der Wahrscheinlichkeiten der Standardnormalverteilung sind für die Wahrscheinlichkeiten "p_j" die Wahrscheinlichkeiten derjenigen theoretischen Verteilung zu verwenden, auf deren Anpassung hin die Prüfung unternommen wird. Von Interesse ist z.B. die Untersuchung, ob eine Gleichverteilung in der Grundgesamtheit vorliegt, oder ob die Merkmalsausprägungen in der Grundgesamtheit mit bestimmten relativen Häufigkeiten auftreten. Anstelle eines χ^2-*Anpassungstests* lässt sich auch der *Kolmogoroff-Smirnow-Test* durchführen. Bei diesem Signifikanz-Test besteht der Grundgedanke darin, die kumulierten relativen Häufigkeiten mit den zugehörigen kumulierten Wahrscheinlichkeiten abzugleichen, die sich aus der jeweils unterstellten Normalverteilung, von der die Mitte und die Streuung als bekannt vorausgesetzt werden müssen, ermitteln lassen. Da normalerweise keine Kenntnis der Mitte und der Streuung vorliegt, müssen diese beiden Größen durch die Werte der Stichprobe geschätzt werden. Sofern in diesem Sinne verfahren wird und die von *Lilliefors* für diesen Fall ermittelte exakte Stichprobenverteilung als Testverteilung eingesetzt wird, spricht man vom *Lilliefors-Test*.

Die in der Abbildung 16.20 angegebene Darstellung lässt sich als *Spezialfall* derjenigen Situation ansehen, in der beim χ^2-Test – zur Prüfung der statistischen Unabhängigkeit – unter Einsatz der Teststatistik χ^2 ein Abgleich zwischen dem tatsächlichen Zustand ("absolute Häufigkeiten in der Kontingenz-Tabelle") und dem erwarteten Zustand ("erwartete Häufigkeiten in der zugeordneten Indifferenz-Tabelle") durchgeführt wurde. Somit lässt sich die folgende Teststatistik zur Prüfung der Nullhypothese verwenden:

- $\chi^2 = \sum_{j=1}^{k} \frac{(n*h_j - n*p_j)^2}{n*p_j}$

Mit den Hilfsmitteln der mathematischen Wahrscheinlichkeitstheorie kann man nachweisen, dass unter der Voraussetzung, dass der Stichprobenumfang "n" hinreichend groß ist, die Verteilung dieser Teststatistik einer χ^2-Verteilung *ähnlich* ist. Dies bedeutet, dass die Verteilungsverläufe der Stichprobenverteilung und der Testverteilung ziemlich übereinstimmen, sodass bestehende Unterschiedlichkeiten vernachlässigt werden können.

- Da sich die Testverteilung der Teststatistik somit als χ^2-Verteilung ansehen lässt, wird der zugehörige Anpassungstest als χ^2-**Anpassungstest** bezeichnet.

Zunächst erscheint es, als wären "$k - 1$" Freiheitsgrade zu berücksichtigen. Sind nämlich "$k - 1$" erwartete Häufigkeiten vorgegeben, so sind sämtliche "k" erwartete Häufigkeiten bekannt, da die Summe der erwarteten Häufigkeiten gleich der Anzahl ("n") der beobachteten Werte sein muss. Da jedoch aus den erhobenen Werten Schätzungen für die Mitte und die Streuung ermittelt werden, gibt es zwei weitere Restriktionen, sodass die Anzahl der Freiheitsgrade um den Wert "2" zu vermindern ist und folglich von "$k - 3$" Freiheitsgraden ausgegangen werden muss.

SPSS: Sofern die Werte des Merkmals X durch eine z-Transformation in die Werte des Merkmals Z überführt und eine Klassierung in "k" Intervalle durch eine Rekodierung der Werte von Z erfolgt ist (Z nimmt anschließend Werte von "1" bis "k" an), kann der zum χ^2-*Anpassungstest* zugehörige Testwert durch die Ausführung des folgenden NPAR TESTS-Befehls – mit den Unterbefehlen CHISQUARE und EXPECTED – ermittelt werden:

```
NPAR TESTS CHISQUARE = Z ( 1 k ) / EXPECTED = p1 p2 ... pk .
```

Für den Platzhalter "k" ist die Anzahl der Intervalle und für die Platzhalter "p1", "p2" ... "pk" sind die zugehörigen Wahrscheinlichkeiten anzugeben, mit denen Werte der jeweils korrespondierenden Klassen auftreten müssten, sofern die Nullhypothese zutrifft. Unter Gültigkeit der Normalverteilungsannahme muss für "p1" somit die Wahrscheinlichkeit eingesetzt werden, mit der Werte in der durch "1" gekennzeichneten Klasse enthalten sein müssten – für "p2" ist die Wahrscheinlichkeit einzutragen, mit der Werte in der durch "2" gekennzeichneten Klasse auftreten müssten, usw.

Soll z.B. geprüft werden, ob das Merkmal "Deutsch" ("Anzahl der Tage, an denen für Deutsch geübt wird") innerhalb der Jahrgangsstufen 11, 12 und 13 als normalverteilt anzusehen ist, so müssen die 250 Ausprägungen von "Deutsch" zunächst z-transformiert und anschließend geeignet klassiert werden.

Für das Folgende wird unterstellt, dass es sinnvoll ist, die Zahlengerade in die Intervalle "$(-\infty; -1,5]$", "$(-1,5; -0,5]$", "$(-0,5; +0,5]$", "$(+0,5; +1,5]$" und "$(+1,5; +\infty)$" zu gliedern.

SPSS: Die z-Transformation und die vorgegebene Klassierung der *z-scores* lässt sich durch den Einsatz des DESCRIPTIVES- und des RECODE-Befehls wie folgt bewerkstelligen:

```
DESCRIPTIVES VARIABLES=deutsch(zdeutsch).
RECODE zdeutsch (LOWEST THRU -1.5 = 1) (-1.5 THRU -0.5 = 2)
   (-0.5 THRU 0.5 = 3) (0.5 THRU 1.5 = 4) (1.5 THRU HIGHEST = 5).
```

Um die Anpassung zu prüfen, sind die Wahrscheinlichkeiten zu ermitteln, mit denen die Werte des rekodierten Merkmals "Deutsch" innerhalb der festgelegten Klassen auftreten müssten, sofern die Nullhypothese der Normalverteilung zutrifft. Im Hinblick auf die vorgegebenen Intervalle werden die Wahrscheinlichkeiten mittels der Tabelle der Standardnormalverteilung (siehe Anhang A.2) – auf der Basis der oben angegebenen Reihenfolge der Intervalle – wie folgt ermittelt: "0,0668", "0,2417", "0,3830", "0,2417" und "0,0668".

SPSS: Somit kann die Anzeige des Testwerts und des zugehörigen Signifikanzniveaus für den χ^2-Anpassungstest durch den folgenden NPAR TESTS-Befehl abgerufen werden, der im Anschluss an die DESCRIPTIVES- und RECODE-Befehle zu formulieren ist:

```
NPAR TESTS CHISQUARE=zdeutsch(1 5)
   /EXPECTED=0.0668 0.2417 0.3830 0.2417 0.0668.
```

Als Ergebnis werden die in der Abbildung 16.21 angezeigten Tabellen erhalten.

Vor der Anforderung zur Ausführung des NPAR TESTS-Befehls muss ein geeignetes Testniveau vorgegeben werden, damit der Inferenzschluss *objektiv* vorgenommen werden kann. Sofern die Prüfung auf Normalverteilung im Vorfeld eines nachfolgenden Signifikanz-Tests erfolgen soll, bei dessen Durchführung die Normalverteilung des Merkmals vorausgesetzt werden muss, sind besondere

Vorkehrungen zu treffen, um sich gegenüber einem Fehler 2. Art abzusichern. Daher wird in dieser Situation das Testniveau α nicht auf den standardmäßig verwendeten Wert "0,05", sondern auf den Wert "0,1" festgelegt.

		Z-Wert(DEUTSCH)		
	Kategorie	Beobachtetes N	Erwartete Anzahl	Residuum
1	1,00000	16	16,7	-,7
2	2,00000	58	60,4	-2,4
3	3,00000	93	95,8	-2,8
4	4,00000	63	60,4	2,6
5	5,00000	20	16,7	3,3
Gesamt		250		

Statistik für Test

	Z-Wert(DEUTSCH)
Chi-Quadrat	,967
df	4
Asymptotische Signifikanz	,915

Abbildung 16.21 Anzeige beim χ^2-Anpassungstest

Bei der Ergebnisanzeige des IBM SPSS Statistics-Systems wird in diesem Fall der Wert "4" als Anzahl der Freiheitsgrade ausgewiesen. Dies geschieht deswegen, weil bei einer Anzahl von "k" Klassen (in der aktuellen Situation: "5" Klassen) von "$k - 1$" Freiheitsgraden ausgegangen wird. Für die erhobenen Stichprobenwerte besteht nämlich die einzige Restriktion darin, dass die Summe der erwarteten Häufigkeiten gleich dem Stichprobenumfang (in der aktuellen Situation: "250") sein muss. Es liegen keine weiteren Restriktionen vor, da bei der Anzeige des IBM SPSS Statistics-Systems grundsätzlich unterstellt wird, dass eine Aussage über die Mitte und die Streuung der jeweiligen Normalverteilung ein zusätzlicher Bestandteil der Nullhypothese ist – wie z.B. "H_0(X : N(4,2))".

Da im aktuellen Fall unter Unkenntnis der Mitte und der Streuung der Verteilung eine Schätzung dieser Größen durch die Ermittlung des Mittelwerts und der Standardabweichung vorgenommen werden muss, unterliegen die Stichprobenwerte nicht nur allein der soeben erwähnten Restriktion hinsichtlich der Summe der erwarteten Häufigkeiten, sondern noch zwei weiteren Restriktionen. Daher sind – wie oben erläutert – bei der Interpretation des χ^2-Testwerts nicht "$k - 1$", sondern "$k - 3$" Freiheitsgrade (in der aktuellen Situation: "2") Freiheitsgrade zugrunde zu legen, sodass der Signifikanz-Test *nicht* mit dem angezeigten Signifikanzniveau ("0,915"), das mit dem Testwert "0,967" korrespondiert, durchgeführt werden darf.

In der aktuellen Situation muss der zum Testniveau von "0,1" zugehörige kritische Wert "4,61" aus den zur $\chi^2(2)$-Verteilung tabellierten Werten (siehe Anhang A.7) ermittelt und mit dem Testwert "0,967" verglichen werden. Da *kein* signifikantes Testergebnis vorliegt, lässt sich die These, dass das Merkmal "Deutsch" insgesamt in den Jahrgangsstufen 11, 12 und 13 normalverteilt ist, auf dem Testniveau von "0,1" akzeptieren.

16.7   Signifikanz-Tests und Kreuzvalidierung

Einteilung von Signifikanz-Tests

Als Beispiele für χ^2-Tests wurden der Signifikanz-Test zur Prüfung der statistischen Unabhängigkeit zweier Merkmale und derjenige Signifikanz-Test vorgestellt, mit dem sich für die Verteilung eines Merkmals prüfen lässt, ob von einer Normalverteilung ausgegangen werden darf.

- Man spricht in beiden Fällen von einem χ^2-*Test*, weil für den Inferenzschluss jeweils eine "χ^2-Verteilung" als Basis dient.

Nachfolgend werden ausgewählte Fragestellungen vorgestellt, die sich als Nullhypothesen prüfen lassen. Damit dies möglich ist, müssen Teststatistiken eingesetzt werden, deren zugehörige Stichprobenverteilungen bekannt sind oder sich durch spezielle theoretische Verteilungen gut annähern lassen. Der Sachverhalt, dass sich Stichprobenverteilungen durch korrespondierende theoretische Verteilungen als Testverteilungen ersetzen lassen, resultiert aus den Anwendungen der mathematischen Wahrscheinlichkeitstheorie, die hier – im Hinblick auf den Gegenstand dieser Darstellung – nicht näher ausgeführt werden.

- Es wird sich zeigen, dass die Standardnormalverteilung in vielen Fällen direkt als Testverteilung oder aber als hinreichend gute Annäherung an die jeweilige Stichprobenverteilung der Teststatistik verwendet werden kann (siehe Kapitel 17). In einer derartigen Situation wird der jeweils zugehörige Signifikanz-Test als "*z-Test*" bezeichnet.

- Neben dem "χ^2-Test" und dem "z-Test" gibt es – für die statistische Prüfung von Hypothesen über *intervallskalierte* Merkmale – weitere Signifikanz-Tests, die "*t-Tests*" bzw. "*F-Tests*" genannt werden, weil bei diesen Tests die theoretischen *t-Verteilungen* bzw. *F-Verteilungen* als Testverteilungen verwendet werden.

Aus der oben angegebenen Darstellung des χ^2-Tests – zur Prüfung der statistischen Unabhängigkeit – ist ersichtlich, dass zur Durchführung des Inferenzschlusses allein das vorgegebene Testniveau mit dem Signifikanzniveau zu vergleichen ist, das vom IBM SPSS Statistics-System aufgrund des jeweils eingegebenen IBM SPSS Statistics-Befehls errechnet und angezeigt wird.

Bei jedem Signifikanz-Test, bei dessen Ausführung man sich durch das IBM SPSS Statistics-System unterstützen lassen kann, wird immer das jeweils interessierende Signifikanzniveau angezeigt – oder eine Größe, aus der das betreffende Signifikanzniveau unmittelbar entnommen werden kann. Daher lässt sich – bis auf wenige Ausnahmen (wie z.B. beim soeben vorgestellten χ^2-Anpassungstest) – der Inferenzschluss stets durch einen einfachen Vergleich zweier Zahlen durchführen, ohne dass man über weitere Kenntnisse verfügen muss. Im Hinblick auf die Konsequenzen eines derartigen einfachen Zahlenvergleichs wird im Folgenden großer

Wert darauf gelegt, dass man sich über die Rahmenbedingungen der jeweiligen Inferenzschlüsse im Klaren ist. Ferner geht es auch darum, einen Eindruck von den unterschiedlichen Ansätzen zu erhalten, nach denen Teststatistiken entwickelt worden sind. Dies hat nicht nur Auswirkungen auf die Wahl des jeweiligen Signifikanz-Tests, sondern bringt auch eine Einsicht in die Kriterien, die beim Einsatz von Signifikanz-Tests die entscheidende Rolle spielen.

Kreuzvalidierung

Oftmals lassen sich im Hinblick auf den Untersuchungsgegenstand – mangels geeigneter theoretischer Ansätze – keine Hypothesen formulieren. In diesem Fall ist man geneigt, die erhobenen Daten zunächst mit Verfahren der beschreibenden Statistik auf Auffälligkeiten hin zu untersuchen bzw. geeignete Signifikanz-Tests auf der Basis von mehr oder minder geeigneten Nullhypothesen zu verwenden. Wird durch den Einsatz von Verfahren der *beschreibenden Statistik* eine **explorative** Datenanalyse zur *Erkundung* von Sachverhalten durchgeführt, so lassen sich unter Umständen Hypothesen formulieren, die nachfolgend – durch den Einsatz von Verfahren der *schließenden Statistik* – untersucht werden können.

- Es ist zu beachten, dass Hypothesen, die aus diesem Vorgehen resultieren, auf *keinen* Fall an derselben Stichprobe geprüft werden dürfen.

Will man auf eine erneute Stichprobenauswahl verzichten, so bietet sich das Verfahren der **Kreuzvalidierung** (engl.: "crossvalidation") an. Ist nämlich die ermittelte Zufallsstichprobe hinreichend groß, so kann man sie durch eine geeignete Zufallsauswahl in zwei annähernd gleich große Teile zergliedern, sodass an dem einen Teil eine *explorative* Datenanalyse vorgenommen werden kann. Die resultierenden Hypothesen lassen sich anschließend an dem zweiten Teil der Zufallsstichprobe durch die Verfahren der *schließenden Statistik* untersuchen.

SPSS: Durch den Einsatz des IBM SPSS Statistics-Systems lässt sich der Aufbau der beiden Teilstichproben – auf der Basis von innerhalb der Daten-Tabelle gespeicherten Stichprobendaten – wie folgt durchführen (der EXECUTE-Befehl sichert die unmittelbare Ausführung des COMPUTE- und IF-Befehls):

```
COMPUTE gruppe=1.
IF (UNIFORM(1) <= 0.5) gruppe=2.
EXECUTE.
```

Durch den COMPUTE-Befehl wird eine neue Variable namens "gruppe" innerhalb der Daten-Tabelle eingerichtet, wobei für alle Fälle einheitlich der Wert "1" gespeichert wird. Durch den IF-Befehl wird festgelegt, dass der ursprüngliche Wert "1" für diejenigen Fälle in den Wert "2" abgeändert werden soll, für die durch den Aufruf des Pseudo-Zufallszahlen-Generators ("UNIFORM(1)" erzeugt Zahlen zwischen "0" und "1") ein Wert resultiert, der kleiner oder gleich "0,5" ist.

Anschließend kann die explorative Datenanalyse für diejenigen Fälle durchgeführt werden, die durch die Vergleichsbedingung "gruppe=1" gekennzeichnet sind. Die daraus resultierenden Hypothesen können danach an derjenigen Zufallsstichprobe untersucht werden, deren zugehörige Fälle durch die Eigenschaft "gruppe=2" charakterisiert sind.

KAPITEL 17

PRÜFUNG VON ZENTREN (Z-TEST, T-TEST)

17.1 Nullhypothesen über Parameter

17.1.1 Parameter der Grundgesamtheit

Innerhalb der *beschreibenden Statistik* wird unter einer *"Statistik"* eine numerische Kennzahl verstanden, mit der eine Aussage über eine *Stichprobe* gemacht wird. Soll ein statistischer Sachverhalt innerhalb einer **Grundgesamtheit** beschrieben werden, so spricht man *nicht* von einer "Statistik", sondern nennt die zugehörige Kennzahl einen **Parameter**. Zur Beschreibung von *Parametern* verwendet man griechische Kleinbuchstaben.

- Wird die Verteilung eines intervallskalierten Merkmals innerhalb einer Grundgesamtheit betrachtet, so wird das Zentrum dieser Verteilung durch den Parameter "μ" (Sprechweise: "mü") gekennzeichnet – und es wird von der *Mitte* "μ" gesprochen. Um die Variabilität zu beschreiben, wird der Parameter "σ" (Sprechweise: "sigma") bzw. dessen Quadrat in Form des Parameters "σ^2" verwendet – und es wird von der *Streuung* "σ" bzw. von der *(Populations-)Varianz* "σ^2" gesprochen. Soll eine Aussage über die statistische Beziehung zweier Merkmale gemacht werden, so wird der Parameter "ρ" (Sprechweise: "rho") benutzt.

Zum Beispiel lässt sich unter Einsatz des Parameters "ρ" die Nullhypothese und die Alternativhypothese des χ^2-Tests – zur Prüfung der statistischen Unabhängigkeit zweier nominalskalierter Merkmale – wie folgt formulieren:

- "$H_0(\rho = 0)$"   gegenüber   "$H_1(\rho > 0)$"

Um durch den Einsatz eines Signifikanz-Tests eine Aussage über einen Parameter einer Grundgesamtheit prüfen zu können, muss eine geeignete Teststatistik verwendet werden. Für diese Teststatistik muss ihre Stichprobenverteilung bekannt sein oder sich durch eine *theoretische* Verteilung hinreichend gut annähern lassen. Der durchzuführende Inferenzschluss fusst darauf, dass die Realisierungen der Teststatistik darauf basieren, dass die zu prüfende Aussage über den interessierenden Parameter der Grundgesamtheit als zutreffend unterstellt werden kann.

Somit interessiert vornehmlich die Beantwortung der folgenden Frage:

- Wie muss eine Nullhypothese formuliert sein, damit eine zugehörige Teststatistik zur Verfügung steht, die sich für die Durchführung eines Signifikanz-Tests einsetzen lässt?

17.1.2   Beispiele für Nullhypothesen

Bislang ist bekannt, dass sich die beiden folgenden Nullhypothesen durch Signifikanz-Tests prüfen lassen:

- "$H_0(\rho = 0)$" , d.h. es liegt eine statistische Unabhängigkeit zwischen zwei nominalskalierten Merkmalen innerhalb einer Grundgesamtheit vor (χ^2-Test zur Prüfung der statistischen Unabhängigkeit, siehe Abschnitt 16.4);

- "H_0(X ist normalverteilt)", d.h. das intervallskalierte Merkmal X ist innerhalb einer Grundgesamtheit normalverteilt (χ^2-Test zur Prüfung der Anpassung an eine Normalverteilung, siehe Abschnitt 16.6).

Im Vorgriff auf die nachfolgende Darstellung lässt sich feststellen, dass z.B. auch Nullhypothesen der folgenden Form prüfbar sind:

- "$H_0(\mu = \mu_o)$", d.h. die unbekannte Mitte μ eines intervallskalierten Merkmals X ist innerhalb einer Grundgesamtheit gleich einem bestimmten Wert μ_o, der beliebig vorgegeben, dann aber fest ist, sodass z.B. die Nullhypothese "$H_0(\mu=90)$" getestet werden kann (z-Test sowie t-Test zur Prüfung einer Mitte, siehe die Abschnitte 17.2, 17.3, 17.4 und 17.5).

Hinweis: Zum Beispiel interessiert man sich dafür, ob bislang unterstellte Normgrößen in Grundgesamtheiten wie "durchschnittliche Körperlänge" oder "durchschnittliches Gewicht" noch aktuell sind, oder aber man möchte – im Rahmen von Intelligenz- oder Leistungsuntersuchungen – prüfen, ob bekannte "durchschnittliche Normpunktzahlen" wie etwa "IQ-Werte" auf bislang noch nicht untersuchte Grundgesamtheiten übertragbar sind.

- "$H_0(\mu_1 = \mu_2)$", d.h. "die beiden Mitten eines intervallskalierten Merkmals sind innerhalb zweier unterschiedlicher Grundgesamtheiten gleich (t-Test für unabhängige Stichproben, siehe Abschnitt 20.3)" oder "die Mitten zweier intervallskalierter Merkmale unterscheiden sich innerhalb einer Grundgesamtheit nicht (t-Test für abhängige Stichproben, siehe Abschnitt 20.2)".

Hinweis: Zum Beispiel möchte man untersuchen, ob geschlechtsspezifische Unterschiede hinsichtlich des durchschnittlichen Leistungsvermögens in einem Fähigkeitstest vorliegen oder ob z.B. eine bestimmte Form des Trainings zu einer Änderung im durchschnittlichen Leistungsvermögen führt.

- "$H_0(\sigma_1^2 = \sigma_2^2)$", d.h. es liegt Varianzhomogenität vor, sodass die (Populations-)Varianzen eines intervallskalierten Merkmals innerhalb zweier Grundgesamtheiten als gleich angesehen werden können (Levene-Test bzw. F-Test zur Prüfung auf Varianzhomogenität, siehe die Abschnitte 20.4 und 20.5).

Hinweis: Zum Beispiel interessiert man sich dafür, ob keine geschlechtsspezifischen Unterschiede in den Variationen hinsichtlich einer Ausdauerleistung bestehen, d.h. ob die Verschiedenartigkeit von Frauen in der Ausdauerleistung in etwa genauso groß wie bei den Männern ist.

- "$H_0(\pi = \pi_o$)", d.h. der unbekannte prozentuale Anteil, mit dem ein dichotomes Merkmal eine von zwei möglichen Ausprägungen innerhalb einer Grundgesamtheit annimmt, ist gleich dem Wert "π_o" (Binomial-Test, siehe Abschnitt 19.3.4).

Hinweis: Zum Beispiel möchte man untersuchen, ob die These zutrifft, dass in etwa gleich viele Schüler und Schülerinnen an einer Versammlung teilgenommen haben.

- "$H_0(\rho = \rho_o)$", d.h. die lineare Korrelation zwischen zwei intervallskalierten Merkmalen ist innerhalb einer Grundgesamtheit gleich "ρ_o" (Korrelations-Test, siehe Abschnitt 19.3.2).

Hinweis: Zum Beispiel besteht das Interesse, festzustellen, ob es eine bestimmte korrelative Beziehung zwischen der Einkommenshöhe und dem Intelligenzgrad bei einer bestimmten Berufsgruppe gibt.

- "$H_0(\mu_1 = \mu_2 = ... = \mu_k$)", d.h. für ein innerhalb von "k" Grundgesamtheiten jeweils normalverteiltes Merkmal bestehen keine Unterschiede in den Mitten (F-Test der 1-faktoriellen Varianzanalyse, siehe Abschnitt 22.4).

Hinweis: Zum Beispiel ist man daran interessiert, ob die folgende These zutrifft: Es gibt keine jahrgangsstufenspezifischen Unterschiede in den Mitten hinsichtlich einer Ausdauerleistung, d.h. die durchschnittliche Ausdauerleistung ist in allen Jahrgangsstufen in etwa gleich groß.

- "H_0(Auf ein normalverteiltes abhängiges Merkmal wird kein Interaktionseffekt durch zwei (Gruppierungs-)Merkmale (Faktoren) ausgeübt.)",

  d.h. für sämtliche Ausprägungen jeweils eines (Gruppierungs-)Merkmals stimmen die – im Hinblick auf das zweite (Gruppierungs-)Merkmal gebildeten – gruppenspezifischen Mittenunterschiede des abhängigen Merkmals überein. (F-Test der 2-faktoriellen Varianzanalyse, siehe Abschnitt 22.9.5).

Hinweis: Zum Beispiel ist man daran interessiert, ob die folgende These zutrifft: Die jahrgangsstufenspezifischen Unterschiede in den Mitten von "Unterrichtsstunden" stimmen für die Schüler und Schülerinnen überein.

- "H_0(Mehrere Merkmale besitzen innerhalb einer Grundgesamtheit die gleiche Verteilung.)" oder

  "H_0(Ein Merkmal besitzt innerhalb mehrerer Grundgesamtheiten die gleiche Verteilung.)",

  d.h. es gibt keine Unterschiede in den Verteilungsverläufen von Merkmalen (Wilcoxon-Test, Friedman'sche Rangvarianzanalyse, U-Test von Mann-Whitney oder H-Test von Kruskal-Wallis, siehe die Kapitel 21 und 22).

Hinweis: Zum Beispiel möchte man wissen, ob die Einschätzung hinsichtlich der eigenen Leistungsfähigkeit in allen Altersstufen zwischen 16 und 18 Jahren in etwa gleicher Weise verteilt ist.

17.1.3   Parametrische und nichtparametrische Signifikanz-Tests

Bei der Prüfung derartiger Nullhypothesen basiert die jeweilige Test-Entscheidung eines Signifikanz-Tests auf derjenigen Verteilung, die für die jeweils eingesetzte Teststatistik aus Basisannahmen abgeleitet werden kann.

Zu diesen Basisannahmen zählt z.B. die Kenntnis, dass ein Merkmal innerhalb der Grundgesamtheit normalverteilt ist oder dass ein Merkmal in verschiedenen Grundgesamtheiten jeweils dieselbe (Populations-)Varianz besitzt (es liegt *Varianzhomogenität* vor).

Als Vorgriff für nachfolgende Darstellungen werden die folgenden Verabredungen getroffen:

- Einen Signifikanz-Test, bei dem für die betreffenden Merkmale *keine* Kenntnis über die Form von Verteilungen innerhalb der Grundgesamtheit vorausgesetzt werden muss, nennt man **verteilungsfrei** bzw. einen **nichtparametrischen** Test (engl.: "nonparametric test").

Da bei den beiden im Kapitel 16 vorgestellten χ^2-Tests *keine* konkreten Verteilungsformen der jeweils zur Diskussion stehenden Merkmale *vorausgesetzt* wurden, werden sie zu den nichtparametrischen Tests gezählt. Dabei ist zu beachten, dass beim χ^2-Anpassungstest die Aussage über die Verteilung Gegenstand der Nullhypothese ist und *nicht* den zu erfüllenden Test-Voraussetzungen zugerechnet wird.

- Als Gegenstück zu den nichtparametrischen Tests sind Signifikanz-Tests anzusehen, bei denen konkrete Annahmen über den Verteilungsverlauf der untersuchten Merkmale zu erfüllen sind und deren zu prüfende Nullhypothesen Aussagen über Parameter einer oder mehrerer Grundgesamtheiten machen. Derartige Signifikanz-Tests sind **verteilungsgebunden** und heißen **parametrische** Tests (engl.: "parametric test").

Gegenstand der nachfolgenden Darstellung sind parametrische und nichtparametrische Signifikanz-Tests, durch deren Einsatz sich Aussagen über unbekannte Mitten, Unterschiede bzw. Übereinstimmungen in Mitten sowie über gleichartige bzw. unterschiedliche Verläufe von Verteilungen erhalten lassen.

Als erstes wird in den nachfolgenden Abschnitten ein "z-Test" vorgestellt, mit dem die Prüfung einer unbekannten Mitte ("$H_0(\mu = \mu_o)$") durchgeführt werden kann. An diesem Signifikanz-Test wird erläutert, welchen Einfluss der *Stichprobenumfang* und die Art der Fragestellung ("einseitig" oder "zweiseitig") auf die Wahrscheinlichkeit ausüben, einen Fehler 2. Art zu begehen. Dabei wird schrittweise vorgegangen und zunächst der Fall einer Zufallsstichprobe vom Umfang "1" und anschließend der Fall eines beliebigen Stichprobenumfangs diskutiert. Ferner wird dargestellt, dass unter Umständen ein "t-Test" anstelle eines "z-Tests" eingesetzt werden muss, wenn die Voraussetzungen zur Durchführung eines "z-Tests" nicht erfüllbar sind.

Da die Prüfung einer unbekannten Mitte nur dann sinnvoll ist, wenn sich ihre vermeintliche Lage durch geeignete Vorkenntnisse einschätzen lässt, stellt sich die Frage, wie man – ohne derartige Vorabinformationen – eine Aussage über den Wert einer unbekannten Mitte erhalten kann. In dieser Hinsicht wird im Kapitel 19 erläutert, wie man sich eine Information über die vermutete Lage einer Mitte – durch die Berechnung von "Konfidenzintervallen" – verschaffen kann.

Während sich die Nullhypothese "$H_0(\mu = \mu_o)$" durch einen "z-Test" oder einen "t-Test" untersuchen lässt, ist die Übereinstimmung zweier unbekannter Mitten ("$H_0(\mu_1 = \mu_2)$") über einen "t-Test" prüfbar. Im Kapitel 20 wird dargestellt, wie im Hinblick auf den jeweiligen Untersuchungsplan, gemäß dem die benötigten Zufallsstichproben ermittelt werden, zwischen einem Signifikanz-Test für "unabhängige Stichproben" und einem Signifikanz-Test für "abhängige Stichproben" unterschieden werden muss.

Sind die benötigten Voraussetzungen zur Durchführung abhängiger bzw. unabhängiger t-Tests nicht erfüllt, so bietet sich unter Umständen der Einsatz von nichtparametrischen Tests an, mit denen die Übereinstimmung von Verteilungen prüfbar ist. Nähere Einzelheiten zu dieser Thematik sind Gegenstand von Kapitel 21. Abschließend werden im Kapitel 22 statistische Verfahren vorgestellt, mit denen sich Aussagen über die Übereinstimmung mehrerer unbekannter Mitten in der Form "$H_0(\mu_1 = \mu_2 = ... = \mu_k)$" bzw. mehrerer Verteilungen in der Form "H_0(Es liegt Verteilungsgleichheit vor.)" machen lassen. Ferner wird erläutert, wie sich Thesen über potentielle Einflüsse von (Gruppierungs-)Merkmalen testen lassen, indem – mittels F-Tests im Rahmen einer 2-faktoriellen Varianzanalyse – eine Prüfung auf das Vorliegen von Interaktions- und Haupteffekten durchgeführt wird.

17.2 Der einseitige z-Test zur Prüfung einer Mitte

17.2.1 Die Normalverteilung als Testverteilung

Für die nachfolgend erläuterten parametrischen Signifikanz-Tests muss gesichert sein, dass die zugehörigen Teststatistiken *normalverteilt* sind. Welchen Verteilungsverlauf Normalverteilungen besitzen, wurde in den Abschnitten 2.7 und 7.3 erläutert. Da es sich bei einer Normalverteilung um eine *theoretische* Verteilung handelt, kann eine empirische Verteilung günstigstenfalls hinreichend gut durch eine Normalverteilung angenähert werden. Dies ist unabhängig davon, ob es sich bei dem jeweils betrachteten Merkmal um ein *kontinuierliches* Merkmal oder um ein Merkmal handelt, das aus einem kontinuierlichen Merkmal (eventuell auch aus einem diskreten Merkmal) durch Klassierung abgeleitet wurde. Im Hinblick auf diesen Sachverhalt ist der folgende Sprachgebrauch üblich:

- Man spricht von einem (annähernd) **normalverteilten** Merkmal, wenn dessen Verteilung einer Normalverteilung hinreichend *ähnlich* ist.

Die Normalverteilung spielt innerhalb der Statistik eine *zentrale* Rolle. Dies ist deswegen der Fall, weil sich die Verteilung von statistischen Maßzahlen, deren

Werte aus hinreichend umfangreichen Zufallsstichproben ermittelt werden, oft einer Normalverteilung annähert – unabhängig davon, welche Verteilung das untersuchte Merkmal selbst besitzt. Es lässt sich nämlich belegen, dass es sich bei den Verteilungen von Merkmalen, deren Ausprägungen aus einer Summe von vielen, **unabhängig** voneinander wirkenden, ähnlich starken Einflussgrößen resultieren, um Normalverteilungen handelt. Die Begründung für diesen Sachverhalt basiert auf einer der zentralen Aussagen der mathematischen Wahrscheinlichkeitstheorie, die unter dem Namen **"Zentraler Grenzwertsatz"** (engl.: "central limit theorem") bekannt ist und sich vereinfacht wie folgt formulieren lässt:

> • Die Verteilung einer **Summe** von hinreichend vielen Merkmalen mit beliebiger Verteilung, die paarweise untereinander statistisch **unabhängig** sind und jeweils ähnlich starke Einflüsse auf die Summengröße besitzen, ist einer Normalverteilung **ähnlich**, wobei sich die Anpassung an eine Normalverteilung mit der Erhöhung der Summandenzahl verbessert.

Hinweis: Sind sämtliche Merkmale normalverteilt, so ist deren Summe – unabhängig von der Anzahl der Summanden – ebenfalls normalverteilt.

Beispiele für normalverteilte Merkmale von Schülern sind etwa die Körperlänge und das Gewicht sowie bestimmte Fertigkeiten (geeignet operationalisiert wie z.B. durch "Schnelligkeit" oder durch "IQ-Leistungsfähigkeit").

Nachfolgend werden Signifikanz-Tests vorgestellt, bei denen eine Normalverteilung als Testverteilung eingesetzt wird. Dies setzt voraus, dass für die jeweils betrachtete Teststatistik bzw. für die Komponenten, aus denen die Teststatistik aufgebaut ist, eine *Normalverteilung* unterstellt werden kann. Die jeweilige *Gültigkeit* dieses Sachverhalts muss im Einzelfall begründet werden. Dabei muss sich die These, dass ein Merkmal normalverteilt ist, entweder durch den "Zentralen Grenzwertsatz" oder aber durch einen Anpassungstest wie z.B. den χ^2-Anpassungstest stützen lassen.

17.2.2   Null- und Alternativhypothese

Im Folgenden soll ein Signifikanz-Test vorgestellt werden, mit dem eine Hypothese über eine *unbekannte* Mitte "μ" eines *normalverteilten* Merkmals geprüft werden kann. Dabei wird zunächst – der Einfachheit halber – unterstellt, dass die Streuung "σ" *bekannt* ist.

Zur Erläuterung der Signifikanz-Tests, mit denen sich eine unbekannte Mitte prüfen lässt, wird das folgende *Beispiel* zugrunde gelegt:

• Eine Palette von Kartons enthält Kassetten, die ein Produzent an einen Konsumenten verkaufen will.

Im Hinblick auf eine mögliche Kaufentscheidung ist die folgende Behauptung des Produzenten teststatistisch zu prüfen:

- Die Kassetten besitzen eine durchschnittliche Spieldauer von *mindestens* 90 Minuten.

Hinweis: Es kann also durchaus Kassetten mit einer geringeren Spieldauer als 90 Minuten geben. Wichtig ist, dass die Spieldauer im *Durchschnitt* nicht geringer als 90 Minuten ist!

Der Produzent gesteht eine produktionsbedingte Abweichungstoleranz (Streuung) von 1 Minute zu und bietet eine kostenlose Prüfung an.

Hinweis: Diese ungewöhnlich große Toleranz wird nur deswegen unterstellt, damit nachfolgende Berechnungen – aus didaktischen Gründen – sehr einfach gehalten werden können.

Problem des Konsumenten:

- Er akzeptiert die Aussage des Produzenten. Dabei geht er ein Risiko – **Konsumentenrisiko** genannt – ein. Dieses Risiko ist gleich der Wahrscheinlichkeit β, einen *Fehler 2. Art* zu begehen, indem er die Kartons mit den Kassetten kauft, obwohl die Aussage des Produzenten nicht stimmt.

Problem des Produzenten:

- Er lässt Kassetten prüfen, die er trotzdem nicht verkaufen kann, obwohl seine Behauptung über die Güte der Kassetten stimmt. Dieses Risiko, das als **Produzentenrisiko** bezeichnet wird, ist gleich der Wahrscheinlichkeit α, einen *Fehler 1. Art* zu begehen.

Es liegt nahe, das Merkmal "Spieldauer einer Kassette" (abkürzend durch "X" bezeichnet) als *normalverteilt* anzusehen, da die Bandlänge durch eine Summation einer hinreichend großen Zahl voneinander unabhängiger, ähnlich starker Einflussgrößen (z.B. Temperatur, Luftfeuchtigkeit, Einstellung der Schneidemaschine, Qualität des Bandmaterials usw.) bestimmt wird und somit die Normalverteilung durch die Aussage des *"Zentralen Grenzwertsatzes"* gestützt wird.

Der Sachverhalt, dass für das Merkmal X eine Normalverteilung unterstellt werden kann, für die die Streuung ("$\sigma = 1$") *bekannt* und die Mitte (μ) *unbekannt* ist, lässt sich wie folgt beschreiben:

- X: $N(\mu, 1)$

Da die Kassetten unter dem Gesichtspunkt einer durchschnittlichen Mindestspielzeit von 90 Minuten gekauft werden sollen, ist die Akzeptanz der Hypothese "$H(\mu \geq 90)$" zu prüfen.

- Aus technischen Gründen lassen sich bei *parametrischen* Testverfahren nur *Nullhypothesen* prüfen, die die Form von **Punkthypothesen** besitzen, d.h. bei denen für einen unbekannten Parameter ein konkreter Parameterwert (und kein Bereich von Parameterwerten) unterstellt wird. Nur in diesen Fällen kann man unter der Annahme, dass eine Nullhypothese zutrifft, eine Aussage über die Verteilung einer jeweils geeignet gewählten Teststatistik machen, auf deren Basis der aus einer Zufallsstichprobe resultierende Testwert beurteilt werden kann.

Da sich folglich als Nullhypothesen nur Hypothesen der Form "$H_0(\mu = \mu_o)$" testen lassen, stellt sich die Frage, welches "μ_o" im Hinblick auf die vorliegende Fragestellung gewählt werden sollte.

Bevor eine diesbezügliche Entscheidung getroffen wird, soll zunächst eine zur Prüfung von "$H_0(\mu = \mu_o)$" geeignete Teststatistik festgelegt werden. Um den Aufwand für die Test-Entscheidung so gering wie möglich zu halten, wird verabredet, dass eine Zufallsstichprobe vom Umfang "1" gezogen werden soll. Es ist somit eine *einzige* Kassette zufällig auszuwählen und deren Spieldauer festzustellen.

Hinweis: Die Tatsache, dass zunächst ein Stichprobenumfang von "1" unterstellt wird, hat allein didaktische Gründe. In der Praxis wird man natürlich einen größeren Stichprobenumfang wählen. Dabei ist allerdings stets zu bedenken, dass man normalerweise – d.h. nicht nur bei diesem Beispiel – entsprechend viel Zeit für die Ermittlung der Realisierungen der Teststatistik aufzuwenden hat.

Da die Teststatistik auf einer Zufallsstichprobe vom Umfang "1" basieren soll, lässt sich das Merkmal X ("Spieldauer einer Kassette") unmittelbar als Teststatistik verwenden.

Beim Inferenzschluss wird die Lage eines Testwerts im Hinblick darauf bewertet, dass die Gültigkeit der Nullhypothese als *zutreffend* unterstellt wird. Wenn daher "$H_0(\mu = \mu_o)$" als zutreffend angesehen wird, muss die Verteilung der *Teststatistik*, die durch die Zuordnung

- Zufallsstichprobe vom Umfang "n=1" $\longrightarrow$ Spieldauer einer Kassette

festgelegt ist, die Mitte "$\mu = \mu_o$" besitzen.

Diese Teststatistik wird in Zukunft – unter Einsatz des Indexes "μ_o" – in der Form "X_{μ_o}" gekennzeichnet, da das Merkmal "Spieldauer einer Kassette" mit "X" bezeichnet und durch die Nullhypothese "$H_0(\mu = \mu_o)$" die Mitte "μ_o" postuliert wird.

Hinweis: Diese Schreibweise erweist sich dann als besonders vorteilhaft, wenn die Wahrscheinlichkeit, einen Fehler 2. Art zu begehen, ermittelt wird (vgl. die Abschnitte 17.2.4 und 17.3.2).

- Grundsätzlich werden fortan Teststatistiken und andere Stichprobenfunktionen durch Großbuchstaben gekennzeichnet. Die jeweiligen *Realisierungen* werden durch Kleinbuchstaben kenntlich gemacht.

Wird z.B. von der Gültigkeit der Nullhypothese "$H_0(\mu = 90)$" ausgegangen, so wird die verwendete Teststatistik – gemäß der getroffenen Absprache – durch die Angabe "X_{90}" gekennzeichnet.

Da für X eine Normalverteilung mit der Streuung "$\sigma = 1$" vorausgesetzt werden kann, ist die Teststatistik "X_{90}" genauso verteilt, d.h. es gilt:

- X_{90}: N(90,1)

Die zu diskutierende These "$H(\mu \geq 90)$" wird durch alle Testwerte gestützt, die größer oder gleich "90" sind bzw. die nicht "allzu weit unterhalb" des Wertes "90" liegen. Da ein festzulegender kritischer Wert durch das vorgegebene Testniveau α bestimmt wird, ist – im Hinblick auf die zu treffende Test-Entscheidung – die folgende Skizze hilfreich:

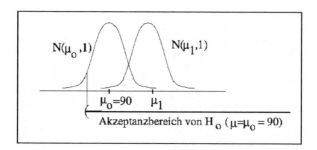

Abbildung 17.1: Grundlage der Test-Entscheidung

Neben der Verteilung "N(μ_o,1)" von "X_{90}" ist in dieser Abbildung zusätzlich – für ein "μ_1" mit "$\mu_1 > \mu_o = 90$" – die Verteilung der Teststatistik "X_{μ_1}" eingetragen, die auf der Gültigkeit der Nullhypothese "$H_0(\mu = \mu_1)$" basiert.

Für alle Werte "μ_1", für die die Ungleichung "$\mu_1 > \mu_o$" gilt, ist der folgende Sachverhalt unmittelbar erkennbar:

- Falls ein Testwert von "X_{90}" *nicht* im Akzeptanzbereich von "$H_0(\mu = 90)$" liegt, so befindet er sich erst recht *nicht* im Akzeptanzbereich der Nullhypothese "$H_0(\mu = \mu_1)$".

Sofern man sich bei der Test-Entscheidung (zunächst) einzig und allein gegenüber einer *zu geringen* Spieldauer (eine längere Spieldauer wird nicht verschmäht) absichern will, ist es folglich sinnvoll, die Hypothese

- $H_0(\mu = \mu_o = 90)$

als die für die Kaufentscheidung *ungünstigste* Hypothese zu testen – im Hinblick auf sämtliche Hypothesen der Form "$H_0(\mu = \mu_1)$" mit "$\mu_1 > 90$".

Auf dieser Grundlage ist die Alternativhypothese H_1 daher wie folgt festzulegen:

- $H_1(\mu < 90)$

Führt der Inferenzschluss dazu, dass die Alternativhypothese "$H_1(\mu < 90)$" akzeptiert wird, so wird man auf den Kauf der Kassetten verzichten. Akzeptiert man dagegen die Nullhypothese "$H_0(\mu = 90)$", so wird man die Kassetten kaufen.

Im Hinblick auf den dargestellten Sachverhalt ist Folgendes festzustellen:

- Obwohl nur *Punkthypothesen* geprüft werden können, ist es sinnvoll, eine Nullhypothese in der Form "$H_0(\mu_o \leq \mu)$" zu formulieren.

  Eine derartige Nullhypothese wird im Unterschied zur bisherigen Form, in der eine Nullhypothese als **spezifische** (einfache) Hypothese (engl.: "simple hypothesis") angegeben wurde, als **unspezifische** (zusammengesetzte) Nullhypothese (engl.: "composite null hypothesis") bezeichnet.

  Entsprechend der oben angegebenen Begründung ergibt sich die Hypothese "$H_1(\mu < \mu_o)$" als Alternativhypothese von "$H_0(\mu_o \leq \mu)$", sodass geprüft werden muss:

  "$H_0(\mu = \mu_o)$"   gegen   "$H_1(\mu < \mu_o)$"

- Soll – im Hinblick auf eine andere Fragestellung – eine unspezifische Nullhypothese der Form "$H_0(\mu \leq \mu_o)$" diskutiert werden, so ist zu prüfen:

  "$H_0(\mu = \mu_o)$"   gegen   "$H_1(\mu > \mu_o)$"

Hinweis: Wird z.B. eine Nullhypothese in der Form "$H_0(\mu \geq \mu_o)$" gegen die Alternativhypothese "$H_1(\mu < \mu_o)$" geprüft und als Realisierung von "X_{μ_o}" ein Wert "x_{test}" mit "$x_{test} > \mu_o$" erhalten, so ist – ohne weitere Berechnung – sofort einzusehen, dass *kein* signifikantes Testergebnis vorliegen kann.

Die für das Kassetten-Beispiel festgelegte Alternativhypothese "$H_1(\mu < 90)$" beschreibt nicht nur eine Unterschiedlichkeit, sondern zudem die Richtung, in der die unbekannte Mitte von dem postulierten Wert "90" abweicht.

- Sofern als Alternativhypothese *eine* von *zwei möglichen* Richtungen der Abweichung – vom in der Nullhypothese postulierten Parameter – formuliert wird (wie z.B. bei einer Alternativhypothese der Form "$H_1(\mu < 90)$"), nennt man diese Hypothese eine **gerichtete** Alternativhypothese (engl.: "directional alternative hypothesis").

  Um zu betonen, dass durch H_1 die Abweichung in nur einer Richtung (von jeweils zwei theoretisch möglichen Richtungen der Abweichung) gekennzeichnet wird, spricht man in dieser Situation von einem **einseitigen** Signifikanz-Test (engl.: "one-tailed test").

Hinweis: Bei einem χ^2-Test zur Prüfung der statistischen Unabhängigkeit, bei dem der Fall "$\rho < 0$" *nicht* eintreten kann, stellt "$H_1(\rho > 0)$" *keine* gerichtete Alternativhypothese dar.

Anders als beim *einseitigen* Signifikanz-Test, bei dem man beim Inferenzschluss – je nach Formulierung der Alternativhypothese – entweder zu kleine oder aber zu große Testwerte als signifikante Ergebnisse wertet, werden bei einem *zweiseitigen* Signifikanz-Test (siehe Abschnitt 17.3) sowohl zu kleine als auch zu große Testwerte als signifikant angesehen. Beim zweiseitigen Signifikanz-Test umfasst der Akzeptanzbereich der Alternativhypothese daher sowohl alle von einem bestimmten Punkt an kleineren Werte als auch alle von einem anderen Punkt an größeren Werte, d.h. der Akzeptanzbereich von H_0 wird durch einen unteren und einen oberen kritischen Wert bestimmt.

Fasst man die zuvor festgelegten Rahmenbedingungen und Zielsetzungen zusammen, so lässt sich im Hinblick auf das Kassetten-Beispiel die folgende Aufgabenstellung formulieren:

Durch einen *einseitigen* Signifikanz-Test soll für ein Merkmal X mit der Eigenschaft "X: N(μ,1)" eine Aussage über die unbekannte Mitte "μ" in der folgenden Form geprüft werden:

- $H_0(\mu = 90)$ gegenüber: $H_1(\mu < 90)$

17.2.3   Durchführung des z-Tests (als einseitiger z-Test)

Um einen einseitigen Signifikanz-Test zur Prüfung von "$H_0(\mu = 90)$" durchzuführen, wird ein Testniveau von "$\alpha = 0,05$" vorgegeben und eine Zufallsstichprobe vom Umfang "1" gezogen. Die Realisierung von "X_{90}" stellt den Testwert dar, der mit "x_{test}" bezeichnet wird.

- Im Folgenden wird davon ausgegangen, dass durch die Ziehung einer Zufallsstichprobe vom Umfang "1" der Wert "89" als Testwert ermittelt wurde, d.h. es gilt "$x_{test} = 89$".

Da durch "x_{test}" eine Test-Entscheidung über die Akzeptanz von "$H_0(\mu = 90)$" gegenüber der Akzeptanz von "$H_1(\mu < 90)$" herbeigeführt werden soll, sind die Akzeptanzbereiche für H_0 und H_1 – auf der Basis der Vorgaben "X_{90}: N(90,1)" und "$\alpha = 0,05$" – gemäß der Abbildung 17.2 festgelegt.

Hinweis: Der Abbildung 17.2 lässt sich entnehmen, dass ein Wert "x_{krit}" zu bestimmen ist, bei dem der Flächeninhalt unterhalb der Verteilungskurve von "X_{90}" eingeteilt wird in einen linksseitigen Anteil von 5% und einen rechtsseitigen Anteil von 95%, d.h. der die Gesamtwahrscheinlichkeit (von "1") im Verhältnis von "0,05" zu "0,95" aufgliedert. Dieser Sachverhalt lässt sich formal wie folgt beschreiben:

$\alpha = 0,05 = prob(X_{90} \leq x_{krit})$

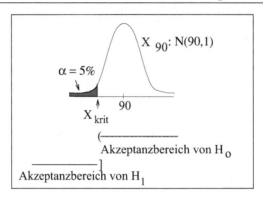

Abbildung 17.2: Akzeptanzbereiche beim einseitigen z-Test

Um "x_{krit}" ermitteln zu können, muss der dargestellte Verteilungsverlauf so trans-formiert werden, dass die Tabelle mit den Wahrscheinlichkeiten der Standardnor-malverteilung (siehe Anhang A.2) zur Bestimmung eines mit α korrespondierenden Wertes verwendet werden kann. Da für die Mitte der Normalverteilung der Wert "90" unterstellt und für die Streuung der Wert "1" angenommen wurde, gelingt dies, indem "x_{krit}" wie folgt einer *z-Transformation* (vgl. Abschnitt 7.2) unterzo-gen wird:

$$z_{krit} = \frac{x_{krit} - 90}{1}$$

Es liegt somit nahe, eine Stichprobenfunktion "Z_{90}" in der Form

$$Z_{90} = \frac{X_{90} - 90}{1}$$

zu vereinbaren und anstelle von "X_{90}" als Teststatistik zu verwenden.

Hinweis: Genauso wie es für die symbolische Schreibweise "X_{90}" verabredet wurde, soll durch die Angabe von "Z_{90}" verdeutlicht werden, dass diese Teststatistik die Basis für eine Test-Entscheidung im Hinblick auf die Diskussion der Nullhypothese "$H_0(\mu = 90)$" darstellt.

Durch die Eigenschaft der z-Transformation ist der folgende Sachverhalt gewähr-leistet:

- Die Teststatistik "Z_{90}" ist beim *Zutreffen* von H_0 standardnormalverteilt, d.h. es gilt "Z_{90}: N(0,1)".

Da sich folglich die Standardnormalverteilung als Testverteilung zur Prüfung der Nullhypothese "$H_0(\mu = 90)$" einsetzen lässt, wird der zugehörige Signifikanz-Test als **z-Test** ("Ein-Stichproben-Gauß-Test") bezeichnet.

Hinweis: Die Vorsilbe "z-" besagt, dass die Teststatistik standardnormalverteilt ist. Da die Standardnormalverteilung auch bei anderen Signifikanz-Tests als Basis einer Test-Entscheidung verwendet wird, muss der jeweilige "z-Test" durch die zu untersuchende Nullhypothese gekennzeichnet werden – in der aktuellen Situation muss somit von einem "z-Test zur Prüfung einer unbekannten Mitte" gesprochen werden.

Um für den Inferenzschluss des z-Tests den zu "$\alpha = 0,05$" gehörenden kritischen Wert "x_{krit}" zu bestimmen, wird die folgende Gleichung betrachtet:

$$0,05 = prob(X_{90} \leq x_{krit}) = prob\left(\frac{X_{90} - 90}{1} \leq \frac{x_{krit} - 90}{1}\right) = prob(Z_{90} \leq z_{krit})$$

Der zu ermittelnde kritische Wert muss negativ sein, da der kritische Wert "x_{krit}" wegen der Alternativhypothese "$H_1(\mu < 90)$" links von "$\mu = 90$" und somit "z_{krit}" links von "0" liegen muss.

Aus der Forderung "$0,05 = prob(Z_{90} \leq z_{krit})$" ergibt sich mit Hilfe der Tabelle der Standardnormalverteilung (siehe Anhang A.2), dass "z_{krit}" (näherungsweise) gleich dem Wert "-1,64" sein muss. Daher ergibt sich

$$\frac{x_{krit} - 90}{1} = z_{krit} = -1,64$$

und damit:
$$x_{krit} = 90 - 1,64 = 88,36$$

Auf dieser Basis lässt sich feststellen:

- Die Tatsache, dass die zufällig entnommene Kassette eine Spielzeit von 89 Minuten besitzt, widerspricht der Behauptung des Produzenten *nicht* signifikant, da für den kritischen Wert und den Testwert die folgende Beziehung gilt:

$$x_{krit} = 88,36 < 89 = x_{test}$$

Der einseitige z-Test – auf der Basis einer Zufallsstichprobe vom Umfang "1" – führt also zu *keinem* signifikanten Ergebnis.

Hinweis: Bei der Test-Entscheidung lässt sich – alternativ zur Berechnung des kritischen Wertes "x_{krit}" – das vorgegebene Testniveau von "0,05" mit dem zum Testwert "$x_{test}=89$" gehörenden Signifikanzniveau vergleichen. Es gilt:

$$prob(X_{90} \leq 89) = prob\left(\frac{X_{90}-90}{1} \leq \frac{89-90}{1}\right) = prob(Z_{90} \leq -1)$$

Gemäß der Tabelle der Standardnormalverteilung gilt: "$prob(Z_{90} \leq -1) = 0,1587$", d.h. das zum Testwert "x_{test}" zugehörige Signifikanzniveau ist gleich "0,1587" (15,87%). Daher lässt sich entsprechend schlussfolgern: Die Tatsache, dass die zufällig entnommene Kassette eine Spielzeit von 89 Minuten besitzt, widerspricht der Behauptung des Produzenten *nicht* signifikant, da für den Vergleich des zum Testwert "$x_{test} = 89$" gehörenden Signifikanzniveaus "0,1587" mit dem Testniveau "0,05" gilt: "0,1587>0,05".
Hätte die Stichprobenziehung zu einem Testwert geführt, der größer oder gleich dem in der Nullhypothese postulierten Wert gewesen wäre, so hätte die Nullhypothese akzeptiert werden müssen.

Bislang ging es allein um die Prüfung, ob der Testwert signifikant ist oder nicht. Sofern ein signifikanter Testwert vorliegt, wird gefolgert, dass der in der Nullhypothese postulierte Wert sich von dem tatsächlichen Wert unterscheidet. Ob dieser

Unterschied allerdings *inhaltlich bedeutsam* ist, lässt sich – im Rahmen des Inferenzschlusses – nicht diskutieren.

Um eine Aussage darüber machen zu können, ob eine Unterschiedlichkeit zwischen dem tatsächlichen und dem innerhalb der Nullhypothese postulierten Wert dann mit einer gewissen Wahrscheinlichkeit "aufgedeckt" werden kann, wenn diese Unterschiedlichkeit tatsächlich vorliegt und von einer bestimmten Größenordnung ist, wird der Begriff der *Effektgröße* verwendet.

- Bei einer **Effektgröße** handelt es sich um die numerische Kennzeichnung der Unterschiedlichkeit, die als inhaltlich bedeutsam zum innerhalb der Nullhypothese formulierten Sachverhalt anzusehen ist.

Im Hinblick auf das zuvor diskutierte Kassetten-Beispiel kann man sich z.B. auf den Standpunkt stellen, dass eine durchschnittliche Spieldauer von nur 89,5 Minuten gerade noch hingenommen, eine weitere Unterschreitung jedoch nicht mehr toleriert werden kann. In diesem Fall würde die Effektgröße den Wert "0,5" besitzen, da durch die Nullhypothese der Wert "90" postuliert wird.

Unter diesem Blickwinkel könnte man z.B. bei einem Testniveau von 5% und einer in Kauf zu nehmenden Wahrscheinlichkeit von maximal 20%, einen Fehler 2. Art zu begehen, nach derjenigen Rahmenbedingung fragen, auf deren Basis sich – im Fall einer zutreffenden Alternativhypothese – ein signifikantes Testergebnis erzielen lässt. Es wird sich zeigen, dass – bei einer *vorgegebenen Effektgröße* und einem vorgegebenen Testniveau α – eine Aussage darüber gemacht werden kann, wie groß der *Stichprobenumfang* sein sollte, damit – auf der Basis einer ebenenfalls vorgegebenen Wahrscheinlichkeit β, einen Fehler 2. Art zu begehen – ein durch die Alternativhypothese beschriebener korrekter Sachverhalt durch ein signifikantes Test-Ergebnis "aufgedeckt" werden kann.

Um diesen Tatbestand diskutieren zu können, soll zunächst erläutert werden, wie sich die Wahrscheinlichkeit β unter bestimmten vorgegebenen Rahmenbedingungen errechnen lässt.

17.2.4 Der Fehler 2. Art (beim einseitigen z-Test)

Die beim z-Test (und jedem anderen Signifikanz-Test) durchgeführte Test-Entscheidung ist eine Entscheidung unter **Unsicherheit**. Als Konsument wird man bestrebt sein, das Konsumentenrisiko, d.h. die Wahrscheinlichkeit β, einen Fehler 2. Art zu begehen, bei der Kaufentscheidung so klein wie möglich zu halten. Um eine Vorstellung davon zu erhalten, wie die Größe von β vom vorgegebenen Testniveau α abhängt, kann man z.B. die folgende Frage untersuchen:

- Wie ändert sich β qualitativ, wenn die wahre (aber unbekannte) Mitte "μ" z.B. bei "$\mu = 88$" liegt und α verändert wird?

Zur Beantwortung dieser Frage werden die folgenden Sachverhalte betrachtet:

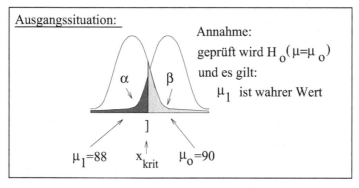

Abbildung 17.3: β bei vorgegebenem α

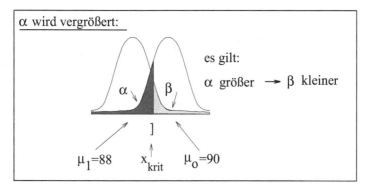

Abbildung 17.4: β bei vergrößertem α

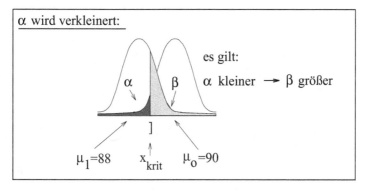

Abbildung 17.5: β bei verkleinertem α

In Ergänzung zur bereits im Abschnitt 16.5 erläuterten Beziehung zwischen α und β ist aus diesen Abbildungen zudem erkennbar, in welcher Größenordnung sich β ändert, wenn – bei unterstellter wahrer Mitte "$\mu_1 = 88$" – α verkleinert bzw. vergrößert wird. Um eine Vorstellung von der Größenordnung der Wahrscheinlichkeit zu erhalten, einen β-Fehler zu begehen, kann man z.B. die folgende Frage stellen:

- Welchen konkreten Wert hat β, wenn die wahre (aber unbekannte) Mitte z.B. bei "$\mu = 88$" liegt und der Inferenzschluss auf dem Testniveau von "$\alpha = 0,05$" durchgeführt werden soll?

Wie bereits im Abschnitt 16.5 angekündigt wurde, soll im Folgenden für den "z-Test" eine *quantitative* Aussage über β (in Abhängigkeit von α) für den Fall gemacht werden, dass die Verteilung der Teststatistik "X_{μ_1}" bekannt ist, die Gültigkeit der Hypothese "H($\mu = \mu_1$)" unterstellt werden kann und auf dieser Basis die Akzeptanz der Nullhypothese "$H_0(\mu = \mu_o)$" diskutiert werden soll. Um die aufgeworfene Frage beantworten zu können, werden zunächst noch einmal die **Voraussetzungen** für die Berechnung von β zusammengestellt:

- Es wird davon ausgegangen, dass die Nullhypothese

  $$H_0(\ \mu = 90\ )$$

  auf einem Testniveau von "$\alpha = 0,05$" mittels einer normalverteilten Teststatistik X_{90} – bei bekannter Streuung ("$\sigma = 1$") – gegenüber der Alternativhypothese

  $$H_1(\ \mu < 90\ )$$

  geprüft werden soll und tatsächlich die folgende Hypothese zutrifft:

  $$H(\ \mu = 88\ )$$

Hinweis: Man kann z.B. unterstellen, dass der Produzent der Kassetten den Käufer täuschen will, da er genau weiß, dass der Parameter "μ" nicht den Wert "90", sondern den Wert "88" besitzt.

Um β zu errechnen, muss diejenige Verteilung betrachtet werden, die die Teststatistik auf der Basis der Gültigkeit von "H($\mu = 88$)" besitzt. Da für die Teststatistik die Mitte "$\mu = 88$" unterstellt wird, muss für die Berechnung von β von einer N(88,1)-verteilten Teststatistik "X_{88}" ausgegangen werden.

Um diesen Sachverhalt zu verdeutlichen, wird die in dieser Situation vorliegende Wahrscheinlichkeit, einen β-Fehler zu begehen, mit "$\beta(88)$" bezeichnet.

Wird der Wert "88,36" als kritischer Wert "x_{krit}" in der oben beschriebenen Form ermittelt, d.h. unter Unkenntnis des tatsächlichen Sachverhalts und aus der Annahme heraus, dass die Nullhypothese "$H_0(\mu = \mu_o = 90)$" bei Vorgabe des Testniveaus "$\alpha = 0,05$" akzeptiert wird, so ergibt sich die innerhalb der Abbildung 17.6 dargestellte Situation.

- Auf der Basis des vorgegebenen Testniveaus α ist "$\beta(88)$" gleich der Wahrscheinlichkeit, Werte der Teststatistik "X_{88}" zu erhalten, durch die die Nullhypothese "$H_0(\mu = 90)$" akzeptiert wird, obwohl die durch "H($\mu = 88$)" gekennzeichnete Aussage zutrifft.

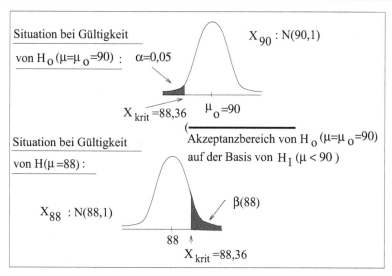

Abbildung 17.6 Bestimmung von $\beta(88)$ beim einseitigen z-Test

Um "$\beta(88)$" zu ermitteln, ist die folgende Rechnung durchzuführen:

$$\beta(88) = prob(X_{88} > 88,36) = prob\left(\frac{X_{88} - 88}{1} > \frac{88,36 - 88}{1}\right)$$

$$= prob\left(\frac{X_{88} - 88}{1} > 0,36\right) = prob(Z_{88} > 0,36)$$

Da gemäß der Tabelle der Standardnormalverteilung "$prob(Z_{88} > 0{,}36) = 0{,}3594$" gilt, wird als Resultat erhalten: "$\beta(88) = 0{,}3594$ (35,94%)". Dies bedeutet, dass die Wahrscheinlichkeit, bei der Prüfung von "$H_0(\mu = 90)$" diese Nullhypothese fälschlicherweise zu akzeptieren, von der Größenordnung "0,3594" ist, sofern unterstellt wird, dass "88" die wahre unbekannte Mitte ist. Dieser Sachverhalt lässt sich wie folgt formulieren:

- Sofern die Verteilung von X tatsächlich die Mitte "88" besitzt, ist die Wahrscheinlichkeit für einen Fehler 2. Art – beim einseitigen Test der Nullhypothese "$H_0(\mu = 90)$" auf einem Testniveau von 5% – annähernd gleich "0,36". Dies bedeutet, dass in etwa 36% aller Untersuchungen, die auf einer Stichprobe vom Umfang "1" beruhen, die Nullhypothese fälschlicherweise akzeptiert werden würde.

17.2.5 Die Operationscharakteristik- und die Power-Kurve

Wie soeben beschrieben, lässt sich – unter der Annahme, dass "$\mu = 88$" der wahre (unbekannte) Parameter der Grundgesamtheit ist – für jedes Testniveau α die zugehörige Wahrscheinlichkeit β ermitteln. Berücksichtigt man, dass sich eine derartige Berechnung für jede hypothetisch angenommene Mitte durchführen lässt, so ergibt sich als weitere Fragestellung für ein konkret vorgegebenes Testniveau α:

- In welcher Form wird die Wahrscheinlichkeit für einen β-Fehler durch die Lage der wahren (unbekannten) Mitte "μ" beeinflusst?

Um einen Eindruck darüber zu erhalten, wie sich der Unterschied zwischen dem in der Nullhypothese postulierten Parameter "$\mu_o = 90$" und dem tatsächlichen (unbekannten) Parameter "μ" auf die Größe der Wahrscheinlichkeit auswirkt, einen β-Fehler zu begehen, kann man die folgende Zuordnung betrachten:

$$\mu \longrightarrow \beta(\mu)$$

Der *Graph* dieser Zuordnung wird **Operationscharakteristik-Kurve** (OC-Kurve, OCC, engl.: "operating characteristic curve") des z-Tests genannt.

Sofern die Operationscharakteristik-Kurve auf den Rahmenannahmen "$\alpha = 0,05$", "X: $N(\mu, 1)$", "n = 1", "$H_0(\mu = \mu_o = 90)$" und "$H_1(\mu < 90)$" basiert, besitzt sie den folgenden Verlauf:

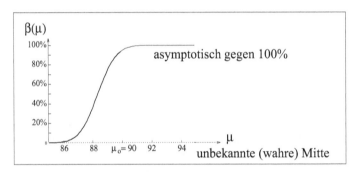

Abbildung 17.7 Operationscharakteristik-Kurve

Hieraus ist erkennbar, dass die Wahrscheinlichkeit eines β-Fehlers um so größer ist, je näher die tatsächliche (unbekannte) Mitte dem durch die Nullhypothese gekennzeichneten Wert ist. Dabei erhöht sich β auf über "$1 - \alpha$", sofern die tatsächliche Mitte größer als der innerhalb der Nullhypothese angegebene Wert ist.

Hinweis: Es gilt die folgende Beziehung: "$\beta(90) = prob(X_{90} > x_{krit}) = 1 - \alpha$"

- Der durch die *Operationscharakteristik-Kurve* beschriebene Sachverhalt lässt sich *alternativ* durch die folgende Zuordnung kennzeichnen:

$$\mu \longrightarrow 1 - \beta(\mu)$$

Der Graph dieser Zuordnung wird als **Power-Kurve** (Gütefunktion, engl.: "power curve") bezeichnet, und die Größe "$1 - \beta(\mu)$" wird **Teststärke** (engl.: "power") genannt.

- Die Teststärke "$1 - \beta(\mu_1)$" ist gleich der Wahrscheinlichkeit, dass die Teststatistik "X_{μ_1}" eine Realisierung besitzt, durch die die Nullhypothese "$H_0(\mu = \mu_o)$" *nicht* akzeptiert wird, da sie falsch und "μ_1" der tatsächliche Parameterwert ist.

  Die Teststärke ist also gleich der Wahrscheinlichkeit, H_1 zu akzeptieren, sofern H_1 zutrifft. Dies ist die Wahrscheinlichkeit, einen durch die Alternativhypothese beschriebenen Tatbestand durch die mittels einer Zufallsstichprobe erhobenen Daten "aufzudecken", sofern in der Grundgesamtheit ein derartiger Sachverhalt tatsächlich vorliegt.

Als Äquivalent zur oben angegebenen Operationscharakteristik-Kurve ergibt sich die folgende *Power-Kurve* (für "$\alpha = 0,05$", "X: $N(\mu, 1)$", "n = 1", "$H_0(\mu = \mu_o = 90)$" und "$H_1(\mu < 90)$"):

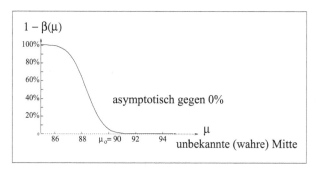

Abbildung 17.8 Power-Kurve

Den Abbildungen 17.7 und 17.8 kann die Gültigkeit der beiden folgenden Aussagen entnommen werden:

- Wird "μ" größer, so wird "$\beta(\mu)$" größer und die Teststärke "$1 - \beta(\mu)$" kleiner.

- Je kleiner das tatsächliche (unbekannte) "μ" gegenüber der innerhalb der Nullhypothese postulierten Mitte "90" ist, desto geringer ist β (desto größer ist die Teststärke "$1 - \beta$"), d.h. umso besser lässt sich die postulierte Mitte gegenüber der (unbekannten) wahren Mitte teststatistisch differenzieren.

Aus diesen Betrachtungen ergibt sich die folgende Zielsetzung:

- Stehen mehrere Signifikanz-Tests zur Prüfung einer Nullhypothese zur Auswahl und kann man sie im Hinblick auf ihre Teststärken untereinander vergleichen, so sollte man den Test mit der *größten Teststärke* verwenden, d.h. den Test mit derjenigen Teststatistik, für die die zugehörige *Operationscharakteristik-Kurve* bzw. die zugehörige *Power-Kurve* am *günstigsten* ausfällt!

Um im Hinblick auf diese Forderung eine besonders günstige Teststatistik zu konstruieren, ist es augenscheinlich plausibel, dass deren Varianz *möglichst klein* sein muss, damit die Wahrscheinlichkeit, extremere Werte (an den Enden der Testverteilung) zu erhalten, möglichst gering ausfällt. Im Vorgriff auf die nachfolgenden Darstellungen lässt sich an dieser Stelle bereits vermuten, dass diese Bedingung dann erfüllt werden kann, wenn nicht eine Zufallsstichprobe vom Umfang "1", sondern eine beträchtlich umfangreichere Zufallsstichprobe zur Ermittlung des Testwerts zugrunde gelegt werden kann.

Es wird sich zeigen, dass eine Teststatistik für den z-Test, die durch die Bildung eines arithmetischen Mittels aufgebaut wird, in diesem Fall die wünschenswerten Eigenschaften besitzt (siehe Abschnitt 17.4).

Bislang wurde gezeigt, dass die Wahrscheinlichkeit β, einen Fehler 2. Art zu begehen, abhängt von:

- dem vorgegebenen Testniveau α, d.h. der in einer bestimmten Größenordnung festgelegten Wahrscheinlichkeit, beim Inferenzschluss einen Fehler 1. Art zu machen, und

- der Lage des wahren, aber unbekannten Parameters "μ" im Hinblick auf dessen Abstand zum durch die Nullhypothese postulierten Wert "μ_0".

Sofern man z.B. im Rahmen des Kassetten-Beispiels einen Unterschied in der durchschnittlichen Spieldauer von mindestens 0,5 Minuten als von *praktischer Relevanz* ansieht, ist man am Einsatz eines Signifikanz-Tests interessiert, bei dem die Teststärke für den Fall, dass "89,5" ("90 − 0,5") die wahre (unbekannte) Mitte ist, wesentlich größer als die in der oben angegebenen Power-Kurve ablesbare Teststärke ist.

In dieser Hinsicht stellt sich die folgende Frage:

- Wie lassen sich steilere OC-Kurven erzeugen?

Im Vorgriff auf die (im Zusammenhang mit dem z-Test) nachfolgenden Darstellungen kann im Hinblick auf die Beantwortung dieser Frage der folgende Sachverhalt festgestellt werden:

- Die Wahrscheinlichkeit β, einen Fehler 2. Art zu begehen, lässt sich z.B. folgendermaßen reduzieren:
  Zum einen dadurch, dass ein Signifikanz-Test als *einseitiger* und *nicht* als *zweiseitiger* Test durchgeführt wird, und zum anderen dadurch, dass der Umfang der Zufallsstichprobe geeignet vergrößert wird.

17.3 Der zweiseitige z-Test zur Prüfung einer Mitte

17.3.1 Durchführung des z-Tests (als zweiseitiger Test)

Die bislang einseitig formulierte Alternativhypothese wurde dem *bisherigen* Anliegen des Konsumenten gerecht. Sofern jedoch eine ziemlich *genaue durchschnittliche* Spieldauer von 90 Minuten wichtig ist und somit nicht nur wesentlich kürzere, sondern auch wesentlich längere durchschnittliche Spieldauern als 90 Minuten problematisch sind, muss man die beiden folgenden Sachverhalte durch einen Signifikanz-Test gegeneinander abwägen:

- "$H_0(\mu = 90)$"   gegenüber: "$H_1(\mu \neq 90)$"

Die Struktur der Alternativhypothese "$H_1(\mu \neq 90)$" unterscheidet sich von der bisherigen Form einer Alternativhypothese.

- Da es sich bei der Alternativhypothese in diesem Fall um eine **ungerichtete** Hypothese (engl.: "non-directional hypothesis") handelt, spricht man in dieser Situation von einem **zweiseitigen** Signifikanz-Test (engl.: "two-tailed test").

Generell ist zu beachten, dass stets *vor* der Prüfung festzulegen ist, ob ein einseitiger oder aber ein zweiseitiger Signifikanz-Test durchgeführt werden soll. Ansonsten kann das Testniveau nicht als objektive Größe angesehen werden, da es die Test-Entscheidung maßgeblich beeinflusst. In Grenzsituationen könnte eine nachträgliche Festlegung dazu führen, dass die Entscheidung zugunsten des gewünschten Ergebnisses getroffen wird.

Bei einem zweiseitigen Signifikanz-Test wird der Akzeptanzbereich von H_0 durch einen **unteren** kritischen Wert "x_{krit_u}" (engl.: "lower critical value") und einen **oberen** kritischen Wert "x_{krit_o}" (engl.: "upper critical value") bestimmt, sodass bei der Test-Entscheidung wie folgt verfahren wird:

- Ein Testwert, der oberhalb von "x_{krit_u}" und *gleichzeitig* unterhalb von "x_{krit_o}" liegt, stützt die Akzeptanz von H_0.

- Ein Testwert, der größer oder gleich "x_{krit_o}" bzw. kleiner oder gleich "x_{krit_u}" ist, stützt die Akzeptanz von H_1.

Wegen der Symmetrie der durch "$N(\mu, \sigma)$" gekennzeichneten Testverteilung besteht die Konvention, die beiden kritischen Werte – im Hinblick auf die Prüfung von "$H_0(\mu = \mu_o)$" – dadurch festzulegen, dass das Testniveau α wie folgt in *zwei gleich große* Teile aufgegliedert wird:

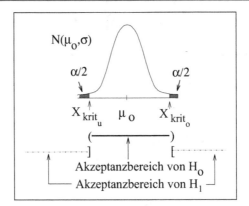

Abbildung 17.9 Akzeptanzbereiche beim zweiseitigen z-Test

Bei der nachfolgenden Durchführung eines **zweiseitigen** z-Tests soll wiederum von den Rahmenbedingungen ausgegangen werden, die bislang Gegenstand beim einseitigen z-Test waren. Somit besteht die folgende Aufgabe:

- Für das $N(\mu,1)$-verteilte Merkmal X ("Spieldauer einer Kassette") soll – unter Vorgabe des Testniveaus "$\alpha = 0,05$" und auf der Basis einer Zufallsstichprobe vom Umfang "1" – die Nullhypothese "$H_0(\mu = 90)$" gegen die Alternativhypothese "$H_1(\mu \neq 90)$" mit dem Testwert "$x_{test} = 89$" geprüft werden.

Der **obere** kritische Wert "x_{krit_o}" und der **untere** kritische Wert "x_{krit_u}" werden – auf der Basis des Testniveaus α – wie folgt für die Teststatistik $X_{\mu 0}$ festgelegt:

- Die Wahrscheinlichkeit, beim Zutreffen der Nullhypothese H_0 den oberen (unteren) kritischen Wert oder einen bezüglich H_0 noch ungünstigeren Wert zu erhalten, ist gleich dem *halbierten* Testniveau, d.h. gleich dem Wert "$\frac{\alpha}{2}$". Dies bedeutet:

$$\frac{\alpha}{2} = prob(X_{\mu 0} \geq x_{krit_o}) \quad und \quad \frac{\alpha}{2} = prob(X_{\mu 0} \leq x_{krit_u})$$

Somit lässt sich für "$\alpha = 0,05$" der obere kritische Wert "x_{krit_o}" wie folgt berechnen:

$$0,025 = \frac{\alpha}{2} = prob(X_{90} \geq x_{krit_o}) = prob\left(\frac{X_{90} - 90}{1} \geq \frac{x_{krit_o} - 90}{1}\right)$$

$$= prob\left(\frac{X_{90} - 90}{1} \geq z_{krit_o}\right) = prob(Z_{90} \geq z_{krit_o})$$

Aus der Tabelle der Standardnormalverteilung wird "$z_{krit_o} = 1,96$" abgelesen.

Hinweis: Der zu ermittelnde Wert muss positiv sein, da der kritische Wert "x_{krit_o}" rechts von "$\mu = 90$" und somit "z_{krit_o}" rechts von "0" liegen muss.

Es gilt $\qquad \frac{x_{krit_o} - 90}{1} = z_{krit_o} = 1,96$

und damit: $\qquad x_{krit_o} = 90 + 1,96 = 91,96$

Da "x_{krit_u}" und "x_{krit_o}" symmetrisch zu "$\mu_o = 90$" angeordnet sind, gilt

$$x_{krit_u} = 90 - 1,96 = 88,04$$

sodass sich das offene Intervall "(88,04 ; 91,96)" als Akzeptanzbereich für H_0 ergibt, d.h. es gilt die folgende Beziehung:

$$prob(88,04 < X_{90} < 91,96) = 1 - 0,05 = 0,95$$

Auf der Basis dieses Akzeptanzbereichs lässt sich somit die folgende Test-Entscheidung treffen:

- Die Tatsache, dass die zufällig entnommene Kassette eine Spieldauer von 89 Minuten besitzt, widerspricht der Behauptung des Produzenten *nicht* signifikant, da der Wert "89" im Akzeptanzbereich von H_0 liegt. Der **zweiseitige** z-Test – auf der Basis einer Zufallsstichprobe vom Umfang "1" – führt also (genau wie der *einseitige* Signifikanz-Test) zu *keinem* signifikanten Ergebnis.

Hinweis: Um die Test-Entscheidung nicht durch den Vergleich des Testwerts mit den beiden kritischen Werten, sondern durch den Vergleich des Testniveaus mit dem zum Testwert "$x_{test} = 89$" gehörenden Signifikanzniveau durchführen zu können, lässt sich die folgende Beziehung verwenden:

$$prob(X_{90} \leq 89) = prob\left(\frac{X_{90} - 90}{1} \leq \frac{89 - 90}{1}\right) = prob(Z_{90} \leq -1)$$

Aus der Tabelle der Standardnormalverteilung wird die Gültigkeit von "$prob(Z_{90} \leq -1) = 0,1587$" abgelesen. Daher ist das zu "$x_{test} = 89$" gehörende Signifikanzniveau gleich "0,1587". Dies ist die Wahrscheinlichkeit, als Test-Ergebnis den Wert "89" oder einen noch kleineren Wert zu erhalten, der bzgl. H_0 noch ungünstiger als der Wert "89" ist. Da dieses Signifikanzniveau – bei einem **zweiseitigen** Test – mit der **Hälfte** des Testniveaus zu vergleichen ist, ergibt sich als Test-Entscheidung:

- Die Tatsache, dass die zufällig entnommene Kassette eine Spieldauer von 89 Minuten besitzt, widerspricht der Behauptung des Produzenten *nicht* signifikant, da gilt: "0,1587 > 0,025" (halbiertes Testniveau).
  Das Resultat des zweiseitigen z-Tests ist somit *nicht* signifikant.

Unter Einsatz des Absolutbetrages ("||") könnte man die Test-Entscheidung beim zweiseitigen z-Test auch auf Basis der folgenden Beziehungen treffen:

$prob("X_{90} \leq 89"$ oder $"X_{90} \geq 91") =$

$prob("\frac{X_{90}-90}{1} \leq \frac{89-90}{1}"$ oder $"\frac{X_{90}-90}{1} \geq \frac{91-90}{1}") =$

$prob("Z_{90} \leq -1"$ oder $"Z_{90} \geq 1") = prob(|Z_{90}| \geq 1) = 0,3174 > 0,05 = \alpha$

Bei dieser Betrachtung wird in dem Moment, in dem "0,3174" als Signifikanzniveau aufgefasst wird, jeder Wert, der kleiner als "89" bzw. größer als "91" ist, als noch ungünstiger für H_0 angesehen.

17.3.2 Der Fehler 2. Art (beim zweiseitigen z-Test)

Um die Wahrscheinlichkeit eines β-Fehlers beim ursprünglich durchgeführten ein-seitigen z-Test mit der Wahrscheinlichkeit eines β-Fehlers beim oben angegebenen zweiseitigen z-Test zu vergleichen, muss die folgende Frage untersucht werden:

- Wie groß ist "$\beta(88)$", wenn die Hypothese "$H(\mu = 88)$" als zutreffend ange-sehen wird und die Nullhypothese "$H_0(\mu = 90)$" gegen die Alternativhypo-these "$H_1(\mu \neq 90)$" auf der Basis von "$\alpha = 0,05$" getestet wird?

Gemäß der oben ermittelten kritischen Werte

$$x_{krit_u} = 88,04 \quad und \quad x_{krit_o} = 91,96$$

liegt die innerhalb der folgenden Abbildung dargestelllte Situation vor:

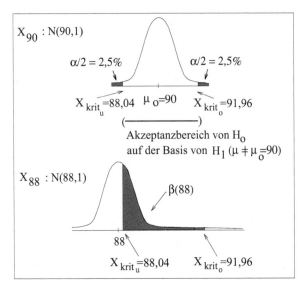

Abbildung 17.10 Bestimmung von $\beta(88)$ beim zweiseitigen z-Test

Die Größe des abgedunkelt dargestellten Anteils der Verteilungsfläche der N(88,1)-Verteilung ergibt sich wie folgt:

$$\beta(88) = prob(X_{88} > 88,04) - prob(X_{88} \geq 91,96)$$

$$= prob\left(\frac{X_{88} - 88}{1} > \frac{88,04 - 88}{1}\right) - prob\left(\frac{X_{88} - 88}{1} \geq \frac{91,96 - 88}{1}\right)$$

$$= prob\left(\frac{X_{88} - 88}{1} > 0,04\right) - prob\left(\frac{X_{88} - 88}{1} \geq 3,96\right)$$

$$= prob(Z_{88} > 0,04) - prob(Z_{88} \geq 3,96)$$

Da gemäß der Tabelle der Standardnormalverteilung "$prob(Z_{88} > 0,04) = 0,4840$" und "$prob(Z_{88} \geq 3,96) = 0,0001$" gilt, erhält man durch Rundung: "$\beta(88) = 0,484$".

Gegenüber der ursprünglichen Wahrscheinlichkeit von "$\beta = 0{,}3594$" beim einseitigen z-Test, einen β-Fehler zu begehen (siehe Abschnitt 17.2.4), hat sich die Wahrscheinlichkeit eines β-Fehlers beim zweiseitigen z-Test auf "$\beta = 0{,}484$" erhöht.

Führt man die angegebene Rechnung für alle denkbaren (unbekannten) wahren Mitten durch, und trägt man die resultierenden Werte als OC-Kurve für den zweiseitigen Test – als Ergänzung – in die innerhalb der Abbildung 17.7 angegebene Grafik (für einen einseitigen Test) ein, so ergibt sich der folgende Sachverhalt:

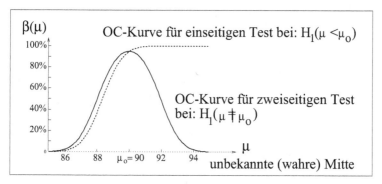

Abbildung 17.11 Operationscharakteristik-Kurven

Entsprechend der Situation beim vorgestellten Beispiel gilt insgesamt:

- Die *Operationscharakteristik-Kurve* verläuft im Bereich "$\mu < \mu_0 = 90$" für einen **zweiseitigen** z-Test – bei gleichem Testniveau α – *ungünstiger* als für einen **einseitigen** z-Test. Bei einer Test-Entscheidung zugunsten der Nullhypothese ist die Wahrscheinlichkeit, einen Fehler 2. Art zu machen, bei einem einseitigen z-Test durchweg geringer als bei einem zweiseitigen z-Test, sofern die unbekannte (wahre) Mitte unterhalb des postulierten Parameters "μ_0" liegt. Dieser Sachverhalt gilt generell:
  Sofern sich für eine zu prüfende Nullhypothese – auf der Basis von Vorabinformationen – eine **gerichtete** Alternativhypothese formulieren lässt, sollte man einen **einseitigen** Test durchführen. Dadurch ergibt sich eine **größere Teststärke**, als es bei einem zweiseitigen Test der Fall ist.

17.4 Der z-Test zur Prüfung einer Mitte (für einen beliebigen Stichprobenumfang)

17.4.1 Die Teststatistik $\bar{X}$

Im Abschnitt 17.2 wurde die Hoffnung geäußert, dass eine Teststatistik, die durch Bildung des arithmetischen Mittels entsteht und auf einer Zufallsstichprobe vom Umfang "n" ("$n > 1$") basiert, eine günstigere OC-Kurve liefert.

Im Hinblick auf unser Beispiel wird sich im Folgenden zeigen:

- Wenn man bereit ist, einen größeren Prüfaufwand zu betreiben, indem man die Spieldauer für eine größere Anzahl von Kassetten untersucht, so kann man das Risiko, eine falsche Test-Entscheidung zu treffen, erheblich verringern!

Um eine Teststatistik zur Prüfung der Nullhypothese "$H_0(\mu = \mu_0)$" zu erhalten, deren Testverteilung eine möglichst geringe Streuung besitzt, kann man wie folgt vorgehen:

- Man zieht eine Zufallsstichprobe vom Umfang "n" ("$n > 1$") mit den Werten "$x_1, x_2, ..., x_n$". Jeder dieser Werte lässt sich als eine *Realisierung* eines Exemplars der Teststatistik "X_{μ_o}" auffassen. "x_1" kann daher als Realisierung des 1. Exemplars in Form der Teststatistik "$X_{\mu_o,1}$" angesehen werden, "x_2" als eine Realisierung des 2. Exemplars in Form der Teststatistik "$X_{\mu_o,2}$", ... , und "x_n" als eine Realisierung des n. Exemplars der Teststatistik in Form von "$X_{\mu_o,n}$".

Für jede dieser Teststatistiken gilt – genauso wie für die zuvor beim Fall "n = 1" diskutierte Teststatistik "X_{μ_o}":

- $X_{\mu_o,i} : \mathrm{N}(\mu_0, \sigma)$ (i=1,2,...,n)   bei **bekannter** Streuung σ

Da die Auswahl je zweier Werte der Zufallsstichprobe *unabhängig* voneinander vorgenommen wird, bedeutet dies für die zugehörigen Teststatistiken:

- Die Teststatistiken "$X_{\mu_o,i}$" sind paarweise voneinander **statistisch unabhängig**.

Wird über die "n" Teststatistiken das arithmetische Mittel in der Form

- $\bar{X}_{\mu_o} := \frac{1}{n} \sum_{i=1}^{n} X_{\mu_o,i}$

gebildet, so ergibt sich aus der mathematischen Wahrscheinlichkeitstheorie die folgende Aussage:

> - $\bar{X}_{\mu_o} : \mathrm{N}(\mu_0, \frac{\sigma}{\sqrt{n}})$

Da die Streuung von "$\bar{X}_{\mu_o}$" mit dem Wert "$\frac{\sigma}{\sqrt{n}}$" übereinstimmt, ist unmittelbar erkennbar:

- Je größer der Umfang der Zufallsstichprobe ist, desto geringer ist die Streuung der Teststatistik $\bar{X}_{\mu_o}$.

Werden sämtliche Werte der Teststatistik $\bar{X}_{\mu_o}$ einer z-Transformation unterzogen, so gilt:

$$
\bullet \ Z_{\mu_o} = \frac{\bar{X}_{\mu_o} - \mu_o}{\frac{\sigma}{\sqrt{n}}} : \mathrm{N}(0,1) \qquad \sigma \text{ bekannt}
$$

Für einen Inferenzschluss ist der Testwert "z_{test}" als *Realisierung* der Teststatistik Z_{μ_o} – bei **bekannter** Streuung "σ" – daher durch die folgende Rechenvorschrift zu ermitteln:

$$
\bullet \ z_{test} = \frac{\bar{x} - \mu_o}{\frac{\sigma}{\sqrt{n}}} = \frac{\bar{x} - \mu_o}{\sigma} * \sqrt{n}
$$

17.4.2 Strategie der Testdurchführung

Um einen *z-Test* zur Prüfung einer unbekannten Mitte "μ" einsetzen zu können, müssen die folgenden Voraussetzungen erfüllt sein:

- "X: $\mathrm{N}(\mu, \sigma)$" und

- die Streuung "σ" ist *bekannt*.

Bei der Durchführung eines **z-Tests** ist wie folgt vorzugehen:

(a) Um die Nullhypothese "$H_0(\mu = \mu_o)$" zu prüfen, ist bei einer zweiseitigen Fragestellung "$H_1(\mu \neq \mu_o)$" und bei einer einseitigen Fragestellung entweder "$H_1(\mu < \mu_o)$" oder aber "$H_1(\mu > \mu_o)$" als Alternativhypothese festzulegen.

(b) Es ist ein geeignetes Testniveau α (z.B. "$\alpha = 0,05$ (5%)") vorzugeben.

(c) Es muss eine Zufallsstichprobe vom Umfang "n" gezogen werden.

(d) Gemäß der Vorschrift $\qquad z_{test} = \frac{\bar{x} - \mu_o}{\frac{\sigma}{\sqrt{n}}} = \frac{\bar{x} - \mu_o}{\sigma} * \sqrt{n}$

ist der Testwert "z_{test}" als Realisierung der Teststatistik

$$
Z_{\mu_o} = \frac{\bar{X}_{\mu_o} - \mu_o}{\frac{\sigma}{\sqrt{n}}}
$$

aus den Stichprobenwerten "$x_1, x_2, ..., x_n$" zu errechnen.

(e) Aus der Tabelle der Standardnormalverteilung ist zum Testwert "z_{test}" das zugehörige Signifikanzniveau zu ermitteln, d.h. die Wahrscheinlichkeit, diesen oder einen bezüglich der Nullhypothese noch ungünstigeren Wert als Realisierung der Teststatistik "Z_{μ_o}" zu erhalten.

(f) Das zu z_{test} gehörende Signifikanzniveau ist bei einem *einseitigen* z-Test mit dem *Testniveau "α"* und bei einem *zweiseitigen* z-Test mit dem *halbierten Testniveau "$\frac{\alpha}{2}$"* zu vergleichen.

(g) Es ist der Inferenzschluss durchzuführen und dabei H_1 zu akzeptieren, sofern das Signifikanzniveau kleiner oder gleich dem (halbierten) Testniveau ist, bzw. H_0 zu akzeptieren, sofern das Signifikanzniveau größer als das (halbierte) Testniveau ist.

Sofern man beim Inferenzschluss *nicht* die Beziehung zwischen dem Signifikanzniveau und dem Testniveau untersuchen will, kann man *alternativ* einen Vergleich des Testwerts mit dem kritischen Wert (beim einseitigen Test) bzw. mit dem unteren und dem oberen kritischen Wert (beim zweiseitigen Test) durchführen. Die jeweiligen kritischen Werte sind durch das Testniveau bestimmt und der Tabelle der Standardnormalverteilung zu entnehmen.

17.4.3   Durchführung eines ein- und eines zweiseitigen z-Tests

Prüfung mit einem einseitigen z-Test

Um einen *einseitigen* z-Test mit einer Zufallsstichprobe vom Umfang "n" ("$n > 1$") durchzuführen, wird die bisherige Aufgabenstellung wie folgt abgewandelt:

- Für das $N(\mu,1)$-verteilte Merkmal "Spieldauer einer Kassette" soll die Nullhypothese "$H_0(\mu = 90)$" gegen die Alternativhypothese "$H_1(\mu < 90)$" unter Vorgabe des Testniveaus "$\alpha = 0,05$" auf der Basis einer Zufallsstichprobe vom Umfang "n = 4" mit den Werten "88, 89, 89, 90" geprüft werden.

Zunächst wird aus den Werten "88, 89, 89, 90" der vorliegenden Zufallsstichprobe vom Umfang "n = 4" das zugehörige arithmetische Mittel wie folgt errechnet:

- $\bar{x} = \frac{1}{4}(88 + 89 + 89 + 90) = 89$

Wegen "$\sigma = 1$", "$\mu_0 = 90$" und "n = 4" ergibt sich der Testwert wie folgt:

$$z_{test} = \frac{\bar{x} - \mu_0}{\frac{\sigma}{\sqrt{n}}} = \frac{89 - 90}{\frac{1}{\sqrt{4}}} = -1 * 2 = -2$$

Für den Inferenzschluss beim *einseitigen* z-Test erhält man aus der Tabelle der Standardnormalverteilung den Wert "0,0228" als zugehöriges Signifikanzniveau. Der Vergleich mit dem vorgegebenen Testniveau von "$\alpha = 0,05$" liefert:

- Da die Ungleichung "0,0228 < 0,05" gilt, ist der Testwert "z_{test}" *signifikant*, sodass die Nullhypothese als *nicht* akzeptabel angesehen und somit die Alternativhypothese "$H_1(\mu < 90)$" akzeptiert wird!

Hinweis: Bei einer Zufallsstichprobe vom Umfang "1" hat ein Testwert der Größenordnung "89" noch bewirkt, dass die Nullhypothese als akzeptabel anzusehen war (siehe Abschnitt 17.2.3)!

Prüfung mit einem zweiseitigen z-Test

Gegenüber der zuvor formulierten Aufgabenstellung wird jetzt die folgende Änderung berücksichtigt:

- Es soll nicht die einseitige, sondern die *zweiseitige* Fragestellung "$H_0(\mu = 90)$" gegenüber "$H_1(\mu \neq 90)$" – unter Vorgabe des Testniveaus "$\alpha = 0,05$" – geprüft werden.

Da sich aus der vorliegenden Zufallsstichprobe "88", "89", "89" und "90" der Testwert "z_{test}" zum Wert "-2" errechnet (siehe oben), ergibt sich für den Inferenzschluss beim *zweiseitigen* z-Test – aus der Tabelle der Standardnormalverteilung – der Wert "0,0228" als zugehöriges Signifikanzniveau.

Da ein zweiseitiger z-Test durchgeführt wird, ist das Signifikanzniveau "0,0228" mit dem halbierten Testniveau "$\frac{\alpha}{2} = 0,025$" zu vergleichen. Dieser Vergleich führt zu folgendem Inferenzschluss:

- Wegen "$0,0228 < 0,025$" ist der Testwert *signifikant*, sodass die Nullhypothese als *nicht* akzeptabel angesehen und somit "$H_1(\mu \neq 90)$" akzeptiert wird!

17.4.4 Vergleich der Teststärken von ein- und zweiseitigen z-Tests

Nachdem die Inferenzschlüsse im Rahmen von einseitigen und zweiseitigen z-Tests für die Stichprobenumfänge "n = 1" und "n = 4" vorgestellt worden sind, wird abschließend ein Überblick über die zu diesen Tests zugehörigen Power-Kurven in Form der Abbildung 17.12 gegeben.

Diese Darstellung basiert auf den Voraussetzungen "$\alpha = 0,05$", "X: N(μ, 1)" und "$H_0(\mu = \mu_o = 90)$". Als Alternativhypothesen sind beim einseitigen z-Test "$H_1(\mu < 90)$" und beim zweiseitigen z-Test "$H_1(\mu \neq 90)$" zugrunde gelegt.

Aus der Abbildung 17.12 ist im Hinblick auf die Durchführung eines *zweiseitigen* z-Tests durch den Vergleich der beiden Power-Kurven für "n = 1" und "n = 4" erkennbar, dass der z-Test für "n = 4" dem z-Test für "n = 1" vorzuziehen ist. Dies liegt daran, dass für Werte "μ" nahe "$\mu = 90$" die zu "n = 4" zugehörigen Teststärken "$1 - \beta$" viel größer als die zu "n = 1" zugehörigen Teststärken "$1 - \beta$" sind. Die durch "n = 4" bestimmte Power-Kurve verläuft links und rechts von "$\mu = 90$" nämlich weitaus steiler als die durch "n = 1" bestimmte Power-Kurve.

Um diesen Sachverhalt zu beschreiben, bedient man sich der Ausdrucksweise, dass der z-Test für "n = 4" *teststärker* als der z-Test für "n = 1" ist. Generell gilt:

- Ein Test T1 ist **teststärker** (engl.: "more powerful") als ein Test T2, wenn die Wahrscheinlichkeit, einen durch die Alternativhypothese beschriebenen tatsächlich zutreffenden Sachverhalt "*aufdecken*" zu können, bei T1 größer ist als bei T2 – wenn also die Power-Kurve von T1 "steiler" als die von T2 ist.

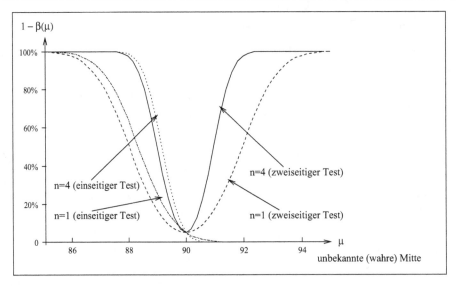

Abbildung 17.12 Power-Kurven für "n = 1" und "n = 4"

Entsprechend der beiden abgebildeten Power-Kurven ist erkennbar, dass für jede weitere Power-Kurve, die zu einem noch größeren Stichprobenumfang gehört, der folgende Sachverhalt vorliegt: Diese Power-Kurve verläuft in der Nähe von "$\mu = 90$" steiler als die beiden angezeigten Power-Kurven.

- Es wird an dieser Stelle noch einmal daran erinnert, dass der z-Test für den Fall "n = 1" allein aus didaktischen Gesichtspunkten erörtert wurde. In der Praxis würde niemals ein Inferenzschluss erfolgen, der sich allein auf den Stichprobenumfang "n = 1" gründet.

Je steiler der Verlauf einer Power-Kurve ist, desto größer ist die Teststärke in der Nähe der durch die Nullhypothese postulierten Mitte, sodass z-Tests, die auf immer größeren Stichprobenumfängen basieren, immer teststärker werden. Dies bedeutet, dass die Wahrscheinlichkeit, die Alternativhypothese zu akzeptieren, sofern sie innerhalb der Grundgesamtheit tatsächlich zutrifft, mit wachsendem Stichprobenumfang "n" immer größer wird. Dieser Sachverhalt, der für zweiseitige z-Tests erläutert wurde, gilt – wie unmittelbar zu erkennen ist – auch für den Fall von *einseitigen* z-Tests.

Es stellt sich somit die Frage, wie groß der Stichprobenumfang "n" jeweils gewählt werden sollte. In dieser Hinsicht ist zu berücksichtigen, dass mit wachsendem Stichprobenumfang sich in der Regel auch der Aufwand der Stichprobenziehung und der damit verbundenen Ermittlung der zugehörigen Werte des betrachteten Merkmals erhöht. Ferner ist zu bedenken, ob ein signifikantes Testergebnis auch auf einen inhaltlich bedeutsamen Sachverhalt hinweist.

Die Diskussion, welcher Stichprobenumfang als vernünftige Basis für eine Test-Entscheidung anzusehen ist, wird – im Zusammenhang mit der Problematik "zu großer" bzw. "zu kleiner" Stichprobenumfänge – Gegenstand des Kapitels 18 sein.

17.4.5 Durchführung eines z-Tests bei unbekannter Streuung

Bei der Prüfung einer unbekannten Mitte war bislang stets die *Kenntnis* der Streuung "σ" unterstellt worden – eine sehr unrealistische Annahme.

Normalerweise ist die Streuung σ **unbekannt**. Folglich lässt sich die oben abgeleitete Teststatistik "Z_{μ_o}" *nicht* mehr verwenden, weil ihr Nenner auf der Kenntnis von "σ" basiert. In diesem Fall betrachtet man die folgende Teststatistik:

- $\dfrac{\bar{X}_{\mu_o} - \mu_o}{\frac{S_X}{\sqrt{n}}}$

Dabei ist die Stichprobenfunktion "S_X" wie folgt vereinbart:

- $S_X = \sqrt{\frac{1}{n-1} \sum_{i=1}^{n} (X_{\mu_o,i} - \bar{X}_{\mu_o})^2}$

Für eine Zufallsstichprobe mit den Werten "$x_1, x_2, \ldots, x_n$" errechnet sich die *Realisierung* der Stichprobenfunktion "S_X" (in Großbuchstaben!) wie folgt als *Standardabweichung* "s_x" (in Kleinbuchstaben!) der Stichprobe:

- $s_x = \sqrt{\frac{1}{n-1} \sum_{i=1}^{n} (x_i - \bar{x})^2}$

Da Zufallsstichproben Gegenstand der Betrachtung sind, lässt sich – als Auswirkung des **"Zentralen Grenzwertsatzes"** – die folgende Aussage treffen:

- Da die "n" normalverteilten Teststatistiken "$X_{\mu_o,i}$" ($i=1,\ldots,n$), deren *Realisierungen* sich in Form der Zufallsstichprobe "$x_1, \ldots, x_n$" darstellen ("x_i" ist die Realisierung von "$X_{\mu_o,i}$"), paarweise voneinander **statistisch unabhängig** sind und sämtlich dieselbe Mitte "μ_o" und dieselbe unbekannte Streuung "σ" besitzen, gilt:

  $\dfrac{\bar{X}_{\mu_o} - \mu_o}{\frac{S_X}{\sqrt{n}}}$ ist asymptotisch N(0,1)-verteilt.

Dabei nennt man eine Teststatistik dann **asymptotisch normalverteilt**, wenn sie vom Stichprobenumfang abhängig ist und sich die zugehörigen Stichprobenverteilungen bei wachsendem Stichprobenumfang dem Verlauf einer Normalverteilung annähern.

Hinweis: Die angegebene Aussage des "Zentralen Grenzwertsatzes" gilt sogar dann, wenn für die Teststatistiken "$X_{\mu_o,i}$" deren Normalverteilung *nicht* vorausgesetzt werden kann.

Im Hinblick auf die Güte der Anpassung besteht die Konvention, dass man für einen Stichprobenumfang "n" mit "$n \geq 30$" die fast vollständige Übereinstimmung mit der Standardnormalverteilung unterstellt, sodass von folgendem Sachverhalt ausgegangen werden kann:

$$\bullet \ \frac{\bar{X}_{\mu_o} - \mu_o}{\frac{s_X}{\sqrt{n}}} : N(0,1) \qquad \text{für "} n \geq 30\text{"}$$

Die aus der Zufallsstichprobe resultierende *Realisierung* von "$\frac{s_X}{\sqrt{n}}$" wird als **Standardfehler des Mittelwerts** (engl.: "standard error of the mean") bezeichnet und wie folgt aus den Werten der Zufallsstichprobe errechnet:

$$\bullet \ \frac{s_x}{\sqrt{n}} = \sqrt{\frac{\frac{1}{n-1}\sum_{i=1}^{n}(x_i - \bar{x})^2}{n}}$$

SPSS: Soll der Standardfehler des Mittelwerts für Werte bestimmt werden, die in der Daten-Tabelle innerhalb der Variablen X gespeichert sind, so lässt sich dies wie folgt durch den FREQUENCIES-Befehl unter Einsatz des Unterbefehls STATISTICS anfordern:

```
FREQUENCIES VARIABLES=X/FORMAT=NOTABLES/STATISTICS=SEMEAN.
```

- Als **Standardfehler** (engl.: "standard error") wird eine Statistik bezeichnet, durch deren Einsatz sich die Dispersion der Verteilung einer Teststatistik schätzen lässt. Da ein Standardfehler von der jeweiligen Teststatistik abhängt, wird der Name der betreffenden Teststatistik zusätzlich angegeben. Der **Standardfehler des Mittelwerts** stellt somit eine Schätzung für die Dispersion derjenigen Verteilung dar, durch die die Realisierungen "$\bar{x}$" der Teststatistik "Mittelwert" ("$\bar{X}$") beschrieben werden.
  Die Standardabweichung "s_x" lässt sich auffassen als *Standardfehler des Merkmals X*, d.h. "s_x" ist eine Schätzung für die Dispersion der Verteilung des Merkmals X.

Der Testwert für den z-Test ist somit – bei **unbekannter** Streuung – durch die folgende Transformation zu ermitteln:

$$\bullet \ z_{test} = \frac{\bar{x} - \mu_o}{\frac{s_x}{\sqrt{n}}} = \frac{\bar{x} - \mu_o}{s_x} * \sqrt{n} \qquad \text{Testwert für den z-Test}$$

Liegt z.B. eine Zufallsstichprobe des Umfangs "n = 36" vor und sind aus ihren Werten das arithmetische Mittel "$\bar{x} = 89,5$" sowie die Standardabweichung "$s_x = 1,8$" errechnet worden, so ergibt sich als Testwert:

$$\bullet \ \frac{89,5 - 90}{\frac{1,8}{\sqrt{36}}} = \frac{89,5 - 90}{1,8} * \sqrt{36} = \frac{-0,5}{1,8} * 6 \simeq -1,67$$

Das zugehörige Signifikanzniveau ist gleich "0,0475", sodass bei einem einseitigen z-Test ein Vergleich mit dem Testniveau von "$\alpha = 0,05$" zur *Akzeptanz von H_1* und bei einem zweiseitigen z-Test ein Vergleich mit dem Testniveau "$\frac{\alpha}{2} = 0,025$" zur *Akzeptanz von H_0* führt.

- Dieser Sachverhalt verdeutlicht, wie wichtig es ist, die Festlegung, ob *einseitig* oder *zweiseitig* getestet werden soll, **vor** der Ermittlung des Testwerts zu treffen. Nur so ist eine *objektive* Entscheidung gewährleistet.

17.4.6 Verletzung der Test-Voraussetzungen beim z-Test

Wenn man es ganz genau nimmt, ist die Voraussetzung eines z-Tests, dass das betreffende Merkmal normalverteilt sein muss, bekanntlich nie erfüllbar. Es kann sich immer nur darum handeln, dass die Verteilung eines Merkmals hinreichend gut durch eine Normalverteilung angenähert sein kann. Somit stellt sich im Hinblick auf den Einsatz eines z-Tests die folgende Frage:

- Wie gravierend ist die Abweichung vom Idealzustand (einer Normalverteilung), wenn es darum geht, auf der Basis des kritischen Wertes, der durch das jeweilige Testniveau bestimmt ist, eine Test-Entscheidung zu treffen?

Um zu Erkenntnissen zu gelangen, mit denen sich diese Frage beantworten lässt, kann man auf Simulationen beruhende Studien – sog. **Monte-Carlo-Studien** – durchführen. Bei derartigen Untersuchungen, bei denen Zufallsstichproben aus einer Grundgesamtheit durch einen Computer gezogen werden, geht es z.B. um die Prüfung, ob ein Signifikanz-Test als *robust* angesehen werden kann.

- Ein Signifikanz-Test wird als **robuster** Test bezeichnet, wenn er – trotz Verletzung seiner Voraussetzungen – die Eigenschaft besitzt, dass ein zur Teststatistik zugehöriger kritischer Wert, der durch das jeweils vorgegebene Testniveau – unter der Annahme der Normalverteilung – bestimmt ist, lagemäßig höchstens geringfügig von demjenigen Wert differiert, der – auf der Basis der tatsächlichen Verteilung der Teststatistik – zum vorgegebenen Testniveau ermittelt wird.

Durch Monte-Carlo-Studien lässt sich feststellen, dass es sich beim *z-Test* dann um einen *robusten* Test handelt, wenn die Verteilung des Merkmals *nicht extrem asymmetrisch* und der Stichprobenumfang *nicht zu gering* ist. Sofern diese Voraussetzungen erfüllt sind, darf der Inferenzschluss beim z-Test durchgeführt werden – auch wenn die Test-Voraussetzung, dass das Merkmal normalverteilt sein muss, nicht erfüllt ist.

Ist ein Signifikanz-Test *nicht* robust, so handelt es sich entweder um einen *konservativen* oder um einen *progressiven* Test.

- Ein Signifikanz-Test wird als **konservativ** bezeichnet, wenn dieser Test in dem Fall, in dem nicht alle Test-Voraussetzungen erfüllt sind, weniger Realisierungen der Teststatistik signifikant werden lässt als es bei der Verwendung der Stichprobenverteilung der Fall wäre.
  Von einem **progressiven** Signifikanz-Test wird dann gesprochen, wenn in dem Fall, in dem nicht alle Test-Voraussetzungen erfüllt sind, der Akzeptanzbereich der Nullhypothese kleiner als der zur Stichprobenverteilung gehörige Akzeptanzbereich ist.

Die folgende Abbildung skizziert einen Sachverhalt, der im Rahmen eines Inferenzschlusses bei einem konservativen Signifikanz-Test eintreten kann:

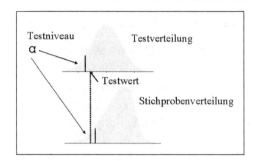

Abbildung 17.13 Test-Entscheidung beim konservativen Signifikanz-Test

Bei der oberen Verteilung handelt es sich um diejenige (Normal-)Verteilung, die als Testverteilung für den Inferenzschluss verwendet wird. Die darunter angegebene Verteilung stellt die tatsächliche, aber unbekannte Stichprobenverteilung dar, die sich auf der Basis der Verletzungen der Testvoraussetzungen ergibt und eigentlich für den Inferenzschluss verwendet werden müsste.

In dieser Situation wird der Testwert nicht als signifikantes Testergebnis gewertet, obwohl er sich – bezogen auf die Stichprobenverteilung – nicht im Akzeptanzbereich der Nullhypothese befindet. Man nimmt demnach beim Einsatz eines konservativen Tests ein größeres Risiko, einen Fehler 2. Art zu begehen, in Kauf.

Im Gegensatz zum konservativen Test ist der Einsatz eines progressiven Tests nicht empfehlenswert, weil wesentlich mehr Realisierungen der Teststatistik signifikant werden als es bei Verwendung der Stichprobenverteilung der Fall wäre, sodass sich der Fehler 1. Art nicht kontrollieren lässt.

17.5 Der t-Test zur Prüfung einer Mitte

17.5.1 Test-Voraussetzungen und Teststatistik

Wie im Abschnitt 17.4.5 beschrieben wurde, lässt sich auch dann ein z-Test durchführen, wenn die **Streuung** des betrachteten *normalverteilten* Merkmals **nicht** bekannt ist. Dabei musste allerdings vorausgesetzt werden, dass der Umfang der Zufallsstichprobe hinreichend groß ist. Wenn diese Voraussetzung nicht erfüllt ist ("$n < 30$"), darf die verwendete Teststatistik *nicht* als standardnormalverteilt angesehen werden. Somit stellt sich die folgende Frage:

- Wie lässt sich die Nullhypothese "$H_0(\mu = \mu_o)$" auf der Basis einer kleinen Zufallsstichprobe vom Umfang "n" ("$n < 30$") prüfen, wenn für ein Merkmal X die *Normalverteilung* unterstellt werden kann, aber *keine* Kenntnis über die Streuung "σ" vorliegt?

Es liegt nahe, in diesem Fall wiederum die folgende Teststatistik zu verwenden:

- $$\frac{\bar{X}_{\mu_o} - \mu_o}{\frac{s_X}{\sqrt{n}}}$$

Damit ein Signifikanz-Test durchführbar ist, muss man die Verteilung dieser Teststatistik kennen. Es ist allenfalls zu vermuten, dass diese Verteilung der Standardnormalverteilung ähnelt. Auskunft über den genauen Verlauf der Verteilung gibt der folgende Sachverhalt, der sich mit Hilfe der mathematischen Wahrscheinlichkeitstheorie belegen lässt:

- Wird für "n" ("$n > 1$") paarweise voneinander statistisch unabhängige $N(\mu_o, \sigma)$-verteilte Teststatistiken "$X_{\mu_o, i}$ (i=1,...,n)" – bei **unbekannter Streuung** σ – die Teststatistik

$$t_{\mu_o}^{(n-1)} = \frac{\bar{X}_{\mu_o} - \mu_o}{\frac{S_X}{\sqrt{n}}} \quad \text{mit:} \quad S_X = \sqrt{\frac{1}{n-1} \sum_{i=1}^{n} (X_{\mu_o, i} - \bar{X}_{\mu_o})^2}$$

gebildet und zur Prüfung der Nullhypothese "$H_0(\mu = \mu_o)$" auf der Basis einer Zufallsstichprobe vom Umfang "n" eingesetzt, so besitzt sie als Verteilung eine (*"Student'sche"*) **t-Verteilung** mit "$n - 1$" *Freiheitsgraden*.

  Hinweis: Der Name "Student" wurde von dem Statistiker *William Gosset* (1876-1937) – in seiner Bescheidenheit – als Pseudonym benutzt, als er seine Angaben über die t-Verteilung veröffentlichte.

- Als Realisierung der Teststatistik ergibt sich:

$$t_{test} = \frac{\bar{x} - \mu_o}{\frac{s_{\bar{x}}}{\sqrt{n}}} = \frac{\bar{x} - \mu_o}{s_x} * \sqrt{n}$$

- t-Verteilungen zählen ebenso wie Normalverteilungen und χ^2-Verteilungen zu den *theoretischen* Verteilungen. Genau wie bei den χ^2-Verteilungen gibt es zu jedem *Freiheitsgrad* "df" eine zugehörige t-Verteilung, die als *t(df)-Verteilung* bezeichnet wird.

- Ein Signifikanz-Test, dessen Inferenzschluss auf dem Einsatz einer t-Verteilung basiert, wird **t-Test** genannt. Bei dem hier erörterten t-Test handelt es sich um den **Ein-Stichproben-t-Test**, der auch als **Student-Test** bezeichnet wird.

Bei einer Stichprobe vom Umfang "n" muss die t(n − 1)-Verteilung als Testverteilung verwendet werden, weil die Standardabweichung als Realisierung der folgenden Stichprobenfunktion bekanntlich "$n - 1$" Freiheitsgrade besitzt:

$$S_X^2 = \frac{1}{n-1} \sum_{i=1}^{n} (X_{\mu_o, i} - \bar{X}_{\mu_o})^2$$

Hinweis: Im Gegensatz zur χ^2-Verteilung besteht bei einer $t(n-1)$-verteilten Teststatistik eine *direkte* Beziehung zwischen der Stichprobengröße und der Anzahl der Freiheitsgrade.

Dass z.B. auf der Basis einer Stichprobe vom Umfang "$n = 4$" für die Statistik

$$\frac{1}{n-1} \sum_{i=1}^{n} (x_i - \bar{x})^2$$

3 Freiheitsgrade vorliegen, ergibt sich aus der Darstellung im Abschnitt 5.1.

Unabhängig von den jeweiligen Freiheitsgraden besitzen die t-Verteilungen die folgenden *Eigenschaften*:

> • Sie sind *symmetrisch*.
>
> • Ihre Mitten stimmen mit dem Wert "0" überein.
>
> • Sie ähneln der Standardnormalverteilung, jedoch verlaufen ihre Verteilungskurven vergleichsweise flacher, da ihre Streuungen größer als "1" sind.

Einen Eindruck vom jeweiligen Verteilungsverlauf einer t-Verteilung vermittelt die nachfolgende Darstellung der $t(3)$-Verteilung und der Standardnormalverteilung als Referenzverteilung:

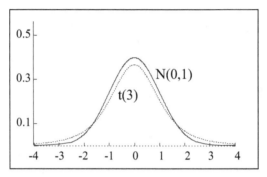

Abbildung 17.14 Standardnormalverteilung und t(3)-Verteilung

t-Verteilungen und die Standardnormalverteilung haben nicht nur ähnliche Verteilungseigenschaften, sondern es gilt der folgende wichtige Sachverhalt:

> • Die t-Verteilungen nähern sich *asymptotisch* der Standardnormalverteilung, d.h. für ein hinreichend großes "n" ("n $\geq$ 30") stimmt eine t(n)-Verteilung fast vollständig mit der Standardnormalverteilung überein.
>
> • Da die Verteilung der Teststatistik
>
> $$t_{\mu_o}^{(n-1)} = \frac{\bar{X}_{\mu_o} - \mu_o}{\frac{S_X}{\sqrt{n}}}$$
>
> in Form einer $t(n-1)$-Verteilung bekannt ist, können folglich auch für kleine Stichprobenumfänge "n" ("$n < 30$") Signifikanz-Tests durchgeführt werden.

Unter Vorgabe des jeweiligen Testniveaus kann für ein festes "n" aus den tabellierten Werten der zugehörigen t(n − 1)-Verteilung der jeweils zugeordnete kritische Wert "t_{krit}" abgelesen werden (siehe Anhang A.8). Da eine $t(n)$-Verteilung für "n $\geq$ 30" annähernd mit dem Verteilungsverlauf der Standardnormalverteilung übereinstimmt, können für "$n \geq 30$" die kritischen Werte aus der Tabelle der Standardnormalverteilung entnommen werden (siehe Anhang A.2).

- Dies bedeutet, dass sich bei "$n \geq 30$" *anstelle* eines t-Tests *ersatzweise* ein z-Test durchführen lässt. Für "$n \geq 30$" muss man meistens schon aus technischen Gründen einen z-Test anstelle eines t-Tests durchführen, da die Tabellen mit den kritischen Werten für einen t-Test in der Regel nur Angaben bis zu 30 Freiheitsgraden berücksichtigen.

Im Hinblick auf die Möglichkeit, grundsätzlich einen t-Test zur Prüfung einer unbekannten Mitte einsetzen zu können, ist zu bedenken:

- Man sollte stets so viel Information wie möglich für den Inferenzschluss eines Signifikanz-Tests verwenden. Wenn also Kenntnis über die Streuung besteht, so ist folglich der z-Test einzusetzen. Dies liegt an dem folgenden Sachverhalt: Der z-Test ist *teststärker* als ein t-Test, da die zu einem t-Test gehörende *Operationscharakteristik-Kurve* – bei ansonsten gleichen Rahmenbedingungen – nicht so steil ansteigt wie die Operationscharakteristik-Kurve, die zum z-Test gehört.

17.5.2 Durchführung eines ein- und eines zweiseitigen t-Tests

Prüfung mit einem einseitigen t-Test

Für das Folgende wird wiederum der am Anfang von Abschnitt 17.4.3 angegebene Sachverhalt zugrunde gelegt:

- Für das normalverteilte Merkmal "Spieldauer einer Kassette" wird – bei *unbekannter* Streuung σ – eine Zufallsstichprobe vom Umfang "n = 4" mit den Werten "88, 89, 89, 90" erhoben. Es soll ein *einseitiger* t-Test zur Prüfung der Nullhypothese "$H_0(\mu = 90)$" gegen die Alternativhypothese "$H_1(\mu < 90)$" unter Vorgabe des Testniveaus "$\alpha = 0,05$" durchgeführt werden!

Aus der Form der Alternativhypothese "$H_1(\mu < 90)$" ist zu erkennen, dass der kritische Wert *links* von der Mitte liegen muss. Für "n = 4" ergibt sich bei der *einseitigen* Fragestellung aus der Tabelle der t(3)-Verteilung (siehe Anhang A.8) der kritische Wert daher als *negativer* Wert in der Form: "$t_{krit} = -2,353$".

Da die Teststatistik $t_{\mu_o}^{(n-1)}$ im aktuellen Fall durch

- $t_{90}^{(3)} = \dfrac{\bar{X}_{90} - 90}{\frac{S_X}{\sqrt{4}}}$

festgelegt ist, errechnet sich der Testwert "t_{test}" wie folgt als Realisierung dieser Teststatistik:

$$t_{test} = \frac{\bar{x}-90}{\frac{s_x}{\sqrt{4}}} = \frac{89-90}{\frac{\sqrt{\frac{1}{3}((88-89)^2+(89-89)^2+(89-89)^2+(90-89)^2)}}{\sqrt{4}}} = \frac{89-90}{\frac{\sqrt{\frac{2}{3}}}{\sqrt{4}}} = \frac{-1*2}{\sqrt{\frac{2}{3}}}$$

$$\simeq -2,449$$

Zur Test-Entscheidung ist der Testwert "$t_{test} = -2,449$" – auf der Basis von 3 Freiheitsgraden – mit dem kritischen Wert "$t_{krit} = -2,353$" zu vergleichen.

- Da die Beziehung "$t_{test} = -2,449 \leq -2,353 = t_{krit}$" besteht, ist folglich H_0 *nicht* akzeptabel! Daher ist H_1 als *akzeptabel* anzusehen, d.h. es ist davon auszugehen, dass die Kassetten eine durchschnittliche Spieldauer von weniger als 90 Minuten besitzen.

SPSS: Sind die Werte "88, 89, 89, 90" in die Daten-Tabelle innerhalb einer Tabellenspalte eingetragen worden, die durch den Variablennamen "dauer" gekennzeichnet wird, so kann das zum Testwert zugehörige Signifikanzniveau, das zur Durchführung des *t-Tests* benötigt wird, durch den folgenden T-TEST-Befehl abgerufen werden:

```
T-TEST VARIABLES=dauer/TESTVAL=90.
```

Im Unterbefehl TESTVAL ist der Wert "90" angegeben, der innerhalb der Nullhypothese für die unbekannte Mitte μ unterstellt wird. Aus der Ausführung dieses Befehls resultiert die folgende Anzeige:

Test bei einer Sichprobe

					95% Konfidenzintervall der Differenz	
				Mittlere	Testwert = 90	
	T	df	Sig. (2-seitig)	Differenz	Untere	Obere
DAUER	-2,449	3	,092	-1,0000	-2,2992	,2992

Abbildung 17.15 IBM SPSS Statistics-Anzeige zur Durchführung eines t-Tests

Zu dem Testwert "-2,449", der innerhalb der mit "T" überschriebenen Tabellenspalte eingetragen ist, gehört das durch den Text "Sig. (2-seitig)" gekennzeichnete Signifikanzniveau "0,092". Dieser Wert kann unmittelbar für die Test-Entscheidung beim zweiseitigen t-Test verwendet werden. Da allerdings einseitig getestet werden soll, muss das angezeigte Signifikanzniveau hälftig aufgeteilt und daher der Wert "0,092" durch "2" geteilt werden. Entsprechend der oben vorgestellten Test-Entscheidung ergibt sich durch den Vergleich des Testniveaus "0,05" mit dem halbierten Signifikanzniveau "0,046" ("0,092/2") ein signifikantes Testergebnis.

- Im Hinblick auf die Test-Entscheidung bei einem *einseitigen* Signifikanz-Test ist grundsätzlich zunächst das Vorzeichen des jeweiligen Testwerts zu beachten.

Wäre im soeben diskutierten Fall der innerhalb der Tabelle eingetragene Testwert positiv gewesen, so hätte die Nullhypothese akzeptiert werden müssen.

Prüfung mit einem zweiseitigen t-Test

Unter denselben Bedingungen, die oben beim einseitigen t-Test vorausgesetzt waren, soll unter Abwandlung der Alternativhypothese in die Form "$H_1(\mu \neq 90)$" ein *zweiseitiger* t-Test durchgeführt werden.

Ausgehend vom Stichprobenumfang "n = 4" liefert die Tabelle der t(3)-Verteilung bei einer zweiseitigen Fragestellung – unter Vorgabe eines Testniveaus von "$\alpha = 0,05$" – die beiden kritischen Werte "$t_{krit_u} = -3,182$" und "$t_{krit_o} = 3,182$".

Hinweis: Es gilt nämlich: $prob(t_{90}^{(3)} \geq 3,182) = 0,025$

Der Testwert t_{test} errechnet sich – wie oben angegeben – als Realisierung der Teststatistik $t_{90}^{(3)}$ zu "$t_{test} = -2,449$". Zur Test-Entscheidung ist der Testwert "$t_{test} = -2,449$" mit den kritischen Werten zu vergleichen.

- Da der Testwert t_{test} wegen der Beziehung "$t_{test} = -2,449 > -3,182 = t_{krit_u}$" im Akzeptanzbereich "(-3,182;+3,182)" der Nullhypothese H_0 enthalten ist, liegt – im Gegensatz zum einseitigen t-Test – *kein* signifikantes Test-Ergebnis vor. Folglich muss H_0 durch den Inferenzschluss als *akzeptabel* angesehen werden!

Vergleicht man die jeweilige Test-Entscheidung bei der einseitigen und der zweiseitigen Fragestellung, so unterstreichen die geschilderten Test-Entscheidungen nochmals:

- Eine *objektive* Entscheidung ist nur dann gewährleistet, wenn vorab festgelegt ist, ob *einseitig* oder *zweiseitig* getestet werden soll!

17.6   Zusammenfassung

Die Prüfung einer unbekannten Mitte stützt sich auf die folgenden Teststatistiken:

- bei *bekanntem* σ : $Z_{\mu_o} = \dfrac{\bar{X}_{\mu_o} - \mu_o}{\frac{\sigma}{\sqrt{n}}}$ \hfill (1)

- bei *unbekanntem* σ : $t_{\mu_o}^{(n-1)} = \dfrac{\bar{X}_{\mu_o} - \mu_o}{\frac{S_X}{\sqrt{n}}}$ \hfill (2)

Dabei sind die Stichprobenfunktionen "$\bar{X}_{\mu_o}$" und "S_X" wie folgt festgelegt:

$$\bar{X}_{\mu_o} = \tfrac{1}{n} \sum_{i=1}^{n} X_{\mu_o,i} \quad und \quad S_X = \sqrt{\tfrac{1}{n-1} \sum_{i=1}^{n} (X_{\mu_o,i} - \bar{X}_{\mu_o})^2}$$

Für die zugehörigen Realisierungen gilt auf der Basis der Zufallsstichprobe "$x_1, x_2, ..., x_n$":

$$\bar{x} = \tfrac{1}{n} \sum_{i=1}^{n} x_i \quad und \quad s_x = \sqrt{\tfrac{1}{n-1} \sum_{i=1}^{n} (x_i - \bar{x})^2}$$

Demnach ist die Realisierung von "$\bar{X}_{\mu_o}$" gleich dem arithmetischen Mittel und die Realisierung von "S_X" gleich der Standardabweichung.

Mit der Teststatistik "(1)" lässt sich für ein $N(\mu, \sigma)$-verteiltes Merkmal die Nullhypothese "$H_0(\mu = \mu_o)$" gegen eine der Alternativhypothesen "$H_1(\mu < \mu_o)$", "$H_1(\mu > \mu_o)$" oder "$H_1(\mu \neq \mu_o)$" durch einen z-Test prüfen, sofern die Streuung "σ" *bekannt* ist. Bei diesem Signifikanz-Test erfolgt eine Prüfung über die Standardnormalverteilung als Testverteilung.

Ist die Streuung "σ" *nicht* bekannt, so kann die Untersuchung mit der Teststatistik "(2)" durch einen t-Test vorgenommen werden. Bei diesem Signifikanz-Test muss – für "n < 30" – eine Prüfung über die $t(n - 1)$-Verteilung als Testverteilung erfolgen. Wenn der *Stichprobenumfang* "n $\geq$ 30" ist, kann ersatzweise die Standardnormalverteilung als Testverteilung eingesetzt werden.

Bei einem *zweiseitigen* Test ist im Hinblick auf die Bestimmung des Akzeptanzbereichs für die Nullhypothese "$H_0(\mu = \mu_o)$" und die Alternativhypothese "$H_1(\mu \neq \mu_o)$" bei vorgegebenem Testniveau α die folgende Beziehung zur Berechnung der zugehörigen kritischen Werte "$w_{krit_o} = w_{krit}$" und "$w_{krit_u} = -w_{krit}$" grundlegend:

- $prob(-w_{krit} < \frac{\bar{X}_{\mu_o} - \mu_o}{S} < +w_{krit}) = 1 - \alpha$

Bei *bekanntem* "σ" ist "w_{krit}" aus der $N(0,1)$-Verteilung zu ermitteln und für die Stichprobenfunktion S der Wert "$\frac{\sigma}{\sqrt{n}}$" einzusetzen.

Bei *unbekanntem* "σ" ist "w_{krit}" aus der $t(n - 1)$-Verteilung zu ermitteln und für "S" die Stichprobenfunktion "$\frac{S_X}{\sqrt{n}}$" einzusetzen, deren Wert bei einer Zufallsstichprobe vom Umfang "n" mit dem Standardfehler des Mittelwerts übereinstimmt.

In Bezug auf die in diesem Kapitel dargestellten Sachverhalte ist darauf hinzuweisen, dass man im Hinblick auf die Verminderung des Risikos, einen Fehler 2. Art zu begehen, auf der Basis einer geeignet großen Zufallsstichprobe stets versuchen sollte, *einseitig* zu testen – soweit dieser Ansatz inhaltlich vertretbar ist. Vorsicht ist insbesondere bei der Wahl einer sehr großen Zufallsstichprobe geboten. Unterscheidet sich nämlich die in der Nullhypothese unterstellte Mitte nur wenig von der tatsächlichen unbekannten Mitte, so ist ein signifikantes Test-Ergebnis nicht unbedingt von *praktischer Relevanz*.

Aufgrund der in den vorausgehenden Abschnitten vorgestellten Eigenschaften des Risikos, einen Fehler 2. Art zu begehen, ist abschließend festzustellen, dass sich die *Teststärke* durch jede einzelne der folgenden Aktionen *vergrößern* lässt:

- durch die Erhöhung des Testniveaus,

- durch die Vergrößerung des Stichprobenumfangs bzw.

- dadurch, dass die Effektgröße, durch die der "aufzudeckende" Effekt – im Hinblick auf seine inhaltlich bedeutsame Unterschiedlichkeit zum innerhalb der Nullhypothese formulierten Sachverhalt – numerisch beschrieben wird, vergrößert wird.

KAPITEL 18

OPTIMALER STICHPROBENUMFANG UND EFFEKTGRÖßE

18.1 Probleme bei zu großem bzw. zu geringem Stichprobenumfang

Auswirkungen eines zu großen Stichprobenumfangs

Bislang wurde im Hinblick auf den Einsatz eines Signifikanz-Tests gefordert, dass der Stichprobenumfang "hinreichend" groß sein sollte. Mit den zum jetzigen Zeitpunkt vorliegenden Kenntnissen ist es möglich, einen tieferen Einblick in die Bedeutung der potentiellen Auswirkungen des jeweils verwendeten Stichprobenumfangs zu erhalten.

Zunächst soll – am Beispiel des z-Tests zur Prüfung einer unbekannten Mitte – erläutert werden, dass sich mittels eines sehr großen Stichprobenumfangs stets ein signifikantes Testergebnis erzielen lässt.

Bekanntlich muss beim Einsatz des z-Tests zur Prüfung einer unbekannten Mitte die Normalverteilung des Merkmals und die Kenntnis der zugehörigen Streuung "σ" vorausgesetzt werden. Auf der Basis eines Stichprobenumfangs "n" ist die Realisierung der Teststatistik in der Form "$z_{test} = \frac{\bar{x} - \mu_o}{\sigma} \sqrt{n}$" festgelegt (siehe Abschnitt 17.4.1).

Soll einseitig getestet werden, so ist z.B. die Nullhypothese "$H_0(\mu = \mu_o)$" gegen die unspezifische gerichtete Alternativhypothese "$H_1(\mu < \mu_0)$" zu prüfen.

Für den Fall, dass die (tatsächliche) unbekannte Mitte "μ" sich nur geringfügig von der innerhalb der Nullhypothese postulierten Mitte "μ_o" unterscheidet, lässt sich durch die Wahl eines hinreichend großen Stichprobenumfangs stets erreichen, dass ein signifikanter Testwert ermittelt wird.

Um dies einzusehen, wird zunächst ein Beispiel betrachtet, bei dem zur Prüfung der Nullhypothese "$H_0(\mu = 90)$" gegen die Alternativhypothese "$H_1(\mu < 90)$" – bei Vorgabe eines Testniveaus von "$\alpha = 0,05$" – der Einfachheit halber als Streuung der Wert "1" unterstellt und das arithmetische Mittel auf der Basis einer Stichprobe vom Umfang "$n = 9$" mit dem Wert "89,5" angenommen wird. Daraus errechnet sich der Testwert zu "$(\frac{89,5-90}{1}) * \sqrt{9} = -0,5 * 3 = -1,5$". Weil beim einseitigen Test der kritische Wert gleich "$-1,64$" ist, liegt demzufolge kein signifikantes Testergebnis vor. Erhöht sich der Stichprobenumfang jedoch auf den Wert "$n = 16$", so ergibt sich – bei unterstelltem gleichen arithmetischen Mittel – ein signifikanter Testwert in der Form "$(\frac{89,5-90}{1}) * \sqrt{16} = -0,5 * 4 = -2$". Bei weiterer Erhöhung des Stichprobenumfangs auf den Wert "$n = 100$" ergibt sich – bei wiederum unterstelltem gleichen arithmetischen Mittel – der Testwert sogar zu

"$(\frac{89,5-90}{1}) * \sqrt{100} = -0,5 * 10 = -5$". Bei geeigneter Erhöhung des Stichprobenumfangs kann demnach jeder noch so kleine negative kritische Wert unterschritten werden, sodass der betreffende Testwert als signifikantes Testergebnis eingestuft werden muss.

Der vorgestellte Befund lässt sich allgemein einsehen, sofern man das folgende Ergebnis der mathematischen Wahrscheinlichkeitsrechnung berücksichtigt:

- Die (unbekannte) tatsächliche Mitte wird um so besser durch "$\bar{x}$" angenähert, je größer der Stichprobenumfang "n" ist.

Unterscheidet sich daher "μ_0" – wenn auch nur geringfügig – von der tatsächlichen Mitte "μ", so ist der Absolutbetrag der Größe "$\frac{\bar{x}-\mu_0}{\sigma}$" ab einem bestimmten Stichprobenumfang "n" größer als eine hinreichend klein gewählte positive Zahl "ϵ" (gesprochen: "epsilon"). Demzufolge ist der Absolutbetrag von "$(\frac{\bar{x}-\mu_0}{\sigma}) * \sqrt{n}$" größer als das Produkt dieser Zahl mit "$\sqrt{n}$", d.h. größer als "$\epsilon * \sqrt{n}$".

Bei dem Ausdruck "$(\frac{\bar{x}-\mu_0}{\sigma}) * \sqrt{n}$" handelt es sich um die Realisierung der Teststatistik des z-Tests. Auf der Basis des durch das Testniveau α festgelegten Akzeptanzbereichs der Nullhypothese kann daher durch einen geeignet groß gewählten Stichprobenumfang "n" der Wert von "$\epsilon * \sqrt{n}$" hinreichend groß werden, sodass der Testwert nicht mehr im Akzeptanzbereich der Nullhypothese liegt und demnach als *signifikant* anzusehen ist.

Es lässt sich somit die folgende Feststellung treffen:
Durch die Wahl eines genügend großen Stichprobenumfangs kann stets erreicht werden, dass der Testwert vom Absolutbetrag her so groß wird, dass ein signifikantes Testergebnis resultiert – vorausgesetzt, die (tatsächliche) unbekannte Mitte "μ" unterscheidet sich von der innerhalb der Nullhypothese postulierten Mitte "μ_0".

Dieser für den z-Test erläuterte Sachverhalt gilt generell:

- Bei einem beliebigen Signifikanz-Test lässt sich durch die Verwendung eines *genügend groß* gewählten Stichprobenumfangs stets ein *signifikantes* Testergebnis erreichen, sofern in der Grundgesamtheit auch nur der geringste Unterschied zur innerhalb von "H_0" postulierten These besteht.

Damit stellt sich die Frage nach der Aussagekraft eines signifikanten Testergebnisses, da nicht jedes signifikante Testergebnis auch praktisch bedeutsam ist.

Wenn z.B. die Spieldauer von Kassetten geprüft werden soll und die durchschnittliche Spieldauer nicht – wie in der Nullhypothese postuliert – 90 Minuten, sondern nur 89 Minuten und 59 Sekunden beträgt, so lässt sich – wie soeben erläutert – mittels eines hinreichend großen Stichprobenumfangs in jedem Fall ein signifikantes Testergebnis bei der Prüfung von "$H_0(\mu = 90)$" gegenüber "$H_1(\mu < 90)$" erreichen. Allerdings wird man den Unterschied von 1 Sekunde sicherlich nicht als von praktischer Bedeutung ansehen. Daher muss die folgende Frage diskutiert werden:

- Wie muss ein Signifikanz-Test angelegt sein, sodass ein signifikantes Testergebnis – mit großer Wahrscheinlichkeit – auch auf eine praktisch relevante Unterschiedlichkeit hindeutet?

Es wird sich zeigen, dass man sich zur Beantwortung dieser Frage mit dem Einfluss des Stichprobenumfangs beschäftigen und in dieser Hinsicht die folgende Zielsetzung verfolgen muss:

Abhängig vom jeweiligen Signifikanz-Test sollte jeweils ein Stichprobenumfang gewählt werden, der im Fall eines signifikanten Testergebnisses – mit hinreichend großer Wahrscheinlichkeit – auch auf einen praktisch bedeutsamen Unterschied hinweist. Optimal wäre es, wenn die Test-Entscheidung sich auf einen *ausreichend kleinen* Stichprobenumfang stützen und dadurch eine ressourcen-sparende Erhebung der auszuwertenden Daten erfolgen könnte.

Auswirkungen eines zu geringen Stichprobenumfangs

Nachdem die Problematik eines zu groß gewählten Stichprobenumfangs thematisiert wurde, soll nachfolgend dargestellt werden, wie sich ein *zu gering* gewählter Stichprobenumfang auswirken kann. Die damit verbundenen Schwierigkeiten werden im Folgenden – wiederum an Hand des z-Tests zur Prüfung einer unbekannten Mitte – erläutert.

Im Hinblick auf bestimmte Strategien, die später eine Bedeutung haben werden, soll die Nullhypothese "$H_0(\mu = \mu_o)$" – unter Einsatz der $N(\mu_o, \frac{\sigma}{\sqrt{n}})$-verteilten Teststatistik "$\bar{X}_{\mu_o}$" – jetzt allerdings *nicht* gegen die gerichtete Alternativhypothese "$H_1(\mu < \mu_o)$", sondern gegen eine Hypothese der folgenden Form geprüft werden:

- "$H_1(\mu = \mu_1)$",   wobei die Beziehung "$\mu_1 < \mu_o$" gelten soll.

   Eine derartige Alternativhypothese, die als Punkthypothese formuliert ist, wird **spezifische Alternativhypothese** (engl.: "specific alternative hypothesis") genannt. Unter der Annahme, dass die spezifische Alternativhypothese zutrifft, kann die zugehörige Verteilung der Teststatistik angegeben werden, sodass die Berechnung der jeweiligen Teststärke – entsprechend der Darstellung im Abschnitt 17.2.4 – durchgeführt werden kann.

Im Hinblick auf die zu prüfende Nullhypothese stellt sich die Frage, wie weit ein Testwert von dem durch die Nullhypothese postulierten Wert entfernt sein sollte, damit sich die spezifische Alternativhypothese mit einer begründeten Berechtigung akzeptieren lässt?

Die Antwort lautet offensichtlich, dass die spezifische Alternativhypothese dann akzeptiert werden sollte, wenn der Testwert dem in der Alternativhypothese spezifizierten Wert "μ_1" hinreichend nahe und gleichzeitig genügend weit vom in der Nullhypothese postulierten Wert "μ_o" entfernt ist.

Um den kritischen Wert im Hinblick auf die Akzeptanz der Nullhypothese "H_0" festzulegen, wird wie bei einem einseitigen Signifikanz-Test verfahren und die Wahrscheinlichkeit, "H_0" fälschlicherweise nicht zu akzeptieren, in Form eines Testniveaus α von z.B. 5% vorgegeben. Damit ist der kritische Wert als "α-Quantil" festgelegt und kann in der Form "x_α" angegeben werden.

Um mögliche Realisierungen der für die Test-Entscheidung eingesetzten Teststatistik "$\bar{X}_{\mu_o}$" beurteilen zu können, wird zur Festlegung des Akzeptanzbereichs für die Alternativhypothese eine konkrete Wahrscheinlichkeit vorgegeben. Die Kennzeichnung dieser Wahrscheinlichkeit erfolgt durch das Symbol "γ".

- Im nächsten Abschnitt wird im Zusammenhang mit der Kontrolle des Fehlers 2. Art der spezielle Fall betrachtet, dass für "γ" ein vorab gewähltes "β" eingesetzt wird. Es wird somit der Akzeptanzbereich für die Alternativhypothese durch eine vorab gewählte maximale Wahrscheinlichkeit "β" für einen Fehler 2. Art gekennzeichnet.

Auf der Basis einer vorgegebenen Wahrscheinlichkeit "γ" ("$\gamma < 0,5$") wird der als kritischer Wert anzusehende Wert als "$(1-\gamma)$-Quantil" in Form des Wertes "$x_{1-\gamma}$" bestimmt. Somit liegt z.B. der folgende Sachverhalt vor:

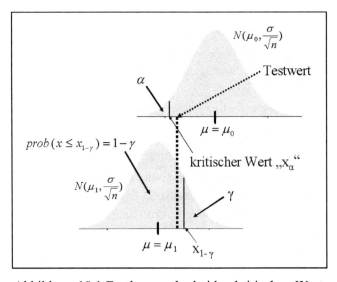

Abbildung 18.1 Festlegung der beiden kritischen Werte

In dem skizzierten Fall hat die Platzierung des angezeigten Testwerts zur Folge, dass sowohl "H_0" als auch "H_1" akzeptiert werden müsste. Gemäß der grundsätzlichen Strategie, nach der eine Test-Entscheidung zu treffen ist, wäre in diesem Fall demnach die Nullhypothese zu akzeptieren.

Sofern die unbekannte Mitte tatsächlich gleich "μ_1" ist, bedeutet dies, dass ein innerhalb der Grundgesamtheit vorliegender Sachverhalt *nicht* aufgedeckt werden kann. Dies liegt offensichtlich an der *zu großen* Streuung der Testverteilung, deren Größe durch einen *sehr kleinen* Stichprobenumfang bestimmt ist (diese Streuung ist bekanntlich durch den Quotienten aus der Streuung der Verteilung des Merkmals und der Quadratwurzel des Stichprobenumfangs bestimmt).

Bei der Auswahl eines *zu kleinen* Stichprobenumfangs lässt sich somit der Sachverhalt, dass die unbekannte Mitte tatsächlich gleich "μ_1" ist, unter Umständen *nicht*

"aufdecken", weil der die Gültigkeit der Alternativhypothese stützende Testwert *nicht* als signifikantes Testergebnis angesehen werden kann.
Dieser Sachverhalt ist genereller Art:

- Bei einem beliebigen Signifikanz-Test birgt ein *zu klein* gewählter Stichprobenumfang grundsätzlich die Gefahr, dass ein Testwert, der eigentlich den innerhalb der Alternativhypothese formulierten Sachverhalt stützt, *nicht* als signifikantes Testergebnis in Erscheinung tritt.

Aus den vorausgegangenen Erörterungen lässt sich somit zusammenfassend feststellen, dass der zur Durchführung eines Signifikanz-Tests zugrunde gelegte Stichprobenumfang

- *nicht so groß* sein darf, dass ein signifikantes Testergebnis nicht von praktischer Bedeutung ist, und

- *nicht so klein* sein darf, dass ein Testwert, der eigentlich einen innerhalb der Alternativhypothese formulierten tatsächlich vorliegenden Sachverhalt stützt, nicht als signifikantes Testergebnis angesehen werden kann.

18.2   Kontrolle des Fehlers 2. Art

Im vorigen Abschnitt wurde eine Test-Entscheidung – im Rahmen eines z-Tests – zur Prüfung einer Nullhypothese gegenüber einer spezifischen Alternativhypothese der folgenden Form diskutiert:

- "$H_0(\mu = \mu_o)$"   gegen   "$H_1(\mu = \mu_1)$"   mit: "$\mu_1 < \mu_o$"

Dabei wurde die wie folgt verteilte Teststatistik "$\bar{X}_{\mu_o}$" eingesetzt:

- $\bar{X}_{\mu_o}$: $N(\mu_o, \frac{\sigma}{\sqrt{n}})$

Die Test-Entscheidung sollte auf der Basis des Testniveaus α und einer vorgegebenen Wahrscheinlichkeit "γ" mit "$\gamma < 0,5$" fallen, durch die der Akzeptanzbereich der Alternativhypothese bestimmt wird.
Um auf der Grundlage der dadurch festgelegten kritischen Werte "x_α" und "$x_{1-\gamma}$" den Fall ausschließen zu können, dass ein für die Akzeptanz der Alternativhypothese sprechender Testwert *nicht* als signifikantes Testergebnis angesehen werden kann, muss – aufgrund des innerhalb der Abbildung 18.1 angegebenen Sachverhalts – die folgende Ungleichung gelten:

- $x_{1-\gamma} \leq x_\alpha$

Mittels einer z-Transformation können "$x_{1-\gamma}$" und "x_α" wie folgt standardisiert werden:

$$z_{1-\gamma} = \frac{x_{1-\gamma} - \mu_1}{\sigma} * \sqrt{n} \quad \text{und} \quad z_\alpha = \frac{x_\alpha - \mu_o}{\sigma} * \sqrt{n}$$

Unter Einsatz der inversen z-Transformation (siehe Abschnitt 7.3) lassen sich daher die Quantile "x_α" und "$x_{1-\gamma}$" mittels der Standardnormalverteilungs-Quantile "z_α" bzw. "$z_{1-\gamma}$" wie folgt darstellen:

$$x_{1-\gamma} = \mu_1 + \frac{\sigma}{\sqrt{n}} * z_{1-\gamma} \quad \text{und} \quad x_\alpha = \mu_o + \frac{\sigma}{\sqrt{n}} * z_\alpha$$

Unter Berücksichtigung der oben angegebenen Ungleichung "$x_{1-\gamma} \leq x_\alpha$" muss daher die folgende Beziehung zutreffen:

- $\mu_1 + \frac{\sigma}{\sqrt{n}} * z_{1-\gamma} \leq \mu_o + \frac{\sigma}{\sqrt{n}} * z_\alpha$

Hieraus ergibt sich die Gültigkeit von: $\mu_1 - \mu_o \leq \frac{\sigma}{\sqrt{n}} * (z_\alpha - z_{1-\gamma})$

Durch Multiplikation mit "$\sqrt{n}$" und Division durch "σ" wird die folgende Ungleichung erhalten:

$$\frac{\mu_1 - \mu_o}{\sigma} * \sqrt{n} \leq z_\alpha - z_{1-\gamma}$$

Wegen "$\mu_1 < \mu_o$" ist "$\mu_1 - \mu_o$" kleiner als Null, sodass sich bei der Division durch "$\frac{\mu_1 - \mu_o}{\sigma}$" das Ungleichheitszeichen umkehrt und somit gilt:

$$\sqrt{n} \geq \frac{z_\alpha - z_{1-\gamma}}{\left(\frac{\mu_1 - \mu_o}{\sigma}\right)}$$

Wegen "$\gamma < 0,5$" trifft "$1 - \gamma > 0,5$" zu, sodass "$z_{1-\gamma} > 0$" gilt. Da wegen "$\alpha < 0,5$" die Ungleichung "$z_\alpha < 0$" erfüllt ist, gilt "$z_\alpha - z_{1-\gamma} < 0$". Aus der Gültigkeit von "$\mu_1 - \mu_o < 0$" und "$\sigma > 0$" ergibt sich demzufolge insgesamt, dass der Quotient in der zuvor angegebenen Ungleichung positiv ist. Deshalb bleibt das Ungleichheitszeichen bei der Quadrierung beider Seiten erhalten, sodass gilt:

$$n \geq \left(\frac{z_\alpha - z_{1-\gamma}}{\left(\frac{\mu_1 - \mu_o}{\sigma}\right)}\right)^2$$

Insgesamt lässt sich feststellen:

- Damit es sich bei jedem Testwert, der als Indikator für das Zutreffen der spezifischen Alternativhypothese angesehen werden soll, auch um ein signifikantes Testergebnis handelt, muss die folgende Ungleichung erfüllt sein:

$$\boxed{n \geq \left(\frac{z_\alpha - z_{1-\gamma}}{\left(\frac{\mu_1 - \mu_o}{\sigma}\right)}\right)^2}$$

Sofern die für den z-Test verwendete Teststatistik auf einem Stichprobenumfang "n" beruht, der diese Ungleichung erfüllt, liegt z.B. der folgende Sachverhalt vor (die Wahrscheinlichkeit, dass ein Testwert, der im Akzeptanzbereich von "$H_1(\mu = \mu_1)$" platziert ist, auch signifikant ist, ist mindestens gleich "$1 - \gamma$"):

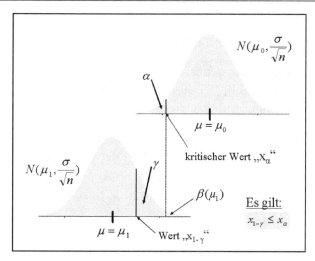

Abbildung 18.2 Beispiel einer Grundlage für die Test-Entscheidung

Wie im Abschnitt 17.2.4 erläutert wurde, wird durch "$\beta(\mu_1)$" die errechnete Wahrscheinlichkeit gekennzeichnet, auf der Basis des vorgegebenen Testniveaus "α" Werte der Teststatistik "$\bar{X}_{\mu_o}$" zu erhalten, durch die die Nullhypothese "$H_0(\mu = \mu_o)$" akzeptiert wird, obwohl die durch "$H_1(\mu = \mu_1)$" gekennzeichnete Aussage zutrifft.

An dieser Stelle muss ergänzend in Erinnerung gerufen werden, dass für ein normalverteiltes Merkmal bei der Prüfung von "$H_0(\mu = \mu_o)$" im Hinblick auf die Möglichkeit eines statistischen Fehlschlusses bislang allein der Fehler 1. Art kontrolliert wurde, indem das in Kauf zu nehmende Risiko eines Fehlschlusses durch das Testniveau "α" quantifiziert wurde.

Sofern ein nicht signifikantes Testergebnis zur Akzeptanz der Nullhypothese führt, besteht bekanntlich die Gefahr, einen Fehler 2. Art zu machen. Um dieses Risiko kontrollieren zu können, muss *vor* der Durchführung des Signifikanz-Tests die Lage von "μ_1" (aus der Alternativhypothese) so festgelegt werden, dass die Differenz zu der in der Nullhypothese postulierten Mitte "μ_o" als *Gradmesser für eine praktisch bedeutsame Unterschiedlichkeit* angesehen werden kann.

Ist ein derartiger Wert "μ_1" bestimmt worden, so kann man auf der Basis der spezifischen Alternativhypothese

- "$H_1(\mu = \mu_1)$"   mit: "$\mu_1 < \mu_o$"

einen kritischen Wert – zur Kennzeichnung des Akzeptanzbereichs dieser Alternativhypothese – durch die Vorgabe einer *speziellen* Wahrscheinlichkeit "γ" (wie im Abschnitt 18.1 dargestellt) bestimmen.

Wird unterstellt, dass es sich bei "μ_1" um die wahre unbekannte Mitte handelt, so ist es bei der Prüfung von "$H_0(\mu = \mu_o)$" – unter Vorgabe von α und dem Stichprobenumfang "n" – möglich, die Wahrscheinlichkeit β für einen Fehler 2. Art – anschließend, d.h. *a posteriori* – zu berechnen (siehe Abschnitt 17.2.4).

- Da das Risiko für einen Fehler 2. Art allerdings *kontrolliert* werden soll, muss ein konkreter Wert von β – *vorab*, d.h. *a priori* – festgelegt werden.

- Auf der Basis der oben getroffenen Verabredungen wird im Folgenden daher die Wahrscheinlichkeit "γ", durch die der Akzeptanzbereich der Alternativhypothese bestimmt wurde, gleich einem *a priori* festgesetzten β gewählt.

Mit dem derart konkret vorgegebenen Wert β ist die maximale Wahrscheinlichkeit festgelegt, mit der man bereit ist, einen Fehler 2. Art bei der folgenden Test-Entscheidung zu begehen:

- "$H_0(\mu = \mu_o)$"   gegen   "$H_1(\mu = \mu_1)$"   mit: "$\mu_1 < \mu_o$"

Dabei ist "μ_1" so bestimmt worden, dass die Differenz "$\mu_o - \mu_1$" als Mindestgröße zur Kennzeichnung einer *praktisch bedeutsamen Unterschiedlichkeit* zu "μ_o" angesehen wird.

18.3   Indifferenzbereich und optimaler Stichprobenumfang

Wie soeben erläutert, lässt sich neben dem Testniveau α zur Kontrolle des Fehlers 1. Art auch eine Wahrscheinlichkeit β zur Kontrolle des Fehlers 2. Art vorgeben, sodass sich durch einen zugehörigen kritischen Wert ein Akzeptanzbereich für die Alternativhypothese angeben lässt.

Zum Beispiel ergibt sich als Grundlage für die Test-Entscheidung im Fall eines relativ groß gewählten Wertes für die a-priori festgelegte maximale Wahrscheinlichkeit "β", einen Fehler 2. Art zu machen, der folgende Sachverhalt, bei dem β wesentlich größer als der Wert "$\beta(\mu_1)$" (errechnete Wahrscheinlichkeit für einen Fehler 2. Art, sofern "μ_1" die wahre Mitte ist und die Nullhypothese fälschlicherweise akzeptiert wird) ist:

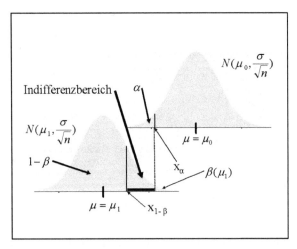

Abbildung 18.3 Vorliegen eines Indifferenzbereichs

In dieser Situation handelt es sich bei jedem Testwert, der zwischen dem "$1 - \beta$"-Quantil "$x_{1-\beta}$" und dem kritischen Wert "x_α" platziert ist, um ein signifikantes Testergebnis, das sich jedoch *nicht* als Indikator für das Zutreffen der spezifischen Alternativhypothese ansehen lässt.

- Da folglich *keine eindeutige* Entscheidung zwischen "H_0" und "H_1" getroffen werden kann, wird die Gesamtheit der möglichen Testwerte, mittels der sich weder eine Test-Entscheidung für "H_0" noch für "H_1" treffen lässt, als **Indifferenzbereich** (engl.: "zone of indifference") bezeichnet.

Ein derartiger Indifferenzbereich kann offensichtlich nur dann vorliegen, wenn die Streuung der Testverteilung *relativ klein* und damit der Stichprobenumfang, der die Struktur der Teststatistik bestimmt, *relativ groß* ist (diese Streuung ist bekanntlich durch den Quotienten aus der Streuung des Merkmals und der Quadratwurzel des Stichprobenumfangs bestimmt).

Um eine derartige Situation im Rahmen einer Test-Entscheidung zu verhindern und eine *eindeutige* Entscheidung treffen zu können, müssen die beiden kritischen Werte "$x_{1-\beta}$" und "x_α" zusammenfallen bzw. hinreichend nahe beieinander liegen. Dies hat zur Konsequenz, dass der Stichprobenumfang "n", durch den die Teststatistik bestimmt wird, geeignet klein gehalten werden muss. Im Hinblick auf das im Abschnitt 18.2 erhaltene Resultat ist dabei zu beachten, dass als Rahmenbedingung – für den Fall "$\mu_1 < \mu_o$" – die folgende Ungleichung erfüllt werden muss:

$$n \geq \left(\frac{z_\alpha - z_{1-\beta}}{\left(\frac{\mu_1 - \mu_o}{\sigma} \right)} \right)^2$$

Eine eindeutige Test-Entscheidung lässt sich demnach dann treffen, wenn der gewählte Stichprobenumfang "n" die *kleinste ganze* Zahl ist, die diese Ungleichung erfüllt. Ein derartiges "n" wird als *optimaler* Stichprobenumfang bezeichnet.

- Beim **optimalen Stichprobenumfang** (engl.: "optimal sample size") handelt es sich (beim z-Test zur Prüfung einer unbekannten Mitte) um denjenigen *Stichprobenumfang* "n", mittels dem sich bei vorgegebenem Testniveau "α" und vorgegebenem "β" – unter Einsatz der durch "n" bestimmten Teststatistik – eine *eindeutige* Test-Entscheidung treffen lässt, sodass ein *praktisch bedeutsamer Unterschied* mit einer Teststärke von (mindestens) "$1-\beta$" "*aufgedeckt*" werden kann.

Bei der Bestimmung des optimalen Stichprobenumfangs ist zu berücksichtigen, dass die für α und für β vorgegebenen Werte davon abhängen sollten, welche Art von möglichem Fehlschluss für gravierender gehalten wird.
Es bestehen die folgenden Konventionen:

- In der Situation, in der ein in Form eines α-Fehlers belasteter Fehlschluss für genauso problematisch gehalten wird, wie ein in Form eines β-Fehlers belasteter Fehlschluss, sollte *symmetrisch* vorgegangen und daher z.B. "α" mit "1%" oder "5%" und "β" ebenfalls mit "1%" bzw. "5%" festgelegt werden.

- Grundsätzlich sollte eine in der Praxis gewählte Teststärke "$1 - \beta$" den Wert von "80%" nie unterschreiten!

- Soll bei vorgegebenem "α" von "5%" die Akzeptanz einer Nullhypothese gegenüber der Akzeptanz einer spezifischen Alternativhypothese abgesichert werden, so besteht die Konvention, für die Teststärke den Wert "80%" vorzugeben.

- Will man sich besonders davor schützen, eine Nullhypothese fälschlicherweise zu akzeptieren, so ist es bekanntlich erforderlich, ein hohes Testniveau wie z.B. "$\alpha = 20\%$" zu wählen. In diesem Fall wird empfohlen, die Teststärke "$1 - \beta$" mit "95%" vorzugeben, um die Akzeptanz der Nullhypothese bestmöglich gegenüber der Akzeptanz einer spezifischen Alternativhypothese abzusichern.

Um einen optimalen Stichprobenumfang berechnen zu können, muss geklärt werden, ab wann ein Unterschied als *praktisch bedeutsam* anzusehen ist!

Beispielsweise könnte für das normalverteilte Merkmal "Kassetten-Spieldauer" – bei unterstellter Kenntnis der Streuung "$\sigma = 1$" – im Rahmen der Test-Entscheidung diejenige Sicht eingenommen werden, dass ein signifikantes Testergebnis erst dann als von praktischer Bedeutung angesehen werden soll, wenn die Spieldauer um *mindestens* "0,5" Minuten zu kurz ist.

Wenn man also für das Merkmal "Kassetten-Spieldauer" die Prüfung auf "$\mu = 90$" durchführt und der tatsächliche (unbekannte) Durchschnittswert bei z.B. "89,8" liegt, stellt sich ein (statistisch) *signifikantes* Testergebnis folglich als problematisch dar, sofern man erst einen Unterschied von mindestens "0,5" Minuten als *praktisch bedeutsamen Unterschied* ansehen möchte.

Somit stellt sich generell die folgende Frage:

- Wie kann man sich – im Hinblick auf die Wahl des jeweiligen Stichprobenumfangs – *maximal* dagegen absichern, ein Testergebnis zu erhalten, das zwar teststatistisch *signifikant*, aber *nicht von praktischer Bedeutung* ist?

18.4   Effektgrößen und a-priori-Poweranalysen

Zur Bestimmung eines optimalen Stichprobenumfangs muss man sich zunächst darüber Klarheit verschaffen, wie stark eine Unterschiedlichkeit zum innerhalb der Nullhypothese formulierten Sachverhalt mindestens sein muss, sodass sie als von *praktischer Relevanz* angesehen wird und daher von einem *Effekt* gesprochen werden kann.

- Mit dem Begriff "**Effekt**" wird fortan eine *praktisch relevante* Unterschiedlichkeit beschrieben.

Um einen Effekt zu kennzeichnen, sollte die folgende Forderung erfüllt werden:

- Wann immer möglich, hat eine *Quantifizierung* des Effekts in Form einer *(Populations-)***Effektgröße** (engl.: "effect size") zu erfolgen, durch die die *praktische Relevanz* als Grad einer *Mindest-Abweichung* vom innerhalb der Nullhypothese formulierten Tatbestand numerisch beschrieben wird.

Bei der Prüfung einer unbekannten Mitte mittels eines z-Tests besteht die Konvention, den bzgl. "σ" relativierten Mindestabstand, den die postulierte Mitte "μ_o" von der tatsächlichen unbekannten Mitte "μ_1" mindestens haben muss, damit die Unterschiedlichkeit der beiden Werte als inhaltlich relevant angesehen werden kann, wie folgt als *Effektgröße* festzulegen:

- $$\boxed{\triangle = \frac{\mu_1 - \mu_o}{\sigma}}$$

Durch diese standardisierte Form ist "$\triangle$" *unabhängig* vom jeweiligen Maßstab, in dem das Merkmal gemessen wird. Da der Sachverhalt "$\mu_1 < \mu_o$" zugrunde gelegt wird, besitzt die Effektgröße "$\triangle$" einen negativen Wert.

Soll z.B. beim Kassetten-Beispiel – bei wiederum unterstellter Streuung von "$\sigma = 1$" – eine Effektgröße verabredet und dazu ein Unterschied in der durchschnittlichen Spieldauer – in Form einer Toleranz von mindestens 0,5 Minuten weniger – als von praktischer Relevanz angesehen werden, so ist die Effektgröße "$\triangle$" durch den Wert "$-0,5$" festzulegen.

Aus vorausgegangenen Erörterungen ist ersichtlich, dass zur Durchführung eines Signifikanz-Tests der *Stichprobenumfang* "n" auf der Basis einer vorgegebenen Effektgröße "$\triangle$" folgendermaßen gewählt werden sollte:

- "n" sollte *nicht so groß* sein, dass praktisch unbedeutende Unterschiede teststatistisch signifikant werden.

- "n" sollte *nicht so klein* sein, dass praktisch bedeutsame Unterschiede teststatistisch nicht "aufgedeckt" werden können.

Für das Folgende wird nach wie vor – der Einfachheit halber – unterstellt, dass die wahre unbekannte Mitte – im Hinblick auf die zu diskutierende Nullhypothese "$H_0(\mu = \mu_o)$" – nur *kleiner* als "μ_o" sein kann. Bei einer Test-Entscheidung müssen daher allein Testwerte, die *kleiner* als "μ_o" sind, als problematisch angesehen werden, so dass man sich mittels einer geeigneten Alternativhypothese, deren Form durch eine vorgegebene *Effektgröße* festzulegen ist, nach "unten" absichern muss.

Wegen "$\mu_1 < \mu_o$" ist eine negative *Effektgröße* "$\triangle$" vorzugeben, sodass die gegenüber der Nullhypothese zu diskutierende Alternativhypothese sich somit wie folgt als *unspezifische gerichtete* Alternativhypothese formulieren lässt:

- $H_1(\mu \le \mu_1)$ mit: "$\mu_1 < \mu_o$" und "$\mu_1 = \mu_o + \triangle * \sigma$"

Um eine Test-Entscheidung zu treffen, reicht es allerdings aus, die folgende *spezifische* Alternativhypothese zu diskutieren:

- $H_1(\mu = \mu_1)$ mit: "$\mu_1 < \mu_o$" und "$\mu_1 = \mu_o + \triangle * \sigma$"

Ist nämlich für den Wert "μ_2" die Ungleichung "$\mu_2 < \mu_1$" erfüllt, so gilt die Beziehung "$\beta(\mu_2) < \beta(\mu_1)$". Die Wahrscheinlichkeit β für eine fälschliche Akzeptanz von "$H_0(\mu = \mu_o)$" ist daher am größten, wenn "μ_1" der wahre Wert ist. Dieser Sachverhalt wird durch die folgende Skizze belegt:

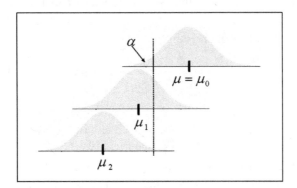

Abbildung 18.4 unterschiedliche Wahrscheinlichkeiten für einen β-Fehler

Geprüft werden muss bei vorgegebener *negativer* Effektgröße "$\triangle$" somit:

- "$H_0(\mu = \mu_o)$"   gegen   "$H_1(\mu = \mu_1)$"   mit: "$\mu_1 = \mu_o + \triangle * \sigma$"

Da die spezifische Alternativhypothese "$H_1(\mu = \mu_1)$" durch die *Effektgröße* "$\triangle$" bestimmt ist, gilt die folgende Gleichung:

$$\frac{z_\alpha - z_{1-\beta}}{\left(\frac{\mu_1 - \mu_o}{\sigma}\right)} = \frac{z_\alpha - z_{1-\beta}}{\left(\frac{(\mu_o + \triangle * \sigma) - \mu_o}{\sigma}\right)} = \frac{z_\alpha - z_{1-\beta}}{\triangle}$$

Bei vorgegebener Effektgröße "$\triangle$" kann auf der Grundlage dieser Gleichung die im Abschnitt 18.3 angegebene Kennzeichnung des *optimalen Stichprobenumfangs* wie folgt formuliert werden:

- Um bei vorgegebenem *Testniveau* "α" einen tatsächlich vorhandenen (negativen) *Effekt* der (Mindest-)Größe "$\triangle$" mit einer *Mindest-Teststärke* von "$1 - \beta$" durch ein signifikantes Testergebnis "aufdecken" zu können, wird eine Zufallsstichprobe benötigt, deren Umfang durch die kleinste ganze Zahl "n" mit der folgenden Eigenschaft bestimmt ist:

$$n \geq \left(\frac{z_\alpha - z_{1-\beta}}{\triangle}\right)^2$$

Dieser Sachverhalt lässt sich auch so ausdrücken:

- Der *optimale Stichprobenumfang* stellt als kleinste ganze Zahl "n", die die angegebene Ungleichung erfüllt, den benötigten Stichprobenumfang dar, um bei vorgegebenem α und β einen durch die Effektgröße "$\triangle$" gekennzeichneten *praktisch bedeutsamen* Unterschied, der zwischen der tatsächlichen Mitte und der innerhalb der Nullhypothese postulierten Mitte mindestens besteht, mit einer Wahrscheinlichkeit von mindestens "$1 - \beta$" als *signifikantes* Ergebnis teststatistisch "aufdecken" zu können.

Aus der angegebenen Ungleichung ergeben sich unmittelbar die folgenden Eigenschaften des optimalen Stichprobenumfangs:

- Bei zunehmender Effektgröße verringert er sich.

- Bei Vergrößerung des Testniveaus wird er kleiner.

- Bei Anhebung der Teststärke vergrößert er sich.

Sofern eine Test-Entscheidung auf einer Stichprobe basiert, deren Umfang *größer* als der *optimale* Stichprobenumfang ist, besteht die Gefahr, dass ein signifikantes Testergebnis nicht notwendigerweise auf die "Aufdeckung" eines als relevant anzusehenden Effekts hinweist. Wird nämlich – wie oben erläutert – von einer entsprechenden vor dem Test vorgegebenen Effektgröße ausgegangen, so kann das Testergebnis im Indifferenzbereich und nicht im Akzeptanzbereich der zugehörigen spezifischen Alternativhypothese platziert sein.

Aufgrund der zuvor dargestellten Argumente ist es demzufolge sinnvoll, *vor* der Auswahl einer Zufallsstichprobe den optimalen Stichprobenumfang, der zum einzusetzenden Signifikanz-Test und der zu testenden Nullhypothese gehört, zu ermitteln. Das damit verbundene Verfahren wird als **a-priori-Poweranalyse** (engl.: "a priori power analysis") bezeichnet.

Eine a-priori-Poweranalyse stützt sich grundsätzlich auf die folgenden Größen:

- das Testniveau α als Risiko der fälschlichen Akzeptanz der Alternativhypothese,

- die Mindest-Teststärke "$1 - \beta$" für die Akzeptanz einer zutreffenden Alternativhypothese (d.h. das Risiko β der fälschlichen Akzeptanz der Nullhypothese) und

- den durch die Effektgröße "$\triangle$" gekennzeichneten Mindest-Effekt, den man "aufzudecken" wünscht, um von einem praktisch bedeutsamen Unterschied sprechen zu können.

Aus der Vorgabe des Testniveaus, der Mindest-Teststärke und der Effektgröße lässt sich der optimale Stichprobenumfang ermitteln.

Allgemein lässt sich feststellen:

- Die Größen "Testniveau", "Teststärke", "Effektgröße" und "Stichprobenumfang" stehen unmittelbar in dem Sinne miteinander in Beziehung, dass sich
aus jeweils drei dieser Größen die vierte Größe bestimmen lässt.

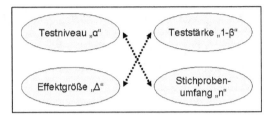

Abbildung 18.5 Beziehungen von "α", "$1 - \beta$", "$\triangle$" und "n"

In den Abschnitten 17.2.4 und 17.3.2 wurde beschrieben, wie β und damit die
Teststärke aus dem Testniveau, dem Stichprobenumfang und der Effektgröße – in
Form des Abstandes zwischen der als wahr unterstellten (unbekannten) Mitte und
der in der Nullhypothese postulierten Mitte – errechnet und durch dieses Vorgehen
insgesamt die Powerkurve ermittelt werden kann.

Um ein Beispiel für eine konkrete Bestimmung eines optimalen Stichprobenumfangs zu geben, wird die folgende Aufgabenstellung betrachtet:

- Für das normalverteilte Merkmal "Kassetten-Spieldauer" soll – bei wiederum unterstellter Kenntnis der Streuung "$\sigma = 1$" – die Nullhypothese
"$H_0(\mu = \mu_o = 90)$" geprüft werden.
Im Rahmen der Test-Entscheidung soll berücksichtigt werden, dass ein signifikantes Testergebnis erst dann als von praktischer Bedeutung angesehen
werden soll, wenn die Spieldauer um *mindestens* "0,5" Minuten zu kurz ist.

Da die Effektgröße somit in der Form "$\triangle = -0,5$" vorgegeben ist, errechnet sich
das für die spezifische Alternativhypothese benötigte "μ_1" wie folgt:

$$\mu_1 = \mu_o + \triangle * \sigma = 90 + (-0,5) * 1 = 89,5$$

Mittels eines z-Tests ist demnach zu prüfen:

- "$H_0(\mu = \mu_o = 90)$"   gegen: "$H_1(\mu = \mu_1 = 89,5)$"

Die Risiken für die Test-Entscheidung werden wie folgt festgelegt:

- $\alpha = 0,05$ und $1 - \beta = 0,9$

Bei vorgegebenem Effekt der Mindest-Größe "$\triangle = -0,5$" und einem Testniveau
von "$\alpha = 0,05$" sowie einer in Kauf zu nehmenden Wahrscheinlichkeit, einen
Fehler 2. Art zu begehen, von maximal "0,1" sollte daher ein statistisch signifikantes Testergebnis – auf der Basis eines geeigneten Stichprobenumfangs "n" –

erzielt werden, sofern der Sachverhalt "$\mu \leq 89,5$" für die produzierten Kassetten tatsächlich vorliegt.

Da die Effektgröße "$\triangle = -0,5$" zugrunde gelegt wurde, muss der zugehörige optimale Stichprobenumfang "n" – zur Durchführung eines z-Tests – im Hinblick auf die Diskussion der beiden folgenden Hypothesen ermittelt werden:

- "$H_0(\mu = \mu_o = 90)$"   gegen: "$H_1(\mu = \mu_1 = 89,5)$"

Da durch das vorgegebene Testniveau "$\alpha = 0,05$" und die vorgegebene Teststärke "$1 - \beta = 0,9$" die zugehörigen Quantile "$z_\alpha = -1,64$" und "$z_{1-\beta} = 1,28$" bestimmt sind, ergibt sich der optimale Stichprobenumfang für "$\triangle = -0,5$", "$\alpha = 0,05$" und "$1 - \beta = 0,9$" als kleinste ganze Zahl "n", die die folgende Ungleichung erfüllt:

$$n \geq \left(\tfrac{z_\alpha - z_{1-\beta}}{\triangle}\right)^2 = \left(\tfrac{z_{0,05} - z_{0,9}}{-0,5}\right)^2 \simeq \left(\tfrac{-1,64 - 1,28}{-0,5}\right)^2 = \left(\tfrac{-2,92}{-0,5}\right)^2 = 34,1056$$

Daher wird das folgende Ergebnis erhalten:

- Um bei einem Testniveau von "$\alpha = 0,05$" einen Effekt der Mindest-Größe "$\triangle = -0,5$" mit einer Mindest-Teststärke von "$1 - \beta = 0,9$" "aufdecken" zu können, wird eine Zufallsstichprobe mit dem optimalen Stichprobenumfang "$n = 35$" benötigt.

Als Variante soll jetzt der optimale Stichprobenumfang errechnet werden, der für "$\alpha = 0,05$" die Aufdeckung eines Mindest-Effektes von "$\triangle = -0,5$" mit einer Mindest-Teststärke von "$1 - \beta = 0,8$" gewährleistet.

Da für "$\alpha = 0,05$" und "$1 - \beta = 0,8$" die zugehörigen Quantile "$z_\alpha = -1,64$" und "$z_{1-\beta} = 0,84$" bestimmt sind, ist die folgende Ungleichung zu betrachten:

$$n \geq \left(\tfrac{-1,64 - 0,84}{-0,5}\right)^2 = \left(\tfrac{-2,48}{-0,5}\right)^2 = 4,96^2 = 24,6016$$

Da die kleinste ganze Zahl "n", die diese Ungleichung erfüllt, zu bestimmen ist, errechnet sich der optimale Stichprobenumfang für den Fall, dass ein vorhandener Mindest-Effekt von "$\triangle = -0,5$" mit einer Teststärke von mindestens 80% "aufgedeckt" werden können soll, zu "$n = 25$".

Soll als weitere (nur theoretisch interessierende) Variante ein Mindest-Effekt von "$-0,5$" nur mit einer Mindest-Teststärke von "0,7" "aufgedeckt" werden können, so ergibt sich "$n = 19$" als *optimaler* Stichprobenumfang, weil "$z_{0,7} = 0,52$" gilt und "19" die kleinste ganze Zahl "n" ist, die die folgende Ungleichung erfüllt:

$$n \geq \left(\tfrac{-1,64 - 0,52}{-0,5}\right)^2 = \left(\tfrac{-2,16}{-0,5}\right)^2 = 4,32^2 = 18,6624$$

Zusammenfassend lässt sich feststellen: Verringert sich die Teststärke von "0,9" auf "0,8" bzw. "0,7", so reduziert sich der jeweils zugehörige optimale Stichprobenumfang – bei gleichen Rahmenbedingungen – von "n=35" auf "n=25" bzw. "n=19".

Grundsätzlich gilt:

- Die Berechnung des optimalen Stichprobenumfangs ist deswegen möglich, weil die Verteilung der Teststatistik – unter der durch die vorgegebene Effektgröße bestimmten *spezifischen* Alternativhypothese – in Form einer speziellen Normalverteilung bekannt ist und die Quantile ("z_α" und "$z_{1-\beta}$") sich aus der Tabelle der Standardnormalverteilung (siehe A.2) ermitteln lassen.

- Wird anstelle der bisherigen Diskussionsgrundlage der Sachverhalt "$\mu_o < \mu_1$", d.h. eine *positive Effektgröße* "$\triangle$", zugrunde gelegt, so errechnet sich der optimale Stichprobenumfang ebenfalls als kleinste ganze Zahl "n", die die folgende Ungleichung erfüllt:

$$n \geq \left(\frac{z_\alpha - z_{1-\beta}}{\triangle}\right)^2$$

  Dabei ist zu berücksichtigen, dass aus Symmetriegründen "$z_{1-\alpha} = -z_\alpha$" und "$z_\beta = -z_{1-\beta}$" gilt und daher insgesamt die folgende Gleichung zutrifft: $(z_\alpha - z_{1-\beta})^2 = (z_{1-\alpha} - z_\beta)^2$

- Zusammenfassend lässt sich daher insgesamt feststellen:
  Um bei vorgegebenem *Testniveau* "α" einen tatsächlich vorhandenen *Effekt* der Mindest-Größe "$\triangle$" mit einer *Mindest-Teststärke* von "$1 - \beta$" durch ein signifikantes Testergebnis "aufdecken" zu können, wird eine Zufallsstichprobe benötigt, deren Umfang durch die kleinste ganze Zahl "n" mit der folgenden Eigenschaft bestimmt ist:

$$n \geq \left(\frac{z_\alpha - z_{1-\beta}}{\triangle}\right)^2$$

Im Hinblick auf die Bewertung der Größenordnung von Effektgrößen gibt es – für den z-Test zur Prüfung einer unbekannten Mitte – die folgenden Empfehlungen des Statistikers **Cohen**:

Bei der Effektgröße "$\triangle$" mit "$|\triangle| = 0,2$" wird von einem *schwachen (kleinen) Effekt*, bei "$|\triangle| = 0,5$" von einem *mittleren Effekt* und bei "$|\triangle| = 0,8$" von einem *starken (großen) Effekt* gesprochen.

Sofern z.B. durch einen *einseitigen* z-Test eine innerhalb einer Nullhypothese postulierte Mitte – auf der Basis von "$\alpha = 0,05$" und "$\beta = 0,2$", d.h. "$1 - \beta = 0,8$" – teststatistisch abzusichern ist, lassen sich gemäß der oben angegebenen Vorschrift die folgenden *optimalen* Stichprobenumfänge "n" berechnen:

schwach	mittel	stark
155	25	10

Hieraus ist ablesbar:
Sofern tatsächlich ein *schwacher* Effekt besteht, kann dieser – bei gewähltem "$\alpha =$

0, 05" und "$\beta = 0, 2$" – mit einem Stichprobenumfang von "n = 155" "aufgedeckt"
werden, während zur "Aufdeckung" eines vorhandenen *starken* Effekts bereits ein
Stichprobenumfang von "n = 10" ausreichend ist.

Soll das Risiko, einen Fehler 1. Art zu begehen, auf "$\alpha = 0, 01$" reduziert werden,
so errechnen sich – unter sonst gleichen Rahmenbedingungen – die folgenden
optimalen Stichprobenumfänge:

schwach	mittel	stark
251	41	16

18.5   Bestimmung optimaler Stichprobenumfänge beim t-Test

Um für die Durchführung eines t-Tests zur Prüfung von "$H_0(\mu = \mu_o)$" – unter
Einsatz der Teststatistik "$\frac{\bar{X}_{\mu_o} - \mu_o}{S_X} \sqrt{n}$" und auf der Basis von vorgegebenem Testniveau, Mindest-Teststärke und Effektgröße – einen optimalen Stichprobenumfang
bestimmen zu können, muss die Verteilung der Teststatistik für den Fall bekannt
sein, dass die durch die vorgegebene Effektgröße bestimmte *spezifische* Alternativhypothese "$H_1(\mu = \mu_1)$" zutrifft.

Anders als im Fall des z-Tests stellt sich die Verteilung, die zur Berechnung des
optimalen Stichprobenumfangs dient, nicht mehr als auf der Zahlengeraden ver-
schobene Verteilung der Teststatistik dar, indem das Zentrum um einen geeigneten
Wert verändert ist. Vielmehr handelt es sich um eine besondere Verteilungsform,
die **nicht-zentrale** t-Verteilung (engl.: "noncentral t-distribution") genannt wird
(siehe den nachfolgenden Hinweis und A.4). Diese spezielle t-Verteilung besitzt
dieselbe Anzahl von Freiheitsgraden wie die t-Verteilung der Teststatistik, die zur
Prüfung der Nullhypothese "$H_0(\mu = \mu_o)$" verwendet wird. Im Gegensatz zu dieser
Verteilung ist eine nicht-zentrale t-Verteilung jedoch *nicht* mehr symmetrisch.

Zum Beispiel lassen sich die zur Teststatistik zugehörige t-Verteilung und diejenige
nicht-zentrale t-Verteilung, die – bei der Diskussion von "$H_0(\mu = \mu_o)$" gegen
"$H_1(\mu = \mu_1)$" mit "$\mu_o > \mu_1$" – zur spezifischen Alternativhypothese gehört, wie
folgt skizzieren:

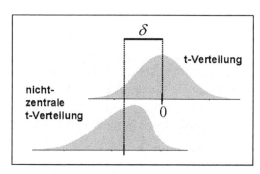

Abbildung 18.6 Verlaufsformen von t-Verteilung und nicht-zentraler t-Verteilung

Hinweis: Während beim z-Test diejenige (Normal-)Verteilung zur Berechnung des optimalen Stichprobenumfangs dient, die sich aus der normalverteilten Testverteilung durch eine durch die Effektgröße bestimmte Verschiebung auf der Zahlengeraden ergibt, ist der Sachverhalt beim t-Test nicht mehr so einfach.

Während sich eine t-Verteilung mit m Freiheitsgraden durch den Quotienten aus der standardnormalverteilten Zufallsgröße Z in der Form " $\frac{Z}{\sqrt{\frac{Y}{m}}}$ " mit einer $\chi^2(m)$-verteilten Zufallsgröße Y erzeugen lässt, muss bei der nicht-zentralen t-Verteilung mit m Freiheitsgraden anstelle von Z eine $N(\delta,1)$-verteilte Zufallsgröße in diesen Quotienten eingesetzt werden. Dabei wird durch "δ" das Produkt der Effektgröße mit " $\sqrt{n}$ " gekennzeichnet.

Mit dem Symbol "δ" wird der **Nichtzentralitätsparameter** (engl.: "noncentrality parameter") gekennzeichnet, durch den die Lage der nicht-zentralen t-Verteilung bestimmt wird (siehe A.4). Dieser Parameter ist umso größer, je größer die Differenz der Mitten ist, die in der Nullhypothese sowie in der durch die Effektgröße bestimmten spezifischen Alternativhypothese postuliert sind.

- Der Nichtzentralitätsparameter "δ" wird durch die für den t-Test vorgegebene Effektgröße beeinflusst. Diese Effektgröße wird nicht mehr mit dem Symbol "$\triangle$", sondern – zur Unterscheidung von den Vorgaben im Hinblick auf die Durchführung des z-Tests – mit dem Symbol "d" bezeichnet.

Zu jeder Effektgröße "d" besitzt die zugehörige *nicht-zentrale* t-Verteilung, mittels der sich der optimale Stichprobenumfang zur Aufdeckung eines Effekts der Größe "d" bei vorgegebenem Testniveau und vorgegebener Mindest-Teststärke berechnen lässt, die gleiche Anzahl von Freiheitsgraden wie diejenige t-Verteilung, die zur Prüfung der Nullhypothese verwendet wird.

Grundlegend für die Berechnung des optimalen Stichprobenumfangs beim t-Test ist die folgende Beziehung zwischen dem Nichtzentralitätsparameter "δ", dem optimalen Stichprobenumfang "n" und der Effektgröße "d":

- $$\boxed{\delta = d * \sqrt{n}}$$

Der Nichtzentralitätsparameter bestimmt sich somit als Produkt aus der Effektgröße und der Quadratwurzel aus dem *optimalen* Stichprobenumfang.

Weil Berechnungen auf der Basis von nicht-zentralen Testverteilungen relativ kompliziert sind, gibt es Empfehlungen des Statistikers **Cohen**, wie – in Abhängigkeit vom Testniveau, von der geforderten Mindest-Teststärke und von der vorgegebenen Effektgröße – der jeweils optimale Stichprobenumfang gewählt werden sollte.

- Nach den Vorschlägen von *Cohen* besteht die folgende Konvention:

> Bei der Effektgröße "d" mit "$|d| = 0,2$" wird von einem *schwachen (kleinen) Effekt*, bei "$|d| = 0,5$" von einem *mittleren Effekt* und bei "$|d| = 0,8$" von einem *starken (großen) Effekt* gesprochen.

Sofern z.B. durch einen *einseitigen* t-Test eine innerhalb einer Nullhypothese postulierte Mitte – auf der Basis von "$\alpha = 0,05$" und "$\beta = 0,2$" – teststatistisch abzusichern ist, ergeben sich die folgenden *optimalen* Stichprobenumfänge:

schwach	mittel	stark
156	27	12

Wird z.B. ein mittlerer *negativer* Effekt ("$d = -0,5$") oder ein mittlerer *positiver* Effekt ("d = 0,5") als praktisch relevant angesehen, so sollte der t-Test daher auf der Basis einer Stichprobe mit "$n = 27$" Stichprobenelementen durchgeführt werden.

Soll das Risiko, einen Fehler 1. Art zu begehen, auf "$\alpha = 0,01$" reduziert werden, so empfiehlt sich – unter sonst gleichen Rahmenbedingungen – der Einsatz der folgenden *optimalen* Stichprobenumfänge:

schwach	mittel	stark
254	43	19

Wird die Klassifikation in "schwach", "mittel" und "stark" als zu grob angesehen, so lässt sich der jeweils optimale Stichprobenumfang unter Einsatz des Programms G*POWER errechnen, das unter der Internet-Adresse "http://www.psycho.uni-duesseldorf.de/aap/projects/gpower/index.html" für den kostenlosen Einsatz zur Verfügung gestellt wird.

Nach dem Start von G*POWER und der Betätigung der Funktionstaste "F4" meldet sich das Programm wie folgt:

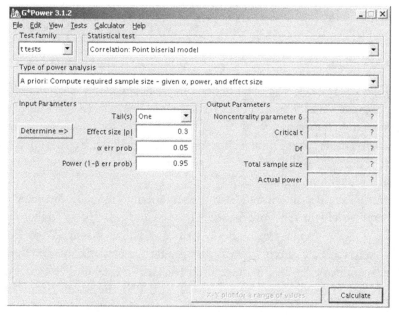

Abbildung 18.7 Dialogbeginn mit G*POWER

Als Beispiel zur Ermittlung eines optimalen Stichprobenumfangs soll die folgende Aufgabenstellung bearbeitet werden:

- Durch einen *einseitigen* t-Test soll eine innerhalb einer Nullhypothese postulierte Mitte auf der Basis der Risiken "$\alpha = 0,05$" und "$\beta = 0,2$" – bei der Wahl einer Effektgröße von "$d = -0,5$" – teststatistisch abgesichert werden!

Nachdem in der Liste "Statistical test" das Listenelement "Means: Difference from constant (one sample case)" als Option aktiviert wurde, lässt sich auf der Basis der Voreinstellungen und der Eingabe von "-0.5" (mit Dezimalpunkt!) in das Eingabefeld "Effect size d" die folgende Anzeige durch die Bestätigung der Schaltfläche "Calculate" anfordern:

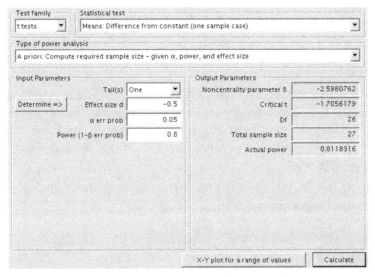

Abbildung 18.8 Bestimmung des optimalen Stichprobenumfangs

Demzufolge wird "27" – wie oben in der Tabelle angegeben – als *optimaler* Stichprobenumfang ermittelt und im Feld "Total sample size" angezeigt. Zusätzlich wird der Nichtzentralitätsparameter "$\delta \simeq -2,6$" im Feld "Noncentrality parameter δ" ausgewiesen. Dieser Wert ergibt sich bekanntlich gemäß der Formel "$\delta = d * \sqrt{n}$" aus dem Produkt der Effektgröße "d=$-0,5$" und der Quadratwurzel aus dem optimalen Stichprobenumfang "n = 27".

Für die Verteilung der durch den Stichprobenumfang "n = 27" festgelegten Teststatistik ergibt sich für das vorgegebene Testniveau "$\alpha = 0,05$" näherungsweise die Größe "$-1,71$" (angezeigt im Feld "Critical t") als kritischer Wert. Die Wahrscheinlichkeit, dass die durch "n = 27" bestimmte Teststatistik, die mit dem Nichtzentralitätsparameter "$-2,6$" nicht-zentral t-verteilt ist, einen Wert annimmt, der kleiner als der kritische Wert "$-1,71$" ist, wird näherungsweise mit dem Wert "0,81" im Feld "Actual power" ausgewiesen, d.h. die tatsächliche Teststärke ist etwas größer als die geforderte Teststärke von "0,8".

Hinweis: Für den Stichprobenumfang "n = 26" würde sich als Teststärke der Wert "0,7981" ergeben, sodass die Forderung einer Teststärke von (mindestens) "0,8" nicht erfüllt würde.

Zur Skizzierung des aktuellen Sachverhalts lässt sich eine Grafik mittels der Funktionstaste "F4" anfordern, sodass im aktuellen G*POWER-Fenster ergänzend die folgende Anzeige erscheint:

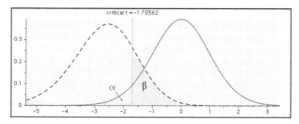

Abbildung 18.9 Verlaufsformen der zentralen und nicht-zentralen t-Verteilung

Während der Verlauf der t-Verteilung (mit 26 Freiheitsgraden) durch die durchgehende Linie gekennzeichnet wird, erfolgt die Beschreibung des Kurververlaufs der nicht-zentralen t-Verteilung (mit 26 Freiheitsgraden) durch die gestrichelte Linie.

Um die Unterschiedlichkeit des Kurvenverlaufs einer t-Verteilung gegenüber dem einer nicht-zentralen t-Verteilung zu verdeutlichen, wird im Eingabefeld "Effect size d" anstelle des Wertes "$-0,5$" der Wert "$-0,95$" eingetragen. Nach der Anforderung mittels der Schaltfäche "Calculate" erscheint die folgende Grafik:

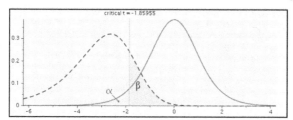

Abbildung 18.10 Änderungen in den Verlaufsformen der t-Verteilungen

Diese Grafik verdeutlicht beispielhaft, dass nicht-zentrale t-Verteilungen (bei von Null verschiedenem Nichtzentralitätsparameter) unsymmetrisch sind. Ferner gilt, dass diese Verteilungen bei einem positiven Nichtzentralitätsparameter linkssteil und bei einem negativen Nichtzentralitätsparameter rechtssteil sind.

18.6 Durchführung von Post-hoc-Analysen

Ist *vor* der Durchführung eines Signifikanz-Tests der optimale Stichprobenumfang auf der Basis einer Effektgröße und auf der Grundlage von festgelegten Risiken für die Fehler 1. und 2. Art ermittelt worden, so steht im Fall eines *nicht* signifikanten Testergebnisses von vornherein fest, mit welcher Wahrscheinlichkeit die Nullhypothese fälschlicherweise akzeptiert werden könnte.

Obwohl die Durchführung eines Signifikanz-Tests sinnvollerweise mittels Zufallsstichproben erfolgen sollte, die auf der Basis von optimalen Stichprobenumfängen erhoben wurden, wird oftmals mit **Gelegenheits-Stichproben** (engl.: convenience sample) gearbeitet, deren Umfang sich *ungeplant* ergeben hat. Bei einem auf der Grundlage einer Gelegenheits-Stichprobe durchgeführten Inferenzschluss sollte – in jedem Fall – mitgeteilt werden, von welcher Größenordnung der Effekt ist, der durch ein signifikantes Testergebnis "aufgedeckt" wurde, bzw. von welcher Größenordnung das Risiko einer fälschlichen Akzeptanz der Nullhypothese ist, das vor der Test-Entscheidung bestanden hätte. Auskunft hierüber kann anhand der *a-posteriori* (nachträglich) errechenbaren *empirischen Effektgröße* bzw. *empirischen Teststärke* gegeben werden.

- Dabei wird mit dem Begriff "**empirische (a-posteriori-) Effektgröße**" (engl.: "empirical effect size") eine aus der Realisierung der Teststatistik rekonstruierte Effektgröße im Hinblick auf die Unterschiedlichkeit der innerhalb der Nullhypothese und der (zugehörigen spezifischen) Alternativhypothese beschriebenen Sachverhalte gekennzeichnet.

- Mit dem Begriff "**empirische (a-posteriori-) Teststärke**" (engl.: "empirical power") wird diejenige Wahrscheinlichkeit für die (berechtigte) Akzeptanz einer zutreffenden Alternativhypothese beschrieben, die sich rein rechnerisch – auf der Basis von gewähltem Stichprobenumfang und Testniveau – aus der ermittelten *empirischen Effektgröße* bzw. einer vorgegebenen Effektgröße als *Teststärke* ermitteln lässt.

Grundlegend dafür, wie im Hinblick auf die jeweilige Test-Entscheidung zu verfahren ist, sind die Angaben innerhalb des folgenden Diagramms:

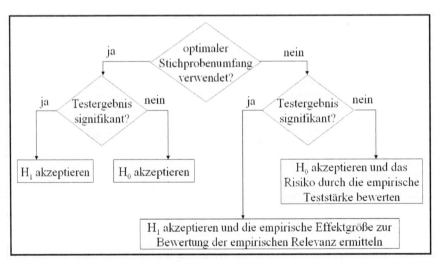

Abbildung 18.11 Test-Entscheidungen und deren Konsequenzen

Hat man sich also vorab (a-priori) *keine* Gedanken über die Effektgröße gemacht und folglich *keinen* optimalen Stichprobenumfang bestimmt (man arbeitet mit einer Gelegenheits-Stichprobe), so sind nach dem Inferenzschluss die folgenden Aspekte zu berücksichtigen:

- Bei einem *signifikanten* Testergebnis ist es sinnvoll, eine Aussage über die *empirische Effektgröße* – als *Schätzung* der Effektgröße – zu machen, damit eine Einschätzung der praktischen Bedeutsamkeit erfolgen kann. Diese Schätzung ist i. Allg. nicht unproblematisch. Daher sollte mindestens ein hinreichend großer Stichprobenumfang als Basis einer derartigen Schätzung vorliegen.

- Ist das Testergebnis *nicht signifikant*, so ist es sinnvoll, eine Aussage über die Größenordnung der *empirischen Teststärke* zu machen, damit eine Einschätzung der Größenordnung von β möglich ist.

- Zur Bestimmung derartiger (a-posteriori-)Größen dienen sog. **Post-hoc-Analysen** (engl.: "post-hoc analysis").

Als Beispiel für eine Post-hoc-Analyse soll an die Darstellung im Abschnitt 17.4.3 angeknüpft werden. Dort wurde bei der Durchführung eines *einseitigen z-Tests* zur Prüfung einer unbekannten Mitte – mittels der Nullhypothese "$H_0(\mu = \mu_o = 90)$" bei Unterstellung von "$\sigma = 1$" – ein *signifikantes* Testergebnis auf der Basis der folgenden Stichprobe erhalten: 88, 89, 89, 90

Da sich das Testergebnis auf eine Gelegenheits-Stichprobe vom Umfang "$n = 4$" und nicht auf eine Zufallsstichprobe mit optimalem Stichprobenumfang, dessen Berechnung auf einer vorgegebenen Effektgröße basiert, gründet, stellt sich daher die Frage, ob das statistisch signifikante Testergebnis auch *inhaltlich bedeutsam* ist? Um diese Frage beantworten zu können, muss die empirische Effektgröße berechnet werden. Wird die empirische Effektgröße – im Rahmen des z-Tests zur Prüfung einer unbekannten Mitte – als Schätzung der Effektgröße mit demselben Symbol wie die Effektgröße bezeichnet, so gilt:

- $$\triangle = \frac{\bar{x} - \mu_o}{\sigma}$$

Da sich der Mittelwert zu "89" errechnet, ergibt sich in der aktuellen Situation der folgende Wert:
$$\triangle = \frac{89 - 90}{1} = -1$$

Hinweis: Natürlich ist eine Schätzung bei "$n = 4$" in der Praxis unbrauchbar. Sie gründet sich allein auf didaktische Überlegungen, um die Rechnung übersichtlich zu halten.

Da eine Effektgröße mit einem Absolutbetrag von "1" als *inhaltlich bedeutsam* angesehen werden kann, lässt sich feststellen:

- Die ermittelte empirische Effektgröße mit dem Absolutbetrag von "1" rechtfertigt die Sicht, dass das statistisch signifikante Testergebnis auf ein inhaltlich relevantes Ergebnis hindeutet!

Werden zur Prüfung der gleichen Nullhypothese – auf der Grundlage einer anderen Stichprobenziehung – z.B. die Werte "89", "89", "90" und "90" als Stichprobenwerte ermittelt, so errechnet sich die Realisierung der Teststatistik wie folgt:

- $z_{test} = \frac{\bar{x} - \mu_o}{\sigma} \sqrt{n} = \frac{89{,}5 - 90}{1} \sqrt{4} = -0{,}5 * 2 = -1$

Als zugehöriges Signifikanzniveau ergibt sich der Wert "0,1587" ("0,5 − 0,3413"). Demzufolge handelt es sich bei einem vorgegebenen Testniveau von "$\alpha = 0{,}05$" um *kein signifikantes* Testergebnis.

Damit stellt sich die folgende Frage: Wie problematisch ist es, die Aussage der Nullhypothese im Hinblick auf einen möglichen β-Fehler zu akzeptieren?

- Ist ein Testergebnis nämlich *nicht* signifikant, so sollte die Akzeptanz der betreffenden Nullhypothese unter dem Blickwinkel der Größenordnung der Wahrscheinlichkeit für einen möglichen Fehler 2.Art bewertet werden.

  Es muss daher im *nachhinein* (*a-posteriori*) festgestellt werden, wie groß die Wahrscheinlichkeit, einen Fehler 2. Art zu machen, vor Durchführung des Tests – unter den gegebenen Rahmenbedingungen – gewesen wäre!

Um nach der Test-Entscheidung das Risiko der fälschlichen Akzeptanz der Nullhypothese bewerten zu können, lässt sich die *empirische Teststärke* als Wahrscheinlichkeit für die (berechtigte) Akzeptanz einer speziellen spezifischen Alternativhypothese bestimmen, durch die der folgende Sachverhalt gekennzeichnet wird:

- Die Größe eines tatsächlich in der Grundgesamtheit vorliegenden Effekts, den man durch den Test nachweisen möchte, stimmt mit der mittels der Zufallsstichprobe errechneten empirischen Effektgröße überein.

Es wird also angenommen, dass ein Effekt existiert, dessen Größe mit der errechneten empirischen Effektgröße übereinstimmt und auf der Basis dieser Annahme die Teststärke bestimmt.

In Anknüpfung an das Beispiel lässt sich – wegen "$\bar{x} = 89{,}5$" – die empirische Effektgröße wie folgt ermitteln:
$$\triangle = \frac{\bar{x} - \mu_o}{\sigma} = \frac{89{,}5 - 90}{1} = -0{,}5$$

Hinweis: Natürlich ist eine Schätzung bei "$n = 4$" in der Praxis unbrauchbar. Sie gründet sich allein auf didaktische Überlegungen, um die Rechnung übersichtlich zu halten.

Bei vorgegebenem Testniveau von "$\alpha = 0{,}05$" ist der kritische Wert im Rahmen der Standardnormalverteilung gleich dem 0,05-Quantil und damit bekanntlich gleich dem Wert "$-1{,}64$". Der kritische Wert für die Test-Entscheidung lässt sich mittels der inversen z-Transformation daher wie folgt berechnen:

$$x_\alpha = 90 + 1 * (-1{,}64) = 88{,}36$$

Da die Realisation der Teststatistik gleich "89,5" ist, wird dieser Wert als Schätzung für die "wahre" Mitte der Verteilung des Merkmals X verwendet. Um auf dieser Basis die Wahrscheinlichkeit "$\beta(89{,}5)$" für das Auftreten von X-Werten zu ermitteln, die größer als "88,36" sind, ist die folgende Rechnung durchzuführen (siehe Abschnitt 17.2.4):

$$prob(X > 88,36) = prob(\frac{X-89,5}{1} > \frac{88,36-89,5}{1}) = prob(Z > -1,14)$$

Da sich als Wahrscheinlichkeit für das Auftreten eines Wertes zwischen "0" und "1,14" aus der Tabelle der Standardnormalverteilung der Wert "0,3729" ergibt, ist die Wahrscheinlichkeit "$\beta(89,5)$" für einen Wert, der größer als "$-1,14$" ist, gleich "$0,5 + 0,3729 = 0,8729$".

Demnach gilt für die empirische Teststärke: $\quad 1-\beta(89,5) = 1-0,8729 = 0,1271$

Unter Einsatz von G*POWER lässt sich dieser Wert dadurch ermitteln, dass in der Liste "Test family" die Option "z tests", in der Liste "Statistical test" die Option "Generic z test" und in der Liste "Type of power analysis" die Option "Post hoc: Compute power – given α and noncentrality parameter" eingestellt und anschließend insgesamt die folgenden Werte in das G*POWER-Fenster eingetragen werden: die oben ermittelte Effektgröße "-0.5" in das Eingabefeld "Noncentrality parameter μ", der Wert "1" in das Eingabefeld "Noncentral dist. SD σ" und das Testniveau in der Form "0.05" in das Eingabefeld "α err prob".

Wird der Inhalt des G*POWER-Fensters mittels der Schaltfläche "Calculate" bestätigt, so erscheint die folgende Anzeige:

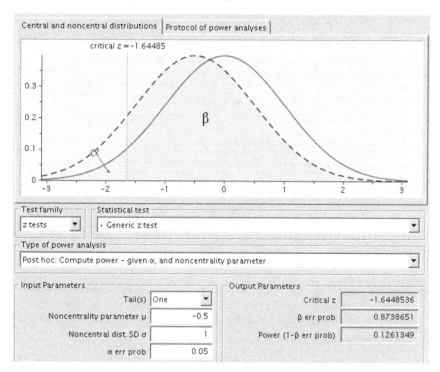

Abbildung 18.12 Bestimmung der empirischen Teststärke

Dass der im Feld "Power $(1-\beta$ err prob)" enthaltene Wert "0,1261349" geringfügig von dem zuvor berechneten Wert "0,1271" abweicht, beruht auf Rundungsfehlern, da in der Tabelle der Standardnormalverteilung (A.2) nur 2 Nachkommastellen für die Werte und 4 Nachkommastellen für die Wahrscheinlichkeiten angegeben sind.

Die empirische Teststärke ist also näherungsweise gleich "0,13" und daher ist die Wahrscheinlichkeit für einen Fehler 2. Art ungefähr gleich "0,87" ("1 − 0,13"). Würde bei der Wahl des Stichprobenumfangs "$n = 4$" von einer (empirischen) Effektgröße "$-0,5$" und einem Testniveau von "$\alpha = 0,05$" ausgegangen, so *ließe* sich als Wahrscheinlichkeit dafür, die Nullhypothese fälschlicherweise zu akzeptieren, der Wert "0,87" ermitteln. Das Risiko, einen Fehler 2. Art zu begehen, ist demnach sehr groß, da in ungefähr 87% aller Studien unter den gegebenen Rahmenbedingungen zu erwarten wäre, dass die Nullhypothese fälschlicherweise akzeptiert werden würde.

- Die soeben für einen z-Test vorgestellten Überlegungen sind grundsätzlicher Art, d.h. bei *jedem* (parametrischen) Signifikanz-Test, dessen Durchführung *nicht* auf dem optimalen Stichprobenumfang beruht, sollte im Fall eines *nicht signifikanten* Testergebnisses geprüft werden, ob Anhaltspunkte für ein *relativ geringes* Risiko bestehen, einen Fehler 2. Art zu begehen.

Im Folgenden wird für einen *einseitigen t-Test* eine Post-hoc-Analyse vorgestellt, die im Anschluss an die Durchführung eines Tests zur Prüfung der Nullhypothese "$H_0(\mu = \mu_o = 90)$" für eine unbekannte Mitte vorzunehmen ist.
Wird z.B. eine Stichprobe mit den Werten "89", "89", "90" und "90" für den einseitigen t-Test zugrunde gelegt, so ergibt sich ein *nicht signifikantes* Testergebnis, was durch die folgende Anzeige innerhalb des Viewer-Fensters ausgewiesen wird:

Statistik bei einer Stichprobe

	N	Mittelwert	Standardabweichung	Standardfehler des Mittelwertes
VAR00001	4	89,5000	,5774	,2887

	Testwert = 90					
	T	df	Sig. (2-seitig)	Mittlere Differenz	95% Konfidenzintervall der Differenz	
					Untere	Obere
VAR00001	-1,732	3	,182	-,5000	-1,4187	,4187

Abbildung 18.13 Ergebnisanzeige beim t-Test

SPSS: Sind die Werte "89", "89", "90" und "90" in die Daten-Tabelle innerhalb einer Tabellenspalte eingetragen, die durch den Variablennamen "var00001" gekennzeichnet ist, so kann das zum Testwert zugehörige Signifikanzniveau durch den folgenden T-TEST-Befehl abgerufen werden:

```
T-TEST VARIABLES=var00001/TESTVAL=90 .
```

In der mit "T" überschriebenen Tabellenspalte ist der Testwert "−1,732" eingetragen. Das zugehörige Signifikanzniveau für den zweiseitigen t-Test, das in der durch den Text "Sig. (2-seitig)" gekennzeichneten Tabellenspalte enthalten ist, beträgt "0,182".

Da sich für den *einseitigen* Test der Wert "0,091" ("0,182/2") als Signifikanzniveau ergibt, erhält man auf der Basis eines Testniveaus von "$\alpha = 0,05$" folglich ein *nicht signifikantes* Testergebnis.

Um einen Eindruck von dem Risiko für einen Fehler 2. Art zu erhalten, muss eine Schätzung der empirischen Teststärke erfolgen. Wird beim *t-Test* zur Prüfung einer unbekannten Mitte – der Einfachheit halber – die empirische Effektgröße ebenfalls wie eine vorzugebende Effektgröße mit dem Symbol "d" gekennzeichnet, so lässt sich – in Analogie zum z-Test – die Schätzung des Effektes in der folgenden Form vornehmen:

- $\boxed{d = \frac{\bar{x}-\mu_o}{s_x}}$

Im vorliegenden Beispiel bestimmt sich "d" somit wie folgt (gemäß der Abbildung 18.13 gilt: "$s_x \simeq 0,5774$"):

$$d = \frac{\bar{x}-\mu_0}{s_x} \simeq \frac{89,5-90}{0,5774} \simeq -0,866$$

Hinweis: Natürlich ist eine Schätzung bei "$n = 4$" in der Praxis unbrauchbar. Sie gründet sich allein auf didaktische Überlegungen, um die Rechnung übersichtlich zu halten.

Nachdem im G*POWER-Fenster in der Liste "Test family" die Option "t tests", in der Liste "Statistical test" die Option "Means: Difference from constant (one sample case)" und in der Liste "Type of power analysis" die Option "Post hoc: Compute achieved power – given α, sample size and effect size" aktiviert wurde, können der soeben ermittelte Wert "d= $-0,866$" in der Form "-0.866" in das Eingabefeld "Effect size d", das Testniveau in der Form "0.05" in das Eingabefeld "α err prob" sowie der Wert "4" in das Eingabefeld "Total sample size" eingetragen werden. Wird anschließend die Schaltfläche "Calculate" aktiviert, so ergibt sich die folgende Anzeige:

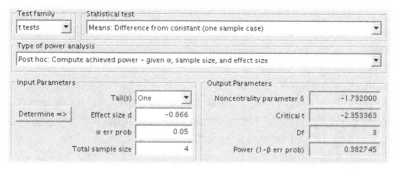

Abbildung 18.14 Bestimmung der empirischen Teststärke

Als *empirische Teststärke* wird der Wert "0,382745" innerhalb des Feldes "Power ($1 - \beta$ err prob)" und daher die zugehörige Wahrscheinlichkeit für einen Fehler 2. Art mit "0,617255" ("1 – 0,382745") ermittelt. Würde daher bei der Wahl eines Stichprobenumfangs von "$n = 4$", einer negativen Effektgröße von "$-0,866$" und einem Testniveau von "$\alpha = 0,05$" ausgegangen werden, so ließe sich als Wahrscheinlichkeit dafür, die Nullhypothese fälschlicherweise zu akzeptieren, näherungsweise der Wert "0,62" ermitteln. In ungefähr 62% aller Studien wäre somit unter den gegebenen Rahmenbedingungen zu erwarten, dass die Nullhypothese fälschlicherweise akzeptiert werden würde. Dieser Sachverhalt deutet auf ein extrem hohes Risiko hin, dass beim oben durchgeführten Inferenzschluss des einseitigen t-Tests, durch den die Nullhypothese "$H_0(\mu = \mu_o = 90)$" akzeptiert wurde, evtl. ein Fehler 2. Art begangen wurde.

Zur Erinnerung sei erwähnt, dass die Teststatistik für den t-Test und deren Realisierung wie folgt festgelegt sind:

- Teststatistik: $t^{(n-1)}_{\mu_o} = \dfrac{\bar{X}_{\mu_o} - \mu_o}{\frac{s_X}{\sqrt{n}}}$ Realisierung von $t^{(n-1)}_{\mu_o}$: $\dfrac{\bar{x} - \mu_o}{s_x} * \sqrt{n}$

Desweiteren lässt sich der Nichtzentralitätsparameter, der zur empirischen Effektgröße gehört, auf der Basis des arithmetischen Mittels und der Standardabweichung gemäß der oben angegebenen Vorschrift wie folgt berechnen:

- $\delta = d * \sqrt{n} = \dfrac{\bar{x} - \mu_o}{s_x} * \sqrt{n}$

Der Nichtzentralitätsparameter "δ" stimmt daher mit dem im t-Test verwendeten Testwert überein. Dieser Sachverhalt wird durch das vorgestellte Beispiel bestätigt, da der innerhalb der Abbildung 18.14 angegebene Wert "$-1,732$" des Feldes "Noncentrality parameter δ" gleich dem innerhalb der Abbildung 18.13 angegebenen Testwert "$-1,732$" ist.

18.7 Effektgröße und optimaler Stichprobenumfang beim χ^2-Test

Im Kapitel 16 wurde der χ^2-Test zur Prüfung der statistischen Unabhängigkeit von zwei nominalskalierten Merkmalen vorgestellt. Dabei wurden grundlegende Begrifflichkeiten im Hinblick auf den Inferenzschluss beim Signifikanz-Test eingeführt und auch der qualitative Zusammenhang zwischen den Wahrscheinlichkeiten, einen Fehler 1. Art bzw. 2. Art zu begehen, erläutert.

Nachdem der Begriff "Effektgröße" präzisiert wurde, soll jetzt nachgetragen werden, wie sich *vor* der Durchführung eines χ^2-Tests ein jeweils zugehöriger *optimaler* Stichprobenumfang bestimmen lässt.

Im Hinblick auf die Durchführung eines χ^2-Tests besteht die Konvention, die **Effektgröße** durch das Symbol "w^2" zu kennzeichnen und als Unterschied zwischen dem durch die Nullhypothese formulierten und einem davon abweichenden Sachverhalt in der folgenden Form zu verabreden:

- $\boxed{w^2 = \sum \dfrac{(h_a - h_e)^2}{h_e}}$

Es wird die Summe über alle Zellen der zugrunde zu legenden Kontingenz-Tabelle gebildet. Dabei fungiert "h_e" als Platzhalter für die unter der Nullhypothese zu erwartenden *relativen* Häufigkeiten. Die *relativen* Häufigkeiten, die – in Form einer geeigneten spezifischen Alternativhypothese – denjenigen von der Nullhypothese abweichenden Sachverhalt beschreiben, der als Effekt gewertet werden soll, werden durch den Platzhalter "h_a" gekennzeichnet.

Soll die Effektgröße nicht in dieser differenzierten Form, sondern nur graduell gewählt werden, so kann man sich auf eine vom Statistiker *Cohen* festgelegte Einteilung (Klassifikation) von Effektgrößen beziehen.

- Zur Beschreibung der Größenordnung eines Effektes besteht nach den Vorschlägen von **Cohen** die folgende Konvention:

> Bei "$w = 0,1$" ("$w^2 = 0,01$") wird von einem *schwachen (kleinen)*
> *Effekt*, bei "$w = 0,3$" ("$w^2 = 0,09$") von einem *mittleren Effekt* und
> bei "$w = 0,5$" ("$w^2 = 0,25$") von einem *starken (großen) Effekt* gesprochen.

Ist die *Effektgröße* "w^2" festgelegt und sind das *Testniveau* α sowie die *Teststärke* "$1 - \beta$" vorgegeben worden, so lässt sich der *optimale* Stichprobenumfang "n" berechnen.

Der Wert "n" kennzeichnet bekanntlich denjenigen Stichprobenumfang, mit dem sich ein Mindest-Effekt, dessen Größenordnung durch "w" (bzw. "w^2") gekennzeichnet ist, bei vorgegebenem Testniveau von α mit mindestens der Wahrscheinlichkeit "$1 - \beta$" als signifikantes Testergebnis "aufdecken" lässt.

In Abhängigkeit von den *Freiheitsgraden* ("df") derjenigen Teststatistik, die bei der Durchführung eines χ^2-Tests eingesetzt wird, können die jeweiligen *optimalen* Stichprobenumfänge der folgenden Tabelle – für den speziellen Fall des Testniveaus von "$\alpha = 0,05$" und der Teststärke "$1 - \beta = 0,8$" – entnommen werden:

df	schwach	mittel	stark
1	785	88	32
2	964	108	39
3	1091	122	44
4	1194	133	48

Als *optimale* Stichprobenumfänge für den speziellen Fall eines Testniveaus von "$\alpha = 0,01$" und der Teststärke "$1 - \beta = 0,8$" ergeben sich:

df	schwach	mittel	stark
1	1168	130	47
2	1389	155	56
3	1546	172	62
4	1675	187	67

Grundsätzlich besitzt der *optimale* Stichprobenumfang "n" die folgende Eigenschaft:

- Bei "n" handelt es sich um die kleinste ganze Zahl, die die folgende Ungleichung erfüllt:

$$n \geq \frac{\lambda}{w^2}$$

Das Symbol "λ" kennzeichnet den **Nichtzentralitätsparameter** einer **nicht-**

zentralen χ^2-Verteilung (siehe A.4). Durch sie ist die Verteilung der Teststatistik für den Fall festgelegt, dass die durch die Effektgröße bestimmte spezifische Alternativhypothese zutrifft. Der Nichtzentralitätsparameter "λ" ist jeweils bestimmt durch das Testniveau, durch die Teststärke und durch die Anzahl der Freiheitsgrade. Unter Vorgabe der Effektgröße, des Testniveaus, der Teststärke und der Freiheitsgrade lässt sich "λ" und damit auch der optimale Stichprobenumfang "n" *direkt* durch den Einsatz des Programms G*POWER ermitteln (in das Eingabefeld für die Effektgröße ist "w" und *nicht* "w^2" einzutragen, d.h. es ist bei vorgegebenem "w^2" die Quadratwurzel dieser Effektgröße zu verwenden!).

Soll z.B. derjenige optimale Stichprobenumfang "n" bestimmt werden, durch den sich – bei der Diskussion der statistischen Beziehung zwischen den Merkmalen "Geschlecht" und "Jahrgangsstufe" – ein *sehr großer* Effekt von der Größenordnung "$w^2 = 0,3$" bei einem vorgegebenen Testniveau von "$\alpha = 0,05$" mit einer Mindest-Teststärke von "$1 - \beta = 0,8$" "aufdecken" lässt, so ist wie folgt vorzugehen:
In der Liste "Test family" ist die Option "χ^2 tests", in der Liste "Statistical test" die Option "Goodness-of-fit tests: Contingency tables" und in der Liste "Type of power analysis" die Option "A priori: Compute required sample size – given α, power and effect size" einzustellen. Anschließend sind insgesamt die folgenden Werte in das G*POWER-Fenster einzutragen:
der Wert "0.548" (in das Eingabefeld "Effect size w" als Quadratwurzel aus der vorgegebenen Effektgröße "$w^2 = 0,3$"), das Testniveau "0.05" (in das Eingabefeld "α err prob"), die Teststärke "0.8" (in das Eingabefeld "Power ($1 - \beta$ err prob)") und "2" als Anzahl der Freiheitsgrade (in das Eingabefeld "Df"). Mittels der Schaltfläche "Calculate" lässt sich die folgende Anzeige anfordern:

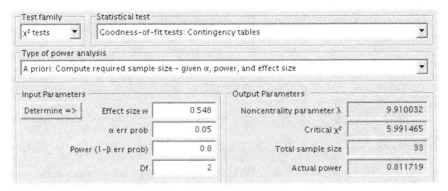

Abbildung 18.15 Bestimmung des optimalen Stichprobenumfangs

Der *optimale* Stichprobenumfang wird im Feld "Total sample size" angezeigt und errechnet sich somit zum Wert "33", d.h. der χ^2-Test zur Prüfung der statistischen Unabhängigkeit zwischen den Merkmalen "Geschlecht" und "Jahrgangsstufe" sollte auf der Basis einer Zufallsstichprobe vom Umfang "33" vorgenommen werden.

Wird der χ^2-Test *nicht* auf der Basis eines zuvor ermittelten *optimalen* Stichprobenumfangs durchgeführt, so stellt sich im Fall eines *signifikanten* Testergebnisses die obligatorische Frage nach der *empirischen* Effektgröße.

Die empirische Effektgröße "w^2" wird auf der Basis der vorliegenden Stichprobenwerte wie folgt unter Verwendung der Realisierung der Teststatistik χ^2 – in Form des quadrierten Phi-Koeffizienten (siehe Abschnitt 9.2) – geschätzt:

- $$\boxed{w^2 = \frac{\chi^2}{n}}$$

Soll die statistische Beziehung innerhalb der 11. Jahrgangsstufe zwischen den Merkmalen "Abschalten" und "Geschlecht" mit einer Zufallsstichprobe vom Umfang "100" auf einem Testniveau von "$\alpha = 0,05$" geprüft werden, so erhält man z.B. die folgende Tabelle und – wegen des ausgewiesenen Signifikanzniveaus von "0,003" – ein *signifikantes* Testergebnis:

Chi-Quadrat-Tests^c

	Wert	df	Asymptotische Signifikanz (2-seitig)
Chi-Quadrat nach Pearson	8,838^b	1	,003
Anzahl der gültigen Fälle	97		

b. 0 Zellen (,0%) haben eine erwartete Häufigkeit kleiner 5. Die minimale erwartete Häufigkeit ist 19,79.

c. JAHRGANG = 1

Abbildung 18.16 Bestimmung des χ^2-Wertes und des Signifikanzniveaus

Da dieser Tabelle der χ^2-Wert "8,838" zu entnehmen ist, dessen Bestimmung auf der Einbeziehung von "97" gültigen Werten basiert, errechnet sich die empirische Effektgröße wie folgt:

$$w^2 = \frac{8,838}{97} \simeq 0,09$$

Nach der Cohen-Konvention rechtfertigt der ermittelte Wert von "0,09", durch den die empirische Effektgröße gekennzeichnet wird, die Sicht, dass das statistisch signifikante Testergebnis auf ein inhaltlich relevantes Ergebnis hindeutet.

Wäre der χ^2-Test genau wie eben auf der Basis einer Gelegenheits-Stichprobe durchgeführt und dabei *kein* signifikantes Testergebnis erhalten worden, so wäre die folgende Frage zu beantworten:

- Wie groß ist die *empirische Teststärke* (a-posteriori-Teststärke), d.h. wie groß wäre die Teststärke gewesen, unter den gegebenen Rahmenbedingungen eines Testniveaus von "0,05" und der verwendeten Stichprobengröße einen tatsächlich vorhandenen Effekt einer konkret vorgegebenen Größenordnung w^2 (z.B. die empirische Effektgröße) "aufzudecken"?

Um eine Beantwortung dieser Frage vorzunehmen, wird auf das Beispiel im Abschnitt 16.4 zurückgegriffen, bei dem die statistische Unabhängigkeit der Merkmale "Geschlecht" und "Jahrgangsstufe" untersucht wurde. Bei der Prüfung auf dem Testniveau von "0,05" wurde der Testwert "1,04895" auf der Basis einer Zufallsstichprobe vom Umfang "50" erhalten, sodass *kein* signifikantes Testergebnis vorlag. Unter Verwendung dieser Daten ergibt sich die empirische Effektgröße durch die folgende Rechnung:
$$w^2 = \frac{1{,}04895}{50} \simeq 0{,}02$$

Soll die empirische Teststärke im Hinblick auf die Aufdeckung eines tatsächlich bestehenden Effektes der Größenordnung "$w^2 = 0{,}02$" durch den Einsatz von G*POWER (dabei ist die Wurzel aus der empirischen Effektgröße zu verwenden!) bestimmt werden, so ist wie folgt zu verfahren:

Nachdem im G*POWER-Fenster in der Liste "Type of power analysis" die Option "Post hoc: Compute achieved power – given α, sample size and effect size" aktiviert wurde, lassen sich die Angaben "0.1414" (dieser Wert ist die Quadratwurzel aus "0,02") im Eingabefeld "Effect size w", "0.05" im Eingabefeld "α err prob", "50" im Eingabefeld "Total sample size" und "2" im Eingabefeld "Df" eintragen. Wird anschließend die Schaltfläche "Calculate" aktiviert, so ergibt sich die folgende Anzeige:

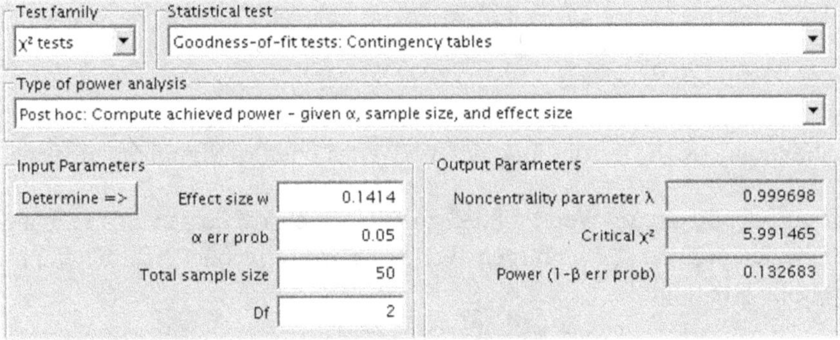

Abbildung 18.17 Bestimmung der empirischen Teststärke

Der für die empirische Teststärke ermittelte Wert "0,132683" (im Feld "Power ($1 - \beta$ err prob)") lässt die folgende Aussage zu:

- Würde bei der Wahl des Stichprobenumfangs "$n = 50$" von einer Effektgröße "$w^2 = 0{,}02$" und einem Testniveau "$\alpha = 0{,}05$" ausgegangen, so ließe sich als Wahrscheinlichkeit dafür, die Nullhypothese fälschlicherweise zu akzeptieren, ein Wert von näherungsweise "0,87" ("$1 - 0{,}132683$") ermitteln.

In ungefähr 87% aller Studien wäre somit unter den gegebenen Rahmenbedingungen zu erwarten, dass die Nullhypothese fälschlicherweise akzeptiert werden würde. Dieser Sachverhalt deutet auf ein extrem hohes Risiko hin, dass beim Inferenzschluss, durch den die Nullhypothese akzeptiert wurde, evtl. ein Fehler 2. Art begangen wurde.

18.8 Statistische Testtheorien

Bislang wurden die folgenden Signifikanz-Tests vorgestellt:

- der χ^2-Test zur Prüfung der statistischen Unabhängigkeit,

- der χ^2-Anpassungstest,

- der z-Test zur Prüfung einer unbekannten Mitte und

- der t-Test zur Prüfung einer unbekannten Mitte.

Bei der Durchführung dieser und anderer Signifikanz-Tests wird grundsätzlich wie folgt verfahren:
Gegenstand der Diskussion ist die empirische Prüfung einer *fachspezifischen* Hypothese, in der eine Aussage über fachspezifische Sachverhalte gemacht wird.

Dabei wird die *fachspezifische* Hypothese in eine *statistische* Hypothese übergeführt, die mit einer geeigneten statistischen Methode – gemäß den Grundprinzipien einer *Testtheorie* (engl.: "test theory") – auf ihre Gültigkeit hin geprüft werden kann.

Es gibt nicht nur eine einzige, sondern mehrere Testtheorien. Als Beispiele werden nachfolgend die Vorgehensweisen im Rahmen der folgenden Testtheorien vorgestellt:

- die Testtheorie von J. Neyman und E. S. Pearson,

- die Testtheorie von R. A. Fisher sowie

- die hybride Testtheorie.

Testtheorie von J. Neyman und E. S. Pearson

Als grundlegende Elemente der im Zeitraum von 1928 bis 1938 entwickelten Testtheorie von Jerzy Neyman (1894-1981) und Egon S. Pearson (1895-1980), dem Sohn des Statistikers Karl Pearson, sind zu nennen:

- Die Test-Entscheidung ist eine Entscheidung für genau eine von zwei einander sich ausschließende Hypothesen, die als *Nullhypothese* und *Alternativhypothese* bezeichnet werden.

- Die Test-Entscheidung erfolgt unter *Unsicherheit*, d.h. eine statistische Hypothese wird jeweils mit dem Risiko akzeptiert bzw. nicht akzeptiert, dass – auf der Basis der erhobenen Daten – eine für die zugehörige Grundgesamtheit zutreffende Hypothese durch diese Daten nicht gestützt bzw. eine nichtzutreffende Hypothese durch diese Daten gestützt wird.

Für die Test-Entscheidung wird eine *Teststatistik* eingesetzt, deren Verteilung unter der Annahme, dass die Nullhypothese zutrifft, bekannt ist bzw. hinreichend gut durch eine bekannte (theoretische) Verteilung angenähert werden kann.

Das Risiko, eine fehlerhafte Test-Entscheidung zu treffen, wird durch zwei *vorab* festgelegte Wahrscheinlichkeiten kontrolliert:

- Zur Kontrolle des Fehlschlusses, eine zutreffende Nullhypothese *nicht* zu akzeptieren, wird eine hinreichend kleine Wahrscheinlichkeit für einen derartigen sogenannten Fehler 1. Art vorgegeben. Diese Wahrscheinlichkeit wird mit α bezeichnet und *Testniveau* genannt.

- Zur Kontrolle des Fehlschlusses, eine *nicht* zutreffende Nullhypothese zu akzeptieren und damit einen Fehler 2. Art zu begehen, wird ebenfalls eine hinreichend kleine Wahrscheinlichkeit β vorgegeben. Dadurch ist die *Teststärke* "$1 - \beta$" als diejenige Wahrscheinlichkeit festgelegt, mit der sich eine zutreffende Alternativhypothese akzeptieren lässt.

Neben der Vorgabe von α und β wird als *Effektgröße* derjenige *Unterschied* zu dem innerhalb der Nullhypothese formulierten Sachverhalt festgelegt, der als *praktisch bedeutsame Differenz* anzusehen ist.

Auf der Basis von α, β und der vorgegebenen Effektgröße lässt sich der *optimale* Stichprobenumfang berechnen, der die jeweilige konkrete Form der Teststatistik im folgenden Sinne bestimmt:

- Beim Einsatz dieser Teststatistik ist eine *eindeutige* Entscheidung für "H_0" oder für "H_1" möglich und

- die Wahrscheinlichkeit für einen Fehler 1. Art ist höchstens gleich α und für einen Fehler 2. Art höchstens gleich β.

Beim optimalen Stichprobenumfang "n" handelt es sich demnach um denjenigen Stichprobenumfang, mit dem sich bei vorgegebenem α und β ein durch eine Effektgröße gekennzeichneter *praktisch bedeutsamer* Unterschied, der zwischen dem tatsächlichen Sachverhalt und dem innerhalb der Nullhypothese postulierten Sachverhalt besteht, mit einer Wahrscheinlichkeit von mindestens "$1 - \beta$" als *signifikantes* Testergebnis teststatistisch "aufdecken" lässt.

Die vier Größen α, β, *Effektgröße* und der (optimale) Stichprobenumfang "n" stehen miteinander in unmittelbarer Beziehung, indem jeweils drei dieser Größen die vierte Größe eindeutig bestimmen. Dabei lässt sich die Abbildung 18.5 durch die im Abschnitt 18.4 erläuterten Sachverhalte verfeinern, indem grundlegende Abhängigkeiten zwischen den Größen "Testniveau", "Teststärke", "Effektgröße" und "optimaler Stichprobenumfang" wie folgt durch Pfeile beschrieben werden:

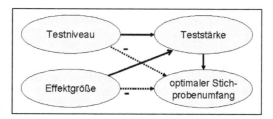

Abbildung 18.18 grundlegende Abhängigkeiten

Sofern jeweils zwei Größen unter Konstanthaltung der beiden anderen Größen betrachtet werden, bestehen die folgenden Abhängigkeiten:

Eine Vergrößerung der Teststärke wird jeweils durch eine Erhöhung des Testniveaus bzw. der Effektgröße bewirkt.

Eine Vergrößerung des Testniveaus bzw. der Effektgröße führt zu einer Verringerung des optimalen Stichprobenumfangs, was in der Abbildung durch ein Minuszeichen und einen gestrichelten Pfeil gekennzeichnet wird.

Der optimale Stichprobenumfang vergrößert sich, wenn eine Erhöhung der Teststärke erfolgt.

Eine Test-Entscheidung, die im Rahmen der Neyman-Pearson-Testtheorie durchgeführt wird, gründet sich auf die in Form von Wahrscheinlichkeiten numerisch bewerteten Risiken für einen Fehler 1. und 2. Art sowie auf einen durch Vorgabe einer Effektgröße bestimmten optimalen Stichprobenumfang. Auf dieser Basis lässt sich eine eindeutige Entscheidung zwischen einer Nullhypothese und einer korrespondierenden Alternativhypothese treffen.

Testtheorie von R. A. Fisher

Im Gegensatz zum Vorgehen im Rahmen der Testtheorie von Neyman-Pearson wird bei der Testtheorie von Ronald A. Fisher (1890-1966) *keine* Test-Entscheidung zwischen einer Nullhypothese und einer Alternativhypothese getroffen. Es wird allein diskutiert, ob eine Hypothese in Form einer *Nullhypothese* als *nicht* im Einklang mit den erhobenen Daten angesehen werden kann. Nur in diesem Fall lässt sich eine Test-Entscheidung dahingehend treffen, dass die logische Negation der Nullhypothese – als (vorläufig) durch die Daten gestützt – akzeptiert werden kann.

Soll eine fachspezifische Hypothese als interessierende *Forschungshypothese* diskutiert werden, so muss sie daher grundsätzlich als logische Negation einer zu testenden Nullhypothese formuliert werden.

Für die jeweilige Test-Entscheidung wird kein Testniveau vorgegeben, sondern allein das Signifikanzniveau in Form des sogenannten *(empirischen) p-Wertes* als Schiedswert verwendet, der als mehr oder minder starkes Kriterium gegen die Gültigkeit der Nullhypothese angesehen werden kann. Dabei handelt es sich bei dem p-Wert um die (Überschreitungs-)Wahrscheinlichkeit, dass der Testwert bzw. eine noch ungünstigere Realisierung der Teststatistik auftritt, sofern vom Zutreffen der Nullhypothese ausgegangen wird. Ist der p-Wert kleiner gleich "0,05" ("0,01" bzw. "0,001"), so wird davon gesprochen, dass die Forschungshypothese durch die Daten "signifikant" ("hoch signifikant" bzw. "höchst signifikant") gestützt wird.

Grundsätzlich lässt sich eine Nullhypothese im Rahmen der Testtheorie von Fisher nur *falsifizieren*. Während man durch einen hinreichend kleinen p-Wert darin bestärkt wird, dass die Nullhypothese als *nicht* akzeptabel angesehen werden kann, darf man einen hinreichend großen p-Wert *nicht* als Indikator für die Gültigkeit einer Nullhypothese heranziehen.

Hybride Testtheorie

Obwohl heutzutage alle Werkzeuge zur Verfügung stehen, die erforderlich sind, um methodische Schlussfolgerungen gemäß den Prinzipien der Neyman-Pearson-Theorie durchzuführen, ist zu beobachten, dass in der Praxis bei einer Test-Entscheidung überwiegend nach den Prinzipien einer **hybriden** Testtheorie verfahren wird, die sich aus Elementen der Neyman-Pearson-Theorie und der Fisher-Theorie zusammensetzt. Dies bedeutet, dass ein Testniveau vorgegeben und mit einer *Gelegenheits-Stichprobe* und *nicht* mit einer Stichprobe gearbeitet wird, deren Umfang durch die Berechnung des optimalen Stichprobenumfangs bestimmt ist.

Wie bei der Neyman-Pearson- und bei der Fisher-Theorie gründet sich die jeweilige Test-Entscheidung auf den berechneten (empirischen) p-Wert. Ein hinreichend kleiner p-Wert wird als Indikator für das Zutreffen der Alternativhypothese und ein hinreichend großer p-Wert als Indikator für die Gültigkeit der Nullhypothese angesehen. Da keine Vorab-Bewertung durch die Festlegung einer Effektgröße erfolgt, sollte bei dieser Vorgehensweise allerdings bei einem signifikanten Testergebnis stets die *empirische Effektgröße* und im Fall eines nicht signifikanten Testergebnisses stets die *empirische Teststärke* ermittelt werden! Nur so lässt sich im Fall der Akzeptanz der Alternativhypothese eine Einschätzung der empirischen Relevanz des Testergebnisses (durch die Ermittlung der empirischen Effektgröße) und im Fall der Akzeptanz der Nullhypothese eine Einschätzung des Risikos für einen Fehler 2. Art (durch die Ermittlung der empirischen Teststärke) erhalten.

Unabhängig von der Strategie, nach der eine Test-Entscheidung im Rahmen einer Testtheorie getroffen wird, gehört zu wissenschaftlichen Veröffentlichungen immer eine Mitteilung über den errechneten Testwert sowie das zugehörige Signifikanzniveau in Form des p-Wertes. Wird mit der hybriden Testtheorie gearbeitet, so ist zusätzlich das jeweils vorab gewählte Testniveau zu berichten. Sofern ein Inferenzschluss im Rahmen der Neyman-Pearson-Theorie durchgeführt und ein optimaler Stichprobenumfang für die Zufallsstichprobe zugrunde gelegt wurde, ist ergänzend die vorab festgelegte Teststärke (bzw. das Risiko für einen Fehler 2. Art) und die vorab bestimmte Effektgröße mitzuteilen.

KAPITEL 19

SCHÄTZUNG VON PARAMETERN UND ERMITTLUNG VON KONFIDENZINTERVALLEN

19.1 Schätzung von Parametern

19.1.1 Schätzung der Mitte

Im Kapitel 17 wurde eine Teststatistik verwendet, deren Realisierung als das arithmetische Mittel der Werte einer Zufallsstichprobe vereinbart war. Dieser Mittelwert wurde benötigt, um eine Hypothese über die vermeintliche Lage der Mitte "μ" eines intervallskalierten Merkmals X zu prüfen. Sofern sich eine derartige Hypothese – wegen mangelnder Vorabinformationen – nicht aufstellen lässt, kann man versuchen, die Lage von "μ" durch eine *Schätzung* zu bestimmen. Es liegt nahe, für diese Schätzung die Statistik "$\bar{x}$" zu verwenden. Im Gegensatz zum früheren Vorgehen soll also keine Nullhypothese über die vermutete Lage einer Mitte diskutiert werden, sondern es ist beabsichtigt, einen konkreten Wert – in Form des Mittelwerts – als *Schätzwert* für den Parameter "μ" zu bestimmen.

Der Schätzwert "$\bar{x}$" soll als Realisation einer **Schätzstatistik** (engl.: "estimator") ermittelt werden, die – dies entspricht dem Vorgehen beim Testen einer Hypothese – auf der Basis einer aus einer Grundgesamtheit gezogenen Zufallsstichprobe gewonnen wird. Grundsätzlich kann der folgende Standpunkt eingenommen werden:

- Wird ein Wert "x" eines Merkmals X als Zufallsstichprobe vom Umfang "1" erhoben, so lässt er sich als Realisation einer Schätzstatistik "X_1" ansehen, die dieselbe Verteilung wie das Merkmal X besitzt.
  Sofern Zufallsstichproben vom Umfang "n" ermittelt werden, sind diese als Realisationen von "n" paarweise voneinander statistisch unabhängigen Schätzstatistiken "X_1", "X_2", ... , "X_n" anzusehen, die sämtlich genauso wie X verteilt sind (siehe Abschnitt 17.4.1).

Auf dieser Basis lässt sich die Schätzstatistik $\bar{X}$ – zur Schätzung der Mitte "μ" – wie folgt vereinbaren:

- $\bar{X} = \frac{1}{n} \sum_{i=1}^{n} X_i$

Als Beispiel wird für "n = 2" eine Grundgesamtheit betrachtet, die aus nur 3 Merkmalsträgern besteht. Für den 1. Merkmalsträger soll X den Wert "1", für den 2. den Wert "2" und für den 3. den Wert "3" annehmen. Insgesamt sind daher die folgenden Zufallsstichproben vom Umfang "2" möglich:

(1, 1) (1, 2) (1, 3) (2, 1) (2, 2) (2, 3) (3, 1) (3, 2) (3, 3)

Hinweis: Da die Auswahlquote von "$\frac{2}{3} * 100\%$" wesentlich größer als 10% ist, muss die Zufalls-auswahl durch das Verfahren "Ziehen mit Zurücklegen" erfolgen, sodass auch Stichproben mit zwei identischen Werten möglich sind.

Wird für jede dieser Zufallsstichproben "(x_1, x_2)" die Realisation der Schätz-statistik $\bar{X}$ in der Form "$\frac{1}{2}(x_1 + x_2)$" ermittelt, so ergeben sich die folgenden Werte:

	(1, 1)	(1, 2)	(1, 3)	(2, 1)	(2, 2)	(2, 3)	(3, 1)	(3, 2)	(3, 3)
$\bar{x}$:	1	1,5	2	1,5	2	2,5	2	2,5	3

Abbildung 19.1: mögliche Realisationen der Schätzstatistik "$\frac{1}{2}(X_1 + X_2)$"

Die Stichprobenverteilung der **Schätzstatistik** "$\frac{1}{2}(X_1 + X_2)$" ist daher durch die folgende Häufigkeitstabelle festgelegt:

Häufigkeit:	1	2	3	2	1
Wert:	1	1,5	2	2,5	3

Abbildung 19.2: Stichprobenverteilung von "$\bar{X} = \frac{1}{2}(X_1 + X_2)$"

Der Mittelwert der Schätzstatistik $\bar{X}$ ergibt sich wie folgt:

$$\frac{1*1+2*1,5+3*2+2*2,5+1*3}{9} = 2$$

Da sich die Mitte "μ" für die Grundgesamtheit durch die Rechnung "$\frac{1+2+3}{3} = 2$" ebenfalls zum Wert "2" errechnet, stimmt die Mitte "μ" mit dem Mittelwert der Schätzstatistik $\bar{X}$ überein. Diese Übereinstimmung liegt nicht nur in dieser Situation vor, sondern sie ist grundsätzlicher Art:

- Bei einer *endlichen* Grundgesamtheit ist das arithmetische Mittel aller mög-lichen Realisierungen von $\bar{X}$ gleich der Mitte "μ". Wegen dieser Eigenschaft wird $\bar{X}$ als **erwartungstreuer Schätzer** (engl.: "unbiased estimator") der Mitte "μ" bezeichnet.

19.1.2   Schätzung der Populations-Varianz

Damit für eine Zufallsstichprobe vom Umfang "n" die bislang verwendete Form der **(Stichproben-)Varianz**

- $s_x^2 = \frac{1}{n-1} \sum_{i=1}^{n} (x_i - \bar{x})^2$

ebenfalls als Realisierung eines *erwartungstreuen Schätzers* angesehen werden kann, muss – bei einer *endlichen* Grundgesamtheit mit "N" Elementen – die Maß-zahl für die Variabilität eines intervallskalierten Merkmals X wie folgt durch die **(Populations-)Varianz**, d.h. die Varianz von X in der Grundgesamtheit, festgelegt sein:

- $\sigma^2 = \frac{1}{N} \sum_{i=1}^{N} (x_i - \mu)^2$

Wird die Populations-Varianz – bei einer *endlichen* Grundgesamtheit – mittels einer Zufallsstichprobe vom Umfang "n" durch die *Stichproben-Varianz* geschätzt, so gilt:

- Die Populations-Varianz "σ^2" ist gleich dem arithmetischen Mittel aller möglichen Realisationen der folgenden **Schätzstatistik**:

$$S_X^2 = \frac{1}{n-1} \sum_{i=1}^{n} (X_i - \bar{X})^2$$

Dies bedeutet, dass S_X^2 ein **erwartungstreuer Schätzer** für "σ^2" ist.

Hinweis: Die Schätzstatistik S_X wurde bereits im Abschnitt 17.4.5 als Bestandteil einer Teststatistik verwendet. Die Erwartungstreue von S_X^2 ist deswegen gesichert, weil die Stichproben-Varianz mit dem Divisor "$n-1$" und nicht mit dem Divisor "n" vereinbart wurde.

Um diesen Sachverhalt durch das oben angegebene Beispiel zu belegen, wird zu jeder möglichen Zufallsstichprobe die zugehörige Stichproben-Varianz ermittelt. Dabei ergibt sich:

	(1, 1)	(1, 2)	(1, 3)	(2, 1)	(2, 2)	(2, 3)	(3, 1)	(3, 2)	(3, 3)
$\bar{x}$:	1	1,5	2	1,5	2	2,5	2	2,5	3
s_x^2:	0	0,5	2	0,5	0	0,5	2	0,5	0

Abbildung 19.3: Mittelwerte und Stichproben-Varianzen

Als Mittelwert sämtlicher Stichproben-Varianzen ergibt sich:

$$\frac{0{,}5+2+0{,}5+0{,}5+2+0{,}5}{9} = \frac{2}{3}$$

Da die Populations-Varianz "σ^2" in der Form

$$\sigma^2 = \frac{1}{3} \sum_{i=1}^{3} (x_i - 2)^2 = \frac{(1-2)^2+(2-2)^2+(3-2)^2}{3} = \frac{2}{3}$$

ermittelt wird, stimmt das arithmetische Mittel sämtlicher Stichproben-Varianzen mit der Populations-Varianz überein.

19.1.3 Eigenschaften der Schätzstatistik $\bar{X}$

Im Hinblick auf die Verteilung der Schätzstatistik $\bar{X}$ kann der folgende Sachverhalt als Ergebnis der mathematischen Wahrscheinlichkeitstheorie mitgeteilt werden:

- Haben die Verteilungen von "n" paarweise voneinander *statistisch unabhängigen* Schätzstatistiken "X_i" sämtlich dieselbe Mitte "μ" sowie dieselbe Streuung "σ", und ist die Streuung "σ" *bekannt*, so ergibt sich "$\frac{\sigma}{\sqrt{n}}$" als Streuung ("$\sigma_{\bar{X}}$") von "$\bar{X}$".

- Haben die Verteilungen von "n" paarweise voneinander statistisch unabhängigen Schätzstatistiken "X_i" sämtlich dieselbe Mitte "μ" sowie dieselbe Streuung "σ", und ist die Streuung "σ" *nicht* bekannt, so lässt sich die Streuung ("$\sigma_{\bar{X}}$") von "$\bar{X}$" durch den folgendermaßen vereinbarten **Standardfehler des Mittelwerts** schätzen:

$$\frac{s_x}{\sqrt{n}} = \sqrt{\frac{\frac{1}{n-1}\sum_{i=1}^{n}(x_i - \bar{x})^2}{n}}$$

Dabei ist die Standardabweichung "s_x" als Realisierung der folgenden Schätzstatistik (für die Streuung) aufzufassen:

$$S_X = \sqrt{\frac{1}{n-1}\sum_{i=1}^{n}(X_i - \bar{X})^2}$$

Hinweis: Der Standardfehler des Mittelwerts ist eine Schätzung für die Streuung "$\sigma_{\bar{X}}$" der Statistik $\bar{X}$, die beim Testen von Hypothesen für die unbekannte Mitte von Bedeutung war (siehe Abschnitt 17.4.5).

Wird im Rahmen des oben angegebenen Beispiels etwa eine Zufallsstichprobe der Form "(2, 3)" gezogen, so wird der *Standardfehler des Mittelwerts* wie folgt errechnet:

$$\sqrt{\frac{\frac{1}{1}((2-2,5)^2+(3-2,5)^2)}{2}} = \sqrt{\frac{(-0,5)^2+(0,5)^2}{2}} = \sqrt{0,25} = 0,5$$

Der Wert "0,5" ist eine Schätzung für den tatsächlichen Wert der Streuung ("$\sigma_{\bar{X}}$") von $\bar{X}$ in der Grundgesamtheit. Diese Streuung ist – wie oben gezeigt wurde – gleich dem Wert "$\sqrt{\frac{2}{3}}$", d.h. ungefähr gleich "0,82".

SPSS: Soll der Standardfehler des Mittelwerts für Werte bestimmt werden, die in der Daten-Tabelle innerhalb der Variablen X gespeichert sind, so lässt sich dies durch den FREQUENCIES-Befehl mit dem Schlüsselwort SEMEAN innerhalb des Unterbefehls STATISTICS in der folgenden Form anfordern:

```
FREQUENCIES VARIABLES=X/FORMAT=NOTABLES/STATISTICS=SEMEAN.
```

19.2   Ermittlung von Konfidenzintervallen

Bei den oben angegebenen Schätzungen "$\bar{x}$" und "s_x^2" für die Parameter "μ" bzw. "σ^2" handelt es sich um **Punkt-Schätzungen** (engl.: "point estimations"), deren Güte vom jeweiligen Stichprobenumfang abhängig ist. Daher ist es – insbesondere für den Fall eines relativ geringen Stichprobenumfangs – wünschenswert, eine Einschätzung über die ungefähre Lage eines Parameters – in Verbindung mit einer Wahrscheinlichkeits-Aussage – in Form einer **Intervall-Schätzung** (engl.: "interval estimation") zu erhalten. Eine derartige Intervall-Schätzung ist insbesondere in dem Fall von Interesse, in dem keine begründete Vermutung über die Lage einer Mitte besteht und daher kein Signifikanz-Test zur Prüfung einer Mitte eingesetzt werden kann. Selbst wenn sich die Lage einer Mitte postulieren und damit ein

Signifikanz-Test durchführen lässt, ist es die Frage, ob man an einer Entscheidung interessiert ist, die durch den Inferenzschluss des Signifikanz-Tests herbeigeführt wird. Die Alternative, ob die postulierte Mitte als akzeptabel oder als nicht akzeptabel angesehen werden soll, könnte – gegenüber der Perspektive, eine Einschätzung über die ungefähre Lage der Mitte zu erhalten – eine zu große Einengung bedeuten.

19.2.1 Signifikanz-Test und Akzeptanzbereich

Bei den zuvor kennengelernten *zweiseitigen* "z-Tests" und "t-Tests" wurde – für ein normalverteiltes Merkmal X – die Nullhypothese "$H_0(\mu = \mu_o)$" gegen die Alternativhypothese "$H_1(\mu \neq \mu_o)$" mit Hilfe der Teststatistik "$\bar{X}_{\mu_o}$" geprüft.

Bei einem vorgegebenen Testniveau α und auf der Basis einer Zufallsstichprobe vom Umfang "n" ließ sich unter der Kenntnis, dass die Testverteilung standardnormal- bzw. t-verteilt ist, für den jeweiligen Inferenzschluss ein kritischer Wert "w_{krit}" – in Form eines *oberen* kritischen Wertes – aus der Tabelle der Standardnormalverteilung bzw. der t$(n-1)$-Verteilung ermitteln.

Aus Symmetriegründen war der jeweilige *Akzeptanzbereich* "$(-w_{krit}; w_{krit})$" für die Nullhypothese durch die folgende Wahrscheinlichkeits-Aussage festgelegt:

$$prob(-w_{krit} < \frac{\bar{X}_{\mu_o} - \mu_o}{S} < w_{krit}) = 1 - \alpha$$

Für die innerhalb dieser Vorschrift enthaltenen Größen "S" und "w_{krit}" war Folgendes verabredet worden:

- Ist für das Merkmal X die Streuung "σ" *bekannt*, so ist "S" gleich "$\frac{\sigma}{\sqrt{n}}$", und "w_{krit}" muss aus der Standardnormalverteilung ermittelt werden.

  Ist dagegen die Streuung "σ" für X *nicht* bekannt, so ist "S" gleich "$\frac{S_X}{\sqrt{n}}$". In diesem Fall ist "w_{krit}" der "t$(n-1)$-Verteilung" zu entnehmen.

Die angegebene Wahrscheinlichkeits-Aussage besagt, dass in dem Fall, in dem die Nullhypothese "$H_0(\mu = \mu_o)$" zutrifft, der Akzeptanzbereich der Nullhypothese "$(1 - \alpha) * 100\%$" aller Realisierungen der folgenden Stichprobenfunktion enthält:

- $\frac{\bar{X}_{\mu_o} - \mu_o}{S}$

Die Wahrscheinlichkeit, dass eine Realisierung dieser Stichprobenfunktion in das Intervall "$(-w_{krit}; w_{krit})$" fällt, ist demnach gleich "$1 - \alpha$". Dies besagt z.B. für den Fall "$\alpha = 0,05$", dass bei der Gültigkeit der Nullhypothese ungefähr 95 von 100 Zufallsstichproben zu Realisierungen der Stichprobenfunktion führen, die in diesem Intervall liegen.

19.2.2   Konstruktion von Konfidenzintervallen

Im Hinblick auf die Form des Intervalls "$(-w_{krit}; w_{krit})$" war die bisherige Betrachtung am Akzeptanzbereich einer Nullhypothese ausgerichtet. Dies ist keine Einschränkung zur Bestimmung einer *Intervall-Schätzung* für den Parameter "μ", weil – für jedes $N(\mu, \sigma)$-verteilte Merkmal X – die Wahrscheinlichkeits-Aussage

$$\boxed{prob(-w_{(1-\alpha)} < \tfrac{\bar{X}-\mu}{S} < +w_{(1-\alpha)}) = 1 - \alpha}$$

unter den folgenden Rahmenbedingungen erfüllt ist:

- α ist der Platzhalter für eine Wahrscheinlichkeit mit der Eigenschaft: "$0 < \alpha < 1$".

- $\bar{X}$ kennzeichnet eine Stichprobenfunktion, deren Realisierung als Mittelwert "$\bar{x}$" der Werte einer Zufallsstichprobe vom Umfang "n" festgelegt ist.

- "S" steht wiederum stellvertretend für die Größe "$\frac{\sigma}{\sqrt{n}}$", sofern die Streuung "σ" von X bekannt ist, oder aber für die Größe "$\frac{S_X}{\sqrt{n}}$", sofern die Streuung "σ" unbekannt ist.

- "$w_{(1-\alpha)}$" ist ein Platzhalter für ein $(1 - \alpha)$-Quantil, d.h. für denjenigen Wert, der – im Hinblick auf die Standardnormalverteilung bzw. die t($n - 1$)-Verteilung – die Verteilungsfläche der Stichprobenfunktion "$\frac{\bar{X}-\mu}{S}$" im durch die Wahrscheinlichkeit "$1 - \alpha$" vorgegebenen Verhältnis aufteilt.

Wird – auf der Basis einer Zufallsstichprobe vom Umfang "n" – die jeweilige Realisierung von "S" mit "s" bezeichnet, so ist die oben angegebene Wahrscheinlichkeits-Aussage gleichbedeutend mit:

- Für "$(1 - \alpha) * 100\%$" aller möglichen Zufallsstichproben vom Umfang "n" gilt:
$$-w_{(1-\alpha)} < \tfrac{\bar{x}-\mu}{s} < +w_{(1-\alpha)}$$

Diese Ungleichungen treffen genau dann zu, wenn gilt:

$$-w_{(1-\alpha)} * s < \bar{x} - \mu < +w_{(1-\alpha)} * s$$

Diese Beziehungen sind gleichbedeutend mit:

$$-w_{(1-\alpha)} * s - \bar{x} < -\mu < +w_{(1-\alpha)} * s - \bar{x}$$

Aus der Multiplikation mit "-1" resultiert, dass diese Ungleichungen genau dann erfüllt sind, wenn die folgenden Beziehungen gelten:

$$w_{(1-\alpha)} * s + \bar{x} > \mu > -w_{(1-\alpha)} * s + \bar{x}$$

> - Dies bedeutet, dass – bei sehr vielen (beliebig oft) wiederholten Ziehungen – von Zufallsstichproben vom Umfang "n" – "$(1 - \alpha) * 100\%$" der Intervalle, die durch die Vorschrift
>
> $$(\bar{x} - w_{(1-\alpha)} * s; \bar{x} + w_{(1-\alpha)} * s)$$
>
> ermittelt werden, die unbekannte Mitte "μ" *enthalten*.

Im Hinblick auf diese Aussage ist es also durchaus möglich, dass z.B. auf der Basis von 4 Zufallsstichproben die folgende Situation vorliegt:

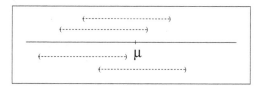

Abbildung 19.4: mögliche Lagen von Intervall-Schätzungen

Allerdings kann man bei einer vorgegebenen Wahrscheinlichkeit von z.B. "$\alpha = 0,05$" für den unbekannten Parameter "μ" erwarten, dass er bei z.B. 100 Zufallsstichproben und damit 100 errechneten Intervallen in ungefähr 95 dieser Intervalle enthalten ist.

Sofern man jedoch – auf der Basis einer *einzigen* Zufallsstichprobe – nur eine *einzige* Realisierung "$\bar{x}$" von $\bar{X}$ sowie den Wert "s" (gleich "$\frac{\sigma}{\sqrt{n}}$" bzw. gleich "$\frac{s_x}{\sqrt{n}}$") zur Verfügung hat, kann man für das zugehörige Intervall

$$(\bar{x} - w_{(1-\alpha)} * s; \bar{x} + w_{(1-\alpha)} * s)$$

keine Aussage machen, ob "μ" in diesem Intervall enthalten ist oder nicht. Jedoch lässt sich das ermittelte Intervall als *gute Schätzung* für die Lage von "μ" auffassen:

- Es besteht die Hoffnung, dass das – auf der Basis einer vorliegenden Zufallsstichprobe vom Umfang "n" – errechnete Intervall zu denjenigen Intervallen zählt, die den unbekannten Parameter "μ" enthalten. Man kann nämlich davon ausgehen, dass das unbekannte "μ" in "95%" aller Fälle, in denen ein Intervall auf der Basis einer Zufallsstichprobe vom Umfang "n" – nach der angegebenen Formel – errechnet wird, in einem derartigen Intervall auch tatsächlich enthalten ist.

Dieser Sachverhalt wird dadurch gekennzeichnet, dass das auf der Basis der konkret vorliegenden Zufallsstichprobe errechnete Intervall als **Konfidenzintervall** (Vertrauensbereich, Mutungsbereich, engl.: "confidence interval") für "μ" bezeichnet wird. Ein Konfidenzintervall ist durch die untere und die obere **Konfidenzgrenze** (engl.: "confidence limit") bestimmt. Die *Mutmaßlichkeit* (Konfidenz, Vertrauen), mit der man "μ" als Bestandteil des Intervalls vermuten kann, wird **Konfidenzniveau** (Mutung, Größe der Mutmaßlichkeit, Vertrauensniveau, engl.: "confidence level") genannt. Da die Berechnung des Konfidenzintervalls vom Wert "$w_{(1-\alpha)}$" und damit von der vorgegebenen Wahrscheinlichkeit "$1-\alpha$" abhängt, spricht man von einem "$(1-\alpha) * 100\%$-*Konfidenzintervall*". Es besteht die Konvention, ein Konfidenzniveau von "0,95" oder "0,99" vorzugeben, sodass "95%-Konfidenzintervalle" bzw. "99%-Konfidenzintervalle" Gegenstand der Betrachtung sind. Die Stärke der Hoffnung, dass "μ" im errechneten Konfidenzintervall enthalten ist, wird wie folgt beschrieben:

- Ein "$(1-\alpha) * 100\%$"-Konfidenzintervall für "μ" ist ein Intervall, in dem "μ" mit einer *Mutmaßlichkeit* von "$(1-\alpha)*100\%$" enthalten ist.

Dies bedeutet *nicht*, dass der Parameter "μ" mit einer Wahrscheinlichkeit von "$(1-\alpha)$" Bestandteil des "$(1-\alpha) * 100\%$"-Konfidenzintervalls ist, denn:

- "μ" ist *fest* und die Konfidenzgrenzen sind *zufallsbedingt*.

Die folgende Feststellung ist eine Aussage über die *Strategie* und nur dann zulässig, wenn die Berechnung des Konfidenzintervalls für "μ" *beabsichtigt* ist und noch *keine* konkrete Berechnung eines Konfidenzintervalls vorliegt:

- Unter den vorliegenden Rahmenbedingungen gehört das zu errechnende "$(1-\alpha)*100\%$"-Konfidenzintervall mit "$(1-\alpha)*100\%$"-iger Wahrscheinlichkeit zu denjenigen Intervallen, die den unbekannten Parameter "μ" enthalten.

Nachdem das Konfidenzintervall – auf der Basis *einer* Zufallsstichprobe – konkret errechnet wurde, lässt sich keine Wahrscheinlichkeitsaussage, sondern *nur* wie folgt eine Aussage über das Resultat der Anwendung dieser Strategie machen: Die unbekannte Mitte "μ" ist entweder in diesem Konfidenzintervall enthalten oder aber nicht in diesem Konfidenzintervall enthalten – welcher Sachverhalt zutrifft, ist nicht bekannt. Richtig ist somit allein die folgende Sichtweise:

- Ein "$(1-\alpha) * 100\%$"-Konfidenzintervall für "μ" wird wie folgt durch *eine* Zufallsstichprobe festgelegt: $(\bar{x} - w_{(1-\alpha)} * s; \bar{x} + w_{(1-\alpha)} * s)$

Hinweis: Dabei steht "$\bar{x}$" – auf der Basis einer Zufallsstichprobe vom Umfang "n" – für die Realisierung von "$\bar{X}$". Durch "s" wird – bei bekannter Streuung "σ" von X – die durch "$\sqrt{n}$" geteilte Streuung (in diesem Fall gilt: "$w_{(1-\alpha)} = z_{krit}$") bzw. – bei unbekannter Streuung von X – der Standardfehler (in diesem Fall gilt: "$w_{(1-\alpha)} = t_{krit}$") gekennzeichnet.

Das in dieser Form errechnete Konfidenzintervall kann als eine gute Schätzung für den Bereich angesehen werden, in dem die unbekannte Mitte "μ" tatsächlich liegt. Die Güte dieser Schätzung wird dadurch charakterisiert, dass von einer *Mutmaßlichkeit* (Konfidenz) von "$(1-\alpha) * 100\%$" gesprochen wird, mit der "μ" in diesem Intervall liegt.

19.2.3 Berechnung von Konfidenzintervallen für die Mitte

Berechnungsvorschrift

Soll zu einem Konfidenzniveau von "$(1 - \alpha) * 100\%$" ein zugehöriges "$(1 - \alpha) * 100\%$"-Konfidenzintervall für die unbekannte Mitte "μ" des normalverteilten Merkmals X berechnet werden, so ist – auf der Basis einer Zufallsstichprobe vom Umfang "n" – generell wie folgt vorzugehen:

- Aus den Stichprobenwerten "$x_1, x_2, ..., x_n$" ist die Realisierung "$\bar{x} = \frac{1}{n} \sum_{i=1}^{n} x_i$" von $\bar{X}$ zu errechnen.

- Wenn die Streuung "σ" von X bekannt ist, wird "s" gleich "$\frac{\sigma}{\sqrt{n}}$" gesetzt. Ist diese Streuung unbekannt, wird der Standardfehler "$\frac{s_x}{\sqrt{n}}$" berechnet und gleich "s" gesetzt.

- Für den Fall, dass die Streuung bekannt ist, wird der Wert "$w_{(1-\alpha)}$" (als "z_{krit}") aus der N(0,1)-Verteilung ermittelt. Bei unbekannter Streuung wird "$w_{(1-\alpha)}$" (als "t_{krit}") aus der t($n - 1$)-Verteilung entnommen.

- Anschließend ergibt sich für die vorliegenden Größen "$\bar{x}$", "s" und "$w_{(1-\alpha)}$" das folgende Intervall als "$(1 - \alpha) * 100\%$"-Konfidenzintervall für "μ":

$$(\bar{x} - w_{(1-\alpha)} * s; \bar{x} + w_{(1-\alpha)} * s)$$

Beispiel für "normalverteilt", "Streuung bekannt" und "n=1"

Es wird davon ausgegangen, dass das Merkmal "Spieldauer einer Kassette" (X) wiederum N(μ,1)-verteilt ist und eine Zufallsstichprobe vom Umfang "1" den Wert "89" liefert. Um eine Aussage über die ungefähre Lage von "μ" zu erhalten, ist die folgende Aufgabenstellung zu bearbeiten:

- Berechne ein 95%-Konfidenzintervall für den Parameter "μ"!

Da die Streuung von X bekannt ist ("$\sigma = 1$"), muss der Wert "$w_{(1-\alpha)}$" durch

$$prob(-w_{(1-\alpha)} < \frac{\bar{X} - \mu}{1} < +w_{(1-\alpha)}) = 1 - \alpha = 0,95$$

aus der Standardnormalverteilung bestimmt werden, sodass sich für "$w_{(1-\alpha)}$" – unter Vorgabe von "$\alpha = 0,05$" – der Wert "1,96" ergibt.

Somit ist das 95%-Konfidenzintervall für "μ" wie folgt festgelegt:

$$(\bar{x} - w_{(1-\alpha)} * s; \bar{x} + w_{(1-\alpha)} * s) = (89 - 1,96 * 1; 89 + 1,96 * 1) = (87,04; 90,96)$$

Es besteht somit eine *Konfidenz* von 95%, dass "μ" in diesem Intervall liegt.

Hinweis: Vergleicht man das errechnete Konfidenzintervall mit dem Ergebnis des zuvor durchgeführten zweiseitigen z-Tests zur Prüfung von "$H_0(\mu = 90)$" (siehe Abschnitt 17.3.1), so ergibt sich:

- Die Nullhypothese "$H_0(\mu = 90)$" wurde auf dem Testniveau von 5% akzeptiert.

- Der Wert "90" liegt im 95%-Konfidenzintervall für "μ".

Beispiel für "normalverteilt", "Streuung bekannt" und "$n > 1$"

Da die Breite des Konfidenzintervalls von der Größe von "$w_{(1-\alpha)}$" abhängt, gilt der folgende Sachverhalt:

- Die Breite eines Konfidenzintervalls verringert sich, wenn der Stichprobenumfang vergrößert wird.

Um dies zu verdeutlichen, soll das im Abschnitt 17.4.3 zugrunde gelegte Beispiel fortgeführt und ein 95%-Konfidenzintervall für "μ" auf der Basis einer Zufallsstichprobe vom Umfang "4" mit den Werten "88, 89, 89, 90" ermittelt werden.

Wegen der Kenntnis der Streuung von X ("$\sigma = 1$") ist "$w_{(1-\alpha)}$" durch

$$prob(-w_{(1-\alpha)} < \frac{\bar{X} - \mu}{\frac{1}{\sqrt{4}}} < +w_{(1-\alpha)}) = 1 - \alpha = 0,95$$

aus der Standardnormalverteilung bestimmt, sodass sich für "$w_{(1-\alpha)}$" wiederum der Wert "1,96" ergibt. Da "$\bar{x} = 89$" und "$s = \frac{\sigma}{\sqrt{n}} = \frac{1}{\sqrt{4}} = \frac{1}{2}$" ist, ergibt sich das 95%-Konfidenzintervall durch die folgende Rechnung:

$$(89 - 1,96 * \frac{1}{2} ; 89 + 1,96 * \frac{1}{2}) = (89 - 0,98 ; 89 + 0,98) = (88,02 ; 89,98)$$

Gegenüber dem für "n = 1" ermittelten Konfidenzintervall, bei dem sich eine Breite von "3,92" (= 90,96 − 87,04) ergeben hat, liegt bei diesem Konfidenzintervall für "n = 4" eine Breite von nur noch "1,96" (= 89,98 − 88,02) vor.

Hinweis: Vergleicht man das errechnete Konfidenzintervall mit dem Ergebnis des zuvor durchgeführten zweiseitigen z-Tests zur Prüfung von "$H_0(\mu = 90)$" (siehe Abschnitt 17.4.3), so ergibt sich:

- Die Nullhypothese "$H_0(\mu = 90)$" wurde auf dem Testniveau von 5% *nicht* akzeptiert.

- Der Wert "90" liegt *nicht* im 95%-Konfidenzintervall für "μ".

Beispiel für "normalverteilt" und "Streuung unbekannt"

Bislang wurde die Berechnung des Konfidenzintervalls auf der Annahme durchgeführt, dass die Streuung von X bekannt ist. Ist diese Voraussetzung *nicht* erfüllt, so muss – auf der Basis z.B. einer Zufallsstichprobe vom Umfang "4" – der Wert "$w_{(1-\alpha)}$" durch

$$prob(-w_{(1-\alpha)} < \frac{\bar{X} - \mu}{\frac{s_X}{\sqrt{4}}} < +w_{(1-\alpha)}) = 1 - \alpha = 0,95$$

aus der t(3)-Verteilung bestimmt werden, sodass sich für "$w_{(1-\alpha)}$" bei "$\alpha = 0,05$" der Wert "3,182" ergibt.

Der Standardfehler "s" errechnet sich für die im Abschnitt 17.5.2 zugrunde gelegte Zufallsstichprobe "88, 89, 89, 90" wie folgt:

$$s = \frac{s_x}{\sqrt{n}} = \frac{\sqrt{\frac{1}{3}*[(88-89)^2+(90-89)^2]}}{\sqrt{4}} \simeq 0,408$$

Somit ergibt sich als 95%-Konfidenzintervall:

$$(89 - 3,182 * 0,408 \,;\, 89 + 3,182 * 0,408) \simeq (89 - 1,3 \,;\, 89 + 1,3) = (87,7 \,;\, 90,3)$$

Hinweis: Vergleicht man das errechnete Konfidenzintervall mit dem Ergebnis des zuvor durchgeführten zweiseitigen t-Tests zur Prüfung von "$H_0(\mu = 90)$" (siehe Abschnitt 17.5.2), so ergibt sich:

- Die Nullhypothese "$H_0(\mu = 90)$" wurde auf dem Testniveau von 5% akzeptiert.
- Der Wert "90" liegt im 95%-Konfidenzintervall für "μ".

Beispiel für "nicht normalverteilt"

Bisher wurde davon ausgegangen, dass das Merkmal X *normalverteilt* ist. Sofern *keine* Verteilungsannahme gemacht werden kann, lässt sich das Konfidenzintervall für die Mitte "μ" eines Merkmals X – auf der Basis des Zentralen Grenzwertsatzes – bei einer hinreichend großen Zufallsstichprobe ("$n \geq 30$") ebenfalls durch das arithmetische Mittel "$\bar{x}$" und den Standardfehler "$s = \frac{s_x}{\sqrt{n}}$" errechnen.

Hinweis: Ist der Stichprobenumfang zu gering ("$n < 30$"), so kann mit den bisher angesprochenen Verfahren kein Konfidenzintervall ermittelt werden, sofern nicht von der Normalverteilung ausgegangen werden kann.

Genau wie im Abschnitt 17.4.5 unterstellen wir im Folgenden, dass bei einer Zufallsstichprobe vom Umfang "n = 36" das arithmetische Mittel "$\bar{x} = 89,5$" sowie die Standardabweichung "$s_x = 1,8$" ermittelt wurden. Wegen des Zentralen Grenzwertsatzes lässt sich der Wert "$w_{(1-\alpha)}$" durch

$$prob(-w_{(1-\alpha)} < \frac{\bar{X} - \mu}{\frac{s_X}{\sqrt{36}}} < +w_{(1-\alpha)}) = 1 - \alpha$$

aus der Standardnormalverteilung bestimmen, sodass sich für "$w_{(1-\alpha)}$" bei "$\alpha = 0,05$" der Wert "1,96" ergibt. Da sich der Standardfehler "s" in der Form

$$s = \frac{s_x}{\sqrt{n}} = \frac{1,8}{\sqrt{36}} = \frac{1,8}{6} = 0,3$$

errechnet, ist das 95%-Konfidenzintervall wie folgt bestimmt:

$(89, 5-1, 96*0, 3; 89, 5+1, 96*0, 3) = (89, 5-0, 588; 89, 5+0, 588) = (88, 912; 90, 088)$

Hinweis: Vergleicht man das errechnete Konfidenzintervall mit dem Ergebnis des zuvor durchgeführten zweiseitigen z-Tests zur Prüfung von "$H_0(\mu = 90)$" (siehe Abschnitt 17.4.5), so ergibt sich:

- Die Nullhypothese "$H_0(\mu = 90)$" wurde auf dem Testniveau von 5% akzeptiert.

- Der Wert "90" liegt im 95%-Konfidenzintervall für "μ".

19.2.4 Berechnung von Mindest-Stichprobenumfängen

Bei der Berechnung von Konfidenzintervallen ist die Intervallbreite abhängig vom gewählten Stichprobenumfang "n". Dieser Sachverhalt lässt Aussagen über erforderliche Stichprobenumfänge zu, sodass die folgende Frage beantwortet werden kann:

- Wie groß muss der Stichprobenumfang "n" gewählt werden, damit die Breite eines "$(1 - \alpha) * 100\%$"-Konfidenzintervalls für "μ" einen fest vorgegebenen Wert nicht überschreitet?

Als Aufgabenstellung soll konkret bearbeitet werden:

- Wie groß muss "n" gewählt werden, damit die Breite eines 95%-Konfidenzintervalls für "μ" geringer als der Wert "m" ist?

Um diese Aufgabe zu lösen, muss für die Realisierung "$\bar{x}$" und für "s" (gleich "$\frac{\sigma}{\sqrt{n}}$" bzw. gleich "$\frac{s_x}{\sqrt{n}}$") die folgende Bedingung zutreffen:

$$\text{Breite des Intervalls } \text{``}(\bar{x} - w_{(1-\alpha)} * s; \bar{x} + w_{(1-\alpha)} * s)\text{''} \quad < \quad m$$

Dies bedeutet, dass die Ungleichung $\quad \bar{x} + w_{(1-\alpha)} * s - (\bar{x} - w_{(1-\alpha)} * s) < m$ gültig und damit erfüllt sein muss:

$$2 * w_{(1-\alpha)} * s < m$$

Ist "σ" **bekannt**, so muss der Stichprobenumfang "n" so groß sein, dass

$$2 * w_{(1-\alpha)} * \frac{\sigma}{\sqrt{n}} < m$$

gilt. Diese Ungleichung ist gleichbedeutend mit: $\quad (2 * w_{(1-\alpha)} * \frac{\sigma}{m})^2 < n$
Ist dagegen "σ" **nicht bekannt** und gilt "$n \geq 30$", so lässt sich – wegen des Zentralen Grenzwertsatzes – "$w_{(1-\alpha)}$" durch

$$prob(-w_{(1-\alpha)} < \frac{\bar{X} - \mu}{\frac{s_x}{\sqrt{n}}} < +w_{(1-\alpha)}) = 1 - \alpha = 0, 95$$

aus der Standardnormalverteilung bestimmen, sodass sich bei "$\alpha = 0,05$" für "$w_{(1-\alpha)}$" der Wert "1,96" ergibt. Demzufolge muss "n" die folgende Ungleichung erfüllen:

$$2 * 1,96 * \frac{s_x}{\sqrt{n}} < m$$

Dies ist gleichbedeutend mit: $(2 * 1,96 * \frac{s_x}{m})^2 < n$

Um für "s_x" einen geeigneten Wert einsetzen zu können, kann man eine Zufalls-stichprobe mit geringem Stichprobenumfang ziehen und die zugehörige Standard-abweichung bestimmen. Der hierdurch resultierende Wert ist normalerweise größer als jede Standardabweichung, die auf der Basis einer umfangreicheren Stichprobe ermittelt werden würde.

Sofern z.B. im Rahmen einer Voruntersuchung für eine Zufallsstichprobe mit geringem Stichprobenumfang die Standardabweichung "0,7" ermittelt wurde, führt dies zur folgenden Ungleichung:

$$(2 * 1,96 * \frac{0,7}{m})^2 < n$$

Soll das "$(1 - \alpha) * 100\%$"-Konfidenzintervall für die unbekannte Mitte z.B. nicht breiter als "0,5" sein, so gilt:

$$(2 * 1,96 * \frac{0,7}{0,5})^2 \simeq 30,118 < n$$

Für den Stichprobenumfang "n" muss daher "$n \geq 31$" gelten, d.h. als Mindest-Stichprobenumfang kann daher der Wert "31" gewählt werden!

19.2.5   Eigenschaften von Konfidenzintervallen

Aus der Vorschrift "$(\bar{x} - w_{(1-\alpha)} * s; \bar{x} + w_{(1-\alpha)} * s)$", nach der ein Konfidenzintervall berechnet wird, ist erkennbar:

- Ein Konfidenzintervall wird umso schmaler, je kleiner "$w_{(1-\alpha)}$" und je kleiner "s" ist.

Da sich "$w_{(1-\alpha)}$" mit kleinerem Konfidenzniveau verringert und "s" mit der Erhöhung des Stichprobenumfangs kleiner wird, gilt:

- Eine Aussage über die mutmaßliche Lage von "μ" wird immer "konkreter", je größer der Stichprobenumfang "n" und je kleiner das Konfidenzniveau ist!

Durch die Reduzierung des Konfidenzniveaus ergibt sich jedoch das folgende Problem:

- Je *kleiner* das Konfidenzniveau "$(1 - \alpha) * 100\%$" vorgegeben wird, desto größer ist die Wahrscheinlichkeit, ein Konfidenzintervall auf der Basis einer Zufallsstichprobe zu erhalten, das den unbekannten Parameter "μ" *nicht* enthält!

Diese Feststellung birgt in sich die gleiche Problematik, die bereits bei der Durchführung eines Signifikanz-Tests offenkundig war. Es gilt nämlich:

- Je *größer* das Testniveau α ist, desto größer ist die Wahrscheinlichkeit, eine zutreffende Nullhypothese "$H_0(\mu = \mu_o)$" auf der Basis einer Zufallsstichprobe *nicht* zu akzeptieren.

Dies ist nicht verwunderlich, da zwischen der Durchführung eines Signifikanz-Tests und der Berechnung eines Konfidenzintervalls der folgende Zusammenhang besteht:

- Ein "$(1 - \alpha) * 100\%$"-Konfidenzintervall für "μ", das durch eine Realisierung "$\bar{x}$" der Stichprobenfunktion $\bar{X}$ bestimmt ist, besteht aus denjenigen Werten "μ_o", für die sich – auf der Basis des vorgegebenen Testniveaus α und des Testwerts "$\bar{x}$" – die Nullhypothese "$H_0(\mu = \mu_o)$" als akzeptabel erweisen würde!

Für die Realisierung "$\bar{x}$" von $\bar{X}$ ist nämlich der Wert "μ_o" genau dann im "$(1 - \alpha) * 100\%$"-Konfidenzintervall "$(\bar{x} - w_{(1-\alpha)} * s; \bar{x} + w_{(1-\alpha)} * s)$" für "$\mu$" enthalten, wenn die folgende Ungleichung erfüllt ist:

$$\bar{x} - w_{(1-\alpha)} * s < \mu_o < \bar{x} + w_{(1-\alpha)} * s$$

Dies ist gleichbedeutend mit: $-w_{(1-\alpha)} < \frac{\bar{x}-\mu_o}{s} < +w_{(1-\alpha)}$

Diese Ungleichung beschreibt, dass "$\bar{x}$" als Realisierung von $\bar{X}$ – bei vorgegebenem Testniveau α – im Akzeptanzbereich der Nullhypothese "$H_0(\mu = \mu_o)$" liegt. Somit kann man – in abkürzender Sprechweise – Folgendes aussagen:

- Wird "$H_0(\mu = \mu_o)$" – auf der Basis von α und dem Testwert "$\bar{x}$" – akzeptiert, so liegt "μ_o" im "$(1 - \alpha) * 100\%$"-Konfidenzintervall, das durch "$\bar{x}$" und α bestimmt ist. Kann H_0 nicht akzeptiert werden, so liegt "μ_o" außerhalb dieses Konfidenzintervalls.

Somit lässt sich ein Konfidenzintervall als dasjenige Intervall auffassen, das durch die Gesamtheit der – im Hinblick auf die Realisierung "$\bar{x}$" und das Konfidenzniveau – akzeptablen Nullhypothesen gekennzeichnet ist. Dabei ist zu berücksichtigen, dass das Konfidenzniveau und das Testniveau in dem folgenden Sinne miteinander korrespondieren:

- Konfidenzniveau "$1 - \alpha$" + Testniveau "α" = 1

Die Ermittlung von Konfidenzintervallen ermöglicht somit eine – gegenüber den Signifikanz-Tests – *modifizierte* Sichtweise. Natürlich kann dies *nicht* zu einer größeren Sicherheit im Hinblick auf die Einschätzung der Lage des unbekannten Parameters "μ" führen.

Insgesamt sollte man nach der folgenden Strategie handeln:

- Liegt eine relativ konkrete Vorstellung über die Lage der unbekannten Mitte "μ" vor und ist eine Prüfung von Interesse, bei der die Akzeptanz einer Nullhypothese gegenüber einer (zweiseitigen) Alternativhypothese abzuwägen ist, so ist ein Signifikanz-Test durchzuführen.

  Ist andererseits *keine* Vorabinformation über die Lage von "μ" vorhanden und soll eine Einschätzung über die *ungefähre* Lage erhalten werden, so ist die Ermittlung eines Konfidenzintervalls angebracht.

19.3 Prüfung von Nullhypothesen durch die Berechnung von Konfidenzintervallen

Wie soeben dargestellt, kann eine Nullhypothese über die unbekannte Mitte "μ" durch die Berechnung eines Konfidenzintervalls geprüft werden. Die Nullhypothese "$H_0(\mu = \mu_o)$" ist nämlich dann auf der Basis des Testniveaus α und des Testwerts "$\bar{x}$" zu akzeptieren, wenn "μ_o" im "$(1-\alpha) * 100\%$"-Konfidenzintervall "$(\bar{x} - w_{(1-\alpha)} * s; \bar{x} + w_{(1-\alpha)} * s)$" enthalten ist. Andernfalls ist die Alternativhypothese "$H_1(\mu \neq \mu_o)$" zu akzeptieren.

Als Anwendung dieses Prinzips wird im Folgenden dargestellt, wie sich die Prüfung der Nullhypothese "$H_0(\rho = \rho_o)$" für einen (Populations-)Korrelationskoeffizienten "ρ" und die Prüfung der Nullhypothese "$H_0(\pi = \pi_o)$" für einen (Populations-)Prozentsatz "π" mit Hilfe der Berechnung geeigneter Konfidenzintervalle bewerkstelligen lassen.

19.3.1 Konfidenzintervall für den Korrelationskoeffizienten "ρ"

Um ein Konfidenzintervall für den (Populations-)Korrelationskoeffizienten "ρ" – auf der Basis zweier intervallskalierter Merkmale X und Y – ermitteln zu können, müssen X und Y *gemeinsam (bivariat) normalverteilt* sein.

- Zwei Merkmale X und Y sind dann **bivariat normalverteilt**, wenn jede Linearkombination der Form "$a * X + b * Y$" mit jeweils von "0" verschiedenen Koeffizienten "a" und "b" normalverteilt ist.

Um das Verfahren, mit dem das Konfidenzintervall für "ρ" ermittelt wird, beschreiben zu können, wird mit "R" diejenige Stichprobenfunktion bezeichnet, deren Realisation "r_o" als Korrelationskoeffizient aus den Werten von X und Y bestimmt wird. Mit Hilfe dieser Vereinbarung wird eine Stichprobenfunktion "Z_F" festgelegt, die in der folgenden Form als **Fisher'sche Z-Transformation** bekannt ist:

$$Z_F = \tfrac{1}{2} * ln\left(\tfrac{1+R}{1-R}\right)$$

Dabei kennzeichnet "ln" eine Zuordnung, die "natürlicher Logarithmus" (Logarithmus zur Basis "e") genannt wird.

Für den für X und Y aus der Zufallsstichprobe bestimmten Korrelationskoeffizienten "r_o" wird der zugehörige Wert "z_o" wie folgt – als Realisation von Z_F – errechnet:

$$z_o = \tfrac{1}{2} * ln(\tfrac{1+r_o}{1-r_o})$$

Unter Verwendung von "z_o" – dies ist ein Ergebnis der mathematischen Wahrscheinlichkeitstheorie – ist das **"$(1-\alpha)*100\%$"-Konfidenzintervall** für den Wert, der über die Fisher'sche z-Transformation aus "ρ" ermittelt wird, in der folgenden Form bestimmt:

$$\left(z_o - w_{(1-\alpha)} * \tfrac{1}{\sqrt{n-3}}\,;\, z_o + w_{(1-\alpha)} * \tfrac{1}{\sqrt{n-3}}\right)$$

Dabei ist "$w_{(1-\alpha)}$" gleich dem oberen kritischen Wert einer "$t(n-2)$"-Verteilung. Um die Bestimmung eines *95%-Konfidenzintervalls für* "ρ" rechentechnisch erläutern zu können, soll eine Zufallsstichprobe vom Umfang "30" aus der Grundgesamtheit der 250 Schüler und Schülerinnen gezogen und für diese Merkmalsträger die Werte von "Englisch" und "Mathe" ausgewertet werden. Um den Korrelationskoeffizienten "r_o" für die Merkmale "Englisch" und "Mathe" zu ermitteln, wird die folgende Tabelle vom SPSS-System angefordert:

Korrelationen bei gepaarten Stichproben

		N	Korrelation	Signifikanz
Paaren	ENGLISCH & MATHE	30	,794	,000

Abbildung 19.5: Korrelations-Koeffizient für einen Korrelations-Test

SPSS: Diese Anzeige lässt sich mittels des T-TEST-Befehls unter Einsatz des Unterbefehls PAIRS – auf der Basis eines TEMPORARY- und eines SAMPLE-Befehls – wie folgt anfordern:

```
TEMPORARY.
SAMPLE 30 FROM 250.
T-TEST PAIRS=englisch WITH mathe.
```

Da für "r_o" der Wert "0,794" ("Korrelation") ermittelt wird, ergibt sich:

$$z_o = \tfrac{1}{2} * ln(\tfrac{1+0,794}{1-0,794}) \simeq \tfrac{1}{2} * ln(8,7087) \simeq 1,08$$

Da für "n = 30" der obere kritische Wert einer $t(28)$-Verteilung für "$\alpha = 0,05$" gleich dem Wert "2,048" ist, errechnet sich das 95%-Konfidenzintervall – gemäß der oben angegebenen Vorschrift – wie folgt durch das Einsetzen von "$z = 1,08$":

$$(1,08 - 2,048 * \tfrac{1}{\sqrt{27}}\,;\, 1,08 + 2,048 * \tfrac{1}{\sqrt{27}}) \simeq (1,08 - 0,39\,;\, 1,08 + 0,39) = (0,69\,;\, 1,47)$$

Das Intervall "(0,69 ; 1,47)" stellt somit das 95%-Konfidenzintervall für diejenige Größe dar, die über die *Fisher'sche Z-Transformation* aus dem Parameter "ρ" ermittelt wird.

Um das 95%-Konfidenzintervall für den Parameter "ρ" angeben zu können, muss für die Grenzen des ermittelten Konfidenzintervalls "(0,69 ; 1,47)" – in einem weiteren Schritt – eine *inverse Fisher'sche Z-Transformation* durchgeführt werden.

- Dabei wird unter der **inversen Fisher'schen Z-Transformation** die Zuordnung verstanden, durch die einer Realisation "z" von Z_F ein Wert "r" zugeordnet wird, der die folgende Gleichung erfüllt: $z = \frac{1}{2} * ln(\frac{1+r}{1-r})$

Beispiele für Werte, die aus einer *inversen Fisher'schen Z-Transformation* resultieren, können dem Anhang A.14 entnommen werden.

Da in dem zugrunde gelegten Beispiel eine Aussage über den Parameter "ρ" gemacht werden soll, ist es erforderlich, die *inverse Fisher'sche Z-Transformation* für die beiden Intervallgrenzen durchzuführen. Weil dem Wert "0,69" der Wert "0,5980" und dem Wert "1,47" der Wert "0,8996" zugeordnet ist, erhält man daher das folgende Intervall als *95%-Konfidenzintervall für "ρ"*:   "(0,5980 ; 0,8996)"

Dieses Intervall kann somit als gute Schätzung für den Bereich angesehen werden, in dem der unbekannte Parameter "ρ" platziert ist. Die Güte dieser Schätzung wird durch die Konfidenz von 95% gekennzeichnet.

19.3.2 Signifikanz-Test zur Prüfung des Korrelationskoeffizienten "ρ" und Bestimmung des optimalen Stichprobenumfangs

Wie im Abschnitt 19.2.5 geschildert, lässt sich mittels eines für einen Parameter errechneten 95%-Konfidenzintervalls ein zweiseitiger Signifikanz-Test auf der Basis des Testniveaus "$\alpha = 0,05$" durchführen. Im Rahmen des Inferenzschlusses muss geprüft werden, ob der in der Nullhypothese aufgeführte Parameter im Konfidenzintervall enthalten ist oder nicht.

- Der Test, mit dem sich die Nullhypothese "$H_0(\rho = \rho_o)$" zweier bivariat normalverteilter Merkmale X und Y prüfen lässt, heißt **Korrelations-Test**.

- Die Nullhypothese "$H_0(\rho = \rho_o)$" ist – bei zweiseitiger Prüfung – dann akzeptabel, wenn der Wert, der sich durch die *Fisher'sche Z-Transformation* aus "ρ_o" in der Form $\frac{1}{2} * ln(\frac{1+\rho_o}{1-\rho_o})$

  errechnen lässt, in dem folgenden *Konfidenzintervall* enthalten ist:

  $(z_o - w_{(1-\alpha)} * \frac{1}{\sqrt{n-3}} ; z_o + w_{(1-\alpha)} * \frac{1}{\sqrt{n-3}})$

  Dabei ist "z_o" mittels des – auf der Basis einer Zufallsstichprobe – errechneten Korrelationskoeffizienten "r_o" von X und Y wie folgt bestimmt:

  $z_o = \frac{1}{2} * ln(\frac{1+r_o}{1-r_o})$

- Alternativ lässt sich die Akzeptanz der Nullhypothese dadurch prüfen, dass der Wert "ρ_o" daraufhin untersucht wird, ob er im *Konfidenzintervall für "ρ"*

enthalten ist, d.h. in dem Intervall, das durch eine *inverse Fischer'sche Z-Transformation* aus dem folgenden Intervall resultiert:

$$(z_o - w_{(1-\alpha)} * \frac{1}{\sqrt{n-3}}; z_o + w_{(1-\alpha)} * \frac{1}{\sqrt{n-3}})$$

Zum Beispiel kann es von Interesse sein, auf der Basis einer Zufallsstichprobe vom Umfang "30" zu prüfen, ob zwischen den Merkmalen "Englisch" und "Mathe" eine statistische Unabhängigkeit innerhalb der Grundgesamtheit besteht, sodass in diesem Fall die Nullhypothese "$H_0(\rho = 0)$" Gegenstand der Betrachtung ist.

Da "(0,5980 ; 0,8996)" im Abschnitt 19.3.1 als 95%-Konfidenzintervall für "ρ" ermittelt wurde und der Wert "0" aus der Nullhypothese "$H_0(\rho = 0)$" *nicht* in diesem Intervall platziert ist, kann die Nullhypothese *nicht* akzeptiert werden, sodass ein signifikantes Testergebnis vorliegt.

Hinweis: In der innerhalb der Abbildung 19.5 dargestellten Anzeige des IBM SPSS Statistics-Systems wird das zum Testwert "0,794" zugehörige Signifikanzniveau ("Signifikanz") mit dem Wert "0,000" ausgewiesen, sodass der Signifikanz-Test zur Prüfung von "$H_0(\rho = 0)$" auch direkt durchgeführt werden kann. Allerdings lässt sich die Prüfung von "$H_0(\rho = \rho_o)$" für ein beliebiges "ρ_o" nicht unmittelbar vornehmen. In diesem Fall gibt es allein die Möglichkeit, das jeweils zugehörige Konfidenzintervall zu berechnen.

Wie im Kapitel 18 erläutert wurde, ist es empfehlenswert, einen Signifikanz-Test *nicht* auf der Basis einer Gelegenheits-Stichprobe, sondern auf der Grundlage einer Zufallsstichprobe mit *optimalem* Stichprobenumfang durchzuführen.

- Zur Beschreibung der Größenordnung "r" eines Effektes besteht nach den Vorschlägen von *Cohen* – zur Prüfung von "$H_0(\rho = 0)$" – die folgende Konvention:

> Bei "$|r| = 0,1$" wird von einem *schwachen (kleinen) Effekt*, bei "$|r| = 0,3$" von einem *mittleren Effekt* und bei "$|r| = 0,5$" von einem *starken (großen) Effekt* gesprochen.

Ist die *Effektgröße* "r" festgelegt und sind das *Testniveau* "$\alpha = 0,05$" sowie die *Teststärke* "$1 - \beta$" vorgegeben worden, so lässt sich der *optimale* Stichprobenumfang "n" berechnen. Der Wert "n" kennzeichnet bekanntlich denjenigen Stichprobenumfang, mit dem sich ein Mindest-Effekt, dessen Größenordnung durch "r" gekennzeichnet ist, bei vorgegebenem Testniveau α mit mindestens der Wahrscheinlichkeit "$1 - \beta$" als signifikantes Testergebnis "aufdecken" lässt.

Sofern z.B. die Nullhypothese "$H_0(\rho = 0)$" – auf der Basis von "$\alpha = 0,01$" bzw. "$\alpha = 0,05$" und "$1 - \beta = 0,8$" – durch einen *zweiseitigen* Korrelations-Test teststatistisch abzusichern ist, ergeben sich für den optimalen Stichprobenumfang "n" die folgenden Werte:

Testniveau	schwach	mittel	stark
$\alpha = 0,01$	1163	125	42
$\alpha = 0,05$	782	84	29

Wird z.B. ein mittlerer Effekt ("$|r| = 0,3$") als praktisch relevant angesehen, so sollte der Korrelations-Test – bei einem Testniveau von "$\alpha = 0,05$" – daher auf der Basis eines Stichprobenumfangs von "n = 84" Stichprobenelementen erfolgen.

Soll *kein* zweiseitiger, sondern ein *einseitiger* Korrelations-Test durchgeführt werden, so ergeben sich die folgenden optimalen Stichprobenumfänge:

Testniveau	schwach	mittel	stark
$\alpha = 0,01$	1000	107	36
$\alpha = 0,05$	616	67	23

Hinweis: Bei einem *einseitigen* Signifikanz-Test ist ein Konfidenzintervall zugrunde zu legen, das in geeigneter Weise durch eine einzige Intervallgrenze – nach oben bzw. nach unten – begrenzt wird.

Soll unter Einsatz des Programms G*POWER z.B. derjenige optimale Stichprobenumfang "n" bestimmt werden, durch den sich – bei der Diskussion der statistischen Beziehung zwischen den Merkmalen "Englisch" und "Mathe" – ein starker Effekt der Größenordnung "$r = 0,5$" bei einem vorgegebenen Testniveau von "0,05" mit einer Mindest-Teststärke von "0,8" "aufdecken" lässt, so ist wie folgt vorzugehen: In der Liste "Test family" ist die Option "Exact", in der Liste "Statistical test" die Option "Correlations: Difference from constant (one sample case)" und in der Liste "Type of power analysis" die Option "A priori: Compute required sample size – given α, power and effect size" einzustellen. Danach ist in der Liste "Tail(s)" die Option "Two" zu aktivieren. Anschließend sind insgesamt die folgenden Werte in das G*POWER-Fenster einzutragen: der Wert "0.5" als Effektgröße in das Eingabefeld "Effect size r", das Testniveau "0.05" (in das Eingabefeld "α err prob") und die Teststärke "0.8" (in das Eingabefeld "Power ($1 - \beta$ err prob)"). Durch die Bestätigung mittels der Schaltfläche "Calculate" lässt sich die folgende Anzeige abrufen:

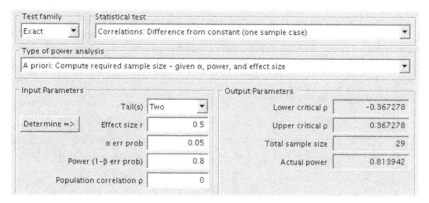

Abbildung 19.6 Bestimmung des optimalen Stichprobenumfangs

Der optimale Stichprobenumfang wird im Feld "Total sample size" angezeigt und errechnet sich somit zum Wert "29". Die zugehörige Teststärke – in diesem Fall annähernd "0,81" – lässt sich dem Feld "Actual power" entnehmen.

19.3.3 Konfidenzintervall für den Prozentsatz "π"

Für ein nominalskaliertes *dichotomes* Merkmal lässt sich ein Konfidenzintervall für den (Populations-)Prozentsatz "π" bestimmen, mit dem das Ereignis "Das Merkmal besitzt eine bestimmte Ausprägung." innerhalb der Grundgesamtheit auftritt.

Sofern mit "h_o" der Prozentsatz bezeichnet wird, mit dem das interessierende Ereignis innerhalb einer Zufallsstichprobe auftritt, ist das "$(1 - \alpha) * 100\%$"-**Konfidenzintervall für "π"** – als Ergebnis der mathematischen Wahrscheinlich-keitstheorie – in der folgenden Form bestimmt:

$$\left(h_o - w_{(1-\alpha)} * \sqrt{\frac{h_o*(1-h_o)}{n}} \, ; h_o + w_{(1-\alpha)} * \sqrt{\frac{h_o*(1-h_o)}{n}} \right)$$

Dabei kennzeichnet "$w_{(1-\alpha)}$" – bei hinreichend großem Stichprobenumfang "n" ("$n \geq 25$") – den oberen kritischen Wert, der auf der Basis der Standardnormalver-teilung für ein vorgegebenes Testniveau α errechnet wird.

Soll z.B. ein "95%"-Konfidenzintervall für "π" für den Schüleranteil der männ-lichen Schüler in der Grundgesamtheit aller Schüler und Schülerinnen berechnet werden, so kann man sich z.B. auf der Basis einer Zufallsstichprobe vom Umfang "30" auf die folgende Anzeige stützen:

Test auf Binomialverteilung

		Kategorie	N	Beobachteter Anteil	Testanteil	Asymptotische Signifikanz (2-seitig)
Geschlecht	Gruppe 1	männlich	16	,533	,50	,8551[a]
	Gruppe 2	weiblich	14	,467		
	Gesamt		30	1,00		

a. Basiert auf der Z-Approximation.

Abbildung 19.7: relative Häufigkeiten für einen Binomial-Test

SPSS: Diese Anzeige lässt sich mittels des TEMPORARY- und des SAMPLE-Befehls – in Ver-bindung mit dem NPAR TESTS-Befehl – wie folgt anfordern (die Angabe von "0.5" ist im Hinblick auf die Darstellung im folgenden Abschnitt 19.3.4 gewählt worden):

```
TEMPORARY.
SAMPLE 30 FROM 250.
NPAR TESTS BINOMIAL(0.5)=geschl(1 2).
```

Da die relative Häufigkeit "h_o" des Ereignisses "Geschlecht = männlich" gleich dem Wert "0,533" ("Beobachteter Anteil") ist und "$w_{(1-\alpha)} = 1,96$" sich für den Wert "$\alpha = 0,05$" ergibt, bestimmt sich das 95%-Konfidenzintervall für "π" wie folgt:

$$\left(0,533 - 1,96 * \sqrt{\frac{0,533*(1-0,533)}{30}} \, ; \, 0,533 + 1,96 * \sqrt{\frac{0,533*(1-0,533)}{30}} \right)$$
$$\simeq (0,533 - 0,179 \, ; \, 0,533 + 0,179) \simeq (0,35 \, ; \, 0,71)$$

Das Intervall "$(0,35 \, ; \, 0,71)$" kann somit als gute Schätzung für den Bereich ange-sehen werden, in dem der unbekannte Parameter "π" platziert ist. Die Güte dieser Schätzung wird durch die Konfidenz von 95% gekennzeichnet.

19.3.4 Signifikanz-Test zur Prüfung des Prozentsatzes "π" und Bestimmung des optimalen Stichprobenumfangs

Wie im Abschnitt 19.2.5 geschildert, lässt sich mittels eines für einen Parameter errechneten 95%-Konfidenzintervalls ein zweiseitiger Signifikanz-Test auf der Basis des Testniveaus "$\alpha = 0,05$" durchführen. Im Rahmen des Inferenzschlusses muss geprüft werden, ob der in der Nullhypothese "$H_0(\pi = \pi_o)$" aufgeführte Parameter im Konfidenzintervall enthalten ist oder nicht.

- Den Signifikanz-Test, mit dem die Nullhypothese "$H_0(\pi = \pi_o)$" für einen (Populations-)Prozentsatz "π_o" – im Hinblick auf ein durch ein dichotomes Merkmal bestimmtes Ereignis – geprüft werden kann, nennt man **Binomial-Test**.

- Auf der Grundlage der im Abschnitt 19.3.3 gewählten Bezeichnungen gilt für die Durchführung eines *zweiseitigen* Binomial-Tests:

  Die Nullhypothese "$H_0(\pi = \pi_o)$" ist bei einem Testniveau α dann akzeptabel, wenn "π_o" in dem folgenden Konfidenzintervall für "π" enthalten ist:

  $$\left(h_o - w_{(1-\alpha)} * \sqrt{\tfrac{h_o*(1-h_o)}{n}} ; h_o + w_{(1-\alpha)} * \sqrt{\tfrac{h_o*(1-h_o)}{n}}\right)$$

Soll z.B. untersucht werden, ob der Schüleranteil mit dem Anteil der Schülerinnen übereinstimmt, muss die Nullhypothese "$H_0(\pi = \pi_o = 0,5)$" geprüft werden.

Da der Wert "0,5" aus der Nullhypothese im oben ermittelten Intervall "(0,35 ; 0,71)" platziert ist, liegt ein *nicht* signifikantes Testergebnis vor, sodass sich die Nullhypothese auf dem Testniveau "$\alpha = 0,05$" akzeptieren lässt.

Hinweis: Mittels der in der Abbildung 19.7 dargestellten Anzeige des IBM SPSS Statistics-Systems lässt sich die Nullhypothese "$H_0(\pi = 0,5)$" direkt *zweiseitig* prüfen, da das zur Test-Entscheidung benötigte Signifikanzniveau ausgewiesen wird. In diesem Fall wird der Wert "0,8551" ("Asymptotische Signifikanz (2-seitig)") angezeigt, sodass sich die Nullhypothese wegen der Beziehung "$0,8551 > 0,05$" akzeptieren lässt.

Wie im Kapitel 18 erläutert, ist es empfehlenswert, einen Signifikanz-Test *nicht* auf der Basis einer Gelegenheits-Stichprobe, sondern auf der Grundlage einer Zufallsstichprobe mit *optimalem* Stichprobenumfang durchzuführen.

- Zur Beschreibung der Größenordnung "g" eines Effektes besteht nach den Vorschlägen von *Cohen* – für die Prüfung von "$H_0(\pi = 0,5)$" – die folgende Konvention:

  > Bei "$|g| = 0,05$" wird von einem *schwachen (kleinen) Effekt*, bei "$|g| = 0,15$" von einem *mittleren Effekt* und bei "$|g| = 0,25$" von einem *starken (großen) Effekt* gesprochen.

Sofern z.B. "$H_0(\pi = 0,5)$" – auf der Basis von "$\alpha = 0,01$" bzw. "$\alpha = 0,05$" und "$1 - \beta = 0,8$" – durch einen Binomial-Test teststatistisch abzusichern ist, ergeben sich für den optimalen Stichprobenumfang "n" die folgenden Werte:

Testart	Testniveau	schwach	mittel	stark
zweiseitig	$\alpha = 0,01$	1167	131	44
zweiseitig	$\alpha = 0,05$	786	90	30
einseitig	$\alpha = 0,01$	1007	112	40
einseitig	$\alpha = 0,05$	620	69	23

Hinweis: Bei einem *einseitigen* Signifikanz-Test ist ein Konfidenzintervall zugrunde zu legen, das in geeigneter Weise durch eine einzige Intervallgrenze – nach oben bzw. nach unten – begrenzt wird.

Wird z.B. ein mittlerer Effekt ("$|g| = 0,15$") als praktisch relevant angesehen, so sollte ein *zweiseitiger* Binomial-Test – bei einem Testniveau von "$\alpha = 0,05$" – daher auf der Basis eines Stichprobenumfangs von "n = 90" erfolgen.

Soll unter Einsatz des Programms G*POWER derjenige optimale Stichprobenumfang "n" bestimmt werden, durch den sich – bei der Prüfung der Nullhypothese "$H_0(\pi = \pi_o = 0,5)$" mittels eines zweiseitigen Binomial-Tests – ein mittlerer Effekt der Größenordnung "$g = 0,15$" bei einem vorgegebenen Testniveau von "0,05" mit einer Mindest-Teststärke von "0,8" "aufdecken" lässt, so ist wie folgt vorzugehen:

In der Liste "Test family" ist die Option "Exact", in der Liste "Statistical test" die Option "Proportion: Difference from constant (binomial test, one sample case)" und in der Liste "Type of power analysis" die Option "A priori: Compute required sample size – given α, power and effect size" einzustellen. Zusätzlich ist in der Liste "Tail(s)" die Option "Two" zu aktivieren. Anschließend sind die folgenden Werte in das G*POWER-Fenster einzutragen: der Wert "0.15" als Effektgröße in das Eingabefeld "Effect size g", das Testniveau "0.05" (in das Eingabefeld "α err prob"), die Teststärke "0.8" (in das Eingabefeld "Power ($1 - \beta$ err prob)") und "0.5" in das Eingabefeld "Constant proportion". Durch die Bestätigung mittels der Schaltfläche "Calculate" lässt sich die folgende Anzeige abrufen:

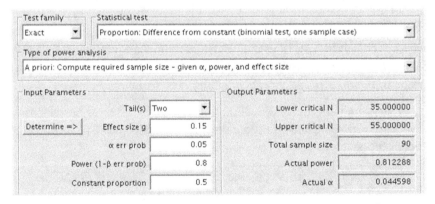

Abbildung 19.8 Bestimmung des optimalen Stichprobenumfangs

Der optimale Stichprobenumfang wird im Feld "Total sample size" angezeigt und errechnet sich somit zum Wert "90". Die zugehörige Teststärke – in diesem Fall annähernd "0,81" – lässt sich dem Feld "Actual power" entnehmen.

KAPITEL 20

PARAMETRISCHE PRÜFUNG AUF UNTERSCHIEDE

20.1 Treatment-Effekte und Untersuchungspläne

Bislang wurden Aussagen über die unbekannte Mitte eines normalverteilten Merkmals durch den z-Test bzw. den t-Test geprüft und Hinweise auf die potentielle Lage von "μ" über die Berechnung von Konfidenzintervallen ermöglicht. Oftmals interessiert es jedoch nicht, von welcher Größenordnung die Mitte *eines* Merkmals ist, sondern es geht darum, *zwei* unbekannte Mitten miteinander zu vergleichen.

Zum Beispiel kann man prüfen wollen, ob geschlechtsspezifische Unterschiede in den zentralen Tendenzen des Merkmals "Unterrichtsstunden" bestehen oder ob z.B. zwei unterschiedliche Unterrichtsformen (etwa der Frontalunterricht und die Kleingruppenarbeit) sich im Hinblick auf ihren jeweiligen *Effekt* unterscheiden. Oder es besteht die Frage, ob eine zusätzliche Schulung durch Tutoren zu mehr Fähigkeiten der Studenten führt.

Zur Vorausschau über ausgewählte Möglichkeiten (vgl. die nachfolgende Darstellung und das Kapitel 22), mit denen man **Unterschiede in den Mitten** von *intervallskalierten normalverteilten* Merkmalen prüfen kann, dient die folgende Tabelle:

Stichprobenzahl	Stichprobenart	Testverfahren
= 2	unabhängig	unabhängiger t-Test
= 2	abhängig	abhängiger t-Test
≥ 3	unabhängig	1- bzw. 2-faktorielle Varianzanalyse
≥ 3	abhängig	Varianzanalyse mit Messwiederholungen

Tabelle 20.1: Tests zur Prüfung auf Gleichheit von Mitten

Eine entsprechende vorausschauende Übersicht über die Testverfahren, mit denen sich **Unterschiede in den Verteilungen** untersuchen lassen (vgl. die Kapitel 21 und 22), gibt die folgende Tabelle:

Stichprobenzahl	Stichprobenart	Testverfahren
= 2	unabhängig	U-Test von Mann-Whitney
= 2	abhängig	Wilcoxon-Test
≥ 3	unabhängig	H-Test von Kruskal-Wallis
≥ 3	abhängig	Friedman'sche Rangvarianzanalyse

Tabelle 20.2: Tests zur Prüfung auf Gleichheit von Verteilungen

20.1.1   Kontrollgruppenplan

Um z.B. den möglichen Einfluss eines **Treatments**, d.h. einer Behandlungsform, untersuchen zu können, muss ein *Experiment* (besondere Form der Untersuchung zur Überprüfung von Kausalhypothesen) auf der Basis eines geeignet strukturierten *Untersuchungsplans* durchgeführt werden.

Durch einen **Untersuchungsplan** (Versuchsanordnung) wird festgelegt, in welcher Form die Stichprobenelemente den einzelnen Versuchsbedingungen als *Probanden* (Teilnehmer eines Experiments) zugeordnet werden sollen. Ein Beispiel für einen Untersuchungsplan stellt der folgende **Kontrollgruppenplan** dar, bei dem die Wirkung eines Treatments durch einen **Nachtest** (Posttest) geprüft wird:

Nachtest :	Versuchsgruppe mit Treatment (z.B. "mit Tutorium") Kontrollgruppe ohne Treatment (z.B. "ohne Tutorium")

Abbildung 20.1: Beispiel eines Kontrollgruppenplans

Generell wird die Messung eines Merkmals dann als *Nachtest* bezeichnet, wenn die Beeinflussung durch eine vorausgehende experimentelle Behandlung überprüft werden soll.

20.1.2   Unabhängige Stichproben

Um zu generellen Aussagen zu gelangen, müssen die Versuchs- und die Kontrollgruppe als **Zufallsstichproben** erhoben werden.

- Diese Zufallsstichproben werden dann als **unabhängige Stichproben** (engl.: "independent samples") bezeichnet, wenn die Auswahl der einen Stichprobe die Auswahl der anderen Stichprobe *nicht* beeinflusst hat.

  Sofern unabhängige Stichproben die Basis eines Kontrollgruppenplans darstellen, wird von einem *"Kontrollgruppenplan für unabhängige Stichproben"* gesprochen.

Soll z.B. das Treatment "Teilnahme am Statistik-Tutorium" untersucht werden, so kann man einen Untersuchungsplan festlegen, bei dem zwei unabhängige Stichproben aus der Gesamtheit aller Teilnehmer der Statistik-Veranstaltung gezogen werden. Dazu kann man die Teilnehmer durchnummerieren und die für die Versuchs- und die Kontrollgruppe jeweils benötigte Teilnehmerzahl durch den Einsatz einer Zufallszahlen-Tafel ermitteln.

Nachdem das Treatment "Teilnahme am Statistik-Tutorium" auf die Versuchsgruppe gewirkt hat, wird für diese Gruppe und die Kontrollgruppe ein Leistungstest als Nachtest durchgeführt. Bei einem Stichprobenumfang von jeweils "n = 5" sind z.B. die innerhalb der Abbildung 20.2 ausgewiesenen Ergebnisse erhalten worden.

	Nachtest-Werte					Mittelwerte
Versuchsgruppe (mit Tutorium):	18	12	12	10	10	12,4
Kontrollgruppe (ohne Tutorium):	13	14	9	6	3	9

Abbildung 20.2: Beispiel eines Kontrollgruppenplans für unabhängige Stichproben

Es stellt sich die Frage, ob diese Werte insofern auf einen **(Treatment-)Effekt** des Treatments "Teilnahme am Statistik-Tutorium" hindeuten ("die Ergebnisse sind vom Treatment beeinflusst"), als die Mittelwerte der beiden Stichproben sich "signifikant unterscheiden", oder ob die Unterschiede in den Mittelwerten nur "zufallsbedingt" auftreten.

20.1.3 Nullhypothese

Im Hinblick auf die nachfolgende Erörterung lassen sich die Werte des Leistungstests der Versuchsgruppe als Ausprägungen eines Merkmals X_1 ("Test nach Treatment") und die Testwerte der Kontrollgruppe als Ausprägungen eines Merkmals X_2 ("Test ohne Treatment") ansehen. Wird für beide Merkmale X_1 und X_2 unterstellt, dass sie innerhalb der zugehörigen Grundgesamtheit mit den Eigenschaften

- "X_1: $N(\mu_1, \sigma_1)$" und "X_2: $N(\mu_2, \sigma_2)$"

normalverteilt sind, so kennzeichnet das Zutreffen der Nullhypothese

- "$H_0(\mu_1 = \mu_2)$"

die Situation, dass *keine* Unterschiede in den Mitten bestehen bzw. – bei experimentellen Untersuchungen – *kein* **(Treatment-)Effekt** vorliegt.

Gibt es allerdings einen Unterschied in den Mitten bzw. hat das Treatment einen Effekt, so wird dies – im Rahmen einer *zweiseitigen* Fragestellung – durch die Gültigkeit der folgenden Alternativhypothese beschrieben:

- "$H_1(\mu_1 \neq \mu_2)$"

20.1.4 Mittelwertdifferenz und Variation

Um einen Signifikanz-Test zur Prüfung der Gleichheit der beiden (unbekannten) Mitten "μ_1" und "μ_2" durchführen zu können, muss eine geeignete Teststatistik zur Verfügung stehen. Als Ansatz wird die beobachtete *Mittelwertdifferenz* zwischen den beiden Stichproben wie folgt zur *Gesamtvariabilität der Stichproben* (Unterschiedlichkeit der Stichprobenelemente) in Beziehung gesetzt:

- Ansatz für die Form der Teststatistik:

$$\frac{Differenz\ der\ Mittelwerte}{Gesamtvariabilität\ der\ Stichproben}$$

Hinweis: Hat die eine Stichprobe den Umfang "n_1" und die andere Stichprobe den Umfang "n_2", so kann z.B. die Größe "$\sqrt{\frac{s_1^2}{n_1} + \frac{s_2^2}{n_2}}$" als *Gesamtvariabilität* verwendet werden. Bei gleichem Stichprobenumfang "n" und jeweils einander zuordbaren Werten von X_1 und X_2 – in Form von "$x_{1,i}$" und "$x_{2,i}$" für "$i = 1, 2, ..., n$" (siehe unten im Zusammenhang mit der Beschreibung von "abhängigen Stichproben") – kann die *Gesamtvariabilität* z.B. durch die folgende Größe bestimmt werden: "$\dfrac{\sqrt{\frac{1}{n-1}\sum_{i=1}^{n}([x_{1,i}-\bar{x}_1]-[x_{2,i}-\bar{x}_2])^2}}{\sqrt{n}}$"

Unterscheiden sich die beiden Mitten "μ_1" und "μ_2", so ergibt sich ein Quotient, der wesentlich größer als "0" ist, sofern es sich – bei geringer Gesamtvariabilität – um eine große Mittelwertdifferenz handelt. Dies ist z.B. in der folgenden Situation der Fall:

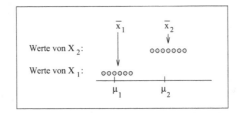

Abbildung 20.3: Beispiel einer geringen Gesamtvariabilität

In Unkenntnis über die tatsächliche Lage der beiden Mitten würde man bei diesem Sachverhalt (berechtigterweise) die Auffassung vertreten, dass die beiden Mitten offensichtlich voneinander verschieden sind. Bei einer stärkeren Gesamtvariabilität würde man dagegen – trotz gleicher Differenz der Mittelwerte – eher geneigt sein, eine bestehende Unterschiedlichkeit von "μ_1" und "μ_2" in Frage zu stellen. Dies würde z.B. für die folgende Situation zutreffen, bei der sich ein sehr kleiner Wert als Quotient aus der Mittelwertdifferenz und der Gesamtvariabilität der beiden Stichproben ergibt:

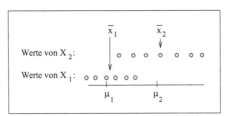

Abbildung 20.4: Beispiel einer größeren Gesamtvariabilität

Generell lässt sich feststellen:

- Bei einer geringen Gesamtvariabilität und einer größeren Unterschiedlichkeit der Mittelwerte ist der Quotient wesentlich größer als "0". Dies weist auf eine Differenz der Mitten hin und legt somit die Akzeptanz von H_1 nahe.
  Bei einer größeren Gesamtvariabilität und einer geringen Unterschiedlichkeit der Mittelwerte ergibt sich als Quotient ein sehr kleiner Wert, sodass man in dieser Situation zur Akzeptanz von H_0 neigen wird.

20.1.5 Abhängige Stichproben

Im Hinblick auf den soeben erörterten Sachverhalt sollte man versuchen, die Unterschiede innerhalb der Stichproben, die *vor* der Durchführung des Experiments vorliegen, so gering wie möglich zu halten, sodass die beobachteten Differenzen im wesentlichen auf die Wirkung des Treatments hindeuten.

Um die Gesamtvariabilität gering zu halten, bietet sich bei der Untersuchung von Treatment-Effekten das folgende Vorgehen an:

- Es wird eine Zufallsstichprobe gezogen und eine Aufteilung der Stichprobenelemente in zwei Stichproben durchgeführt, wobei zunächst Paare von einander zugeordneten Merkmalsträgern gebildet werden, deren Mitglieder anschließend nach dem Zufallsprinzip auf die beiden Stichproben aufgeteilt werden.
  Die Paarbildung erfolgt mit dem Ziel, möglichst homogene Paare zu erhalten. Die Aufteilung in Paare muss daher nach Kriterien erfolgen, die eine derartige Einteilung – im Hinblick auf die jeweilige Untersuchung – ermöglichen.

Hinweis: Zum Beispiel sollte bei der Untersuchung des Treatments "Teilnahme am Statistik-Tutorium" versucht werden, eine Paarbildung hinsichtlich gleichartiger Vorbildung vorzunehmen, sodass die beiden Probanden eines Paares, die jeweils der Versuchsgruppe bzw. der Kontrollgruppe zugeordnet werden, möglichst ähnliches Vorwissen besitzen.

Da die Stichproben durch diese Zuordnung zueinander in Beziehung stehen, spricht man von **abhängigen Stichproben** (engl.: "dependent samples"), die auch als "verbundene Stichproben" ("korrelierte Stichproben", "gepaarte Stichproben", "parallele Stichproben") bezeichnet werden.

Hinweis: Eine besondere Form von abhängigen Stichproben liegt dann vor, wenn eine *Messwiederholung* an den Mitgliedern *einer einzigen* Zufallsstichprobe vorgenommen wird. Eine klassische Form dieser Messwiederholung ergibt sich z.B. dadurch, dass bei jedem Probanden zunächst eine 1. Messung (Vortest) und im Anschluss an ein Treatment eine 2. Messung (Nachtest) durchgeführt wird (siehe Abschnitt 20.2.3).

Bei abhängigen Stichproben gibt es somit zu jedem Element der 1. Stichprobe ein Element der 2. Stichprobe, das mit ihm im Hinblick auf grundlegende Eigenschaften hoch korreliert. Somit sind größere Unterschiede nach der Wirkung des Treatments in erster Linie auf dieses Treatment und *nicht* auf die Unterschiedlichkeit der Probanden zurückzuführen.

- Daher lässt sich bei abhängigen Stichproben eher eine Unterschiedlichkeit zweier Mitten aufdecken, als dies bei unabhängigen Stichproben möglich ist. Somit sollte, sofern keine gewichtigen Gründe dagegen sprechen, ein Untersuchungsplan für *abhängige Stichproben* angestrebt werden. Immer dann, wenn ein derartiger Plan *nicht* realisierbar ist, sollte der Untersuchung ein Untersuchungsplan für unabhängige Stichproben zugrunde gelegt werden.

Hinweis: Sofern bei abhängigen Stichproben (z.B. wegen einer aus Datenschutzgründen zu beachtenden Anonymität) die Partner der einzelnen Paare – *nach* ihrer Zuordnung zu den einzelnen Gruppen – *nicht* mehr bestimmbar sind, dürfen die beiden Gruppen *nicht* als unabhängige Stichproben angesehen werden!

20.1.6 Paarbildung und Randomisierung

Abhängige Stichproben lassen sich z.B. durch eine **Paarbildung** (engl.: "matching") herstellen, indem eine Rangreihe aller Kandidaten auf der Basis eines **Vortests** (Prätests) gebildet wird. Anschließend wird jeder der beiden "Partner" durch eine **Randomisierung**, d.h. durch eine Zuordnung nach dem Zufallsprinzip, jeweils einer der beiden Stichproben zugeordnet.

Um im Hinblick auf die Fragestellung nach der Wirkung des Treatments "Teilnahme am Statistik-Tutorium" einen *"Kontrollgruppenplan für abhängige Stichproben"* zu erstellen, kann man z.B. eine Zufallsstichprobe von 10 Personen ziehen und Testwerte eines Vortest-Merkmals ermitteln. Auf der Basis der Vortest-Werte "10", "12", "9", "5", "3", "18", "14", "7", "4" und "5" ergibt sich nach der Bildung einer Rangreihe, bei der der kleinste Wert den kleinsten Rangplatz erhält, das folgende Bild:

Person:	A	B	C	D	E	F	G	H	I	J
Vortest-Werte:	10	12	9	5	3	18	14	7	4	5
Rangplatz:	7	8	6	3 und 4	1	10	9	5	2	3 und 4

Abbildung 20.5: Beispiel für Vortest-Werte und Rangplätze

Erfolgt die Paarbildung nach fallenden Rangplätzen, so werden die folgenden Paare erhalten: $(F, G)\ (A, B)\ (C, H)\ (D, J)\ (E, I)$

Werden die Personen der einzelnen Paare durch die Randomisierung der Versuchs- und der Kontrollgruppe zugeordnet, so ergibt sich z.B.:

Versuchsgruppe:	$a_1(F)$	$b_1(A)$	$c_1(C)$	$d_1(D)$	$e_1(E)$
Kontrollgruppe:	$a_2(G)$	$b_2(B)$	$c_2(H)$	$d_2(J)$	$e_2(I)$

Abbildung 20.6: Beispiel für das Ergebnis einer Randomisierung

In dieser Darstellung ist die Bezeichnung der einzelnen Probanden (die ursprüngliche Bezeichnung ist in Klammern angegeben) so gewählt, dass der Buchstabe das jeweilige Paar und die nachfolgende Ziffer die Gruppe kennzeichnet, der der betreffende Proband durch die Randomisierung zugeordnet wurde. Zum Beispiel wird durch "$a_1(F)$" und "$a_2(G)$" der Sachverhalt beschrieben, dass in dem Paar "a" die Person "F" der 1. Gruppe, d.h. der Versuchsgruppe, und die Person "G" der 2. Gruppe, d.h. der Kontrollgruppe, zugeordnet ist.

Nachdem das Treatment "Teilnahme am Statistik-Tutorium" auf die Versuchsgruppe gewirkt hat, wurden für diese Gruppe und die Kontrollgruppe die Werte des Nachtest-Merkmals mit dem folgenden Ergebnis erhoben:

	Teilnahme am Statistik-Tutorium				
Versuchsgruppe:	a_1	b_1	c_1	d_1	e_1
Nachtest-Werte:	18	12	12	10	10
Nachtest-Werte:	13	14	9	6	3
Kontrollgruppe:	a_2	b_2	c_2	d_2	e_2
	keine Teilnahme am Statistik-Tutorium				

Abbildung 20.7: Beispiel eines Kontrollgruppenplans für abhängige Stichproben

Hinweis: Neben den Kontrollgruppenplänen für unabhängige und abhängige Stichproben gibt es weitere Untersuchungspläne wie z.B. **Zweigruppen-Pläne**, mit denen unter anderem untersucht werden kann, ob es Treatment-Unterschiede zwischen den unterschiedlichen Treatments "Kleingruppenunterricht" und "Frontalunterricht" gibt.
Sind z.B. jeweils fünf Probanden durch eine Randomisierung den beiden Versuchsgruppen A und B zugeordnet worden, und wird die Gruppe A dem Treatment "Kleingruppenunterricht" und die Gruppe B dem Treatment "Frontalunterricht" unterzogen, so kann sich z.B. für die Nachtest-Merkmale X_1 ("Test nach Kleingruppenunterricht") und X_2 ("Test nach Frontalunterricht") das folgende Resultat ergeben:

	Kleingruppenunterricht				
Versuchsgruppe A:					
X_1-Werte:	18	12	12	10	10
X_2-Werte:	13	14	9	6	3
Versuchsgruppe B:					
	Frontalunterricht				

Abbildung 20.8: Beispiel eines Zweigruppen-Plans für abhängige Stichproben

Bei diesem *"Zweigruppen-Plan für abhängige Stichproben"* sind die Testwerte der jeweils miteinander korrespondierenden Probanden, die durch Randomisierung den beiden Versuchsgruppen zugeordnet wurden, untereinander aufgeführt.

20.2   t-Test für abhängige Stichproben

Im Hinblick auf den jeweiligen Untersuchungsplan, d.h. ob abhängige oder unabhängige Stichproben vorliegen, gibt es unterschiedliche Signifikanz-Tests zur Prüfung der Unterschiedlichkeit zweier Mitten, deren zugehörige Teststatistiken die Struktur des folgenden Quotienten besitzen:

- $$\frac{Differenz \quad der \quad Mittelwerte}{Gesamtvariabilität \ der \ Stichproben}$$

Zu diesen Tests zählen:

- **unabhängige t-Tests**, d.h. t-Tests für *unabhängige Stichproben*, die auch als **Zwei-Stichproben-t-Tests** bezeichnet werden, und

- der **abhängige t-Test**, d.h. der t-Test für *abhängige Stichproben*, den man auch den **Paarigen-Zwei-Stichproben-t-Test** nennt.

20.2.1   Nullhypothese und Teststatistik

Für die unbekannten Mitten "μ_1" und "μ_2" der beiden Merkmale X_1 und X_2 soll die folgende Fragestellung durch einen *zweiseitigen* Signifikanz-Test untersucht werden:

- "$H_0(\mu_1 = \mu_2)$"   gegen: "$H_1(\mu_1 \neq \mu_2)$"

Es wird davon ausgegangen, dass für X_1 und X_2 der folgende Sachverhalt zutrifft:

- "X_1: N(μ_1,σ_1)"   und   "X_2: N(μ_2,σ_2)" .

Hinweis: Es reicht aus, wenn "$X_1 - X_2$" (annähernd) normalverteilt ist. Dies ist insbesondere der Fall, wenn X_1 und X_2 (annähernd) normalverteilt sind.

Zur Durchführung eines Signifikanz-Tests für **abhängige Stichproben** müssen zwei *abhängige Stichproben* vorliegen, die jeweils den Stichprobenumfang "n" besitzen. Durch "$x_{1,1}, x_{1,2}, ..., x_{1,n}$" werden die Werte von X_1 und durch "$x_{2,1}, x_{2,2}, ..., x_{2,n}$" die Werte von X_2 bezeichnet. Dabei korrespondiert "$x_{1,1}$" mit "$x_{2,1}$", "$x_{1,2}$" mit "$x_{2,2}$", "$x_{1,3}$" mit "$x_{2,3}$", usw.

Auf der Basis der Verabredung

- $D = X_1 - X_2$ $mit:$ $d_i = x_{1,i} - x_{2,i}$ $für$ $i = 1, 2, ..., n$

kennzeichnet "$\bar{D}$" diejenige Stichprobenfunktion, deren Realisierung wie folgt festgelegt ist:

$\bar{d} = \frac{1}{n} * \sum_{i=1}^{n} d_i = \bar{x}_1 - \bar{x}_2$

Dabei kennzeichnen "$\bar{x}_1$" und "$\bar{x}_2$" die Mittelwerte der beiden Stichproben.

Sofern mit "S_D" die Stichprobenfunktion bezeichnet wird, deren Realisierung gleich "$s_d = \sqrt{\frac{1}{n-1} \sum_{i=1}^{n}(d_i - \bar{d})^2}$" ist, lässt sich mit den Hilfsmitteln der mathematischen Wahrscheinlichkeitstheorie der folgende Sachverhalt ableiten:

- Trifft die Nullhypothese "$H_0(\mu_1 = \mu_2)$" zu, so besitzt die Teststatistik

$$t^{(n-1)} = \frac{\bar{D}-(\mu_1-\mu_2)}{\frac{S_D}{\sqrt{n}}} = \frac{\bar{D}}{\frac{S_D}{\sqrt{n}}},$$

die den Quotienten $\frac{Differenz\ der\ Mittelwerte}{Gesamtvariabilität\ der\ Stichproben}$

widerspiegelt, eine t$(n - 1)$-Verteilung.

Hinweis: Die Realisierung des Nenners der Teststatistik ist wie folgt zu errechnen:

$$\frac{\sqrt{\frac{1}{n-1}\sum_{i=1}^{n}([x_{1,i}-\bar{x}_1]-[x_{2,i}-\bar{x}_2])^2}}{\sqrt{n}}$$

Weil die Teststatistiken "$t^{(n-1)}$" asymptotisch standardnormalverteilt sind, lässt sich für "$n \geq 30$" anstelle eines t-Tests auch ein z-Test durchführen. Man spricht in diesem Fall von einem **Paarigen-Gauß-Test**.

20.2.2 Testdurchführung (mit dem IBM SPSS Statistics-System)

Durch den Einsatz des IBM SPSS Statistics-Systems kann man sich die Realisierung der Teststatistik und das zugehörige Signifikanzniveau anzeigen lassen.

Um für das Beispiel "Kontrollgruppenplan für abhängige Stichproben" eine Auswertung vorzunehmen, sind daher die Werte "18", "12", "12", "10" und "10" – in dieser Reihenfolge – in eine Spalte ("die 1. Spalte") der Daten-Tabelle und die Werte "13", "14", "9", "6" und "3" – in dieser Reihenfolge – in eine andere Spalte ("die 2. Spalte") der Daten-Tabelle einzutragen. Ist die 1. Spalte durch den Variablennamen "X1" und die 2. Spalte durch den Variablennamen "X2" benannt worden, so lässt sich die folgende Anzeige abrufen:

Test bei gepaarten Stichproben

			Paaren 1
			X1 - X2
Gepaarte Differenzen	Mittelwert		3,40000
	Standardabweichung		3,36155
	Standardfehler des Mittelwertes		1,50333
	95% Konfidenzintervall der Differenz	Untere	-0,77391
		Obere	7,57391
T			2,262
df			4
Sig. (2-seitig)			,087

Abbildung 20.9: Anzeige für einen abhängigen t-Test

SPSS: Diese Tabelle, auf deren Basis ein abhängiger t-Test durchgeführt werden kann, lässt sich mittels des T-TEST-Befehls unter Einsatz des Unterbefehls "PAIRS" wie folgt anfordern:
`T-TEST PAIRS=X1 WITH X2.`

Gegenüber ihrer standardmäßigen Präsentation im Viewer-Fenster ist die Tabelle aus Gründen der Darstellung – unter Einsatz des Pivot-Editors (siehe Anhang A.15) – "um 90 Grad gedreht" worden.

Der Tabelle sind der Testwert "2,262" ("T") und das ihm zugeordnete Signifikanzniveau "0,087" ("Sig. (2-seitig)") zu entnehmen. Durch diese beiden vom IBM SPSS Statistics-System angezeigten Werte ist der in der Abbildung 20.10 dargestellte Sachverhalt beschrieben (die Teststatistik ist t(4)-verteilt).

- Im Hinblick auf die Test-Entscheidung ist – unter Verwendung der Analyseergebnisse des IBM SPSS Statistics-Systems – grundsätzlich zu beachten, dass das mit dem Testwert korrespondierende Signifikanzniveau für die *zweiseitige* Fragestellung, d.h. für die *ungerichtete* Alternativhypothese, durch den Text "Sig. (2-seitig)" gekennzeichnet wird.

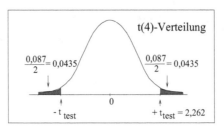

Abbildung 20.10: Signifikanzniveau beim zweiseitigen t-Test

Wegen der Beziehung "0,087>0,05" ist "$H_0(\mu_1 = \mu_2)$" auf dem Testniveau von "$\alpha = 0,05$" akzeptabel, sodass der Mittelwertunterschied "3,4" ($= 12,4 - 9,0$) innerhalb der Stichproben als *nicht* signifikant angesehen wird.

Hinweis: Im Hinblick auf den Inhalt des Kapitels 17 ist daran zu erinnern, dass vorhandene Unterschiede eher aufgedeckt werden können, wenn nicht zweiseitig, sondern einseitig getestet wird. Es ist ferner noch einmal darauf hinzuweisen, dass die Entscheidung, *zweiseitig* oder *einseitig* zu prüfen, grundsätzlich *vor* der Ausführung eines Signifikanz-Tests getroffen werden muss!

Da man unterstellen kann, dass das Treatment entweder keinen oder aber einen positiven Effekt hat (eine Teilnahme am Tutorium wird sicherlich nicht zu einer Verschlechterung der Leistung führen), wäre es sinnvoller gewesen, von vornherein einen *einseitigen* abhängigen t-Test durchzuführen. Da die Werte von X_1 die Nachtest-Ergebnisse und die Werte von X_2 die Vortest-Ergebnisse kennzeichnen, muss man in diesem Fall die Alternativhypothese in der Form

- $H_1(\mu_1 > \mu_2)$

angeben, da deren Akzeptanz die Annahme eines *positiven* Treatment-Effekts kennzeichnet.

Hinweis: Bei dieser Form der Alternativhypothese wird der Akzeptanzbereich der Nullhypothese nach rechts durch einen *positiven* kritischen Wert "t_{krit}" begrenzt.
Falls sich nicht der Wert "2,262", sondern ein negativer Testwert ergeben hätte, würde aus der Test-Entscheidung die Akzeptanz der Nullhypothese resultieren.

Die Durchführung des einseitigen Signifikanz-Tests basiert auf dem Sachverhalt, der in der folgenden Abbildung dargestellt ist:

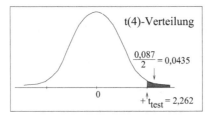

Abbildung 20.11: Signifikanzniveau beim einseitigen t-Test

Das zum Testwert "t_{test}" gehörende Signifikanzniveau ist beim einseitigen Signifikanz-Test somit gleich der Hälfte ("0,0435") der vom IBM SPSS Statistics-

System angezeigten Wahrscheinlichkeit "0,087". Da für das vorgegebene Testniveau "$\alpha = 0,05$" die Beziehung "$0,05 > 0,0435$" gilt, ist die These, dass *kein* Treatment-Effekt vorliegt, daher *nicht* akzeptabel. Man neigt somit – entsprechend der oben geäußerten Erwartung – doch dazu, dem "Tutoriumsbesuch" einen positiven Effekt zuzuschreiben.

Hinweis: Bei einem *negativen* Testwert ließe sich die Nullhypothese – *ohne* Prüfung – akzeptieren, da jeder negative Testwert im Akzeptanzbereich der Nullhypothese liegt. Hätte der soeben durchgeführte Signifikanz-Test ebenfalls zur Akzeptanz der Nullhypothese geführt, so hätte dies auch an einem zu geringen Stichprobenumfang liegen können. Natürlich ist auch zu bedenken, dass man bei der Akzeptanz der Alternativhypothese – im Fall des einseitigen Signifikanz-Tests – eventuell einen Fehler 1. Art begangen hat.

20.2.3 Der "Vortest-Nachtest-Plan"

Abhängige Stichproben liegen insbesondere dann vor, wenn die Prüfung der Wirkung eines Treatments nach einem Untersuchungsplan erfolgt, bei dem die Merkmalsträger zunächst einem Vortest, dann einer Behandlung durch ein Treatment und anschließend einem Nachtest unterzogen werden. In dieser Situation bezeichnet man den Untersuchungsplan als **Vortest-Nachtest-Plan**.

Hinweis: Bei diesem Untersuchungsplan ist zu erwarten, dass die Variation zwischen dem Vortest-Wert und dem Nachtest-Wert eines Probanden kleiner als diejenige Variation ist, die sich für zwei verschiedene Probanden ergeben würde.

Als Beispiel für einen *"Vortest-Nachtest-Plan"* wird für 10 Personen die Ausprägung des Vortest-Merkmals (X_1) "Anzahl der richtigen Antworten bei einem 1. Fragenkatalog zum Verständnis von Statistik" ermittelt, anschließend als Treatment ein Tutorium zur Statistik durchgeführt und danach das Nachtest-Merkmal (X_2) "Anzahl der richtigen Antworten bei einem 2. Fragenkatalog zum Verständnis von Statistik" erhoben, sodass z.B. die folgenden Daten vorliegen:

Merkmalsträger:	A	B	C	D	E	F	G	H	I	J
X_1-Werte (vorher):	10	12	9	5	3	18	14	7	4	5
Treatment: Besuch des Tutoriums										
X_2-Werte (nachher):	12	14	12	10	3	18	13	9	10	6

Abbildung 20.12: Beispiel eines Vortest-Nachtest-Plans

Um die Frage nach einem Effekt des Treatments "Teilnahme am Statistik-Tutorium" beantworten zu können, sind die Werte "10", "12", "9", "5", "3", "18", "14", "7", "4" und "5" – in dieser Reihenfolge – in eine Spalte ("die 1. Spalte") der Daten-Tabelle und die Werte "12", "14", "12", "10", "3", "18", "13", "9", "10" und "6" – in dieser Reihenfolge – in eine andere ("die 2. Spalte") der Daten-Tabelle einzutragen. Ist die 1. Spalte durch den Variablennamen "X1" und die 2. Spalte durch den Variablennamen "X2" benannt worden, so lässt sich ein abhängiger t-Test auf der Basis der folgenden Tabelle durchführen:

Test bei gepaarten Stichproben

		Paaren 1
		X1 - X2
Gepaarte Differenzen	Mittelwert	-2,00000
	Standardabweichung	2,21108
	Standardfehler des Mittelwertes	0,69921
	95% Konfidenzintervall der Differenz Untere	-3,58171
	Obere	-0,41829
T		-2,860
df		9
Sig. (2-seitig)		,019

Abbildung 20.13: Anzeige für einen abhängigen t-Test

SPSS: Diese Anzeige lässt sich durch den folgenden T-TEST-Befehl anfordern:

```
T-TEST PAIRS=X1 WITH X2.
```

Gegenüber ihrer standardmäßigen Präsentation im Viewer-Fenster ist die Tabelle aus Gründen der Darstellung – unter Einsatz des Pivot-Editors (siehe Anhang A.15) – "um 90 Grad gedreht" worden.

Zur Prüfung der *zweiseitigen* Fragestellung ist das vorgegebene Testniveau von "$\alpha = 0,05$" mit dem angezeigten Signifikanzniveau ("0,019") zu vergleichen. Wegen der Beziehung "0,019 < 0,05" ist die These, dass der Besuch des Tutoriums keinen Effekt hat, *nicht* akzeptabel, d.h. der beobachtete Unterschied '$\bar{d} = -2$" ("$= \bar{x}_1 - \bar{x}_2 = 8,7 - 10,7$") in den beiden Stichprobenmittelwerten wird als *signifikant* angesehen. Die negative Differenz "-2" der beiden Stichprobenmittelwerte "$\bar{x}_1$" und "$\bar{x}_2$" deutet auf einen *positiven* Treatment-Effekt hin, weil mit "X_2" das Nachtest-Merkmal und mit "X_1" das Vortest-Merkmal gekennzeichnet wird.

Da man davon ausgehen kann, dass der Tutoriumsbesuch keinen negativen Effekt hat, liegt es nahe, von vornherein keinen zweiseitigen, sondern einen *einseitigen* Signifikanz-Test durchzuführen und dabei Folgendes zu prüfen:

- "$H_0(\mu_1 = \mu_2)$"   gegen: "$H_1(\mu_1 < \mu_2)$"

Hinweis: Da "$\mu_1 < \mu_2$" gleichbedeutend mit "$\mu_1 - \mu_2 < 0$" ist, muss der Akzeptanzbereich der Nullhypothese in diesem Fall durch einen *negativen* kritischen Wert "t_{krit}" begrenzt werden.

Im Hinblick auf die Durchführung eines einseitigen t-Tests ist das oben angezeigte Ergebnis des IBM SPSS Statistics-Systems gemäß des in der Abbildung 20.14 dargestellten Sachverhalts zu interpretieren. Wird die Hälfte ("0,0095") der vom IBM SPSS Statistics-System angezeigten Wahrscheinlichkeit "0,019" mit dem vorgegebenen Testniveau von "$\alpha = 0,05$" verglichen, so ist die Nullhypothese wegen der Beziehung "0,05 > 0,0095" *nicht* akzeptabel, sodass die erhobenen Daten auf einen *positiven* Treatment-Effekt hindeuten.

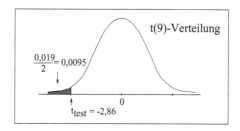

Abbildung 20.14: Signifikanzniveau beim einseitigen t-Test

Abschließend ist der folgende Sachverhalt festzustellen:

- Sind die Verteilungsannahmen bei einem abhängigen t-Test *nicht* erfüllt, so kann er bei einem hinreichend großen Stichprobenumfang trotzdem durchgeführt werden, weil er zu den *robusten* Tests zählt.

20.2.4 Poweranalyse beim abhängigen t-Test

Im Abschnitt 20.2.2 wurde am Beispiel des "Kontrollgruppenplans für abhängige Stichproben" bei der Prüfung der zweiseitigen Fragestellung ein *nicht* signifikantes Testergebnis erhalten. Da die Daten einer Gelegenheits-Stichprobe entstammten, sollte durch eine *Poweranalyse* ein Hinweis gegeben werden, mit welchem Risiko die Akzeptanz der Nullhypothese erfolgt ist. Bevor dieser Aufgabenstellung nachgegangen wird, ist an dieser Stelle nochmals daran zu erinnern, dass es empfehlenswert ist, einen Signifikanz-Test *nicht* auf der Basis einer Gelegenheits-Stichprobe, sondern auf der Grundlage einer Zufallsstichprobe mit *optimalem* Stichprobenumfang durchzuführen.

Für das Folgende wird unterstellt, dass die Differenz der beiden normalverteilten Merkmale X_1 und X_2 durch "D" und die Streuung von "D" durch "σ_D" gekennzeichnet wird. Sofern mittels des abhängigen t-Tests die Gleichheit der Mitten zu prüfen ist, sollte ein geeigneter Mindest-Effekt festgelegt werden. Es besteht die Konvention, den bzgl. "σ_D" relativierten Mindestabstand, den die Mitten "μ_1" und "μ_2" haben müssen, damit die Unterschiedlichkeit der beiden Größen als inhaltlich relevant angesehen werden kann, wie folgt als **Effektgröße** "dz" zu verabreden:

- $$dz = \frac{\mu_1 - \mu_2}{\sigma_D}$$

Genau wie beim t-Test zur Prüfung einer unbekannten Mitte berechnet sich der *optimale* Stichprobenumfang auch beim abhängigen t-Test auf der Basis der folgenden Beziehung zwischen dem Nichtzentralitätsparameter "δ" einer nicht-zentralen t-Verteilung, dem optimalen Stichprobenumfang "n" und der Effektgröße "dz":

- $$\delta = dz * \sqrt{n}$$

Zur Beschreibung der Größenordnung "dz" eines Effektes besteht nach den Vorschlägen von *Cohen* die folgende Konvention:

> Bei "$|dz| = 0,2$" wird von einem *schwachen (kleinen) Effekt*, bei "$|dz| = 0,5$" von einem *mittleren Effekt* und bei "$|dz| = 0,8$" von einem *starken (großen) Effekt* gesprochen.

Sofern z.B. die Nullhypothese "$H_0(\mu_1 = \mu_2)$" – auf der Basis von "$\alpha = 0,01$" bzw. "$\alpha = 0,05$" und "$1 - \beta = 0,8$" – durch einen *einseitigen* bzw. *zweiseitigen* abhängigen t-Test teststatistisch abzusichern ist, ergeben sich für den *optimalen* Stichprobenumfang "n" die folgenden Werte:

Testart	Testniveau	schwach	mittel	stark
einseitig	$\alpha = 0,01$	254	43	19
einseitig	$\alpha = 0,05$	156	27	12
zweiseitig	$\alpha = 0,01$	296	51	22
zweiseitig	$\alpha = 0,05$	199	34	15

Wird z.B. ein starker Effekt ("$|dz| = 0,8$") als praktisch relevant angesehen, so sollte ein *einseitiger* abhängiger t-Test – auf der Basis eines Testniveaus von "$\alpha = 0,05$" – daher mittels einer Zufallsstichprobe vom Umfangs "n = 12" erfolgen.

Soll dieses Vorgehen durch den Einsatz des Programms G*POWER gestützt werden, so sind im G*POWER-Fenster in der Liste "Test family" die Option "t tests", in der Liste "Statistical test" die Option "Means: Difference between two dependent means (matched pairs)" und in der Liste "Type of power analysis" die Option "A priori: Compute required sample size – given α, power and effect size" zu aktivieren. Anschließend ist in der Liste "Tail(s)" der Wert "One" festzulegen und im Eingabefeld "Effect size dz" der Wert "0.8", im Eingabefeld "α err prob" der Wert "0.05" und im Eingabefeld "Power ($1 - \beta$ err prob)" der Wert "0.8" einzutragen. Nach der Bestätigung mittels der Schaltfläche "Calculate" ergibt sich die folgende Anzeige:

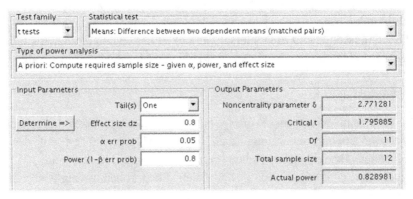

Abbildung 20.15 Bestimmung des optimalen Stichprobenumfangs

Hieraus lässt sich – nach einer Rundung – ablesen: Bei einem Testniveau von "$\alpha = 0,05$" wird für einen Stichprobenumfang von "n = 12" ein Effekt der Mindest-Größe "dz = 0,8" mit einer Teststärke von mindestens "$1 - \beta = 0,83$" "aufgedeckt".

Dies bedeutet: Um bei einem Testniveau von "$\alpha = 0,05$" einen Effekt der Mindest-Größe "dz = 0,8" mit einer Teststärke von mindestens "$1 - \beta = 0,83$" "aufdecken" zu können, ist als optimaler Stichprobenumfang der Wert "n = 12" zu wählen!

Im Folgenden soll – in Fortführung des im Abschnitt 20.2.2 angegebenen Beispiels eines "Kontrollgruppenplans für abhängige Stichproben" (siehe Abbildung 20.10) – gezeigt werden, wie sich das Programm G*POWER einsetzen lässt, wenn für einen zweiseitigen abhängigen t-Test – eine empirische Teststärke berechnet werden soll.

Zunächst kann die *empirische Effektgröße* bestimmt werden, die beim abhängigen t-Test wie folgt festgelegt ist:

- $\boxed{dz = \dfrac{\overline{d}}{s_d}}$

   Dabei handelt es sich bei "$\overline{d}$" um die Realisierung von "$\overline{D}$" und bei "s_d" um die Realisierung von "s_D" (siehe die Angaben im Abschnitt 20.2.1).

Auf der Basis der innerhalb der Abbildung 20.9 angezeigten Werte ergibt sich die empirische Effektgröße "dz", die nachfolgend zur Bestimmung der empirischen Teststärke zugrunde gelegt werden soll, wie folgt:

$$dz = \frac{3,4}{3,362} \simeq 1,01$$

Nachdem im G*POWER-Fenster in der Liste "Type of power analysis" die Option "Post hoc: Compute achieved power – given α, sample size and effect size" aktiviert wurde, ist in der Liste "Tail(s)" die Option "Two" auszuwählen und im Eingabefeld "Effect size dz" der Wert "1.01", im Eingabefeld "α err prob" der Wert "0.05" und im Eingabefeld "Total sample size" der Wert "5" einzutragen. Nach der Bestätigung mittels der Schaltfläche "Calculate" ergibt sich die folgende Anzeige:

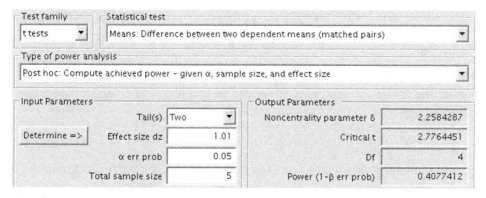

Abbildung 20.16 Bestimmung der empirischen Teststärke

Als *empirische Teststärke* wird der (gerundete) Wert "0,41" innerhalb des Feldes "Power $(1 - \beta$ err prob)" und daher die zugehörige Wahrscheinlichkeit für einen Fehler 2. Art mit "0,59" ("$1 - 0{,}41$") ermittelt.

Würde daher bei der Wahl eines Stichprobenumfangs von "n = 5", einer Effektgröße "1,01" und einem Testniveau von "0,05" ausgegangen werden, so ließe sich als Wahrscheinlichkeit dafür, die Nullhypothese – bei Durchführung eines zweiseitigen abhängigen t-Tests – fälschlicherweise zu akzeptieren, der Wert "0,59" ermitteln. In ungefähr 59% aller Studien wäre somit unter den gegebenen Rahmenbedingungen zu erwarten, dass die Nullhypothese fälschlicherweise akzeptiert werden würde. Dieser Sachverhalt deutet auf ein extrem hohes Risiko hin, dass beim Inferenzschluss, durch den die Nullhypothese akzeptiert wurde, evtl. ein Fehler 2. Art begangen wurde.

20.3   t-Test für unabhängige Stichproben

Lässt sich zur Untersuchung einer Fragestellung kein Untersuchungsplan für abhängige Stichproben einsetzen, so bietet es sich an, einen t-Test als Signifikanz-Test für **unabhängige Stichproben** durchzuführen. Ein derartiger Signifikanz-Test wird als **Zwei-Stichproben-t-Test** bezeichnet.

Hinweis: Es ist zu beachten, dass *kein* unabhängiger t-Test eingesetzt werden darf, wenn *abhängige* Stichproben vorliegen. Im Gegensatz zu einem abhängigen t-Test basiert ein unabhängiger t-Test nämlich darauf, dass die Kovarianz (kurz: "$cov_{\bar{X}_1, \bar{X}_2}$") von $\bar{X}_1$ und $\bar{X}_2$ gleich "0" ist, sodass gilt:

$$\sigma^2_{\bar{X}_1 - \bar{X}_2} = \sigma^2_{\bar{X}_1} + \sigma^2_{\bar{X}_2} - 2 * cov_{\bar{X}_1, \bar{X}_2} = \sigma^2_{\bar{X}_1} + \sigma^2_{\bar{X}_2}$$

20.3.1   Teststatistiken

Genau wie beim t-Test für abhängige Stichproben soll für die unbekannten Mitten "μ_1" und "μ_2" der beiden Merkmale X_1 und X_2 die *zweiseitige* Fragestellung

- "$H_0(\mu_1 = \mu_2)$"   gegen   "$H_1(\mu_1 \neq \mu_2)$"

untersucht werden.

Für die Merkmale X_1 und X_2 wird wiederum von folgendem Sachverhalt ausgegangen:

- "$X_1: N(\mu_1, \sigma_1)$"   und   "$X_2: N(\mu_2, \sigma_2)$"

Zur Durchführung des Signifikanz-Tests sind zwei *unabhängige Stichproben* zu erheben, für die "$x_{1,1}, x_{1,2}, ..., x_{1,n_1}$" die Werte von X_1 und "$x_{2,1}, x_{2,2}, ..., x_{2,n_2}$" die Werte von X_2 kennzeichnen. Dabei können die Stichprobenumfänge "n_1" und "n_2" gleich oder auch *unterschiedlich* sein.

Für den Sonderfall, dass die beiden Streuungen "σ_1" und "σ_2" der beiden Merkmale X_1 und X_2 *bekannt* sind, kann die angegebene Fragestellung durch einen *z-Test* untersucht werden, dessen zugehörige Teststatistik den Quotienten

$$\frac{Differenz \quad der \quad Mittelwerte}{Gesamtvariabilität \ der \ Stichproben}$$

in der folgenden Form verkörpert (dies lässt sich mit Hilfsmitteln der mathematischen Wahrscheinlichkeitstheorie belegen):

- $Z = \dfrac{\bar{X}_1 - \bar{X}_2}{\sqrt{\dfrac{\sigma_1^2}{n_1} + \dfrac{\sigma_2^2}{n_2}}}$

Ein derartiger z-Test wird **Zwei-Stichproben-Gauß-Test** genannt.

Normalerweise kann *nicht* von der Kenntnis der beiden Streuungen ausgegangen werden. In dieser Situation lässt sich der Quotient

$$\frac{Differenz \quad der \quad Mittelwerte}{Gesamtvariabilität \ der \ Stichproben}$$

durch die Teststatistik

- $t = \dfrac{\bar{X}_1 - \bar{X}_2}{S_{\bar{X}_1 - \bar{X}_2}}$

wiedergeben, bei der die Realisierung der Stichprobenfunktion "$S_{\bar{X}_1 - \bar{X}_2}$" eine Schätzung für die Dispersion der Teststatistik "$\bar{X}_1 - \bar{X}_2$" darstellt.

Wie man diese Teststatistik konkretisiert, lässt sich davon abhängig machen, ob eine **Varianzhomogenität**, d.h. es gilt "$\sigma_1^2 = \sigma_2^2$" (gleichbedeutend mit: "$\sigma_1 = \sigma_2$"), vorliegt oder nicht. Dieser Sachverhalt kann z.B. durch einen *Levene-Test* (siehe Abschnitt 20.4) oder durch einen *F-Test* (siehe Abschnitt 20.5) geprüft werden. Je nachdem, ob die Homogenität der Varianzen unterstellt werden kann oder nicht, ist eine der beiden folgenden Teststatistiken einsetzbar (dies lässt sich mit Hilfsmitteln der mathematischen Wahrscheinlichkeitstheorie belegen):

- für den Fall der Varianzhomogenität

$$t = \frac{\bar{X}_1 - \bar{X}_2}{\sqrt{\frac{1}{n_1} + \frac{1}{n_2}} * \sqrt{\frac{(n_1-1)*S_1^2 + (n_2-1)*S_2^2}{n_1+n_2-2}}} \quad : \quad t(n_1 + n_2 - 2)$$

Dabei errechnet sich die Realisierung "s_j" von S_j für "j = 1" und "j = 2" wie folgt:

$$s_j = \sqrt{\frac{1}{n_j-1} * \sum_{i=1}^{n_j}(x_{j,i} - \bar{x}_j)^2}$$

Hinweis: Sofern die Ungleichungen "$n_1 \geq 30$" und "$n_2 \geq 30$" für die Stichprobenumfänge "n_1" und "n_2" zutreffen, kann die Verletzung der Normalverteilungsannahme in

Kauf genommen werden. Dies liegt an der *Robustheit* des t-Tests, d.h. die Test-Ergebnisse sind bei größerem Stichprobenumfang unempfindlich gegenüber der Verletzung der Normalverteilungsannahme.

Sofern der Stichprobenumfang kleiner als "30" ist, ist die Voraussetzung " $\bar{X}_1 - \bar{X}_2$ ist normalverteilt" ebenfalls ausreichend, um die t-Verteilung der Teststatistik zu gewährleisten.

- für den Fall der Varianzheterogenität

$$t = \frac{\bar{X}_1 - \bar{X}_2}{\sqrt{\frac{S_1^2}{n_1} + \frac{S_2^2}{n_2}}} : t\left(\frac{1}{\frac{c^2}{n_1-1} + \frac{(1-c)^2}{n_2-1}}\right) \quad mit: \quad c = \frac{\frac{s_1^2}{n_1}}{\frac{s_1^2}{n_1} + \frac{s_2^2}{n_2}}$$

Dabei sind " $\frac{s_1^2}{n_1}$ " und " $\frac{s_2^2}{n_2}$ " Realisierungen von " $\frac{S_1^2}{n_1}$ " bzw. " $\frac{S_2^2}{n_2}$ ".

Hinweis: Ein t-Test mit dieser Teststatistik, bei dem die Freiheitsgrade in der angegebenen Form ermittelt werden, wird auch als *Welch-Test* bezeichnet.

Wegen der *Robustheit* des t-Tests kann beim Zutreffen von " $n_1 \geq 30$ " und " $n_2 \geq 30$ " die Verletzung der Normalverteilungsannahme in Kauf genommen werden.

Der t-Test mit dieser Teststatistik lässt sich ohne weitere Vorkenntnisse und nicht nur im Fall der Varianzheterogenität durchführen. Allerdings sollte stets angestrebt werden, eine Vorabinformation über eine bestehende Varianzhomogenität in die Durchführung eines t-Tests einzubeziehen, da ein derartiger Test *teststärker* ist als ein t-Test, bei dem die Varianzhomogenität nicht zugrunde gelegt werden kann. Durch die auf der Basis der Varianzhomogenität einsetzbare Teststatistik lässt sich eine bestehende Unterschiedlichkeit zweier Mitten mit größerer Wahrscheinlichkeit aufdecken, als dies mit Hilfe derjenigen Teststatistik möglich ist, die im Fall der Varianzheterogenität bzw. unter Unkenntnis über die Dispersionen verwendet werden kann.

20.3.2   Testdurchführung (mit dem IBM SPSS Statistics-System)

Um einen *unabhängigen* t-Test durchzuführen, ist der T-TEST-Befehl mit den beiden Unterbefehlen GROUPS und VARIABLES in der Form

```
T-TEST GROUPS=G(1 2)/VARIABLES=X.
```

einsetzbar. Dabei müssen die Werte des Merkmals " X_1 " als Variablenwerte von "X" festgelegt und durch den Wert "1" der Gruppierungsvariablen "G" gekennzeichnet sein. Entsprechend müssen die Werte des Merkmals " X_2 " ebenfalls als Variablenwerte von "X" festgelegt und durch den Wert "2" der Gruppierungsvariablen "G" gekennzeichnet sein. Aus der resultierenden Anzeige können der jeweilige Testwert und das zugehörige Signifikanzniveau sowohl für den Fall der

Varianzhomogenität ("Varianzen sind gleich") als auch für den Fall der Varianzheterogenität ("Varianzen sind nicht gleich") entnommen werden. Es ist zu beachten, dass in dem einen Fall ein signifikanter Testwert und in dem anderen Fall ein nicht signifikanter Testwert vorliegen kann. In dieser Hinsicht ist es *bedeutsam*, sich *vor* der Interpretation des Testwerts darüber Gedanken zu machen, ob von einer Varianzhomogenität ausgegangen werden kann.

Soll z.B. untersucht werden, ob beim Merkmal "Unterrichtsstunden" geschlechtsspezifische Unterschiede in den Mitten bestehen, so lässt sich ein unabhängiger t-Test auf der Basis der folgenden Anzeige durchführen:

Test bei unabhängigen Stichproben

		Unterrichtsstunden	
		Varianzen sind gleich	Varianzen sind nicht gleich
Levene-Test der Varianzgleichheit	F	,308	
	Signifikanz	,579	
T-Test für die Mittelwertgleichheit	T	-,108	-,108
	df	248	242,096
	Sig. (2-seitig)	,914	,914
	Mittlere Differenz	-,04800	-,04800
	Standardfehler der Differenz	,44268	,44268
	95% Konfidenzintervall der Differenz Untere	-,91989	-,91999
	Obere	,82389	,82399

Abbildung 20.17: Anzeige für einen unabhängigen t-Test

SPSS: Diese Anzeige lässt sich durch den folgenden T-TEST-Befehl anfordern:
`T-TEST GROUPS=geschl(1 2)/VARIABLES=stunzahl.`
Gegenüber ihrer standardmäßigen Präsentation im Viewer-Fenster ist die Tabelle aus Gründen der Darstellung – unter Einsatz des Pivot-Editors (siehe Anhang A.15) – "um 90 Grad gedreht" worden.

Ist z.B. ein Testniveau von "$\alpha = 0,05$" vorgegeben, so kann man dieser Anzeige im Hinblick auf die *zweiseitige* Fragestellung entnehmen, dass das ermittelte Signifikanzniveau "0,914" ("Sig. (2-seitig)") größer als das vorgegebene Testniveau "0,05" ist – unabhängig davon, ob Varianzhomogenität (Spalte "Varianzen sind gleich") oder Varianzheterogenität (Spalte "Varianzen sind nicht gleich") vorliegt. Somit lässt sich die These akzeptieren, dass die beiden Mitten des Merkmals "Unterrichtsstunden" übereinstimmen.

Falls sich die beiden angezeigten Signifikanzniveaus unterscheiden, ist es bedeutungsvoll, ob man beim Inferenzschluss von einer bestehenden Varianzhomogenität ausgehen kann. Wie oben angegeben, kann man mit einem unabhängigen t-Test, der auf der Voraussetzung der Varianzhomogenität basiert (Spalte "Varianzen sind gleich"), eher eine in den Grundgesamtheiten tatsächlich bestehende Unterschiedlichkeit der Mitten "aufdecken", als dies bei demjenigen unabhängigen t-Test der Fall ist, bei dem die Voraussetzung der Varianzhomogenität nicht erfüllt sein muss (Spalte "Varianzen sind nicht gleich").

Zur Prüfung der Nullhypothese, dass Varianzhomogenität vorliegt, lässt sich der Test von Levene (siehe Abschnitt 20.4) oder ein F-Test (siehe Abschnitt 20.5) durchführen.

Dem Levene-Test folgend lässt sich die Varianzhomogenität von "Unterrichtsstunden" – gemäß der Anzeige innerhalb der Abbildung 20.17 – mit einem Testwert "0,308" ("F") und einem zugehörigen Signifikanzniveau von "0,579" ("Signifikanz") z.B. auf der Basis eines vorgegebenen Testniveaus von 10% akzeptieren.

Hinweis: Soll die Durchführung eines *unabhängigen* t-Tests auf einer statistisch *begründeten* Akzeptanz der Varianzhomogenität erfolgen, muss die Wahrscheinlichkeit, einen Fehler 2. Art zu begehen, möglichst klein gehalten werden, d.h. die Wahrscheinlichkeit, irrtümlich die Nullhypothese der Varianzhomogenität zu akzeptieren, sollte hinreichend gering sein. Dies lässt sich z.B. dadurch erreichen, dass das Testniveau α größer als üblich – z.B. in der Form "$\alpha = 0,1$" – vorgegeben wird (siehe Abschnitt 16.5).

Daher lässt sich in diesem Fall ein zweiseitiger unabhängiger t-Test unter der Voraussetzung der Varianzhomogenität durchführen, und folglich sind die Angaben aus der *ersten* Tabellenspalte mit der Überschrift "Varianzen sind gleich" zu entnehmen. Der ermittelte Wert der t-verteilten Teststatistik beträgt "$-0,108$" ("T") und das zugehörige Signifikanzniveau ("Sig. (2-seitig)") der t-Verteilung mit 248 Freiheitsgraden ("df") errechnet sich zu "0,914". Man kann somit keine signifikanten Mittelwertunterschiede beim Merkmal "Unterrichtsstunden" zwischen den Schülern und Schülerinnen feststellen.

Wäre zum Test der Varianzhomogenität – innerhalb der oben angegebenen Anzeige – ein signifikantes Ergebnis ausgewiesen worden, so hätte man den Mittelwertvergleich mit den Werten der *zweiten* Tabellenspalte, die durch die Überschrift "Varianzen sind nicht gleich" gekennzeichnet ist, durchführen müssen.

Soll z.B. der Effekt des Treatments "Statistik-Tutorium" durch einen *"Kontrollgruppenplan für unabhängige Stichproben"* untersucht werden, so kann dies z.B. auf der Basis der innerhalb der folgenden Abbildung dargestellten Daten geschehen, die durch einen abschließenden Leistungstest erhoben wurden:

Versuchsgruppe (mit Tutorium):	18	12	12	10	10
Kontrollgruppe (ohne Tutorium):	13	14	9	6	3

Abbildung 20.18: Daten der Versuchs- und der Kontrollgruppe

Um den "Kontrollgruppenplan für unabhängige Stichproben" durch einen t-Test für unabhängige Stichproben auszuwerten, sind die Werte "18", "13", "12", "14", "12", "9", "10", "6", "10" und "3" – in dieser Reihenfolge – in eine Spalte ("die 1. Spalte") der Daten-Tabelle und die Werte "1", "2", "1", "2", "1", "2", "1", "2", "1" und "2" (die Zuordnung zur Versuchsgruppe wird mit "1" und die Zuordnung zur Kontrollgruppe mit "2" gekennzeichnet) – in dieser Reihenfolge – in eine andere Spalte ("die 2. Spalte") der Daten-Tabelle einzutragen. Ist die 1. Spalte durch den

Variablennamen "X" und die 2. Spalte durch den Variablennamen "G" benannt worden, so lässt sich für den Inferenzschluss die folgende Tabelle abrufen:

Test bei unabhängigen Stichproben

		X	
		Varianzen sind gleich	Varianzen sind nicht gleich
Levene-Test der Varianzgleichheit	F	,941	
	Signifikanz	,360	
T-Test für die Mittelwertgleichheit	T	1,338	1,338
	df	8	7,209
	Sig. (2-seitig)	,218	,222
	Mittlere Differenz	3,40000	3,40000
	Standardfehler der Differenz	2,54165	2,54165
95% Konfidenzintervall der Differenz	Untere	-2,46106	-2,57493
	Obere	9,26106	9,37493

Abbildung 20.19: Anzeige für einen unabhängigen t-Test

SPSS: Diese Anzeige lässt sich durch den folgenden T-TEST-Befehl anfordern:

```
T-TEST GROUPS=G(1 2)/VARIABLES=X.
```

Gegenüber ihrer standardmäßigen Präsentation im Viewer-Fenster ist die Tabelle aus Gründen der Darstellung – unter Einsatz des Pivot-Editors (siehe Anhang A.15) – "um 90 Grad gedreht" worden.

Die Varianzhomogenität lässt sich – dem Levene-Test folgend (siehe die Darstellung im nachfolgenden Abschnitt 20.4) – mit einem Testwert "0,941" ("F") und einem zugehörigen Signifikanzniveau von "0,360" ("Signifikanz") z.B. auf der Basis eines vorgegebenen Testniveaus von 10% akzeptieren. Wegen der Akzeptanz der Varianzhomogenität können aus der Spalte "Varianzen sind gleich" der Testwert "1,338" ("T") und das zugehörige Signifikanzniveau "0,218" ("Sig. (2-seitig)") entnommen werden. Für die zweiseitige Fragestellung ist die These, dass die Tutoriumsteilnahme keinen Effekt hat, zu akzeptieren, da für das vorgegebene Testniveau von "$\alpha = 0,05$" die Beziehung "0,218 > 0,05" gilt.

Soll *einseitig* gegen die Alternativhypothese "$H_1(\mu_1 > \mu_2)$" getestet werden, so ist festzustellen, dass der Testwert "1,338" *positiv* ist und dass für das zugehörige Signifikanzniveau in Form der Hälfte "0,109" der angezeigten Wahrscheinlichkeit "0,218" die Beziehung "$0,109 > 0,05$" gilt. Somit ist der Mittelwertunterschied "3,4" ("= 12, 4−9, 0") in den beiden Stichproben *nicht* signifikant, sodass in diesem Fall der Tutoriumsteilnahme ebenfalls kein Effekt zugebilligt werden kann.

Hinweis: Es ist zu beachten, dass bei dem abhängigen t-Test – für dieselben Beobachtungswerte – in dieser Situation von einem positiven Treatment-Effekt ausgegangen werden konnte (vgl. die Darstellung der einseitigen Prüfung im Abschnitt 20.2.2).

Genau wie bei einem abhängigen t-Test zur Prüfung zweier Mitten ist die Frage von Interesse, wie groß der Stichprobenumfang für die beiden unabhängigen Zufallsstichproben sein sollte. Beispiele für *optimale* Stichprobenumfänge – bei jeweils *gleich großen* Stichproben – sind im folgenden Abschnitt angegeben.

Im Hinblick auf die Robustheit eines unabhängigen t-Tests ist der folgende Sachverhalt anzumerken:

- Liegen gleich große Stichproben vor und sind die Verteilungen eingipfelig und symmetrisch, so kann der unabhängige t-Test bei hinreichend großem Stichprobenumfang als *robuster* Test angesehen werden.

  Bei stark unterschiedlichen Stichprobenumfängen kann auch dann noch von einem *robusten* Test ausgegangen werden, wenn zusätzlich unterstellt werden kann, dass sich die (Populations-)Varianzen nicht gravierend unterscheiden.

20.3.3 Poweranalyse beim unabhängigen t-Test

Wie im Kapitel 18 erläutert, ist es empfehlenswert, einen Signifikanz-Test *nicht* auf der Basis einer Gelegenheits-Stichprobe, sondern auf der Grundlage einer Zufallsstichprobe mit *optimalem* Stichprobenumfang durchzuführen.

Bei der Prüfung auf die Gleichheit der Mitten mittels eines unabhängigen t-Tests besteht die Konvention, den bzgl. "$\sigma_{X_1-X_2}$" relativierten Mindestabstand, den die Mitte "μ_1" von der Mitte "μ_2" haben muss, damit die Unterschiedlichkeit der beiden Werte als inhaltlich relevant angesehen werden kann, wie folgt als **Effektgröße** "d" festzulegen:

- $$d = \frac{\mu_1 - \mu_2}{\sigma_{X_1-X_2}}$$

Zur Beschreibung der Größenordnung eines Effektes besteht nach den Vorschlägen von *Cohen* die folgende Konvention:

> Bei "$|d| = 0,2$" wird von einem *schwachen (kleinen) Effekt*, bei "$|d| = 0,5$" von einem *mittleren Effekt* und bei "$|d| = 0,8$" von einem *starken (großen) Effekt* gesprochen.

Ist die *Effektgröße* "d" festgelegt und sind das *Testniveau* "$\alpha = 0,05$" sowie die *Teststärke* "$1 - \beta$" vorgegeben worden, so lässt sich der *optimale* Stichprobenumfang "n" berechnen. Der Wert "n" kennzeichnet bekanntlich denjenigen Stichprobenumfang, mit dem sich ein Mindest-Effekt, dessen Größenordnung durch "d" gekennzeichnet ist, bei vorgegebenem Testniveau α mit mindestens der Wahrscheinlichkeit "$1 - \beta$" als signifikantes Testergebnis "aufdecken" lässt.

Sofern z.B. die Nullhypothese "$H_0(\mu_1 = \mu_2)$" – auf der Basis von "$\alpha = 0,01$" bzw. "$\alpha = 0,05$" und "$1 - \beta = 0,8$" – durch einen *zweiseitigen* unabhängigen t-Test teststatistisch abzusichern ist, ergeben sich für den *optimalen* Stichprobenumfang "n" – bei gleich großen Stichprobenumfängen für die beiden Stichproben – die folgenden Werte:

Testniveau	schwach	mittel	stark
$\alpha = 0,01$	2 * 586	2 * 96	2 * 39
$\alpha = 0,05$	2 * 394	2 * 64	2 * 26

Wird z.B. ein mittlerer Effekt ("$|d| = 0,5$") als praktisch relevant angesehen, so sollte der unabhängige t-Test – bei einem vorgegebenen Testniveau von "$\alpha = 0,05$" – daher auf der Basis eines Stichprobenumfangs von "n = 2 * 64" Stichprobenelementen erfolgen, d.h. jede der beiden unabhängigen Zufallsstichproben muss einen Stichprobenumfang von "64" besitzen.

Soll *kein* zweiseitiger, sondern ein *einseitiger* t-Test durchgeführt werden, so ergeben sich die folgenden *optimalen* Stichprobenumfänge:

Testniveau	schwach	mittel	stark
$\alpha = 0,01$	2 * 504	2 * 82	2 * 33
$\alpha = 0,05$	2 * 310	2 * 51	2 * 21

Soll z.B. durch den Einsatz von G*POWER derjenige optimale Stichprobenumfang "n" bestimmt werden, durch den sich – bei der Diskussion der geschlechtsspezifischen Unterschiedlichkeit der Mitten beim Merkmal "Unterrichtsstunden" – ein starker Effekt der Größenordnung "$d = 0,8$" bei einem vorgegebenen Testniveau von "0,05" mit einer Mindest-Teststärke von "0,8" bei Durchführung eines einseitigen Tests "aufdecken" lässt, so ist wie folgt vorzugehen:

Im G*POWER-Fenster ist in der Liste "Test family" die Option "t tests", in der Liste "Statistical test" die Option "Means: Difference between two independent means (two groups)" und in der Liste "Type of power analysis" die Option "A priori: Compute required sample size – given α, power and effect size" einzustellen.

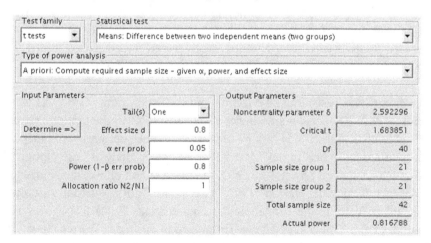

Abbildung 20.20 Bestimmung des optimalen Stichprobenumfangs

Nachdem in der Liste "Tail(s)" die Option "One" aktiviert ist, sind anschließend im Eingabefeld "Effect size d" der Wert "0.8", im Eingabefeld "α err prob" der Wert

"0.05" und im Eingabefeld "Power $(1 - \beta$ err prob)" der Wert "0.8" einzutragen. Da die beiden Stichprobenumfänge übereinstimmen sollen ("$n_1 = n_2$"), muss das Eingabefeld "Allocation ratio N2/N1" mit dem Wert "1" besetzt sein. Nach der Bestätigung mittels der Schaltfläche "Calculate" ergibt sich die in der Abbildung 20.20 enthaltene Anzeige.

Der optimale Stichprobenumfang wird im Feld "Total sample size" ausgewiesen und errechnet sich somit zum Wert "42" (= "2 * 21").

Im vorigen Abschnitt wurde am Beispiel des Merkmals "Unterichtsstunden" die Nullhypothese geprüft, ob es geschlechtsspezifische Unterschiede in den Mitten gibt. Bei der Durchführung eines *zweiseitigen* unabhängigen t-Tests wurde *kein* signifikantes Testergebnis erhalten. Da die Daten einer Gelegenheits-Stichprobe entstammten, sollte durch eine *Poweranalyse* ein Hinweis gegeben werden, mit welchem Risiko die Akzeptanz der Nullhypothese erfolgt.

Hierzu kann zunächst die *empirische Effektgröße* bestimmt werden, die beim unabhängigen t-Test wie folgt festgelegt ist:

- $\boxed{d = \frac{\bar{x}_1 - \bar{x}_2}{s_{X_1 - X_2}}}$

    Dabei kennzeichnet "$\bar{x}_1 - \bar{x}_2$" die mittlere Differenz und bei "$s_{X_1 - X_2}$" handelt es sich um die Standardabweichung der Differenz "$X_1 - X_2$". Diese Größe lässt sich aus der IBM SPSS Statistics-Anzeige (siehe Abbildung 20.17) nicht direkt ablesen. Sie errechnet sich dadurch, dass der als "Standardfehler der Differenz" ausgewiesene Wert durch die folgende Größe geteilt wird: $\sqrt{\frac{1}{n_1} + \frac{1}{n_2}}$

Auf der Basis der innerhalb der Abbildung 20.17 angezeigten Ergebnisse errechnet sich die empirische Effektgröße "d" wie folgt:

$$d = \frac{-0{,}048}{0{,}44268 / \sqrt{\frac{1}{125} + \frac{1}{125}}} = \frac{-0{,}048}{0{,}44268} * \sqrt{\frac{2}{125}} \simeq -0{,}0137153$$

Um die empirische Teststärke zu ermitteln, wird das Programm G*POWER eingesetzt. Im G*POWER-Fenster sind in der Liste "Test family" die Option "t tests", in der Liste "Statistical test" die Option "Means: Difference between two independent means (two groups)" und in der Liste "Type of power analysis" die Option "Post hoc: Compute achieved power – given α, sample size and effect size" einzustellen. Nach der Aktivierung der Option "Two" in der Liste "Tail(s)" werden anschließend die folgenden Werte in die Eingabefelder eingetragen: "−0.0137153" als Effektgröße in das Feld "Effect size d", das Testniveau in Form des Wertes "0.05" in das Feld "α err prob" und als jeweiliger Stichprobenumfang der Wert "125" sowohl in das Feld "Sample size group 1" als auch in das Feld "Sample size group 2".

Durch einen Mausklick auf die Schaltfläche "Calculate" lässt sich anschließend die folgende Abbildung anfordern:

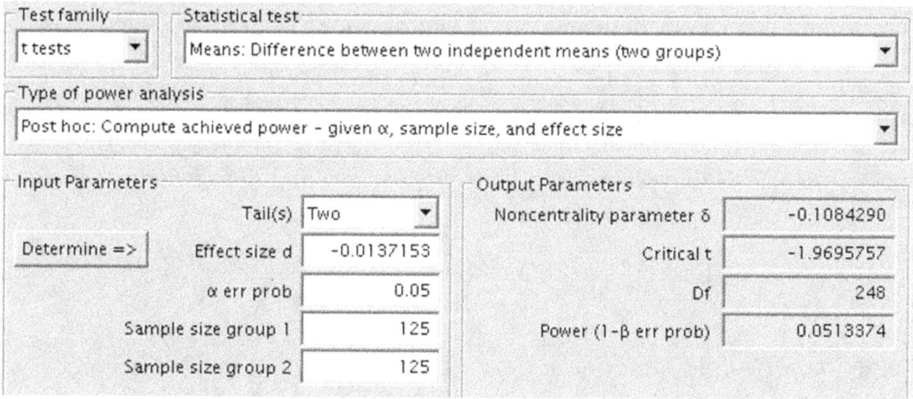

Abbildung 20.21 Bestimmung der empirischen Teststärke

Als *empirische Teststärke* wird näherungsweise der Wert "0,05" innerhalb des Feldes "Power $(1 - \beta$ err prob)" und daher die zugehörige Wahrscheinlichkeit für einen Fehler 2. Art mit annähernd "0,95" ("1 − 0,05") ermittelt. Würde daher bei der Wahl der Stichprobenumfänge "$n_1 = n_2 = 125$", einer Effektgröße "−0,0137153" und einem Testniveau von "$\alpha = 0,05$" ausgegangen werden, so ließe sich als Wahrscheinlichkeit dafür, die Nullhypothese fälschlicherweise zu akzeptieren, näherungsweise der Wert "0,95" ermitteln.

In ungefähr 95% aller Studien wäre somit unter den gegebenen Rahmenbedingungen zu erwarten, dass die Nullhypothese fälschlicherweise akzeptiert werden würde. Dieser Sachverhalt deutet auf ein extrem hohes Risiko hin, dass beim Inferenzschluss, durch den die Nullhypothese akzeptiert wurde, evtl. ein Fehler 2. Art begangen wurde.

20.4 Prüfung der Varianzhomogenität bei unabhängigen Stichproben durch den Levene-Test

Bei einem *unabhängigen* t-Test ist es im Hinblick auf die Wahl der Teststatistik von Bedeutung, ob von der Varianzhomogenität der beiden untersuchten Merkmale ausgegangen werden kann oder nicht. Sofern keine Kenntnis über die Varianzhomogenität bzw. die Varianzheterogenität der beiden Merkmale vorliegt, kann vorab ein Signifikanz-Test durchgeführt werden, mit dem sich die Akzeptanz der Varianzhomogenität prüfen lässt.

Für das Folgende wird für die Merkmale "X_1" und "X_2" vorausgesetzt:

- X_1: $N(\mu_1, \sigma_1)$ und X_2: $N(\mu_2, \sigma_2)$

- "$x_{1,1}, x_{1,2}, ..., x_{1,n_1}$" stellt eine Zufallsstichprobe der X_1-Werte vom Umfang "n_1" und "$x_{2,1}, x_{2,2}, ..., x_{2,n_2}$" eine Zufallsstichprobe der X_2-Werte vom Umfang "n_2" dar, und es handelt sich um unabhängige Zufallsstichproben.

Zur Prüfung der Varianzhomogenität ist die folgende *zweiseitige* Fragestellung zu erörtern:

- "$H_0(\sigma_1^2 = \sigma_2^2)$"   gegen: "$H_1(\sigma_1^2 \neq \sigma_2^2)$"

Zur Prüfung der Nullhypothese wird die *mittlere absolute Abweichung vom Mittelwert* für die 1. Stichprobe in der Form

$$d_1 = \frac{1}{n_1} * \sum_{i=1}^{n_1} |x_{1,i} - \bar{x}_1|$$

und die *mittlere absolute Abweichung vom Mittelwert* für die 2. Stichprobe wie folgt errechnet:

$$d_2 = \frac{1}{n_2} * \sum_{i=1}^{n_2} |x_{2,i} - \bar{x}_2|$$

Sofern die Nullhypothese der Varianzhomogenität zutrifft, sind allein stichprobenfehler-bedingte Unterschiede zwischen "d_1" und "d_2" zu erwarten.

Indem "d_1" und "d_2" als Realisierungen von "D_1" bzw. "D_2" aufgefasst werden, lässt sich für den Inferenzschluss die Teststatistik

$$t = \frac{D_1 - D_2}{\sqrt{\frac{1}{n_1} + \frac{1}{n_2}} * \sqrt{\frac{(n_1-1)*S_1^2+(n_2-1)*S_2^2}{n_1+n_2-2}}}$$

verwenden, die bereits im Abschnitt 20.3.1 als Teststatistik – im Rahmen eines unabhängigen t-Tests mit "$\bar{X}_1 - \bar{X}_2$" anstelle von "$D_1 - D_2$" – zur Prüfung der Gleichheit zweier Zentren im Fall der Varianzhomogenität eingesetzt wurde.

- Aus der mathematischen Wahrscheinlichkeitstheorie ist bekannt, dass sich die Stichprobenverteilung dieser Teststatistik – unter den gegebenen Voraussetzungen – durch die theoretische t-Verteilung mit "$n_1 + n_2 - 2$" Freiheitsgraden annähern lässt. Sofern diese Teststatistik zur Prüfung der Varianzhomogenität eingesetzt wird, bezeichnet man diesen Signifikanz-Test als "**Levene-Test**". Bei diesem Test handelt es sich um einen *robusten* Test.

Mit der zur angegebenen Teststatistik zugehörigen t($n_1 + n_2 - 2$)-Verteilung lässt sich der Levene-Test zur Prüfung der Varianzhomogenität durchführen, indem die Nullhypothese, dass die Mitte von "D_1" mit der Mitte von "D_2" übereinstimmt, auf ihre Akzeptanz hin untersucht wird.

Es ist zu beachten, dass es nicht nur diese, sondern noch eine weitere (gegenüber der oben angegebenen Form etwas komplizierter aufgebaute) Teststatistik gibt, die im Rahmen eines "Levene-Tests" eingesetzt wird. Die Verwendung dieser alternativen Teststatistik führt z.B. zu den oben – innerhalb der Abbildung 20.17 – vom IBM SPSS Statistics-System ausgewiesenen Ergebnissen.

Dass beim Einsatz des IBM SPSS Statistics-Systems der jeweils ermittelte Testwert *nicht* mittels der oben angegebenen Teststatistik errechnet wird, ist – äußerlich betrachtet – daran erkennbar, dass dieser Testwert in Verbindung mit dem Symbol "F" angezeigt wird. Dies bedeutet, dass die Teststatistik, die vom IBM SPSS Statistics-System eingesetzt wird, nicht t-verteilt, sondern F-verteilt ist.

Hinweis: Der Aufbau der vom IBM SPSS Statistics-System verwendeten Teststatistik ähnelt der Struktur derjenigen Teststatistiken, die bei der Prüfung von Hypothesen im Rahmen der Varianzanalyse benutzt werden (siehe Kapitel 22).

Soll unter Einsatz der vom IBM SPSS Statistics-System verwendeten Teststatistik eine Test-Entscheidung über die Varianzhomogenität herbeigeführt werden, so muss folglich der vom IBM SPSS Statistics-System ermittelte Testwert im Rahmen einer F-Verteilung beurteilt werden.

Soll z.B. die Frage untersucht werden, ob ein geschlechtsspezifischer Unterschied in der Dispersion des Merkmals "Unterrichtsstunden" besteht, so kann dazu – wie oben angegeben – der T-TEST-Befehl in der folgenden Form eingesetzt werden:

```
T-TEST GROUPS=geschl(1 2)/VARIABLES=stunzahl.
```

Wurde z.B. ein Testniveau von "$\alpha = 0,1$" vorgegeben, so lässt sich – als Ergebnis des Levene-Tests (siehe die Abbildung 20.17) – die Nullhypothese der Varianzhomogenität von "Unterrichtsstunden" auf der Basis des Testwerts "0,308" und des zugehörigen – im Rahmen einer F-Verteilung ermittelten – Signifikanzniveaus von "0,579" ("Signifikanz") akzeptieren. Es ist somit kein signifikanter geschlechtsspezifischer Unterschied in der Dispersion des Merkmals "Unterrichtsstunden" feststellbar.

20.5 Prüfung der Varianzhomogenität bei unabhängigen Stichproben durch einen F-Test

Wegen seiner Robustheit wird der Levene-Test dem klassischen *F-Test* zur Prüfung der Varianzhomogenität vorgezogen. Da jedoch die Einsicht in die Strategie des F-Tests nützlich ist, wenn es um die Darstellung der Varianzanalyse geht (siehe Kapitel 22), wird der F-Test nachfolgend erläutert.

20.5.1 Nullhypothese und Teststatistik

Für das Folgende wird für die beiden Merkmale "X_1" und "X_2" – genau wie im Abschnitt 20.4 – die Normalverteilung und das Vorliegen zweier unabhängiger Zufallsstichproben vorausgesetzt, auf deren Basis die folgende Nullhypothese der Varianzhomogenität im Rahmen einer *zweiseitigen* Fragestellung geprüft werden soll:

- "$H_0(\sigma_1^2 = \sigma_2^2)$"   (gleichbedeutend mit: "$H_0(\frac{\sigma_1^2}{\sigma_2^2} = 1)$")

Auf der Basis der beiden unabhängigen Zufallsstichproben "$x_{1,1}, x_{1,2}, ..., x_{1,n_1}$" und "$x_{2,1}, x_{2,2}, ..., x_{2,n_2}$" lassen sich die zugehörigen *Stichprobenvarianzen* wie folgt ermitteln:

$$s_1^2 = \frac{1}{n_1-1} * \sum_{i=1}^{n_1}(x_{1,i} - \bar{x}_1)^2 \quad \text{und} \quad s_2^2 = \frac{1}{n_2-1} * \sum_{i=1}^{n_2}(x_{2,i} - \bar{x}_2)^2$$

Indem diese Werte als Realisierungen der Stichprobenfunktionen "S_1^2" und "S_2^2" aufgefasst werden, lässt sich die folgende Teststatistik bilden, die nur positive Werte annehmen kann:

- $F^{(n_1-1,n_2-1)} = \frac{S_1^2}{S_2^2}$

> - Aus der mathematischen Wahrscheinlichkeitstheorie ist bekannt, dass sich die Stichprobenverteilung der Teststatistik $F^{(n_1-1,n_2-1)}$ – unter den gegebenen Voraussetzungen der Normalverteilung, der durch H_0 postulierten Varianzhomogenität und auf der Basis von unabhängigen Zufallsstichproben vom Umfang "n_1" und "n_2" – durch die *theoretische* "F($n_1 - 1, n_2 - 1$)-Verteilung" annähern lässt, die "**F-Verteilung**" mit den Zähler-Freiheitsgraden "$n_1 - 1$" und den Nenner-Freiheitsgraden "$n_2 - 1$" genannt wird (die kritischen Werte von F-Verteilungen sind im Anhang A.9 angegeben).
> Da die F-Verteilung als Testverteilung eingesetzt wird, bezeichnet man diesen Signifikanz-Test als "**F-Test**".

Hinweis: Die Vorsilbe "F-" beschreibt den Sachverhalt, dass F-Verteilungen vom Statistiker Ronald A. Fisher untersucht wurden.

20.5.2   Bestimmung des Akzeptanzbereichs

Aus der oben angegebenen Form der Teststatistik ist unmittelbar erkennbar:

- Liegt Varianzhomogenität vor, so ist zu erwarten, dass die Realisierungen der Teststatistik $F^{(n_1-1,n_2-1)}$ zufallsbedingt um den Wert "1" streuen.

Um einen Akzeptanzbereich für H_0 – im Hinblick auf die zu untersuchende *zweiseitige* Fragestellung – im Sinne einer Symmetrie festzulegen, wird die Aufteilung des Testniveaus α hälftig vorgenommen. Dies bedeutet, dass für den unteren kritischen Wert $f_{krit_u}^{(n_1-1,n_2-1)}$ und den oberen kritischen Wert $f_{krit_o}^{(n_1-1,n_2-1)}$ die beiden folgenden Bedingungen gelten sollen:

- $prob(F^{(n_1-1,n_2-1)} \geq f_{krit_o}^{(n_1-1,n_2-1)}) = \frac{\alpha}{2}$
- $prob(F^{(n_1-1,n_2-1)} \leq f_{krit_u}^{(n_1-1,n_2-1)}) = \frac{\alpha}{2}$

Aus diesen beiden Forderungen ergibt sich, dass die innerhalb der folgenden Skizze schwarz eingefärbten Flächen, die außerhalb des Akzeptanzbereichs der Nullhypothese platziert sind, von ihrer Größe her übereinstimmen müssen:

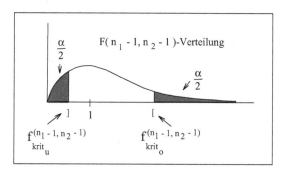

Abbildung 20.22: Akzeptanzbereich für den F-Test

Im Hinblick auf den Inferenzschluss ist die folgende Eigenschaft von F-Verteilungen wichtig, die sich mit Hilfsmitteln der mathematischen Wahrscheinlichkeitstheorie belegen lässt:

- $f_{krit_u}^{(n_1-1,n_2-1)} = \frac{1}{f_{krit_o}^{(n_2-1,n_1-1)}}$

Dies bedeutet, dass der untere kritische Wert der Teststatistik $F^{(n_1-1,n_2-1)}$ gleich dem reziproken oberen kritischen Wert der Teststatistik $F^{(n_2-1,n_1-1)}$ ist, die durch den Kehrwert von $F^{(n_1-1,n_2-1)}$ wie folgt festgelegt ist: $F^{(n_2-1,n_1-1)} = \frac{s_2^2}{s_1^2}$

Für ein signifikantes Test-Ergebnis der Teststatistik $F^{(n_1-1,n_2-1)}$, das größer als "1" ist, gilt:

- $\frac{s_1^2}{s_2^2} \geq f_{krit_o}^{(n_1-1,n_2-1)}$

Für ein signifikantes Test-Ergebnis der Teststatistik $F^{(n_1-1,n_2-1)}$, das kleiner als "1" ist, gilt:

- Aus $\frac{s_1^2}{s_2^2} \leq f_{krit_u}^{(n_1-1,n_2-1)} = \frac{1}{f_{krit_o}^{(n_2-1,n_1-1)}}$ folgt: $f_{krit_o}^{(n_2-1,n_1-1)} \leq \frac{s_2^2}{s_1^2}$

Die Diskussion im Rahmen des Inferenzschlusses lässt sich somit grundsätzlich unter Einsatz eines *oberen* kritischen Wertes führen, indem der Vergleich – unter Verwendung der F(n_1-1, n_2-1)-Verteilung – mit dem Testwert "$\frac{s_1^2}{s_2^2}$" und – unter Verwendung der F(n_2-1, n_1-1)-Verteilung – mit dem reziproken Testwert in der Form "$\frac{s_2^2}{s_1^2}$" durchgeführt wird.

Die zu einer F-Verteilung zugehörigen oberen kritischen Werte sind im Anhang A.9 aufgeführt.

Zum Beispiel kann für den Fall "$\alpha = 0,1$", "$n_1 = 5$" und "$n_2 = 5$" aus der F(4,4)-Verteilung der Wert "6,39" als oberer kritischer Wert abgelesen werden.

20.5.3   Inferenzschluss beim F-Test

Wie soeben erläutert, kann der Inferenzschluss unmittelbar unter Einsatz der Tabelle mit den kritischen Werten von F-Verteilungen (siehe Abschnitt A.9) durchgeführt werden, sofern der Testwert größer als "1" ist.

Dazu sind die den Quotienten "$\frac{s_1^2}{s_2^2}$" kennzeichnenden Zählerfreiheitsgrade "$n_1 - 1$" und Nennerfreiheitsgrade "$n_2 - 1$" zugrunde zu legen, sodass der obere kritische Wert aus der $F(n_1 - 1, n_2 - 1)$-Verteilung entnommen werden muss.

Ist der Testwert jedoch kleiner als "1", so ist – wie oben angegeben – der Kehrwert des Testwerts in der Form "$\frac{s_2^2}{s_1^2}$" zu bilden. Da hierdurch die Zählerfreiheitsgrade den Wert "$n_2 - 1$" und die Nennerfreiheitsgrade den Wert "$n_1 - 1$" besitzen, ist der obere kritische Wert auf der Basis der $F(n_2 - 1, n_1 - 1)$-Verteilung zu ermitteln.

Um die aus den Vorüberlegungen resultierenden Schritte zu vereinheitlichen, kann beim F-Test zur Durchführung des Inferenzschlusses gemäß der folgenden Beschreibung vorgegangen werden:

- Man bestimmt das *Maximum* aus dem Testwert und dessen reziproken Wert. Dies bedeutet, dass man den Quotienten aus den Stichproben-Varianzen "s_1^2" und "s_2^2" so bildet, dass die größere der beiden Varianzen im Zähler steht.

- Anschließend ermittelt man die zum Maximum zugehörigen Zähler-freiheitsgrade "m_1" und Nennerfreiheitsgrade "m_2". Auf der Basis der $F(m_1, m_2)$-Verteilung bestimmt man danach den zum vorgegebenen Testniveau α zugehörigen oberen kritischen Wert.

- Ist das Maximum kleiner als dieser obere kritische Wert, so ist die Nullhypothese "$H_0(\sigma_1^2 = \sigma_2^2)$" zu akzeptieren, da *kein* signifikantes Test-Ergebnis vorliegt.

20.5.4   Testdurchführung

Um eine Test-Entscheidung auf der Basis des oben angegebenen "Kontrollgruppenplans für unabhängige Stichproben" (siehe die Abbildung 20.18) zur Prüfung der Nullhypothese "$H_0(\sigma_1^2 = \sigma_2^2)$" fällen zu können, soll zunächst der folgende Quotient aus den beiden Stichproben-Varianzen ermittelt werden:

$$F_{test}^{(4,4)} = \frac{s_1^2}{s_2^2}$$

Die Berechnung von "s_1^2" und "s_2^2" ergibt die folgenden Werte:

$$s_1^2 = 10,8 \quad \text{und} \quad s_2^2 = 21,5$$

SPSS: Auf der Basis der innerhalb der Abbildung 20.18 angegebenen Daten des "Kontrollgruppenplans für unabhängige Stichproben" sind die Werte "18", "12", "12", "10", und "10" – in dieser

Reihenfolge – in eine Spalte ("die 1. Spalte") der Daten-Tabelle und die Werte "13", "14", "9", "6", und "3" – in dieser Reihenfolge – in eine andere Spalte ("die 2. Spalte") der Daten-Tabelle einzutragen. Ist die 1. Spalte durch den Variablennamen "X1" und die 2. Spalte durch den Variablennamen "X2" benannt worden, so lassen sich die beiden Stichproben-Varianzen durch einen FREQUENCIES-Befehl der folgenden Form anfordern:

```
FREQUENCIES VARIABLES=X1 X2/FORMAT=NOTABLE/STATISTICS=VARIANCE.
```

Die Bildung des Quotienten führt zu folgendem Ergebnis:

$$F_{test}^{(4,4)} = \frac{s_1^2}{s_2^2} = \frac{10,8}{21,5} = 0,502$$

Der reziproke Wert von "0,502" errechnet sich durch die Bildung des Kehrwerts, indem "21,5" durch "10,8" geteilt wird. Der hieraus resultierende Wert "1,99" stellt das Maximum der beiden Werte "0,502" und "1,99" dar, sodass "1,99" zur Durchführung des Inferenzschlusses verwendet werden muss.

Zur Bestimmung des kritischen Wertes wird ein Testniveau von "$\alpha = 0,1$" vorgegeben. Da für den Fall "$\alpha = 0,1$", "$n_1 = 5$" und "$n_2 = 5$" aus der F(4,4)-Verteilung der Wert "6,39" als zugehöriger oberer kritischer Wert abgelesen wird (siehe Abschnitt A.9), ist das Maximum "1,99" im Akzeptanzbereich der Nullhypothese enthalten, sodass sich die Varianzhomogenität auf einem Testniveau von "$\alpha = 0,1$" akzeptieren lässt.

Grundsätzlich ist im Hinblick auf den Einsatz des F-Tests für den Fall, dass die Voraussetzung der Normalverteilung für die Merkmale "X_1" und "X_2" nicht erfüllt werden kann, Folgendes festzustellen:

- Der F-Test zur Prüfung der Varianzhomogenität zählt – im Gegensatz zum Levene-Test – *nicht* zu den *robusten* Signifikanz-Tests.

Sofern stärkere Verletzungen der Normalverteilungsannahmen festzustellen sind, ist es demzufolge sinnvoll, den Levene-Test anstelle des F-Tests zur Prüfung der Varianzhomogenität zu verwenden.

Abschließend ist hervorzuheben, dass mit der F-Verteilung eine weitere theoretische Verteilung in die Durchführung von Inferenzschlüssen einbezogen wurde. Die jeweilige Verlaufsform einer derartigen Verteilung wird nicht nur durch einen Freiheitsgrad, sondern durch zwei Freiheitsgrade – in Form eines Zähler- und eines Nenner-Freiheitsgrads – bestimmt. Ebenso wie bei den zuvor kennen gelernten χ^2- und t-Verteilungen lässt sich demnach feststellen, dass es folglich auch unendlich viele F-Verteilungen gibt.

Wie bereits angekündigt, wird im Kapitel 22 dargestellt, wie sich F-Verteilungen als Testverteilungen im Rahmen der Diskussion von varianzanalytischen Fragestellungen – im Hinblick auf den Vergleich mehrerer Mitten – einsetzen lassen.

KAPITEL 21

NICHTPARAMETRISCHE PRÜFUNG AUF UNTERSCHIEDE

21.1 Nichtparametrische und parametrische Tests

Im Kapitel 20 wurde gezeigt, dass die folgenden Voraussetzungen erfüllt sein sollten, sofern die Nullhypothese "H_0(Die beiden Mitten stimmen überein.)" durch einen t-Test für abhängige bzw. unabhängige Stichproben geprüft werden soll:

- die Merkmale sind intervallskaliert und normalverteilt.

Ist die Normalverteilungsannahme nicht gerechtfertigt, so genügen auch die folgenden abgeschwächten Voraussetzungen:

- Bei einem *unabhängigen* t-Test sollte die Teststatistik "$\bar{X}_1 - \bar{X}_2$" normalverteilt sein oder es sollten die Ungleichungen "$n_1 \geq 30$" und "$n_2 \geq 30$" für die Stichprobenumfänge "n_1" und "n_2" der beiden unabhängigen Zufallsstichproben erfüllt sein.

- Beim *abhängigen* t-Test sollte die Teststatistik "$D = X_1 - X_2$" normalverteilt sein.

Sind weder die ursprünglichen, noch die derart abgeschwächten Verteilungsannahmen erfüllt, so können t-Tests wegen ihrer *Robustheit* dann eingesetzt werden, wenn die Stichprobenumfänge hinreichend groß sind.

Der Einsatz eines t-Tests ist grundsätzlich dann *nicht* zulässig, wenn die jeweiligen Merkmale *nicht* intervallskaliert sind. In dieser Situation kann – anstelle eines parametrischen t-Tests – ein *nichtparametrischer* Test verwendet werden, mit dem sich die Übereinstimmung zweier Verteilungen innerhalb einer oder zweier Grundgesamtheiten prüfen lässt, indem die folgende Nullhypothese teststatistisch untersucht wird:

- H_0(Die beiden Verteilungen stimmen überein.)

Sofern sich die Nullhypothese der Verteilungsgleichheit akzeptieren lässt, kann – genau wie bei den t-Tests – von der Gleichheit der beiden Zentren ausgegangen werden. Neigt man allerdings dazu, die Alternativhypothese der Unterschiedlichkeit in den Verteilungen zu akzeptieren, so kann man nicht unbedingt von der Verschiedenartigkeit der beiden Zentren ausgehen. Dieser Sachverhalt ließe sich nur dann akzeptieren, wenn zusätzliche Annahmen über die Form der beiden Verteilungen – wie z.B. ein ähnlicher Verlauf der beiden Verteilungskurven – gemacht werden können.

Als Ersatz für einen t-Test für unabhängige Stichproben steht der U-Test von Mann-Whitney und als Ersatz für den t-Test für abhängige Stichproben der Wilcoxon-Test zur Verfügung. Die jeweilige Korrespondenz gibt die folgende Tabelle wieder:

Testart	unabhängige Stichproben	abhängige Stichproben
parametrisch: (Intervallskala + Normalverteilung)	t-Test für unabhängige Stichproben	t-Test für abhängige Stichproben
nichtparametrisch: (Ordinalskala)	U-Test von Mann-Whitney	Wilcoxon-Test

Tabelle 21.1: Verfahren bei 2 Stichproben

Während sich t-Tests zur Prüfung der Unterschiedlichkeit von Mitten einsetzen lassen, können Aussagen zur Ungleichheit von Zentren – für die beiden nichtparametrischen Tests – nicht immer, sondern nur in bestimmten Situationen gemacht werden. Eine derartige Rahmenbedingung, mit der im Fall der Akzeptanz der Alternativhypothese auf eine Ungleichheit der Zentren geschlossen werden kann, ist z.B. die folgende Bedingung:

• Die beiden Verteilungen besitzen ähnliche Verteilungsformen.

Grundsätzlich ist zu beachten, dass ein nichtparametrischer Test nur dann durchgeführt werden sollte, wenn die Voraussetzungen für einen parametrischen Test *nicht* erfüllbar sind. Dies ist deswegen empfehlenswert, weil ein parametrischer Test – bei *gleichem Testniveau* und *gleichem Stichprobenumfang* – *teststärker* als ein nichtparametrischer Test ist. Dies bedeutet, dass ein parametrischer Test einen tatsächlichen Unterschied im Zentrum eher "aufdecken" wird, als es ein nichtparametrischer Test zu leisten vermag.

Hinweis: Ein nichtparametrischer Test kann allerdings auch *stärker* als ein parametrischer Test sein. Dies ist z.B. dann der Fall, wenn der Stichprobenumfang, auf dem der nichtparametrische Test basiert, weitaus größer als der Stichprobenumfang ist, der die Grundlage für den parametrischen Test darstellt.

• Für nichtparametrische Tests bei ordinalskalierten Merkmalen stehen normalerweise keine Verfahren zur Berechnung von **optimalen Stichprobenumfängen** zur Verfügung. Allerdings kann man sich bei der Bestimmung eines jeweils geeigneten Stichprobenumfangs dadurch behelfen, dass man eine Abschätzung nach *unten* durchführt, indem man sich an die gängigen Praktiken hält, die bei parametrischen Tests Verwendung finden. Um für den Einsatz eines U-Tests oder eines Wilcoxon-Tests einen geeigneten Stichprobenumfang zu bestimmen, sollte man sich somit an dem Ansatz zur Berechnung des optimalen Stichprobenumfangs für den *unabhängigen t-Test* bzw. den *abhängigen t-Test* orientieren.

21.2 Test für zwei unabhängige Stichproben (U-Test von Mann-Whitney)

21.2.1 Nullhypothese, Teststatistik und kritische Werte

Falls für zwei ordinalskalierte Merkmale X_1 und X_2 zwei *unabhängige* Zufallsstichproben der Form

- "$x_{1,1}, x_{1,2}, ..., x_{1,n_1}$" vom Umfang "$n_1$" und "$x_{2,1}, x_{2,2}, ..., x_{2,n_2}$" vom Umfang "$n_2$"

vorliegen, so lässt sich durch den *zweiseitigen* **U-Test** von *Mann-Whitney* die Nullhypothese

- H_0(Die Verteilungen von X_1 und X_2 stimmen überein.)

gegenüber der folgenden Alternativhypothese prüfen:

- H_1(Die Verteilungen von X_1 und X_2 sind unterschiedlich.)

Bei *ähnlichen* Verläufen der beiden Verteilungskurven ist die Alternativhypothese gleichbedeutend mit der Aussage, dass der eine Median größer als der andere Median ist.

Hinweis: In dieser Situation lässt sich daher auch eine *gerichtete* Alternativhypothese untersuchen, indem eine Angabe über die Ordnungsbeziehung der beiden Mediane gemacht wird.

Sofern die beiden Merkmale X_1 und X_2 die gleiche Verteilung besitzen, stellt sich dieser Sachverhalt z.B. wie folgt dar:

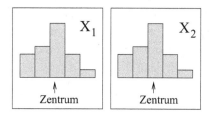

Abbildung 21.1: "X_1" und "X_2" besitzen gleiche Verteilungen

Werden in dieser Situation Werte von X_1 mittels einer "Zufallsstichprobe 1" z.B. vom Umfang "2" und Werte von X_2 mittels einer "Zufallsstichprobe 2" z.B. vom Umfang "3" erhoben und die erhaltenen fünf Werte in eine *gemeinsame* Rangreihe gebracht, so lässt sich das Muster dieser Rangreihe symbolisch dadurch beschreiben, dass ein zur "Zufallsstichprobe 1" zugehöriges Stichprobenelement durch die

Ziffer "1" und ein zur "Zufallsstichprobe 2" zugehöriges Stichprobenelement durch die Ziffer "2" gekennzeichnet wird.

Treten z.B. in der "Zufallsstichprobe 1" die Werte "3" und "7" und in der "Zufallsstichprobe 2" die Werte "2", "6" und "9" auf, so ergibt sich "2, 3, 6, 7, 9" als gemeinsame Rangreihe. Die Zugehörigkeit zu den beiden Zufallsstichproben wird daher durch das Muster "21212" beschrieben.

Entsprechend kommt eine Rangreihe mit dem Muster "11222" z.B. dadurch zustande, dass mittels der "Zufallsstichprobe 1" die Werte "2" und "4" und mittels der "Zufallsstichprobe 2" die Werte "5", "6" und "7" erhoben wurden.

Will man das Zutreffen der innerhalb der Nullhypothese formulierten Aussage z.B. auf der Grundlage zweier Zufallsstichproben mit der daraus resultierenden gemeinsamen Rangreihe "21212" bewerten, würde man sicherlich dazu neigen, diese Rangreihe als Indiz für die Übereinstimmung der beiden Verteilungen anzusehen. Dagegen würde man bei der Bewertung der Rangreihe "11222" sicherlich Zweifel an der Gültigkeit der Nullhypothese haben, wobei man sich bewusst sein muss, dass diese ausgeprägte, stichprobenspezifische Ballung der Ausprägungen aufgrund von Stichprobenfehlern auch beim Zutreffen von H_0 vorliegen kann.

Somit besteht die grundsätzliche Frage, wie ausgeprägt die Ballung sein darf, damit sie als noch im Einklang mit der Nullhypothese angesehen werden sollte. Um auf diese Frage eine Antwort zu geben, wird von folgendem Ansatz ausgegangen:

- Ist H_0 zutreffend, so wird erwartet, dass die Werte von X_1 und X_2 innerhalb einer *gemeinsamen* Rangreihe einigermaßen *gemischt* auftreten.

Um eine Aussage über die Ausgeprägtheit von Ballungen zu machen, wird aus den jeweils erhobenen Stichprobenwerten eine Rangreihe und darauf aufbauend eine stichprobenspezifische *Rangsumme* gebildet.

Um eine teststatistische Prüfung durchführen zu können, muss die Verteilung einer geeigneten Teststatistik bekannt sein. Dazu werden sämtliche möglichen Rangreihen mit Elementen von "Zufallsstichprobe 1" und "Zufallsstichprobe 2" betrachtet. Dies wird nachfolgend im Rahmen des oben angegebenen Beispiels demonstriert. Wegen der geringen Stichprobenumfänge ist dieses Beispiel nicht von praktischer Bedeutung. Es soll allein dazu dienen, die grundsätzliche Form des Inferenzschlusses vorzustellen.

Wird mit "R_1" die *Rangsumme*, d.h. die Summe der Rangplätze, der Elemente von "Zufallsstichprobe 1" bezeichnet, so ergeben sich – in Fortführung des Beispiels – für sämtliche möglichen Formen von "Zufallsstichprobe 1" und "Zufallsstichprobe 2" die innerhalb der Abbildung 21.2 dargestellten Rangplätze und Rangsummen, sofern sich sämtliche Werte beider Zufallsstichproben voneinander unterscheiden.

- Für den Fall, dass *Bindungen* auftreten, müssen gemittelte Rangplätze gebildet werden (siehe das Beispiel im Abschnitt 21.2.2).

Rangplatz:	1	2	3	4	5	R_1	Einschätzung von H_0
	1	1	2	2	2	3	nicht akzeptabel
	1	2	1	2	2	4	?
	2	1	1	2	2	5	
	1	2	2	1	2	5	akzeptabel, da
	1	2	2	2	1	6	keine ausgeprägte
	2	1	2	1	2	6	stichproben-spezifische
	2	2	1	1	2	7	Ballung vorliegt
	2	1	2	2	1	7	
	2	2	1	2	1	8	?
	2	2	2	1	1	9	nicht akzeptabel

Abbildung 21.2: Rangsummen und deren Bewertung

Hinweis: Mit dem Fragezeichen "?" sind die Muster gekennzeichnet, für die sich schwerlich eine Einschätzung geben lässt, ob die zugehörigen Rangreihen so angesehen werden können, dass sie die Nullhypothese stützen oder nicht.

Um den **U-Test** von Mann-Whitney durchzuführen, wird die Realisierung einer Teststatistik "U_1" gemäß der folgenden Rechenvorschrift aus der Rangsumme "R_1" gebildet:

- $U_1 = n_1 * n_2 + \frac{n_1*(n_1+1)}{2} - R_1$

Da die Werte von U_1 auf Rangsummen basieren, gilt:

- Der U-Test von Mann-Whitney zählt zu den **Rangsummentests**, die auch als **Rangtests** bezeichnet werden.

Hinweis: Für den Wertebereich von U_1 gilt die folgende Ungleichung:

- $0 \leq U_1 \leq n_1 * n_2$

Dies liegt daran, dass "$\frac{n_1(n_1+1)}{2}$" der kleinste mögliche Wert von R_1 und "$n_1 * n_2 + \frac{n_1(n_1+1)}{2}$" der größte mögliche Wert von R_1 ist.

Wird eine Teststatistik "U_2" auf der Basis der Rangsumme "R_2" von "Zufallsstichprobe 2" gemäß der Vorschrift

$$U_2 = n_1 * n_2 + \frac{n_2 * (n_2 + 1)}{2} - R_2$$

aufgebaut, so gilt für die beiden Rangsummen, die sich aus einer Rangreihe sämtlicher Elemente von "Zufallsstichprobe 1" und "Zufallsstichprobe 2" ermitteln lassen, die Beziehung

$$R_1 + R_2 = \frac{(n_1 + n_2) * (n_1 + n_2 + 1)}{2}$$

sowie für die zugehörigen Werte der beiden Teststatistiken:　　$U_1 + U_2 = n_1 * n_2$

Für das oben angegebene Beispiel erhält man die Gesamtheit aller möglichen Realisierungen von U_1 wie folgt aus den Werten von R_1:

$$
\begin{array}{llcccccccccc}
R_1: & 3 & 4 & 5 & 5 & 6 & 6 & 7 & 7 & 8 & 9 \\
U_1: & 6 & 5 & 4 & 4 & 3 & 3 & 2 & 2 & 1 & 0
\end{array}
$$

Abbildung 21.3: Rangsummen und Werte der Teststatistik U_1

Die Stichprobenverteilung von U_1 hat in diesem Fall somit die folgende Form:

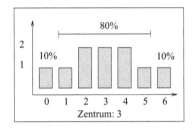

Abbildung 21.4: Stichprobenverteilung der Teststatistik U_1

Sofern H_0 zutrifft, ist – bis auf Stichprobenfehler – zu erwarten, dass die Teststatistik U_1 keine extrem großen und keine extrem kleinen Werte annimmt. Somit ist der Akzeptanzbereich für H_0 so festzulegen, dass die Verteilungsfläche außerhalb dieses Bereichs gleich dem vorgegebenen Testniveau ist, wobei die Aufteilung der Fläche *symmetrisch* vorzunehmen ist.

Es ist unmittelbar erkennbar, dass sich im Fall der angegebenen Testverteilung nur für hinreichend große Testniveaus eine Differenzierung zwischen den Akzeptanzbereichen von H_0 und H_1 durchführen lässt.

Hinweis: Zum Beispiel ist für das Testniveau "$\alpha = 0,05$" im angegebenen Beispiel *kein* Signifikanz-Test mit der Teststatistik U_1 durchführbar. Dagegen lässt sich z.B. als Akzeptanzbereich für H_0 unter Vorgabe von "$\alpha = 0,20$" das abgeschlossene Intervall "[1 ; 5]" festlegen, das mit dem offenen Intervall "(0 ; 6)" übereinstimmt.

Grundsätzlich kann man für sämtliche Paare "(n_1, n_2)" von Stichprobenumfängen der beiden unabhängigen Zufallsstichproben die zugehörige Testverteilung und somit – für ausgewählte Testniveaus – die zugehörigen kritischen Werte in gleicher Weise ermitteln, wie es soeben für den Fall "(2,3)" geschehen ist.

Für die folgenden Stichprobenumfänge sind die jeweils zugehörigen kritischen Werte innerhalb einer Tabelle zusammengestellt (siehe Anhang A.11):

- "$2 < n_1, n_2 \leq 20$" und "$n_1 + n_2 \geq 10$" sowie

- für die Paare (6,3), (3,6), (5,3), (3,5), (5,4), (4,5) und (4,4).

Sind die jeweils zum vorgegebenen Testniveau und den Stichprobenumfängen "n_1" und "n_2" gehörenden kritischen Werte aus der Tabelle entnommen worden, so lässt sich der Inferenzschluss des U-Tests dadurch vornehmen, dass der errechnete Testwert von U_1 mit den kritischen Werten verglichen wird.

Auf der Basis des unteren kritischen Wertes "u_{krit_u}" und des oberen kritischen Wertes "u_{krit_o}" ist die Test-Entscheidung mittels eines Testwerts "u_{test}" der für den U-Test eingesetzten Teststatistik somit wie folgt zu treffen:

- Gilt "$u_{test} > u_{krit_u}$" und "$u_{test} < u_{krit_o}$", so stehen die Stichprobenwerte im Einklang mit der Nullhypothese H_0.

- Gilt jedoch "$u_{test} \leq u_{krit_u}$" oder "$u_{test} \geq u_{krit_o}$", so werden die Stichprobenwerte als widersprüchlich zur Aussage der Nullhypothese H_0 angesehen.

Bei hinreichend großen Stichprobenumfängen ist die Kenntnis der Stichprobenverteilung von U_1 entbehrlich, da in diesem Fall die Stichprobenverteilung durch eine Normalverteilung – als Testverteilung – ersetzt werden kann und daher ein **z-Test** mit der Realisierung einer Teststatistik Z, die durch eine z-Transformation aus U_1 erhalten wurde, durchgeführt werden kann.

Es besteht die Konvention, dass ein derartiger z-Test bereits dann durchführbar ist, wenn für die Stichprobenumfänge die Beziehung "$n_1 + n_2 \geq 30$" gilt und mindestens einer der beiden Stichprobenumfänge "n_1" bzw. "n_2" *größer* als 20 ist.

Für den Fall, dass *keine* Bindungen vorliegen (siehe den Abschnitt 10.1), gilt für die Teststatistik U_1:

- U_1 ist asymptotisch $N(\frac{n_1 * n_2}{2}, \sqrt{\frac{n_1 * n_2 * (n_1 + n_2 + 1)}{12}})$-verteilt.

Als Teststatistik besitzt "Z" in dem Fall, in dem *keine* Bindungen vorliegen, die folgende Form:

$$Z = \frac{U_1 - \frac{n_1 * n_2}{2}}{\sqrt{\frac{n_1 * n_2 * (n_1 + n_2 + 1)}{12}}}$$

Liegen dagegen *Bindungen* vor, so kann die folgende Teststatistik "Z" für einen z-Test eingesetzt werden:

$$Z = \frac{U_1 - \frac{n_1 * n_2}{2}}{\sqrt{\frac{n_1 * n_2}{n * (n-1)} * (\frac{n^3 - n}{12} - \sum_{i=1}^{n} T_i)}}$$

Dabei gilt "$n = n_1 + n_2$" und "$T_i = t_i^3 - t_i$", wobei "t_i" die Anzahl derjenigen Merkmalsträger kennzeichnet, die für den Rangplatz "i" gebunden sind.

21.2.2 Testdurchführung

Um mit Hilfe eines *"Zweigruppen-Plans für unabhängige Stichproben"* die These "Es gibt keine Unterschiede im Erfolg beim Kleingruppenunterricht und beim Frontalunterricht." zu prüfen, werden die beiden unabhängigen Zufallsstichproben "Zufallsstichprobe 1" und "Zufallsstichprobe 2" erhoben. Die Mitglieder von "Zufallsstichprobe 1" werden – im Rahmen eines Experiments – dem Treatment "Kleingruppenunterricht" und die Elemente von "Zufallsstichprobe 2" dem Treatment "Frontalunterricht" unterzogen. Es wird davon ausgegangen, dass ein anschließender Leistungstest, dessen Ausprägungen über das Posttest-Merkmal X erhoben wurden, zu folgendem Ergebnis geführt hat:

	Zufallsstichprobe 1: (Kleingruppenunterricht)					Zufallsstichprobe 2: (Frontalunterricht)				
X-Werte (nachher):	18	12	12	10	10	13	14	9	6	3

Abbildung 21.5: Ergebnisse des Posttests

Indem der kleinste Wert den Rangplatz "1" erhält und beim Vorliegen von Bindungen die Rangplätze durch eine Mittelwertbildung errechnet werden, lassen sich auf der Basis dieser Ergebnisse die folgenden Rangplätze zuordnen:

gleiche Rangplätze:				*	*	+	+			
Wert:	3	6	9	10	10	12	12	13	14	18
Zufallsstichprobe:	2	2	2	1	1	1	1	2	2	1
Rangplatz:	1	2	3	4,5	4,5	6,5	6,5	8	9	10

Abbildung 21.6: Rangplätze

Für R_1 ergibt sich: $R_1 = 4,5 + 4,5 + 6,5 + 6,5 + 10 = 32$

Daher gilt für die Realisierung der Teststatistik U_1:

$$u_{test} = 5 * 5 + \frac{5 * (5 + 1)}{2} - 32 = 8$$

Für den Fall "$n_1 = n_2 = 5$" lassen sich – bei vorgegebenem Testniveau "$\alpha = 0,05$" – die Werte "2" und "23" als kritische Werte aus der Tabelle im Anhang A.11 ermitteln. Folglich stützt die Ungleichung

$$u_{krit_u} = 2 < u_{test} = 8 < 23 = u_{krit_o}$$

die These, dass es *keine* Unterschiede im Erfolg beim Kleingruppenunterricht und beim Frontalunterricht gibt.

Um sich bei der Durchführung des U-Tests zur Prüfung der These "Es gibt keine Unterschiede im Erfolg beim Kleingruppenunterricht und beim Frontalunterricht." unterstützen zu lassen, können die in der Abbildung 21.7 dargestellten Tabellen verwendet werden.

SPSS: Um diese Anzeige anzufordern, sind die Werte "18", "12", "12", "10", "10", "13", "14", "9", "6" und "3" – in dieser Reihenfolge – in eine Spalte ("die 1. Spalte") der Daten-Tabelle und die Werte "1", "1", "1", "1", "1", "2", "2", "2", "2" und "2" – in dieser Reihenfolge – in eine andere Spalte ("die 2. Spalte") der Daten-Tabelle einzutragen. Ist die 1. Spalte durch den Variablennamen "X" und die 2. Spalte, in der die Zugehörigkeit zur "Zufallsstichprobe 1" bzw. zur "Zufallsstichprobe 2" gekennzeichnet wird, durch den Variablennamen "G" benannt, so ist die Anforderung durch den NPAR TESTS-Befehl mit dem Unterbefehl M-W in der folgenden Form zu stellen:

```
NPAR TESTS M-W=X BY G(1 2) .
```

Ränge

	G	N	Mittlerer Rang	Rangsumme
X	1	5	6,40	32,00
	2	5	4,60	23,00
	Gesamt	10		

Statistik für Test[b]

	X
Mann-Whitney-U	8,000
Wilcoxon-W	23,000
Z	-,946
Asymptotische Signifikanz (2-seitig)	,344
Exakte Signifikanz [2*(1-seitig Sig.)]	,421 [a]

a. Nicht für Bindungen korrigiert.

b. Gruppenvariable: G

Abbildung 21.7 Basis für die Test-Entscheidung beim U-Test

In dieser Anzeige ist der Testwert "8" in der Form "8,000" neben dem Text "Mann-Whitney-U" aufgeführt. Dieser Testwert basiert auf der Rangsumme "32", die in der Form "32,00" in der ersten durch "X 1" gekennzeichneten Zeile in der oberen Tabelle eingetragen ist.

Hinweis: Die Werte der beiden Rangsummen R_1 und R_2 sind Bestandteil der durch den Text "Rangsumme" gekennzeichneten Spalte.

Das zum Testwert zugehörige Signifikanzniveau "0,421" wird in der durch den Text "Exakte Signifikanz [2*(1-seitig Sig.)]") gekennzeichneten Zeile angezeigt. Somit lässt sich der Inferenzschluss unmittelbar, d.h. ohne den Einsatz der Tabelle aus dem Anhang A.11, durchführen. Wie oben bereits erläutert wurde, wird die Nullhypothese der Verteilungsgleichheit akzeptiert, da das Signifikanzniveau größer als das vorgegebene Testniveau "$\alpha = 0,05$" ist.

Hinweis: Bei der Anzeige des IBM SPSS Statistics-Systems ist grundsätzlich zu beachten, dass als Wert der Teststatistik "U" entweder die Realisierung von U_1 oder von U_2 angezeigt wird – je nachdem, welche der beiden Realisierungen den jeweils kleineren Wert besitzt (der angezeigte Wert ist kleiner als der Quotient "$\frac{n_1 * n_2}{2}$").
Da die Verteilungen von U_1 und U_2 identisch sind, ist es gleichgültig, ob der Test mit der Realisierung von U_1 oder der Realisierung von U_2 durchgeführt wird.

Im Hinblick auf die Test-Entscheidung, die auf der Basis der in der Abbildung 21.7 angegebenen Tabellen durchführbar ist, sind die Umfänge der beiden Zufallsstichproben von grundlegender Bedeutung:

- Bei hinreichend kleinen Stichprobenumfängen "n_1" und "n_2" wird hinter dem Text "Exakte Signifikanz [2*(1-seitig Sig.)]" das Signifikanzniveau für einen zweiseitigen Test angezeigt, sodass der Inferenzschluss mit den konkreten Werten der Prüfverteilung von "U" durchgeführt werden kann.

- Für größere Stichprobenumfänge lässt sich der zusätzlich angezeigte Testwert "Z" im Rahmen eines z-Tests verwenden, für den das zugehörige Signifikanzniveau hinter dem Text "Asymptotische Signifikanz (2-seitig)" angezeigt wird. Dieses Signifikanzniveau wird auf der Basis der Standardnormalverteilung ermittelt, die als Konsequenz der asymptotischen Normalvertei-
  lungseigenschaft als Testverteilung derjenigen Teststatistik angesehen werden kann, die durch eine geeignete z-Transformation aus "U" ermittelt wird
  (siehe oben).

  Hinweis: Natürlich lässt sich der Inferenzschluss auch dann mit den angezeigten
  Werten von "Z" bzw. "Asymptotische Signifikanz (2-seitig)" durchführen, wenn keine Bindungen vorliegen. In diesem Fall stimmt die zugehörige Teststatistik mit derjenigen Teststatistik überein, die für die Situation fehlender Bindungen verwendet
  werden kann (siehe oben).

Soll z.B. die These geprüft werden, dass es zwischen Schülern und Schülerinnen
keine Unterschiede bei der Einschätzung der eigenen Leistungsfähigkeit ("Schulleistung") gibt, so lassen sich dazu die beiden folgenden Tabellen abrufen:

Ränge

	Geschlecht	N	Mittlerer Rang	Rangsumme
Schulleistung	männlich	125	123,56	15444,50
	weiblich	125	127,44	15930,50
	Gesamt	250		

Statistik für Test[a]

	Schulleistung
Mann-Whitney-U	7569,500
Wilcoxon-W	15444,500
Z	-,443
Asymptotische Signifikanz (2-seitig)	,658

a. Gruppenvariable: Geschlecht

Abbildung 21.8 Basis für die Test-Entscheidung mittels eines z-Tests

SPSS: Diese Anzeige lässt sich durch den folgenden NPAR TESTS-Befehl anfordern:

```
NPAR TESTS M-W=leistung BY geschl(1 2).
```

Der Stichprobenumfang "n = 250" ist hinreichend groß, sodass – im Gegensatz zur
Darstellung in der Abbildung 21.7 – die Position "Exakte Signifikanz [2*(1-seitig
Sig.)]" kein Bestandteil der Tabelle ist. Der angezeigte Testwert "−0, 443" ("Z")
ist *nicht* signifikant, da das zugehörige Signifikanzniveau "0,658" ("Asymptotische
Signifikanz (2-seitig)") größer als das vorgegebene Testniveau von "$\alpha = 0,05$" ist.
Somit lässt sich die These akzeptieren, dass es keine geschlechtsspezifischen Un-
terschiede in der Einschätzung der eigenen Leistungsfähigkeit gibt.

21.3 Test für zwei abhängige Stichproben (Wilcoxon-Test)

21.3.1 Nullhypothese, Teststatistik und kritische Werte

Falls für zwei ordinalskalierte Merkmale X_1 und X_2 zwei *abhängige* Zufallsstichproben vom Umfang "m" mit den Werten

- "$x_{1,1}, x_{1,2}, ..., x_{1,m}$" für X_1 und

- "$x_{2,1}, x_{2,2}, ..., x_{2,m}$" für X_2

vorliegen, so lässt sich durch den *zweiseitigen* **Wilcoxon-Test** die Nullhypothese

- H_0(Die Verteilungen von X_1 und X_2 stimmen überein.)

gegenüber der folgenden Alternativhypothese prüfen:

- H_1(Die Verteilungen von X_1 und X_2 sind unterschiedlich.)

Bei *ähnlichen* Verläufen der beiden Verteilungskurven ist die Alternativhypothese gleichbedeutend mit der Aussage, dass der eine Median größer als der andere Median ist.

Hinweis: In dieser Situation lässt sich daher auch eine *gerichtete* Alternativhypothese untersuchen, indem innerhalb der Alternativhypothese eine Angabe über die Ordnungsbeziehung der beiden Mediane gemacht wird.

Genau wie beim U-Test handelt es sich beim Wilcoxon-Test ebenfalls um einen **Rangtest**, bei dem die Test-Entscheidung auf die Diskussion von Rangplätzen gestützt wird.

Wegen der Abhängigkeit der beiden Zufallsstichproben lassen sich die "m" *Paardifferenzen* in der folgenden Form bilden:

- $x_{2,i} - x_{1,i}$ (i=1,2,...,m)

Für die von Null verschiedenen Paardifferenzen sind deren Absolutbeträge zu ermitteln und in eine Rangreihe zu bringen.

- Dazu muss gewährleistet sein, dass die Bildung der Rangordnung von Absolutbeträgen der Paardifferenzen empirisch bedeutsam ist.

Um die Durchführung eines Wilcoxon-Tests zu demonstrieren, soll die Frage "Hat die Schulung durch ein Tutorium signifikante Auswirkungen?" auf der Basis eines "Vortest-Nachtest-Plans für abhängige Stichproben" beantwortet werden. Dabei wird unterstellt, dass bei der Durchführung von zwei Leistungstests X_1 und X_2, die an 10 Probanden vorgenommen wurden, die folgenden Werte resultieren:

Merkmalsträger:	A	B	C	D	E	F	G	H	I	J
X_1-Werte (vorher):	10	12	9	5	3	18	14	7	4	5
Treatment: Besuch des Tutoriums										
X_2-Werte (nachher):	12	14	12	10	3	18	13	9	10	6

Abbildung 21.9 Vortest-Nachtest-Plan für abhängige Stichproben

Auf der Basis dieser Ergebnisse führt die Bildung von Paardifferenzen zu folgendem Resultat:

vorher:	10	12	9	5	3	18	14	7	4	5
nachher:	12	14	12	10	3	18	13	9	10	6
Paardifferenzen:	+2	+2	+3	+5	0	0	-1	+2	+6	+1

Abbildung 21.10 Paardifferenzen

- Im Folgenden wird mit "n" die Anzahl der von *Null verschiedenen Paardifferenzen* bezeichnet.

Werden die "n" Paardifferenzen (in diesem Fall: "n = 8"), die von Null verschieden sind, so geordnet, dass sich die zugehörigen *Absolutbeträge* in einer aufsteigenden Rangfolge befinden, so ergibt sich – im Beispiel – für die zugehörigen Rangplätze (bei *Bindungen* werden *gemittelte Rangplätze* zugeordnet):

Paardifferenzen:	-1	+1	+2	+2	+2	+3	+5	+6
Rangplätze:	1,5	1,5	4	4	4	6	7	8

Abbildung 21.11 Paardifferenzen und Rangplätze

Für die Summe "R_-" der Rangplätze, die zu negativen Paardifferenzen gehören, erhält man:

$$R_- = 1,5$$

Entsprechend errechnet sich für die Summe "R_+" der Rangplätze, die zu positiven Paardifferenzen gehören:

$$R_+ = 1,5 + 4 + 4 + 4 + 6 + 7 + 8 = 34,5$$

Hinweis: Gibt es keine positiven Paardifferenzen, so ist der Wert von "R_+" gleich "0". Gibt es keine negativen Paardifferenzen, so ist der Wert von "R_-" gleich "0".

- Sofern die Nullhypothese der Verteilungsgleichheit zutrifft, ist der Median der Paardifferenzen gleich dem Wert "0", sodass – bis auf Stichprobenfehler – annähernd "$R_+ = R_-$" gelten muss.

Weil für "n" von Null verschiedene Paardifferenzen stets die Beziehung

- $R_+ + R_- = \frac{n*(n+1)}{2}$

zutrifft, ergibt sich aus der Forderung "$R_+ = R_-$":

- Die auf der Basis der beiden Zufallsstichproben ermittelten Werte von R_+ und R_- müssen – bei Gültigkeit von H_0 – in der Nähe von "$\frac{n*(n+1)}{4}$" liegen.

Somit deutet ein zu kleiner Wert von R_+ bzw. von R_- darauf hin, dass H_0 *nicht* akzeptabel ist. Beim Zutreffen von H_0 muss daher der kleinere der beiden Werte, d.h. der Wert von "$\min(R_+, R_-)$", weit genug von "0" entfernt sein.

Zur Prüfung der Nullhypothese wird daher beim **Wilcoxon-Test** eine Teststatistik "W" eingesetzt, deren Realisierung "w" in der Form

- $w = \min(R_+; R_-)$

festgelegt ist. Um den Inferenzschluss durchzuführen, muss folglich ein kritischer Wert "w_{krit}" aus der Stichprobenverteilung von W bestimmt werden, sodass ein Testwert "w_{test}" (als Realisierung der Teststatistik "W"), der gleich "w_{krit}" oder kleiner als "w_{krit}" ist, als signifikantes Ergebnis angesehen werden kann.

Genau wie beim U-Test gibt es eine Tabelle (siehe Anhang A.12), aus der die kritischen Werte zu vorgegebenem Testniveau α und der jeweiligen Anzahl "n" der von "0" verschiedenen Paardifferenzen (für "$5 < n \leq 40$") entnommen werden können.

Für den (zweiseitigen) Wilcoxon-Test enthält diese Tabelle für das Testniveau "$\alpha = 0{,}05$" unter anderem die folgenden Werte:

n:	6	7	8	9	10	11	12	13	...
w_{krit}:	0	2	3	5	8	10	13	17	...

Abbildung 21.12 kritische Werte für den Wilcoxon-Test

Hinweis: Für "$n \leq 5$" und "$\alpha = 0{,}05$" lässt sich *kein* Inferenzschluss beim Wilcoxon-Test durchführen.

Auf der Basis des ermittelten kritischen Wertes "w_{krit}" und dem zuvor errechneten Testwert "w_{test}" ist die Test-Entscheidung beim Wilcoxon-Test somit wie folgt zu treffen:

- Gilt "$w_{test} > w_{krit}$", so stehen die Stichprobenwerte im Einklang mit der Nullhypothese H_0.

- Gilt jedoch "$w_{test} \leq w_{krit}$", so werden die Stichprobenwerte als widersprüchlich zur Aussage der Nullhypothese H_0 angesehen.

In beiden Fällen deutet der jeweilige Sachverhalt darauf hin, dass der Median der von Null verschiedenen Paardifferenzen *nicht* – wie angenommen – gleich dem Wert "0" ist.

Sofern die *Ähnlichkeit* der Verteilungsverläufe von X_1 und X_2 unterstellt werden kann, weist dieser Sachverhalt auf die Unterschiedlichkeit der beiden Zentren hin, sodass die Übereinstimmung der Mediane von X_1 und X_2 nicht akzeptiert werden kann.

Hinweis: Der Sachverhalt, dass die beiden Verteilungsverläufe von X_1 und X_2 ähnlich sind, muss sich sachlogisch begründen lassen, oder es muss durch die erhobenen Daten ein entsprechender Beleg für die Ähnlichkeit vorliegen.

Bei hinreichend großem "n" ist die Kenntnis der Stichprobenverteilung von "W" entbehrlich, da in diesem Fall die Stichprobenverteilung durch eine Normalverteilung – als Testverteilung – hinreichend gut angenähert und daher ein **z-Test** mit der Realisierung einer – durch eine z-Transformation aus "W" erhaltenen – Teststatistik "Z" durchgeführt werden kann.

Da die Teststatistik "W" asymptotisch $N(\frac{n*(n+1)}{4}; \sqrt{\frac{n*(n+1)*(2*n+1)}{24}})$-verteilt ist, lässt sich mit Hilfe der durch eine z-Transformation der Form

$$Z = \frac{W - \frac{n*(n+1)}{4}}{\sqrt{\frac{n*(n+1)*(2*n+1)}{24}}}$$

abgeleiteten Teststatistik "Z" ein **z-Test** zur Prüfung der Nullhypothese der Verteilungsgleichheit durchführen. Es besteht die Konvention, dass sich dieser z-Test für Zufallsstichproben einsetzen lässt, bei denen für die Anzahl "n" der von Null verschiedenen Paardifferenzen die Ungleichung "$n > 25$" gilt.

21.3.2　Testdurchführung

Für den oben angegebenen "Vortest-Nachtest-Plan" wird bei vorgegebenem Testniveau "$\alpha = 0,05$" zu "n = 8" – gemäß der Abbildung 21.12 – der kritische Wert "3" ermittelt, sodass – wegen "$R_- = 1,5$" und "$R_+ = 34,5$" – die Nullhypothese "Die Schulung durch ein Tutorium hat keine Auswirkungen." *nicht* akzeptabel ist, weil die folgende Ungleichung zutrifft:

$$w_{test} = min(R_+; R_-) = min(34,5; 1,5) = 1,5 \leq 3 = w_{krit}$$

Um sich bei der Test-Entscheidung unterstützen zu lassen, können die in der Abbildung 21.13 dargestellten Tabellen verwendet werden.

SPSS: Dazu sind die Werte "10", "12", "9", "5", "3", "18", "14", "7", "4" und "5" – in dieser Reihenfolge – in eine Spalte ("die 1. Spalte") der Daten-Tabelle und die Werte "12", "14", "12", "10", "3", "18", "13", "9", "10" und "6" – in dieser Reihenfolge – in eine andere Spalte ("die 2. Spalte") der Daten-Tabelle einzutragen. Ist die 1. Spalte durch den Variablennamen "X1" und die 2. Spalte durch den Variablennamen "X2" benannt, so ist die Anforderung durch den NPAR TESTS-Befehl mit dem Unterbefehl WILCOXON in der folgenden Form zu stellen:

```
NPAR TESTS WILCOXON=X1 X2.
```

Ränge

		N	Mittlerer Rang	Rangsumme
X2 - X1	Negative Ränge	1 [a]	1,50	1,50
	Positive Ränge	7 [b]	4,93	34,50
	Bindungen	2 [c]		
	Gesamt	10		

a. X2 < X1

b. X2 > X1

c. X1 = X2

Statistik für Test [b]

	X2 - X1
Z	-2,325 [a]
Asymptotische Signifikanz (2-seitig)	,020

a. Basiert auf negativen Rängen.

b. Wilcoxon-Test

Abbildung 21.13 Basis für die Test-Entscheidung beim Wilcoxon-Test

Aus dieser Anzeige lässt sich der Testwert ablesen, mit dem der Signifikanz-Test auf der Basis des "Vortest-Nachtest-Plans" durchgeführt werden kann.

Wäre die Anzahl "n" der von Null verschiedenen Paardifferenzen – d.h. die Summe der Fälle, bei denen der Wert von X2 kleiner als der Wert von X1 ist ("Negative Ränge"), plus der Summe der Fälle, bei denen der Wert von X2 größer als der Wert von X1 ist ("Positive Ränge") – groß genug ($n > 25$), so könnte der angezeigte Testwert "$-2,325$" ("Z") im Rahmen eines z-Tests beurteilt werden. In diesem Fall ließe sich der Testwert als *signifikantes* Test-Ergebnis ansehen, da das zugehörige Signifikanzniveau "0,020" ("Asymptotische Signifikanz (2-seitig)") kleiner als das vorgegebene Testniveau von "$\alpha = 0,05$" ist.

Da allerdings wegen eines zu geringen Stichprobenumfangs ("n = 8") *kein* z-Test durchgeführt werden darf, sind innerhalb der Anzeige allein die Werte von R_+ und von R_- von Interesse. Es liegen somit – im Einklang mit der zuvor angegebenen Darstellung – die folgenden Rangsummen vor:

- $R_- = 1,5$ und $R_+ = 34,5$

Daher errechnet sich – wie oben bereits dargestellt – der Testwert "$\min(R_+; R_-)$" zum Wert "1,5", der – durch den Vergleich mit dem kritischen Wert "3" – als *signifikantes* Test-Ergebnis anzusehen ist.

Um z.B. die These "Es gibt keine Unterschiede in den Verteilungen der Merkmale "Einschätzung der Leistungsfähigkeit" ("Schulleistung") und "Einschätzung des Urteilsvermögens der Lehrer" ("Lehrerurteil")" zu prüfen, kann man sich auf die in der Abbildung 21.14 angegebenen Tabellen stützen.

Im Hinblick auf die Anzahl der von "0" verschiedenen Paardifferenzen (n = 68 + 80) kann ein z-Test durchgeführt werden. Die damit verbundene Test-Entscheidung führt zur *Akzeptanz* der Verteilungsgleichheit, da das Signifikanzniveau "0,093" ("Asymptotische Signifikanz (2-seitig)"), das mit dem Testwert "$-1,680$" ("Z") korrespondiert, größer als das vorgegebene Testniveau von "$\alpha = 0,05$" ist.

Ränge

		N	Mittlerer Rang	Rangsumme
Lehrerurteil - Schulleistung	Negative Ränge	68[a]	68,76	4676,00
	Positive Ränge	80[b]	79,38	6350,00
	Bindungen	102[c]		
	Gesamt	250		

a. Lehrerurteil < Schulleistung

b. Lehrerurteil > Schulleistung

c. Schulleistung = Lehrerurteil

Statistik für Test[b]

	Lehrerurteil - Schulleistung
Z	-1,680[a]
Asymptotische Signifikanz (2-seitig)	,093

a. Basiert auf negativen Rängen.

b. Wilcoxon-Test

Abbildung 21.14 Basis für die Test-Entscheidung mittels eines z-Tests

SPSS: Diese Anzeige lässt sich durch den folgenden NPAR TESTS-Befehl anfordern:

```
NPAR TESTS WILCOXON=leistung urteil.
```

Insgesamt lässt sich die Strategie, nach der Signifikanz-Tests zur *Prüfung auf Unterschiede* – auf der Basis von zwei Zufallsstichproben – eingesetzt werden sollten, in Form der folgenden Abbildung beschreiben:

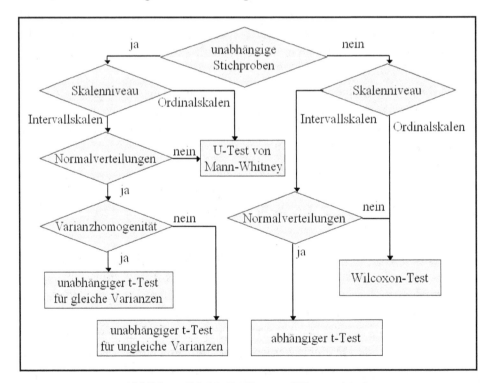

Abbildung 21.15: Prüfung auf Unterschiede

KAPITEL 22

VARIANZANALYSE

22.1 Statistische Beziehungen

Im Kapitel 16 wurde die statistische Beziehung von zwei nominalskalierten Merk-malen untersucht. Es wurde dargestellt, wie sich eine Test-Entscheidung – unter Einsatz eines χ^2-Tests – darüber treffen lässt, ob die statistische Unabhängigkeit oder die statistische Abhängigkeit dieser beiden Merkmale zu akzeptieren ist. Sofern von einer statistischen Unabhängigkeit ausgegangen werden kann, spie-gelt sich dieser Sachverhalt darin wider, dass sämtliche zu einem Merkmal zu-gehörigen Konditionalverteilungen übereinstimmen. Die Prüfung der statistischen Unabhängigkeit steht somit in direktem Zusammenhang mit der Diskussion der Übereinstimmung von Verteilungen. Dieser Sachverhalt liegt auch in dem Fall vor, in dem das eine Merkmal (Y) intervallskaliert ist und es sich bei dem anderen Merkmal (X) um ein nominalskaliertes dichotomes Merkmal handelt.

Wie den Darstellungen im Kapitel 20 zu entnehmen ist, lässt sich die statistische Unabhängigkeit von Y und X für den Fall, dass Y für jede der beiden Ausprägungen von X mit gleicher Streuung normalverteilt ist, dadurch prüfen, dass die Gleichheit zweier Mitten – unter Einsatz eines t-Tests für unabhängige Stichproben – getestet wird.

Das Verfahren, mit dem für *mehr als zwei* Ausprägungen von X untersucht werden kann, ob Y für alle Ausprägungen von X die gleiche Verteilung besitzt, heißt *ein-fache* **Varianzanalyse** (engl.: "analysis of variance", kurz "ANOVA"). Da bei der Varianzanalyse das Merkmal X als **Faktor** bezeichnet wird, spricht man anstatt von einer einfachen auch von einer 1-*faktoriellen* Varianzanalyse.

- Die **1-faktorielle Varianzanalyse** stellt eine Verallgemeinerung eines t-Tests für unabhängige Stichproben unter der Voraussetzung der Varianzhomoge-nität dar.

Werden Wirkungszusammenhänge zwischen zwei Merkmalen Y und X untersucht, wobei X als ursächlich für Y angesehen wird, so bezeichnet man Y als *abhängiges* Merkmal und X als *unabhängiges* Merkmal. Die Ausprägungen von X nennt man *Faktorstufen*. Sie kennzeichnen z.B. die jeweilige Wirkung einer Einflussgröße oder auch die Zugehörigkeit zur jeweiligen Treatmentgruppe, sofern der Einfluss unterschiedlicher Treatments auf die Wirkung des abhängigen Merkmals Y – durch die Ausführung eines Experiments – untersucht werden soll.

Zum Beispiel lässt sich prüfen, ob es jahrgangsstufenspezifische Unterschiede in der Verteilung des Merkmals "Unterrichtsstunden" gibt.

Sofern z.B. für die drei Faktorstufen "11", "12" und "13" in den zugehörigen Grundgesamtheiten die in der Abbildung 22.1 dargestellte Situation vorliegt, gibt es *keine* Unterschiede, da die drei Konditionalverteilungen übereinstimmen.

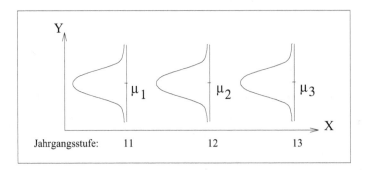

Abbildung 22.1: gleiche Konditionalverteilungen

Soll – unter Unkenntnis dieses Sachverhalts – die auf Populationsebene vorliegende Situation untersucht werden, ist folglich die Gleichheit der drei Konditionalverteilungen teststatistisch zu überprüfen. Wird als Verteilung von Y – für jede Faktorstufe – jeweils eine Normalverteilung mit gleicher Streuung unterstellt, so ist die Nullhypothese

- $H_0(\mu_1 = \mu_2 = \mu_3)$

auf ihre Akzeptanz hin zu prüfen. Dies zeigt, dass hierdurch die Fragestellung des *unabhängigen* t-Tests auf die Betrachtung dreier Mitten verallgemeinert wird.

Bei der 1-faktoriellen Varianzanalyse wird vorausgesetzt, dass das Merkmal Y für alle Faktorstufen – mit *identischer* Streuung σ – normalverteilt ist, sodass zur Prüfung der statistischen Unabhängigkeit der beiden Merkmale Y und X allein die folgende Nullhypothese überprüft werden muss:

- H_0(Alle Mitten stimmen überein.)

Sofern diese Nullhypothese zutrifft, kann das Quadrat der Streuung σ hinreichend gut durch zwei unterschiedlich gebildete Stichproben-Varianzen angenähert werden (vgl. Abschnitt 22.4). Diese Eigenschaft bildet die Grundlage für eine Teststatistik, die auf einem Quotienten dieser beiden Stichproben-Varianzen basiert und zur Prüfung der Nullhypothese verwendet werden kann.

Dieser Sachverhalt erklärt, warum man die Gleichheit von Mitten durch die Analyse von Varianzen untersuchen kann und das diesbezügliche Testverfahren als "Varianzanalyse" bezeichnet.

22.2 Voraussetzungen und Nullhypothese der Varianzanalyse

Genau wie beim *unabhängigen* t-Test basiert auch bei der Varianzanalyse eine Test-Entscheidung auf *unabhängigen* Zufallsstichproben. Die jeweils für eine Faktorstufe "j" (j=1,2,...,k mit: $k > 2$) vorliegende Zufallsstichprobe vom Umfang "n_j" wird in der Form

- $y_{j,1}, y_{j,2}, ..., y_{j,n_j}$

angegeben, d.h. es liegt insgesamt die folgende Situation vor:

$y_{1,i}$ $(i = 1, 2, ..., n_1)$	$y_{2,i}$ $(i = 1, 2, ..., n_2)$	...	$y_{k,i}$ $(i = 1, 2, ..., n_k)$
Faktorstufe 1	Faktorstufe 2	...	Faktorstufe k

Abbildung 22.2: "k" unabhängige Zufallsstichproben

Auf dieser Basis geht man bei der 1-faktoriellen Varianzanalyse ergänzend davon aus, dass die folgenden *Voraussetzungen der Varianzanalyse* zutreffen:

- Das abhängige Merkmal Y ist intervallskaliert.

- Der Faktor, d.h. das unabhängige Merkmal X, ist nominalskaliert und besitzt "k" Faktorstufen ($k \geq 3$).

- Y ist für jede der "k" Faktorstufen normalverteilt mit der Mitte "μ_j" und der Streuung "σ_j" (j=1,...,k).

- Es gilt "$\sigma_1^2 = \sigma_2^2 = ... = \sigma_k^2$", d.h. es liegt Varianzhomogenität vor.

Geprüft werden soll die Nullhypothese

- $H_0(\mu_1 = \mu_2 = ... = \mu_k)$

gegen die *ungerichtete* Alternativhypothese

- H_1(Es gibt mindestens zwei voneinander verschiedene Mitten.)

auf der Basis von "k" unabhängigen Zufallsstichproben

- $y_{j,1}, y_{j,2}, ..., y_{j,n_j}$ für: $j = 1, 2...., k$

vom Gesamtumfang "$n = \sum_{j=1}^{k} n_j$".

Trifft H_0 zu, so liegt für die Konditionalverteilungen der Faktorstufen und die Marginalverteilung der folgende Sachverhalt vor:

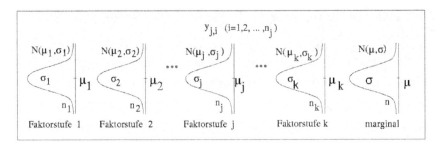

Abbildung 22.3: Übereinstimmung bei Gültigkeit von H_0

Indem die Mitte der Marginalverteilung mit μ bezeichnet wird, gilt:

- trifft H_0 zu, so ist: $\mu_1 = \mu_2 = \ldots = \mu_k = \mu$;

- trifft H_0 *nicht* zu, so gibt es mindestens eine Faktorstufe "j" mit "$\mu_j \neq \mu$", d.h. die j. Faktorstufe hat einen Effekt von der Größenordnung "$\mu_j - \mu$" auf das abhängige Merkmal.

Unter den *Voraussetzungen der Varianzanalyse* ist daher die Gültigkeit der Nullhypothese "$H_0(\mu_1 = \mu_2 = \ldots = \mu_k)$" gleichbedeutend mit:

- Die Verteilung von Y ist für alle Faktorstufen identisch. Sie ist gleich einer $N(\mu, \sigma)$-Verteilung ("$\mu = \mu_j$" für j=1,...k; d.h. "$\mu_j - \mu = 0$" für j=1,...,k), sodass zwischen Y und X eine *statistische Unabhängigkeit* besteht, d.h. die Faktorstufen haben *keinen* Einfluss auf die Verteilung von Y, sodass der Faktor *keinen* Effekt ausübt.

22.3   Zerlegung der Gesamt-Stichprobenvariation

Die *Grundidee* für einen varianzanalytischen Signifikanz-Test zur Prüfung von H_0 besteht darin, aus der Zerlegung der gesamten Stichprobenvariation die Basis für den Aufbau einer F-verteilten Teststatistik zu erhalten.

Wird mit "$\bar{y}_j$" das arithmetische Mittel der Y-Werte in der j. Stichprobe bezeichnet, das nach der Vorschrift

- $\bar{y}_j = \frac{1}{n_j} \sum_{i=1}^{n_j} y_{j,i}$

berechnet wird, und mit "$\bar{y}$" das arithmetische Mittel

- $\bar{y} = \frac{1}{n} \sum_{j=1}^{k} \sum_{i=1}^{n_j} y_{j,i}$

aller Stichprobenelemente gekennzeichnet, so stellt die folgende Gleichung die Basis einer varianzanalytischen Untersuchung dar:

- $y_{j,i} - \bar{y} = (y_{j,i} - \bar{y}_j) + (\bar{y}_j - \bar{y})$

Dies bedeutet, dass die Differenz eines Stichprobenwerts zum Gesamtmittel gleich der Summe aus der Differenz des Stichprobenwerts zum Gruppenmittel und der Differenz des Gruppenmittels zum Gesamtmittel ist.

Aus dieser Zerlegung lässt sich durch Quadrierung und Summation über alle Stichprobenelemente – unter Durchführung geeigneter Rechenoperationen – die folgende *Variationsgleichung der Varianzanalyse* ableiten:

$$\underbrace{\sum_{j=1}^{k}\sum_{i=1}^{n_j}(y_{j,i}-\bar{y})^2}_{\text{SS(total)}} = \underbrace{\sum_{j=1}^{k}\sum_{i=1}^{n_j}(y_{j,i}-\bar{y}_j)^2}_{\text{SS(within)}} + \underbrace{\sum_{j=1}^{k}n_j*(\bar{y}_j-\bar{y})^2}_{\text{SS(between)}}$$

Hinweis: Diese Gleichheit gilt generell – unabhängig davon, ob die Nullhypothese zutrifft. "SS" kürzt "sum of squares" ab. Im deutschen Sprachgebrauch wird anstelle von "SS" auch "SAQ" ("Summe der Abweichungs-Quadrate") verwendet, sodass für "SS(total), SS(within) und SS(between)" auch "SAQ(gesamt), SAQ(innerhalb) und SAQ(zwischen)" geschrieben wird.

Die auf der linken Seite angegebene Gesamt-Stichprobenvariation **"SS(total)"** lässt sich somit aufteilen in einen 1. Summanden **"SS(within)"**, der die Summe der (Gesamt-)Variationen *innerhalb* der "k" Stichproben kennzeichnet, und in einen 2. Summanden **"SS(between)"**, der die mit den Stichprobenumfängen "n_j" gewichtete Abweichung der einzelnen Stichprobenmittelwerte vom Gesamtmittelwert beschreibt. Mit Hilfe dieser Abkürzungen lässt sich die Variationsgleichung der Varianzanalyse wie folgt angeben:

- SS(total) = SS(within) + SS(between)

Gemäß der Darstellung im Abschnitt 12.3.3 ist "Eta-Quadrat (η^2)" ein PRE-Maß, mit dem sich die Stärke der statistischen Abhängigkeit zwischen dem abhängigen intervallskalierten Merkmal Y und dem unabhängigen nominalskalierten Merkmal X beschreiben lässt. Wegen der Variationsgleichung gilt:

$$\eta^2 = \frac{\sum_{i=1}^{n}(y_i-\bar{y})^2 - \sum_{j=1}^{k}\sum_{i=1}^{n_j}(y_{j,i}-\bar{y}_j)^2}{\sum_{i=1}^{n}(y_i-\bar{y})^2} = \frac{SS(total)-SS(within)}{SS(total)} = \frac{SS(between)}{SS(total)}$$

Dabei ist zu berücksichtigen, dass für die Gesamt-Stichprobenvariation gilt:

$$\sum_{i=1}^{n}(y_i-\bar{y})^2 = \sum_{j=1}^{k}\sum_{i=1}^{n_j}(y_{j,i}-\bar{y})^2$$

"η^2" stellt sich somit als Größe dar, die den Anteil der Variationsaufklärung durch "SS(between)" beschreibt. Bei gleichen Stichprobenmittelwerten errechnet sich "SS(between)" zu "0" und daher gilt in diesem Fall: "$\eta^2 = 0$".

Der Summand **"SS(within)"**, der als **Binnenvariation** bezeichnet wird, beschreibt die gesamte (individuelle) Unterschiedlichkeit der Stichprobenelemente innerhalb der einzelnen Stichproben. Diese Binnenvariation enthält *keine* Anteile, die die Unterschiedlichkeit der Stichprobenelemente widerspiegeln, welche sich aufgrund unterschiedlich wirksamer Treatments ergeben. Dies liegt daran, dass die Variationen pro Stichprobe gebildet werden und alle Elemente *einer* Stichprobe *einheitlich demselben* Treatment ausgesetzt sind.

Hinweis: Wird nämlich für jede der "j" Stichproben unterstellt, dass sich jeder einzelne Stichprobenwert aus einem vom Treatment *unbeeinflussten* Wert "$y_{j,i}$" und dem *Treatment-Effekt* "t_j" zusammensetzt, so werden alle "t_j" bei der Summenbildung "SS(within)" eliminiert.
Sofern man nämlich für einen einzelnen Wert der j. Stichprobe den Aufbau "$y_{j,i} + t_j$" unterstellt, gilt die folgende Gleichung:

$$\sum_{j=1}^{k} \sum_{i=1}^{n_j} (y_{j,i} + t_j - \bar{y}_j)^2 = \sum_{j=1}^{k} \sum_{i=1}^{n_j} (y_{j,i} + t_j - [\tfrac{1}{n_j} \sum_{m=1}^{n_j} (y_{j,m} + t_j)])^2$$
$$= \sum_{j=1}^{k} \sum_{i=1}^{n_j} (y_{j,i} + t_j - [\bar{y}_j + t_j])^2 = \sum_{j=1}^{k} \sum_{i=1}^{n_j} (y_{j,i} - \bar{y}_j)^2$$

Sofern *tatsächlich* Treatment-Effekte vorliegen, spiegelt **"SS(between)"** – neben der Unterschiedlichkeit der Stichprobenelemente – *zusätzlich* die Unterschiedlichkeit wider, die sich im Hinblick auf verschiedenartig wirksame Treatments einstellt, sodass von der **"Treatmentvariation"** ("Treatment-Binnenvariation") gesprochen werden kann. Gibt es *keine* Treatment-Effekte, so beschreibt die Treatmentvariation "SS(between)" – genau wie die Binnenvariation "SS(within)" – *allein* die Unterschiedlichkeit der Stichprobenelemente.

22.4   Der F-Test der Varianzanalyse

Der Signifikanz-Test der Varianzanalyse stützt sich auf einen Quotienten, der aus der *normierten Treatmentvariation* und der *normierten Binnenvariation* gebildet wird. Die Normierung wird – genau wie beim Übergang von der Stichprobenvariation zur Stichproben-Varianz – durch die jeweilige Anzahl der Freiheitsgrade vorgenommen. Es gilt:

- Die Anzahl der Freiheitsgrade der Binnenvariation ist gleich "$n - k$", d.h. gleich der Differenz aus dem Gesamtumfang aller Stichproben und der Anzahl der Stichproben.

Hinweis: Da die Anzahl der Freiheitsgrade für die j. Summe gleich dem Wert "$n_j - 1$" ist, ergibt sich insgesamt: $\sum_{j=1}^{k} (n_j - 1) = (\sum_{j=1}^{k} n_j) - k = n - k$

- Die Anzahl der Freiheitsgrade der Treatmentvariation ist gleich "$k - 1$", d.h. gleich der um "1" verminderten Anzahl der Stichproben.

Durch die Normierung stellen somit die beiden folgenden Größen die Basis für den Signifikanz-Test der 1-faktoriellen Varianzanalyse dar:

- die **Binnenvarianz**: $MS(within) = \frac{1}{n-k} SS(within)$

- die **Treatmentvarianz**: $MS(between) = \frac{1}{k-1} SS(between)$

Hinweis: "MS" steht als Abkürzung für "mean squares". Im deutschen Sprachgebrauch wird anstelle von "MS" auch "MAQ" ("Mittlere Abweichungs-Quadrate") geschrieben, sodass für "MS(within) und MS(between)" auch "MAQ(innerhalb) und MAQ(zwischen)" angegeben wird.

Da die Anzahl der Freiheitsgrade der Gesamt-Stichprobenvariation "SS(total)" gleich "$n-1$" ist, lässt sich für die Freiheitsgrade ("df") die folgende Gleichung formulieren:

- df(total) $= n - 1 = (n - k) + (k - 1) =$ df(within) $+$ df(between)

Aus der mathematischen Wahrscheinlichkeitstheorie sind die folgenden Sachverhalte bekannt:

- Sofern die *Voraussetzungen der Varianzanalyse* erfüllt sind (siehe die Angaben im Abschnitt 22.2), besitzt diejenige Teststatistik "F", deren Realisierung in der Form

$$F_o = \frac{MS(between)}{MS(within)}$$

festgelegt ist, eine F($k - 1$, $n - k$)-Verteilung. Durch "$k - 1$" werden die *Zähler-Freiheitsgrade* und durch "$n - k$" die *Nenner-Freiheitsgrade* gekennzeichnet.

- Sofern die *Nullhypothese* zutrifft, können sowohl "MS(within)" als auch "MS(between)" als hinreichend gute Annäherungen an das Quadrat der Streuung ("σ^2") angesehen werden.

Hinweis: Unter der *Gültigkeit* von H_0 stammen sämtliche Zufallsstichproben aus Grundgesamtheiten, in denen das Merkmal Y identisch normalverteilt ist, sodass sich die (Populations-)Varianz "σ^2" der Verteilung von Y durch die *Stichproben-Varianz*

$$MS(total) = \frac{1}{n-1} * \sum_{j=1}^{k} \sum_{i=1}^{n_j} (y_{j,i} - \bar{y})^2$$

der Gesamtstichprobe hinreichend gut annähern lässt.

Da beim *Zutreffen* von "$H_0(\mu_1 = \mu_2 = ... = \mu_k)$" sowohl "MS(within)" als auch "MS(between)" als *erwartungstreue* Schätzungen für "σ^2" verwendbar sind, kann davon ausgegangen werden, dass sich die Binnenvarianz sowie die Treatmentvarianz höchstens durch Stichprobenfehler unterscheiden können, sodass sich die Realisierung "F_o" der Teststatistik "F" in der Nähe des Wertes "1" befinden sollte.

Für den Fall, dass der Quotient

- $\dfrac{MS(between)}{MS(within)}$

kleiner als "1" ist, überwiegt die Binnenvarianz die Treatmentvarianz. Daher können in diesem Fall keine bedeutsamen Unterschiede in den Mitten vorliegen. Anders verhält es sich, wenn der Quotient

- $\dfrac{MS(between)}{MS(within)}$

beträchtlich größer als "1" ist. Dieser Sachverhalt kann auf faktorstufenspezifische Unterschiede in den Mitten hindeuten, da in diesem Fall die Treatmentvarianz "MS(between)" neben der Unterschiedlichkeit, die durch die Binnenvarianz gekennzeichnet wird, *zusätzliche* Unterschiede widerspiegeln kann, die durch Treatment-Effekte bedingt sind.

Wird folglich die für eine Zufallsstichprobe vorliegende Situation, dass "MS(between)" wesentlich größer als "MS(within)" ist, *nicht* auf Stichprobenfehler zurückgeführt, sondern als Indikator für faktorstufenspezifische Unterschiede in den Mitten angesehen, so stellt diese Sichtweise die Grundlage für einen Signifikanz-Test dar.

- Der Signifikanz-Test, bei dem der Inferenzschluss – in diesem Sinne – auf der Basis einer Realisierung der Teststatistik "F" durchgeführt wird, wurde vom Statistiker *Ronald A. Fisher* (1890-1966) entwickelt und wird **F-Test der 1-faktoriellen Varianzanalyse** genannt.

Da allein eine Realisierung "F_o" der Teststatistik "F", die größer als "1" ist, darauf hindeuten kann, dass die Nullhypothese *nicht* zutrifft, muss zur Durchführung des F-Tests ein kritischer Wert "$f_{krit} > 1$" bestimmt werden, oberhalb dessen eine Realisierung von "F" als nicht mehr im Einklang mit H_0 angesehen werden soll.

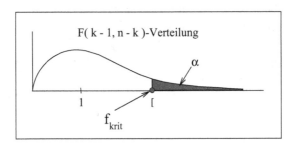

Abbildung 22.4: kritischer Wert für den F-Test der Varianzanalyse

Obwohl das Testniveau α allein auf der rechten Seite der Testverteilung platziert wird und demzufolge nur ein kritischer Wert zu ermitteln ist, darf nicht vergessen werden, dass durch den F-Test der 1-faktoriellen Varianzanalyse eine Nullhypothese in Verbindung mit einer *ungerichteten* Alternativhypothese geprüft wird.

Hinweis: Auch bei dem im Abschnitt 20.5 angegebenen F-Test – zur Untersuchung der Varianzhomogenität bei zwei Stichproben – erfolgte eine Prüfung auf der Basis einer Nullhypothese und einer *ungerichteten* Alternativhypothese.

Allerdings musste bei diesem F-Test – im Unterschied zum Verfahren der 1-faktoriellen Varianzanalyse – das Testniveau hälftig auf der rechten und auf der linken Seite der Testverteilung aufgegliedert werden.

Entsprechend dem jeweils vorgegebenen Testniveau lässt sich der zugehörige kritische Wert aus der Tabelle der F-Verteilung – in Abhängigkeit vom Zähler-Freiheitsgrad "$k-1$" sowie vom Nenner-Freiheitsgrad "$n-k$" – entnehmen (siehe die Tabelle der F-Verteilung im Anhang A.9). Wie bei jedem Signifikanz-Test ist anschließend die Realisierung der Teststatistik mit dem ermittelten kritischen Wert bzw. das mit dem Testwert korrespondierende Signifikanzniveau mit dem vorgegebenen Testniveau zu vergleichen.

Sind die Voraussetzungen des F-Tests *nicht* erfüllbar, so ist die Durchführung des F-Tests im Hinblick auf den folgenden Sachverhalt unter Umständen trotzdem zulässig:

- Gibt es keine wesentlichen Unterschiede in den Stichprobenumfängen, so ist der F-Test der 1-faktoriellen Varianzanalyse *robust* gegenüber Verletzungen der Normalverteilungsannahme und der Varianzhomogenität.

Genau wie bei einem unabhängigen t-Test ist die Frage von Interesse, wie groß der Stichprobenumfang für die einzelnen Faktorstufen sein sollte. Die hierzu erforderlichen Angaben über *optimale Stichprobenumfänge* zur Durchführung des F-Tests bei der 1-faktoriellen Varianzanalyse werden im Abschnitt 22.8 gemacht.

22.5 Durchführung des F-Tests

Um den F-Test der Varianzanalyse durch den Einsatz des IBM SPSS Statistics-Systems durchführen zu können, müssen die Werte des abhängigen Merkmals Y und des Faktors X wie folgt strukturiert sein:

$$
\begin{array}{cc}
\underline{Y} & \underline{X} \\
y_{1,1} & 1 \\
\vdots & \vdots \\
y_{1,n_1} & 1 \\
y_{2,1} & 2 \\
\vdots & \vdots \\
y_{2,n_2} & 2 \\
\dots & \dots \\
y_{k,1} & k \\
\vdots & \vdots \\
y_{k,n_k} & k
\end{array}
$$

Abbildung 22.5: Datenstruktur für den F-Test

SPSS: Sofern die Y-Werte und die X-Werte in der angegebenen Form innerhalb zweier Spalten der Daten-Tabelle eingetragen und über die Variablennamen Y und X adressierbar sind, lässt sich für die abhängige Variable Y und die unabhängige Variable X durch den Einsatz des ONEWAY-Befehls

```
ONEWAY Y BY X.
```

die Zerlegung der Gesamt-Stichprobenvariation sowie der Testwert für den F-Test mit dem zugehörigen Signifikanzniveau anfordern.

Soll z.B. die Nullhypothese

- H_0(Es gibt keine jahrgangsstufenspezifischen Unterschiede im Hinblick auf die Anzahl der Unterrichtsstunden.)

geprüft werden, so lässt sich die folgende **Varianzanalyse-Tafel** abrufen:

ONEWAY ANOVA

Unterrichtsstunden

	Quadratsumme	df	Mittel der Quadrate	F	Signifikanz
Zwischen den Gruppen	536,280	2	268,140	26,478	,000
Innerhalb der Gruppen	2501,320	247	10,127		
Gesamt	3037,600	249			

Abbildung 22.6: Varianzanalyse-Tafel

SPSS: Dieser Tabelle lässt sich – nach einer geeigneten Etikettierung – durch den folgenden Befehl anfordern:

```
ONEWAY stunzahl BY jahrgang.
```

In der durch "Quadratsumme" überschriebenen Spalte sind Angaben über die Aufteilung der Gesamt-Stichprobenvariation ("Gesamt") des Merkmals "Unterrichtsstunden" enthalten. Diese ist zerlegt in die "Treatmentvariation" ("Zwischen den Gruppen") und in die "Binnenvariation" ("Innerhalb der Gruppen"). Sofern die *Voraussetzungen der Varianzanalyse* erfüllt sind (d.h. für die einzelnen Faktorstufen liegen unabhängige Zufallsstichproben vor, das Merkmal "Unterrichtsstunden" ist in den einzelnen Jahrgangsstufen normalverteilt und es liegt Varianzhomogenität vor), lässt sich der Inhalt der Varianzanalyse-Tafel wie folgt interpretieren:

Zum Testwert "26,478" der F-verteilten Teststatistik ("F") gehört ein Signifikanzniveau ("Signifikanz"), das kleiner als 10^{-3} ist, sodass der Vergleich mit einem vorgegebenen Testniveau von "$\alpha = 0,05$" den Testwert als *signifikantes* Ergebnis kennzeichnet. Somit ist die Nullhypothese *nicht* akzeptabel, sodass davon ausgegangen werden kann, dass für mindestens zwei Jahrgangsstufen Mitten-Unterschiede für das Merkmal "Unterrichtsstunden" bestehen.

Hinweis: Auch für den Fall, dass der Testwert kleiner als "1" ist, kann der Vergleich des Signifikanzniveaus ("Signifikanz") mit dem vorgegebenen Testniveau erfolgen, da in dieser Situation das Signifikanzniveau stets größer als das Testniveau ist. Dies steht im Einklang damit, dass ein derartig kleiner Testwert nur auftreten kann, wenn keine bedeutenden Unterschiede in den Mitten (durch die Einflüsse verschiedenartig wirksamer Treatments) vorliegen.

22.6   Vergleiche einzelner Faktorstufen

Kann – wie im angegebenen Beispiel – die Hypothese, dass der Faktor *keinen* Effekt auf das abhängige Merkmal ausübt, *nicht* aufrecht erhalten werden, so stellt sich die folgende Frage:

- Für welche Faktorstufen unterscheiden sich die zugehörigen Mitten signifikant?

Ein *paarweiser* Vergleich – etwa durch einen t-Test für *unabhängige* Stichproben – zwischen allen Stichproben ist problematisch, weil die zugehörigen t-Tests *nicht* voneinander *unabhängig* sind. Je mehr *Einzelvergleiche* durchzuführen sind, desto größer ist die Wahrscheinlichkeit, dass einer dieser einzelnen t-Tests fälschlicherweise einen signifikanten Mittelwertunterschied anzeigt.

Sofern die Wahrscheinlichkeiten, (korrekterweise) *keine* Unterschiedlichkeit zu akzeptieren, über alle Vergleiche *konstant* gleich "$1 - \alpha$" sind, gilt der folgende Sachverhalt:

- Die Wahrscheinlichkeit, bei "m" Vergleichen *mindestens eine* Unterschiedlichkeit zu akzeptieren, obwohl totale Übereinstimmung vorliegt, ist größer oder gleich dem Wert "$1 - (1 - \alpha)^m$ ".

Hinweis: Dieser Sachverhalt lässt sich – nach den Gesetzen der mathematischen Wahrscheinlichkeitstheorie – wie folgt begründen:

- Sind "k" Stichproben gegeben, so sind "$m = k * \frac{k-1}{2}$" unterschiedliche paarweise Vergleiche möglich.

Wenn für jeden Einzelvergleich das Testniveau α in der Form

- α = prob(eine Unterschiedlichkeit zu akzeptieren, obwohl Übereinstimmung vorliegt)

festgelegt ist, so gilt:

- $1 - \alpha$ = prob((korrekterweise) *keine* Unterschiedlichkeit zu akzeptieren)

Daraus folgt (siehe die Angaben im Anhang A.4):

- prob(bei "m" Vergleichen *mindestens* eine Unterschiedlichkeit zu akzeptieren, obwohl totale Übereinstimmung vorliegt)

  = 1 – prob((korrekterweise) bei *keinem* von "m" Vergleichen eine Unterschiedlichkeit zu akzeptieren)

  = 1 – prob((korrekterweise) beim 1. Vergleich *keine* Unterschiedlichkeit zu akzeptieren und
  (korrekterweise) beim 2. Vergleich *keine* Unterschiedlichkeit zu akzeptieren und
  ....
  (korrekterweise) beim m. Vergleich *keine* Unterschiedlichkeit zu akzeptieren)

  $\geq 1 - [$ prob((korrekterweise) bei einem einzelnen Vergleich *keine* Unterschiedlichkeit zu akzeptieren)$]^m$

  $= 1 - (1 - \alpha)^m$

Für das angegebene Beispiel mit den 3 Faktorstufen bedeutet dieses Ergebnis, dass die Wahrscheinlichkeit, mindestens eine Unterschiedlichkeit zu akzeptieren, obwohl eine totale Übereinstimmung vorliegt, wegen der Gültigkeit von

$$1 - (1 - 0,05)^3 = 1 - 0,95^3 \simeq 1 - 0,857375 \simeq 0,14$$

größer oder gleich "0,14" ist.

Gemäß der angegebenen Wahrscheinlichkeits-Abschätzung wird es mit zunehmender Anzahl der Faktorstufen immer wahrscheinlicher, dass ein signifikantes Testergebnis bei der Durchführung eines unabhängigen t-Tests im Rahmen der paarweisen Vergleiche erhalten wird, obwohl der Testwert der Varianzanalyse nicht signifikant ist.

Paarweise Vergleiche mittels unabhängiger t-Tests sollte man daher nur dann anstelle einer 1-faktoriellen Varianzanalyse durchführen, wenn das vorgegebene Testniveau für die Einzelvergleiche geeignet angepasst wird.

Sofern bei einem signifikanten Ergebnis der 1-faktoriellen Varianzanalyse paarweise Vergleiche zum Aufspüren von Mitten-Unterschieden im Hinblick auf die Nullhypothese "$H_0(\mu_1 = \mu_2 = ... = \mu_k)$" durchzuführen sind, wird – in Anbetracht der soeben erläuterten Problematik – das folgende Vorgehen vorgeschlagen:

- Es wird eine **Alpha-Adjustierung** durchgeführt, d.h. bei "k" Faktorstufen wird das Testniveau durch die Anzahl "$m = k * (\frac{k-1}{2})$" der paarweise durchzuführenden Vergleiche geteilt, sodass für jeden paarweisen Vergleich das folgende *adjustierte Testniveau* – die sog. *Bonferroni-Approximation* – verwendet werden kann:

$$\alpha_{adjustiert} = \frac{\alpha}{m}$$

  Werden die paarweisen Vergleiche im Anschluss an eine 1-faktorielle Varianzanalyse, d.h. in Form von **a-posteriori-Tests**, auf der Basis dieses *adjustierten* Testniveaus durchgeführt, so bezeichnet man dieses Vorgehen als **Bonferroni-Test**.

Sofern für das aktuelle Beispiel ein Bonferroni-Test durchgeführt werden soll, kann die innerhalb der Abbildung 22.7 angegebene Anzeige – nach einer geeigneten Etikettierung – vom IBM SPSS Statistics-System abgerufen werden.

SPSS: Um diese Tabelle anzufordern, ist der ONEWAY-Befehl mit dem Unterbefehl POSTHOC in Verbindung mit dem Schlüsselwort BONFERRONI in der folgenden Form zu formulieren:

```
ONEWAY stunzahl BY jahrgang /POSTHOC=BONFERRONI.
```

Durch die Eintragungen in der ersten und zweiten Tabellenspalte ist erkennbar, dass signifikante Unterschiede beim Vergleich der Jahrgangsstufen "11" und "13" sowie der Jahrgangsstufen "12" und "13" vorliegen und dass sich die Jahrgangsstufen "11" und "12" nicht signifikant voneinander unterscheiden.

Mehrfachvergleiche

Unterrichtsstunden
Bonferroni

(I) Jahrgangsstufe	(J) Jahrgangsstufe	Mittlere Differenz (I-J)	Standardfehler	Signifikanz	95%-Konfidenzintervall	
					Untergrenze	Obergrenze
11	12	,26000	,45004	1,000	-,8248	1,3448
	13	3,78000*	,55118	,000	2,4514	5,1086
12	11	-,26000	,45004	1,000	-1,3448	,8248
	13	3,52000*	,55118	,000	2,1914	4,8486
13	11	-3,78000*	,55118	,000	-5,1086	-2,4514
	12	-3,52000*	,55118	,000	-4,8486	-2,1914

*. Die Differenz der Mittelwerte ist auf dem Niveau ,050 signifikant.

Abbildung 22.7: Tabelle zur Durchführung des Bonferroni-Tests

Statt des Bonferroni-Tests kann z.B. – als weiterer zur Verfügung stehender a-posteriori-Test – der **Scheffé-Test** eingesetzt werden, bei dessen Inferenzschluss die ermittelten Werte aus der Varianzanalyse-Tafel unmittelbar Verwendung finden. Zur Durchführung des Scheffé-Tests lässt sich die folgende Anzeige vom IBM SPSS Statistics-System anfordern:

Mehrfachvergleiche

Unterrichtsstunden
Scheffé-Prozedur

(I) Jahrgangsstufe	(J) Jahrgangsstufe	Mittlere Differenz (I-J)	Standardfehler	Signifikanz	95%-Konfidenzintervall	
					Untergrenze	Obergrenze
11	12	,26000	,45004	,846	-,8483	1,3683
	13	3,78000*	,55118	,000	2,4226	5,1374
12	11	-,26000	,45004	,846	-1,3683	,8483
	13	3,52000*	,55118	,000	2,1626	4,8774
13	11	-3,78000*	,55118	,000	-5,1374	-2,4226
	12	-3,52000*	,55118	,000	-4,8774	-2,1626

*. Die Differenz der Mittelwerte ist auf dem Niveau ,050 signifikant.

Abbildung 22.8: Tabelle zur Durchführung des Scheffé-Tests

SPSS: Die zugehörige Anforderung an das IBM SPSS Statistics-System ist mittels des ONEWAY-Befehls – unter Einsatz des Unterbefehls POSTHOC mit dem Schlüsselwort SCHEFFE – wie folgt zu stellen:

```
ONEWAY stunzahl BY jahrgang /POSTHOC=SCHEFFE.
```

Bei der Durchführung des Scheffé-Tests werden "k" Mitten "μ_i" miteinander verglichen. Dabei wird – auf der Basis des vorgegebenen Testniveaus α – für jeden Paarvergleich "$\mu_i = \mu_j$" die folgende *kritische Differenz* berechnet:

$$\bullet \ D_{krit}^{i,j} = \sqrt{(\tfrac{1}{n_i} + \tfrac{1}{n_j}) * (k-1) * MS(within) * F_{o,(1-\alpha)}^{(k-1,n-k)}}$$

Dabei wird derjenige Wert, unterhalb dem "$(1-\alpha) * 100\%$" des Flächenanteils der F-Verteilung liegt, wie folgt kennzeichnet:

$$F_{o,(1-\alpha)}^{(k-1,n-k)}.$$

Für "$\alpha = 0,05$" erhält man bei "$k - 1 = 2$" Zähler-Freiheitsgraden und bei "$n - k = 247$" Nenner-Freiheitsgraden näherungsweise den Wert "3,03" aus der Tafel der F-Verteilung (siehe Anhang A.9). Setzt man diesen Wert in die Berechnungsvorschrift für die kritische Differenz ein, so erhält man:

$$D_{krit}^{i,j} = \sqrt{(\tfrac{1}{n_i} + \tfrac{1}{n_j}) * (k-1) * MS(within) * 3,03}$$

Für das oben angegebene Beispiel ergibt sich "k" zum Wert "3" und die Binnenvarianz "MS(within)" zum Wert "10,127" (siehe Abbildung 22.6), sodass man in diesem Fall den folgenden Wert erhält:

$$D_{krit}^{i,j} = \sqrt{(\tfrac{1}{n_i} + \tfrac{1}{n_j}) * 2 * 10,127 * 3,03} \simeq 7,83 * \sqrt{(\tfrac{1}{n_i} + \tfrac{1}{n_j})}$$

- Im Rahmen der Test-Entscheidung beim Scheffé-Test ist die empirische Differenz zwischen den beiden zur i. und zur j. Faktorstufe gehörenden Mittelwerte dann auf dem Testniveau von "$\alpha = 0,05$" signifikant, wenn der Absolutbetrag dieser Differenz größer als der Wert "$D_{krit}^{i,j}$" ist.

Hinweis: Bei diesen "a-posteriori-Vergleichen" je zweier Mitten ist die Wahrscheinlichkeit, mit der die jeweilige Nullhypothese der Gleichheit zweier Mitten nicht akzeptiert werden kann, von der Anzahl der jeweils möglichen Einzelvergleiche unabhängig und über die einzelnen Einzelvergleiche hinweg konstant. Dies bedeutet, dass alle Hypothesen, die sich auf die Einzelvergleiche von Mitten beziehen, direkt auf dem vorgegebenen Testniveau α abgesichert werden können.

Der in der Abbildung 22.8 angegebenen Anzeige des IBM SPSS Statistics-Systems ist zu entnehmen, dass Mittelwertvergleiche beim Merkmal "Unterrichtsstunden" zwischen den Jahrgangsstufen "11" und "13" sowie zwischen "12" und "13" signifikant sind und dass sich die Jahrgangsstufen "11" und "12" nicht signifikant voneinander unterscheiden.

Es ist möglich, dass der Testwert der Varianzanalyse signifikant ist, und trotzdem keiner der Testwerte, die sich bei der Durchführung des Scheffé-Tests im Rahmen einer paarweisen Prüfung ergeben, sich als signifikantes Ergebnis erweist. Dieser Fall kann eintreten, weil der Scheffé-Test zu den *konservativen* Signifikanz-Tests zählt. Nur wenn der Stichprobenumfang relativ groß ist, werden geringfügige Abweichungen als signifikante Unterschiede ausgewiesen.

22.7 Überprüfung der Voraussetzungen der Varianzanalyse

Für den Fall, dass *nicht* sämtliche *Voraussetzungen der Varianzanalyse* (siehe Abschnitt 22.2) erfüllt sind, lässt sich Folgendes feststellen:

- Ist – bei vorliegender Varianzhomogenität – die Annahme der Normalverteilung *nicht* haltbar, so lässt sich der F-Test ebenfalls dann durchführen, wenn die Stichprobenumfänge ("n_j") "hinreichend groß" sind und die Abweichung von der Normalverteilung "nicht erheblich" ist.

  Hinweis: Um zu prüfen, ob die Annahme haltbar ist, dass das abhängige Merkmal in den durch die Faktorstufen gekennzeichneten Grundgesamtheiten normalverteilt ist, lässt sich der χ^2-Anpassungs-Test einsetzen (siehe Abschnitt 16.6).

- Falls – bei vorliegender Normalverteilung – *keine* Varianzhomogenität unterstellt werden kann, ist die Durchführung des F-Tests der Varianzanalyse trotzdem zulässig, sofern die Stichprobenumfänge sämtlich "hinreichend groß" sind oder aber die Summe der Stichprobenumfänge ("n") "hinreichend groß" ist und die Stichprobenumfänge "n_j" (j=1,...,k) *gleich* sind.

Wegen der Unempfindlichkeit gegenüber Verletzungen der Voraussetzungen handelt es sich beim F-Test der Varianzanalyse um einen *robusten* Signifikanz-Test. Bei "hinreichend großen" Stichprobenumfängen kann er auch dann durchgeführt werden, wenn die Normalverteilung bzw. die Varianzhomogenität nicht gesichert ist.

Um die Werte der Varianzanalyse-Tafel – bei nicht allzu großen Fallzahlen – sinnvoll auswerten zu können, muss geprüft worden sein, ob die Voraussetzungen der Normalverteilung und der Varianzhomogenität erfüllt sind.

Soll z.B. im Hinblick auf das im Abschnitt 22.5 diskutierte Beispiel die Varianzhomogenität des Merkmals "Unterrichtsstunden", d.h. die Nullhypothese

- $H_0($ Es liegt Varianzhomogenität vor. $)$

mittels des *Levene-Tests* geprüft werden, so lässt sich dazu die folgende Anzeige abrufen:

Test der Homogenität der Varianzen

Unterrichtsstunden

Levene-Statistik	df1	df2	Signifikanz
40,473	2	247	,000

Abbildung 22.9: Grundlage zur Prüfung der Varianzhomogenität

SPSS: Zur Anforderung dieser Tabelle ist der Unterbefehl STATISTICS mit dem Schlüsselwort HOMOGENEITY in der folgenden Form im ONEWAY-Befehl aufzuführen:

```
ONEWAY stunzahl BY jahrgang /STATISTICS=HOMOGENEITY.
```

Die Grundidee des **Levene-Tests** beruht darauf, mittels eines F-Tests zu prüfen, ob zwischen den Dispersionen, die die Verteilungen des abhängigen Merkmals in den durch die Faktorstufen gekennzeichneten Grundgesamtheiten besitzen (und die durch die mittleren absoluten Abweichungen von der Mitte geschätzt werden), signifikante Unterschiede bestehen.

Da auf der Basis der Abbildung 22.9 ein Signifikanzniveau ("Signifikanz") von weniger als "10^{-3}" ermittelt wurde, lässt sich die Annahme, dass Varianzhomogenität vorliegt, – auf der Basis eines Testniveaus von "$\alpha = 0{,}1$" (β sollte möglichst gering sein!) – *nicht* akzeptieren. Allerdings kann aufgrund der jeweils großen Stichprobenumfänge davon ausgegangen werden, dass der Einsatz der Varianzanalyse trotzdem legitim ist.

22.8 Poweranalyse bei der 1-faktoriellen Varianzanalyse

Bestimmung des optimalen Stichprobenumfangs

Bei der 1-faktoriellen Varianzanalyse wird die Nullhypothese der Gleichheit von Mitten mittels eines F-Tests diskutiert, bei dem die Teststatistik festgelegt ist als Quotient aus der Treatmentvarianz und der Binnenvarianz.

Auf der Basis der für die Faktorstufen erhobenen Zufallsstichproben wurde im Abschnitt 22.3 festgestellt, dass sich die Stärke der statistischen Beziehung zwischen dem abhängigen Merkmal und dem Faktor durch das PRE-Maß "η^2" als Quotient der Treatmentvariation zur Gesamtvariation beschreiben lässt. "η^2" kennzeichnet demzufolge den Prozentsatz der Stichprobenvariation, der durch die Unterschiedlichkeit der durch die Faktorstufen festgelegten Bedingungen aufgeklärt wird.

Mit den Statistiken "Treatmentvariation" und "Gesamtvariation" lassen sich die beiden Parameter faktorspezifische Varianz "$\sigma^2_{Treatment}$" zur Kennzeichnung der Unterschiedlichkeit, die durch den *systematischen* Einfluss des Faktors bedingt ist, und die gesamte *Populations-Varianz* "σ^2" schätzen.

Da eine Effektgröße immer eine Aussage über den Sachverhalt auf der Populationsebene macht, ist es naheliegend, die Effektgröße, die beim F-Test der 1-faktoriellen Varianzanalyse zu berücksichtigen ist, wie folgt durch den Parameter "Ω^2" (Omega-Quadrat) festzulegen:

$$\Omega^2 = \frac{\sigma^2_{Treatment}}{\sigma^2}$$

"Ω^2" gibt demnach an, welcher Anteil an der Populations-Varianz durch den Faktor in Form der faktorspezifischen Varianz als systematischer Einfluss aufgeklärt wird. Grundsätzlich gilt:

- $0 \leq \Omega^2 \leq 1$

Wenn keine Unterschiede in den Mitten existieren, gilt "$\sigma^2_{Treatment} = 0$" und daher: "$\Omega^2 = 0$".

Wenn sämtliche Unterschiedlichkeiten allein durch den Einfluss des Faktors erklärt werden und daher keine zufallsbedingten Einflüsse wirksam sind, gilt "$\sigma^2_{Treatment} = \sigma^2$" und demzufolge: "$\Omega^2 = 1$".

Um einen **optimalen Stichprobenumfang** für einen F-Test zur Durchführung einer 1-faktoriellen Varianzanalyse berechnen zu können, muss eine geeignete Effektgröße vorgegeben werden.

- Nach den Vorschlägen von *Cohen* besteht die folgende Konvention:

> Bei der Effektgröße "$\Omega^2 = 0,01$" wird von einem *schwachen (kleinen) Effekt*, bei "$\Omega^2 = 0,0625$" von einem *mittleren Effekt* und bei "$\Omega^2 = 0,14$" von einem *starken (großen) Effekt* gesprochen.

Als alternative Form einer Effektgröße wird der Parameter "Φ^2" (Phi-Quadrat) als derjenige Anteil an der *zufallsbedingten* Varianz "σ^2_{Zufall}" festgelegt, der durch die faktorspezifische Varianz "$\sigma^2_{Treatment}$" erklärt wird. Dabei ist unter der zufallsbedingten Varianz "σ^2_{Zufall}" die *Restvarianz* der Populations-Varianz "σ^2" zu verstehen, die *nicht* auf den systematischen Einfluss des Faktors ("$\sigma^2_{Treatment}$") zurückgeführt werden kann.
Es gilt daher die folgende Beziehung:

- $$\Phi^2 = \frac{\sigma^2_{Treatment}}{\sigma^2_{Zufall}}$$

Für die Effektgröße "Φ^2" gilt die folgende Gleichung:

$$\Phi^2 = \frac{\sigma^2_{Treatment}}{\sigma^2_{Zufall}} = \frac{\sigma^2_{Treatment}}{\sigma^2 - \sigma^2_{Treatment}} = \frac{\frac{\sigma^2_{Treatment}}{\sigma^2}}{\frac{\sigma^2 - \sigma^2_{Treatment}}{\sigma^2}} = \frac{\frac{\sigma^2_{Treatment}}{\sigma^2}}{\frac{\sigma^2}{\sigma^2} - \frac{\sigma^2_{Treatment}}{\sigma^2}} = \frac{\Omega^2}{1 - \Omega^2}$$

Zwischen den beiden Effektgrößen "Ω^2" und "Φ^2" besteht demnach die folgende Beziehung:

- $$\Phi^2 = \frac{\Omega^2}{1 - \Omega^2}$$

Daraus folgt: $\Omega^2 = \Phi^2 * (1 - \Omega^2) = \Phi^2 - \Phi^2 * \Omega^2$

Somit gilt: $\Phi^2 = \Omega^2 + \Phi^2 * \Omega^2 = (1 + \Phi^2) * \Omega^2$

Insgesamt lässt sich daher für die Effektgröße "Ω^2" ableiten:

- $$\Omega^2 = \frac{\Phi^2}{1 + \Phi^2}$$

Im Hinblick auf die oben angegebenen Vorschläge zur Bewertung von Effektgrößen bedeutet dieser Sachverhalt:

> Bei der Effektgröße "$\Phi^2 = 0,01$" ("$\Phi = 0,1$") wird von einem *schwachen (kleinen) Effekt*, bei "$\Phi^2 = 0,0625$" ("$\Phi = 0,25$") von einem *mittleren Effekt* und bei "$\Phi^2 = 0,16$" ("$\Phi = 0,4$") von einem *starken (großen) Effekt* gesprochen.

Sind die Effektgröße "Φ^2", das Testniveau α sowie die Teststärke "$1 - \beta$" (Wahrscheinlichkeit für die Akzeptanz der Alternativhypothese, falls diese zutrifft) festgelegt worden, so lässt sich der *optimale* Stichprobenumfang "n" berechnen – also derjenige Stichprobenumfang, mit dem sich ein Effekt, dessen Größenordnung durch "Φ^2" gekennzeichnet ist, mit mindestens der Wahrscheinlichkeit "$1 - \beta$" als signifikantes Testergebnis "aufdecken" lässt.

In Abhängigkeit von der Anzahl der durch den F-Test der 1-faktoriellen Varianzanalyse auf Gleichheit zu prüfenden Mitten können die jeweiligen *optimalen* Stichprobenumfänge der folgenden Tabelle – für den Fall des Testniveaus "$\alpha = 0,05$" und der Teststärke "$1 - \beta = 0,8$" – entnommen werden:

Prüfung von	schwach	mittel	stark
$\mu_1 = \mu_2 = \mu_3$	3 * 323	3 * 53	3 * 22
$\mu_1 = \mu_2 = \mu_3 = \mu_4$	4 * 274	4 * 45	4 * 19
$\mu_1 = \mu_2 = \mu_3 = \mu_4 = \mu_5$	5 * 240	5 * 40	5 * 16

Als *optimale* Stichprobenumfänge ergeben sich für den Fall des Testniveaus "$\alpha = 0,01$" und der Teststärke "$1 - \beta = 0,8$":

Prüfung von	schwach	mittel	stark
$\mu_1 = \mu_2 = \mu_3$	3 * 465	3 * 76	3 * 31
$\mu_1 = \mu_2 = \mu_3 = \mu_4$	4 * 388	4 * 64	4 * 26
$\mu_1 = \mu_2 = \mu_3 = \mu_4 = \mu_5$	5 * 337	5 * 55	5 * 23

Wird z.B. ein mittlerer Effekt ("$\Phi = 0,25$") als praktisch relevant angesehen, so sollte die Prüfung von "$H_0(\mu_1 = \mu_2 = \mu_3 = \mu_4)$" mittels des F-Tests der 1-faktoriellen Varianzanalyse – auf der Basis des Testniveaus "$\alpha = 0,01$" – daher mit einem Stichprobenumfang von "$n = 4 * 64$" erfolgen, d.h. jede der vier unabhängigen Zufallsstichproben sollte den Stichprobenumfang "64" besitzen.

Grundsätzlich hat der *optimale* Stichprobenumfang "n" die folgende Eigenschaft:

- Bei "n" handelt es sich um die kleinste ganze Zahl, die ohne Rest durch die Anzahl der Faktorstufen teilbar ist und die die folgende Ungleichung erfüllt:

$$n \geq \frac{\lambda}{\Phi^2}$$

Das Symbol "λ" kennzeichnet den *Nichtzentralitätsparameter* einer **nicht-zentralen** F-Verteilung (siehe A.4). Durch sie ist die Verteilung der Teststatistik für den Fall festgelegt, dass die durch die Effektgröße bestimmte spezifische Alternativhypothese zutrifft. Der Nichtzentralitätsparameter "λ" ist jeweils bestimmt durch das Testniveau, durch die Teststärke und durch die Anzahl der Faktorstufen, durch die die Zähler-Freiheitsgrade der beim F-Test eingesetzten Teststatistik, d.h. die Freiheitsgrade der Treatmentvariation "SS(between)", festgelegt sind.

Unter Vorgabe des Testniveaus, der Teststärke und der Anzahl der Faktorstufen lässt sich "λ" und damit auch der *optimale* Stichprobenumfang "n" *direkt* durch den Einsatz des Programms G*POWER ermitteln (in das Eingabefeld "Effect size f" für die Effektgröße ist der Wert für "Φ" und *nicht* der für "Φ^2" einzutragen!).

Als Beispiel soll der *optimale* Stichprobenumfang "n" für den folgenden Fall bestimmt werden:

- "Es ist ein mittlerer Effekt ("$\Phi = 0,25$") bei einem Testniveau von "0,05" mit einer Teststärke von mindestens "0,85" bei einer 1-faktoriellen Varianzanalyse mit "$k = 3$" Faktorstufen "aufzudecken"!

Beim Einsatz des Programms G*POWER ist in der Liste "Test family" die Option "F tests", in der Liste "Statistical test" die Option "ANOVA: Fixed effects, omnibus, one-way" und in der Liste "Type of power analysis" die Option "A priori: Compute required sample size – given α, power and effect size" im G*POWER-Fenster einzustellen. Anschließend ist im Eingabefeld "Effect size f" der Wert "0.25" (wegen "$\Phi = 0,25$"), im Eingabefeld "α err prob" der Wert "0.05", im Eingabefeld "Power ($1 - \beta$ err prob)" der Wert "0.85" und im Eingabefeld "Number of groups" der Wert "3" einzutragen. Nach der Bestätigung mittels der Schaltfläche "Calculate" ergibt sich die folgende Anzeige:

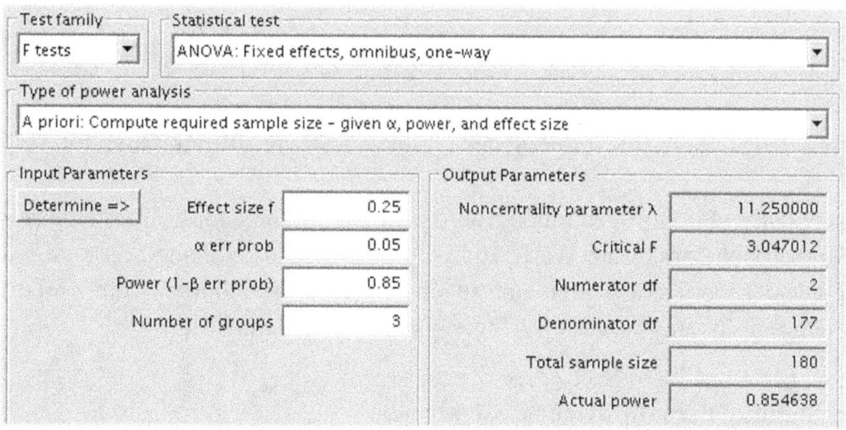

Abbildung 22.10: Bestimmung des optimalen Stichprobenumfangs für "$k = 3$"

Der optimale Stichprobenumfang wird im Feld "Total sample size" angezeigt und errechnet sich somit zum Wert "180" ("3 ∗ 60"). Dies bedeutet, dass für jede der drei Faktorstufen eine zugehörige Zufallsstichprobe vom Umfang "60" für den Signifikanz-Test zur Verfügung gestellt werden sollte.

Als weiteres Beispiel soll der *optimale* Stichprobenumfang für den folgenden Fall bestimmt werden:

- Es ist ein durch "$\Omega^2 = 0,1$" gekennzeichneter Effekt bei einem Testniveau von "$\alpha = 0,05$" mit einer Teststärke "$1 - \beta$" von mindestens "0,8" bei einer 1-faktoriellen Varianzanalyse mit "$k = 4$" Faktorstufen "aufzudecken"!

Wegen der Vorgabe von "$\Omega^2 = 0,1$" gilt "$\Phi^2 \simeq 0,1111$" und demzufolge "$\Phi \simeq 0,3333$". Daher ist – beim Einsatz von G∗POWER – in das Eingabefeld "Effect size f" der Wert "0.3333", in das Eingabefeld "α err prob" der Wert "0.05", in das Eingabefeld "Power ($1 - \beta$ err prob)" der Wert "0.8" und in das Eingabefeld "Number of groups" der Wert "4" einzutragen. Durch einen Mausklick auf die Schaltfläche "Calculate" lässt sich die folgende Anzeige anfordern:

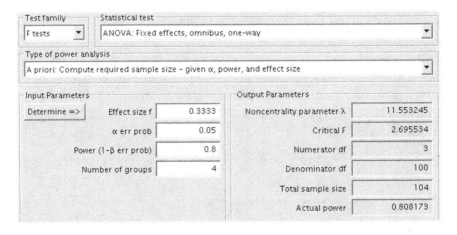

Abbildung 22.11: Bestimmung des optimalen Stichprobenumfangs für "$k = 4$"

Der *optimale* Stichprobenumfang wird im Feld "Total sample size" angezeigt und errechnet sich somit zum Wert "104" ("4 ∗ 26"). Dies bedeutet, dass im Hinblick auf jede der vier Faktorstufen eine zugehörige Zufallsstichprobe vom Umfang "26" für den Signifikanz-Test zur Verfügung gestellt werden sollte.

Bestimmung der empirischen Effektgröße

Bei der im Abschnitt 22.5 erörterten Prüfung der These, dass es keine jahrgangsstufenspezifischen Unterschiede beim Merkmal "Unterrichtsstunden" gibt, wurde

– auf der Grundlage des Testniveaus "$\alpha = 0,05$" – ein *signifikantes* Testergebnis erhalten. Um für jede Faktorstufe *denselben* Stichprobenumfang zur Verfügung zu haben, wurde in Abänderung der ursprünglichen Analyse aus jeder Jahrgangsstufe eine Zufallsstichprobe vom Umfang "$n = 25$" gezogen. Auf der Grundlage der derart ermittelten Daten wurde vom IBM SPSS Statistics-System im Viewer-Fenster die folgende Varianzanalyse-Tafel angezeigt:

ONEWAY ANOVA

Unterrichtsstunden

	Quadratsumme	df	Mittel der Quadrate	F	Signifikanz
Zwischen den Gruppen	451,414	2	225,707	10,305	,002
Innerhalb der Gruppen	1576,944	72	21,902		
Gesamt	2028,358	74			

Abbildung 22.12: Varianzanalyse-Tafel für "stunzahl" bei "$n = 3 * 25$"

Da sich dieses Resultat eines signifikanten Testergebnisses auf eine Gelegenheits-Stichprobe gründet, ist es von Interesse, wie viel Prozent der Varianz durch den Faktor aufgeklärt wird, so dass gegebenenfalls von einem inhaltlich bedeutsamen Unterschied in den drei Mitten gesprochen werden kann.

Im Abschnitt 22.3 wurde darauf hingewiesen, dass sich die Variationsaufklärung – im Rahmen der für die Faktorstufen erhobenen Zufallsstichproben – mittels des PRE-Maßes "Eta-Quadrat" angeben lässt. Als Schätzstatistik für die Varianzaufklärung auf Populationsebene ist "Eta-Quadrat" jedoch ungeeignet, da der Prozentsatz der aufgeklärten Varianz grundsätzlich überschätzt wird.

Um eine bessere Schätzung zu erhalten und damit die gestellte Frage adäquat beantworten zu können, ist für die mit "F_o" bezeichnete Realisierung der zum Signifikanz-Test zugehörigen F($k - 1, n - k$)-verteilten Teststatistik ("k" kennzeichnet die Anzahl der Stichproben und "n" den gesamten Stichprobenumfang) der folgende Sachverhalt zur Kenntnis zu nehmen:

- Die Effektgröße "Φ^2" lässt sich wie folgt durch die Statistik "ϕ^2" schätzen:

$$\phi^2 = \frac{(F_o - 1)(k-1)}{n}$$

Da der Wert von "F_o" durch die Ergebnisse in der Abbildung 22.12 mit "10,305" ausgewiesen und ferner "$k = 3$" sowie "$n = 75$" ist, ergibt sich der Wert der *empirischen Effektgröße* "ϕ^2" wie folgt:

$$\phi^2 = \frac{(10,305 - 1)(3 - 1)}{75} = \frac{9,305 * 2}{75} = \frac{18,61}{75} \simeq 0,248$$

Gemäß der oben angegebenen Gleichung für die Effektgröße "Ω^2" lässt sich die Statistik "ω^2" als Schätzung für diese Effektgröße folgendermaßen berechnen:

- $$\omega^2 = \frac{\phi^2}{1 + \phi^2}$$

Demzufolge errechnet sich der Wert der *empirischen Effektgröße* "ω^2" wie folgt:

$$\omega^2 = \frac{0{,}248}{1+0{,}248} = \frac{0{,}248}{1{,}248} \simeq 0,1987$$

Gemäß der Bewertung nach *Cohen* kann demnach von einem *sehr starken* Effekt gesprochen werden, der sich in Form einer faktorspezifischen Varianzaufklärung von ungefähr 20% beschreiben lässt.

Hinweis: Anstelle von ω^2 wird alternativ η^2 zur Schätzung der Effektgröße verwendet, dessen Wert mittels der Realisierung "F_o" einer F($k - 1, n - k$)-verteilten Teststatistik wie folgt ermittelt werden kann:
$$\eta^2 = \frac{(k-1)*F_o}{(k-1)*F_o+(n-k)}$$

Allerdings wird die Effektgröße durch η^2 überschätzt, was für das obige Beispiel wie folgt belegt wird:
$$\eta^2 = \frac{(3-1)*10{,}305}{(3-1)*10{,}305+(75-3)} = \frac{20{,}61}{20{,}61+72} \simeq 0,2225 > 0,1987 = \omega^2$$

Bestimmung der empirischen Teststärke

Um eine Prüfung auf jahrgangsstufenspezifische Unterschiede im Hinblick auf das Merkmal "mathe" durchzuführen, wurde für jede Jahrgangsstufe eine Zufallsstichprobe vom Umfang 25 gezogen. Auf der Basis dieser Gelegenheits-Stichprobe vom Umfang "$n = 3 * 25$" wird vom IBM SPSS Statistics-System die folgende Tabelle im Viewer-Fenster angezeigt:

ONEWAY ANOVA

mathe

	Quadratsumme	df	Mittel der Quadrate	F	Signifikanz
Zwischen den Gruppen	10,454	2	5,227	1,905	,172
Innerhalb der Gruppen	197,568	72	2,744		
Gesamt	208,022	74			

Abbildung 22.13: Varianzanalyse-Tafel für "mathe" bei "$n = 3 * 25$"

Im Gegensatz zum oben dargestellten Resultat wird in diesem Fall – auf der Grundlage eines Testniveaus von "$\alpha = 0,05$" – *kein* signifikantes Testergebnis erhalten. Damit stellt sich die Frage, welches Risiko bei der Akzeptanz der Nullhypothese eingegangen werden muss. Um diese Frage zu diskutieren, muss eine Schätzung der *empirischen Teststärke* vorgenommen werden. Dazu wird zunächst die empirische Effektgröße ermittelt. Diese Berechnung lässt sich – gemäß der oben geschilderten Form – wie folgt durchführen:

$$\phi^2 = \frac{(1{,}905-1)(3-1)}{75} = \frac{0{,}905*2}{75} = \frac{1{,}81}{75} \simeq 0,02413$$

Wegen "$\phi^2 \simeq 0,02413$" ergibt sich für die Quadratwurzel aus dieser empirischen Effektgröße: $\phi \simeq \sqrt{0{,}02413} \simeq 0,1553$

Dieser Wert lässt sich verwenden, um die Schätzung der empirischen Teststärke durch den Einsatz des Programms G*POWER zu bewerkstelligen.

Zur Durchführung der *(a-posteriori-)Poweranalyse* unter Einsatz des Programms G*POWER ist in der Liste "Test family" die Option "F tests", in der Liste "Statistical test" die Option "ANOVA: Fixed effects, omnibus, one-way" und in der Liste "Type of power analysis" die Option "Post hoc: Compute achieved power – given α, sample size and effect size" im G*POWER-Fenster einzustellen.

Anschließend ist im Eingabefeld "Effect size f" der Wert "0.1553", im Eingabefeld "α err prob" der Wert "0.05", im Eingabefeld "Total sample size" der Wert "75" und im Eingabefeld "Number of groups" der Wert "3" einzutragen. Nach der Bestätigung mittels der Schaltfläche "Calculate" ergibt sich die folgende Anzeige:

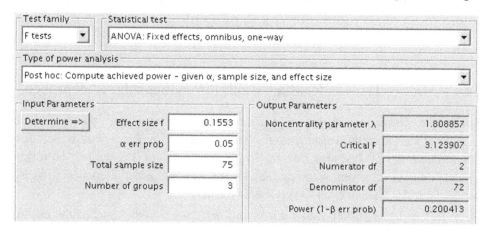

Abbildung 22.14: Schätzung der empirischen Teststärke

Der für die *empirische Teststärke* ermittelte Näherungswert "0,2" (im Feld "Power $(1 - \beta$ err prob)") lässt die folgende Aussage zu:

- Würde bei der Wahl des Stichprobenumfangs "$n = 3 * 25$" von einer Effektgröße "ϕ^2" von etwa "0,024" ("$\phi \simeq 0,1553$") und einem Testniveau "$\alpha = 0,05$" ausgegangen werden, so ließe sich als Wahrscheinlichkeit für die fälschliche Akzeptanz der Nullhypothese der Wert "0,8" ("$1 - 0,2$") ermitteln.

In ungefähr 80% aller Studien wäre somit unter den gegebenen Rahmenbedingungen zu erwarten, dass die Nullhypothese fälschlicherweise akzeptiert werden würde. Dieser Sachverhalt deutet auf ein extrem hohes Risiko hin, dass beim Inferenzschluss, durch den die Nullhypothese akzeptiert wurde, evtl. ein Fehler 2. Art begangen wurde.

22.9 Weitere Mehrstichprobenvergleiche

Genau wie bei zwei unabhängigen bzw. abhängigen Stichproben gibt es auch in dem Fall, in dem der Untersuchungsplan aus mehr als zwei Stichproben besteht, die Möglichkeit, nichtparametrische Tests anstelle parametrischer Tests einzusetzen.

Bei der Auswahl eines geeigneten Signifikanz-Tests kann nach folgendem Schema vorgegangen werden:

Testart	unabhängige Stichproben	abhängige Stichproben
parametrisch: (Intervallskala + Normalverteilung)	F-Test der 1-faktoriellen Varianzanalyse	Varianzanalyse mit Messwiederholungen
nichtparametrisch: (Ordinalskala)	H-Test von Kruskal-Wallis	Friedman'sche Rangvarianzanalyse

Tabelle 22.1: Verfahren bei mehreren Stichproben

22.9.1 Der H-Test von Kruskal-Wallis für unabhängige Stichproben

Sofern die *Voraussetzungen der 1-faktoriellen Varianzanalyse* nicht erfüllbar sind, lässt sich anstelle des parametrischen F-Tests ein *nichtparametrischer* Test durchführen, der **H-Test** von *Kruskal-Wallis* genannt wird. Dieser Test ist insbesondere dann einzusetzen, wenn das abhängige Merkmal *nicht* intervallskaliert ist, sondern nur das Niveau einer *Ordinalskala* besitzt.

Beim **H-Test** von Kruskal-Wallis wird – auf der Basis von "k" unabhängigen Zufallsstichproben – die Nullhypothese

- H_0(Es gibt keine Unterschiede in den Verteilungen.)

gegen die folgende Alternativhypothese getestet:

- H_1(Die Verteilungen unterscheiden sich.)

Hinweis: Sofern für die Merkmale sämtlich der *gleiche* Verteilungsverlauf unterstellt werden kann, lässt sich im Falle der Akzeptanz von H_1 folgern, dass mindestens zwei Zentren voneinander verschieden sind.

Sofern *keine* Bindungen innerhalb der Werte *aller* Zufallsstichproben vorliegen, verwendet man die folgende Teststatistik:

- $$H = \frac{12}{n*(n+1)} \sum_{j=1}^{k} \frac{R_j^2}{n_j} - 3*(n+1)$$

Dabei kennzeichnet "n_j" den Umfang der j. Stichprobe und "n" die Summe aller "k" Stichprobenumfänge. Mit "R_j" wird die *Rangsumme* (siehe Abschnitt 21.2.1) der Werte der j. Stichprobe auf derjenigen Basis beschrieben, dass alle "n" Stichprobenwerte in eine *gemeinsame* Rangreihe gebracht worden sind.

Sofern *Bindungen* existieren, wird die folgende Teststatistik eingesetzt:

- $$H_b = \frac{H}{1 - \frac{\sum_{i=1}^{m}(b_{x_i}^3 - b_{x_i})}{n^3 - n}}$$

Dabei bezeichnet "m" die Anzahl der Werte "x_i", für die eine Bindung vorliegt. Die jeweilige Anzahl der Bindungen, die sich für einen einzelnen Wert "x_i" ermitteln lässt, wird durch "b_{x_i}" gekennzeichnet.

- Für den Inferenzschluss ist zu berücksichtigen, dass die Teststatistiken "H" und "H_b" – unter Gültigkeit der Nullhypothese – $\chi^2(k-1)$-verteilt sind.

Soll z.B. die im Abschnitt 22.5 formulierte Nullhypothese

- H_0(Es gibt keine jahrgangsstufenspezifischen Unterschiede im Hinblick auf die Anzahl der Unterrichtsstunden.)

durch den Einsatz des H-Tests geprüft werden, so lässt sich dazu – nach einer geeigneten Etikettierung – die folgende Anzeige anfordern:

Ränge

	Jahrgangsstufe	N	Mittlerer Rang
Unterrichtsstunden	11	100	141,35
	12	100	129,56
	13	50	85,68
	Gesamt	250	

Statistik für Test[a,b]

	Unterrichtsstunden
Chi-Quadrat	20,887
df	2
Asymptotische Signifikanz	,000

a. Kruskal-Wallis-Test

b. Gruppenvariable: Jahrgangsstufe

Abbildung 22.15: Grundlage für die Test-Entscheidung beim H-Test

SPSS: Diese beiden Tabellen lassen sich durch den NPAR TESTS-Befehl unter Einsatz des Unterbefehls K-W in der folgenden Form abrufen:

```
NPAR TESTS K-W=stunzahl BY jahrgang(1 3).
```

Der Vergleich des Testniveaus von "0,05" mit dem angezeigten Signifikanzniveau ("Asymptotische Signifikanz") von weniger als "0,001" ergibt, dass die Nullhypothese nicht akzeptiert werden kann, d.h. dass die Daten auf jahrgangsstufenspezifische Unterschiede in der Anzahl der Unterrichtsstunden hindeuten.

- Zur Bestimmung eines geeigneten Stichprobenumfangs für diejenigen Zufallsstichproben, auf deren Basis ein H-Test durchgeführt werden soll, besteht die Konvention, eine untere Abschätzung für diese Größe dadurch zu ermitteln, dass man den **optimalen Stichprobenumfang** für den Einsatz des F-Tests bei der Durchführung einer *1-faktoriellen Varianzanalyse für unabhängige Stichproben* berechnet.

22.9.2   Varianzanalyse für abhängige Stichproben

Sofern es sich bei den Stichproben *nicht* um unabhängige, sondern um *abhängige* Stichproben handelt, steht zur Prüfung der Nullhypothese

- H_0 (Alle Mitten stimmen überein.)

die **Varianzanalyse für abhängige Stichproben** (Varianzanalyse mit Messwiederholungen, engl.: "repeated measurement") als *parametrischer* Signifikanz-Test zur Verfügung. Genauso wie die 1-faktorielle Varianzanalyse eine Verallgemeinerung des t-Tests für zwei unabhängige Stichproben beschreibt, stellt die Varianzanalyse für abhängige Stichproben eine Verallgemeinerung des t-Tests für zwei abhängige Stichproben dar.

Bei der Varianzanalyse für abhängige Stichproben werden die Mitten von "k" Merkmalen "Y_j ($j = 1, 2, ..., k$)" geprüft, für welche die Stichprobenwerte "$y_{j,i}$ ($j = 1, 2, ..., k; i = 1, 2, ..., n$)" in Form von "k" *abhängigen* Stichproben des Stichprobenumfangs "n" gemäß der in der folgenden Abbildung dargestellten Gliederung – mit "k" Spalten und "n" Zeilen – vorliegen:

$$
\begin{array}{llll}
\underline{Y_1} \quad \underline{Y_2} \quad \dots \quad \underline{Y_k} & : \text{Merkmale} \\[2mm]
y_{1,1} \quad y_{2,1} \quad \dots \quad y_{k,1} \\[2mm]
y_{1,2} \quad y_{2,2} \quad \dots \quad y_{k,2} \\[2mm]
y_{1,j} \quad y_{2,j} \quad \dots \quad y_{k,j} & : \text{Ausprägungen des j. Probanden} \\[2mm]
y_{1,n} \quad y_{2,n} \quad \dots \quad y_{k,n}
\end{array}
$$

Abbildung 22.16: Datenstruktur bei abhängigen Stichproben

Die Ausprägungen für den "j. Probanden" sind entweder die "k" Messungen bzw. Messwiederholungen an einem einzigen Probanden oder die Werte von "k" einander zugeordneten Probanden, die – im Rahmen des Untersuchungsplans – jeweils einer von "k" Gruppen durch Randomisierung zugeordnet worden sind.

Die in der Abbildung 22.16 angegebene Datenstruktur legt es nahe, die Werte der Merkmale "Y_1" bis "Y_k" für die jeweils "n" Probanden als diejenigen Werte anzusehen, die den "k" Faktorstufen eines *Wiederholungs-Faktors* in geeigneter Weise zugeordnet sind. Dabei kennzeichnet die 1. Faktorstufe die 1. Stichprobe vom Umfang "n", die 2. Faktorstufe die 2. Stichprobe vom Umfang "n", usw.

Um eine Varianzanalyse für abhängige Stichproben durchführen zu können, muss für die Merkmale $Y_1, Y_2, ..., Y_k$ – neben der Normalverteilungsannahme und der Varianzhomogenität – zusätzlich vorausgesetzt werden:

- Sämtliche Kovarianzen je zweier Merkmale müssen übereinstimmen. Außerdem dürfen keine Interaktionseffekte zwischen den Zeilen und den Spalten vorliegen, sodass die Zeilen- und die Spalteneffekte *additiv* sind.

Hinweis: Die Voraussetzungen sind wie folgt prüfbar:
Durch den χ^2-Anpassungstest (siehe Abschnitt 16.6) lässt sich untersuchen, ob die "k" Merkmale Y_j normalverteilt sind.
Die Tatsache, dass keine Interaktionseffekte zwischen den Zeilen und den Spalten der in der Abbildung 22.16 angegebenen Datenstruktur vorliegen, lässt sich durch den *Tukey-Test* prüfen, indem der Unterbefehl STATISTICS in der Form "/STATISTICS=TUKEY" ergänzend innerhalb des RELIABILITY-Befehls (siehe unten) angegeben wird.
Um die Varianzhomogenität und die Gleichheit der Kovarianzen zu prüfen, kann der *Sphärizitäts-Test* eingesetzt werden, der sich z.B. mittels eines MANOVA-Befehls wie folgt abrufen lässt:

```
MANOVA Y1 Y2  ...  Yk /WSFACTOR=Faktor ( k ).
```

Lassen sich die aufgeführten Voraussetzungen erfüllen, so kann die Nullhypothese

- H_0 (Die Mitten der "k" Merkmale Y_j stimmen überein.)

durch einen F-Test geprüft werden. Bei diesem Signifikanz-Test wird – im Hinblick auf die in der Abbildung 22.16 dargestellte Datenstruktur – die *normierte* Summe der Abweichungsquadrate zwischen den Spalten ("SS(between measures)") zur *normierten* Summe der Abweichungsquadrate zwischen den beobachteten und (unter Gültigkeit von "H_0") erwarteten Werten ("SS(residual)") in der folgenden Form ins Verhältnis gesetzt:

$$F = \frac{\frac{1}{k-1}*SS(between\ measures)}{\frac{1}{(n-1)*(k-1)}*SS(residual)} \qquad : \quad F(k-1,(n-1)*(k-1))$$

Falls die Nullhypothese zutrifft, stellen sowohl der Zähler als auch der Nenner der Teststatistik "F" Schätzungen für die "Residualvarianz in der Grundgesamtheit" dar. Deshalb kann davon ausgegangen werden, dass sich Zähler und Nenner höchstens durch Stichprobenfehler unterscheiden können, sodass eine Realisierung der Teststatistik "F" in der Nähe des Wertes "1" liegen sollte.

Auf der Basis der Mittelwert-Vereinbarungen

- $\bar{y}_j = \frac{1}{n}\sum_{i=1}^{n} y_{j,i}$: Spaltenmittel der j. Spalte (j=1,...,k)

- $\bar{y} = \frac{1}{k*n}\sum_{j=1}^{k}\sum_{i=1}^{n} y_{j,i}$: Gesamtmittel

ist die Größe "SS(between measures)" wie folgt als gewichtete Abweichung der Spaltenmittel vom Gesamtmittel festgelegt:

- SS(between measures) = $n * \sum_{j=1}^{k}(\bar{y}_j - \bar{y})^2$

Berücksichtigt man, dass die Gesamtvariation "SS(total)" in der Form

- SS(total) = $\sum_{i=1}^{n}\sum_{j=1}^{k}(y_{j,i} - \bar{y})^2$

vereinbart ist, so muss die Größe "SS(residual)" auf der Basis der folgenden Zerlegung von "SS(total)" bestimmt werden:

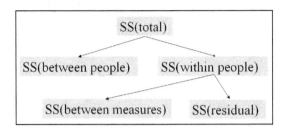

Abbildung 22.17: Zerlegung der Gesamtvariation

Durch diese Gliederung wird "SS(total)" in die folgenden Summanden aufgeteilt:

SS(total) = SS(between people) + SS(within people)
= SS(between people) + SS(between measures) + SS(residual)

Hieraus lässt sich die Gleichung

- SS(residual) = SS(total) - SS(between people) - SS(between measures)

ableiten und der jeweilige Wert von "SS(residual)" ermitteln, sofern zuvor die gewichtete Abweichung der Zeilenmittel vom Gesamtmittel "SS(between people)" in der Form

- SS(between people) = $k * \sum_{i=1}^{n} (\bar{y}^{\ i} - \bar{y})^2$

und die Gesamtvariation um die Zeilenmittel "SS(within people)" in der Form

- SS(within people) = $\sum_{i=1}^{n} \sum_{j=1}^{k} (y_{j,i} - \bar{y}^{\ i})^2$

errechnet wurden. Dabei kennzeichnet "$\bar{y}^{\ i}$" das Zeilenmittel der i. Zeile, das wie folgt festgelegt ist:

- $\bar{y}^{\ i} = \frac{1}{k} \sum_{j=1}^{k} y_{j,i} \quad (i = 1, ..., n)$

Um z.B. für die drei Merkmale "Anzahl der Tage, an denen für Deutsch (deutsch), für Englisch (englisch) und für Mathematik (mathe) gearbeitet wird" eine Varianzanalyse für abhängige Stichproben durchführen zu können, ist die in der Abbildung 22.18 dargestellte Varianzanalyse-Tafel für abhängige Stichproben vom IBM SPSS Statistics-System anzufordern.

SPSS: Diese Varianzanalyse-Tafel lässt sich durch den RELIABILITY-Befehl mit den Unterbefehlen VARIABLES, STATISTICS und SCALE in der folgenden Form abrufen:

```
RELIABILITY VARIABLES=deutsch englisch mathe/STATISTICS=ANOVA
        /SCALE(skala) = deutsch englisch mathe.
```

ANOVA

		Quadratsumme	df	Mittel der Quadrate	F	Sig.
Zwischen Personen		2711,948	249	10,891		
Innerhalb Personen	Zwischen Items	1162,795	2	581,397	1833,991	,000
	Nicht standardisierte Residuen	157,872	498	,317		
	Gesamt	1320,667	500	2,641		
Gesamt		4032,615	749	5,384		

Gesamtmittelwert = 5,9773

Abbildung 22.18: Varianzanalyse-Tafel für abhängige Stichproben

Hinweis: Die innerhalb dieser Tabelle enthaltenen Angaben "Zwischen Personen", "Innerhalb Personen Zwischen Items", "Innerhalb Personen Nicht standardisierte Residuen", "Innerhalb Personen Gesamt" und "Gesamt" entsprechen – in dieser Reihenfolge – den folgenden zuvor verwendeten Kürzeln: "between people", "between measures", "residual", "within people" und "total".

Auf der Basis eines vorgegebenen Testniveaus α von z.B. "0,05" ist der Testwert "1833,991" ("F") signifikant, da das zugehörige Signifikanzniveau ("Sig.") kleiner als "0,05" ist. Folglich ist die Nullhypothese *nicht* akzeptabel, sodass von einer Unterschiedlichkeit in den Mitten der Merkmale "Deutsch", "Englisch" und "Mathe" ausgegangen werden kann.

22.9.3 Poweranalyse bei der Varianzanalyse für abhängige Stichproben

Effektgröße und optimaler Stichprobenumfang

Bei dem zuvor beschriebenen Verfahren der Varianzanalyse für abhängige Stichproben wird die Nullhypothese der Gleichheit von Mitten mittels eines F-Tests diskutiert, bei dem die Teststatistik festgelegt ist als Quotient aus den mittels der zugehörigen Zähler- bzw. Nenner-Freiheitsgrade standardisierten Größen "SS(between measures)" und "SS(residual)".

Diesen beiden Statistiken entsprechen in einer Grundgesamtheit die folgenden Parameter:

- die Varianz "$\sigma^2_{between\ measures}$" zur Kennzeichnung der Unterschiedlichkeit, die durch den *systematischen* Einfluss des *Wiederholungs-Faktors* bedingt ist, und

- diejenige Restvarianz "$\sigma^2_{residual}$", die *nicht* durch den systematischen Einfluss erklärt wird.

Da eine Effektsgröße immer eine Aussage über den Sachverhalt innerhalb einer Grundgesamtheit macht, ist es naheliegend, dass die Effektgröße, die für die Durchführung des F-Tests der Varianzanalyse für abhängige Stichproben zugrunde gelegt werden soll, wie folgt verabredet wird:

- $$\Phi^2 = \frac{\sigma^2_{between\ measures}}{\sigma^2_{residual}}$$

Zur Bewertung von "Φ^2" besteht die folgende Konvention:

> Bei der Effektgröße "$\Phi^2 = 0,01$" ("$\Phi = 0,1$") wird von einem *schwachen (kleinen) Effekt*, bei "$\Phi^2 = 0,0625$" ("$\Phi = 0,25$") von einem *mittleren Effekt* und bei "$\Phi^2 = 0,16$" ("$\Phi = 0,4$") von einem *starken (großen) Effekt* gesprochen.

Um bei vorgegebener Effektgröße "Φ^2" eine Aussage über den *optimalen* Stichprobenumfang "n" machen zu können, wird die folgende Größe "g^2" festgelegt:

$$g^2 = \frac{k * \Phi^2}{1 - \rho}$$

Mit "k" wird die Anzahl der abhängigen Stichproben gekennzeichnet und "ρ" beschreibt die Populations-Korrelationen je zweier Merkmale, deren Übereinstimmung bekanntlich Bestandteil der Voraussetzungen zur Durchführung einer Varianzanalyse für abhängige Stichproben ist.

Auf der Basis dieser Festlegungen ist der *optimale* Stichprobenumfang "n" durch die folgende Eigenschaft gekennzeichnet:

- Bei "n" handelt es sich um die kleinste ganze Zahl, die die folgende Ungleichung erfüllt:

$$n \geq \frac{\lambda}{g^2}$$

Das Symbol "λ" kennzeichnet den *Nichtzentralitätsparameter* einer **nicht-zentralen** F-Verteilung (siehe A.4). Der Nichtzentralitätsparameter "λ" ist bestimmt durch das Testniveau, durch die Teststärke und durch die Anzahl der Zähler-Freiheitsgrade "$k - 1$" und der Nenner-Freiheitsgrade "$(n - 1) * (k - 1)$" der beim F-Test eingesetzten Teststatistik, d.h. der Freiheitsgrade von "SS(between measures)" bzw. "SS(residual)".

Berechnung des optimalen Stichprobenumfangs

Zur Berechnung des *optimalen* Stichprobenumfangs für eine Varianzanalyse mit abhängigen Stichproben lässt sich das Programm G*POWER dadurch einsetzen, dass in der Liste "Test family" die Option "F tests", in der Liste "Statistical test" die Option "ANOVA: Repeated measures, within factors" und in der Liste "Type of power analysis" die Option "A priori: Compute required sample size – given α, power and effect size" eingestellt werden.

Soll z.B. im Fall von "$k = 3$" abhängigen Stichproben ein schwacher Effekt ("$\Phi^2 = 0,01$", "$\Phi = 0,1$") bei einem Testniveau von "$\alpha = 0,05$" mit einer Mindest-Teststärke von "$1 - \beta = 0,8$" – unter der Annahme von "$\rho = 0,5$" – "aufgedeckt" werden, so ist wie folgt vorzugehen:

Im Eingabefeld "Effect size f" ist der Wert "0.1", im Eingabefeld "α err prob" der Wert "0.05", im Eingabefeld "Power ($1 - \beta$ err prob)" der Wert "0.8", im Eingabefeld "Number of groups" der Wert "1", im Eingabefeld "Repetitions" der Wert "3", im Eingabefeld "Corr among rep measures" der Wert "0.5" und im Eingabefeld "Nonsphericity correction ϵ" der voreingestellte Wert "1" einzutragen. Durch die Bestätigung mittels der Schaltfläche "Calculate" erscheint die folgende Anzeige:

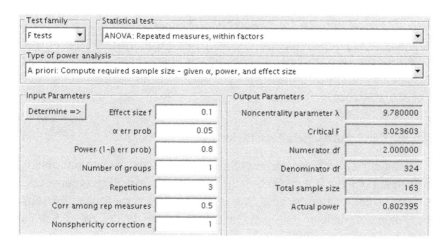

Abbildung 22.19: Bestimmung des optimalen Stichprobenumfangs

Da im Feld "Total sample size" der Wert "163" ausgewiesen wird, lässt sich Folgendes feststellen:

- Um im Fall von "$k = 3$" abhängigen Stichproben einen schwachen Effekt ("$\Phi^2 = 0,01$") – auf der Basis des Testniveaus "$\alpha = 0,05$" und unter der Annahme von "$\rho = 0,5$" – mit einer Mindest-Teststärke von "$1 - \beta = 0,8$" "aufdecken" zu können, muss für den Stichprobenumfang der abhängigen Stichproben der Wert "$n = 163$" gewählt werden.

In Abhängigkeit von der Anzahl "k" der Stichproben, die dem F-Test der Varianzanalyse für abhängige Stichproben zugrunde gelegt werden, können die jeweiligen *optimalen* Stichprobenumfänge der folgenden Tabelle – für den speziellen Fall der unterstellten Populations-Korrelation von "$\rho = 0,5$", des Testniveaus von "$\alpha = 0,05$" und der Teststärke "$1 - \beta = 0,8$" – entnommen werden:

"k"	schwach	mittel	stark
3	163	28	12
4	138	24	10
5	121	21	9

Wird das Testniveau auf "$\alpha = 0,01$" festgesetzt, so ergeben sich die *optimalen* Stichprobenumfänge wie folgt:

"k"	schwach	mittel	stark
3	234	40	17
4	196	33	14
5	170	29	13

Aus dem Vergleich mit den im Abschnitt 22.8 angegebenen Tabellen, in denen die *optimalen* Stichprobenumfänge für die 1-faktorielle Varianzanalyse enthalten sind, ist erkennbar, dass im Fall von abhängigen Stichproben – im Gegensatz zum Einsatz unabhängiger Stichproben – jeweils entsprechend weniger Stichprobenelemente benötigt werden.

Berechnung der empirischen Teststärke

In der Abbildung 22.18 wurde als Ergebnis einer Varianzanalyse mit abhängigen Stichproben auf der Basis der 250 Schüler ein signifikantes Testergebnis ermittelt, sodass kein Anlass bestand, eine Aussage über die empirische Teststärke zu machen. Anders verhält es sich z.B. in der Situation, in der für 7 Schüler die folgenden Testergebnisse vorliegen:

	test1	test2	test3
1	4,00	5,00	6,00
2	5,00	6,00	7,00
3	5,00	5,00	4,00
4	5,00	7,00	6,00
5	6,00	6,00	6,00
6	7,00	7,00	6,00
7	7,00	6,00	7,00

Abbildung 22.20: Testergebnisse für 7 Schüler

Wird zur Prüfung der Nullhypothese, dass keine Unterschiede in den Mitten vorliegen, eine Varianzanalyse mit abhängigen Stichproben durchgeführt, so ergibt sich das in der Abbildung 22.21 angezeigte Resultat.

SPSS: Diese Varianzanalyse-Tafel lässt sich durch den folgenden RELIABILITY-Befehl anfordern:

```
RELIABILITY VARIABLES=test1 test2 test3/STATISTICS=ANOVA
        /SCALE(skala) = test1 test2 test3.
```

ANOVA

		Quadratsumme	df	Mittel der Quadrate	F	Sig.
Zwischen Personen		10,571	6	1,762		
Innerhalb Personen	Zwischen Items	,857	2	,429	,720	,507
	Nicht standardisierte Residuen	7,143	12	,595		
	Gesamt	8,000	14	,571		
Gesamt		18,571	20	,929		

Gesamtmittelwert = 5,8571

Abbildung 22.21: Varianzanalyse-Tafel für abhängige Stichproben

Es liegt demnach auf der Basis des vorgegebenen Testniveaus "$\alpha = 0,05$" *kein* signifikantes Testergebnis vor, sodass die Übereinstimmung der Mitten akzeptiert werden kann.

Um die Frage nach der empirischen Teststärke beantworten zu können, wird innerhalb des G*POWER-Fensters in der Liste "Test family" die Option "F tests", in der Liste "Statistical test" die Option "ANOVA: Repeated measures, within factors" und in der Liste "Type of power analysis" die Option "Post hoc: Compute achieved power – given α, sample size and effect size" eingestellt.

Um in das G*POWER-Fenster die empirische Effektgröße in das Eingabefeld "Effect size f" eintragen zu können, muss die Effektgröße "Φ^2", die als Quotient der Varianz "$\sigma^2_{between\ measures}$" und der Varianz "$\sigma^2_{residual}$" festgelegt ist, in geeigneter Weise geschätzt und aus dieser Schätzung die Quadratwurzel ermittelt werden.

Im Hinblick auf diese Zielsetzung ist für die mit "F_o" bezeichnete Realisierung der zum Signifikanz-Test zugehörigen $F(k-1, (n-1)*(k-1))$-verteilten Teststatistik ("k" kennzeichnet die Anzahl der Stichproben und "n" den Umfang jeder einzelnen Stichprobe) der folgende Sachverhalt von Bedeutung:

- Die Effektgröße "Φ^2" lässt sich wie folgt durch die Statistik "ϕ^2" schätzen:

$$\phi^2 = \frac{SS(between\ measures)}{SS(residual)}$$

Auf der Basis der Abbildung 22.21 ergibt sich demnach:

$$\phi^2 = \frac{0,857}{7,143} \simeq 0,1199776$$

Demzufolge errechnet sich als Schätzung für die Effektgröße "Φ":

$$\phi = \sqrt{0,1199776} \simeq 0,3463778$$

Wird davon ausgegangen, dass der Wert "$\rho = 0,4$" für die Populations-Korrelationen der drei Merkmale "test1", "test2" und "test3" unterstellt werden kann, so sind im G*POWER-Fenster die folgenden Eintragungen vorzunehmen:
Im Eingabefeld "Effect size f" ist der Wert "0,3463778", im Eingabefeld "α err prob" der Wert "0.05", im Eingabefeld "Total sample size" der Wert "7", im Eingabefeld "Number of groups" der Wert "1", im Eingabefeld "Repetitions" der Wert "3", im Eingabefeld "Corr among rep measures" der Wert "0.4" und im Eingabefeld "Nonsphericity correction ϵ" der voreingestellte Wert "1" einzugeben. Durch die Bestätigung mittels der Schaltfläche "Calculate" erscheint die folgende Anzeige:

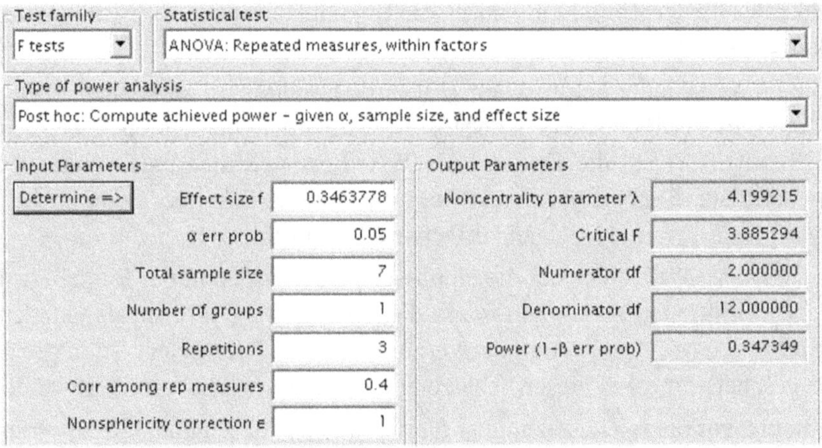

Abbildung 22.22: Berechnung der empirischen Teststärke

Die *empirische Teststärke* wird im Feld "Power ($1 - \beta$ err prob)" angezeigt und errechnet sich in diesem Fall näherungsweise zum Wert "0,35". Es wäre folglich unter den gegebenen Rahmenbedingungen in ungefähr 65% aller Studien zu erwarten, dass die Nullhypothese fälschlicherweise akzeptiert werden würde. Diese geringe Teststärke ist u.a. darauf zurückzuführen, dass die Daten für nur 7 Merkmalsträger erhoben wurden.

22.9.4   Friedman'sche Rangvarianzanalyse für abhängige Stichproben

Lässt sich *keine* Varianzanalyse mit abhängigen Stichproben durchführen, weil die Voraussetzungen nicht sämtlich erfüllbar sind, so bietet sich als *nichtparametrischer* Signifikanz-Test der **Friedman'sche Rangvarianzanalyse-Test** an. Sofern die "k" Merkmale "X_j" *mindestens ordinalskaliert* sind, lässt sich die Nullhypothese

- H_0(Die Verteilungen der "k" Merkmale X_j stimmen überein.)

gegenüber der folgenden Alternativhypothese prüfen:

- H_1(Es gibt Unterschiede in den Verteilungen, sodass sich mindestens zwei Verteilungen voneinander unterscheiden.)

Für den Inferenzschluss wird die folgende Teststatistik, die beim Zutreffen der Nullhypothese eine $\chi^2(k-1)$-Verteilung besitzt, verwendet:

- $F = \frac{12}{n*k*(k+1)} \sum_{j=1}^{k} R_j^2 - 3*n*(k+1)$

Dabei kennzeichnet "n" den Gesamtumfang *aller* "k" Stichproben und "R_j" die Rangsumme (siehe Abschnitt 21.2.1) der j. Stichprobe, die auf einer gemeinsamen Rangreihe *aller* Stichprobenelemente und im Fall von *Bindungen* auf *gemittelten Rangplätzen* (siehe Abschnitt 12.2.2) basiert.

Zur Durchführung einer Friedman'schen Rangvarianzanalyse für z.B. die Merkmale "Leistungseinschätzung", "Begabung" und "Lehrerurteil" lässt sich die folgende Anzeige anfordern:

Ränge	
	Mittlerer Rang
leistung	1,79
begabung	2,35
urteil	1,86

Statistik für Test[a]	
N	250
Chi-Quadrat	71,589
df	2
Asymptotische Signifikanz	,000

a. Friedman-Test

Abbildung 22.23: Grundlage für eine Friedman'sche Rangvarianzanalyse

SPSS: Zur Anforderung dieser Anzeige muss der NPAR TESTS-Befehl mit dem Unterbefehl FRIEDMAN in der folgenden Form eingesetzt werden:

```
NPAR TESTS FRIEDMAN=leistung begabung urteil.
```

Aus dieser Anzeige lässt sich der Testwert "71,589" ("Chi-Quadrat") und das zugehörige Signifikanzniveau ("Asymptotische Signifikanz") entnehmen. Da das Signifikanzniveau kleiner als das vorgegebene Testniveau α von z.B. "0,05" ist, kann *nicht* von der Verteilungsgleichheit der Merkmale "Leistungseinschätzung", "Begabung" und "Lehrerurteil" ausgegangen werden. Um im Anschluss an diesen Inferenzschluss zu prüfen, welche Unterschiedlichkeiten bestehen, lassen sich z.B. – unter Verwendung eines adjustierten Testniveaus – drei Wilcoxon-Tests durchführen.

- Zur Bestimmung eines geeigneten Stichprobenumfangs "n" für die Friedman'sche Rangvarianzanalyse besteht die Konvention, eine untere Abschätzung für "n" dadurch zu ermitteln, dass man den **optimalen Stichprobenumfang** für den Einsatz des F-Tests bei der Durchführung einer *1-faktoriellen Varianzanalyse mit abhängigen Stichproben* berechnet.

Die folgende Übersicht zeigt, welche Signifikanz-Tests in welchen Situationen –
nach den bisherigen Kenntnissen – für mehr als zwei Zufallsstichproben einsetzbar
sind:

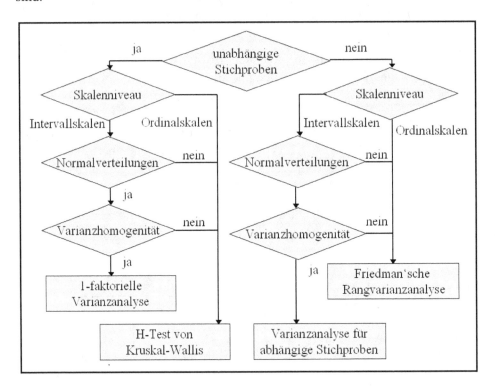

Abbildung 22.24: Verfahren für mehr als zwei Zufallsstichproben

22.9.5 Signifikanz-Tests im Rahmen der 2-faktoriellen Varianzanalyse

Grundlagen

Im Abschnitt 22.5 wurde bei der Durchführung der 1-faktoriellen Varianzanalyse
(für unabhängige Stichproben) die Aussage akzeptiert, dass beim Merkmal "Unterrichtsstunden" Unterschiede in den Mitten für mindestens zwei Jahrgangsstufen bestehen. Dies bedeutet, dass der Faktor "Jahrgangsstufe" einen Effekt auf das Merkmal "Unterrichtsstunden" ausübt. Da die 1-faktorielle Varianzanalyse auf der Basis
einer Gelegenheits-Stichprobe durchgeführt wurde, erfolgte im Abschnitt 22.8 die
Bestimmung der empirischen Effektgröße. Dabei wurde festgestellt, dass der Faktor "Jahrgangsstufe" einen relativ starken Effekt ausübt, da ihm – auf der Basis des
durchgeführten Signifikanz-Tests – eine Varianzaufklärung von ungefähr 20% zu-
geschrieben werden konnte. Ausgehend von diesen Vorkenntnissen stellt sich die
Frage, ob der Faktor "Jahrgangsstufe" isoliert wirkt oder aber ob er evtl. gemeinsam mit einem anderen Faktor – wie z.B. dem Faktor "Geschlecht" – einen Einfluss
auf das Merkmal "Unterrichtsstunden" ausübt.

Im Rahmen der rein deskriptiven Untersuchungen war im Abschnitt 12.4 die gemeinsame Wirkung der Faktoren "Jahrgangsstufe" und "Geschlecht" auf das Merkmal "Unterrichtsstunden" in Form eines hybriden Interaktionseffektes festgestellt worden. Dabei ist zu berücksichtigen, dass bei der Beschreibung dieses Sachverhalts noch nicht der Begriff "Faktor" verwendet, sondern stattdessen von einem "Gruppierungs-Merkmal" gesprochen wurde. Bei der durchgeführten Untersuchung wurde ferner erläutert, dass das Merkmal "Jahrgangsstufe" einen Haupteffekt und das Merkmal "Geschlecht" keinen Haupteffekt auf das Merkmal "Unterrichtsstunden" ausüben. Im Hinblick auf die inferenzstatistische Sicht stellt sich damit die Frage, ob sich diese Sachverhalte auch – im Rahmen von geeigneten Inferenzschlüssen – bzgl. derjenigen Populationen akzeptieren lassen, aus denen die bei der deskriptiven Betrachtung verwendeten Stichproben als unabhängige Zufallsstichproben erhoben wurden. Von Interesse ist somit die Diskussion der beiden folgenden Fragen:

- Lässt sich ein Interaktionseffekt für die beiden Faktoren "Jahrgangsstufe" und "Geschlecht" in ihrer Wirkung auf das abhängige Merkmal "Unterrichtsstunden" erkennen?

- Kann man einen Beleg dafür finden, dass von den Faktoren in der Population ein Haupteffekt ausgeübt wird?

Zur teststatistischen Untersuchung dieser Fragen lässt sich eine *2-faktorielle Varianzanalyse* durchführen.

- Eine **2-faktorielle Varianzanalyse** (für unabhängige Stichproben) stellt eine Verallgemeinerung der 1-faktoriellen Varianzanalyse (für unabhängige Stichproben) dar, indem deren Grundprinzipien in geeigneter Form auf die Diskussion des potentiellen Einflusses eines zweiten Faktors sowie einer möglichen Interaktion übertragen werden.

Bei dieser Verallgemeinerung wird der Ansatz erweitert, der bei der 1-faktoriellen Varianzanalyse zur Zergliederung der Populations-Varianz des abhängigen intervallskalierten Merkmals durchgeführt wurde. Bei dieser Varianz-Aufteilung erfolgt nicht nur eine Erklärung durch die *systematischen Einflüsse* mittels der beiden faktorspezifischen Varianzen sowie durch den *unsystematischen Einfluss*, d.h. zufallsbedingten Einfluss mittels der zufallsbedingten Varianz – im Folgenden *Restvarianz* "σ^2_{Zufall}" genannt –, sondern es wird darüber hinaus die folgende Erweiterung vorgenommen:

- Zum *systematischen Einfluss* wird diejenige Varianz *hinzugerechnet*, die durch die *Interaktion* der beiden Faktoren bedingt ist.

Bezogen auf die beiden Faktoren "Jahrgangsstufe" (A) und "Geschlecht" (B) stellt sich eine mögliche Erklärung der Varianz des Merkmals "Unterrichtsstunden" (Y) im Hinblick auf die systematischen und unsystematischen Einflüsse wie folgt dar:

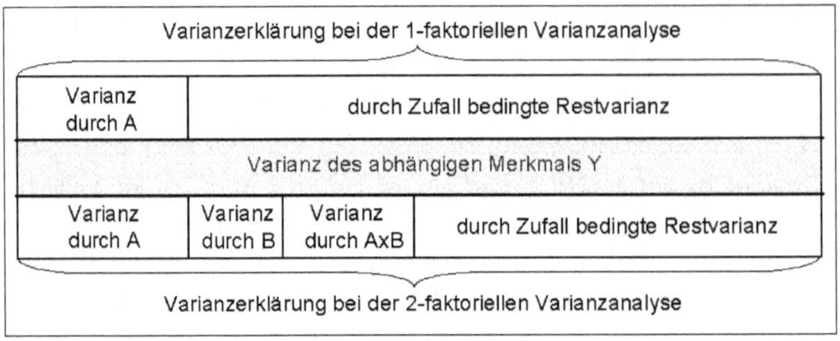

Abbildung 22.25: Unterschiede in der Varianzerklärung des Merkmals Y

Der Interaktionseffekt, den die beiden Faktoren A und B gemeinsam bewirken, wird durch die Bezeichnung "**AxB**" gekennzeichnet.

Als Basis der nachfolgenden Erläuterungen dienen die folgenden Bezeichnungen:

Faktorstufen von A: a_i $(i = 1, ..., r)$

Faktorstufen von B: b_j $(j = 1, ..., c)$

Anzahl der Y-Werte pro Faktorstufen-Kombination: m

Y-Werte der "m" Merkmalsträger unter der i-ten Faktorstufe von A und der j-ten Faktorstufe von B: y_{ijk} $(k = 1, ..., m)$

Mittelwert der zur Kombination der i-ten Faktorstufe von A und der j-ten Faktorstufe von B zugehörigen Y-Werte: $\bar{y}_{ij}$

Mittelwert der zur i-ten Faktorstufe von A zugehörigen Y-Werte: $\bar{y}_{i.}$

Mittelwert der zur j-ten Faktorstufe von B zugehörigen Y-Werte: $\bar{y}_{.j}$

Gesamtmittelwert als Mittelwert über alle "$m * r * c$" Y-Werte: $\bar{y}$

Abbildung 22.26: Bezeichnungen

Voraussetzungen und Variationsgleichung

Genau wie bei der 1-faktoriellen Varianzanalyse wird als Basis für die durchzuführenden Signifikanz-Tests auch bei der 2-faktoriellen Varianzanalyse die Gesamt-Stichprobenvariation geeignet aufgeteilt. Bevor dies geschieht, werden zunächst die Rahmenbedingungen für die Durchführung einer 2-faktoriellen Varianzanalyse (für unabhängige Stichproben) formuliert.

Grundsätzlich müssen die folgenden Voraussetzungen erfüllt sein:

- Das abhängige Merkmal Y ist intervallskaliert.

- Der Faktor A ist nominalskaliert und besitzt "r" Faktorstufen mit: "$r \geq 2$".

- Der Faktor B ist nominalskaliert und besitzt "c" Faktorstufen mit: "$c \geq 2$".

- Y ist für jede der "$r * c$" Faktorstufen-Kombinationen normalverteilt mit der Mitte "μ_{ij}" und der Streuung "σ_{ij}" ("i=1,...,r" und "j=1,...,c").

- Es liegt Varianzhomogenität vor, d.h. für alle Kombinationen von "i" und "j" ("i=1,...,r" und "j=1,...,c") gilt: "$\sigma_{ij}^2 = \sigma^2$".

- Für jede der "r*c" Faktorstufen-Kombinationen liegt eine Zufallsstichprobe vor, wobei es sich insgesamt um unabhängige Zufallsstichproben handelt.

Mit diesen Bezeichnungen lässt sich die Strukturierung der Y-Werte für den k-ten Merkmalsträger sowie der zu den Faktorstufen und Kombinationen der Faktorstufen zugehörigen Mittelwerte in Form der beiden folgenden Schemata angeben:

	b_1	b_2	$\cdots$	b_c			b_1	b_2	$\cdots$	b_c	
a_1	y_{11k}	y_{12k}	$\cdots$	y_{1ck}		a_1	$\bar{y}_{11}$	$\bar{y}_{12}$	$\cdots$	$\bar{y}_{1c}$	$\bar{y}_{1\bullet}$
a_2	y_{21k}	y_{22k}	$\cdots$	y_{2ck}		a_2	$\bar{y}_{21}$	$\bar{y}_{22}$	$\cdots$	$\bar{y}_{2c}$	$\bar{y}_{2\bullet}$
$\vdots$	$\vdots$	$\vdots$	$\vdots$	$\vdots$		$\vdots$	$\vdots$	$\vdots$		$\vdots$	
a_r	y_{r1k}	y_{r2k}	$\cdots$	y_{rck}		a_r	$\bar{y}_{r1}$	$\bar{y}_{r2}$	$\cdots$	$\bar{y}_{rc}$	$\bar{y}_{r\bullet}$
							$\bar{y}_{\bullet1}$	$\bar{y}_{\bullet2}$		$\bar{y}_{\bullet c}$	

Abbildung 22.27: Strukturierung der Y-Werte und deren Mittelwerte

Bei der Indexierung eines Y-Werts in der Form "y_{ijk}" kennzeichnet der erste Index die Zeile, der zweite Index die Spalte und der dritte Index den jeweiligen Merkmalsträger, der diesen Y-Wert besitzt. Die Kennzeichnung aller Y-Werte in derjenigen Zelle, die durch die Kombination der Faktorstufen "a_i" und "b_j" markiert wird, erfolgt somit in der Form "y_{ijk} (k=1,...,m)". Der zugehörige Mittelwert wird – wie oben festgelegt – durch "$\bar{y}_{ij}$" bezeichnet. Durch die Verwendung eines Punktes "." wird das Durchlaufen eines gesamten Indexbereichs beschrieben, sodass durch "$\bar{y}_{i\bullet}$" der i-te Zeilen-Mittelwert und durch "$\bar{y}_{\bullet j}$" der j-te Spalten-Mittelwert gekennzeichnet wird.

Die Berechnungsvorschriften für die einzelnen Mittelwerte, die durch die oben angegebenen Symbole charakterisiert sind, stellen sich wie folgt dar:

- $\bar{y}_{ij} = \frac{1}{m} \sum\limits_{k=1}^{m} y_{ijk}$ $\bar{y} = \frac{1}{r*c*m} \sum\limits_{i=1}^{r} \sum\limits_{j=1}^{c} \sum\limits_{k=1}^{m} y_{ijk}$

- $\bar{y}_{i\bullet} = \frac{1}{c} \sum\limits_{j=1}^{c} \bar{y}_{ij}$ $\bar{y}_{\bullet j} = \frac{1}{r} \sum\limits_{i=1}^{r} \bar{y}_{ij}$

Genau wie bei der 1-faktoriellen Varianzanalyse besteht die *Grundidee* für einen varianzanalytischen Signifikanz-Test zur Prüfung von Mitten-Gleichheiten darin, aus der Zerlegung der gesamten Stichprobenvariation die Basis für den Aufbau von F-verteilten Teststatistiken zu erhalten.

Bei der 2-faktoriellen Varianzanalyse wird die folgende Zerlegung vorgenommen:

- $y_{ijk} - \bar{y} = (y_{ijk} - \bar{y}_{ij}) + (\bar{y}_{ij} - \bar{y}) = (\bar{y}_{ij} - \bar{y}) + (y_{ijk} - \bar{y}_{ij})$

$$= (\bar{y}_{i.} - \bar{y}) + (\bar{y}_{.j} - \bar{y}) + (\bar{y}_{ij} - \bar{y}_{i.} - \bar{y}_{.j} + \bar{y}) + (y_{ijk} - \bar{y}_{ij})$$

Aus Gründen der Übersichtlichkeit wurden – in der ersten Zeile – die beiden Summanden vertauscht und – in der zweiten Zeile – geeignete Ergänzungen durchgeführt. Dabei wurde zunächst die Differenz zwischen dem Zeilen-Mittelwert und dem Gesamtmittelwert und anschließend die Differenz zwischen dem Spalten-Mittelwert und dem Gesamtmittelwert hinzugefügt.

Die Differenz zwischen einem Stichprobenwert und dem Gesamtmittelwert lässt sich somit durch eine Summe mit 4 Summanden darstellen. Während der 1. Summand den Einfluss der i-ten Faktorstufe "a_i" des Faktors A kennzeichnet, beschreibt der 2. Summand den Einfluss der j-ten Faktorstufe "b_j" des Faktors B. Der 3. Summand gibt den Einfluss der Interaktion von "a_i" und "b_j" wider und durch den 4. Summanden wird die Differenz zwischen dem Stichprobenwert und dem zur Faktorstufen-Kombination zugehörigen Gruppenmittel gekennzeichnet.

Aus der angegebenen Zerlegung lässt sich durch Quadrierung und Summation über alle Stichprobenelemente – unter Durchführung geeigneter Rechenoperationen – die folgende *Variationsgleichung der 2-faktoriellen Varianzanalyse* ableiten:

$$
\begin{array}{ccc}
\text{SS(total)} & \text{SS(A)} & \text{SS(B)} \\
\displaystyle\sum_{i=1}^{r}\sum_{j=1}^{c}\sum_{k=1}^{m}(y_{ijk}-\bar{y})^2 = m*c*\sum_{i=1}^{r}(\bar{y}_{i.}-\bar{y})^2 + m*r*\sum_{j=1}^{c}(\bar{y}_{.j}-\bar{y})^2 \\
+m*\displaystyle\sum_{i=1}^{r}\sum_{j=1}^{c}(\bar{y}_{ij}-\bar{y}_{i.}-\bar{y}_{.j}+\bar{y})^2 + \sum_{i=1}^{r}\sum_{j=1}^{c}\sum_{k=1}^{m}(y_{ijk}-\bar{y}_{ij})^2 \\
\text{SS(A x B)} & & \text{SS(within)}
\end{array}
$$

Abbildung 22.28: Variationsgleichung der 2-faktoriellen Varianzanalyse

Die Gesamt-Stichprobenvariation **"SS(total)"** lässt sich somit aufteilen in die Variation **"SS(A)"**, die auf dem Effekt von A beruht, und die Variation **"SS(B)"**, die auf dem Effekt von B beruht, und die Variation **"SS(AxB)"**, die auf dem Effekt der Interaktion von A und B beruht, sowie die *Binnenvariation* **"SS(within)"** als Summe aller auf die einzelnen Faktorstufen-Kombinationen bezogenen Variationen. Die Binnenvariation beschreibt daher die gesamte (individuelle) Unterschiedlichkeit der Stichprobenelemente innerhalb der Stichproben, die zu den einzelnen Faktorstufen-Kombinationen gehören.

Mit Hilfe der angegebenen Abkürzungen lässt sich die Variationsgleichung der 2-faktoriellen Varianzanalyse wie folgt angeben:

- SS(total) = SS(A) + SS(B) + SS(AxB) + SS(within)

Nullhypothesen und zugehörige F-Tests

Die zur 2-faktoriellen Varianzanalyse gehörenden Signifikanz-Tests stützen sich – genau wie bei der 1-faktoriellen Varianzanalyse – auf Quotienten, die aus einer zu einem Effekt zugehörigen normierten Variation und der normierten Binnenvariation gebildet werden.

Wie üblich wird im Folgenden durch "n" die Anzahl aller Stichprobenelemente gekennzeichnet, d.h. es gilt:

- $n = r * c * m$

Für die einzelnen Variationen lassen sich die zugehörigen Freiheitsgrade gemäß der folgenden Berechnungsvorschriften ermitteln:

- df(total) $= n - 1$ df(within) $= n - r * c$
- df(A) $= r - 1$ df(B) $= c - 1$ df(AxB) $= (r - 1) * (c - 1)$

Diese fünf Freiheitsgrade genügen der folgenden Gleichung:

- df(total) = df(A) + df(B) + df(AxB) + df(within)

Die angestrebten Normierungen, die die Grundlage für die Schätzungen der einzelnen Varianzanteile auf Populationsebene darstellen, werden in der folgenden Form durch die Division mittels der jeweiligen Anzahl der Freiheitsgrade vorgenommen:

- $MS(\text{A}) = \frac{SS(A)}{df(A)}$:   Schätzung des Varianzanteils, der durch den Effekt von A bewirkt wird

- $MS(\text{B}) = \frac{SS(B)}{df(B)}$:   Schätzung des Varianzanteils, der durch den Effekt von B bewirkt wird

- $MS(A \times B) = \frac{SS(A \times B)}{df(A \times B)}$:   Schätzung des Varianzanteils, der durch den Interaktionseffekt von A und B bewirkt wird

- $MS(\text{within}) = \frac{SS(within)}{df(within)}$:   Binnenvarianz

Der folgende Sachverhalt ist für die sich anschließende Darstellung grundlegend:

- Die *Binnenvarianz* "$MS(\text{within})$" ist eine erwartungstreue Schätzstatistik für die Restvarianz "σ^2_{Zufall}".

Wie im Folgenden dargestellt wird, kann die Restvarianz auch unter Einsatz anderer Statistiken geschätzt werden, sofern gewisse Voraussetzungen erfüllt sind. Es zeigt sich, dass genau diese Voraussetzungen sich in Form der Thesen widerspiegeln, die im Zusammenhang mit der 2-faktoriellen Varianzanalyse von Interesse sind.

Um den Einfluss des Faktors A diskutieren zu können, ist der folgende Sachverhalt von Bedeutung:

- Übt der Faktor A *keinen* Effekt aus, d.h. gibt es bzgl. des Faktors A keine faktorstufenspezifischen Unterschiede in den Mitten des Merkmals Y, so ist "$MS(\text{A})$" eine erwartungstreue Schätzstatistik für die Restvarianz "σ^2_{Zufall}".

Hieraus folgt bei Gültigkeit der oben formulierten Voraussetzungen der 2-faktoriellen Varianzanalyse, dass beim Zutreffen der Nullhypothese

- "Der Faktor A bewirkt keinen Effekt."

die F-verteilte Teststatistik

- $F_A = \frac{MS(A)}{MS(within)} : F(r-1, n-r*c)$

nur zufallsbedingt vom Wert "1" abweicht.

Der zuvor für den Faktor A mitgeteilte Sachverhalt gilt entsprechend für den Faktor B, für den sich Folgendes feststellen lässt:

- Bewirkt der Faktor B *keinen Effekt*, d.h. gibt es bzgl. des Faktors B keine faktorstufenspezifischen Unterschiede in den Mitten des Merkmals Y, so ist "$MS(\text{B})$" eine erwartungstreue Schätzstatistik für die Restvarianz "σ^2_{Zufall}".

Hieraus folgt bei Erfüllung der Voraussetzungen der 2-faktoriellen Varianzanalyse, dass die F-verteilte Teststatistik

- $F_B = \frac{MS(B)}{MS(within)} : F(c-1, n-r*c)$

nur zufallsbedingt vom Wert "1" abweicht, sofern die folgende Nullhypothese zutrifft:

- "Der Faktor B bewirkt keinen Effekt."

Im Hinblick auf das Vorliegen eines Interaktionseffektes gilt Entsprechendes:

- Üben A und B *keinen* Interaktionseffekt auf das Merkmal Y aus, d.h. verlaufen sämtliche Profile – in jedem der beiden mittels A und B für die Mitten von Y konstruierbaren Profil-Diagramme – gleichförmig, so ist "$MS(A \times B)$" eine erwartungstreue Schätzstatistik für die Restvarianz "σ^2_{Zufall}".

Hieraus folgt bei Erfüllung der Voraussetzungen der 2-faktoriellen Varianzanalyse, dass beim Zutreffen der Nullhypothese

- "Es wird von den Faktoren A und B kein Interaktionseffekt auf Y ausgeübt."

die F-verteilte Teststatistik

- $F_{A \times B} = \frac{MS(A \times B)}{MS(within)} : F((r-1)*(c-1), n-r*c)$

nur zufallsbedingt vom Wert "1" abweicht.

Eine Zusammenstellung der Nullhypothesen und der zugehörigen Teststatistiken für die drei soeben vorgestellten Signifikanz-Tests bei der 2-faktoriellen Varianzanalyse (für unabhängige Stichproben) enthält die folgende Übersicht:

Prüfung der Nullhypothese "Der Faktor A bewirkt *keinen* Effekt.":

$$F_A = \frac{MS(A)}{MS(within)} : F(r-1, n-r*c)$$

Prüfung der Nullhypothese "Der Faktor B übt *keinen* Effekt aus.":

$$F_B = \frac{MS(B)}{MS(within)} : F(c-1, n-r*c)$$

Prüfung der Nullhypothese "Von den Faktoren A und B wird *kein* Interaktionseffekt ausgeübt.":

$$F_{A \times B} = \frac{MS(A \times B)}{MS(within)} : F((r-1)*(c-1), n-r*c)$$

Abbildung 22.29: Nullhypothesen und Teststatistiken

Vor der Durchführung einer dieser Tests ist eine dahingehende Prüfung sinnvoll, ob überhaupt systematische Einflüsse einen Beitrag zur Erklärung der Populations-Varianz leisten. Gäbe es keinen derartigen Erklärungsbeitrag, müssten – im Rahmen einer deskriptiv-statistischen Betrachtung – in diesem Fall in jedem der beiden mittels A und B für die Mitten von Y konstruierbaren Profil-Diagramme sämtliche Profile identisch sein und waagerecht verlaufen. Um diesen Sachverhalt auf Populationsebene zu untersuchen, ist die folgende Nullhypothese zu diskutieren:

- Sämtliche Mitten in den durch die einzelnen Faktorstufen-Kombinationen bestimmten Populationen sind identisch.

Die Gültigkeit dieser Aussage ist gleichbedeutend mit:

- Der totale gemeinsame Effekt der Faktoren A und B ist gleich 0.

Diese These kann mittels der wie folgt festgelegten Teststatistik geprüft werden:

- $F_{A,B,A \times B} = \dfrac{\frac{SS(total)-SS(within)}{r*c-1}}{\frac{SS(within)}{n-r*c}}$

Wenn die Nullhypothese zutrifft, weicht die Teststatistik "$F_{A,B,A \times B}$", die gemäß

- $F_{A,B,A \times B} : F(r*c-1, n-r*c)$

F-verteilt ist, nur zufallsbedingt vom Wert "1" ab.

Bisher wurde unterstellt, dass die Stichprobenumfänge für sämtliche Faktorstufen-Kombinationen der beiden Faktoren A und B *gleich* sind. Ist diese Voraussetzung verletzt, so ist die Gültigkeit der Variationsgleichung nicht mehr gesichert. Dies bedeutet, dass die Differenz "SS(total) − SS(within)" nicht mit der Summe "SS(A) + SS(B) + SS(A × B)" übereinstimmen muss.

Grundsätzlich ändert sich bei der Durchführung von Signifikanz-Tests – im Fall von *ungleichen* Stichprobenumfängen – am prinzipiellen Vorgehen nichts! Allerdings sollte beachtet werden, dass die Stichprobenumfänge sich nicht allzu sehr unterscheiden.

Durchführung der F-Tests

Bei der Anzeige von Varianzanalyse-Tafeln macht das IBM SPSS Statistics-System davon Gebrauch, dass sich das Modell einer 2-faktoriellen Varianzanalyse als ein multiples lineares Regressionsmodell formulieren lässt, sodass auch Werte angezeigt werden, die im Kontext der bisherigen Diskussion nicht interpretierbar sind.

Um eine 2-faktorielle Varianzanalyse für die beiden Faktoren A und B sowie das abhängige Merkmal Y anzufordern und sich die Varianzanalyse-Tafel im Viewer-Fenster anzeigen zu lassen, ist der folgende Befehl einzusetzen:

- UNIANOVA Y BY A B.

Die Variable Y muss die Y-Werte enthalten und durch die Werte der Variablen A und B müssen die zugehörigen Faktorstufen-Kombinationen gekennzeichnet sein.

Die Datenstruktur für die Durchführung einer 2-faktoriellen Varianzanalyse muss in der folgenden Form vorliegen, sofern der Stichprobenumfang für die Kombination der i-ten Faktorstufe "a_i" von A und der j-ten Faktorstufe "b_j" von B durch das Symbol "m_{ij}" gekennzeichnet wird:

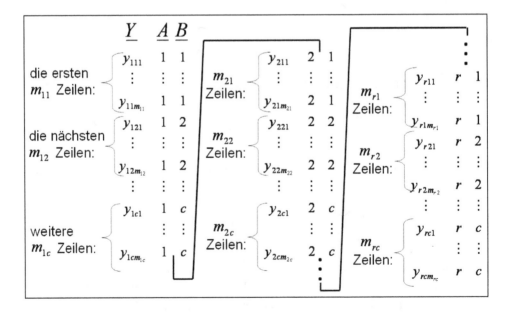

Abbildung 22.30: Strukturierung der Daten-Matrix

Hinweis: Die Datenstruktur beim Beispiel des abhängigen Merkmals "Unterrichtsstunden" und der beiden Faktoren "Geschlecht" und "Jahrgangsstufe" müsste demnach gemäß des Erhebungsdesigns (siehe Abbildung 1.2) die folgende Eigenschaft haben: Die ersten "$m_{11} = 50$" Zeilen der Daten-Matrix enthalten die Werte mit "jahrgang=1" und "geschl=1", die nächsten "$m_{12} = 50$" Zeilen die Werte mit "jahrgang=1" und "geschl=2", die nächsten "$m_{21} = 50$" Zeilen die Werte mit "jahrgang=2" und "geschl=1", die nächsten "$m_{22} = 50$" Zeilen die Werte mit "jahrgang=2" und "geschl=2", die nächsten "$m_{31} = 25$" Zeilen die Werte mit "jahrgang=3" und "geschl=1" und die nächsten "$m_{32} = 25$" Zeilen die Werte mit "jahrgang=3" und "geschl=2".

Sofern eine 2-faktorielle Varianzanalyse mit dem abhängigen Merkmal "Unterrichtsstunden" und den Faktoren "Jahrgangsstufe" und "Geschlecht" durchgeführt werden soll, kann dies auf der Basis der folgenden Varianzanalyse-Tafel geschehen:

Tests der Zwischensubjekteffekte

Abhängige Variable:Unterrichtsstunden

Quelle	Quadratsumme vom Typ III	df	Mittel der Quadrate	F	Sig.
Korrigiertes Modell	632,480ᵃ	5	126,496	12,833	,000
Konstanter Term	247307,290	1	247307,290	25089,384	,000
jahrgang	536,280	2	268,140	27,203	,000
geschl	7,290	1	7,290	,740	,391
jahrgang * geschl	96,056	2	48,028	4,872	,008
Fehler	2405,120	244	9,857		
Gesamt	285950,000	250			
Korrigierte Gesamtvariation	3037,600	249			

a. R-Quadrat = ,208 (korrigiertes R-Quadrat = ,192)

Abbildung 22.31: Varianzanalyse-Tafel

SPSS: Zur Anzeige dieser Tabelle ist der UNIANOVA-Befehl – auf der Basis einer adäquat eingerichteten Daten-Matrix – in der folgenden Form einzusetzen:

```
UNIANOVA stunzahl BY jahrgang geschl.
```

Als Realisierung der Teststatistik "$F_{A,B,A \times B} = F_{jahrgang,geschl,jahrgang \times geschl}$" wird – in der 1. Zeile – der Wert "12,833" zusammen mit einem Signifikanzniveau angezeigt, das kleiner als "10^{-3}" ist. Das Testergebnis ist somit auf dem Testniveau von 5% signifikant, sodass der Sachverhalt eines von "0" verschiedenen totalen gemeinsamen Effektes der Faktoren A und B akzeptiert und der Effekt der beiden Faktoren auf das abhängige Merkmal sinnvollerweise näher untersucht werden kann.

Zur Prüfung, ob von den Faktoren A und B ein Interaktionseffekt ausgeübt wird, ist das zur Realisierung "4,872" der Teststatistik "$F_{A \times B} = F_{jahrgang \times geschl}$" zugehörige Signifikanzniveau von "0,008" mit dem vorgegebenen Testniveau von "$\alpha = 0,05$" zu vergleichen. Da das Testergebnis signifikant ist, lässt sich die Wirkung eines Interaktionseffektes akzeptieren.

Da es sich bei der Interaktion – wie im Abschnitt 12.4 festgestellt – um eine hybride Interaktion handelt, können Haupteffekte, sofern sie nachweisbar sind, nicht sinnvoll interpretiert werden. Obwohl sich daher eigentlich die Prüfung auf Haupt-effekte erübrigt, sollen die Testergebnisse bzgl. der individuellen Effekte der bei-den Faktoren – der Vollständigkeit halber – trotzdem berichtet werden. Bei vorge-gebenem Testniveau von 5% lässt sich der Abbildung 22.31 entnehmen, dass die Prüfung des Faktors "Jahrgangsstufe" zum signifikanten Testwert "27,203" und die Prüfung des Faktors "Geschlecht" zum nicht signifikanten Testwert "0,74" führt.

22.9.6 Poweranalyse bei der 2-faktoriellen Varianzanalyse

Bestimmung von optimalen Stichprobenumfängen

Als Stichproben in der zuvor als Beispiel vorgestellten 2-faktoriellen Varianzana-lyse, durch die der durch die Faktoren "Jahrgangsstufe" und "Geschlecht" bewirk-te Interaktionseffekt untersucht wurde, waren Gelegenheits-Stichproben mit dem Gesamt-Stichprobenumfang von "$n = 250$" gewählt worden. Um auch das Risiko für einen Fehler 2. Art kontrollieren zu können, stellt sich – genau wie bei der 1-faktoriellen Varianzanalyse – die Frage, wie sich optimale Stichprobenumfänge bei einer 2-faktoriellen Varianzanalyse berechnen lassen.

Um eine Populations-bezogene Kennzeichnung einer inhaltlich bedeutsamen Un-terschiedlichkeit festzulegen, ist eine Effektgröße in geeigneter Weise zu vereinba-ren. Dabei ist zu berücksichtigen, dass bei der 2-faktoriellen Varianzanalyse drei individuelle Effekte zu bewerten sind. Um als Effektgröße eine proportionale Va-rianzaufklärung verabreden zu können, wird die jeweilige effektspezifische Vari-anz zu einer Summe zweier Varianzen ins Verhältnis gesetzt. Anstelle von Omega-Quadrat "Ω^2", das Grundlage bei der Beurteilung eines Effekts im Rahmen einer 1-faktoriellen Varianzanalyse (bei unabhängigen Stichproben) war, wird die Größe "Ω^2_{part}" in der folgenden Form verabredet:

$$\bullet \quad \boxed{\Omega^2_{part} = \frac{\sigma^2_{Effekt}}{\sigma^2_{Zufall} + \sigma^2_{Effekt}}}$$

Die Größe "Ω^2_{part}" wird als **partielles Omega-Quadrat** bezeichnet. Sie kennzeich-net den Anteil an der durch den systematischen und den zufallsbedingten Einfluss bestimmten Varianz, der durch einen Effekt auf der Populationsebene erklärt wird. Durch die *Restvarianz* "σ^2_{Zufall}" wird der Anteil an der Populations-Varianz "σ^2" beschrieben, der *nicht* durch systematische Einflüsse des Faktors A, des Faktors B sowie des von A und B ausgeübten Interaktionseffektes zu erklären ist.

Hinweis: Da zwischen den Haupteffekten und dem Interaktionseffekt unterschieden wer-den muss, wird anstelle der im Rahmen der 1-faktoriellen Varianzanalyse ursprünglich ver-wendeten Angabe von "Treatment" – zur Kennzeichnung des Einflusses – als Index die Bezeichnung "Effekt" gewählt.
Die Vereinbarung von "Ω^2_{part}" ist eine Verallgemeinerung von "Ω^2", da bei der 1-faktoriellen Varianzanalyse (mit unabhängigen Stichproben) die Summe der Restvarianz "σ^2_{Zufall}" und der durch den Effekt erklärten Varianz gleich der Populations-Varianz ist.

Genau wie bei der 1-faktoriellen Varianzanalyse lässt sich eine alternative Form einer Effektgröße verabreden. Entsprechend der Ergänzung des Attributes "partiell" beim Parameter Omega-Quadrat wird ein **partielles Phi-Quadrat** – anstelle von Phi-Quadrat – in der folgenden Form festgelegt:

$$\bullet \quad \boxed{\Phi^2_{part} = \frac{\sigma^2_{Effekt}}{\sigma^2_{Zufall}}}$$

Der Parameter Phi-Quadrat "Φ^2_{part}" kennzeichnet den Anteil an der Restvarianz "σ^2_{Zufall}", der durch die effektspezifische Varianz "σ^2_{Effekt}" erklärt wird.

Entsprechend der für die 1-faktorielle Varianzanalyse gültigen Beziehung zwischen Phi-Quadrat und Omega-Quadrat lässt sich die folgende Beziehung nachweisen:

$$\bullet \quad \boxed{\Phi^2_{part} = \frac{\Omega^2_{part}}{1-\Omega^2_{part}}}$$

Um einen **optimalen Stichprobenumfang** für einen F-Test zur Durchführung einer 2-faktoriellen Varianzanalyse berechnen zu können, muss eine geeignete Effektgröße vorgegeben werden.

- Nach den Vorschlägen von *Cohen* besteht auch für die 2-faktorielle Varianzanalyse die folgende Konvention:

> Bei der Effektgröße "$\Omega^2_{part} = 0,01$" wird von einem *schwachen (kleinen) Effekt*, bei "$\Omega^2_{part} = 0,0625$" von einem *mittleren Effekt* und bei "$\Omega^2_{part} = 0,14$" von einem *starken (großen) Effekt* gesprochen.

Gemäß der oben vorgestellten Beziehung zwischen dem partiellen Omega-Quadrat und dem partiellen Phi-Quadrat gilt entsprechend:

> Bei der Effektgröße "$\Phi^2_{part} = 0,01$" ("$\Phi_{part} = 0,1$") wird von einem *schwachen (kleinen) Effekt*, bei "$\Phi^2_{part} = 0,0625$" ("$\Phi_{part} = 0,25$") von einem *mittleren Effekt* und bei "$\Phi^2_{part} = 0,16$" ("$\Phi_{part} = 0,4$") von einem *starken (großen) Effekt* gesprochen.

Zur Bestimmung des jeweils optimalen Stichprobenumfangs lässt sich – genau wie bei der 1-faktoriellen Varianzanalyse – wiederum das Programm G*POWER einsetzen. Dabei wird im Hinblick auf die im Rahmen des Beispiels durchzuführenden F-Tests grundsätzlich unterstellt:

- Es ist ein mittlerer Effekt, d.h. "$\Phi^2_{part} = 0,0625$" ("$\Phi_{part} = 0,25$"), bei einem Testniveau von "0,05" mit einer Teststärke von mindestens "0,8" bei einer 2-faktoriellen Varianzanalyse "aufzudecken"!

Es ist zu beachten, dass die Effektgröße – bei G*POWER – in Form der Quadrat-wurzel aus dem jeweils vorgegebenen partiellen Phi-Quadrat-Wert anzugeben ist.

Nach dem Aufruf von G*POWER ist in der Liste "Test family" die Option "F tests", in der Liste "Statistical test" die Option "ANOVA: Fixed effects, special, main effects and interactions" und in der Liste "Type of power analysis" die Option "A priori: Compute required sample size – given α, power and effect size" im G*POWER-Fenster einzustellen. Anschließend ist im Eingabefeld "Effect size f" der Wert "0.25" (wegen "$\Phi_{part} = 0,25$"), im Eingabefeld "α err prob" der Wert "0.05" und im Eingabefeld "Power $(1 - \beta$ err prob)" der Wert "0.8" einzutragen. Grundsätzlich gilt:

- Im Eingabefeld "Numerator df" muss die Anzahl der Freiheitsgrade des Zählers der F-verteilten Teststatistik, die zur Prüfung des jeweiligen Effektes eingesetzt wird, angegeben werden.
  Im Eingabefeld "Number of groups" ist die Gesamtzahl der Faktorstufen-Kombinationen einzutragen.

Sofern ein F-Test auf den Haupteffekt A ("Jahrgangsstufe") durchgeführt werden soll, ist demzufolge ("Jahrgangsstufe" besitzt 3 Ausprägungen) im Eingabefeld "Numerator df" der Wert 2 (df = 3 − 1 = 2) und im Eingabefeld "Number of groups" der Wert "6" einzutragen. Nach der Bestätigung mittels der Schaltfläche "Calculate" ergibt sich die folgende Anzeige:

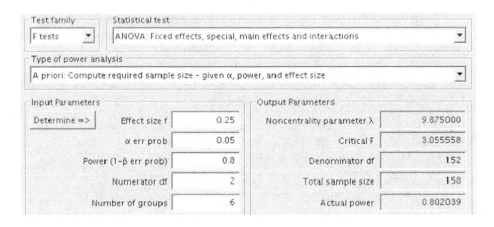

Abbildung 22.32: Bestimmung des optimalen Stichprobenumfangs für Faktor A

Als Ergebnis wird im Feld "Total sample size" der Wert "158" als optimaler Stich-probenumfang angezeigt. Pro Faktorstufen-Kombination ist demnach eine Stich-probe vom Umfang "27" (Ergebnis der Aufrundung von: $158/6 \approx 26{,}3333$) zu er-mitteln, sodass sich ein Gesamt-Stichprobenumfang von "$n = 162$" ergibt.

Sofern ein F-Test auf den Haupteffekt B ("Geschlecht") durchgeführt werden soll, ist im Eingabefeld "Numerator df" der Wert "1" (df = 2 − 1 = 1) und im

Eingabefeld "Number of groups" der Wert "6" einzutragen. Nach der Bestätigung mittels der Schaltfläche "Calculate" ergibt sich die folgende Anzeige:

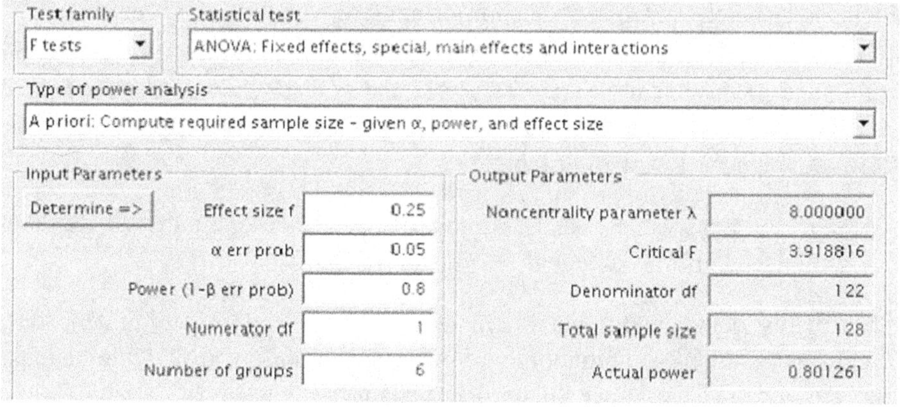

Abbildung 22.33: Bestimmung des optimalen Stichprobenumfangs für Faktor B

Als Ergebnis wird im Feld "Total sample size" der Wert "128" als optimaler Stichprobenumfang angezeigt. Pro Faktorstufen-Kombination ist demnach eine Stichprobe vom Umfang "22" (Ergebnis der Aufrundung von: $128/6 \approx 21{,}3333$) zu ermitteln, sodass sich ein Gesamt-Stichprobenumfang von "$n = 132$" ergibt.

Sofern ein F-Test auf einen von A ("Jahrgangsstufe") und B ("Geschlecht") ausgeübten Interaktionseffekt durchgeführt werden soll, ist im Eingabefeld "Numerator df" der Wert "2" (df $= (3-1) * (2-1) = 2$) und im Eingabefeld "Number of groups" wiederum der Wert "6" einzutragen. Nach der Bestätigung mittels der Schaltfläche "Calculate" ergibt sich die folgende Anzeige:

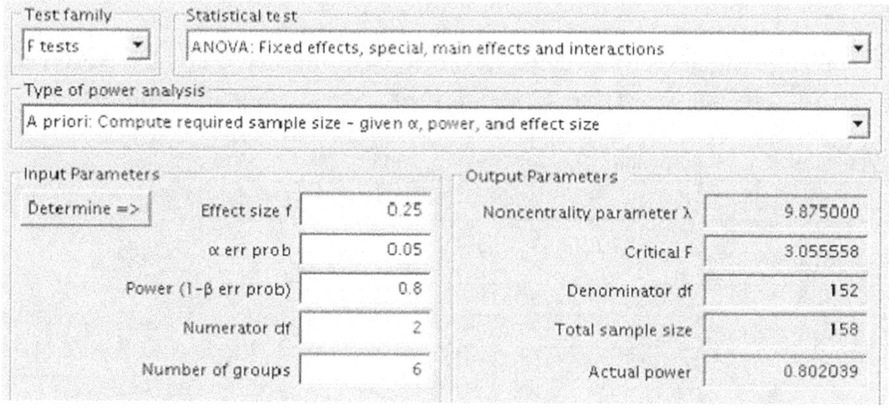

Abbildung 22.34: Bestimmung des optimalen Stichprobenumfangs für AxB

Als Ergebnis wird im Feld "Total sample size" der Wert "158" als optimaler Stichprobenumfang angezeigt. Pro Faktorstufen-Kombination ist demnach eine Stichprobe vom Umfang "27" (Ergebnis der Aufrundung von: $158/6 \approx 26,3333$) zu ermitteln, sodass sich ein Gesamt-Stichprobenumfang von "$n = 162$" ergibt.

In den drei durchgeführten Analysen zur Bestimmung eines optimalen Stichprobenumfangs haben sich die Werte "27", "22" und "27" als Stichprobenumfänge für
jede Faktorstufen-Kombination – also unterschiedliche Werte – ergeben. In diesem
Fall ist die folgende Regel zu beachten:

- Dem Versuchsplan ist das Maximum der einzelnen optimalen Stichprobenumfänge zugrunde zu legen!

Im Beispiel ist demnach das Maximum aus "27", "22" und "27" zu bilden, sodass
für jede Faktorstufen-Kombination ein Stichprobenumfang von "27" und demnach
"162" ("6 * 27") als gesamter Stichprobenumfang festzulegen ist.

Für einen F-Test im Rahmen einer 2-faktoriellen Varianzanalyse (für unabhängige
Stichproben) können in Abhängigkeit vom Versuchsplan, d.h. von der Anzahl
der jeweiligen Faktorstufen der beiden Faktoren A und B, die zugehörigen *optimalen* Stichprobenumfänge der folgenden Tabelle – für den Fall des Testniveaus
"$\alpha = 0,05$" und der Teststärke "$1 - \beta = 0,8$" – entnommen werden:

Versuchsplan	schwach	mittel	stark
2x2	4*197	4*32	4*13
2x3	6*162	6*27	6*11
2x4	8*137	8*23	8*10
3x3	9*134	9*22	9*9
3x4	12*115	12*19	12*8
4x4	16* 99	16*17	16*7

Als *optimale* Stichprobenumfänge ergeben sich für den Fall des Testniveaus
"$\alpha = 0,01$" und der Teststärke "$1 - \beta = 0,8$":

Versuchsplan	schwach	mittel	stark
2x2	4*293	4*48	4*20
2x3	6*233	6*38	6*16
2x4	8*194	8*32	8*13
3x3	9*187	9*31	9*13
3x4	12*158	12*26	12*11
4x4	16*135	16*23	16*10

Bestimmung der empirischen Effektgröße

Sofern nicht mit dem optimalen Stichprobenumfang, sondern mit einer Gelegenheits-Stichprobe gearbeitet wird, sollte bei einem signifikanten Testergebnis die

empirische Effektgröße zur Beurteilung der inhaltlichen Bedeutung des Effekts ermittelt werden.

Als empirische Effektgröße wird bei der 2-faktoriellen Varianzanalyse eine Schätzung für das partielle Omega-Quadrat verwendet. Dazu lässt sich das zu einem
Effekt zugehörige **partielle Eta-Quadrat** wie folgt berechnen:

$$\bullet \quad \eta^2_{part} = \frac{SS(effekt)}{SS(within)+SS(effekt)}$$

Für den Platzhalter "effekt" ist der Faktor "A" bzw. "B" bzw. der Interaktionseffekt
"AxB" einzusetzen.

- Das partielle Eta-Quadrat "η^2_{part}" kennzeichnet somit den Anteil an der durch
  den jeweiligen systematischen und den zufallsbedingten Einfluss bestimmten
  Variation, der durch den Effekt erklärt wird.

Um einen Eindruck von der Größenordnung eines eventuell vorliegenden Interaktionseffektes der Merkmale "Geschlecht" und "Jahrgangsstufe" bei dessen
Wirkung auf das Merkmal "Unterrichtsstunden" sowie von den Größenordnungen
der beiden eventuell vorliegenden Haupteffekte zu erhalten, kann man sich die
zugehörigen partiellen Eta-Quadrat-Werte wie folgt im Viewer-Fenster anzeigen
lassen:

Tests der Zwischensubjekteffekte

Abhängige Variable:Unterrichtsstunden

Quelle	Quadratsumme vom Typ III	df	Mittel der Quadrate	F	Sig.	Partielles Eta-Quadrat
Korrigiertes Modell	632,480a	5	126,496	12,833	,000	,208
Konstanter Term	247307,290	1	247307,290	25089,384	,000	,990
jahrgang	536,280	2	268,140	27,203	,000	,182
geschl	7,290	1	7,290	,740	,391	,003
jahrgang * geschl	96,056	2	48,028	4,872	,008	,038
Fehler	2405,120	244	9,857			
Gesamt	285950,000	250				
Korrigierte Gesamtvariation	3037,600	249				

a. R-Quadrat = ,208 (korrigiertes R-Quadrat = ,192)

Abbildung 22.35: Anzeige der partiellen Eta-Quadrat-Werte

SPSS: Zur Anzeige dieser Tabelle ist der UNIANOVA-Befehl – auf der Basis einer adäquat eingerichteten Daten-Matrix – in der folgenden Form einzusetzen:

```
UNIANOVA stunzahl BY jahrgang geschl/PRINT = DESCRIPTIVE ETASQ.
```

Das zum signifikanten Interaktionseffekt zugehörige partielle Eta-Quadrat ist (auf
3 Nachkommastellen gerundet) gleich "0,038", was sich rechnerisch unter Einsatz
der obigen Vorschrift wie folgt nachvollziehen lässt:

$$\eta^2_{part} = \frac{96,056}{2405,12+96,056} = \frac{96,056}{2501,176} \approx 0,0384$$

Durch den Interaktionseffekt wird somit – unter Verwendung des partiellen Eta-Quadrates – eine Variationsaufklärung von ungefähr 4% bewirkt.

Grundsätzlich wird die Varianzaufklärung durch das partielle Eta-Quadrat stets überschätzt. Eine bessere Schätzung lässt sich mittels des bei der 1-faktoriellen Varianzanalyse im Abschnitt 22.8 vorgestellten Verfahrens erhalten.

Dazu ist zunächst das partielle Phi-Quadrat "Φ^2_{part}" mittels der Realisation "F_0" der F-verteilten Teststatistik wie folgt zu schätzen:

$$\phi^2_{part} = \frac{(F_o - 1) * df_{Zähler}}{n}$$

Dabei kennzeichnet "$df_{Zähler}$" die Anzahl der Freiheitsgrade des in der F-verteilten Teststatistik aufgeführten Zählers und "n" den Gesamt-Stichprobenumfang.

Entsprechend der zwischen dem partiellen Phi-Quadrat und dem partiellen Omega-Quadrat gültigen Beziehung (siehe die Darstellung im Abschnitt 22.8) lässt sich die Schätzung "ω^2_{part}" für das partielle Omega-Quadrat wie folgt berechnen:

$$\omega^2_{part} = \frac{\phi^2_{part}}{1 + \phi^2_{part}}$$

Um im Rahmen des oben erörterten Beispiels mit dem Gesamt-Stichprobenumfang von "$n = 250$" – im Hinblick auf den signifikanten Interaktionseffekt – eine Schätzung für das partielle Omega-Quadrat zu ermitteln, wird zunächst die Schätzung "ϕ^2_{part}" für das partielle Phi-Quadrat wie folgt errechnet:

$$\phi^2_{part} = \frac{(F_o - 1) * df_{Zähler}}{n} = \frac{(4{,}872 - 1) * 2}{250} = \frac{7{,}744}{250} \approx 0{,}031$$

Als Schätzung "ω^2_{part}" für das partielle Omega-Quadrat ergibt sich daher:

$$\omega^2_{part} = \frac{0{,}031}{1 + 0{,}031} = \frac{0{,}031}{1{,}031} \approx 0{,}03007$$

Durch den Interaktionseffekt wird somit eine Varianzaufklärung von ungefähr 3% bewirkt. Es wurde bereits oben darauf hingewiesen, dass dieser so bestimmte Wert den zuvor errechneten partiellen Eta-Quadrat-Wert, d.h. den Wert von etwa 4%, unterschreitet.

Auf der Basis der oben angegebenen Beziehung zwischen "ω^2_{part}" und "ϕ^2_{part}" kann die Schätzung "ϕ^2_{part}" der Effektgröße "Φ^2_{part}" wie folgt bestimmt werden:

$$\phi^2_{part} = \frac{\omega^2_{part}}{1 - \omega^2_{part}}$$

Obwohl die Varianzaufklärung durch das partielle Eta-Quadrat überschätzt wird, ist es nach Konvention zulässig, in dieser Gleichung den partiellen Eta-Quadrat-Wert anstelle der Schätzung "ω^2_{part}" für das partielle Omega-Quadrat einzusetzen.

Daher kann die empirische Effektgröße mittels der Berechnung von "ϕ_{part}^2" auch wie folgt ermittelt werden:

$$\phi_{part}^2 = \frac{\eta_{part}^2}{1-\eta_{part}^2}$$

Für das Beispiel ergibt sich daher als empirische Effektgröße:

$$\phi_{part}^2 = \frac{0,0384}{1-0,0384} = \frac{0,0384}{0,9616} \approx 0,03993$$

Wollte man für einen derartig gekennzeichneten Effekt eine Aussage unter Einsatz von G*POWER machen, so müsste bekanntlich die Quadratwurzel verwendet werden, sodass für das Beispiel die folgende Rechnung durchzuführen wäre:

$$\phi_{part} = \sqrt{0,03993} \approx 0,1998$$

Im Folgenden soll ergänzend gezeigt werden, dass dieses für "ϕ_{part}" erhaltene Ergebnis auch automatisch durch den Einsatz von G*POWER ermittelt werden kann. Die Basis dafür bilden die beiden oben aus der Varianzanalyse-Tafel (siehe Abbildung 22.35) entnommenen Quadratsummen "96,056" und "2405,12".

Wurde auf der Grundlage des in der Abbildung 22.34 dargestellten Fensters die Einstellung der Option "Post hoc: compute achieved power – given α, sample size and effect size" im Listenfeld "Type of power analysis" vorgenommen, so können – nach Druck der Schaltfläche "Determine =>" – die beiden Quadratsummen – in der Form "96.056" und "2405.12" – in die beiden auf der rechten Seite aufgeführten Eingabefelder "Variance explained by special effect" und "Error variance" innerhalb des folgenden Fensters eingetragen werden:

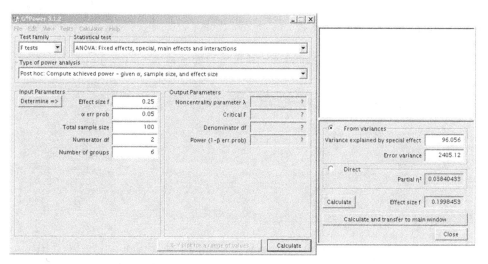

Abbildung 22.36: Ermittlung der empirischen Effektgröße durch Quadratsummen

Durch die anschließende Betätigung der Schaltfläche "Calculate" wird das mittels des IBM SPSS Statistics-Systems erhaltene Ergebnis "0,038" (siehe die Anzeige

in der Tabellenspalte "Partielles Eta-Quadrat" innerhalb der Abbildung 22.35) im
Feld "Partial η^2" und der zuvor ausgerechnete Wert "0,1998" als Schätzung für
das partielle Phi-Quadrat (im Feld "Effect size f") ausgewiesen, sodass sich insgesamt die auf der rechten Seite des G*POWER-Fensters angezeigten Werte in der
innerhalb der Abbildung 22.36 dargestellten Form ergeben.

Um die errechnete Effektgröße in das auf der linken Seite platzierte Eingabefeld
"Effect size f" übernehmen zu lassen, muss die Schaltfläche "Calculate and transfer
to main window" betätigt werden.

Bestimmung der empirischen Teststärke

Mit der soeben vorgestellten Möglichkeit, eine Effektgröße mittels der beiden Quadratsummen, die aus der jeweiligen Untersuchung resultieren, automatisch durch
den Einsatz von G*POWER ermitteln zu lassen, kann über das in der Abbildung
22.36 angezeigte Fenster unmittelbar die folgende Frage beantwortet werden:

- Wie groß ist die empirische Teststärke, mit der sich ein tatsächlich vorhandener Effekt "aufdecken" lässt?

Da der Faktor "Geschlecht" im Rahmen der oben durchgeführten Analyse (siehe
Abbildung 22.35) als nicht signifikant angesehen wurde, soll im Folgenden die
zugehörige empirischen Teststärke ermittelt werden.

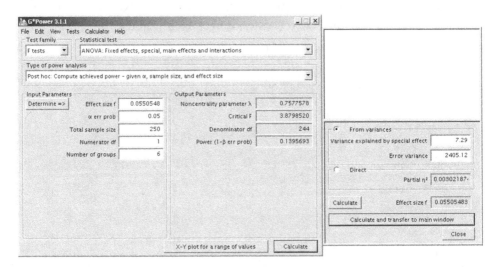

Abbildung 22.37: Ermittlung der empirischen Teststärke durch G*POWER

Um die empirische Effektgröße für den Haupteffekt "Geschlecht" zu bestimmen, können aus der Varianzanalyse-Tafel die Quadratsummen-Werte "7.29"
("SS(Geschlecht)") und "2405.12" ("SS(within)": in der Tabelle durch "Fehler"

gekennzeichnet) in die zugehörigen Eingabefelder von G*POWER übertragen werden. Anschließend ist die Schaltfläche "Calculate and transfer to main window" zu betätigen. Wird danach der Wert "250" in das Eingabefeld "Total sample size", der Wert "1" in das Eingabefeld "Numerator df" und der Wert "6" in das Eingabefeld "Number of groups" eingetragen, so ergibt sich mittels der Schaltfläche "Calculate" die in der Abbildung 22.37 dargestellte Anzeige und der gerundete Wert "0,1396" als empirische Teststärke.

Würde bei der Wahl einer Gelegenheits-Stichprobe mit dem Stichprobenumfang "$n = 250$" von einer Effektgröße "Φ_{part}" von ungefähr "0,055" und einem Testniveau von 5% ausgegangen werden, so ließe sich als Wahrscheinlichkeit für die fälschliche Akzeptanz der Nullhypothese "Der Geschlechtsfaktor bewirkt keinen Effekt." der Wert "$1 - 0,1396$" ermitteln.

Die Wahrscheinlichkeit für einen Fehler 2. Art ergibt sich demnach zum Wert "0,8604" ("$1 - 0,1396$"). In ungefähr 86% aller Studien wäre somit unter den festgelegten Rahmenbedingungen zu erwarten, dass die Nullhypothese "Der Geschlechtsfaktor bewirkt keinen Effekt." fälschlicherweise akzeptiert werden würde. Dieser Sachverhalt deutet auf ein extrem hohes Risiko hin, dass bei einem Inferenzschluss, durch den die Nullhypothese akzeptiert wird, ein Fehler 2. Art begangen wird.

Die von G*POWER angezeigte empirische Teststärke kann auch direkt der folgenden vom IBM SPSS Statistics-System angeforderten Tabelle entnommen werden:

Tests der Zwischensubjekteffekte

Abhängige Variable:Unterrichtsstunden

Quelle	Quadratsumme vom Typ III	df	Mittel der Quadrate	F	Sig.	Partielles Eta-Quadrat	Nichtzentralitäts-Parameter	Beobachtete Schärfe[b]
Korrigiertes Modell	632,480[a]	5	126,496	12,833	,000	,208	64,165	1,000
Konstanter Term	247307,290	1	247307,290	25089,384	,000	,990	25089,384	1,000
geschl	7,290	1	7,290	,740	,391	,003	,740	,137
jahrgang	536,280	2	268,140	27,203	,000	,182	54,406	1,000
geschl * jahrgang	96,056	2	48,028	4,872	,008	,038	9,745	,800
Fehler	2405,120	244	9,857					
Gesamt	285950,000	250						
Korrigierte Gesamtvariation	3037,600	249						

a. R-Quadrat = ,208 (korrigiertes R-Quadrat = ,192)

b. Unter Verwendung von Alpha = ,050 berechnet

Abbildung 22.38: IBM SPSS Statistics-System-Anzeige der empirischen Teststärke

SPSS: Diese Tabelle lässt sich – auf der Basis einer adäquat eingerichteten Daten-Matrix – durch den folgenden UNIANOVA-Befehl anfordern:

```
UNIANOVA stunzahl BY geschl jahrgang
            /PRINT = DESCRIPTIVE ETASQ OPOWER.
```

Für das Merkmal "Geschlecht" wird in der Tabellenspalte "Beobachtete Schärfe" der Wert "0,137" ausgewiesen, der – bis auf eine geringe Abweichung – mit derjenigen empirischen Teststärke übereinstimmt, die im G*POWER-Fenster angezeigt wird.

Schlussbemerkung

Durch die in diesem Buch vorgestellten statistischen Verfahren und die Erläuterung der Grundprinzipien statistischer Schlussweisen ist der Leser in die Lage versetzt worden, grundlegende Schritte im Rahmen der statistischen Datenanalyse durchführen zu können. Sofern spezielle Fragestellungen zu untersuchen sind, die mit dem bisher erlangten Kenntnisstand nicht ausreichend behandelt werden können, muss der Leser die ergänzend einzusetzenden Verfahren speziellen statistischen Fachbüchern entnehmen. Er sollte jetzt ausreichend gerüstet sein, weiterführende Literatur zur statistischen Datenanalyse mit Gewinn zu lesen!

Zur Durchführung der grundlegenden Schritte im Rahmen der statistischen Datenanalyse sollte der Leser zudem die Kenntnisse erworben haben, die ihn zum sinnvollen Einsatz von G*POWER und dem IBM SPSS Statistics-System befähigen.

Anhang

A.1 Kodierung des Fragebogens

Damit die Antworten, die mittels der Fragebögen erhoben wurden, mit Hilfe eines Computers ausgewertet werden können, müssen sie geeignet aufbereitet werden. Dazu ist zunächst ein *Kodeplan* zu entwickeln. Dies ist eine Vorschrift, die festlegt, wie die Merkmalsausprägungen der einzelnen Items zu verschlüsseln sind. Dazu sind den einzelnen Ausprägungen einfach aufgebaute Werte – wie etwa vorzeichenlose ganze Zahlen – zuzuweisen. In dem im Kapitel 1 angegebenen Fragebogenauszug ist z.B. festgelegt, dass beim Item 2 ("Geschlecht") der Merkmalsausprägung "männlich" die Zahl "1" und der Ausprägung "weiblich" die Zahl "2" zugeordnet werden soll, d.h. "männlich" ist mit "1" und "weiblich" mit "2" zu kodieren.

Die insgesamt festgelegte Kodierung ist im folgenden Kodeplan zusammengestellt:

Itemnummer	Kurzbezeichnung	Merkmalsausprägungen	Kodierung
	Fragebogenkennung	Identifikationsnummern	keine Verschlüsselung
1	Jahrgangsstufe	11 12 - - - - - - - -⤍ 13	1 2 3
2	Geschlecht	männlich - - - - - - - -⤍ weiblich	1 2
3	Unterrichtsstunden	Stundenzahlen	keine Verschlüsselung
4	Hausaufgaben	keine Hausaufgaben weniger als 1/2 Std. 1/2 - 1 Std. 1 - 2 Std. - - - - -⤍ 2 - 3 Std. 3 - 4 Std. mehr als 4 Std.	1 2 3 4 5 6 7
5	Abschalten	stimmt stimmt nicht	1 2

6	Schulleistung	sehr gut +4
		              +3
		              +2
			9
			8
			7

7	Begabung	durchschnittlich +1
		                   0 - -⤍
		                  -1
			6
			5
			4

8	Lehrerurteil	sehr schlecht -2
		               -3
		               -4
			3
			2
			1

9	Englisch		
10	Deutsch	Anzahl von Tagen	keine Verschlüsselung
11	Mathe		

Abbildung A1.1: Kodeplan

Nach den Angaben dieses Kodeplans sind die Antworten zu kodieren. Die resultierenden Kodewerte sind – als Basis für die Datenerfassung – innerhalb der Kodespalte in den jeweils zugehörigen Kästchen einzutragen (siehe den Fragebogen im Kapitel 1).

Bei der Entwicklung eines Fragebogens ist zu bedenken, ob Antworten der Form "weiß nicht", "keine Antwort" (Antwortverweigerung) oder "trifft nicht zu" möglich sind. Sollte dies der Fall sein, so sind diese Antwortkategorien als mögliche Merkmalsausprägungen mit im Fragebogen aufzuführen. Bei der Kodierung sind derartigen Ausprägungen gesonderte Kodewerte zuzuordnen, die sich von den regulären Werten prägnant unterscheiden (z.B. die Werte "−1" oder auch "0", falls es sich nicht um Häufigkeiten handelt, bei denen der Wert "0" als reguläre Antwort vorkommen kann). Sollen diejenigen Merkmalsträger, die bei einem oder mehreren Merkmalen einen derartigen gesonderten Wert besitzen, von einer Datenanalyse ausgeschlossen werden, so muss dieser Wert als *Missing-Wert* (fehlender Wert, engl.: "missing value") gekennzeichnet werden.

Beim verwendeten Fragebogen ist festgelegt, dass der Wert "0" kodiert wird, falls die Frage nach den "Hausaufgaben" bzw. dem "Abschalten" nicht beantwortet ist. Soll dieser Sachverhalt bei einer Datenanalyse berücksichtigt werden, so muss für das betreffende Merkmal der Wert "0" als Missing-Wert vereinbart sein.

A.2 Flächenanteile der Standardnormalverteilung

Für die Standardnormalverteilung ist der Flächeninhalt über dem abgeschlossenen Intervall "$[0; z]$" – für einen beliebigen Wert "z" mit "$z > 0$" – gleich der Größe "prob $[0; z]$". Dies ist die Wahrscheinlichkeit dafür, dass die Realisierung einer standardnormalverteilten Teststatistik in das Intervall "$[0; z]$" fällt.

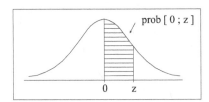

Abbildung A2.1: Wahrscheinlichkeit für "[0;z]"

Wegen der Symmetrie gilt für "$z > 0$":

- $prob(z; \infty) = 0,5 - prob[0; z]$

- $prob[-z; 0] = prob[0; z]$

- $prob(-\infty; -z] = prob[z; \infty)$

Beispiele:

- Zur Berechnung von "$prob[0; 1,35]$" muss der zu "$z = 1,35$" korrespondierende Wert ermittelt werden, der sich zu "0,4115" ergibt.

- Um die Größe der Fläche, die rechts von "$z = 1,35$" liegt, zu bestimmen, ist die Differenz "$0,5 - prob[0; 1,35]$", d.h. "$0,5 - 0,4115$", zu errechnen, deren Wert sich zu "0,0885" ergibt.

- Zur Bestimmung von "prob $[-2; 0]$" muss – wegen der Symmetrie – der Wert "prob $[0; 2]$" ermittelt werden.

z	$prob[0;z]$	z	$prob[0;z]$	z	$prob[0;z]$	z	$prob[0;z]$
0,00	0,0000	0,51	0,1950	1,02	0,3461	1,53	0,4370
0,01	0,0040	0,52	0,1985	1,03	0,3485	1,54	0,4382
0,02	0,0080	0,53	0,2019	1,04	0,3508	1,55	0,4394
0,03	0,0120	0,54	0,2054	1,05	0,3531	1,56	0,4406
0,04	0,0160	0,55	0,2088	1,06	0,3554	1,57	0,4418
0,05	0,0199	0,56	0,2123	1,07	0,3577	1,58	0,4429
0,06	0,0239	0,57	0,2157	1,08	0,3599	1,59	0,4441
0,07	0,0279	0,58	0,2190	1,09	0,3621	1,60	0,4452
0,08	0,0319	0,59	0,2224	1,10	0,3643	1,61	0,4463
0,09	0,0359	0,60	0,2257	1,11	0,3665	1,62	0,4474
0,10	0,0398	0,61	0,2291	1,12	0,3686	1,63	0,4484
0,11	0,0438	0,62	0,2324	1,13	0,3708	1,64	0,4495
0,12	0,0478	0,63	0,2357	1,14	0,3729	1,65	0,4505
0,13	0,0517	0,64	0,2389	1,15	0,3749	1,66	0,4515
0,14	0,0557	0,65	0,2422	1,16	0,3770	1,67	0,4525
0,15	0,0596	0,66	0,2454	1,17	0,3790	1,68	0,4535
0,16	0,0636	0,67	0,2486	1,18	0,3810	1,69	0,4545
0,17	0,0675	0,68	0,2517	1,19	0,3830	1,70	0,4554
0,18	0,0714	0,69	0,2549	1,20	0,3849	1,71	0,4564
0,19	0,0753	0,70	0,2580	1,21	0,3869	1,72	0,4573
0,20	0,0793	0,71	0,2611	1,22	0,3888	1,73	0,4582
0,21	0,0832	0,72	0,2642	1,23	0,3907	1,74	0,4591
0,22	0,0871	0,73	0,2673	1,24	0,3925	1,75	0,4599
0,23	0,0910	0,74	0,2704	1,25	0,3944	1,76	0,4608
0,24	0,0948	0,75	0,2734	1,26	0,3962	1,77	0,4616
0,25	0,0987	0,76	0,2764	1,27	0,3980	1,78	0,4625
0,26	0,1026	0,77	0,2794	1,28	0,3997	1,79	0,4633
0,27	0,1064	0,78	0,2823	1,29	0,4015	1,80	0,4641
0,28	0,1103	0,79	0,2852	1,30	0,4032	1,81	0,4649
0,29	0,1141	0,80	0,2881	1,31	0,4049	1,82	0,4656
0,30	0,1179	0,81	0,2910	1,32	0,4066	1,83	0,4664
0,31	0,1217	0,82	0,2939	1,33	0,4082	1,84	0,4671
0,32	0,1255	0,83	0,2967	1,34	0,4099	1,85	0,4678
0,33	0,1293	0,84	0,2995	1,35	0,4115	1,86	0,4686
0,34	0,1331	0,85	0,3023	1,36	0,4131	1,87	0,4693
0,35	0,1368	0,86	0,3051	1,37	0,4147	1,88	0,4699
0,36	0,1406	0,87	0,3078	1,38	0,4162	1,89	0,4706
0,37	0,1443	0,88	0,3106	1,39	0,4177	1,90	0,4713
0,38	0,1480	0,89	0,3133	1,40	0,4192	1,91	0,4719
0,39	0,1517	0,90	0,3159	1,41	0,4207	1,92	0,4726
0,40	0,1554	0,91	0,3186	1,42	0,4222	1,93	0,4732
0,41	0,1591	0,92	0,3212	1,43	0,4236	1,94	0,4738
0,42	0,1628	0,93	0,3238	1,44	0,4251	1,95	0,4744
0,43	0,1664	0,94	0,3264	1,45	0,4265	1,96	0,4750
0,44	0,1700	0,95	0,3289	1,46	0,4279	1,97	0,4756
0,45	0,1736	0,96	0,3315	1,47	0,4292	1,98	0,4761
0,46	0,1772	0,97	0,3340	1,48	0,4306	1,99	0,4767
0,47	0,1808	0,98	0,3365	1,49	0,4319	2,00	0,4772
0,48	0,1844	0,99	0,3389	1,50	0,4332	2,01	0,4778
0,49	0,1879	1,00	0,3413	1,51	0,4345	2,02	0,4783
0,50	0,1915	1,01	0,3438	1,52	0,4357	2,03	0,4788

z	$prob[0;z]$	z	$prob[0;z]$	z	$prob[0;z]$	z	$prob[0;z]$
2,04	0,4793	2,37	0,4911	2,70	0,4965	3,03	0,4988
2,05	0,4798	2,38	0,4913	2,71	0,4966	3,04	0,4988
2,06	0,4803	2,39	0,4916	2,72	0,4967	3,05	0,4989
2,07	0,4808	2,40	0,4918	2,73	0,4968	3,06	0,4989
2,08	0,4812	2,41	0,4920	2,74	0,4969	3,07	0,4989
2,09	0,4817	2,42	0,4922	2,75	0,4970	3,08	0,4990
2,10	0,4821	2,43	0,4925	2,76	0,4971	3,09	0,4990
2,11	0,4826	2,44	0,4927	2,77	0,4972	3,10	0,4990
2,12	0,4830	2,45	0,4929	2,78	0,4973	3,11	0,4991
2,13	0,4834	2,46	0,4931	2,79	0,4974	3,12	0,4991
2,14	0,4838	2,47	0,4932	2,80	0,4974	3,13	0,4991
2,15	0,4842	2,48	0,4934	2,81	0,4975	3,14	0,4992
2,16	0,4846	2,49	0,4936	2,82	0,4976	3,15	0,4992
2,17	0,4850	2,50	0,4938	2,83	0,4977	3,16	0,4992
2,18	0,4854	2,51	0,4940	2,84	0,4977	3,17	0,4992
2,19	0,4857	2,52	0,4941	2,85	0,4978	3,18	0,4993
2,20	0,4861	2,53	0,4943	2,86	0,4979	3,19	0,4993
2,21	0,4864	2,54	0,4945	2,87	0,4979	3,20	0,4993
2,22	0,4868	2,55	0,4946	2,88	0,4980	3,21	0,4993
2,23	0,4871	2,56	0,4948	2,89	0,4981	3,22	0,4994
2,24	0,4875	2,57	0,4949	2,90	0,4981	3,23	0,4994
2,25	0,4878	2,58	0,4951	2,91	0,4982	3,24	0,4994
2,26	0,4881	2,59	0,4952	2,92	0,4982	3,25	0,4994
2,27	0,4884	2,60	0,4953	2,93	0,4983	3,30	0,4995
2,28	0,4887	2,61	0,4955	2,94	0,4984	3,35	0,4996
2,29	0,4890	2,62	0,4956	2,95	0,4984	3,40	0,4997
2,30	0,4893	2,63	0,4957	2,96	0,4985	3,45	0,4997
2,31	0,4896	2,64	0,4959	2,97	0,4985	3,50	0,4998
2,32	0,4898	2,65	0,4960	2,98	0,4986	3,60	0,4998
2,33	0,4901	2,66	0,4961	2,99	0,4986	3,70	0,4999
2,34	0,4904	2,67	0,4962	3,00	0,4987	3,80	0,4999
2,35	0,4906	2,68	0,4963	3,01	0,4987	3,90	0,49995
2,36	0,4909	2,69	0,4964	3,02	0,4987	4,00	0,49997

A.3 Das empirische und das numerische Relativ

Gegenstand der empirischen Forschung ist das *empirische Relativ* als Ausschnitt aus der empirischen Welt in Form der beobachteten empirischen Objekte und deren beobachteten Beziehungen (Relationen).

Abbildung A3.1: Mess-Zuordnung

Im Rahmen einer Modellvorstellung wird versucht, durch einen Mess-Vorgang, d.h. eine *Mess-Zuordnung*, einem empirischen Relativ ein *numerisches Relativ* zuzuordnen, indem jedem empirischen Objekt ein numerischer Wert (Zahl) zugewiesen wird und sich somit die Beziehungen zwischen den Objekten durch "Relationen zwischen Zahlen" widerspiegeln.

Die Zusammenfassung von empirischem Relativ, numerischem Relativ und Mess-Zuordnung wird als *Skala* bezeichnet.

Die Problematik, eine derartige Mess-Zuordnung zu finden, nennt man

- **Repräsentationsproblem**:
  Ist eine strukturerhaltende Messung möglich, und welche Eigenschaften besitzt der Mess-Vorgang?

Wenn sich z.B. für die Objekte "A", "B", "C", "D", "E" und "F" im Rahmen eines empirischen Relativs die Aussagen

```
B und D sind gleich belastet
A und F sind gleich belastet
A und F sind stärker belastet als B und D
A und F sind geringer belastet als E
C ist am stärksten belastet
```

treffen lassen, so kann z.B. die Zuordnung zu einem numerischen Relativ durch die folgende (ordnungserhaltende) Mess-Zuordnung "g_1" vorgenommen werden:

$$g_1(A) = 3 \qquad g_1(B) = 1 \qquad g_1(C) = 7 \qquad g_1(D) = 1 \qquad g_1(E) = 5 \qquad g_1(F) = 3$$

Im allgemeinen lassen sich zu einem empirischen Relativ mehrere Mess-Zuordnungen finden. Die wie folgt festgelegte Mess-Zuordnung "g_2" bildet ebenfalls das empirische Relativ in ein numerisches Relativ ab:

$$g_2(A) = 9 \qquad g_2(B) = 1 \qquad g_2(C) = 49 \qquad g_2(D) = 1 \qquad g_2(E) = 25 \qquad g_2(F) = 9$$

Es ist unmittelbar erkennbar, dass "g_2" durch die Ausführung der Zuordnung "g_1" und einer unmittelbar nachfolgenden Quadrierung entsteht. Man sagt, dass "g_2" als Transformation der Mess-Zuordnung "g_1"– in Form der Quadrierung – erhalten wird. Ferner ist erkennbar, dass sich aus dem erhaltenen numerischen Relativ die gleichen Rückschlüsse auf das empirische Relativ ziehen lassen wie bei der Mess-Zuordnung "g_1". Somit stellt sich grundsätzlich das folgende

- **Eindeutigkeitsproblem**:
  Welche Transformationen der Mess-Zuordnung sind zulässig, sodass die Rückschlüsse, die man von dem jeweils resultierenden numerischen Relativ zum empirischen Relativ zieht, *invariant* (unbeeinflusst) im Hinblick auf die jeweilige Mess-Zuordnung sind?

Für das angegebene Beispiel lässt sich nachweisen, dass jede Mess-Zuordnung, mit der die gleichen Rückschlüsse auf das empirische Relativ wie bei "g_1" durchgeführt werden können, sich durch eine *monotone Transformation* "T" (aus "$a < b$" folgt: "$T(a) < T(b)$") – wie z.B. durch eine Quadrierung – aus dem vorliegenden numerischen Relativ gewinnen lässt. Dies bedeutet, dass die zugehörige Mess-Zuordnung bis auf "monotone Transformationen" *invariant* ist.

Hinweis: Dass die Quadrierung nicht immer eine strukturerhaltende Zuordnung darstellt, zeigt sich im Fall des folgenden empirischen Relativs:

- "A", "B" und "C" sind gleichbelastet.

- "D" ist um ein Viertel und "E" sowie "F" sind um ein Drittel geringer belastet.

In diesem Fall ist die wie folgt vereinbarte Zuordnung "g_1" eine geeignete Mess-Zuordnung in ein numerisches Relativ:

$$g_1(A) = 12 \quad g_1(B) = 12 \quad g_1(C) = 12 \quad g_1(D) = 9 \quad g_1(E) = 8 \quad g_1(F) = 8$$

Da die strukturerhaltende Zuordnung in diesem Fall verhältnis-erhaltend sein muss, scheidet die Quadratur als mögliche Transformation aus.

Für eine vorliegende *Mess-Zuordnung* ist ihr *Messniveau* als Gesamtheit derjenigen Transformationen zu bestimmen, bei denen mögliche Rückschlüsse auf das empirische Relativ *invariant* sind. Das jeweils ermittelte Messniveau wird als *Skalenniveau* des Merkmals bezeichnet. Somit lässt sich das Skalenniveau durch die jeweils zulässigen Transformationen kennzeichnen. Wichtige Skalenniveaus sowie die zugehörigen Transformationen sind:

- Nominalskala: Transformationen, bei denen jedem empirischen Objekt eindeutig eine Zahl und jeder Zahl eindeutig ein empirisches Objekt zugeordnet wird (z.B. "n" empirischen Objekten die Zahlen von "1" bis "n")

- Ordinalskala: monotone Transformationen (z.B. Quadrierung)

- Intervallskala: lineare Transformationen von der Form "$x \rightarrow a * x + b$" mit "$a > 0$"

- Ratioskala (Verhältnisskala): proportionale Transformationen von der Form "$x \rightarrow a * x$" mit "$a > 0$"
  Für eine Ratioskala ist der Wert "0" eine empirisch bedeutsame Bezugsgröße, sodass ermittelte Zahlen innerhalb von Aussagen über Verhältnisse – wie z.B. Vielfache bzw. Anteilswerte – sinnvoll verwendet werden können.

Hat man das Skalenniveau eines Merkmals festgestellt, so ist letztlich das folgende Problem zu diskutieren:

- **Bedeutsamkeitsproblem**: Welche numerischen Operationen sind sinnvoll?

Im Kapitel 3 ist dargestellt, dass beim Nominalskalenniveau allein das Prüfen auf Gleichheit bzw. Ungleichheit, beim Ordinalskalenniveau bereits der Vergleich auf größer bzw. kleiner und beim Intervallskalenniveau sogar die Differenzbildung *empirisch bedeutsame* Operationen darstellen.

A.4 Wahrscheinlichkeiten

Der Begriff der "Wahrscheinlichkeit"

Im gängigen Sprachgebrauch bezeichnet man mit dem Wort "Wahrscheinlichkeit" den Grad der Plausibilität eines Sachverhalts. Dabei handelt es sich in der Regel um eine Einschätzung, die man sich als Meinung aufgrund gewisser Erfahrungen gebildet hat. Gegenstand einer derartigen Einschätzung sind **Ereignisse** wie z.B. "das Auftreten von Regen am nächsten Tag" oder "mal wieder einen Gewinn im Lotto zu haben". Sofern man Aussagen über die Chance, dass derartige Ereignisse auftreten, auf der Basis der persönlichen Erfahrung macht, ist der Begriff der "Wahrscheinlichkeit" als **subjektive Wahrscheinlichkeit** anzusehen, die auch als *individuelle* bzw. *interpretative* Wahrscheinlichkeit bezeichnet wird.

Sicherlich ist diese Form der Belegung des Wortes "Wahrscheinlichkeit" nicht diejenige, die im Abschnitt 2.7 mit der Festlegung des Begriffs "Wahrscheinlichkeit" verbunden wurde. Dort ist die "Wahrscheinlichkeit" als Arbeitsbegriff verabredet worden, um eine Flächengröße innerhalb einer theoretischen Verteilung zu kennzeichnen und damit eine Abgrenzung zur Kennzeichnung von Flächengrößen bei empirischen Verteilungen vorzunehmen, die über die Angabe von "relativen Häufigkeiten" beschrieben werden.

Wenn man z.B. bei der Standardnormalverteilung feststellt, dass die Fläche über dem Intervall "$[-1;+1]$" gleich der Wahrscheinlichkeit von "0,66" (66%) ist, dann bedeutet dies, dass der Anteil dieser Fläche an der gesamten Verteilungsfläche, die als auf den Wert "1" (100%) normiert anzusehen ist, von dieser Größenordnung ist. Somit ist der Begriff der "Wahrscheinlichkeit" in dieser Hinsicht an Vorstellungen über Flächengrößen gebunden, die durch die Verlaufsform der Verteilung festgelegt sind.

Diese Vorstellungen basieren auf Modellannahmen über Erwartungen, mit denen bestimmte Ereignisse als Ergebnisse eines **Zufallsprozesses** auftreten. Ein derartiger Zufallsprozess kann als Ergebnis den Ausgang eines Experiments wie z.B. das Ergebnis eines Würfelwurfs liefern. Es kann sich auch um Antworten im Rahmen von zufällig durchgeführten Befragungen – wie z.B. den Interviewergebnissen bei zufällig ausgewählten Schülern der Jahrgangsstufe 12 – oder auch um Beobachtungswerte handeln, die aus zufälligen Beobachtungen stammen. Entscheidend ist, dass die jeweils interessierenden Ereignisse zufallsbedingt auftreten und dass sich bei einer Wiederholung unter gleichen Rahmenbedingungen jeweils unterschiedliche Ereignisse als Ergebnisse des Zufallsprozesses einstellen können.

Sofern die Erwartungshaltung über das Auftreten eines Ereignisses – als Grad der Ungewissheit – im Rahmen einer spezifischen Modellvorstellung zum Ausdruck gebracht werden kann, spricht man von einer **theoretischen Wahrscheinlichkeit**, da sich die zu einem Ereignis gehörende Wahrscheinlichkeit durch eine theoretische Analyse – auf der Basis von als plausibel unterstellten Rahmenannahmen – ermitteln lässt.

Die Modellannahme beim Münzwurf – mit einer korrekten Münze – besteht z.B. darin, dass das Auftreten des Ereignisses "Wappen" die gleiche Chance hat wie das Auftreten des Ereignisses "Zahl", sodass beide Wurfergebnisse jeweils mit Wahrscheinlichkeit "0,5" ("mit 50%-iger Wahrscheinlichkeit") zu erwarten sind. Es ist ebenfalls plausibel, dem Ereignis "beim 1. Wurf tritt Zahl auf und beim 2. Wurf tritt wieder Zahl auf" den Wert "0,25" (25%) als Wahrscheinlichkeit zuzuordnen, da es insgesamt vier Möglichkeiten (von denen keine gegenüber einer anderen bevorzugt ist) gibt, wie ein zweifacher Münzwurf enden kann.

Das zuletzt angegebene Ereignis ist ein Beispiel für ein **komplexes** Ereignis, das sich über die logische *Und-Verbindung* aus den Ereignissen "beim 1. Wurf tritt Zahl auf" und "beim 2. Wurf tritt Zahl ein" zusammensetzt. Bei diesen beiden Ereignissen handelt es sich um **Elementarereignisse**, da sich diese Ereignisse *nicht* aus anderen Ereignissen aufbauen lassen.

Beim klassischen Ansatz zur **Definition von theoretischen Wahrscheinlichkeiten** geht man davon aus, dass endlich viele Elementarereignisse die Grundlage für die interessierenden Aussagen bilden. Auf der Basis der möglichen Ergebnisse eines Zufallsprozesses wird "prob(E)" als *theoretische Wahrscheinlichkeit* eines Elementarereignisses "E" in der folgenden Form festgelegt:

$$\text{prob}(E) = \frac{\textit{Anzahl der für E günstigen Ergebnisse}}{\textit{Anzahl der insgesamt möglichen Ergebnisse}}$$

Wird z.B. das Modell des Münzwurfs mit einer fairen Münze betrachtet, so sind "Münzoberfläche=Wappen" und "Münzoberfläche=Zahl" die beiden Elementarereignisse, deren zugehörige Wahrscheinlichkeiten jeweils den Wert "$\frac{1}{2}$" besitzen.

Bei dem Modell des Würfelwurfs mit einem korrekten Würfel ergeben sich für die möglichen Elementarereignisse die folgenden Wahrscheinlichkeiten:

$$\text{prob(Augenzahl=1)} = \tfrac{1}{6} \quad \text{prob(Augenzahl=2)} = \tfrac{1}{6} \quad ... \quad \text{prob(Augenzahl=6)} = \tfrac{1}{6}$$

Um eine Beschreibung für die Aufteilung der Gesamtwahrscheinlichkeit "1" (100%) zu geben, betrachtet man für das jeweilige Modell eine Zuordnung der Ereignisse in den Bereich der reellen Zahlen. Diese Zuordnung wird **Zufallsgröße** bzw. **Zufallsvariable** (engl.: "random variable") genannt, da ihre Werte durch das jeweilige Ergebnis des Zufallsprozesses bestimmt sind.

Hinweis: Genaugenommen muss für eine derartige Zuordnung "f" gelten, dass für eine beliebige Zahl "u" die Menge aller Objekte "x" mit der Eigenschaft "$f(x) \leq u$" ein Ereignis ist.

Für das Modell des Würfelwurfs kann z.B. die folgende Zuordnung als zugehörige *Zufallsgröße* zugrunde gelegt werden:

| "Augenzahl = 1" → Zahl 1 | "Augenzahl = 2" → Zahl 2 | "Augenzahl = 3" → Zahl 3 |
| "Augenzahl = 4" → Zahl 4 | "Augenzahl = 5" → Zahl 5 | "Augenzahl = 6" → Zahl 6 |

Diskrete Zufallsgrößen

Bei der Zufallsgröße "Augenzahl beim Würfelwurf" handelt es sich um eine **diskrete Zufallsgröße**, da die Gesamtheit ihrer Werte *endlich* ist. Wenn die Anzahl der Werte einer Zufallsgröße nicht endlich, sondern *abzählbar* ist, d.h. die Werte abgezählt werden können ("1. Wert, 2. Wert, ... , n. Wert, ... "), wird eine derartige Zufallsgröße ebenfalls zu den *diskreten Zufallsgrößen* gerechnet (eine andere Klasse von Zufallsgrößen stellen die *kontinuierlichen* Zufallsgrößen dar, siehe unten).

Die Wahrscheinlichkeit dafür, dass sich als Ergebnis des Zufallsprozesses "Würfelwurf" eine der Zahlen von "1" bis "6" ergibt, ist jeweils gleich "$\frac{1}{6}$". Diese Zuordnung von den Werten der diskreten Zufallsgröße zu den zugehörigen *theoretischen Wahrscheinlichkeiten* wird **Wahrscheinlichkeitsfunktion** genannt. Die grafische Darstellung in Form eines Balkendiagramms veranschaulicht die zugehörige Verteilung, die als **theoretische Verteilung** (der Zufallsgröße) bezeichnet wird:

Abbildung A4.1: die theoretische Verteilung beim Zufallsprozess "Würfeln"

Hinweis: Die Wahrscheinlichkeitsfunktion "h" für die Zufallsgröße "Würfelwurf" ist von der Form:

$$h : j \longrightarrow h(j) = \frac{1}{6} \ \ f\ddot{u}r \ \ j = 1, ..., 6$$

Daher ist die theoretische Verteilung dieser Zufallsgröße eine *Gleichverteilung*.
Für andere diskrete Zufallsgrößen, deren mögliche Werte auf der Basis von anderslautenden Modellvorstellungen als Ergebnisse von Zufallsprozessen erhalten werden, gibt es andere theoretische Verteilungen wie z.B. *Binomial-Verteilungen* und *Poisson-Verteilungen*.
Eine Zufallsgröße, die den Ausgang eines "sehr oft" wiederholten Experiments (z.B. "Lottospielen") beschreibt, ist z.B. dann Poisson-verteilt, wenn das interessierende Ereignis (z.B. "6 Richtige im Lotto") ganz selten als Ergebnis des Experiments zu erwarten ist. In diesem Fall ist die Wahrscheinlichkeitsfunktion – für eine feste positive Größe λ – durch die folgende Zuordnung festgelegt:

$$h : j \longrightarrow h(j) = \frac{\lambda^j * e^{-\lambda}}{j!} \ \ f\ddot{u}r \ \ j = 0, 1, 2, ...$$

Bei dieser Poisson-verteilten Zufallsgröße handelt es sich wiederum um eine *diskrete* Zufallsgröße, da sie *abzählbar viele* Werte annehmen kann.

Die angegebene Gleichverteilung ist als theoretische Verteilung aus modelltheoretischen Annahmen über den Zufallsprozess "Würfelwurf" abgeleitet worden.

Soll nicht dieser theoretisch orientierte Weg beschritten werden, um eine Aussage über die Verteilung der Zufallsgröße "Augenzahl beim Würfelwurf" zu erhalten, so kann man versuchen, die Darstellung der Verteilung auf empirisch erhobene Daten zu stützen, indem man den Würfelwurf "sehr, sehr oft" durchführt. Die daraus resultierende Einschätzung für die jeweilige Auftretenshäufigkeit der einzelnen Augenzahlen, die sich aufgrund von empirisch ermittelten Sachverhalten in Form von relativen Häufigkeiten ermitteln lässt, bezeichnet man als **statistische Wahrscheinlichkeit** für das jeweilige Ereignis.

Zum Beispiel kann sich nach 1000 Würfelwürfen das folgende Bild für die empirische Verteilung mit den statistischen Wahrscheinlichkeiten ergeben:

"Augenzahl gleich 1" $\rightarrow$	Zahl 1 : 169/1000 = 0,169
"Augenzahl gleich 2" $\rightarrow$	Zahl 2 : 162/1000 = 0,162
"Augenzahl gleich 3" $\rightarrow$	Zahl 3 : 169/1000 = 0,169
"Augenzahl gleich 4" $\rightarrow$	Zahl 4 : 161/1000 = 0,161
"Augenzahl gleich 5" $\rightarrow$	Zahl 5 : 168/1000 = 0,168
"Augenzahl gleich 6" $\rightarrow$	Zahl 6 : 171/1000 = 0,171

Die empirische Verteilung stimmt ziemlich genau mit der theoretischen Verteilung überein. Dass eine derartige Übereinstimmung grundsätzlich zu erwarten ist, zählt zu den zentralen Aussagen der mathematischen Wahrscheinlichkeitstheorie. Nach dem **Gesetz der großen Zahlen**, das von *Bernoulli* formuliert und bewiesen wurde, wird die *theoretische Wahrscheinlichkeit* eines Ereignisses durch die zugehörige *statistischen Wahrscheinlichkeiten*, die sich durch wiederholte Ausführung des Zufallsprozesses ermitteln lassen, beliebig genau angenähert – sofern der Zufallsprozess "sehr oft" durchgeführt wird.

Kontinuierliche Zufallsgrößen

Eine derartige Aussage über einen Annäherungsprozess ist nicht daran gebunden, dass es sich bei der Zufallsgröße um eine *diskrete* Zufallsgröße handelt. Das Gesetz der großen Zahlen gilt für beliebige Ereignisse und damit auch für **kontinuierliche** (*stetige*) **Zufallsgrößen**, die Werte eines Intervalls der Zahlengeraden annehmen können, das unter Umständen sogar beliebig große negative Werte bzw. beliebig große positive Werte enthält. Daher lässt sich eine aus bestimmten Modellannahmen resultierende *theoretische Verteilung* stets durch *empirische Verteilungen* annähern, die sich auf der Basis von statistischen Wahrscheinlichkeiten ergeben. Diese lassen sich dadurch ermitteln, dass der zum Modell zugehörige Zufallsprozess "sehr oft" wiederholt wird.

Während sich der Verlauf einer theoretischen Verteilung bei einer diskreten Zufallsgröße durch eine diskrete Zuordnung – in Form einer *Wahrscheinlichkeitsfunktion* – kennzeichnen lässt, muss bei einer kontinuierlichen Zufallsgröße eine kontinuierliche Zuordnung zur Beschreibung des Verteilungsverlaufs verwendet werden. Diese kontinuierliche Zuordnung wird als **Dichtefunktion** bezeichnet.

- Eine Dichtefunktion "h" besitzt keine negativen Werte ("$h(x) \geq 0$") und hat die Eigenschaft, dass der durch sie bestimmte Flächeninhalt gleich "1" ist, d.h. es gilt:

$$\int_{-\infty}^{+\infty} h(x)\, dx = 1$$

Zum Beispiel wird eine Zufallsgröße dann als *normalverteilt* bezeichnet, wenn zu ihr eine *Dichtefunktion* der Form

- $h(x) = \frac{1}{\sqrt{2\pi}\sigma} e^{-\frac{1}{2}\left(\frac{x-\mu}{\sigma}\right)^2}$ *für* : $-\infty < x < +\infty$

gehört, wobei es sich bei der Größe "μ" um eine beliebige Zahl und bei der Größe "σ" um eine positive Zahl handelt.

Hinweis: Im Abschnitt A.5 wird dargestellt, dass für die zugehörige Normalverteilung der Wert "μ" als Mitte und der Wert "σ" als Streuung ermittelt wird.

Demzufolge ist die theoretische Wahrscheinlichkeit für das Ereignis, dass ein Wert innerhalb des Intervalls "[a;b]" auftritt, gleich dem durch die Dichtefunktion beschriebenen Flächeninhalt über dem Intervall "[a;b]", sodass sich diese Wahrscheinlichkeit – für eine Normalverteilung – rechnerisch durch das folgende Integral ergibt:

$$\int_a^b h(x)dx \quad mit: \quad h(x) = \frac{1}{\sqrt{2\pi}\sigma} e^{-\frac{1}{2}\left(\frac{x-\mu}{\sigma}\right)^2}$$

Als Beispiele für Normalverteilungen lassen sich z.B. die Verteilungen zufälliger Fehler ansehen, die sich bei der Messung von physikalischen Größen ergeben können – wie z.B. Messfehler bei der Längenmessung.

Die zentrale Bedeutung kommt den Normalverteilungen vor allen Dingen deswegen zu, weil sich der folgende Sachverhalt – als Folgerung aus dem *zentralen Grenzwertsatz* – im Rahmen der mathematischen Wahrscheinlichkeitstheorie ableiten lässt:

- In der Regel ist eine Zufallsgröße immer dann normalverteilt, wenn durch den Zufallsprozess, mit dem ihre Werte erzeugt werden, (unendlich oft) wiederholt eine Auswahl aus einer unendlich großen Grundgesamtheit von Objekten getroffen wird, und der zugehörige Wert der Zufallsgröße durch Produkt- und/oder Summenbildung aus denjenigen Werten berechnet wird, die durch diese Zufallsauswahl ermittelt wurden.

Theoretische Verteilungen

So wie die Normalverteilungen aus den jeweils zugeordneten Dichtefunktionen der oben angegebenen Form gekennzeichnet sind, lassen sich für kontinuierliche Zufallsgrößen durch anders geartete Dichtefunktionen andere theoretische Verteilungen zugrunde legen. Beispiele für derartige theoretische Verteilungen sind χ^2-*Verteilungen*, *t-Verteilungen* und *F-Verteilungen*.

(zentrale) χ^2-Verteilungen:

Auf der Basis von "m" paarweise statistisch voneinander unabhängigen Zufallsgrößen Z_i, die sämtlich standardnormalverteilt sind, lässt sich eine Zufallsgröße X gemäß der folgenden Vorschrift festlegen:

$$X = \sum_{i=1}^{m} Z_i^2$$

Die Zufallsgröße X besitzt eine Verteilung, die (zentrale) χ^2-**Verteilung** genannt wird. Da die Summe aus "m" Summanden besteht, ist die Anzahl der Freiheitsgrade gleich "m" und man schreibt: "$X : \chi^2(m)$".
Die Mitte einer (zentralen) $\chi^2(m)$-Verteilung liegt bei "m" und die Streuung bei "$\sqrt{2m}$".

nicht-zentrale χ^2-Verteilungen:

Wird für "m" paarweise statistisch voneinander unabhängige Zufallsgrößen Y_i nicht einheitlich die Standardnormalverteilung, sondern jeweils eine Normalverteilung mit der Mitte "μ_i" und der Streuung "1" vorausgesetzt, d.h. "$Y_i : N(\mu_i, 1)$", so besitzt die durch

$$X = \sum_{i=1}^{m} Y_i^2$$

festgelegte Zufallsgröße X eine **nicht-zentrale** χ^2-**Verteilung**. Man beschreibt diesen Sachverhalt wie folgt: "X: $\chi^2(m; \lambda)$". Dabei handelt es sich bei "λ" um den sog. **Nichtzentralitätsparameter**, der wie folgt bestimmt ist:

$$\lambda = \sum_{i=1}^{m} \mu_i^2$$

Als Näherungswert für die Mitte einer nicht-zentralen $\chi^2(m; \lambda)$-Verteilung lässt sich die Größe "$m - 1 + \lambda$" verwenden.

(zentrale) t-Verteilungen:

Ist die Zufallsgröße Z standardnormalverteilt und statistisch unabhängig von der $\chi^2(m)$-verteilten Zufallsgröße Y, so besitzt die durch

$$X = \frac{Z}{\sqrt{\frac{Y}{m}}}$$

vereinbarte Zufallsgröße X eine (zentrale) **t-Verteilung** mit "m" Freiheitsgraden. Man kennzeichnet diesen Sachverhalt wie folgt: "$X : t^{(m)}$".

Die Mitte einer (zentralen) $t^{(m)}$-Verteilung liegt (für "$m > 1$") bei "0" und die Streuung (für "$m > 2$") bei "$\frac{m}{m-2}$".

nicht-zentrale t-Verteilungen:

Ist die Zufallsgröße V nicht standardnormalverteilt, sondern besitzt sie eine Normalverteilung mit der Mitte "δ" (mit einer beliebigen Zahl "δ") und der Streuung "1", d.h. gilt "V: $N(\delta,1)$", und ist V statistisch unabhängig von der $\chi^2(m)$-verteilten Zufallsgröße Y, so besitzt die durch

$$X = \frac{V}{\sqrt{\frac{Y}{m}}}$$

vereinbarte Zufallsgröße X eine **nicht-zentrale t-Verteilung** mit "m" Freiheitsgraden und dem **Nichtzentralitätsparameter** "δ", d.h. es gilt: "X: $t^{(m)}(\delta)$".

Die Mitte einer nicht-zentralen $t^{(m)}(\delta)$-Verteilung liegt (für "$m > 1$") bei "δ".

(zentrale) F-Verteilungen:

Handelt es sich bei U um eine $\chi^2(s)$-verteilte und bei V um eine $\chi^2(t)$-verteilte Zufallsgröße und sind die beiden Zufallsgrößen voneinander statistisch unabhängig, so besitzt die durch

$$X = \frac{\frac{1}{s}U}{\frac{1}{t}V}$$

festgelegte Zufallsgröße X eine (zentrale) **F-Verteilung** mit "(s,t)" Freiheitsgraden, d.h. es gilt: "X : F(s,t)".

nicht-zentrale F-Verteilungen:

Besitzt U keine zentrale, sondern eine nicht-zentrale $\chi^2(s;\lambda)$-Verteilung mit dem Nichtzentralitätsparameter "λ", und handelt sich bei V um eine $\chi^2(t)$-verteilte

Zufallsgröße, die von U statistisch unabhängig ist, so besitzt die durch

$$X = \frac{\frac{1}{s}U}{\frac{1}{t}V}$$

festgelegte Zufallsgröße X eine **nicht-zentrale F(s,t;λ)-Verteilung** mit dem **Nichtzentralitätsparameter** "λ".

Wenn für eine Zufallsgröße eine theoretische Verteilung unterstellt wird, so sind für die jeweils interessierenden Ereignisse die zugehörigen theoretischen Wahrscheinlichkeiten durch Angaben aus vorliegenden Tabellenwerken festgelegt. Aus diesen Tabellen ist z.B. ablesbar, wie groß die Wahrscheinlichkeit dafür ist, dass Werte innerhalb oder außerhalb eines bestimmten Intervalls oder aber rechts bzw. links von einem bestimmten Punkt der Zahlengeraden auftreten. Hilfreich in diesem Zusammenhang ist der Begriff der **Verteilungsfunktion** ("ϕ"), der für eine Zufallsgröße X – in Anlehnung an den Begriff der "kumulierten relativen Häufigkeiten" bei empirischen Verteilungen – durch die folgende Vorschrift für jeden Wert "u" der Zahlengeraden definiert ist:

• $\phi(u) = prob(X \leq u)$

Wichtige Beispiele für Zufallsgrößen sind *Schätz-* und *Teststatistiken*, für die – unter der Annahme bestimmter Rahmenbedingungen eines statistischen Modells – Aussagen über die zugehörige Verteilung gemacht werden können und auf deren Basis sich – im Rahmen der schließenden Statistik – Inferenzschlüsse durchführen lassen (siehe dazu die Ausführungen im Kapitel 16 und den folgenden Kapiteln).

Eigenschaften von Wahrscheinlichkeiten

Für Elementarereignisse und für komplexe Ereignisse, die sich aus Elementarereignissen aufbauen lassen, ergeben sich aus der *Definition der theoretischen Wahrscheinlichkeit* (siehe oben) unter anderem die folgenden Eigenschaften:

• Für *jedes* Ereignis "E" gilt: $0 \leq prob(E) \leq 1$

• Für ein *unmögliches* Ereignis "E" gilt: $prob(E) = 0$

• Für ein *sicheres* Ereignis "E" gilt: $prob(E) = 1$

• *Umfasst* das Ereignis "E_2" das Ereignis "E_1", so gilt: $prob(E_1) \leq prob(E_2)$

• Sind "E_1" und "E_2" *komplementäre* Ereignisse, so gilt:

$prob(E_1) = 1 - prob(E_2)$

Dabei heißt "E_1" *komplementär* zu "E_2", wenn entweder "E_1 und nicht E_2" oder aber "E_2 und nicht E_1" eintritt.

Um eine Einschätzung darüber machen zu können, wie plausibel es ist, dass ein Ereignis ein anderes Ereignis bedingt, lässt sich der Begriff der *bedingten Wahrscheinlichkeit* verwenden.

Enthält z.B. eine Lostrommel mit 3 Losen 2 Nieten, so sind bei 2-maligem Ziehen die folgenden Ereignisse möglich, sofern das als erstes gezogene Los *nicht* wieder in die Lostrommel zurückgelegt wird:

"(1. Niete, 2. Niete)", "(1. Niete, Gewinn)", "(2. Niete, 1. Niete)", "(2. Niete, Gewinn)", "(Gewinn, 1. Niete)" und "(Gewinn, 2. Niete)".

Wird mit "E_1" das Ereignis "bei der 1. Ziehung wird eine Niete erhalten" und mit "E_2" das Ereignis "bei der 2. Ziehung wird eine Niete erhalten" bezeichnet, so ergibt sich:

$$\text{prob}(E_1) = \tfrac{4}{6} = \tfrac{2}{3} \qquad \text{prob}(E_2) = \tfrac{4}{6} = \tfrac{2}{3}$$

Für den Durchschnitt der beiden Ereignisse "E_1" und "E_2", d.h. für das durch die logische *Und-Verbindung* gekennzeichnete Ereignis "E_1 *und* E_2", nämlich bei zweimaligem Ziehen zwei Nieten zu erhalten, ergibt sich als zugehörige Wahrscheinlichkeit:

$$\text{prob}(E_1 \text{ und } E_2) = \tfrac{2}{6} = \tfrac{1}{3}$$

- Auf der Basis der beiden Ereignisse "E_1" und "E_2" lässt sich das Ereignis "E_2 tritt ein, nachdem zuvor E_1 eingetreten ist" formal durch die Angabe von "$E_2 \mid E_1$" kennzeichnen.

  Die Wahrscheinlichkeit dafür, dass das Ereignis "$E_2 \mid E_1$" eingetreten ist ("Ereignis E_1, bedingt Ereignis E_2"), wird durch "$\text{prob}(E_2 \mid E_1)$" gekennzeichnet und als **bedingte Wahrscheinlichkeit** des Ereignisses "$E_2 \mid E_1$" bezeichnet.

Für das Beispiel errechnet sich die bedingte Wahrscheinlichkeit des Ereignisses "$E_2 \mid E_1$" wie folgt: $\text{prob}(E_2 \mid E_1) = \tfrac{2}{4} = \tfrac{1}{2}$

Die bedingten Wahrscheinlichkeiten stehen in engem Zusammenhang mit den Wahrscheinlichkeiten, die im Rahmen der Durchschnittsbildung von Ereignissen ermittelt werden. Dieser Sachverhalt wird durch die Gültigkeit des folgenden **Multiplikationssatzes** belegt:

- $\text{prob}(E_1 \text{ und } E_2) = \text{prob}(E_1) * \text{prob}(E_2 \mid E_1)$

Die bedingte Wahrscheinlichkeit "$\text{prob}(E_2 \mid E_1)$" lässt sich daher wie folgt ermitteln:

$$\text{prob}(E_2 \mid E_1) = \frac{prob(E_1 \ und \ E_2)}{prob(E_1)}$$

Für das Beispiel wird diese Gleichung wie folgt durch die zuvor berechneten Wahrscheinlichkeiten bestätigt:

$$\text{prob}(E_2|E_1) = \tfrac{1}{2} = \frac{\tfrac{1}{3}}{\tfrac{2}{3}} = \frac{prob(E_1\ und\ E_2)}{prob(E_1)}$$

Wegen der für das Beispiel ermittelten Wahrscheinlichkeiten

$$\text{prob}(E_2 \mid E_1) = \tfrac{1}{2} \quad \text{und} \quad \text{prob}(E_2) = \tfrac{2}{3}$$

gilt die folgende Ungleichung: $\quad \text{prob}(E_2 \mid E_1) = \tfrac{1}{2} \neq \tfrac{2}{3} = \text{prob}(E_2)$

Dies bedeutet, dass die Wahrscheinlichkeit des Ereignisses "E_2" offensichtlich durch das Ereignis "E_1" beeinflusst wird. Da sich die Wahrscheinlichkeiten nach der 1. Ziehung ändern, ist die 2. Ziehung somit von der 1. Ziehung *abhängig*.

Wird dagegen das durch die 1. Ziehung erhaltene Los wieder in die Wahlurne zurückgelegt, so ist die Wahrscheinlichkeit, bei der 2. Ziehung eine Niete zu erhalten, unbeeinflusst davon, ob bei der 1. Ziehung eine Niete erhalten wurde oder nicht. In diesem Fall sind "E_1" und "E_2" zwei voneinander **unabhängige** Ereignisse. Demzufolge lässt sich feststellen:

- Für zwei voneinander *unabhängige* Ereignisse "E_1" und "E_2" gilt:

  $\text{prob}(E_2 \mid E_1) = \text{prob}(E_2)$

  Daher gilt in dieser Situation für den Durchschnitt der beiden Ereignisse:

  $\text{prob}(E_1\ und\ E_2) = \text{prob}(E_1) * \text{prob}(E_2)$

Hinweis: Da das Ergebnis eines 2. Würfelwurfs vom Ergebnis eines vorausgegangenen 1. Wurfs unabhängig ist, ergibt sich z.B.:

prob("1. Wurf = 6" *und* "2. Wurf = 3") $= \tfrac{1}{6} * \tfrac{1}{6} = \tfrac{1}{36}$

Sofern ein Ereignis nicht als Durchschnitt, sondern als Vereinigung zweier Ereignisse festgelegt ist, gilt für die Wahrscheinlichkeit eines derartigen Ereignisses der folgende **Additionssatz**:

- $\text{prob}(E_1\ oder\ E_2) = \text{prob}(E_1) + \text{prob}(E_2) - \text{prob}(E_1\ und\ E_2)$

Durch die Anwendung dieses Additionssatzes ergeben sich beim einmaligen Würfeln z.B. die folgenden Wahrscheinlichkeiten:

- prob("Augenzahl = 2" *oder* "Augenzahl = 3")
  = prob("Augenzahl = 2") + prob("Augenzahl = 3")
  − prob("Augenzahl = 2" *und* "Augenzahl = 3")
  = prob("Augenzahl = 2") + prob("Augenzahl = 3") $= \tfrac{1}{6} + \tfrac{1}{6} = \tfrac{1}{3}$

- prob("Augenzahl = 1" *oder* "Augenzahl = 2" *oder* "Augenzahl = 3")
  = prob("Augenzahl = 1") + prob("Augenzahl = 2" *oder* "Augenzahl = 3")
  − prob("Augenzahl = 1" *und* ("Augenzahl = 2" *oder* "Augenzahl = 3"))
  $= \tfrac{1}{6} + \tfrac{1}{3} - 0 = \tfrac{3}{6} = \tfrac{1}{2}$

A.5 Zentrum und Dispersion von theoretischen Verteilungen

Zentrum einer theoretischen Verteilung

Bei einem intervallskalierten Merkmal wird das *Zentrum* einer *empirischen* Verteilung als *Mittelwert* gekennzeichnet und – bei "k" voneinander verschiedenen Ausprägungen "x_j" – durch die folgende Summe festgelegt:

- $\bar{x} = \sum_{j=1}^{k} h_j * x_j = \sum_{j=1}^{k} x_j * h_j$

Wenn die relativen Häufigkeiten "h_j" als Ergebnisse einer Zuordnung "h" angesehen werden, die jedem Wert "x_j" seine relative Häufigkeit in der Form

- $h : x_j \longrightarrow h(x_j) = h_j$

zuordnet, so kann man die Berechnungsvorschrift für den Mittelwert wie folgt angeben:

- $\bar{x} = \sum_{j=1}^{k} x_j * h(x_j)$

Für eine *diskrete* Zufallsgröße X mit *endlich* vielen Werten, zu der die Wahrscheinlichkeitsfunktion "h" gehört, legt man durch diese Vorschrift das *Zentrum* der zugehörigen **theoretischen Verteilung** fest, das als **Mitte** bzw. als *Erwartungswert* ("E(X)") bezeichnet wird.

Zum Beispiel ergibt sich für die Zufallsgröße "Würfelwurf" die *Mitte* der zugehörigen theoretischen Verteilung wie folgt:

$1 * \frac{1}{6} + 2 * \frac{1}{6} + 3 * \frac{1}{6} + 4 * \frac{1}{6} + 5 * \frac{1}{6} + 6 * \frac{1}{6} = 3,5$

Bei beliebig oft wiederholtem Würfelwurf lässt sich somit langfristig eine durchschnittliche Augenzahl von "3,5" erwarten.

Bei einer Zufallsgröße X mit *unendlich* vielen Werten lässt sich für die zugehörige theoretische Verteilung die oben angegebene Berechnung der *Mitte* wie folgt verallgemeinern:

Bei einer *diskreten* Zufallsgröße, bei der die Anzahl der Werte *nicht* endlich, sondern *abzählbar* ist, wird die Summation in der Form

$\sum_{j=0}^{\infty} x_j * h(x_j)$

vorgenommen (es wird unterstellt, dass der Summenwert existiert).

Hinweis: Da die Wahrscheinlichkeitsfunktion für eine Poisson-verteilte Zufallsgröße X durch die Zuordnung

$$h : j \longrightarrow h(j) = \frac{\lambda^j * e^{-\lambda}}{j!} \quad f \ddot{u} r \quad j = 0, 1, 2, \ldots$$

festgelegt ist, ergibt sich somit:

$E(X) = \sum_{j=0}^{\infty} j * h(j) = \sum_{j=0}^{\infty} j * \frac{\lambda^j * e^{-\lambda}}{j!}$

Da sich diese Summe zum Wert "λ" errechnet, kennzeichnet die Größe "λ" aus der Wahrscheinlichkeitsfunktion somit die *Mitte* der Poisson-Verteilung.

Bei einer *kontinuierlichen* Zufallsgröße, die Werte innerhalb eines Intervalls bzw. auf der ganzen Zahlengeraden annimmt, wird anstelle der Summation eine Integration – mit der Dichtefunktion "h" – in der Form

$\int x * h(x)dx$

über den Bereich sämtlich möglicher Werte durchgeführt (es wird unterstellt, dass das Integral "$\int |x| * h(x)dx$" existiert).

Hinweis: Da die Dichtefunktion "h" für eine normalverteilte Zufallsgröße X die Form

$h(x) = \frac{1}{\sqrt{2\pi}\sigma} e^{-\frac{1}{2}(\frac{x-\mu}{\sigma})^2}$

besitzt, gilt: $E(X) = \int_{-\infty}^{\infty} x * h(x)dx = \int_{-\infty}^{\infty} x * \frac{1}{\sqrt{2\pi}\sigma} e^{-\frac{1}{2}(\frac{x-\mu}{\sigma})^2} dx$

Da sich dieses Integral zum Wert "μ" errechnet, kennzeichnet der Parameter "μ" aus der Dichtefunktion einer Normalverteilung somit die *Mitte* der Normalverteilung. Durch den Parameter "σ", der als weiterer Parameter in der Dichtefunktion angegeben ist, wird die *Streuung* einer Normalverteilung beschrieben (siehe unten).

Dispersion einer theoretischen Verteilung

Bei einer *empirischen* Verteilung ist die *(Stichproben-)Varianz* wie folgt als Maßzahl für die *Dispersion* vereinbart:

- $\frac{1}{n-1} \sum_{i=1}^{n}(x_i - \bar{x})^2 = \sum_{j=1}^{k}(x_j - \bar{x})^2 * \frac{f_j}{n-1}$

Um die Dispersion einer theoretischen Verteilung für eine Zufallsgröße zu beschreiben, wird diese Definition – entsprechend den jeweiligen Rahmenbedingungen – geeignet verallgemeinert.

Für eine Zufallsgröße X mit *endlich* vielen Werten "$x_1, x_2, ..., x_k$", einer zugehörigen Wahrscheinlichkeitsfunktion "h" und einer theoretischen Verteilung mit der Mitte "$E(X)$" wählt man als Berechnungsvorschrift:

- $\sum_{j=1}^{k}(x_j - E(X))^2 * h(x_j)$

Hinweis: Für die Zufallsgröße "Würfelwurf" ergibt sich:

$(1 - 3,5)^2 * \frac{1}{6} + (2 - 3,5)^2 * \frac{1}{6} + (3 - 3,5)^2 * \frac{1}{6} + (4 - 3,5)^2 * \frac{1}{6}$

$+(5 - 3,5)^2 * \frac{1}{6} + (6 - 3,5)^2 * \frac{1}{6} = \frac{1}{3} * 8,75 \simeq 2,92$

Bei beliebig oft wiederholtem Würfelwurf lässt sich somit langfristig eine durchschnittliche Variation in der Größenordnung von "2,92" um die Augenzahl von "3,5" erwarten.

Bei einer Zufallsgröße X mit *unendlich* vielen Werten wird die oben angegebene Rechenvorschrift wie folgt verallgemeinert:

Bei einer *diskreten* Zufallsgröße mit *abzählbar* vielen Werten wird die Summation in der folgenden Form vorgenommen (es wird unterstellt, dass der Summenwert existiert):

$$\sum_{j=0}^{\infty}(x_j - E(X))^2 * h(x_j)$$

Hinweis: Zum Beispiel ergibt sich für eine Poisson-verteilte Zufallsgröße mit der Mitte "λ":

$$\sum_{j=0}^{\infty}(j - \lambda)^2 * h(j) = \sum_{j=0}^{\infty}(j - \lambda)^2 * \frac{\lambda^j * e^{-\lambda}}{j!} = \lambda$$

Bei einer *kontinuierlichen* Zufallsgröße, bei der Werte auf der ganzen Zahlengeraden bzw. innerhalb eines Intervalls auftreten können, wird anstelle der Summation eine Integration in der Form

$$\int (x - E(X))^2 * h(x)dx$$

– mit der Dichtefunktion "h" – über den Bereich sämtlich möglicher Werte durchgeführt (es wird unterstellt, dass dieses Integral existiert).

Hinweis: Für eine normalverteilte Zufallsgröße mit der Dichtefunktion

$$h(x) = \frac{1}{\sqrt{2\pi}\sigma}e^{-\frac{1}{2}(\frac{x-\mu}{\sigma})^2}$$

errechnet man: $\int_{-\infty}^{\infty}(x-\mu)^2 * \frac{1}{\sqrt{2\pi}\sigma}e^{-\frac{1}{2}(\frac{x-\mu}{\sigma})^2}dx = \sigma^2$

Durch das Quadrat des Parameters "σ" aus der Dichtefunktion der Normalverteilung lässt sich somit die *Dispersion* der Verteilung beschreiben.

Da man bei einer empirischen Verteilung dazu neigt, die Variabilität nicht in Form der Varianz, sondern in Form der Standardabweichung (als positive Quadratwurzel aus der Varianz) anzugeben, verfährt man bei theoretischen Verteilungen im Hinblick auf die oben angegebenen Berechnungsvorschriften entsprechend.

Die *Variabilität* einer theoretischen Verteilung wird daher durch die **Streuung** beschrieben. Der jeweilige Wert errechnet sich jeweils als positive Quadratwurzel aus den oben angegebenen Kenngrößen für die *Dispersion*.

Hinweis: Daher beschreibt die Größe "λ" aus der Wahrscheinlichkeitsfunktion einer Poisson-verteilten Zufallsgröße die *Mitte* und deren positive Quadratwurzel die *Streuung* der zugehörigen theoretischen Verteilung. Gleichfalls ist die Größe "σ" aus der Dichtefunktion einer normalverteilten Zufallsgröße als *Streuung* der zugehörigen theoretischen Verteilung anzusehen. Die jeweils konkrete Definition der Streuung lässt sich in allen angegebenen Fällen so interpretieren, dass sie als positive Quadratwurzel aus der Größe "Erwartungswert der quadratischen Abweichung vom Erwartungswert" vereinbart wird, d.h. die Streuung ist gleich der positiven Quadratwurzel aus dem Erwartungswert von "$[X - E(X)]^2$", d.h. ihr Quadrat ist gleich "$E([X - E(X)]^2)$".

A.6 Zufallszahlen-Tafel

	A	B	C	D	E	F	G	H	I	J
1	15993	94618	17182	73251	64639	83178	70521	23228	83895	68199
2	22686	16006	50885	33065	02502	94755	72062	04041	08077	35237
3	42349	15770	03145	32288	66079	98705	31029	70665	53291	41568
4	13093	39428	09553	86344	40916	18860	51780	75464	71329	80729
5	21535	84252	03924	84597	21918	91384	84721	74795	40193	42497
6	41456	76922	68747	57688	78348	68970	60048	87627	71834	04878
7	02359	27710	75292	79798	39175	75667	65782	86889	81678	58360
8	32450	66134	28053	25727	85272	67148	78358	99445	91316	89399
9	97623	35236	54382	90500	96762	71968	65838	89244	27245	75430
10	01762	93105	78849	03304	86459	21287	76566	40481	99431	21079
11	47373	31128	31137	44914	61738	61498	24288	67050	34309	80711
12	77094	54149	41485	21174	67268	29938	32476	86088	10192	39948
13	67430	00591	71210	50280	76174	48353	09682	50124	12030	12358
14	72462	70512	19108	97085	59806	12351	64253	53926	25595	03833
15	31684	57816	06644	47751	73520	08434	65627	10078	45021	38285
16	28393	32584	31404	13168	54833	22841	98889	06837	79762	76055
17	93565	11847	91254	41454	55824	79793	74575	20672	37625	86861
18	89185	20162	11066	48409	21195	98008	57305	38230	16043	47421
19	98230	86659	12187	76546	19312	81662	96557	12971	52204	63272
20	11327	81727	21942	58491	96875	19465	89687	68735	89190	55329
21	84066	65351	73848	70177	17604	42204	60476	53270	67341	92373
22	71477	73558	22809	01604	59553	64876	94611	96182	96779	25748
23	42647	52956	33850	05120	32276	55961	41775	45410	88212	99391
24	86857	22223	81154	67767	49061	66937	81818	74950	53296	55866
25	74182	94644	36907	29189	79000	50217	71077	99122	09774	27212
26	93687	01133	31231	60204	09586	34481	87683	41432	54542	81618
27	71315	46074	12390	36313	77583	28506	38808	47810	90171	95440
28	87026	58341	52826	66191	55348	07907	06978	76549	04105	12914
29	01301	07251	76733	83695	53581	64582	60210	90524	21931	41340
30	75734	32674	24337	90489	24380	77943	09942	49508	49751	63202
31	71710	73445	31527	53580	53243	03350	00128	32839	68176	85250
32	66462	07775	16987	16810	13894	88945	15539	43162	11777	75158
33	31348	79245	28403	46398	64715	11330	17515	69023	34196	05964
34	87331	28104	82442	17323	84728	37995	96106	26432	83640	68764
35	33628	01409	17364	33433	64299	79066	31777	87803	65641	48944
36	54680	72496	13427	96593	53729	62035	66717	16967	16195	55040
37	51199	49407	49794	83891	24066	61140	65144	10774	98140	37195
38	73702	61313	98067	54437	19892	54817	88645	91661	59861	77739
39	55672	24892	16014	81458	28189	40595	21500	13089	00410	76156
40	83880	03862	58497	24807	79793	63043	09425	32368	59320	63392
41	10242	62330	62548	49128	16193	55301	01306	05703	33535	66298
42	91618	30146	89317	98104	44973	37636	88866	25606	94507	04239
43	39442	85406	19200	60638	44964	54103	57287	45358	86253	38858
44	16869	89452	44399	00647	83050	92058	83814	06652	31271	46551
45	89988	50499	08149	63680	91864	96002	87802	98584	28385	44638
46	97511	89289	79047	37362	55505	97809	67056	17774	67194	85684
47	69779	05048	12138	63308	53296	48687	61340	03535	27502	10218
48	47938	24003	55945	65997	98694	56420	78357	19635	17471	85906
49	95604	14360	06626	87595	03800	35443	52823	79542	13512	08542

	A	B	C	D	E	F	G	H	I	J
50	22307	21864	27726	03770	52718	02693	09096	00045	16075	86978
51	04322	41455	34324	90902	26268	04279	76816	17569	46439	07978
52	72226	66267	78777	78044	49496	39814	73867	36661	87011	40819
53	57284	72531	52741	26699	19657	08665	16818	19737	98741	98755
54	38341	77268	79525	44769	30621	90534	62050	21652	94743	66583
55	23266	56711	38060	69513	80470	88018	86510	18783	51903	61963
56	40527	42529	03944	95219	37247	84166	23023	49330	24839	88724
57	48881	89884	73247	97670	88888	58560	72580	12673	73961	69570
58	71508	35632	73347	71317	88023	36656	76332	56780	52223	46541
59	32069	06058	82527	25250	20426	60361	63525	43000	23233	27665
60	13366	68620	39388	69795	01846	16983	78560	35249	02117	73215
61	78057	74867	32192	90071	46094	63519	07199	54097	49511	04147
62	05492	91054	86149	28590	81035	46561	16032	82238	02668	77853
63	89453	53017	34964	09786	49514	01056	18700	62123	69611	24614
64	52627	56969	69566	62662	84838	14570	14508	98111	93870	07353
65	01142	31474	96095	15163	77849	20465	03142	51743	38209	54380
66	42031	63730	89032	16124	35386	45521	59368	32528	61311	58844
67	21313	76882	74328	09955	96651	53264	29871	59838	29147	63673
68	10767	44376	62219	35439	99248	71179	26052	41056	97409	70102
69	30522	26554	24768	72247	85375	92518	16334	95699	84966	84993
70	94176	64799	03792	57006	36677	46825	14087	19870	89874	57225
71	47114	91346	04657	93763	43676	44944	75798	93248	37065	92210
72	63005	87587	05742	31914	41818	29667	77424	11825	64608	65044
73	51985	49471	46200	27639	42085	79231	03932	81539	79942	94099
74	53499	15624	15088	78519	79214	43623	69166	60508	77522	52279
75	20506	66010	91657	37160	85714	21420	80996	42444	99047	37408
76	78248	10130	68990	38307	66806	81016	38511	16841	92357	61022
77	44996	32200	64382	29752	00664	54547	62597	84789	50185	11876
78	91963	01769	30117	71486	09161	08371	71749	13157	09136	80111
79	84335	90449	18338	19787	60473	06606	89788	91450	43456	31339
80	52277	01113	11341	11743	49718	99176	42006	11868	44520	97949
81	83565	56421	83764	52789	61697	42217	04785	92163	46020	56299
82	44655	35944	71446	30673	57824	23576	23301	07852	77206	19405
83	81057	83465	57466	10465	32308	01900	67484	22206	03314	19891
84	35769	96253	92808	45786	49874	68103	65032	56091	19892	52774
85	19993	41299	93095	17338	98548	02429	85238	72416	44473	69802
86	47842	37373	34516	04042	35336	34393	97573	57871	04470	04078
87	55704	22664	22181	40358	15790	33340	18852	31982	05234	28089
88	24258	96041	90052	80862	24323	11635	91677	18706	09437	20420
89	84145	98868	66696	53483	35060	98942	62697	20463	29667	87449
90	22896	08462	65652	76571	09007	04581	01684	36576	68686	70891
91	79090	90349	30789	50304	06646	70126	15284	05111	27587	70650
92	52486	19037	80588	73076	46661	40442	40718	67483	65282	41820
93	48662	85910	97533	88643	21557	47328	36724	03928	03249	29829
94	49403	53460	15465	83516	80609	55976	46115	03626	92678	54012
95	16434	98502	32092	95505	39549	30117	98209	70543	38696	62091
96	28227	29183	11393	68463	86338	95620	39836	62694	42837	25150
97	01272	40605	33123	63218	98349	57249	40170	94927	15413	72940
98	76819	15546	16065	68459	64276	92868	07372	01162	30425	35776
99	41700	55755	33584	18091	57276	74660	90392	66711	26115	38709
100	39855	90531	97125	87875	03889	12538	24740	63699	36839	62824

A.7 Kritische Werte bei χ^2-Verteilungen

Testniveau:	0,10	0,05	0,01	Testniveau:	0,10	0,05	0,01
df:				df:			
1	2,71	3,84	6,64	21	29,62	32,67	38,93
2	4,61	5,99	9,21	22	30,81	33,92	40,29
3	6,25	7,82	11,34	23	32,01	35,17	41,64
4	7,78	9,49	13,28	24	33,20	36,42	42,98
5	9,24	11,07	15,09	25	34,38	37,65	44,31
6	10,64	12,59	16,81	26	35,56	38,88	45,64
7	12,02	14,07	18,48	27	36,74	40,11	46,96
8	13,36	15,51	20,09	28	37,92	41,34	48,28
9	14,68	16,92	21,67	29	39,09	42,56	49,59
10	15,99	18,31	23,21	30	40,26	43,77	50,89
11	17,28	19,68	24,72	31	41,42	44,99	52,19
12	18,55	21,03	26,22	32	42,58	46,19	53,49
13	19,81	22,36	27,69	33	43,75	47,40	54,78
14	21,06	23,68	29,14	34	44,90	48,60	56,06
15	22,31	25,00	30,58	35	46,06	49,80	57,34
16	23,54	26,30	32,00	36	47,21	51,00	58,62
17	24,77	27,59	33,41	37	48,36	52,19	59,89
18	25,99	28,87	34,81	38	49,51	53,38	61,16
19	27,20	30,14	36,19	39	50,66	54,57	62,43
20	28,41	31,41	37,57	40	51,81	55,76	63,69

Zum Beispiel ergibt sich bei einem Testniveau von "$\alpha = 0,05$" ("5%") für 16 Freiheitsgrade ("df = 16") ein kritischer Wert von "26,30". Dies bedeutet, dass ein Testwert, der größer oder gleich "26,30" ist, als ein signifikantes Ergebnis angesehen wird.

A.8 Kritische Werte bei t-Verteilungen

kritische Werte bei einem einseitigen t-Test				
Testniveau:	0,10	0,05	0,025	0,01	0,005
kritische Werte bei einem zweiseitigen t-Test				
Testniveau:	0,20	0,10	0,05	0,02	0,01
df:					
1	3,078	6,314	12,706	31,821	63,657
2	1,886	2,920	4,303	6,965	9,925
3	1,638	2,353	3,182	4,541	5,841
4	1,533	2,132	2,776	3,747	4,604
5	1,476	2,015	2,571	3,365	4,032
6	1,440	1,943	2,447	3,143	3,707
7	1,415	1,895	2,365	2,998	3,499
8	1,397	1,860	2,306	2,896	3,355
9	1,383	1,833	2,262	2,821	3,250
10	1,372	1,812	2,228	2,764	3,169
11	1,363	1,796	2,201	2,718	3,106
12	1,356	1,782	2,179	2,681	3,055
13	1,350	1,771	2,160	2,650	3,012

kritische Werte bei einem einseitigen t-Test				
Testniveau:	0,10	0,05	0,025	0,01	0,005
kritische Werte bei einem zweiseitigen t-Test				
Testniveau:	0,20	0,10	0,05	0,02	0,01
df:					
14	1,345	1,761	2,145	2,624	2,977
15	1,341	1,753	2,131	2,602	2,947
16	1,337	1,746	2,120	2,583	2,921
17	1,333	1,740	2,110	2,567	2,898
18	1,330	1,734	2,101	2,552	2,878
19	1,328	1,729	2,093	2,539	2,861
20	1,325	1,725	2,086	2,528	2,845
21	1,323	1,721	2,080	2,518	2,831
22	1,321	1,717	2,074	2,508	2,819
23	1,319	1,714	2,069	2,500	2,807
24	1,318	1,711	2,064	2,492	2,797
25	1,316	1,708	2,060	2,485	2,787
26	1,315	1,706	2,056	2,479	2,779
27	1,314	1,703	2,052	2,473	2,771
28	1,313	1,701	2,048	2,467	2,763
29	1,311	1,699	2,045	2,462	2,756
30	1,310	1,697	2,042	2,457	2,750
40	1,303	1,684	2,021	2,423	2,704
60	1,296	1,671	2,000	2,390	2,660

Zum Beispiel ergibt sich für einen *zweiseitigen* t-Test bei einem Testniveau von "$\alpha = 0,05$" ("5%") für 16 Freiheitsgrade ("df = 16") ein kritischer Wert von "2,120". Dies bedeutet, dass ein Testwert, der kleiner oder gleich "$-2,120$" bzw. größer oder gleich "$+2,120$" ist, als ein *signifikantes* Ergebnis angesehen wird.

Bei einem *einseitigen* t-Test ergibt sich in dieser Situation ein kritischer Wert von "1,746" bzw. "$-1,746$" (je nach Richtung der Alternativhypothese), sodass ein Testwert, der größer oder gleich "1,746" bzw. kleiner oder gleich "$-1,746$" ist, als ein *signifikantes* Ergebnis angesehen wird.

A.9 Kritische Werte bei F-Verteilungen

Im Hinblick auf die Durchführung des F-Tests bei der 1-faktoriellen Varianzanalyse (siehe Abschnitt 22.4), der F-Tests bei der 2-faktoriellen Varianzanalyse (siehe Abschnitt 22.9.5) bzw. des F-Tests zur Prüfung der Varianzhomogenität (siehe Abschnitt 20.5.4) sind in den folgenden Tabellen zugehörige kritische Werte eingetragen. Dabei wird unterstellt, dass der Quotient, aus dem der Testwert durch Division zweier Stichproben-Varianzen resultiert, größer als "1" ist, d.h. die Zähler-Varianz ist größer als die Nenner-Varianz.

Jeder einzelne kritische Wert bestimmt sich als Schnittpunkt der Zähler-Freiheitsgrade "df_1" und der Nenner-Freiheitsgrade "df_2".

Kritische Werte zur Prüfung einer Nullhypothese der 1- bzw. 2-faktoriellen Varianzanalyse auf der Basis von "$\alpha = 0,05$" sowie zur Prüfung der Varianzhomogenität auf der Basis von "$\alpha = 0,1$":

df_2	df_1 1	2	3	4	5	6	7	8	9	10
1	161	200	216	225	230	234	237	239	241	242
2	18,51	19,00	19,16	19,25	19,30	19,33	19,36	19,37	19,38	19,39
3	10,13	9,55	9,28	9,12	9,01	8,94	8,88	8,84	8,81	8,78
4	7,71	6,94	6,59	6,39	6,26	6,16	6,09	6,04	6,00	5,96
5	6,61	5,79	5,41	5,19	5,05	4,95	4,88	4,82	4,78	4,74
6	5,99	5,14	4,76	4,53	4,39	4,28	4,21	4,15	4,10	4,06
7	5,59	4,74	4,35	4,12	3,97	3,87	3,79	3,73	3,68	3,63
8	5,32	4,46	4,07	3,84	3,69	3,58	3,50	3,44	3,39	3,34
9	5,12	4,26	3,86	3,63	3,48	3,37	3,29	3,23	3,18	3,13
10	4,96	4,10	3,71	3,48	3,33	3,22	3,14	3,07	3,02	2,97
11	4,84	3,98	3,59	3,36	3,20	3,09	3,01	2,95	2,90	2,86
12	4,75	3,88	3,49	3,26	3,11	3,00	2,92	2,85	2,80	2,76
13	4,67	3,80	3,41	3,18	3,02	2,92	2,84	2,77	2,72	2,67
14	4,60	3,74	3,34	3,11	2,96	2,85	2,77	2,70	2,65	2,60
15	4,54	3,68	3,29	3,06	2,90	2,79	2,70	2,64	2,59	2,55
16	4,49	3,63	3,24	3,01	2,85	2,74	2,66	2,59	2,54	2,49
17	4,45	3,59	3,20	2,96	2,81	2,70	2,62	2,55	2,50	2,45
18	4,41	3,55	3,16	2,93	2,77	2,66	2,58	2,51	2,46	2,41
19	4,38	3,52	3,13	2,90	2,74	2,63	2,55	2,48	2,43	2,38
20	4,35	3,49	3,10	2,87	2,71	2,60	2,52	2,45	2,40	2,35
21	4,32	3,47	3,07	2,84	2,68	2,57	2,49	2,42	2,37	2,32
22	4,30	3,44	3,05	2,82	2,66	2,55	2,47	2,40	2,35	2,30
23	4,28	3,42	3,03	2,80	2,64	2,53	2,45	2,38	2,32	2,28
24	4,26	3,40	3,01	2,78	2,62	2,51	2,43	2,36	2,30	2,26
25	4,24	3,38	2,99	2,76	2,60	2,49	2,41	2,34	2,28	2,24
26	4,22	3,37	2,98	2,74	2,59	2,47	2,39	2,32	2,27	2,22
27	4,21	3,35	2,96	2,73	2,57	2,46	2,37	2,30	2,25	2,20
28	4,20	3,34	2,95	2,71	2,56	2,44	2,36	2,29	2,24	2,19
29	4,18	3,33	2,93	2,70	2,54	2,43	2,35	2,28	2,22	2,18
30	4,17	3,32	2,92	2,69	2,53	2,42	2,34	2,27	2,21	2,16
32	4,15	3,30	2,90	2,67	2,51	2,40	2,32	2,25	2,19	2,14
34	4,13	3,28	2,88	2,65	2,49	2,38	2,30	2,23	2,17	2,12
36	4,11	3,26	2,86	2,63	2,48	2,36	2,28	2,21	2,15	2,10
38	4,10	3,25	2,85	2,62	2,46	2,35	2,26	2,19	2,14	2,09
40	4,08	3,23	2,84	2,61	2,45	2,34	2,25	2,18	2,12	2,07
70	3,98	3,13	2,74	2,50	2,35	2,23	2,14	2,07	2,01	1,97
100	3,94	3,09	2,70	2,46	2,30	2,19	2,10	2,03	1,97	1,92
200	3,89	3,03	2,65	2,41	2,26	2,14	2,05	1,98	1,92	1,87

Kritische Werte zur Prüfung einer Nullhypothese der 1- bzw. 2-faktoriellen Varianzanalyse auf der Basis von "$\alpha = 0,05$" sowie zur Prüfung der Varianzhomogenität auf der Basis von "$\alpha = 0,1$":

df_2	df_1 11	12	14	16	20	24	30	40	50	75
1	243	244	245	246	248	249	250	251	252	253
2	19,40	19,41	19,42	19,43	19,44	19,45	19,46	19,47	19,47	19,48
3	8,76	8,74	8,71	8,69	8,66	8,64	8,62	8,60	8,58	8,57
4	5,93	5,91	5,87	5,84	5,80	5,77	5,74	5,71	5,70	5,68
5	4,70	4,68	4,64	4,60	4,56	4,53	4,50	4,46	4,44	4,42
6	4,03	4,00	3,96	3,92	3,87	3,84	3,81	3,77	3,75	3,72
7	3,60	3,57	3,52	3,49	3,44	3,41	3,38	3,34	3,32	3,29
8	3,31	3,28	3,23	3,20	3,15	3,12	3,08	3,05	3,03	3,00

df_2					df_1					
	11	12	14	16	20	24	30	40	50	75
9	3,10	3,07	3,02	2,98	2,93	2,90	2,86	2,82	2,80	2,77
10	2,94	2,91	2,86	2,82	2,77	2,74	2,70	2,67	2,64	2,61
11	2,82	2,79	2,74	2,70	2,65	2,61	2,57	2,53	2,50	2,47
12	2,72	2,69	2,64	2,60	2,54	2,50	2,46	2,42	2,40	2,36
13	2,63	2,60	2,55	2,51	2,46	2,42	2,38	2,34	2,32	2,28
14	2,56	2,53	2,48	2,44	2,39	2,35	2,31	2,27	2,24	2,21
15	2,51	2,48	2,43	2,39	2,33	2,29	2,25	2,21	2,18	2,15
16	2,45	2,42	2,37	2,33	2,28	2,24	2,20	2,16	2,13	2,09
17	2,41	2,38	2,33	2,29	2,23	2,19	2,15	2,11	2,08	2,04
18	2,37	2,34	2,29	2,25	2,19	2,15	2,11	2,07	2,04	2,00
19	2,34	2,31	2,26	2,21	2,15	2,11	2,07	2,02	2,00	1,96
20	2,31	2,28	2,23	2,18	2,12	2,08	2,04	1,99	1,96	1,92
21	2,28	2,25	2,20	2,15	2,09	2,05	2,00	1,96	1,93	1,89
22	2,26	2,23	2,18	2,13	2,07	2,03	1,98	1,93	1,91	1,87
23	2,24	2,20	2,14	2,10	2,04	2,00	1,96	1,91	1,88	1,84
24	2,22	2,18	2,13	2,09	2,02	1,98	1,94	1,89	1,86	1,82
25	2,20	2,16	2,11	2,06	2,00	1,96	1,92	1,87	1,84	1,80
26	2,18	2,15	2,10	2,05	1,99	1,95	1,90	1,85	1,82	1,78
27	2,16	2,13	2,08	2,03	1,97	1,93	1,88	1,84	1,80	1,76
28	2,15	2,12	2,06	2,02	1,96	1,91	1,87	1,81	1,78	1,75
29	2,14	2,10	2,05	2,00	1,94	1,90	1,85	1,80	1,77	1,73
30	2,12	2,09	2,04	1,99	1,93	1,89	1,84	1,79	1,76	1,72
32	2,10	2,07	2,02	1,97	1,91	1,86	1,82	1,76	1,74	1,69
34	2,08	2,05	2,00	1,95	1,89	1,84	1,80	1,74	1,71	1,67
36	2,06	2,03	1,98	1,93	1,87	1,82	1,78	1,72	1,69	1,65
38	2,05	2,02	1,96	1,92	1,85	1,80	1,76	1,71	1,67	1,63
40	2,04	2,00	1,95	1,90	1,84	1,79	1,74	1,69	1,56	1,61
70	1,93	1,89	1,84	1,79	1,72	1,67	1,62	1,56	1,53	1,47
100	1,88	1,85	1,79	1,75	1,68	1,63	1,57	1,51	1,48	1,42
200	1,83	1,80	1,74	1,69	1,62	1,57	1,52	1,45	1,42	1,35

Soll die Nullhypothese der 1-faktoriellen Varianzanalyse "H_0(Die Mitten sind gleich.)" auf der Basis des Testniveaus "$\alpha = 0,05$" z.B. für den Fall "$df_1 = 4$ und $df_2 = 4$" geprüft werden, so ergibt sich der Wert "6,39" als kritischer Wert, sodass ein ermittelter Testwert, der größer oder gleich "6,39" ist, als signifikant angesehen wird.

Der Wert "6,39" ergibt sich als oberer kritischer Wert eines F-Tests zur Prüfung der Varianzhomogenität auf der Basis zweier unabhängiger Zufallsstichproben vom Umfang 5, sofern das Testniveau "$\alpha = 0,1$" vorgegeben wird.

Kritische Werte zur Prüfung einer Nullhypothese der 1- bzw. 2-faktoriellen Varianzanalyse auf der Basis von "$\alpha = 0,01$" sowie zur Prüfung der Varianzhomogenität auf der Basis von "$\alpha = 0,02$":

df_2					df_1					
	1	2	3	4	5	6	7	8	9	10
1	4052	4999	5403	5625	5764	5859	5928	5981	6022	6056
2	98,49	99,00	99,17	99,25	99,30	99,33	99,36	99,37	99,39	99,40
3	34,12	30,82	29,46	28,71	28,24	27,91	27,67	27,49	27,34	27,23
4	21,20	18,00	16,69	15,98	15,52	15,21	14,98	14,80	14,66	14,54
5	16,26	13,27	12,06	11,39	10,97	10,67	10,45	10,29	10,15	10,05
6	13,74	10,92	9,78	9,15	8,75	8,47	8,26	8,10	7,98	7,87
7	12,25	9,55	8,45	7,85	7,46	7,19	7,00	6,84	6,71	6,62

df_2	\multicolumn{10}{c}{df_1}
	1	2	3	4	5	6	7	8	9	10
8	11,26	8,65	7,59	7,01	6,63	6,37	6,19	6,03	5,91	5,82
9	10,56	8,02	6,99	6,42	6,06	5,80	5,62	5,47	5,35	5,26
10	10,04	7,56	6,55	5,99	5,64	5,39	5,21	5,06	4,95	4,85
11	9,65	7,20	6,22	5,67	5,32	5,07	4,88	4,74	4,63	4,54
12	9,33	6,93	5,95	5,41	5,06	4,82	4,65	4,50	4,39	4,30
13	9,07	6,70	5,74	5,20	4,86	4,62	4,44	4,30	4,19	4,10
14	8,86	6,51	5,56	5,03	4,69	4,46	4,28	4,14	4,03	3,94
15	8,68	6,36	5,42	4,89	4,56	4,32	4,14	4,00	3,89	3,80
16	8,53	6,23	5,29	4,77	4,44	4,20	4,03	3,89	3,78	3,69
17	8,40	6,11	5,18	4,67	4,34	4,10	3,93	3,79	3,68	3,59
18	8,28	6,01	5,09	4,58	4,25	4,01	3,85	3,71	3,60	3,51
19	8,18	5,93	5,01	4,50	4,17	3,94	3,77	3,63	3,52	3,43
20	8,10	5,85	4,94	4,43	4,10	3,87	3,71	3,56	3,45	3,37
21	8,02	5,78	4,87	4,37	4,04	3,81	3,65	3,51	3,40	3,31
22	7,94	5,72	4,82	4,31	3,99	3,76	3,59	3,45	3,35	3,26
23	7,88	5,66	4,76	4,26	3,94	3,71	3,54	3,41	3,30	3,21
24	7,82	5,61	4,72	4,22	3,90	3,67	3,50	3,36	3,25	3,17
25	7,77	5,57	4,68	4,18	3,86	3,63	3,46	3,32	3,21	3,13
26	7,72	5,53	4,64	4,14	3,82	3,59	3,42	3,29	3,17	3,09
27	7,68	5,49	4,60	4,11	3,79	3,56	3,39	3,26	3,14	3,06
28	7,64	5,45	4,57	4,07	3,76	3,53	3,36	3,23	3,11	3,03
29	7,60	5,42	4,54	4,04	3,73	3,50	3,33	3,20	3,08	3,00
30	7,56	5,39	4,51	4,02	3,70	3,47	3,30	3,17	3,06	2,98
32	7,50	5,34	4,46	3,97	3,66	3,42	3,25	3,12	3,01	2,94
34	7,44	5,29	4,42	3,93	3,61	3,38	3,21	3,08	2,97	2,89
36	7,39	5,25	4,38	3,89	3,58	3,35	3,18	3,04	2,94	2,86
38	7,35	5,21	4,34	3,86	3,54	3,32	3,15	3,02	2,91	2,82
40	7,31	5,18	4,31	3,83	3,51	3,29	3,12	2,99	2,88	2,80
70	7,01	4,92	4,08	3,60	3,29	3,07	2,91	2,77	2,67	2,59
100	6,90	4,82	3,98	3,51	3,20	2,99	2,82	2,69	2,59	2,51
200	6,76	4,71	3,88	3,41	3,11	2,90	2,73	2,60	2,50	2,41

Kritische Werte zur Prüfung einer Nullhypothese der 1- bzw. 2-faktoriellen Varianzanalyse auf der Basis von "$\alpha = 0,01$" sowie zur Prüfung der Varianzhomogenität auf der Basis von "$\alpha = 0,02$":

df_2	\multicolumn{10}{c}{df_1}
	11	12	14	16	20	24	30	40	50	75
1	6083	6106	6143	6170	6209	6235	6261	6287	6303	6323
2	99,41	99,42	99,43	99,44	99,45	99,46	99,47	99,48	99,48	99,49
3	27,13	27,05	26,92	26,83	26,69	26,60	26,50	26,41	26,35	26,27
4	14,45	14,37	14,24	14,15	14,02	13,93	13,83	13,74	13,69	13,61
5	9,96	9,89	9,77	9,68	9,55	9,47	9,38	9,29	9,24	9,17
6	7,79	7,72	7,60	7,52	7,39	7,31	7,23	7,14	7,09	7,02
7	6,54	6,47	6,35	6,27	6,15	6,07	5,98	5,90	5,85	5,78
8	5,74	5,67	5,56	5,48	5,36	5,28	5,20	5,11	5,06	5,00
9	5,18	5,11	5,00	4,92	4,80	4,73	4,64	4,56	4,51	4,45
10	4,78	4,71	4,60	4,52	4,41	4,33	4,25	4,17	4,12	4,05
11	4,46	4,40	4,29	4,21	4,10	4,02	3,94	3,86	3,80	3,74
12	4,22	4,16	4,05	3,98	3,86	3,78	3,70	3,61	3,56	3,49

df_2	\multicolumn{10}{c}{df_1}
	11	12	14	16	20	24	30	40	50	75
13	4,02	3,96	3,85	3,78	3,67	3,59	3,51	3,42	3,37	3,30
14	3,86	3,80	3,70	3,62	3,51	3,43	3,34	3,26	3,21	3,14
15	3,73	3,67	3,56	3,48	3,36	3,29	3,20	3,12	3,07	3,00
16	3,61	3,55	3,45	3,37	3,25	3,18	3,10	3,01	2,96	2,98
17	3,52	3,45	3,35	3,27	3,16	3,08	3,00	2,92	2,86	2,79
18	3,44	3,37	3,27	3,19	3,07	3,00	2,91	2,83	2,78	2,71
19	3,36	3,30	3,19	3,12	3,00	2,92	2,84	2,76	2,70	2,63
20	3,30	3,23	3,13	3,05	2,94	2,86	2,77	2,69	2,63	2,56
21	3,24	3,17	3,07	2,99	2,88	2,80	2,72	2,63	2,58	2,51
22	3,18	3,12	3,02	2,94	2,83	2,75	2,67	2,58	2,53	2,46
23	3,14	3,07	2,97	2,89	2,78	2,70	2,62	2,53	2,48	2,41
24	3,09	3,03	2,93	2,85	2,74	2,66	2,58	2,49	2,44	2,36
25	3,05	2,99	2,89	2,81	2,70	2,62	2,54	2,45	2,40	2,32
26	3,02	2,96	2,86	2,77	2,66	2,58	2,50	2,41	2,36	2,28
27	2,98	2,93	2,83	2,74	2,63	2,55	2,47	2,38	2,33	2,25
28	2,95	2,90	2,80	2,71	2,60	2,52	2,44	2,35	2,30	2,22
29	2,92	2,87	2,77	2,68	2,57	2,49	2,41	2,32	2,27	2,19
30	2,90	2,84	2,74	2,66	2,55	2,47	2,38	2,29	2,24	2,16
32	2,86	2,80	2,70	2,62	2,51	2,42	2,34	2,25	2,20	2,12
34	2,82	2,76	2,66	2,58	2,47	2,38	2,30	2,21	2,15	2,08
36	2,78	2,72	2,62	2,54	2,43	2,35	2,26	2,17	2,12	2,04
38	2,75	2,69	2,59	2,51	2,40	2,32	2,22	2,14	2,08	2,00
40	2,73	2,66	2,56	2,49	2,37	2,29	2,20	2,11	2,05	1,97
70	2,51	2,45	2,35	2,28	2,15	2,07	1,98	1,88	1,82	1,74
100	2,43	2,36	2,26	2,19	2,06	1,98	1,89	1,79	1,73	1,64
200	2,34	2,28	2,17	2,09	1,97	1,88	1,79	1,69	1,62	1,53

A.10 Optimale Stichprobenumfänge

Die folgenden Tabellen enthalten ausgewählte optimale Stichprobenumfänge für spezielle ein- und zweiseitige Signifikanz-Tests. Die angegebenen Stichproben-umfänge sind zu wählen, um bei "$\alpha = 0,05$" bzw. "$\alpha = 0,01$" tatsächlich vorhandene Effekte der Größe "schwach", "mittel" bzw. "stark" mit der Mindest-Teststärke "$1 - \beta = 0,8$" "aufdecken" zu können.

Rahmenbedingungen: $1 - \beta = 0,8$	\multicolumn{3}{c}{$\alpha = 0,01$ und Effektgröße:}
Signifikanz-Test:	schwach	mittel	stark
χ^2-Test mit df=1	1168	130	47
χ^2-Test mit df=2	1389	155	56
χ^2-Test mit df=3	1546	172	62
χ^2-Test mit df=4	1675	187	67
einseitiger t-Test ($\mu = \mu_0$)	254	43	19
zweiseitiger t-Test ($\mu = \mu_0$)	296	51	22
einseitiger abhängiger t-Test ($\mu_1 = \mu_2$)	254	43	19
zweiseitiger abhängiger t-Test ($\mu_1 = \mu_2$)	296	51	22
einseitiger unabhängiger t-Test ($\mu_1 = \mu_2$)	2 * 504	2 * 82	2 * 33
zweiseitiger unabhängiger t-Test ($\mu_1 = \mu_2$)	2 * 586	2 * 96	2 * 39

Rahmenbedingungen: $1 - \beta = 0,8$	$\alpha = 0,01$ und Effektgröße:		
Signifikanz-Test:	schwach	mittel	stark
einseitiger Korrelations-Test ($\rho = 0$)	1000	107	36
zweiseitiger Korrelations-Test ($\rho = 0$)	1163	125	42
einseitiger Binomial-Test ($\pi = 0,5$)	1007	112	40
zweiseitiger Binomial-Test ($\pi = 0,5$)	1167	131	44
Varianzanalyse ($\mu_1 = \mu_2 = \mu_3$)	3 * 465	3 * 76	3 * 31
Varianzanalyse ($\mu_1 = \mu_2 = \mu_3 = \mu_4$)	4 * 388	4 * 64	4 * 26
Varianzanalyse ($\mu_1 = \mu_2 = \mu_3 = \mu_4 = \mu_5$)	5 * 337	5 * 55	5 * 23
Varianzanalyse mit 3 abh. Stichproben ($\rho = 0,5$)	3 * 234	3 * 40	3 * 17
Varianzanalyse mit 4 abh. Stichproben ($\rho = 0,5$)	4 * 196	4 * 33	4 * 14
Varianzanalyse mit 5 abh. Stichproben ($\rho = 0,5$)	5 * 170	5 * 29	5 * 13
2x2-Versuchsplan einer 2-faktoriellen Varianzanalyse	4 * 293	4 * 48	4 * 20
2x3-Versuchsplan einer 2-faktoriellen Varianzanalyse	6 * 233	6 * 38	6 * 16
2x4-Versuchsplan einer 2-faktoriellen Varianzanalyse	8 * 194	8 * 32	8 * 13
3x3-Versuchsplan einer 2-faktoriellen Varianzanalyse	9 * 187	9 * 31	9 * 13
3x4-Versuchsplan einer 2-faktoriellen Varianzanalyse	12 * 158	12 * 26	12 * 11
4x4-Versuchsplan einer 2-faktoriellen Varianzanalyse	16 * 135	16 * 23	16 * 10

Rahmenbedingungen: $1 - \beta = 0,8$	$\alpha = 0,05$ und Effektgröße:		
Signifikanz-Test:	schwach	mittel	stark
χ^2-Test mit df=1	785	88	32
χ^2-Test mit df=2	964	108	39
χ^2-Test mit df=3	1091	122	44
χ^2-Test mit df=4	1194	133	48
einseitiger t-Test ($\mu = \mu_0$)	156	27	12
zweiseitiger t-Test ($\mu = \mu_0$)	199	34	15
einseitiger abhängiger t-Test ($\mu_1 = \mu_2$)	156	27	12
zweiseitiger abhängiger t-Test ($\mu_1 = \mu_2$)	199	34	15
einseitiger unabhängiger t-Test ($\mu_1 = \mu_2$)	2 * 310	2 * 51	2 * 21
zweiseitiger unabhängiger t-Test ($\mu_1 = \mu_2$)	2 * 394	2 * 64	2 * 26
einseitiger Korrelations-Test ($\rho = 0$)	616	67	23
zweiseitiger Korrelations-Test ($\rho = 0$)	782	84	29
einseitiger Binomial-Test ($\pi = 0,5$)	620	69	23
zweiseitiger Binomial-Test ($\pi = 0,5$)	786	90	30
Varianzanalyse ($\mu_1 = \mu_2 = \mu_3$)	3 * 323	3 * 53	3 * 22
Varianzanalyse ($\mu_1 = \mu_2 = \mu_3 = \mu_4$)	4 * 274	4 * 45	4 * 19
Varianzanalyse ($\mu_1 = \mu_2 = \mu_3 = \mu_4 = \mu_5$)	5 * 240	5 * 40	5 * 16
Varianzanalyse mit 3 abh. Stichproben ($\rho = 0,5$)	3 * 163	3 * 28	3 * 12
Varianzanalyse mit 4 abh. Stichproben ($\rho = 0,5$)	4 * 138	4 * 24	4 * 10
Varianzanalyse mit 5 abh. Stichproben ($\rho = 0,5$)	5 * 121	5 * 21	5 * 9
2x2-Versuchsplan einer 2-faktoriellen Varianzanalyse	4 * 197	4 * 32	4 * 13
2x3-Versuchsplan einer 2-faktoriellen Varianzanalyse	6 * 162	6 * 27	6 * 11
2x4-Versuchsplan einer 2-faktoriellen Varianzanalyse	8 * 137	8 * 23	8 * 10
3x3-Versuchsplan einer 2-faktoriellen Varianzanalyse	9 * 134	9 * 22	9 * 9
3x4-Versuchsplan einer 2-faktoriellen Varianzanalyse	12 * 115	12 * 19	12 * 8
4x4-Versuchsplan einer 2-faktoriellen Varianzanalyse	16 * 99	16 * 17	16 * 7

A.11 Kritische Werte für den U-Test

Kritische Werte für den *zweiseitigen* U-Test bei einem Testniveau von "$\alpha = 0,05$":

n_2	2	3	4	5	6	7	8	9	10	11	12	13	14	15	16	17	18	19	20
2	–	–	–	–	–	–	0	0	0	0	1	1	1	1	1	2	2	2	2
							16	18	20	22	23	25	27	29	31	32	34	36	38
3	–	–	–	0	1	1	2	2	3	3	4	4	5	5	6	6	7	7	8
				15	17	20	22	25	27	30	32	35	37	40	42	45	47	50	52
4	–	–	0	1	2	3	4	4	5	6	7	8	9	10	11	11	12	13	13
			16	19	22	25	28	32	35	38	41	44	47	50	53	57	60	63	67
5	–	0	1	2	3	5	6	7	8	9	11	12	13	14	15	17	18	19	20
		15	19	23	27	30	34	38	42	46	49	53	57	61	65	68	72	76	80
6	–	1	2	3	5	6	8	10	11	13	14	16	17	19	21	22	24	25	27
		17	22	27	31	36	40	44	49	53	58	62	67	71	75	80	84	89	93
7	–	1	3	5	6	8	10	12	14	16	18	20	22	24	26	28	30	32	34
		20	25	30	36	41	46	51	56	61	66	71	76	81	86	91	96	101	106
8	0	2	4	6	8	10	13	15	17	19	22	24	26	29	31	34	36	38	41
	16	22	28	34	40	46	51	57	63	69	74	80	86	91	97	102	108	111	119
9	0	2	4	7	10	12	15	17	20	23	26	28	31	34	37	39	42	45	48
	18	25	32	38	44	51	57	64	70	76	82	89	95	101	107	114	120	126	132
10	0	3	5	8	11	14	17	20	23	26	29	33	36	39	42	45	48	52	55
	20	27	35	42	49	56	63	70	77	84	91	97	104	111	118	125	132	138	145
11	0	3	6	9	13	16	19	23	26	30	33	37	40	44	47	51	55	58	62
	22	30	38	46	53	61	69	76	84	91	99	106	114	121	129	136	143	151	158
12	1	4	7	11	14	18	22	26	29	33	37	41	45	49	53	57	61	65	69
	23	32	41	49	58	66	74	82	91	99	107	115	123	131	139	147	155	163	171
13	1	4	8	12	16	20	24	28	33	37	41	45	50	54	59	63	67	72	76
	25	35	44	53	62	71	80	89	97	106	115	124	132	141	149	158	167	175	184
14	1	5	9	13	17	22	26	31	36	40	45	50	55	59	64	67	74	78	83
	27	37	47	51	67	76	86	95	104	114	123	132	141	151	160	171	178	188	197
15	1	5	10	14	19	24	29	34	39	44	49	54	59	64	70	75	80	85	90
	29	40	50	61	71	81	91	101	111	121	131	141	151	161	170	180	190	200	210
16	1	6	11	15	21	26	31	37	42	47	53	59	64	70	75	81	86	92	98
	31	42	53	65	75	86	97	107	118	129	139	149	160	170	181	191	202	212	222
17	2	6	11	17	22	28	34	39	45	51	57	63	67	75	81	87	93	99	105
	32	45	57	68	80	91	102	114	125	136	147	158	171	180	191	202	213	224	235
18	2	7	12	18	24	30	36	42	48	55	61	67	74	80	86	93	99	106	112
	34	47	60	72	84	96	108	120	132	143	155	167	178	190	202	213	225	236	248
19	2	7	13	19	25	32	38	45	52	58	65	72	78	85	92	99	106	113	119
	36	50	63	76	89	101	114	126	138	151	163	175	188	200	212	224	236	248	261
20	2	8	13	20	27	34	41	48	55	62	69	76	83	90	98	105	112	119	127
	38	52	67	80	93	106	119	132	145	158	171	184	197	210	222	235	248	261	273

Jede durch die Stichprobenumfänge der einen Stichprobe ("n_1") sowie der anderen Stichprobe ("n_2") gekennzeichnete Tabellenposition enthält den unteren kritischen Wert. Der zugehörige obere kritische Wert ist unmittelbar darunter angegeben.

Zum Beispiel legt das offene Intervall "$(22; 74)$" den Akzeptanzbereich für den Fall "$n_1 = 12, n_2 = 8$" fest, sodass Testwerte, die kleiner oder gleich "22" bzw. größer oder gleich "74" sind, auf ein *signifikantes* Ergebnis hinweisen.

A.12 Kritische Werte für den Wilcoxon-Test

Innerhalb der folgenden Tabelle enthält jede durch die Anzahl der von Null verschiedenen Paardifferenzen ("n") gekennzeichnete Tabellenzeile den kritischen Wert für einen Wilcoxon-Test. Zum Beispiel ist für den Fall "$n = 16$" bei einem Testniveau von "$\alpha = 0,05$" ("5%") der kritische Wert für einen *zweiseitigen* Wilcoxon-Test durch den Wert "29" festgelegt, sodass ein Testwert, der kleiner oder gleich "29" ist, als *signifikantes* Ergebnis anzusehen ist. Soll ein *einseitiger* Wilcoxon-Test durchgeführt werden, so bestimmt sich der kritische Wert zu "35".

kritische Werte bei einem einseitigen Wilcoxon-Test						
Testniveau:	0,05	0,025	0,01	Testniveau:	0,05	0,025	0,01
kritische Werte bei einem zweiseitigen Wilcoxon-Test						
Testniveau:	0,10	0,05	0,02	Testniveau:	0,10	0,05	0,02
n:				n:			
5	0	–	–	23	83	73	62
6	2	0	–	24	91	81	69
7	3	2	0	25	100	89	76
8	5	3	1	26	110	98	84
9	8	5	3	27	119	107	92
10	10	8	5	28	130	116	101
11	13	10	7	29	140	126	110
12	17	13	9	30	151	137	120
13	21	17	12	31	163	147	130
14	25	21	15	32	175	159	140
15	30	25	19	33	187	170	151
16	35	29	23	34	200	182	162
17	41	34	27	35	213	195	173
18	47	40	32	36	227	208	185
19	53	46	37	37	241	221	198
20	60	52	43	38	256	235	211
21	67	58	49	39	271	249	224
22	75	65	55	40	286	264	238

A.13 Datenbasis

Die Daten der *gesamten Datenbasis* sind in der nachfolgenden Tabelle eingetragen. In den Kopfzeilen dieser Tabelle sind (aus Platzgründen) die Variablennamen aus der Daten-Tabelle durch Kleinbuchstaben abgekürzt, die in der folgenden Aufzählung den korrespondierenden Variablennamen in Klammern angefügt sind:

- idnr (a), jahrgang (b), geschl (c), stunzahl (d), hausauf (e), abschalt (f), leistung (g), begabung (h), urteil (i), englisch (j), deutsch (k), mathe (l).

Die Sicherungs-Datei "ngo.sav" mit den innerhalb der Daten-Tabelle gespeicherten Daten kann aus dem Internet – als ZIP-Datei – von der folgenden Webadresse geladen werden:

- www.viewegteubner.de/tu/statistische-datenanalyse

a	b	c	d	e	f	g	h	i	j	k	l
1	1	1	30	3	2	6	5	5	3	6	4
2	1	2	36	5	1	4	6	5	8	11	9
3	1	1	35	4	2	6	5	6	5	8	6
4	1	1	36	2	2	7	6	6	1	4	3
5	1	1	36	4	2	5	6	6	5	8	6
6	1	1	35	3	1	3	8	5	3	6	4
7	1	1	35	3	2	7	5	6	3	6	4
8	1	1	35	3	2	6	8	5	3	6	4
9	1	1	33	3	1	5	5	8	3	6	4
10	1	1	29	0	0	5	9	8	0	10	7
11	1	1	36	1	1	7	8	5	1	2	1
12	1	1	39	1	2	5	5	3	1	2	1
13	1	1	31	3	2	5	7	6	3	6	4
14	1	1	36	2	1	7	6	7	2	4	3
15	1	1	36	3	1	3	5	6	3	6	4
16	1	1	36	4	2	6	6	6	5	8	6
17	1	1	33	4	2	2	7	8	5	8	6
18	1	1	33	5	2	5	5	5	8	11	9
19	1	1	33	3	2	6	5	6	3	6	4
20	1	1	36	4	2	7	8	8	5	8	6
21	1	1	36	2	2	6	7	5	2	4	3
22	1	1	36	4	1	4	5	6	5	8	6
23	1	1	36	4	1	7	7	7	5	8	6
24	1	1	36	3	1	5	5	6	3	6	4
25	1	1	39	3	2	7	7	6	3	6	4
26	1	1	36	6	1	6	7	7	9	12	10
27	1	1	36	4	1	3	5	3	5	8	6
28	1	1	32	3	2	5	7	5	3	6	4
29	1	1	35	4	2	8	8	5	5	8	6
30	1	1	32	4	1	5	7	5	5	8	6
31	1	1	36	3	1	5	6	6	3	6	4
32	1	1	36	2	1	5	6	5	2	4	3
33	1	1	33	3	2	7	8	6	3	6	4
34	1	1	32	2	2	3	6	5	2	5	3
35	1	1	29	5	1	4	4	5	8	11	9
36	1	1	34	3	2	5	5	5	3	6	4
37	1	1	36	4	2	5	5	4	5	8	6
38	1	1	37	3	2	8	8	8	3	6	4
39	1	1	32	4	1	5	7	6	5	8	6
40	1	1	33	4	0	5	5	5	5	8	6
41	1	1	33	2	1	8	8	6	2	5	3
42	1	1	35	3	2	6	7	6	3	6	5
43	1	1	32	4	1	5	6	4	5	8	6
44	1	1	34	3	2	7	7	5	3	6	5
45	1	1	33	3	2	5	7	5	3	6	5
46	1	1	40	3	1	5	7	6	3	6	5
47	1	1	31	3	1	6	9	7	3	6	5
48	1	1	30	3	1	5	5	5	3	6	5
49	1	1	33	3	2	5	5	5	4	6	5
50	1	1	33	3	2	6	8	6	4	6	5
51	1	1	35	2	1	2	4	5	2	4	3
52	1	2	33	2	1	8	8	8	2	5	3
53	1	2	38	4	1	6	7	5	5	8	6
54	1	2	35	4	1	7	6	7	5	8	6
55	1	2	36	6	2	9	9	9	9	11	9
56	1	2	36	6	1	5	6	5	9	12	10
57	1	2	35	3	1	6	6	5	4	6	5
58	1	2	36	4	1	7	6	6	5	8	6
59	1	2	36	4	1	6	6	6	5	8	6
60	1	2	36	5	1	6	7	6	8	11	9
61	1	2	37	5	1	5	6	5	8	11	9
62	1	2	35	4	1	5	5	4	5	8	6
63	1	2	34	4	1	5	8	4	5	8	6
64	1	2	35	3	2	5	6	5	4	6	5
65	1	2	35	3	2	5	5	5	4	7	5
66	1	2	36	5	1	3	5	2	8	11	9
67	1	2	30	2	1	6	7	6	2	5	3
68	1	2	35	3	2	7	7	6	4	7	5
69	1	2	33	3	1	8	7	7	4	7	5
70	1	2	33	4	0	5	5	5	5	8	6
71	1	2	33	4	2	4	5	5	5	8	6
72	1	2	37	4	2	6	5	5	5	8	6
73	1	2	36	3	1	5	5	5	4	7	5
74	1	2	36	3	2	5	6	5	4	7	5
75	1	2	34	4	1	6	5	6	5	8	6
76	1	2	36	4	2	5	6	7	5	8	7
77	1	2	36	3	1	8	7	7	4	7	5
78	1	2	34	4	1	6	6	5	5	8	7
79	1	2	31	4	1	5	5	6	5	9	7
80	1	2	35	4	2	5	5	5	6	9	7
81	1	2	33	4	1	5	5	5	6	9	7
82	1	2	33	3	1	4	5	4	4	7	5
83	1	2	36	3	1	4	5	5	4	7	5
84	1	2	36	3	1	5	5	5	4	7	5
85	1	2	34	7	1	5	5	5	10	13	11
86	1	2	35	3	2	6	6	5	4	7	5
87	1	2	33	3	2	7	6	6	4	7	5
88	1	2	36	4	1	4	6	5	6	9	7
89	1	2	32	4	1	5	5	5	6	9	7
90	1	2	33	3	1	6	5	4	4	7	5
91	1	2	33	3	1	3	3	5	4	7	5
92	1	2	33	7	1	6	7	7	10	13	11
93	1	2	38	4	1	4	5	3	6	9	7
94	1	2	36	2	1	5	5	5	2	5	3
95	1	2	35	3	1	5	7	5	4	7	5
96	1	2	31	1	1	1	4	1	1	3	2
97	1	2	33	4	1	7	8	8	6	9	7
98	1	2	33	5	1	5	5	5	8	11	9
99	1	2	39	3	2	7	6	6	4	7	5
100	1	2	36	4	2	5	6	5	6	9	7
101	2	1	30	3	1	5	8	5	4	7	5
102	2	1	39	2	2	7	6	7	2	5	3
103	2	1	34	2	1	6	7	8	2	5	3
104	2	1	36	4	2	8	8	8	6	9	7

a	b	c	d	e	f	g	h	i	j	k	l
105	2	1	33	1	2	6	7	6	0	10	8
106	2	1	31	4	2	7	7	7	6	9	7
107	2	1	36	3	2	7	7	7	4	7	5
108	2	1	38	4	2	6	6	5	6	9	7
109	2	1	33	4	2	6	5	6	6	9	7
110	2	1	40	4	2	8	9	9	6	9	7
111	2	1	33	2	2	7	8	8	2	5	3
112	2	1	36	2	1	5	7	1	2	5	3
113	2	1	32	3	1	6	7	8	4	7	5
114	2	1	33	3	2	2	8	7	4	7	5
115	2	1	33	3	2	4	5	4	4	7	5
116	2	1	30	3	1	6	6	7	4	7	5
117	2	1	36	3	1	5	7	5	4	7	5
118	2	1	33	4	1	8	8	8	6	9	7
119	2	1	31	5	2	8	7	6	8	11	9
120	2	1	39	3	2	8	7	8	4	7	5
121	2	1	33	3	2	5	8	4	4	7	5
122	2	1	36	3	1	5	7	3	4	7	5
123	2	1	36	5	1	5	7	7	8	11	9
124	2	1	35	3	1	2	5	4	4	7	5
125	2	1	33	2	2	3	9	5	2	5	3
126	2	1	30	4	1	2	5	4	6	9	7
127	2	1	33	3	2	8	8	8	4	7	5
128	2	1	33	2	2	5	6	5	2	5	3
129	2	1	33	4	1	5	9	6	6	9	7
130	2	1	31	4	1	5	5	8	6	9	7
131	2	1	30	1	1	4	5	6	1	3	2
132	2	1	32	4	1	4	7	5	6	9	7
133	2	1	33	4	2	6	8	5	6	9	7
134	2	1	35	3	1	5	4	4	4	7	5
135	2	1	36	2	1	5	6	6	2	5	3
136	2	1	38	3	1	6	6	5	4	7	5
137	2	1	33	4	1	5	7	6	6	9	7
138	2	1	33	4	1	4	4	4	6	9	7
139	2	1	32	3	1	6	5	5	4	7	5
140	2	1	33	2	2	8	8	8	2	5	4
141	2	1	30	3	1	6	6	6	4	7	5
142	2	1	33	3	2	4	5	5	4	7	5
143	2	1	32	4	2	5	6	5	6	9	7
144	2	1	33	2	1	4	7	5	2	5	4
145	2	1	39	2	2	4	8	5	2	5	4
146	2	1	34	3	2	5	5	6	4	7	5
147	2	1	33	3	2	5	5	4	4	7	5
148	2	1	33	3	1	5	5	5	4	7	5
149	2	1	36	2	1	5	6	6	2	5	4
150	2	1	33	4	2	5	6	5	6	9	7
151	2	2	35	3	1	7	7	7	4	7	5
152	2	2	34	4	2	7	7	6	6	9	7
153	2	2	42	2	2	6	7	6	2	5	4
154	2	2	33	4	2	7	7	7	6	9	7
155	2	2	35	5	2	6	5	5	8	11	9
156	2	2	35	6	2	6	6	5	9	12	10

a	b	c	d	e	f	g	h	i	j	k	l
157	2	2	36	3	2	7	8	8	4	7	5
158	2	2	34	2	1	4	8	5	3	5	4
159	2	2	32	2	2	5	6	4	3	5	4
160	2	2	34	1	1	5	5	5	1	3	2
161	2	2	36	4	1	5	6	6	6	9	7
162	2	2	35	4	1	7	6	6	6	9	7
163	2	2	33	3	1	5	5	4	4	7	5
164	2	2	33	2	1	6	8	7	3	5	4
165	2	2	33	2	1	7	7	7	3	5	4
166	2	2	36	3	2	5	5	5	4	7	5
167	2	2	33	2	1	7	7	7	3	5	4
168	2	2	33	4	2	5	5	5	6	9	7
169	2	2	39	2	2	9	9	9	3	6	4
170	2	2	36	0	0	5	7	5	0	10	8
171	2	2	37	4	1	6	8	5	6	9	7
172	2	2	35	4	2	6	5	7	6	9	7
173	2	2	38	3	1	6	5	5	4	7	6
174	2	2	34	3	1	6	7	7	4	7	6
175	2	2	34	4	1	5	6	5	6	9	7
176	2	2	36	3	1	5	5	5	4	7	6
177	2	2	31	2	2	5	7	6	3	6	4
178	2	2	36	2	1	3	5	5	3	6	4
179	2	2	33	2	1	5	5	5	3	6	4
180	2	2	36	4	2	3	5	1	6	9	7
181	2	2	33	4	1	6	7	6	6	9	7
182	2	2	33	3	1	7	8	7	4	7	6
183	2	2	36	4	2	4	6	5	6	9	7
184	2	2	40	5	1	5	5	6	7	10	8
185	2	2	33	2	1	4	5	5	3	6	4
186	2	2	33	2	2	5	7	5	3	6	4
187	2	2	37	4	2	8	8	8	6	9	7
188	2	2	34	3	1	5	7	4	4	7	6
189	2	2	30	1	1	5	5	5	2	4	2
190	2	2	36	2	1	6	8	7	3	6	4
191	2	2	34	3	1	5	5	5	5	7	6
192	2	2	36	3	1	5	7	7	5	8	6
193	2	2	33	4	1	7	7	6	6	9	7
194	2	2	33	3	1	4	5	4	5	8	6
195	2	2	36	2	2	7	8	7	3	6	4
196	2	2	36	4	2	5	7	6	6	9	7
197	2	2	34	3	1	5	7	5	5	8	6
198	2	2	31	4	2	6	7	5	6	9	7
199	2	2	36	3	2	5	5	4	5	8	6
200	2	2	33	0	2	7	7	5	0	10	8
201	3	1	30	1	1	5	5	6	2	4	2
202	3	1	26	3	1	6	5	7	5	8	6
203	3	1	24	2	1	5	6	6	3	6	4
204	3	1	32	3	2	6	7	5	5	8	6
205	3	1	33	0	2	7	6	7	7	10	8
206	3	1	36	1	2	8	5	8	2	4	2
207	3	1	35	4	2	7	7	9	6	9	7
208	3	1	39	3	2	7	7	7	5	8	6

a	b	c	d	e	f	g	h	i	j	k	l
209	3	1	30	3	1	7	7	7	5	8	6
210	3	1	36	3	1	7	7	6	5	8	6
211	3	1	37	4	2	7	7	7	7	10	8
212	3	1	36	1	1	3	5	6	2	4	2
213	3	1	30	1	2	6	7	6	1	4	3
214	3	1	24	3	1	5	7	4	5	8	6
215	3	1	33	3	2	5	8	6	5	8	6
216	3	1	34	3	1	5	7	4	5	8	6
217	3	1	30	4	1	5	7	5	7	10	8
218	3	1	32	3	2	5	7	4	5	8	6
219	3	1	33	3	1	5	6	5	5	8	6
220	3	1	33	3	2	4	7	7	5	8	6
221	3	1	39	4	2	7	7	9	7	10	8
222	3	1	34	3	1	5	4	3	5	8	6
223	3	1	34	3	1	5	7	5	5	8	6
224	3	1	18	4	1	4	5	5	7	10	8
225	3	1	30	3	1	4	5	5	5	8	6
226	3	2	22	4	2	7	9	8	7	10	8
227	3	2	22	4	1	7	8	7	7	10	8
228	3	2	33	5	2	7	6	6	7	10	8
229	3	2	34	4	1	7	7	6	7	10	8
230	3	2	23	5	2	5	5	6	7	11	8
231	3	2	35	4	2	5	5	5	7	10	8
232	3	2	32	4	2	5	6	6	7	10	8
233	3	2	30	4	1	5	6	5	7	10	8
234	3	2	20	5	1	4	5	4	7	10	8
235	3	2	37	4	1	5	5	5	7	10	8
236	3	2	35	4	2	7	5	5	7	10	8
237	3	2	34	6	2	7	6	5	9	12	10
238	3	2	32	5	2	3	4	5	7	11	8
239	3	2	34	4	1	6	5	5	7	10	8
240	3	2	30	3	2	6	6	6	5	8	6
241	3	2	27	5	2	5	5	5	7	11	8
242	3	2	23	3	1	6	4	5	5	8	6
243	3	2	23	3	1	5	6	6	5	8	6
244	3	2	27	2	1	5	8	7	3	6	4
245	3	2	31	4	1	6	7	5	7	10	8
246	3	2	22	4	1	5	7	5	7	10	8
247	3	2	38	2	1	5	7	7	3	6	4
248	3	2	23	1	1	5	7	6	1	4	3
249	3	2	33	3	1	5	5	3	5	8	6
250	3	2	38	4	2	8	8	8	7	10	8

A.14 Werte der inversen Fisher'schen z-Transformation

z	0	1	2	3	4	5	6	7	8	9
0,0	0,0000	0,0100	0,0200	0,0300	0,0400	0,0500	0,0599	0,0699	0,0708	0,0898
0,1	0,0997	0,1096	0,1194	0,1293	0,1391	0,1489	0,1586	0,1684	0,1781	0,1877
0,2	0,1974	0,2070	0,2165	0,2260	0,2355	0,2449	0,2543	0,2636	0,2729	0,2821
0,3	0,2913	0,3004	0,3095	0,3185	0,3275	0,3364	0,3452	0,3540	0,3627	0,3714
0,4	0,3800	0,3885	0,3969	0,4053	0,4136	0,4219	0,4301	0,4382	0,4462	0,4542
0,5	0,4621	0,4699	0,4777	0,4854	0,4930	0,5005	0,5080	0,5154	0,5227	0,5299
0,6	0,5370	0,5411	0,5511	0,5580	0,5649	0,5717	0,5784	0,5850	0,5915	0,5980
0,7	0,6044	0,6107	0,6169	0,6231	0,6291	0,6351	0,6411	0,6469	0,6527	0,6584
0,8	0,6640	0,6696	0,6751	0,6805	0,6858	0,6911	0,6963	0,7014	0,7064	0,7114
0,9	0,7163	0,7211	0,7259	0,7306	0,7352	0,7398	0,7443	0,7447	0,7531	0,7574
1,0	0,7616	0,7658	0,7699	0,7739	0,7779	0,7818	0,7857	0,7895	0,7932	0,7969
1,1	0,8005	0,8041	0,8076	0,8110	0,8144	0,8178	0,8210	0,8243	0,8275	0,8306
1,2	0,8337	0,8367	0,8397	0,8426	0,8455	0,8483	0,8511	0,8538	0,8565	0,8591
1,3	0,8617	0,8643	0,8668	0,8692	0,8717	0,8741	0,8764	0,8787	0,8810	0,8832
1,4	0,8854	0,8875	0,8896	0,8917	0,8937	0,8957	0,8977	0,8996	0,9015	0,9033
1,5	0,9051	0,9069	0,9087	0,9104	0,9121	0,9138	0,9154	0,9170	0,9186	0,9201
1,6	0,9217	0,9232	0,9246	0,9261	0,9275	0,9289	0,9302	0,9316	0,9329	0,9341
1,7	0,9354	0,9366	0,9379	0,9391	0,9402	0,9414	0,9425	0,9436	0,9447	0,9458
1,8	0,9468	0,9478	0,9488	0,9498	0,9508	0,9518	0,9527	0,9536	0,9545	0,9554
1,9	0,9562	0,9571	0,9579	0,9587	0,9595	0,9603	0,9611	0,9619	0,9626	0,9633
2,0	0,9640	0,9647	0,9654	0,9661	0,9668	0,9674	0,9680	0,9687	0,9693	0,9699
2,1	0,9705	0,9710	0,9716	0,9722	0,9727	0,9732	0,9738	0,9743	0,9748	0,9753
2,2	0,9757	0,9762	0,9767	0,9771	0,9776	0,9780	0,9785	0,9789	0,9793	0,9797
2,3	0,9801	0,9805	0,9809	0,9812	0,9816	0,9820	0,9823	0,9827	0,9830	0,9834
2,4	0,9837	0,9840	0,9843	0,9846	0,9849	0,9852	0,9855	0,9858	0,9861	0,9864
2,5	0,9866	0,9869	0,9871	0,9874	0,9876	0,9879	0,9881	0,9884	0,9886	0,9888

Um z.B. für den Wert "$z = 0,69$" den zugehörigen Korrelationskoeffizienten "r" zu
erhalten, der mittels der Fisher'schen z-Transformation in diesen z-Wert transformiert wurde, ist die inverse Fisher'sche z-Transformation wie folgt durchzuführen:

In der durch "0,6" gekennzeichneten Zeile ist die durch "9" markierte Spalte zu
identifizieren. An der betreffenden Position steht die Zahl "0,5980". Dies ist der
Wert, der durch eine inverse Fisher'sche z-Transformation aus der Zahl "0,69"
erhalten wird.

A.15 Dialog-orientierte Anforderung einer Häufigkeitsauszählung vom IBM SPSS Statistics-System

Einsatz des Dialogfeldes "Häufigkeiten"

Im Folgenden wird davon ausgegangen, dass die Datenerfassung – wie am Anfang des Abschnitts 6.1 beschrieben – innerhalb des Daten-Editor-Fensters erfolgt ist und die erhobenen (Fragebogen-)Daten in Form einer Daten-Tabelle zur
Verfügung stehen. Anhand der beiden Merkmale "Abschalten" und "Schulleistung"
soll jetzt erläutert werden, wie sich die Häufigkeitsverteilungen dieser Merkmale
dialog-orientiert abrufen lassen und wie die Ergebnisse geeignet präsentiert werden können.

Welche Schritte auszuführen sind, um die gewünschten Häufigkeitsverteilungen ermitteln und anzeigen zu lassen, ist innerhalb der Abbildung A15.1 skizziert.

Zunächst ist das Menü **"Analysieren"** auszuwählen und die Menü-Option
"Deskriptive Statistiken ▷**"** zu bestätigen. Aus dem daraufhin angezeigten
Popup-Menü ist – im Schritt "(1)" – die Menü-Option **"Häufigkeiten..."** auszuwählen, sodass sich die Abfolge, in der die Menü-Optionen zu bestätigen sind,
wie folgt beschreiben lässt:

```
Analysieren
    Deskriptive Statistiken  ▷
        Häufigkeiten...
```

Anschließend wird das Dialogfeld "Häufigkeiten" mit den Namen aller derjenigen
Variablen angezeigt, die zuvor innerhalb der Daten-Tabelle vereinbart wurden.

Damit die auszuwertenden Daten bestimmt werden können, muss man sich den
folgenden Sachverhalt vergegenwärtigen:

- Bei der Datenerfassung in die Daten-Tabelle (siehe Abschnitt 6.2) wurden
  die Werte von "Abschalten" in diejenige Tabellenspalte eingetragen, die
  durch den Variablennamen "VAR00006" gekennzeichnet ist. Entsprechend
  beschreibt der Variablenname "VAR00007" die Tabellenspalte, die die Werte
  des Merkmals "Schulleistung" enthält. Folglich kennzeichnen die beiden Variablennamen "VAR00006" und "VAR00007" die Werte, deren Häufigkeiten
  ausgezählt werden sollen.

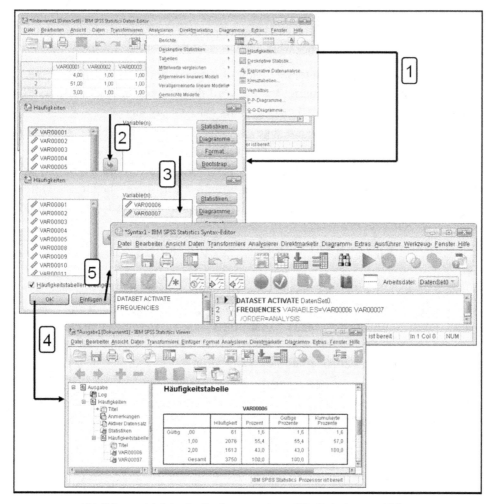

Abbildung A15.1: Anforderung einer Häufigkeitsauszählung

Die Namen sämtlicher Variablen, für die eine Häufigkeitsauszählung durchgeführt werden soll, sind – innerhalb des Dialogfeldes "Häufigkeiten" – in das Listenfeld "Variable(n):" zu übertragen.

Somit sind die beiden Variablennamen "VAR00006" und "VAR00007" zu markieren und – im Schritt "(2)" – durch einen Klick auf die *Transport-Schaltfläche* ("▷") in das Listenfeld "Variable(n)" – mit dem Ergebnis "(3)" – zu übernehmen.

Hinweis: Anschließend ändert sich die Pfeilrichtung auf der *Transport-Schaltfläche* in die Form "◁". Dies eröffnet die Möglichkeit, die Übertragung in umgekehrter Richtung durchzuführen und dadurch eine oder mehrere Variablen aus dem Listenfeld "Variable(n):" zu entfernen. Sind mehrere Variablennamen durch einen einzigen Transport zu übernehmen, so ist die Gesamtheit der betreffenden Variablennamen zu markieren. Stehen diese Variablennamen lückenlos untereinander, so muss mit der Maus zunächst auf den ersten Variablennamen und anschließend – bei gedrückter Hochstell-Taste – auf den letzten Variablennamen geklickt werden.

Sind die Variablennamen nicht lückenlos zu übernehmen, so kann die Markierung dadurch geschehen, dass die Taste "Strg" solange gedrückt gehalten wird, bis sämtliche Variablennamen einzeln über einen Mausklick markiert worden sind.

Nachdem der Inhalt des Dialogfeldes "Häufigkeiten" durch die **Schaltfläche "OK"** – in einem Schritt "(4)" – bestätigt wurde, wird die Anforderung vom IBM SPSS Statistics-System ausgeführt und das Ergebnis der Analyse angezeigt.

- Grundsätzlich erfolgt die Anzeige der Analyseergebnisse in einem gesonderten Fenster, das *Viewer-Fenster* genannt wird.

Sofern keine unmittelbare Ausführung der Anforderung gewünscht wird, lässt sich anstelle der **Schaltfläche "OK"** die **Schaltfläche "Einfügen"** betätigen. Durch diesen Vorgang, der in der angegebenen Übersicht durch den Schritt "(5)" kenntlich gemacht ist, wird der Befehl

```
FREQUENCIES VARIABLES=VAR00006 VAR00007
  /ORDER=ANALYSIS.
```

in einem gesonderten Fenster eingetragen, das als *Syntax-Fenster* bezeichnet wird. Dieser Befehl kann – bei Bedarf – durch die Menü-Option **"Auswahl"** des im Syntax-Fenster enthaltenen Menüs **"Ausführen"** zur Ausführung gebracht werden. Wird die Befehls-Ausführung derart angefordert, so wird das Analyseergebnis im Viewer-Fenster in der dargestellten Form angezeigt.

Der Sachverhalt, dass eine Datenanalyse entweder direkt über die Schaltfläche "OK" eines Dialogfeldes oder aber – indirekt – über den Eintrag im Syntax-Fenster abgerufen werden kann, wird durch das folgende Diagramm gekennzeichnet:

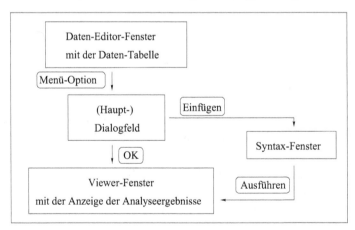

Abbildung A15.2: direkte und indirekte dialog-orientierte Anforderung

Anzeige der Analyseergebnisse

Das Viewer-Fenster, dessen Titelzeile durch den Text "Ausgabe1 [Dokument1]" eingeleitet wird und das als *aktives* Fenster eingestellt ist, enthält als Ergebnis der angeforderten Häufigkeitsauszählung die folgende Häufigkeitstabelle für die Variable "VAR00006":

VAR00006

		Häufigkeit	Prozent	Gültige Prozente	Kumulierte Prozente
Gültig	,00	4	1,6	1,6	1,6
	1,00	138	55,2	55,2	56,8
	2,00	108	43,2	43,2	100,0
	Gesamt	250	100,0	100,0	

Abbildung A15.3: Häufigkeitstabelle

Diese Häufigkeitstabelle, die in Form von fünf Tabellenspalten präsentiert wird, ist mit dem Text "VAR00006" überschrieben. Die erste Spalte enthält die Variablenwerte in aufsteigender Reihenfolge. In der zweiten Spalte sind die *absoluten* Häufigkeiten ("Häufigkeit") und in der dritten Spalte die zugehörigen – eventuell gerundeten – *prozentualen* Häufigkeiten ("Prozent") mit *einer* Nachkommastelle angezeigt. Aus der Tabelle können wir ablesen, dass die Werte "1" und "2" die prozentualen Häufigkeiten 55,2% bzw. 43,2% besitzen.

Werden bei der Ermittlung der prozentualen Häufigkeiten die absoluten Häufigkeiten nicht auf die Gesamtzahl aller Fälle, sondern nur auf die Anzahl der *gültigen* Fälle bezogen – d.h. auf diejenigen Fälle, deren Werte nicht als *Missing-Werte* vereinbart sind –, so resultieren daraus die Werte der *angepassten prozentualen* Häufigkeiten. Diese Werte sind in der vierten Spalte ("Gültige Prozente") eingetragen.

Wir entnehmen der angezeigten Tabelle, dass bei allen 250 Fällen gültige Antworten vorliegen. Dies liegt daran, dass wir das IBM SPSS Statistics-System bislang noch *nicht* angewiesen haben, den Wert "0" als *Missing-Wert* zu behandeln.

Die fünfte Spalte enthält die *kumulierten (angepassten) prozentualen* Häufigkeiten ("Kumulierte Prozente"), die sich durch die Summation der (angepassten) prozentualen Häufigkeiten ergeben. Zum Beispiel gibt der Prozentwert 56,8% in der fünften Spalte den Prozentsatz an, mit dem die Werte "0" *oder* "1" auftreten.

Hinweis: Es ist wünschenswert, dass die Lesbarkeit der Häufigkeitstabelle erhöht wird – etwa dadurch, dass die Variablennamen und Variablenwerte durch erläuternde Texte, sogenannte *Labels* (Etiketten), ersetzt werden (siehe unten).

Pivot-Tabellen-Information

Bei der oben angezeigten Häufigkeitstabelle handelt es sich um eine *Pivot-Tabelle*. Bei einer derartigen Tabelle können die Tabellenwerte um einen ausgewählten Drehpunkt ("pivot") rotiert werden, sodass sich z.B. Zeilen- und Spaltenangaben vertauschen lassen.

Zur Veränderung einer Pivot-Tabelle muss der *Pivot-Editor* aktiviert werden. Hierzu ist ein Doppelklick auf die Pivot-Tabelle durchzuführen. Daraufhin erscheint das Menü **"Pivot"** – als zusätzliches Menü – innerhalb der Menü-Leiste des Viewer-Fensters. Die Vertauschung von Zeilen und Spalten kann anschließend durch die Aktivierung der Menü-Option "Zeilen und Spalten vertauschen" angefordert werden.

```
Pivot
     Zeilen und Spalten vertauschen
```

Es resultiert die folgende Anzeige:

VAR00006				
	Gültig			
	,00	1,00	2,00	Gesamt
Häufigkeit	4	138	108	250
Prozent	1,6	55,2	43,2	100,0
Gültige Prozente	1,6	55,2	43,2	100,0
Kumulierte Prozente	1,6	56,8	100,0	

Abbildung A15.4: Häufigkeitstabelle nach Vertauschung von Zeilen und Spalten

Soll der Inhalt der Pivot-Tabelle modifiziert oder ergänzt werden, so muss – bei aktiviertem *Pivot-Editor* – die zu modifizierende Zelle durch einen Doppelklick aktiviert werden. Zum Beispiel kann in der aktuellen Situation die folgende Veränderung herbeigeführt werden:

VAR00006				
	Gültig			
	,00	1,00	2,00	Gesamt
absolute Häufigkeit	4	138	108	250
prozentuale Häufigkeit	1,6	55,2	43,2	100,0
angepasste prozentuale Häufigkeit	1,6	55,2	43,2	100,0
kumulierte angepasste prozentuale Häufigkeit	1,6	56,8	100,0	

Abbildung A15.5: Häufigkeitstabelle nach Editierung

Die Menü-Optionen des Viewer-Fensters

Durch die in der *Menü-Leiste* des Viewer-Fensters enthaltenen Menüs lassen sich die folgenden Leistungen abrufen:

- **"Datei"** : Übertragung von Daten;
- **"Bearbeiten"** : Bearbeitung der Objekte des Viewer-Fensters;
- **"Ansicht"** : Gestaltung der Anzeige;
- **"Daten"** : Beschreibung, Ergänzung und Zusammenfassung von Daten;
- **"Transformieren"** : Veränderung und Erzeugung von Daten;
- **"Einfügen"** : Einfügung von Objekten im Viewer-Fenster;
- **"Format"** : Ausrichtung der Objekte im Viewer-Fenster;
- **"Analysieren"** : Durchführung von Datenanalysen;
- **"Direktmarketing"** : Analysen, um Wissen über Kunden oder Kunden-Kontakte zu erlangen;
- **"Diagramme"** : Aufbau von Diagrammen;

- **"Extras"** : zusätzliche Dienstleistungen;
- **"Fenster"** : Fenster-Wechsel des IBM SPSS Statistics-Systems;
- **"Hilfe"** : Anzeige von Hilfe-Texten.

Ergebnisanzeige im Viewer-Fenster

Grundsätzlich werden alle Ergebnisse von Datenanalysen im Viewer-Fenster einge-tragen. Dieses Fenster besitzt in der Situation, in der die Häufigkeitsauszählungen für die Variablen VAR00006 und VAR00007 angefordert wurden, den folgenden Inhalt:

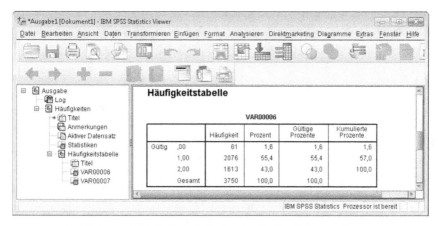

Abbildung A15.6: Häufigkeitstabelle im Viewer-Fenster

Das Viewer-Fenster enthält die Ergebnisse einer Analyseanforderung in Form von gruppierten Objekten – wie z.B. Pivot-Tabellen oder Diagrammen. Jede Gruppe von Objekten wird durch einen Titel eingeleitet, der dasjenige Dialogfeld kenn-zeichnet, durch das die Analyse angefordert wurde.

Zum Beispiel sind in der aktuellen Situation, in der eine Häufigkeitsauszählung für die Variablen VAR00006 und VAR00007 abgerufen wurde, der Titel "Häufigkeitstabelle" und die durch den Variablennamen "VAR00006" gekenn-zeichnete Pivot-Tabelle mit den Häufigkeiten von VAR00006 erkennbar.

Die Gliederung des Viewer-Fensters

Damit die Ergebnisse mehrerer Analyseanforderungen in übersichtlicher Form ge-gliedert werden, besitzt das Viewer-Fenster eine Struktur, deren grundsätzliche Form durch das auf der nächsten Seite abgebildete Diagramm wiedergegeben wird.

Der rechte Bildbereich des Viewer-Fensters wird *Inhaltsbereich* genannt. Er enthält die Ergebnisse der Analyseanforderungen, die an das IBM SPSS Statistics-System gerichtet wurden, in Form von Objekten der folgenden Art:

- Warnungen im Hinblick auf die Art der Analyseanforderung;
- Anmerkungen zur Analyseanforderung;

- Angaben zur Herkunft der ausgewerteten Daten;

- Titel als Überschriften von Analyseergebnissen;

- Analyseergebnisse in Form von Pivot-Tabellen;

- Analyseergebnisse in Form von Diagrammen;

- Analyseergebnisse in Textform.

Der linke Bildbereich des Viewer-Fensters wird *Übersichtsbereich* genannt. Er enthält *Buch-Symbole* und zugehörige Kurztexte – im Diagramm gekennzeichnet durch "(b)" und "Objekt-i-j" –, die mit den Objekten des *Inhaltsbereichs* korrespondieren.

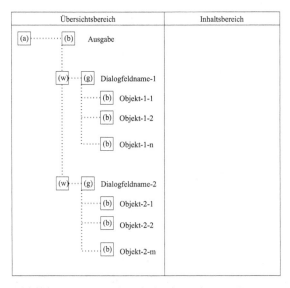

Abbildung A15.7: Struktur des Viewer-Fensters

Mit einem *Buch-Symbol* "(g)" und einem zugehörigen Dialogfeldnamen werden im Diagramm jeweils Gruppen von Objekten beschrieben, die im Rahmen einer Analyseanforderung erzeugt werden. Vor den *Buch-Symbolen* "(g)" sind Kästchen der Form "–" bzw. "+" eingetragen, mittels der Objekte verdeckt bzw. angezeigt werden können. Der gesamte Übersichtsbereich wird durch den Kurztext "Ausgabe" eingeleitet, dem ein Buchsymbol "(b)" und ein Kästchen "(a)" vorangestellt sind.

Positionierung innerhalb des Viewer-Fensters

Sämtliche durch die Analyseanforderungen erzeugten Objekte können – durch den Einsatz der vertikalen und horizontalen Rollbalken – im *Inhaltsbereich* zur Anzeige gebracht werden. Reicht der aktuelle Bildschirmausschnitt nicht aus, um den Inhalt des *Übersichtsbereichs* anzuzeigen, erscheinen ebenfalls vertikale und horizontale Rollbalken, mit denen der jeweils gewünschte Ausschnitt des *Übersichtsbereichs* angezeigt werden kann. Um ein Objekt *gezielt* im aktuellen Ausschnitt des Viewer-Fensters zur Anzeige zu bringen, muss im *Inhaltsbereich* auf den mit diesem Objekt korrespondierenden Text *geklickt* werden. Auf der Basis des oben angezeigten Viewer-Fensters führt z.B. ein Mausklick auf den Text "Statistiken" zur folgenden Anzeige:

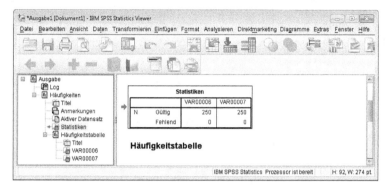

Abbildung A15.8: Anzeige des Viewer-Fensters nach einer Positionierung

Änderung des Inhalts des Viewer-Fensters

Durch eine Voreinstellung ist festgelegt, dass alle Objekte – bis auf "Anmerkungen" als einziger Ausnahme –, die durch Analyseanforderungen erzeugt werden, zum *sichtbaren* Inhalt des *Inhaltsbereichs* zählen. Soll eine "Anmerkung" sichtbar gemacht werden, so ist auf das zugehörige *Buch-Symbol*, das im *Übersichtsbereich* vor dieser "Anmerkung" eingetragen ist, ein Doppelklick durchzuführen.

Grundsätzlich lässt sich jedes sichtbare Objekt durch einen Doppelklick im *Übersichtsbereich unsichtbar* machen. Ein erneuter Doppelklick bringt dieses Objekt wieder zur Anzeige. Um sämtliche Objekte, die zu einem Dialogfeldnamen gehören, auf einen Schlag unsichtbar (bzw. wieder sichtbar) zu machen, ist ein Doppelklick auf das *Buch-Symbol* vorzunehmen, das vor dem Dialogfeldnamen aufgeführt ist.

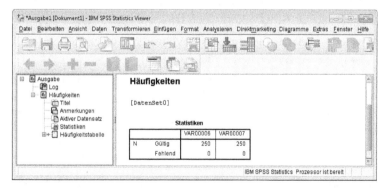

Abbildung A15.9: Viewer-Fenster nach dem Verstecken von Objekten

Alternativ lässt sich diese Änderung auch durch das Klicken auf das Kästchen – mit dem Inhalt "+" bzw. "−" – erreichen, das vor dem Buchsymbol angezeigt wird. Ein Pluszeichen weist darauf hin, dass alle Objekte, die unter dem zugehörigen

Dialogfeldnamen zusammengefasst sind, versteckt sind. Dagegen symbolisiert ein Minuszeichen, dass die zugehörigen Objekte – bis auf die eventuell zuvor gezielt einzeln versteckten Objekte – sämtlich im *Inhaltsbereich* angezeigt werden.

Um den beschriebenen Sachverhalt zu veranschaulichen, wird – innerhalb des oben angegebenen Viewer-Fensters – auf das Kästchen, das dem Datenfeldnamen "Häufigkeiten" vorangestellt ist, geklickt. Hieraus resultiert die in der Abbildung A15.9 dargestellte Anzeige.

Sollen *alle* Objekte, die im *Inhaltsbereich* des Viewer-Fensters eingetragen sind, versteckt werden, so lässt sich dies durch einen Mausklick auf das Kästchen erreichen, das vor dem Kurztext "Ausgabe" eingetragen ist. Hieraus resultiert die folgende Anzeige:

Abbildung A15.10: Viewer-Fenster nach dem Verstecken aller Objekte

Die geschilderten Möglichkeiten, Objekte zu verstecken bzw. wieder anzuzeigen, lassen sich auch durch den Einsatz der folgenden Menü-Optionen des Menüs **"Ansicht"** abrufen:

- **Reduzieren** : diejenigen Kurztexte, die im *Übersichtsbereich* durch eine Markierung von Dialogfeldnamen gekennzeichnet sind, werden ausgeblendet und die mit diesen Kurztexten korrespondierenden Objekte werden im *Inhaltsbereich* versteckt;

- **Erweitern** : macht die durch die Menü-Option **"Reduzieren"** bewirkte Änderung der Anzeige wieder rückgängig;

- **Ausblenden** : sämtliche Objekte des *Inhaltsbereichs*, die mit den Markierungen im *Übersichtsbereich* korrespondieren, werden versteckt;

- **Einblenden** : macht die durch die Menü-Option **"Ausblenden"** bewirkte Änderung der Anzeige wieder rückgängig.

Hinweis: Durch das Menü **"Ansicht"** kann außerdem – über die Menü-Optionen **"Größe der Gliederung** ▷" bzw. **"Schriftart für Gliederung..."** – Einfluss auf die Schriftart genommen werden, in der die Eintragungen im *Übersichtsbereich* angezeigt werden.

Ergänzend lässt sich mittels des Menüs **"Ansicht"** auch festlegen, ob die Statusleiste ausgeblendet werden soll (Menü-Option **"Statusleiste"**) und ob die Symbol-Leisten im modifizierter Form angezeigt werden sollen (Menü-Option **"Symbolleisten** ▷").

Im Inhaltsbereich können nicht nur Objekte versteckt werden, sondern es lassen sich darüberhinaus u.a. die folgenden Aktivitäten über das **"Kontext-Menü"** (Aktivierung mittels der rechten Maustaste) anfordern:

- **"Ausschneiden"** : Entfernung des aktivierten Objekts und Übertragung in die *Zwischenablage*;

- **"Kopieren"** : Kopieren des aktivierten Objekts in die *Zwischenablage*;
- **"Einfügen nach"** : Einfügen eines Objekts aus der *Zwischenablage*;
- **"Letzte Ausgabe auswählen"** : Positionierung innerhalb des Viewer-Fensters auf den Bereich, in dem die zuletzt angeforderten Analyseergebnisse enthalten sind;
- **"Hauptfenster"** : bei mehreren eröffneten Viewer-Fenstern wird das aktuell angezeigte Fenster zum aktiven Fenster, in dem die anschließend angeforderten Analyseergebnisse angezeigt werden;
- **"AutoSkript erstellen/bearbeiten"** : Verarbeitung einer Autoskript-Datei;
- **"Exportieren..."** : Exportierung des aktivierten Objekts in eine geeignete Form zur anschließenden Präsentation.
- **"Inhalt bearbeiten ▷"**: Bearbeitung des aktivierten Objekts direkt im Viewer-Fenster mittels der Option "Im Viewer" bzw. in einem neuen Fenster mittels der Option "In seperatem Fenster".

Ausgabe des Inhalts des Viewer-Fensters

Soll der aktuelle Inhalt des Viewer-Fensters ausgedruckt werden, so ist – bei aktiviertem Viewer-Fenster – wie folgt zu verfahren:

Wird diese Anforderung im dem daraufhin angezeigten Dialogfeld "Drucken" durch die **Schaltfläche "OK"** bestätigt, so wird die Druckausgabe durchgeführt.

Um die Analyseergebnisse langfristig zu sichern, können sie in eine *Viewer-Datei* übertragen werden. Hierzu ist die folgende Anforderung zu stellen:

Daraufhin wird, sofern der Ordner "temp" eingestellt ist, das folgende Dialogfeld "Ausgabe speichern unter" angezeigt:

Abbildung A15.11: das Dialogfeld "Ausgabe speichern unter"

Der gewünschte Dateiname der Sicherungs-Datei muss in das Textfeld "Dateiname:" eingetragen werden. Mit der Dateiendung "spv" wird kenntlich gemacht, dass es sich um eine *Viewer-Datei* handelt.

Soll der gesamte Inhalt des Viewer-Fensters z.B. in die Viewer-Datei "ngo.spv" übertragen werden, so muss der Dateinamen "ngo.spv" in das Textfeld "Dateiname:" eintragen und der Inhalt des Dialogfeldes durch die **Schaltfläche "Speichern"** bestätigt werden.

A.16 Dialog-orientierte Veränderung und Ergänzung der Daten-Tabelle

Datenansicht und Variablenansicht

Im Kapitel 6 wurde erläutert, wie sich die Datenerfassung unter Einsatz des IBM SPSS Statistics-Daten-Editors im Daten-Editor-Fenster durchführen lässt. Aus der Struktur des Daten-Editor-Fensters ist erkennbar, dass der Inhalt dieses Fensters entweder durch das Register "Datenansicht" oder das Register "Variablenansicht" bestimmt wird.

Zur Datenerfassung in die Daten-Tabelle muss das Register "Datenansicht" eingestellt sein. Ein Wechsel in das Register "Variablenansicht" lässt sich durch einen Mausklick auf den zugehörigen Kartenreiter bewirken:

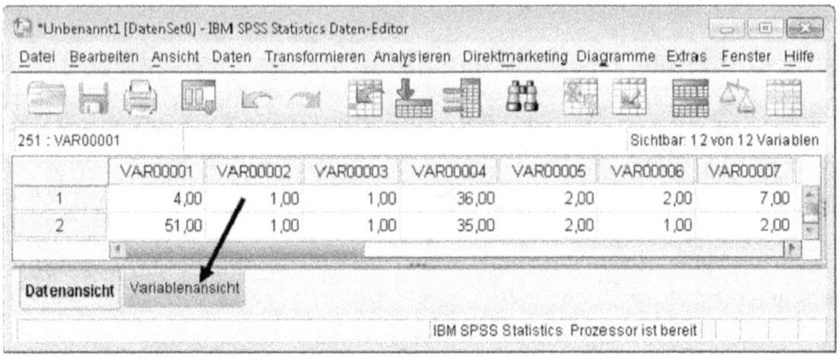

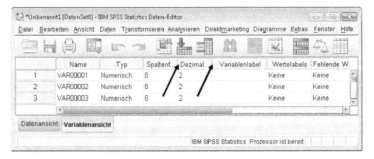

Abbildung A16.1: Datenansicht des Daten-Editor-Fensters

Anschließend wird das Daten-Editor-Fenster wie folgt angezeigt:

Abbildung A16.2: Variablenansicht des Daten-Editor-Fensters

In diesem Fenster sind Informationen über die zuvor – innerhalb der Daten-Tabelle – vereinbarten Variablen enthalten. Durch das Ziehen mit der Maus an einer Trennposition kann die Breite der einzelnen Felder geändert werden. Wird z.B. an den durch die eingetragenen Pfeile gekennzeichneten Trennpositionen – sowie an weiteren Trennpositionen – gezogen, so resultiert etwa die folgende Ansicht:

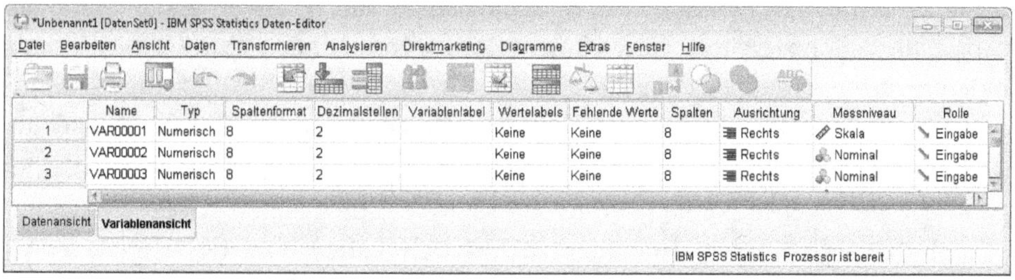

Abbildung A16.3: Variablenansicht nach Änderung der Trennpositionen

Es ist ersichtlich, dass das Register "Variablenansicht" eine Tabelle enthält, in der die Eigenschaften der Variablen in Tabellenspalten in Form von Überschriften eingetragen sind. Insgesamt enthält diese Tabelle die folgenden Angaben:

- *Name*: Variablennamen zur Kennzeichnung von Variablen;
- *Typ*: Angaben zur Art der jeweils gespeicherten Variablenwerte;
- *Spaltenformat*: Anzahl der maximal anzuzeigenden Ziffern;
- *Dezimalstellen*: Anzahl der anzuzeigenden Nachkommastellen;
- *Variablenlabel*: Texte zur Beschreibung von Variablen;
- *Wertelabels*: Texte, die Variablenwerten zugeordnet sind;
- *Fehlende Werte*: Kennzeichnung von Missing-Werten;
- *Spalten*: Breite der Zellen für die Anzeige von Werten;
- *Ausrichtung*: Angaben zur Ausrichtung für die Anzeige von Werten;
- *Messniveau*: Kennzeichnung des jeweiligen Skalenniveaus;
- *Rolle*: Eigenschaft einer Variablen, die bei der Anzeige eines Dialogfeldes die Platzierung (Funktion) der Variablen im Dialogfeld bestimmt;

Soll innerhalb der *Variablenansicht* eine neue Variable *eingefügt* werden, so kann dazu – nach einem Mausklick im Bereich der links angezeigten Zeilennummern – das *Kontext-Menü* mit der Menü-Option **"Variablen einfügen"** verwendet bzw. die folgende Anforderung gestellt werden:

```
Bearbeiten
   Variable einfügen
```

Änderung von Variablennamen

In der Variablenansicht werden die Variablennamen innerhalb der Tabellenspalte
"Name" angezeigt. Um die dort eingetragenen technischen Namen in "sprechende" oder andere kryptische Variablennamen abzuändern, kann eine geeignete Editierung erfolgen. Zum Beispiel ist es sinnvoll, den Variablennamen "VAR00006",
der innerhalb der Daten-Tabelle die Tabellenspalte mit den Werten des Merkmals
"Abschalten" kennzeichnet, in den aussagekräftigeren Namen "ABSCHALT" abzuändern. Desweiteren ist es angebracht, den für das Item6 ("Schulleistung") vergebenen Variablennamen "VAR00007" in den Namen "LEISTUNG" umzuwandeln.

- In der nachfolgenden Darstellung gehen wir davon aus, dass eine Änderung
  der technischen Namen in die folgenden Variablennamen erfolgt ist:
  IDNR (Identifikationsnummer), JAHRGANG (Item 1), GESCHL (Item 2),
  STUNZAHL (Item 3), HAUSAUF (Item 4), ABSCHALT (Item 5),
  LEISTUNG (Item 6), BEGABUNG (Item 7), URTEIL (Item 8),
  ENGLISCH (Item 9), DEUTSCH (Item 10) und MATHE (Item 11).

Hinweis: Diese neue Namensvergabe lässt sich bekanntlich auch durch den folgenden
RENAME VARIABLES-Befehl bewirken:

```
RENAME VARIABLES/(VAR00001=idnr)(VAR00002=jahrgang)
      (VAR00003=geschl)(VAR00004=stunzahl)(VAR00005=hausauf)
      (VAR00006=abschalt)(VAR00007=leistung)(VAR00008=begabung)
      (VAR00009=urteil)(VAR00010=englisch)(VAR00011=deutsch)
      (VAR00012=mathe).
```

- Grundsätzlich dürfen *Variablennamen* aus bis zu 64 Zeichen bestehen. Ein
  Variablenname muss mit einem Buchstaben *eingeleitet* werden – erlaubt ist
  ebenfalls die Verwendung des Klammeraffen-Zeichens "@".
  Hinter dem ersten Zeichen können weitere Buchstaben, Ziffern, das Unterstreichungszeichen "_", das Dollar-Zeichen "$", das Lattenkreuz "#", das
  Klammeraffen-Zeichen "@" und der Dezimalpunkt "." – dieser jedoch *nicht*
  am Namensende – aufgeführt sein.

Innerhalb von Variablennamen verwendete Buchstaben können klein oder groß geschrieben werden. Unterschiedlich geschriebene Namen – wie z.B. "ABSCHALT"
oder "abschalt" oder auch "AbSchalt" – kennzeichnen dieselbe Spalte der Daten-
Tabelle. Die folgenden Wörter sind Schlüsselwörter und dürfen daher *nicht* als Variablennamen verwendet werden:

```
ALL AND BY EQ GE GT LE LT NE NOT OR THRU TO und WITH
```

Numerische Variablen und Stringvariablen

Bei der Datenerfassung bestimmt der Wert, der als erster in eine Spalte der Daten-
Tabelle eingetragen wird, den *Typ* der betreffenden Variablen. Durch einen numerischen Wert (Zahl) wird eine *numerische* Variable und durch einen nicht-
numerischen Wert (alphanumerischen Wert, Text) wird eine *Stringvariable* eingerichtet. Innerhalb der Variablenansicht wird der jeweilige Sachverhalt – innerhalb

der Tabellenspalte **"Typ"** – durch die Angabe "Numerisch" bzw. durch die Angabe "String" gekennzeichnet.

Sind Texte in einer Tabellenspalte der Daten-Tabelle zu erfassen und ist als erstes ein Text in eine Zelle eingetragen worden, der nur aus Ziffern (mit evtl. einem Dezimalkomma) besteht, so wird für die betreffende Spalte eine numerische Variable eingerichtet. Dies hat zur Folge, dass keine nicht-numerischen Texte in dieser Spalte erfasst werden können. Um die Eingabe von Texten zu ermöglichen, muss der Typ der Variablen auf "String" abgeändert werden. Um eine Stringvariable zu vereinbaren, ist – innerhalb der Tabellenspalte **"Typ"** der Variablenansicht – in die Zelle zu klicken, in der der zugehörige Text "Numerisch" eingetragen ist. Daraufhin erscheint eine Schaltfläche, deren Aktivierung zur Anzeige des folgenden Dialogfeldes "Variablentyp definieren" führt:

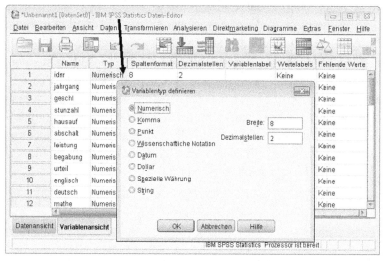

Abbildung A16.4: Anforderung des Dialogfeldes "Variablentyp definieren"

Durch einen Mausklick auf das **Optionsfeld "String"** wird anschließend das Dialogfeld "Variablentyp definieren" wie folgt angezeigt:

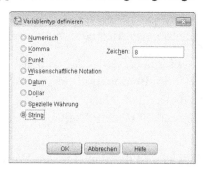

Abbildung A16.5: Modifikation des Dialogfeldes "Variablentyp definieren"

Im Textfeld "Zeichen:" ist die maximale Anzahl der Zeichen festzulegen, die zur Speicherung eines einzelnen alphanumerischen Wertes benötigt werden. Als Maximalzahl ist der Wert "32767 " zugelassen. Die Bestätigung mittels der **Schaltfläche "OK"** bewirkt, dass die Variable fortan den Typ einer Stringvariablen besitzt.

- Es gibt zwei verschiedene Arten von Stringvariablen. Als *kurze* Stringvariablen werden Variablen bezeichnet, die bis zu 8 Zeichen lange Texte aufnehmen können. Stringvariablen, in die sich längere Texte eintragen lassen, werden *lange* Stringvariablen genannt. Im Gegensatz zu *langen* Stringvariablen können für *kurze* Stringvariablen *Missing-Werte* festgelegt werden.

Sofern Stringvariablen innerhalb einer Daten-Tabelle verwendet werden sollen, ist es vorteilhaft, die Vereinbarung dieser Variablen *vor* der Datenerfassung durchzuführen. Dazu muss – unmittelbar nach der Anzeige des Daten-Editor-Fensters – in die Variablenansicht gewechselt und dort die Tabellenspalte mit den Variablennamen und die Tabellenspalte mit den zugehörigen Typen geeignet ausgefüllt werden. Hierbei lassen sich die Eigenschaften sämtlich benötigter Variablen in ökonomischer Weise festlegen, indem z.B. markierte Zeileninhalte kopiert ("Strg+C") und eingefügt ("Strg+V") werden können.

Grundsätzlich wird ein numerischer Wert intern immer exakt bzw. – im Rahmen der Speichergenauigkeit – so exakt wie möglich gespeichert. Unabhängig von der jeweils internen Speicherung ist das Spaltenformat für die Anzeige eines numerischen Wertes auf maximal 8 Stellen (inklusive Dezimalkomma) und die Anzahl der Dezimalstellen auf den Wert "2" voreingestellt. Die Änderung dieser Einstellungen ist – nach jeweils einem Mausklick auf die betreffende Zelle – wie folgt mit Hilfe eines Listenfeldes vorzunehmen:

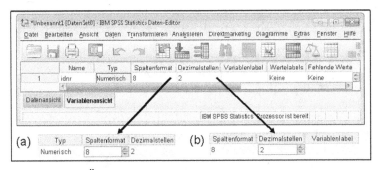

Abbildung A16.6: Änderung des Anzeigeformats von numerischen Werten

Zur Abänderung des Spaltenformats (siehe "(a)") können Werte zwischen "1" und "40" in der Tabellenspalte **"Spaltenformat"** angegeben werden. Bei der Festlegung der Anzahl der Dezimalstellen (siehe "(b)") sind Werte zwischen "0" und "16" innerhalb der Tabellenspalte **"Dezimalstellen"** zulässig.

Änderung des Skalenniveaus und der Anzeige von Werten

In den Dialogfeldern, durch die sich Datenanalysen anfordern lassen, wird neben den Variablen auch deren verabredetes Skalenniveau unter Einsatz der innerhalb der folgenden Abbildung dargestellten Symbole angezeigt:

Abbildung A16.7: Skalenniveaus und zugeordnete Symbole

Standardmäßig ist für jede numerische Variable das Skalenniveau einer Intervall-skala durch die Bezeichnung "Skala" und eine über 8 Zeichenpositionen reichende rechtsbündige Anzeige innerhalb des Daten-Editor-Fensters festgelegt. Soll von diesen Voreinstellungen abgewichen werden, so ist wie folgt zu verfahren:

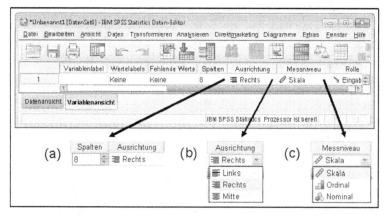

Abbildung A16.8: Änderung des Skalenniveaus und der Anzeige

Für jede Variable kann die jeweils gewünschte Breite der zugehörigen Zellen durch eine Angabe innerhalb der Tabellenspalte **"Spalten"** geändert werden (siehe (a)).

Um die zellenspezifische Ausrichtung der Variablenwerte zu beeinflussen, lässt sich – neben der Voreinstellung "Rechts" – entweder eine linksbündige Anzeige durch das Listenelement "Links" oder eine zentrierte Anzeige durch das Listenelement "Mitte" innerhalb der Tabellenspalte **"Ausrichtung"** verabreden (siehe (b)).

Als Skalenniveau ist standardmäßig das Intervallskalenniveau eingestellt, das innerhalb der Tabellenspalte **"Messniveau"** durch das Listenelement *"Skala"* gekennzeichnet wird. Um eine Abänderung in das Ordinal- bzw. das Nominalskalen-niveau durchzuführen, stehen die Listenelemente *"Ordinal"* und *"Nominal"* zur Verfügung (siehe (c)).

Zur Einstellung des merkmalsspezifischen Skalenniveaus ändern wir die Vorein-stellung für die Variablen IDNR, JAHRGANG, GESCHL und ABSCHALT in "No-minal" und für die Variablen HAUSAUF, LEISTUNG, BEGABUNG und URTEIL in "Ordinal" ab.

Variablen- und Wertelabels

Damit Analyseergebnisse – wie z.B. Häufigkeitstabellen – leichter lesbar sind, kann einem Variablennamen ein *Variablenlabel* ("Variablenetikett") als erläuternder Text zugeordnet werden. Um ein Variablenlabel zu vereinbaren, ist dieser Text – innerhalb der Variablenansicht – in die Tabellenspalte **"Variablenlabel"** einzutragen.

- Grundsätzlich kann jedem Variablennamen ein maximal 255 Zeichen langes *Variablenlabel* (Groß- und Kleinschreibung sind signifikant) zugeordnet werden. Dieses Label wird bei der Darstellung von Analyseergebnissen zusammen mit bzw. anstelle des Variablennamens angezeigt. Ob allerdings bis zu 255 Zeichen verwendet werden, hängt von der jeweiligen Datenanalyse ab. Bis zu 40 Zeichen können stets angezeigt werden.

Sofern ein Variablenlabel für eine Variable vereinbart ist, wird dieses Label *standardmäßig* anstelle eines Variablennamens innerhalb jedes Dialogfeldes angezeigt, mit dem sich eine Datenanalyse anfordern lässt. Gleichfalls erscheint das Label auch innerhalb des Daten-Editor-Fensters, wenn mit der Maus auf den Variablennamen gezeigt wird.

Nicht nur bei der Anzeige von Variablennamen, sondern auch bei der Anzeige von Werten (siehe z.B. die Häufigkeitsauszählung im Abschnitt A.15) ist es wichtig, die Lesbarkeit der Analyseergebnisse zu verbessern. Die durch den Kodeplan erzwungene Umwandlung der meist "sprechenden" Merkmalsausprägungen des Fragebogens in numerische Kodewerte sollte bei der Ergebnispräsentation wieder *rückgängig* gemacht werden, indem nicht die Kodewerte, sondern die diesen Werten zugeordneten Texte als *Wertelabels* angezeigt werden. Um dies zu erreichen, ist – innerhalb der Variablenansicht – das Dialogfeld "Wertelabels" durch einen Mausklick in der Tabellenspalte **"Wertelabels"** anzufordern.

Sofern z.B. für die Variable ABSCHALT die beiden Wertelabels "stimmt" und "stimmt nicht" festgelegt werden sollen, ist wie folgt vorzugehen: Zunächst ist "1" in das Textfeld "Wert:" und das diesem Wert zuzuordnende Wertelabel "stimmt" in das Textfeld "Beschriftung:" einzutragen und diese Zuordnung mittels der **Schaltfläche "Hinzufügen"** zu bestätigen. Entsprechend ist "2" in das Textfeld "Wert:" und das diesem Wert zuzuordnende Wertelabel "stimmt nicht" in das Textfeld "Beschriftung:" einzutragen, sodass sich die folgende Anzeige ergibt:

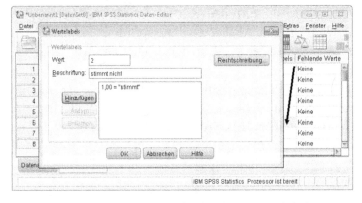

Abbildung A16.9: Festlegung von Wertelabels

Nach der Bestätigung mittels der **Schaltfläche "Hinzufügen"** und der **Schaltfläche "OK"** besitzt die Variable ABSCHALT die beiden Wertelabels "stimmt" und "stimmt nicht", die z.B. innerhalb einer für ABSCHALT anschließend angeforderten Häufigkeitstabelle anstelle der Kodewerte "1" und "2" angezeigt werden.

• Generell darf ein *Wertelabel* (Groß- und Kleinschreibung sind signifikant) aus maximal 120 Zeichen bestehen. Es wird bei der Ausgabe stellvertretend für den jeweiligen Wert angezeigt. Ob allerdings bis zu 120 Zeichen angezeigt werden, hängt von der jeweils angeforderten Datenanalyse ab.

Hinweis: Sollen einzelne Wertelabels verändert werden (etwa weil einige Variablenwerte zu einem einzigen Variablenwert zusammengefasst wurden), so lässt sich dies ebenfalls durch das Subdialogfeld "Wertelabels" bewerkstelligen. Dazu ist zunächst auf das jeweils zu modifizierende Wertelabel zu klicken. Anschließend ist der innerhalb des Textfeldes "Beschriftung:" angezeigte Text zu ändern. Die Bestätigung mittels der **Schaltfläche "Ändern"** und der **Schaltfläche "OK"** führt zur gewünschten Änderung. Soll ein Wertelabel gelöscht werden, so ist zunächst auf dieses Label zu klicken und anschließend die **Schaltfläche "Entfernen"** zu betätigen.

Standardmäßig werden die Daten innerhalb des Daten-Editor-Fensters so angezeigt, wie sie über die Tastatur eingegeben wurden. Es besteht jedoch die Möglichkeit, anstelle der Werte die zugehörigen Wertelabels in der Daten-Tabelle anzeigen zu lassen. Dazu ist die folgende Anforderung zu stellen:

```
Ansicht
    Wertelabels
```

Um sich über die Variablenlabels und Wertelabels, die für eine Variable vereinbart sind, zu informieren, lässt sich die Menü-Option "Variablen..." des Menüs "Extras" verwenden:

```
Extras
    Variablen...
```

Daraufhin kommen die gewünschten Informationen im Dialogfeld "Variablen" zur Anzeige. Neben den aktuell vereinbarten Variablen- und Wertelabels werden zusätzlich u.a. das jeweilige Skalenniveau – hinter dem Text "Messniveau:" – sowie die jeweils vereinbarten Missing-Werte angezeigt.

Benutzerseitig festgelegte Missing-Werte

Für unseren Fragebogen haben wir bestimmt, dass für eine nicht beantwortete Frage der Wert "0" kodiert wird. Sollen diejenigen Fälle, die bei den zu analysierenden Variablen diesen gesonderten Wert besitzen, bei einer Auswertung *nicht* berücksichtigt werden, so ist dieser Wert als *Missing-Wert* zu kennzeichnen. Dazu ist innerhalb der Variablenansicht das Dialogfeld "Fehlende Werte" in der innerhalb der Abbildung A16.10 dargestellten Form anzufordern.

Unter Einsatz der im Dialogfeld enthaltenen **Optionsfelder** können benutzerseitig festgelegte Missing-Werte wie folgt definiert werden:

- **"Einzelne fehlende Werte"** : bis zu drei Variablenwerte;

- **"Bereich und einzelner fehlender Wert"** : ein Intervall, dessen Werte sämtlich als Missing-Werte angesehen werden sollen (der linke Eckpunkt ist im Textfeld "Kleinster Wert:" und der rechte Eckpunkt im Textfeld "Größter Wert:" anzugeben) bzw. ein einzelner Wert, der im Textfeld "Einzelner Wert:" einzutragen ist.

- Jede Festlegung von Missing-Werten kann zu einem späteren Zeitpunkt wieder aufgehoben werden, indem das **Optionsfeld "Keine fehlenden Werte"** aktiviert wird.

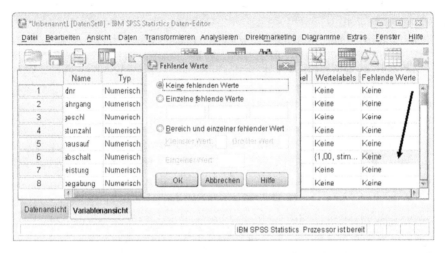

Abbildung A16.10: Festlegung von Missing-Werten

Um z.B. den Wert "0" für die Variable ABSCHALT als Missing-Wert zu bestimmen, ist dieser Wert – nach der Aktivierung des Optionsfeldes "Einzelne fehlende Werte" – in das erste der unter diesem Namen aufgeführten Textfelder einzutragen. Nach der Bestätigung durch die **Schaltfläche "OK"** ist der Wert "0" für die Variable ABSCHALT als Missing-Wert verabredet, sodass dieser Wert bei nachfolgenden Datenanalysen geeignet verrechnet wird.

Hinweis: Diese Anforderung lässt sich durch den folgenden Befehl abrufen:

```
MISSING VALUE/abschalt(0).
```

Im Folgenden gehen wir davon aus, dass der Wert "0" als Missing-Wert der Variablen ABSCHALT vereinbart wurde.

Der System-Missing-Wert

Neben der *benutzerseitigen* Festlegung eines Missing-Wertes besteht die Möglichkeit, dass ein Fall auch *systemseitig* von einer Auswertung ausgeschlossen wird. Dies ist dann der Fall, wenn der zugehörige Variablenwert mit dem *System-Missing-Wert*, dessen internen Wert der Anwender nicht zu kennen braucht, übereinstimmt. Dieser System-Missing-Wert wird einem Fall dann zugewiesen,

- wenn bei der Datenerfassung für eine numerische Variable im Daten-Editor-Fenster eine Zelle ausgelassen wird (in diesem Fall wird das Dezimalkomma "," als Kennzeichen für den System-Missing-Wert am Bildschirm angezeigt);

- wenn die für eine numerische Variable bereitgestellte Zeichenfolge ein nicht erlaubtes Zeichen wie z.B. einen Buchstaben enthält, nur aus Leerzeichen besteht oder der Zahlenwert Lücken hat bzw. der bereitgestellte Wert nicht rechtsbündig übermittelt wird (dies kann bei der Datenerfassung innerhalb des Daten-Editor-Fensters *nicht* geschehen);

- wenn beim Aufbau einer neuen Variablen ein Variablenwert nicht gebildet werden kann (etwa bei der Division durch Null oder beim Ziehen einer Quadratwurzel aus einem negativen Wert) oder aber wenn ein zu verrechnender Variablenwert ungültig ist (es handelt sich um einen benutzerseitig festgelegten Missing-Wert oder um den System-Missing-Wert) und sich durch die Berechnungsvorschrift in dieser Situation kein Wert ermitteln lässt.

Grundsätzlich wird ein Fall von einer Datenanalyse *ausgeschlossen*, wenn er für eine Variable, die in die Analyse einzubeziehen ist, den System-Missing-Wert enthält. Jedoch wird ein derartiger Fall bei bestimmten Datenanalysen (z.B. bei einer Häufigkeitsauszählung) in der Ergebnisanzeige gesondert ausgewiesen, indem der System-Missing-Wert durch den Text *"Fehlend System"* gekennzeichnet wird.

Assistent-gestützte Vereinbarung von Variablen-Eigenschaften

Bislang wurde erläutert, wie sich die Eigenschaften einer in der Daten-Tabelle enthaltenen Variablen innerhalb der Variablenansicht des Daten-Editor-Fensters verabreden lassen. Während der Name der Variablen, deren Typ, deren zugehöriges Variablenlabel und Skalenniveau sowie die Angaben zur Anzeige der Variablenwerte direkt in den einzelnen Zellen der Variablenansicht festgelegt werden können, müssen Wertelabels und Missing-Werte innerhalb von individuellen Dialogfeldern eingetragen werden.

Sofern die Eigenschaften sehr vieler Variablen bzw. mehrere Eigenschaften einer Variablen zu verabreden sind, ist die Anforderung der jeweils erforderlichen Dialogfelder sehr aufwendig. Daher wird vom IBM SPSS Statistics-System eine weitere Möglichkeit zur Festlegung von Variablen-Eigenschaften zur Verfügung gestellt.

Sofern Variablenlabels, Wertelabels und Missing-Werte im Rahmen eines *einzigen* Dialogfeldes vereinbart werden sollen, ist die folgende Anforderung zu stellen:

```
Daten
     Variableneigenschaften definieren...
```

Anschließend erscheint das Dialogfeld "Variableneigenschaften definieren". Die Variablen, für die geeignete Vereinbarungen durchgeführt werden sollen bzw. die Basis derartiger Vereinbarungen sein sollen, sind in das Listenfeld "Zu durchsuchende Variablen:" zu übernehmen. Dazu sind die betreffenden Variablennamen zu markieren und mittels der Maus in dieses Listenfeld zu transportieren.

Sofern z.B. mehrere Vereinbarungen für die Variable ABSCHALT vorgenommen werden sollen, muss das Dialogfeld "Variableneigenschaften definieren" die folgende Form besitzen:

Abbildung A16.11: 1. Dialogfeld "Variableneigenschaften definieren"

Wird in dieser Situation auf die **Schaltfläche "Weiter"** geklickt, so wird – nach der Markierung des Eintrags im Listenfeld "Liste der durchsuchten Variablen" – das Dialogfeld in der auf der nächsten Seite angegebenen Form angezeigt.

Neben sämtlichen vorhandenen Werten in der Tabellenspalte **"Wert"** sind ergänzend die zugehörigen absoluten Häufigkeiten in der Tabellenspalte **"Anzahl"** ausgewiesen. Sofern ein Wert als Missing-Wert festzulegen ist, muss innerhalb der Tabellenspalte **"Fehlende Werte"** auf das zugehörige Kontrollfeld geklickt werden. Falls für einen Wert ein Wertelabel vereinbart werden soll, ist der jeweilige Text in der Tabellenspalte **"Variablenlabel"** (müsste eigentlich "Wertelabel" heißen) einzutragen. Die Festlegung eines Variablenlabels muss gesondert innerhalb des ganz oben rechts aufgeführten Textfeldes **"Beschriftung:"** erfolgen.

Im innerhalb der Abbildung A16.12 dargestellten Dialogfeld "Variableneigenschaften definieren" können desweiteren Verabredungen zum Skalenniveau (im Listenfeld "Messniveau"), zur Rolle, zu individuellen Attributen, zum Typ, zum Spaltenformat und zur Anzahl der Dezimalstellen getroffen werden.

Sofern bereits Variablen-Eigenschaften verabredet wurden, können diese als Basis für die Definition anderer Variablen verwendet werden. Dazu müssen die betreffenden Variablennamen im Listenfeld **"Liste der durchsuchten Variablen"** eingetragen sein. Anschließend lassen sich die gewünschten Eigenschaften mittels der **Schaltfläche "Aus einer anderen Variablen..."** bzw. der **Schaltfläche "Zu anderer Variable..."** übernehmen. Dabei ist zu beachten, dass sowohl die Variable, deren Eigenschaft übertragen werden soll, als auch diejenige Variable, die eine Eigenschaft übernehmen soll, markiert sein muss.

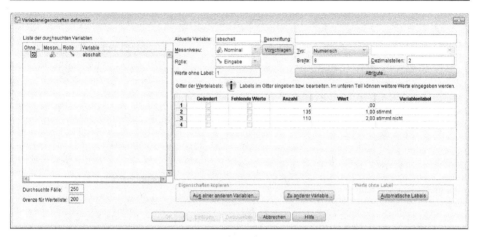

Abbildung A16.12: 2. Dialogfeld "Variableneigenschaften definieren"

Nachdem die erforderlichen Eintragungen vorgenommen wurden, lassen sich die gewünschten Verabredungen mittels der Schaltfläche "OK" durchführen.

Rekodierung

Im Hinblick auf bestimmte Datenanalysen kann es erforderlich sein, die Werte einer Variablen abzuändern bzw. eine neue Variable auf der Basis der Werte einer bereits vorhandenen Variablen einzurichten.

Zum Beispiel könnte ein Interesse bestehen, für die Variable LEISTUNG die folgende Rekodierungs-Vorschrift festzulegen und die rekodierten Werte einer neu einzurichtenden Variablen namens "rleis" zuzuordnen:

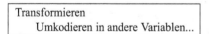

Um diese Rekodierung durchzuführen, ist die folgende Anforderung zu stellen:

```
Transformieren
    Umkodieren in andere Variablen...
```

Daraufhin erscheint das in der Abbildung A16.13 dargestellte Dialogfeld "Umkodieren in andere Variablen". Nach der *Markierung* des Variablennamens LEISTUNG muss die Übertragung in das Listenfeld "Eingabevariable - > Ausgabevariable:" mit Hilfe der *Transport-Schaltfläche* "▷" durchgeführt werden. Ferner ist der Name "rleis" der neu einzurichtenden Variablen in das Textfeld "Name:" – innerhalb der Gruppe "Ausgabevariable" – zu übertragen und danach die **Schaltfläche "Ändern"** zu betätigen. Dadurch wird der Text "leistung –> rleis" innerhalb des Listenfeldes "Numerische Var. -> Ausgabevar.:" (ursprüngliche Benennung: "Eingabevariable - > Ausgabevariable:") angezeigt und RLEIS als neue Variable für die Daten-Tabelle vorgesehen.

Abbildung A16.13: Dialogfeld "Umkodieren in andere Variablen"

Um die einzelnen Rekodierungs-Vorschriften festzulegen, muss die **Schaltfläche "Alte und neue Werte..."** betätigt werden. Dies bewirkt die Anzeige des folgenden Subdialogfeldes "Umkodieren in andere Variablen: Alte und neue Werte":

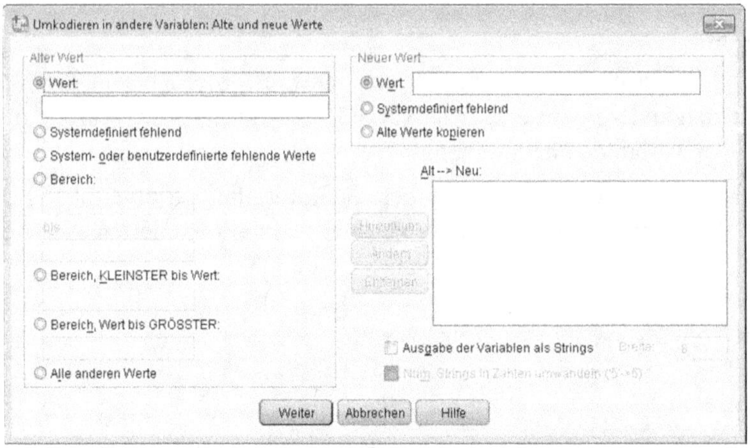

Abbildung A16.14: Festlegen der alten und neuen Werte

Da die (alten) Werte "1", "2" und "3" in den (neuen) Wert "1" rekodiert werden sollen, ist – bei aktivierten **Optionsfeldern "Wert:"** innerhalb der Gruppen "Alter Wert" und "Neuer Wert" – der (alte) Wert "2" innerhalb des linken Textfeldes "Wert:" und der (neue) Wert "1" innerhalb des rechten Textfeldes "Wert:" einzutragen. Durch die Betätigung der **Schaltfläche "Hinzufügen"** wird die Rekodierung von "2" in "1" vorgesehen, indem der Text "2 – > 1" in dem Listenfeld "Alt – > Neu:" angezeigt wird.

Als nächstes sind der (alte) Wert "3" sowie der (neue) Wert "1" in die Textfelder "Wert:" einzugeben. Durch die Betätigung der **Schaltfläche "Hinzufügen"** wird die gewünschte Rekodierung von "3" in "1" vorgesehen und der Text "3 – > 1" in dem Listenfeld "Alt – > Neu:" angezeigt.

Um die (alten) Werte "4", "5" und "6" in den (neuen) Wert "2" zu rekodieren, muss jeweils in dem rechten Textfeld "Wert:" der Wert "2" eingetragen und Schritt für Schritt in dem linken Textfeld "Wert:" zunächst "4", dann "5" und letztendlich "6" eingegeben werden. Damit diese Rekodierungen vorgesehen werden, ist jedesmal die **Schaltfläche "Hinzufügen"** zu betätigen, sofern zuvor der alte und der neue Wert eingetragen wurden.

Nachdem auch die Rekodierung von "7", "8" und "9" in den (neuen) Wert "3" in derselben Form angefordert wurde, kann dafür gesorgt werden, dass sämtliche Werte, die nicht von der Rekodierung betroffen sind (dieser Fall liegt hier nicht vor), unverändert in die Variable RLEIS übernommen werden. Dazu ist das **Optionsfeld "Alte Werte kopieren"** zu aktivieren und anschließend die **Schaltfläche "Hinzufügen"** zu betätigen, nachdem zuvor das **Optionsfeld "Alle anderen Werte"** aktiviert wurde. Dies führt dazu, dass der Text "ELSE − > Copy" innerhalb des Listenfeldes "Alt − > Neu:" angezeigt wird.

Nachdem die **Schaltfläche "Weiter"** betätigt worden ist, wird wiederum das (Haupt-)Dialogfeld "Umkodieren in andere Variablen" angezeigt. Zur Durchführung aller bislang vorgesehenen Rekodierungen muss abschließend die **Schaltfläche "OK"** betätigt werden.

Hinweis: Die soeben angeforderte Rekodierung lässt sich durch den folgenden Befehl abrufen:

```
RECODE leistung (1 2 3=1)(4 5 6=2)(7 8 9=3)(ELSE=COPY) INTO rleis.
```

Durch den beschriebenen Vorgang ist RLEIS als neue Variable innerhalb der Daten-Tabelle – in Form einer weiteren Tabellenspalte im Anschluss an alle bereits vorhandenen Tabellenspalten – eingerichtet und mit den Werten "1", "2" und "3" besetzt worden.

Sollen nicht – wie bislang dargestellt – nur einzelne Werte rekodiert werden, so ist ein anderes Optionsfeld innerhalb des Subdialogfeldes "Umkodieren in andere Variablen: Alte und neue Werte:" zu aktivieren. Insgesamt stehen die folgenden **Optionsfelder** zur Verfügung:

- **"Systemdefiniert fehlend"**: es lässt sich der System-Missing-Wert rekodieren;
- **"System- oder benutzerdefinierte fehlende Werte"**: es lassen sich der System-Missing-Wert und jeder zuvor benutzerseitig vereinbarte Missing-Wert rekodieren;
- **"Bereich:"** es lassen sich sämtliche Werte eines Intervalls rekodieren, indem der linke Eckpunkt in dem Textfeld vor dem Text "bis" und der rechte Eckpunkt in dem Textfeld nach dem Text "bis" angegeben werden;
- **"Bereich, KLEINSTER bis Wert:"** es lassen sich sämtliche Werte eines Intervalls vom kleinsten Wert bis zu einem rechten Eckpunkt rekodieren, indem der den Eckpunkt kennzeichnende Wert in das Eingabefeld eingetragen wird;

- **"Bereich, Wert bis GRÖSSTER:"** es lassen sich sämtliche Werte eines Intervalls von einem linken Eckpunkt bis zum maximalen Wert rekodieren, indem der den Eckpunkt kennzeichnende Wert in das Eingabefeld eingetragen wird.

Durch die Verwendung dieser Optionsfelder kann die oben erläuterte Vorgehensweise bei der Rekodierung vereinfacht werden. Dazu muss – in einem 1. Schritt – unter Einsatz des Optionsfeldes "Bereich:" die Eintragung der Werte "4" und "6" erfolgen. In einem 2. Schritt ist unter Einsatz des Optionsfeldes "Bereich, KLEINSTER bis Wert:" der Wert "3" und in einem 3. Schritt unter Einsatz des Optionsfeldes "Bereich, Wert bis GRÖSSTER:" der Wert "7" anzugeben.

Hinweis: Diese Anforderung lässt sich durch den folgenden RECODE-Befehl stellen:

```
RECODE leistung (LOWEST THRU 3=1)(4 5 6=2)
               (7 THRU HIGHEST=3) INTO rleis.
```

Neben der Möglichkeit, die rekodierten Werte als Werte einer neu eingerichteten Variablen zuzuweisen, können auch die Werte *innerhalb* einer Variablen verändert werden. Hierzu ist das folgende Dialogfeld "Umkodieren in dieselben Variablen" anzufordern:

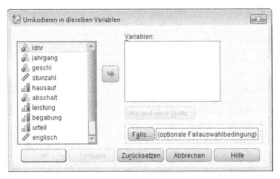

Abbildung A16.15: Dialogfeld "Umkodieren in dieselben Variablen"

Dies lässt sich wie folgt erreichen:

Transformieren
Umkodieren in dieselben Variablen...

Nachdem die Namen der zu rekodierenden Variablen – unter Einsatz der *Transport-Schaltfläche* ("▷") – in das Listenfeld "Variablen:" übernommen wurden, ist die **Schaltfläche "Alte und neue Werte..."** zu betätigen, sodass das in der Abbildung A16.16 dargestellte Subdialogfeld "Umkodieren in dieselben Variablen: Alte und neue Werte" angezeigt wird. In diesem Dialogfeld können die Rekodierungs-Vorschriften genauso festgelegt werden, wie es zuvor geschildert wurde.

Hinweis: Soll z.B. die oben angegebene Rekodierung für die Variable LEISTUNG – ohne Aufbau der neuen Variablen RLEIS – vorgenommen werden, so lässt sich dies durch den folgenden RECODE-Befehl anfordern:

```
RECODE leistung (1 2 3=1)(4 5 6=2)(7 8 9=3).
```

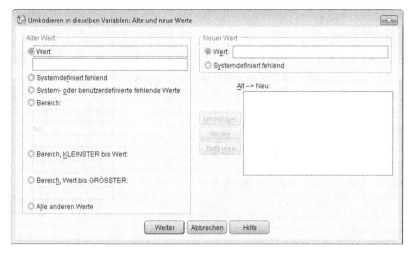

Abbildung A16.16: Festlegen der alten und neuen Werte

A.17 Dialog-orientierte Auswahl von Fällen

Gezielte Auswahl von Fällen

Grundsätzlich muss in der Situation, in der nicht alle, sondern nur ausgewählte Fälle in eine oder mehrere nachfolgende Datenanalysen einzubeziehen sind, das folgende Dialogfeld "Fälle auswählen" abgerufen werden:

Abbildung A17.1: Dialogfeld "Fälle auswählen"

Dazu ist die folgende Anforderung zu stellen:

> Daten
>   Fälle auswählen...

Es besteht die Möglichkeit, die auszuwählenden Fälle durch die Werte einer *Filtervariablen* zu kennzeichnen. Dazu ist das **Optionsfeld "Filtervariable verwenden:"** zu aktivieren und der Name der Variablen, die als Filtervariable wirken soll, über die *Transport-Schaltfläche* ("▷") in das rechts daneben aufgeführte Textfeld zu übernehmen.

Hinweis: Wird das Optionsfeld "Filtervariable verwenden" aktiviert, so erscheint der Text "Filter aktiv" in der Statuszeile des Daten-Editor-Fensters. Wird anschließend das Dialogfeld "Fälle auswählen" erneut angefordert, so enthält es den Text "Aktueller Status: Fälle filtern anhand der Werte von *variablenname*". Wird eine Auswahl zu einem späteren Zeitpunkt wieder rückgängig gemacht, so enthält das Dialogfeld den Text: "Aktueller Status: Fälle nicht filtern".

Grundsätzlich wird über eine *Filtervariable* festgelegt, dass allein diejenigen Fälle in die nachfolgenden Analysen einzubeziehen sind, für die die Filtervariable keinen Missing-Wert und einen von "0" verschiedenen Wert besitzt.

Zur Bestimmung, ob die Fälle, die von Analysen auszuschließen sind, auch aus der Daten-Tabelle zu entfernen sind, stehen die drei folgenden **Optionsfelder** zur Verfügung:

- **"Nicht ausgewählte Fälle filtern"** : die auszuschließenden Fälle bleiben in der Daten-Tabelle erhalten, sodass sie sich zu einem späteren Zeitpunkt wiederum in anschließend angeforderte Analysen einbeziehen lassen;

- **"Nicht ausgewählte Fälle löschen"** : die auszuschließenden Fälle werden aus der Daten-Tabelle entfernt;

- **"Ausgewählte Fälle in neues Datenblatt kopieren"** : es werden die ausgewählten Fälle in eine neue Daten-Tabelle übernommen, die vom Daten-Editor – innerhalb eines neuen Daten-Editor-Fensters – in Form eines neuen Datenblattes eingerichtet wird. Der Name dieses neuen Datenblattes muss in das Eingabefeld "Datenblatt-Name:" eingetragen werden.

Hinweis: Werden mehrere Daten-Editor-Fenster verwendet, so wird die Gesamtheit der Daten innerhalb einer Daten-Tabelle als **Daten-Set** und der Bereich des Daten-Editor-Fensters mit der Daten-Tabelle als **Datenblatt** bezeichnet.
Wurde der Inhalt der Daten-Tabelle aus einer IBM SPSS Statistics-Datendatei übernommen bzw. in eine IBM SPSS Statistics-Datendatei gesichert, so bleiben die gelöschten Daten weiterhin in dieser Datendatei erhalten – es sei denn, es wird vor dem Dialogende eine (erneute) Sicherung in diese IBM SPSS Statistics-Datendatei durchgeführt.

Damit die Auswahl für alle nachfolgenden Analysen wirksam wird, muss abschließend die **Schaltfläche "OK"** betätigt werden.

- Nach einer Fallauswahl sind diejenigen Fälle, die von nachfolgenden Analysen ausgeschlossen werden, im Daten-Editor-Fenster durch die Anzeige einer durchgestrichenen Fallnummer kenntlich gemacht.

Fälle lassen sich nicht nur über die Werte einer Filtervariablen, sondern auch über eine geeignet formulierte Auswahl-Bedingung aus der Daten-Tabelle herausfiltern.

Damit die auszuwählenden Fälle durch eine Auswahl-Bedingung charakterisiert werden können, muss zunächst das **Optionsfeld "Falls Bedingung zutrifft"** aktiviert und anschließend die **Schaltfläche "Falls..."** betätigt werden. Daraufhin erscheint das folgende Subdialogfeld "Fälle auswählen: Falls":

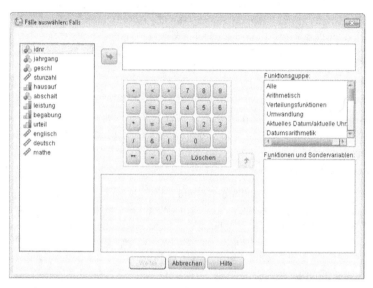

Abbildung A17.2: Subdialogfeld "Fälle auswählen: Falls"

Mit Hilfe der *Transport-Schaltfläche* "▷" und der Tastatur bzw. der in der Mitte abgebildeten Schaltflächen zur Zeicheneingabe lässt sich die gewünschte Auswahl-Bedingung in dem rechts oben angezeigten Textfeld aufbauen.

Durch den Einsatz des NOT-Operators können wir z.B. durch die Auswahl-Bedingung

```
~ (LEISTUNG >= 1 AND LEISTUNG <= 9)
```

alle diejenigen Fälle auswählen, für die die Werte der Variablen LEISTUNG *nicht* zwischen "1" und "9" liegen, d.h. alle fehlerhaft kodierten Werte. Diese Auswahl lässt sich auch folgendermaßen kennzeichnen:

```
LEISTUNG < 1 OR LEISTUNG > 9
```

Hinweis: Diese Auswahl kann in *permanenter* Form, d.h. dauerhaft, durch den folgenden SELECT IF-Befehl angefordert werden:

```
SELECT IF ( NOT (leistung GE 1 AND leistung LE 9)).
```

Soll die Auswahl nur *temporär*, d.h. für die unmittelbar nachfolgende Analyse, vorgenommen werden, so ist zusätzlich der TEMPORARY-Befehl wie folgt einzusetzen:

```
TEMPORARY.
SELECT IF ( NOT (leistung GE 1 AND leistung LE 9)).
```

Damit die Auswahl für alle nachfolgenden Analysen wirksam wird, muss zunächst die **Schaltfläche "Weiter"** und anschließend in dem (Haupt-)Dialogfeld "Fälle auswählen" (die Auswahl-Bedingung wird unmittelbar hinter der Schaltfläche "Falls..." angezeigt) die **Schaltfläche "OK"** betätigt werden.

Hinweis: In der Statuszeile des Daten-Editor-Fensters erscheint der Text "Filter aktiv". Wird anschließend das Dialogfeld "Fälle auswählen" erneut angefordert, so erscheint der Text "Aktueller Status: Fälle filtern anhand der Werte von filter_$". Dies bedeutet, dass eine Filtervariable namens "filter_$" in der Daten-Tabelle eingerichtet wurde, die für jeden Fall den Wert "0" oder den Wert "1" enthält. Dabei kennzeichnet der Wert "1", dass der Fall in die nachfolgenden Auswertungen einzubeziehen ist. Der Wert "0" legt fest, dass der Fall bei den nachfolgenden Auswertungen nicht berücksichtigt wird.

Sollen zu einem späteren Zeitpunkt wieder sämtliche in der Daten-Tabelle enthaltenen Fälle in die Analysen einbezogen werden, so ist wiederum das Dialogfeld "Fälle auswählen" anzufordern und diesmal das **Optionsfeld "Alle Fälle"** zu aktivieren. Durch die Bestätigung mit der **Schaltfläche "OK"** wird die zuvor vereinbarte Auswahl aufgehoben.

Hinweis: Daraufhin ist innerhalb der Statuszeile des Daten-Editor-Fensters die ursprüngliche Eintragung "Filter aktiv" gelöscht. Wird anschließend das Dialogfeld "Fälle auswählen" erneut angefordert, so erscheint der Text "Aktueller Status: Fälle nicht filtern". Dies bedeutet, dass bei den nachfolgenden Auswertungen wieder sämtliche Fälle in die Auswertungen einbezogen werden. Somit besitzen die Werte der Filtervariablen "filter_$" keine Bedeutung mehr.

Zufällige Auswahl von Fällen

Soll für eine Auswertung eine *Zufallsauswahl* aus der Gesamtheit aller Fälle der Daten-Tabelle bereitgestellt werden, so ist innerhalb des oben angegebenen Dialogfeldes "Fälle auswählen" das **Optionsfeld "Zufallsstichprobe"** zu aktivieren und die **Schaltfläche "Stichprobe..."** zu betätigen. Daraufhin wird das folgende Subdialogfeld "Fälle auswählen: Zufallsstichprobe" angezeigt:

Abbildung A17.3: Subdialogfeld "Fälle auswählen: Zufallsstichprobe"

Über die Aktivierung des **Optionsfeldes "Ungefähr"** lässt sich ein Prozentsatz festlegen, der den Anteil der aus der Gesamtheit aller Fälle auszuwählenden Fälle bestimmt. Dazu ist eine positive ganze Dezimalzahl – wie z.B. "20" –, die kleiner als "100" ist, in das mit dem Optionsfeld korrespondierende Textfeld einzutragen.

Dadurch werden ungefähr 20% der Fälle der Daten-Tabelle für die nachfolgenden Datenanalysen zufällig ausgewählt.

Hinweis: Diese Auswahl lässt sich mittels des folgenden SAMPLE-Befehls anfordern:

```
SAMPLE 0.2.
```

Ist anstelle eines Prozentsatzes eine feste Anzahl "n1" von "n2" – wie z.B. "30 von 250" – der in der Daten-Tabelle enthaltenen Fälle für nachfolgende Analysen bereitzustellen, so muss das **Optionsfeld "Exakt"** aktiviert werden. Anschließend ist der Wert "n1" ("30") in das erste und der Wert "n2" ("250") in das zweite der beiden nachfolgenden Textfelder einzutragen.

Hinweis: Diese Auswahl lässt sich mittels des folgenden SAMPLE-Befehls anfordern:

```
SAMPLE 30 FROM 250.
```

Nach der Bestimmung der Auswahlart ist zunächst die **Schaltfläche "Weiter"** und anschließend der Inhalt des (Haupt-)Dialogfeldes durch die **Schaltfläche "OK"** zu bestätigen.

Die zufällige Auswahl der Fälle wird durch einen im IBM SPSS Statistics-System integrierten *Pseudo-Zufallszahlen-Generator* getroffen. Es besteht die Möglichkeit, einen *eigenen* Startwert *vor* der gewünschten Auswahl vorzugeben. Dazu ist die folgende Anforderung zu stellen:

```
Transformieren
    Zufallszahlengeneratoren...
```

Daraufhin wird das Dialogfeld "Zufallszahlengenerator" wie folgt angezeigt:

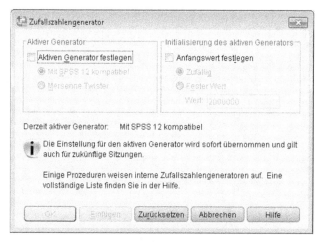

Abbildung A17.4: Dialogfeld "Zufallszahlengenerator"

Nachdem das **Kontrollkästchen "Anfangswert festlegen"** und der **Optionsschalter "Fester Wert"** aktiviert wurden, lässt sich innerhalb des Textfeldes "Wert:" eine geeignete positive ganze Zahl eintragen, die aus maximal 10 Ziffern bestehen darf. Nach der Eingabe ist der festgelegte Startwert durch die **Schaltfläche "OK"** zu bestätigen.

Literaturverzeichnis

Benninghaus, H. (2002). Deskriptive Statistik. Wiesbaden: Westdt. Verlag.

Blalock, H. M., Jr. (1981). Social statistics. Auckland: McGraw-Hill.

Bortz, J. (1999). Statistik für Sozialwissenschaftler. Berlin: Springer.

Buchner, A., Erdfelder, E. & Faul, F. (1997). How to Use G*Power [WWW document]. URL http://www.psychologie.uni-trier.de/projects/gpower/how_to_use_gpower.html.

Cohen, J. (1988). Statistical Power Analysis for the Behavioral Sciences: Lawrence Erlbaum Associates, Publishers. Hillsdale, New Jersey.

Erdfelder, E., Faul, F. & Buchner, A. (1996). GPOWER: A general power analysis program. Behavior Research Methods, Instruments and Computers, 28, 1-11.

Everitt, B. (2000). The analysis of contingency tables. London: Chapman & Hall.

Gigerenzer, G. (1981). Messung und Modellbildung in der Psychologie. München: Reinhardt.

Guilford, J.P. (1986). Fundamental statistics in psychology and Education. New York: McGraw-Hill Book Company.

Hays, W. L. (1994). Statistics. Fort Worth: Harcourt College Publ.

Heller, K. (1981). Planung und Auswertung empirischer Untersuchungen. Stuttgart: Klett-Cotta.

Henning, H.J. & Muthig, K. (1979). Grundlagen konstruktiver Versuchsplanung. München: Kösel.

Kähler, W.-M. (1998). SPSS für Windows. Braunschweig/Wiesbaden: Vieweg.

Kinder, H.-P., Osius G. & Timm, J. (1982). Statistik für Biologen und Mediziner. Braunschweig/Wiesbaden: Vieweg.

Kreyszig, E.: Statistische Methoden und ihre Anwendungen. Göttingen: Vandenhoeck & Ruprecht, 1998.

Lienert, G.A. (1998). Testaufbau und Testanalyse. Weinheim: Beltz.

Lienert, G.A. (2000). Verteilungsfreie Methoden in der Biostatistik. Berlin: Springer.

Roth, E. (1999). Sozialwissenschaftliche Methoden. München: Oldenbourg.

Siegel, S. (1997). Nichtparametrische statistische Methoden. Eschborn bei Frankfurt a.M.: Klotz.

Tukey, J.W. (1995). Exploratory data analysis. Reading, Mass.: Addison-Wesley.

Winer, B.J. (1991). Statistical principles in experimental Design. New York: McGraw Hill.

Wonnacott, R.J. & Wonnacott, T.H. (1990). Introductory statistics for business and economics. New York: Wiley.

Index

Stochastik für Mathematiker und Anwender

Christian Hesse

Wahrscheinlichkeitstheorie

Eine Einführung mit Beispielen und Anwendungen
2., überarb. Aufl. 2009. XII, 383 S. Geb. EUR 34,90
ISBN 978-3-8348-0969-8

Einleitung - Grundlagen - Kombinatorik - Verteilungen - Konvergenz -
Grenzwertsätze - Modelle - Simulation - Wahrscheinlichkeitstheoretische
Grundbegriffe - Verteilungen - Grenzwertsätze - stochastische Abhängigkeit -
stochastische Modelle - statistische Verfahren

Das Buch bietet eine Einführung in die Stochastik für Studierende der Mathematik,
Informatik, der Ingenieur- und Wirtschaftswissenschaften. Neben einer intuitiven
Verankerung der Theorie wird großer Wert auf realitätsnahe Beispiele gelegt. Das
Buch enthält eine Vielzahl dieser Anwendungen aus den verschiedensten Gebieten.

VIEWEG+
TEUBNER

Abraham-Lincoln-Straße 46
65189 Wiesbaden
Fax 0611.7878-400
www.viewegteubner.de

Stand Januar 2010.
Änderungen vorbehalten.
Erhältlich im Buchhandel oder im Verlag.

Stochastik mit Anwendungen, nicht nur für Informatiker

Gerhard Hübner
Stochastik
Eine anwendungsorientierte Einführung für Informatiker, Ingenieure und Mathematiker

5., verb. Auflage 2009. X, 206 S. Broschur EUR 24,90
ISBN 978-3-8348-0717-5

Der leicht verständliche Einstieg in die bewertende und beschreibende Statistik mit Excel

Wolf-Gert Matthäus
Statistische Tests mit Excel leicht erklärt
Beurteilende Statistik für jedermann

2007. 235 S. Broschur EUR 29,95
ISBN 978-3-8351-0098-5

Wolf-Gert Matthäus | Jörg Schulze
Statistik mit Excel
Beschreibende Statistik für jedermann

3., überarb. u. erw. Auflage 2007. 215 S. Broschur EUR 22,00
ISBN 978-3-8351-0159-3

Eine Einführung in die Statistik-Software R mit vielen Beispielen

Jürgen Groß
Grundlegende Statistik mit R
Eine anwendungsorientierte Einführung in die Verwendung der Statistik Software R

2010. XII, 270 S. Broschur EUR 24,95
ISBN 978-3-8348-1039-7

Abraham-Lincoln-Straße 46
65189 Wiesbaden
Fax 0611.7878-400
www.viewegteubner.de

Stand April 2010.
Änderungen vorbehalten.
Erhältlich im Buchhandel oder im Verlag.

**VIEWEG+
TEUBNER**

Basiswissen Psychologie

Ulrich Ansorge / Helmut Leder
Wahrnehmung und Aufmerksamkeit
2011. 152 S. Br. EUR 14,95
ISBN 978-3-531-16704-6

Christian Bellebaum / Patrizia Thoma / Irene Daum
Neuropsychologie
2011. ca. 120 S. Br. ca. EUR 12,95
ISBN 978-3-531-16827-2

Reinhard Beyer / Rebekka Gerlach
Sprache und Denken
2011. ca. 181 S. Br. EUR 16,95
ISBN 978-3-531-17135-7

Hede Helfrich
Kulturvergleichende Psychologie
2011. ca. 120 S. Br. ca. EUR 14,95
ISBN 978-3-531-17162-3

Walter Herzog
Wissenschaftstheoretische Grundlagen der Psychologie
2011. ca. 120 S. Br. ca. EUR 14,95
ISBN 978-3-531-17213-2

Thomas Gruber
Gedächtnis
2011. 144 S. Br. EUR 14,95
ISBN 978-3-531-17110-4

Andrea Kiesel / Iring Koch
Lernen
Grundlagen der Lernpsychologie
2011. ca. 120 S. Br. ca. EUR 12,95
ISBN 978-3-531-17607-9

Bernd Marcus
Personalpsychologie
2011. 156 S. Br. EUR 12,95
ISBN 978-3-531-16723-7

Malte Mienert / Sabine Pitcher
Pädagogische Psychologie
Theorie und Praxis
des Lebenslangen Lernens
2011. 150 S. Br. EUR 14,95
ISBN 978-3-531-16945-3

Klaus Rothermund / Andreas Eder
Motivation und Emotion
2011. ca. 216 S. Br. EUR 19,95
ISBN 978-3-531-16698-8

Erich Schröger
Biologische Psychologie
2011. 142 S. Br. EUR 12,95
ISBN 978-3-531-16706-0

Alexandra Sturm / Ilga Opterbeck / Jochen Gurt
Organisationspsychologie
2011. ca. 158 S. Br. EUR 14,95
ISBN 978-3-531-16725-1

Erhältlich im Buchhandel oder beim Verlag.
Änderungen vorbehalten. Stand: Juli 2011.

www.vs-verlag.de

VS VERLAG

Abraham-Lincoln-Straße 46
65189 Wiesbaden
tel +49 (0)6221.345 - 4301
fax +49 (0)6221.345 - 4229

GPSR Compliance
The European Union's (EU) General Product Safety Regulation (GPSR) is a set
of rules that requires consumer products to be safe and our obligations to
ensure this.

If you have any concerns about our products, you can contact us on

ProductSafety@springernature.com

In case Publisher is established outside the EU, the EU authorized
representative is:

Springer Nature Customer Service Center GmbH
Europaplatz 3
69115 Heidelberg, Germany